U0965012

"大国三农"系列规划教材

普通高等教育"十四五"规划教材
普通高等学校动物医学类专业系列教材

兽医内科学

夏兆飞　夏　成　王　志　主编

中国农业大学出版社
·北京·

内容简介

本教材为中国农业大学“大国三农”系列规划教材，撰写了牛、羊、犬、猫和马共计323种内科疾病。其中详细介绍了牛、羊内科疾病51种，犬、猫内科疾病87种，马内科疾病40种，以列表的方式分别展示了其他内科疾病145种，内容主要包括各系统疾病、营养代谢性疾病、中毒病与应激综合征等内科疾病，并附有每种动物的特有疾病。

本教材结构层次分明、内容简洁、图文并茂，注重理论与实践相结合，具有实用性和科学性，反映了国内外兽医内科学的新理论、新技术和新进展。本教材共有300多幅图，49个表格，并融入54个珍贵的视频教学资源，以提高教与学的效果。

本教材适合全国高等院校动物医学及相关专业本科、专科教学使用，也可作为兽医从业人员的重要参考书。

图书在版编目(CIP)数据

兽医内科学 / 夏兆飞，夏成，王志主编. --北京：中国农业大学出版社，2024.6
ISBN 978-7-5655-3222-1

Ⅰ.①兽…　Ⅱ.①夏…②夏…③王…　Ⅲ.①兽医学—内科学—教材　Ⅳ.①S856

中国国家版本馆CIP数据核字(2024)第108743号

书　　名　兽医内科学
Shouyi Neikexue
作　　者　夏兆飞　夏　成　王　志　主编

策划编辑　张　程　　**责任编辑**　石　华
封面设计　郑　川　李尘工作室
出版发行　中国农业大学出版社
社　　址　北京市海淀区圆明园西路2号　　**邮政编码**　100193
电　　话　发行部 010-62733489，1190　　读者服务部 010-62732336
编辑部 010-62732617，2618　　出　版　部 010-62733440
网　　址　http://www.caupress.cn　　**E-mail** cbsszs@cau.edu.cn
经　　销　新华书店
印　　刷　天津鑫丰华印务有限公司
版　　次　2024年6月第1版　2024年6月第1次印刷
规　　格　210 mm×285 mm　16开本　29.25印张　783千字
定　　价　86.00元

编审人员

主　编　夏兆飞（中国农业大学）

夏　成（黑龙江八一农垦大学）

王　志（北京农业职业学院）

副主编　李心慰（吉林大学）

李格宾（中国农业大学）

陈丝雨（中国农业大学）

马　翀（中国农业大学）

参　编　吕艳丽（中国农业大学）

曹　杰（中国农业大学）

代禾根（中国农业大学）

刘　洋（中国农业大学动物医院）

刘小萍（中国农业大学动物医院）

陆梓杰（中国农业大学动物医院）

张博闻（中国农业大学动物医院）

王建国（西北农林科技大学）

董　强（西北农林科技大学）

刘永夏（山东农业大学）

刘建柱（山东农业大学）

何生虎（宁夏大学）

余永涛（宁夏大学）
张剑柄（内蒙古农业大学）
陈　灰（内蒙古农业大学）
张文龙（吉林大学）
白云龙（黑龙江八一农垦大学）
胡延春（四川农业大学）
迟万怡（北京农业职业学院）
李金龙（东北农业大学）
曲伟杰（云南农业大学）
杨海燕（青岛农业大学）
张永红（北京农学院）
张海霞（瑞辰华诺动物医院北京中心医院）
黄　欣（瑞辰华诺动物医院北京中心医院）
陈立坤（北京维多动物医院）
耿文静（美联众合转诊中心动物医院）
陈艳云（萌兽医馆）

主　审　王　哲（吉林大学）
黄克和（南京农业大学）

前　言

党的二十大明确提出“深化教育领域综合改革，加强教材建设和管理”。教材是传递知识的重要载体，在教书育人中发挥重要作用。

近年来，兽医临床学科的发展呈现多元化。牛、羊养殖集约化程度越来越高，犬、猫宠物市场的快速崛起和马术运动的蓬勃发展，使得兽医内科疾病的诊疗需求发生显著变化。作为兽医专业人才培养的基石，本科教学必须紧跟行业发展步伐，不断更新和完善教学内容，以满足兽医学生在知识和能力上的双重提升，因此亟须编写一部适应新形势的《兽医内科学》。

本教材的特色主要体现在三点：第一，按一定比例分三部分详述了牛、羊内科疾病，犬、猫内科疾病和马内科疾病，每部分以器官系统为主线，按章节排序。每个疾病由病因、发病机制、临床症状、诊断、治疗和预后等组成。第二，通过文字、图片和表格等多种形式呈现教材内容，特色鲜明。本教材还融入54个视频，最大限度地满足信息化教学背景下“教”与“学”的要求。第三，每章开篇和结尾分别设置“学习目的与要求”和“思考题”，末节以表格形式列出其他内科疾病，以满足教学和临床诊疗需要，方便教师教学和学生自学。

本教材的编写由中国农业大学、黑龙江八一农垦大学、北京农业职业学院、吉林大学等19家单位从事临床一线工作的37位教师和兽医师共同完成。编写人员在编写过程中结合自身临床经验，查阅了大量文献，多次讨论，力求科学、准确、严谨。本教材涉及的药物种类及使用仅供参考，应根据临床实际情况而定。在本书编写过程中，中国农业大学出版社编辑给予的大量建议和反馈，使本书增色不少。

本教材的出版获得中国农业大学校级规划教材立项经费的支持，在此特别感谢。

本教材的编写秉承精品意识，力求科学性、适用性和创新性。不足之处在所难免，诚请广大读者不吝赐教。

夏兆飞　夏　成　王　志

2023年12月

目录

第一篇　牛、羊内科疾病

第二篇 犬、猫内科疾病

第三篇　马内科疾病

第一篇

牛、羊内科疾病

第一章 消化系统疾病

学习目的与要求

1. 掌握消化系统疾病的基本概念、分类和发病特点。
2. 掌握消化系统疾病的主要病因、发病机制及临床症状。
3. 熟练掌握消化系统疾病的临床诊断与实验室检查方法及意义。
4. 熟练掌握消化系统疾病的防治方法。

概 述

消化系统是动物机体在生命活动过程中从外界获取、消化和吸收营养物质的多个器官统称，包括消化管和消化腺两部分。其中消化管依次为口腔、咽、食道、前胃（瘤胃、网胃、瓣胃）、皱胃、小肠、大肠和肛门；消化腺包括唾液腺、食管腺、胃腺、肠腺、肝脏和胰腺等。它们在维持牛、羊正常生理功能上发挥着重要的作用。一旦消化系统发生疾病，牛、羊的健康就会受到严重的损害。

根据消化系统疾病的种类和发生特点，牛、羊的消化系统疾病按解剖部位可分为口腔与邻近器官疾病（口炎、咽炎、下颌骨折、下颌脓肿、咽后脓肿等）、食道疾病（创伤、狭窄、阻塞等）、前胃疾病（前胃弛缓、瘤胃积食、瘤胃臌气、瘤胃酸中毒、瘤胃角化不全、迷走神经性消化不良、创伤性网胃炎、瓣胃阻塞）和皱胃疾病（皱胃变位、皱胃溃疡、皱胃阻塞等）、肠道疾病和肛门疾病（肠炎、肠梗阻、肠绞痛、肠套叠、肠扭转、盲肠扩张或扭转、直肠脱垂、直肠撕裂、直肠阴道瘘等）以及其他疾病（膈疝、肝病、胰病、腹膜疾病等）。消化系统疾病是牛、羊最常见的内科疾病。其中，前胃疾病和皱胃疾病又是牛、羊最常见的消化系统疾病，是兽医内科学教学及临床疾病诊疗的重点。

消化系统疾病的病因可分为原发性因素和继发性因素。原发性因素主要包括饲养管理不当、饲草料加工不当、日粮配制不当、环境气候骤变、滥用药物的医源性因素等；继发性因素主要包括某些消化道传染病、寄生虫病、中毒病、营养代谢病以及其他系统疾病，如牙病、肝病、心脏病等。其中，以腹泻表现为主的传染病，如沙门菌病、大肠埃希菌病、冬痢、牛病毒性腹泻-黏膜病、副结核病等需加以重视。

消化系统疾病所致机体的机能障碍主要有胃肠道蠕动、分泌、消化、吸收等障碍和自体中毒。其临床表现主要包括食欲减退或废绝、反刍与嗳气减少或停止、采食与咀嚼异常、吞咽困难、流涎、呕吐、瘤胃蠕动减弱或停止、腹泻、便秘或少便、粪便带血、腹痛、腹胀、腹围增大、脱水和休克等。然而，年龄、个体、病变、病程或病情等导致消化系统疾病的临床症状复杂而多变。

消化系统疾病一般根据病史和临床症状进行初步诊断，结合实验室检查和影像学检查等特殊检查做出确诊。其常规检查包括①问诊：询问个体及群体的基本信息和发病信息等。②视诊：远观检查采食、反刍咀嚼、吞咽、粪便性状、体况、体表卫生、对称性及姿势等；旁侧检查包括外观变化、水合状态、口腔黏膜颜色和完整性等。③触诊：通过腹壁触诊和直肠检查，判定腹腔脏器的形状、质地、大小和位置，瘤胃蠕动和内容物的性质。④听诊：检查瘤胃蠕动音、肠音等。⑤叩诊：结合听诊判定是否存在“鼓音”“钢管音”等异常声音。⑥嗅诊：检查是否有异常气味。其实验室检查包括血液学检查，临床生化检查，粪便检查（评价粪便颜色，有无黏液、血液和潜血、纤维蛋白膜、未消化的饲料颗粒等），瘤胃液检查（pH、原虫数量及活性等）。其影像学检查包括 X 线检查和 B 型超声检查，判定创伤性网胃腹膜炎患牛体内金属异物的形状、位置等。必要时，可以进行剖腹探查及采样活检。临床实践应以临床特征为依据，确定发病部位及性质，区分原发性疾病和继发性疾病，解析疾病的互相联系以及因果关系，分析示病症状的病理学基础，阐明症状之间的相互关系，论证损害部位及性质，建立诊断，为疾病的防治提供依据。

消化系统疾病的治疗原则，首先，加强饲养管理、缓解应激、去除病因；其次，采用支持疗法、对症疗法和特殊疗法。在治疗时，应兼顾局部和整体、标本兼治，才能达到理想的疗效。

第一节　食道阻塞

食道阻塞（esophageal obstruction），又称草噎或食道梗塞，是指由异物或食团堵塞食道而引起的食物通过障碍的一种急性疾病。临床上以突然发病、咽下障碍、流涎和食糜反流为特征。根据阻塞程度，食道阻塞可分为完全阻塞、不完全阻塞；按阻塞部位，食道阻塞可分咽部食道阻塞、颈部食道阻塞和胸部食道阻塞。牛、羊偶发。

【病因】

（一）原发性因素

最常见的病因是牛、羊采食根块饲料，块茎饲料或大量坚硬饲料，如甘薯、马铃薯、胡萝卜、谷秆、玉米芯等，饥饿贪食、饮水不足或在采食中因惊吓而误咽也会引发该病。

（二）继发性因素

由营养不良或矿物质缺乏引起的异嗜症导致患病牛、羊在采食毛发、金属、木片等异物后发病；咽后或纵隔淋巴结肿大、脓肿、胸部肿瘤、食道炎症等也可导致该病的发生。

【发病机制】

在上述病因的作用下，食道阻塞可以发生于食道的任何部位。不完全阻塞的患病动物能饮水和咽下流体食物；完全阻塞的患病动物不能咽下，因不能嗳气而继发瘤胃臌气。同时唾液中的磷酸根和碳酸氢根无法进入瘤胃中，极易发生酸中毒。阻塞物会刺激食道发生痉挛性收缩，患畜精神紧张，常有吞咽动作。唾液蓄积在阻塞物上段可导致颈部食道明显膨大。当蓄积在食道的唾液在食道逆蠕动作用下从口鼻排出时，可因误咽导致异物性肺炎，严重时可引起死亡。阻塞物长时间压迫食道阻塞部位会导致该部位食道黏膜出现炎症、溃疡和坏死。除这些作用机制外，继发性阻塞因原发病不同，其致病机制各异，临床症状表现得较复杂，应该注意鉴别。

【临床症状】

（一）一般症状

患病动物常表现为采食突然停止，伸颈摇头，咽下困难，不断吞咽或逆呕，出现口鼻流涎。当发生逆呕时，唾液或食糜会吸入气管而引发剧烈咳嗽。

(二)示病症状

颈部食道阻塞可见局部隆起,可触及阻塞物。胸部食道阻塞,可触及颈部左侧膨胀处有波动感,排出积蓄物后膨胀消失,但不久会复发。胃管探诊可知阻塞的部位。

(三)继发症

阻塞物滞留时间长会引起食道黏膜坏死、穿孔。一旦食道完全阻塞,很快发生瘤胃臌气,并伴有腹痛和呼吸急促等症状。

【诊断】

根据病史及临床症状,结合胃管探诊可以做出诊断。如有条件,可以通过X线检查、B型超声检查、内窥镜等做进一步鉴别。

【治疗】

(一)治疗原则

清除阻塞物、对症治疗和加强管理。

(二)治疗方法

1. 清除阻塞物

疏通食管常用挤压排出法、推进法和手术疗法等。

(1)挤压排出法　阻塞物临近咽部,在保定后,先插入胃管,灌入液体石蜡,剂量为30～100 mL,以起润滑的作用,而后用开口器打开口腔,助手用双手将阻塞物沿食道逆向推至咽部,用手或钝钳探入咽部取出阻塞物。当阻塞位置位于食管颈部,阻塞物为根块类,如马铃薯、胡萝卜等时,采取推进法和挤压排出法,在确认食管未发生水肿时,做好防护。

(2)推进法　阻塞物在胸颈部下段或胸段时,先插入胃管,灌入1%盐酸普鲁卡因溶液5～20 mL,再灌入液体石蜡,而后缓慢向胃内推进胃导管,将阻塞物推入胃内。

(3)手术疗法　当阻塞物过大,上述方法无效时,及时实施食道切开术进行治疗。

2. 对症治疗

当患病动物瘤胃臌气严重时,应先实施穿刺放气,以减轻瘤胃压力,再清除阻塞物。阻塞物滞留时间过长或经食道手术治疗的患病动物需要使用抗生素治疗,以防止继发感染。如继发原因导致该病,应同时治疗原发病。

3. 加强管理

改善饲养管理,做好饲料加工配制,减少应激,避免采食竞争。根块类饲料、块茎类饲料应在切碎后再饲喂,豆饼应浸泡,精料拌匀。加强饲料存储管理,防止牛、羊偷食。

【预后】

原发性病例经及时治疗,预后良好;继发性病例预后视病因而定。

第二节　前胃弛缓

前胃弛缓(forestomach atony)是指一种前胃神经兴奋性降低、肌肉收缩力减弱、内容物运转停滞的消化不良综合征。临床上以反刍减少或停止、瘤胃蠕动减弱或停止、消化障碍和全身机能紊乱为特征。前胃弛缓是牛、羊在临床上常见的前胃疾病。在舍饲情况下,前胃弛缓发病率较高。

【病因】

(一)原发性因素

(1)粗饲料品质差且品种单一　长期饲喂劣质且单一的粗饲料，如豆秸、稻草、谷草、麦秸等；放牧转变为舍饲；采食受热青草、冻结根块、变质青贮以及霉败糟粕使得瘤胃内容物异常酸败或腐败，导致消化机能减弱。

(2)管理不当　在干旱或饥饿时，饲喂不易消化的杂草或秸秆饲料、饮水不足或误食化纤、塑料等异物。

(3)矿物质与维生素缺乏　在早春或严冬时节，草料不足或配制不当会导致矿物质与维生素缺乏，从而引起该病。

(4)应激　长途运输、劳役过度、运动不足、缺乏光照、日粮或环境变更、中毒、感染、疼痛与创伤、失血与脱水、妊娠与分娩等会导致胃肠消化机能减退。

(二)继发性因素

(1)消化系统疾病　常见于口炎、舌炎、牙病、瘤胃臌气、瘤胃积食、创伤性网胃腹膜炎、瓣胃阻塞、皱胃溃疡、皱胃变位、腹腔脏器粘连和迷走神经性消化不良等疾病过程中。

(2)其他疾病　可见于子宫炎、子宫内膜炎、代谢病、中毒病和传染病等疾病过程中。

(3)医源性因素　误服磺胺类药物或抗生素，破坏了瘤胃菌群，从而继发该病。

【发病机制】

根据病因，该病的发病机制可分为酸碱性、离子性、神经性、肌源性和反射性等。

(1)酸碱性前胃弛缓　如果过食谷类、玉米或麦类等高碳水化合物饲料，瘤胃内异常发酵，瘤胃内容物 pH 超出正常范围或过量饲喂豆饼或粕类、豆科植物和尿素等高蛋白质饲料，在瘤胃内，这些高蛋白质饲料就会异常腐败分解，导致瘤胃收缩力减弱和纤毛虫活力降低，发生酸碱性前胃弛缓。

(2)离子性前胃弛缓　低镁血症、运输应激、产后瘫痪或低钾血症等疾病可以引起离子性前胃弛缓。

(3)神经性前胃弛缓　创伤性网胃腹膜炎、迷走神经性消化不良等疾病可以引发神经性前胃弛缓。

(4)肌源性前胃弛缓　瘤胃、网胃、瓣胃出现溃疡、出血和坏死及炎症会导致肌源性前胃弛缓。

(5)反射性前胃弛缓　创伤性网胃炎、瓣胃阻塞、皱胃变位等疾病会引起反射性前胃弛缓。

在这些致病因素作用下，牛、羊的中枢神经系统和自主神经功能紊乱、神经体液调节功能障碍可以引起瘤胃收缩减弱和内环境破坏，这是前胃弛缓的主要原因之一。前胃蠕动减弱使得瘤胃内菌群失调，瘤胃内容物异常发酵或腐败，pH 发生变化，从而导致酸中毒或碱中毒。这种状况不仅会抑制食欲和反刍，而且会造成轻度酮病。随着病情发展，由瘤胃内容物腐败分解后产生的有毒物质增多，如组胺、酰胺等会刺激瘤胃发生炎性病变，血管渗透性增强，引起瘤胃积液而脱水，同时损害肝功能，肝脏解毒机能降低，发生自体中毒，病情加重。

【临床症状】

(一)急性病例症状

在发病初期，病情轻微，一般体温、呼吸和心跳均正常；食欲不振和反刍减少/停止。其主要症状包括瘤胃蠕动减弱或停止，触诊瘤胃内容物似生面团样、黏硬或粥状，左侧腹部隆起(图 1-1)。重症病例食欲、反刍废绝，嗳气有酸臭味；排糊状、恶臭的粪便或便秘，粪便干硬。在病程后期，鼻镜干燥、精神沉郁、可视黏膜发绀、体温下降、脱水，病情加重。

(二)慢性病例症状

常有原发病的症状，病情缓慢而顽固。病初，精神沉郁、食欲不定、反刍减少或停止、瘤胃蠕动弱或积液、腹泻或便秘。在病程后期，眼窝深陷、鼻镜干燥、消瘦和脱水(图 1-2)。病情时好时坏，虚弱而久卧，预后慎重。

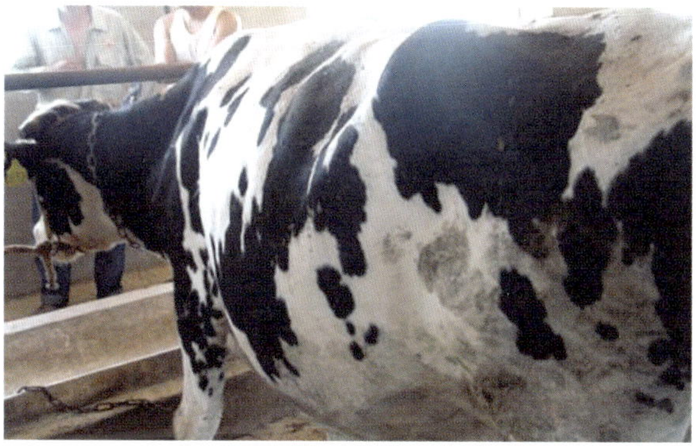

图 1-1 左侧腹部隆起
（夏成供图）

图 1-2 鼻镜干燥，消瘦和脱水
（夏成供图）

【诊断】

根据病史、饲养管理和临床症状，结合瘤胃内容物的性状变化即可做出诊断。该病应与酮病、妊娠毒血症、创伤性网胃腹膜炎、皱胃变位等进行鉴别诊断。必要时，可穿刺采集瘤胃液检查。

牛、羊正常的瘤胃液检查 pH 为 6.2～6.8；前胃弛缓时，可降至 5.5 以下或升至 8.0 以上，纤毛虫数量减少或消失。

【治疗】

(一)治疗原则

消除病因、促进瘤胃蠕动、清除异常胃内容物、对症治疗、恢复瘤胃机能和加强管理。

(二)治疗方法

1. 原发性前胃弛缓

病初禁食 1～2 d，而后饲喂优质干草或饮水。

(1)促进瘤胃蠕动　常用氨甲酰胆碱，牛、羊一次量，分别为 1～2 mg、0.25～0.5 mg，皮下注射。新斯的明，皮下注射，牛 4～20 mg、羊 2～5 mg；0.2%硝酸士的宁，皮下注射，牛 15～30 mg、羊 2～4 mg，心功能紊乱、妊娠期禁用；促反刍液，10%氯化钙溶液，牛 100～250 mL、羊 20～100 mL；10%氯化钠溶液，牛、羊各 50～200 mL，缓慢静脉输注。

(2)健胃益气、防腐止酵　常用酵母粉，牛 120～150 g、羊 30～60 g；磺胺脒，牛、羊按每千克体重各 100～200 mg；小苏打，牛 30～100 g、羊 5～10 g，加水，混合灌服或用 75%乙醇，牛 100～250 mL、羊 30～50 mL；稀盐酸，牛 15～30 mL、羊 2～5 mL，加适量水，混合灌服；鱼石脂，牛 10～30 g、羊 1～5 g，乙醇，加水，混合灌服。

(3)胃肠消导　常用鱼石脂，牛 10～30 g、羊 1～5 g；人工盐，50～150 g、羊 10～30 g，加水，混合灌服或用苦味酊，牛、羊各 10～30 mL；液体石蜡，牛 500～1 500 mL、羊 100～300 mL，分开灌服。可用扶脾健胃的中药组方，芒硝 150～200 g、大黄 80 g、郁李仁 40 g、神曲 60 g、山楂 60 g、麦芽 60 g、党参 40 g、郁枳实 40 g、川朴 40 g、茯苓 40 g，研末后，加适量温水，灌服。

(4)对症治疗　低钙性前胃弛缓，常用促反刍液，一次静脉输注。当瘤胃 pH 降低，纠正酸中毒时，常用氢氧化镁或碳酸氢钠，牛 30～100 g、羊 5～10 g，加水灌服或 5%葡萄糖，牛 1 000～3 000 mL、羊 200～600 mL；5%碳酸氢钠，牛 300～1 200 mL、羊 40～120 mL，静脉注射，每天一次。当瘤胃液 pH 升高、纠正碱中毒时，常用醋酸 50～200 mL，灌服，每天一次。改善胃肠功能，可肌内注射维生素 B_1，牛 100～200 mg、羊 25～50 mg。

(5)手术疗法　当上述治疗无效时，应及时实施瘤胃切开术，取出内容物，冲洗瘤胃，接种健康牛瘤胃液。

(6)加强管理　合理调配日粮，渐进更换饲料；不喂冰冷、霉变的劣质饲料。

2. 继发性前胃弛缓

先治疗原发病，后对症治疗。

【预后】

早期原发性病例及时治疗，预后良好。继发性慢性病例预后慎重。

第三节　瘤胃积食

瘤胃积食(rumen impaction)是指由前胃蠕动减弱，过食大量难消化的粗纤维或干燥、易膨胀的草料引起的瘤胃内容物停滞和容积急性扩张，导致瘤胃运动和消化障碍的一种前胃疾病。临床上以腹围增大、左侧腹壁隆起、瘤胃体积增大而坚实、脱水和毒血症等为特征。该病是牛、羊常见的前胃疾病，以早春至晚秋为多发。该病按病因可分为原发性瘤胃积食、继发性瘤胃积食。

【病因】

(一)原发性因素

在缺乏饮水时，如果摄入过量适口饲料，如青草、麸皮、豆饼、棉籽饼、苜蓿、甘薯、胡萝卜、马铃薯、玉米、糟粕等，而粗饲料少或采食过量劣质粗饲料，如谷草、稻草、豆秸、甘薯蔓等，均可以引起食滞性瘤胃积食。管理不当会促发该病，如饲草更换过频、饲草料中含有异物(如地膜、绳索等)、恐惧不安、卫生不佳等。

(二)继发性因素

继发性瘤胃积食常见于前胃弛缓、创伤性网胃炎、迷走神经性消化不良、瓣胃阻塞和皱胃变位、腹膜炎以及中毒等疾病过程中。

【发病机制】

瘤胃积食发生的前提条件是过食和前胃弛缓。不同病因的发病机制存在差异。牛、羊摄入过量粗饲料可以导致瘤胃机械性阻塞，继而发生积食。当大量难消化的粗饲料积聚瘤胃内且饮水不足时，瘤胃就会迅速扩张，容积增大，进一步加剧瘤胃神经和体液调节功能紊乱，引起瘤胃收缩力不足，甚至瘤胃壁麻痹，导致瘤胃内容物混合与后送障碍。随后，瘤胃内容物异常发酵或腐败的产物可刺激瘤胃黏膜发生炎症或坏死，引起腹痛、不安、呼吸困难，甚至出现窒息危象。特别要注意的是，由大量精饲料(如谷物)引起的瘤胃积食常常会发生急性瘤胃酸中毒，常引起瘤胃内乳酸蓄积、渗透压升高，造成瘤胃积液和机体脱水，同时出现呼吸困难、循环障碍，导致虚脱和自体中毒，全身症状恶化，甚至窒息而死。

【临床症状】

(一)一般症状

患病的牛、羊常精神沉郁，食欲废绝，反刍停止，呼吸急促或困难，脉搏增数，心率加快，粪少而硬或不排粪。不久，患病的牛、羊的结膜发绀，末梢发凉，卧地不起，昏迷或窒息而死。

(二)示病症状

患病的牛、羊的腹围迅速增大，左侧肷部充盈、隆起，瘤胃扩张且坚实(图1-3)，前胃弛缓，内容物黏硬似捏粉样，指压留痕不易消失。患病的牛、羊腹痛，发出呻吟。直肠检查可见瘤胃体积膨大、质硬。

【诊断】

根据过食饲料的病史和示病症状可以做出诊断。该病应与创伤性网胃腹膜炎、瓣胃阻塞、皱胃变位等疾病进行鉴别诊断。病死牛、羊剖检可见瘤胃内有大量精料或秸秆、异物等(图 1-4)。

图 1-3　病牛腹围增大

(夏成供图)

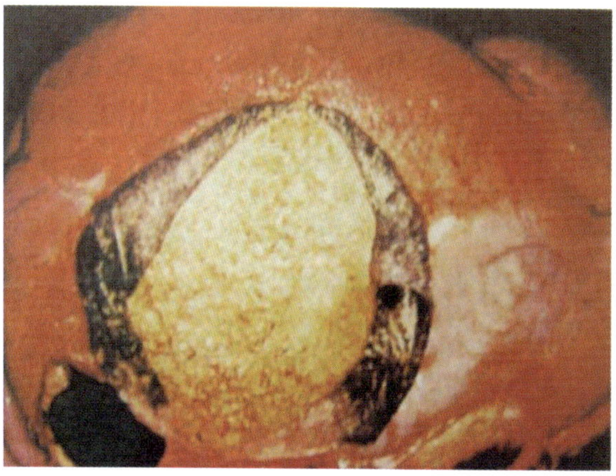

图 1-4　瘤胃内积聚大量精料

(宣长和供图)

【治疗】

(一)治疗原则

增强瘤胃蠕动、促进瘤胃内容物排出、对症治疗和加强管理。

(二)治疗方法

1. 增强瘤胃蠕动,促进胃内容物排出

在发病初期,应停止饲喂 2 d,其间给予清洁饮水,可以徒手按摩瘤胃,5～10 min/次,隔 30 min,重复 1 次。常灌服酵母粉,牛 120～150 g、羊 30～60 g,2 次/d,灌服后按摩瘤胃,促进消食化积;可用硫酸镁,牛 200～500 g、羊 30～50 g;液体石蜡,牛 500～1 500 mL、羊 100～300 mL;鱼石脂,牛 10～30 g、羊 1～5 g,加水,混合灌服或灌服扶脾健胃散。

2. 对症治疗

强心补液和纠正酸碱平衡。常用促反刍液,静脉输注;也可用生理盐水,牛 1 000～3 000 mL、羊 250～500 mL;5%葡萄糖、5%碳酸氢钠溶液,牛 500 mL、羊 50 mL,静脉输注,1～2 次/d 或用稀盐酸,牛 15～30 mL、羊 2～5 mL,一次灌服。如果病程较长,应预防感染,肌内注射青霉素,牛按每千克体重 1 万～2 万 U,羊按每千克体重 2 万～3 万 U,2～3 次/d,连用 2～3 d,或肌内注射头孢噻呋,牛、羊按每千克体重各 1.1～2.2 mg。

3. 排出瘤胃内容物

如果上述方法无效,尽早实施洗胃或瘤胃切开术。

(1)洗胃　大量积食的病例用胃导管投入大量水并导出,在反复洗胃后,接种健康牛瘤胃液。

(2)瘤胃切开术　急性病例及早实施手术,清空内容物后,接种健康牛瘤胃液。

4. 加强管理

合理搭配日粮;避免饥饿、突然变换饲料或过食;保证充足的饮水。

【预后】

急性病例的病程短、病情重,及时救治,常预后良好;否则,会死亡。慢性病例预后慎重。

第四节　瘤胃臌气

瘤胃臌气（ruminal tympany/ruminal bloat）是指由于易发酵饲料摄入过多，在瘤胃内异常发酵产生的大量气体或食入的塑料袋、麻绳等异物阻塞网瓣胃孔，导致瘤胃体积增大、消化机能紊乱的一种疾病。其临床上以发病急、左肷窝隆起、腹围明显膨大、叩之呈鼓音、触之有弹性、呼吸困难为特征。按病因，该病可分为原发性、继发性；按病程，该病可分为急性、慢性；按臌气性质，该病可分为泡沫性、气体性。该病是牛、羊常见的前胃疾病之一，常发于夏季放牧或舍饲牛、羊群。

【病因】

（一）原发性因素

原发性瘤胃臌气多为急性泡沫性臌气。常因摄入过多幼嫩豆科牧草或再生草而发病，如苜蓿、紫云英、三叶草、萝卜缨、甘薯蔓、青草等或摄入过多发热、雨浸或冻结的牧草或干草以及霉败青贮饲料而发病；当长期舍饲改为放牧时，更易发该病；犊牛也会发生该病。

（二）继发性因素

继发性瘤胃臌气多为慢性气体性臌气。其多见于食道阻塞、瘤胃异物、前胃弛缓、瘤胃酸中毒、创伤性网胃腹膜炎、瓣胃阻塞、皱胃变位或阻塞和有毒植物中毒等疾病过程中或见于食管沟闭合不全的犊牛，因饲喂不当，牛奶进入瘤胃异常发酵而发病或见于慢性肺炎的犊牛因纵隔内淋巴结肿大影响食管开张，导致嗳气障碍而发病。此外，慢性气体性臌气可见于患皱胃炎-瘤胃炎的犊牛、严重瘤胃酸中毒的成年牛；由皱胃溃疡、皱胃阻塞等所致的排空障碍而发病。

【发病机制】

（一）泡沫性臌气的发病机制

牛、羊摄入过多易发酵饲料，尤以豆科植物常见。这类植物富含果胶、皂苷、蛋白质等物质而增加瘤胃液表面张力，易产生气泡。当瘤胃内容物 pH 为 6.0 时，泡沫稳定性最高，而高 pH 抑制泡沫生成。瘤胃内容物发酵产生的有机酸，尤其丙酸、柠檬酸、琥珀酸等非挥发性酸类会使瘤胃液 pH 降至 5.6～6.0。这时泡沫与食物混合无法逸出贲门，很快发生急性瘤胃臌气。

（二）气体性臌气的发病机制

在采食过量快速发酵的谷物饲料后，瘤胃内会产生大量的挥发性脂肪酸，导致瘤胃 pH 下降，乳酸蓄积，瘤胃蠕动减弱或停滞，挥发性脂肪酸及瘤胃内气体无法排出而发病。由机械性、炎症性、神经性或代谢性因素影响嗳气或气体排出而发病，如食道阻塞、迷走神经性消化不良、低钙血症、李斯特菌病和破伤风等疾病过程中。

无论是泡沫性膨气，还是气体性臌气，气体不能排出而积于瘤胃内，瘤胃过度扩张，内容物异常发酵、腐败产物增多，刺激瘤胃导致腹痛，同时腹压增高，肝、肺、脾、膈会受到瘤胃压迫，呼吸与血液循环发生障碍，引发呼吸频率加快、可视黏膜发绀，患畜常因窒息和心力衰竭而死。

【临床症状】

（一）急性瘤胃臌气症状

1. 一般症状

在病程初期，食欲废绝、反刍和嗳气停止、腹痛、不安、发出吭声、弓腰举尾、瘤胃蠕动音消失。在病程后期，颈静脉怒张、呼吸迫促、可视黏膜发绀、站立不稳；严重病例倒地不起，因抽搐、窒息而死。

2. 示病症状

在采食后，突然发病，呼吸增快，心悸，心率增加，左侧腹围增大，左侧肷窝隆起，甚至高出脊柱，叩诊左肷部呈鼓音，触之有弹性。插入胃管后，泡沫性臌气病例可排出少量酸臭味气体而左肷部仍凸起；气体性臌气病例会排出大量气体且症状得到缓解。

（二）慢性瘤胃臌气症状

多继发于食道阻塞、瘤胃异物、前胃弛缓、创伤性网胃炎等疾病；常呈慢性经过，反复、周期性或间断性发生臌气。在穿刺排气后，还会再次臌胀。随着病程延长而采食下降、逐渐消瘦，常因无法确定原发病，得不到有效治疗而淘汰或死亡。

【诊断】

根据过食易发酵饲料史，结合腹围膨大、可视黏膜发绀、呼吸困难、瘤胃叩诊呈鼓音和触之有弹性等临床症状，可以做出诊断。泡沫性膨气、气体性的臌气需要通过插入胃管或瘤胃穿刺放气进行鉴别诊断。该病应与腹腔积液、腹膜炎、膀胱破裂和皱胃左方变位等疾病进行鉴别诊断。

【治疗】

（一）治疗原则

排气消胀、胃肠消导、制止发酵、促进瘤胃内容物排出、对症治疗和加强管理。

（二）治疗方法

1. 急性瘤胃臌气的治疗

（1）气体性臌气　主要治疗方法为排气消胀。常用胃管、穿刺给瘤胃放气。在左肷部隆出部将套管针刺入瘤胃，拔栓放气，而后经套管向瘤胃内注入止酵剂，常用松节油，牛 20～30 mL、羊 5～8 mL；鱼石脂，牛 10～15 g、羊 2～5 g；酒精，牛 30～50 mL、羊 5～10 mL 等或将胃管经口或鼻插入瘤胃排气或洗胃。必要时，实施瘤胃切开术排气和取出内容物，然后接种健康牛瘤胃液。

（2）泡沫性臌气　主要治疗方法为胃肠消导和制止发酵。常用二甲硅油片（牛 30～60 片、羊 15 片）与酒精混合，灌服；也可用鱼石脂、松节油与乙醇混合，灌服或液体石蜡、松节油与水混合，灌服。泡沫性臌气应限制豆类植物，如苜蓿摄入量，合理安排每天采食青草时间。放牧前饲喂干草。必要时，在饲料中加入或饲喂消泡剂，如二甲硅油片或饲喂少量不降解、无毒性的油类或瘤胃素（莫能菌素）等预防。

（3）对症治疗　轻症病例，抬举头，按摩瘤胃或采取前高后低的姿势立于斜坡，用木棒涂油衔在口内促进气体排出。无论气体性膨气，还是泡沫性臌气，应给予氯化氨甲酰甲胆碱、新斯的明等药物，以促进瘤胃蠕动。

2. 慢性瘤胃臌气的治疗

慢性瘤胃臌气经胃管或瘤胃穿刺术排气或对症治疗仅能缓解症状，且经常复发。治疗原发病，如怀疑瘤胃内有异物，可行瘤胃切开术探查，取出误食的异物。

【预后】

急性病例病急而重，如果及时治疗，多数病例预后良好；如果不及时治疗，会很快死亡。慢性病例常反复发生，预后视原发病及治疗效果而定。

第五节　瘤胃酸中毒

瘤胃酸中毒（ruminal acidosis），也称为乳酸中毒、急性碳水化合物过食或消化性酸中毒等，是指牛、羊突然采食过量的精料（谷物和豆类）或长期大量饲喂酸度过高的青贮饲料，产生过多的乳酸，导致瘤胃 pH 过低，引起机体机能障碍的一种疾病。临床上以瘤胃积滞酸臭稀软内容物、重度脱水、消化紊乱、瘤胃蠕动停止、毒血症及短急病程为特征。该病根据病程可分为最急性、急性、亚急性、轻微;根据临床表现等分为亚临床型/临床瘤胃酸中毒、中度/重度瘤胃酸中毒。

【病因】

(一)常见因素

乳酸在瘤胃内过量积聚和大量被吸收是致病的根本原因。在快速采食大量谷物类精料后,牛、羊会很快发病。牛、羊应在产后增加精料比例。粗饲料缺乏或质量不佳或偷食大量精料在瘤胃内过度发酵,产生过多乳酸,从而造成酸中毒。

(二)饲料因素

引起瘤胃酸中毒的饲料主要有谷类饲料、块茎类饲料、根块类饲料、青贮和酿造副产品等。谷类饲料,如小麦、大麦、玉米、高粱和稻谷等;块茎类饲料、根块类饲料,如甜菜、甘薯、青玉米、苹果、甘蓝和马铃薯;青贮,如青贮玉米、青贮禾本草等;酿造副产品,如酒糟、淀粉渣等。

(三)其他因素

该病致病因素主要涉及饲料的种类、性状和动物体况及营养状态。围产期的肥胖牛、羊对谷类饲料的适应性差;初喂谷类饲料时,其耐受性差,习惯后,耐受性增强。即使中毒,其病情也较轻。营养不良的牛、羊过食谷类饲料更易发生酸中毒,粉碎过细的小麦、玉米、大麦等谷类饲料更易引起该病。

【发病机制】

该病在不同分类和病因学上存在着差异,其实质是由乳酸中毒所引起的。牛、羊摄取大量碳水化合物的精料,瘤胃微生物过度发酵,产生大量乳酸,瘤胃内链球菌显著增加,而乳酸利用菌,如反刍动物新月单胞菌和埃氏巨型球菌增长速度较慢,发酵产生的大量乳酸不能被及时吸收和利用,使得瘤胃 pH 显著降低。牛、羊瘤胃中新月单胞菌和埃氏巨型球菌对环境的酸度比较敏感,耐受最低 pH 分别为 5.4 和 5.6。

当瘤胃 pH 下降到 5.5 时,反刍动物新月单胞菌和埃氏巨型球菌的数量逐渐下降,而牛链球菌不断增殖,产生的大量乳酸吸收入血超出血液和机体的代谢缓冲能力,引起酸中毒。当瘤胃 pH 下降至 5 以下时,乳酸杆菌大量繁殖,进而代替牛链球菌产 *D*-乳酸作用或破坏瘤胃微生物区系,导致大量细菌、纤毛虫死亡,产生大量内毒素(LPS)和胺类(色胺、酪胺、组胺)有毒物质。瘤胃内高浓度的乳酸和有毒物质可以引起瘤胃炎或蹄叶炎等疾病。

瘤胃黏膜的损伤可使一些细菌经胃壁进入血液循环,形成肝脓肿。由坏死杆菌导致肝脓肿,脓肿破溃后形成的脓毒性栓塞造成肺动脉血栓栓塞,引起咳血、鼻出血。瘤胃过度发酵产生的有害物质能减缓瘤胃蠕动,导致食物积滞。过量乳酸还可导致瘤胃内容物的渗透压升高,大量体液进入瘤胃,造成机体脱水,排尿减少,血液浓缩,血压明显降低,从而引起休克和死亡。

【临床症状】

(一)最急性症状

患病动物的精神极度萎靡,虚弱,卧地不起(图 1-5),瞳孔散大,体温偏低,脱水严重,严重腹泻。腹部膨大,瘤胃蠕动停止、内容物呈水样,瘤胃液 pH 在 5.0 以下或更低。循环衰竭,心跳在百次以上,常于发病后的短时间(3~5 h)内,由内毒素休克而引发突然死亡。

(二)急性症状

患病动物食欲减退或者废绝,精神沉郁,瞳孔轻度散大,反应迟钝。瘤胃膨大、蠕动微弱,冲击式触诊听到液体振荡音,瘤胃液 pH 为 5.0~6.0,粪便稀软酸臭。脱水体征明显,中度脱水,眼窝凹陷,尿液少而色浓或无尿。体温正常、微热或低下。脉搏细弱而快,眼结膜暗红,毛细血管再充盈时间延长(3~5 s)。在病程后期,患病动物出现神经症状,如步态蹒跚、头颈侧屈、角弓反张(图 1-6)。随着病程发展,患病动物表现出昏睡、昏迷的症状。如果救治不及时,患病动物多在 24 h 内死亡。

图 1-5 羊虚弱而无法站立，卧地不起

（何生虎供图）

图 1-6 牛亚急性酸中毒，头颈侧屈，角弓反张

（夏成供图）

（三）亚急性症状

在采食后 24 h 左右发病，患病动物食欲减退或废绝，瞳孔正常，精神委顿，能行走而无共济失调。轻度脱水，全身症状明显，体温正常，结膜潮红，脉搏加快，毛细血管再充盈时间 2～3 s。瘤胃中等程度充盈，收缩无力，触诊感呈生面团样，瘤胃内容物稀软，瘤胃液 pH 为 5.5～6.5，纤毛虫活力弱。常伴发蹄叶炎（图 1-7）和瘤胃炎、后腔静脉栓塞，鼻出血（图 1-8），病程为 24～96 h。

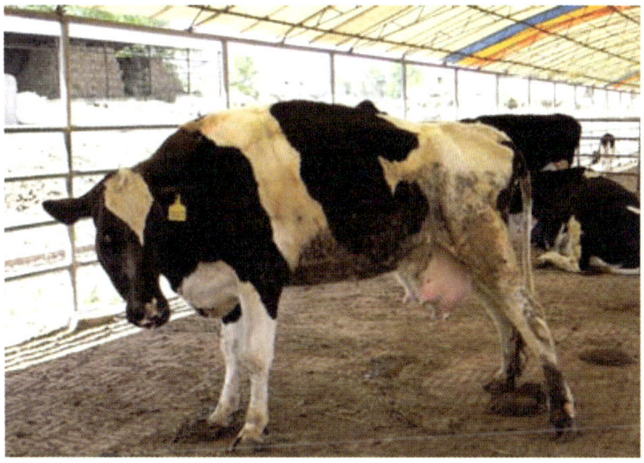

图 1-7 蹄叶炎

（夏成供图）

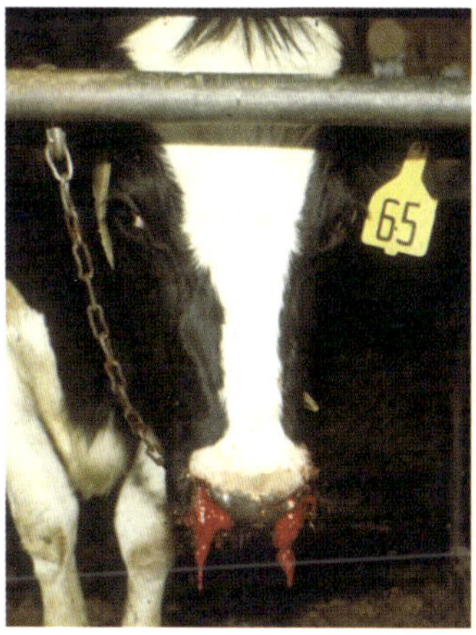

图 1-8 鼻出血

（夏成供图）

（四）轻微症状

呈消化不良体征。患病动物的食欲减退，反刍次数减少或停止，瘤胃运动减弱，稍显膨满，触诊内容物呈捏粉样硬度，瘤胃液 pH 为 6.5～7.0，纤毛虫活力正常。脱水体征不明显，全身症状轻微，体温、呼吸和脉搏正常。轻微腹泻，粪便灰黄稀软，混有黏液，多能自愈。

【诊断】

根据过食谷物类饲料的病史，瘤胃充满稀软内容物，明显脱水且有腹泻，全身症状明显，但体温不升高，经瘤胃穿刺检测瘤胃液 24 h 内有超过 3 h 的 pH 降至 5.6 以下（图 1-9、图 1-10）可做出诊断。

剖检可见瘤胃内容物稀软和较多精料（图 1-11），瘤胃黏膜糜烂、溃疡（图 1-12）以及肝脓肿（图 1-13、图 1-14）等病变。

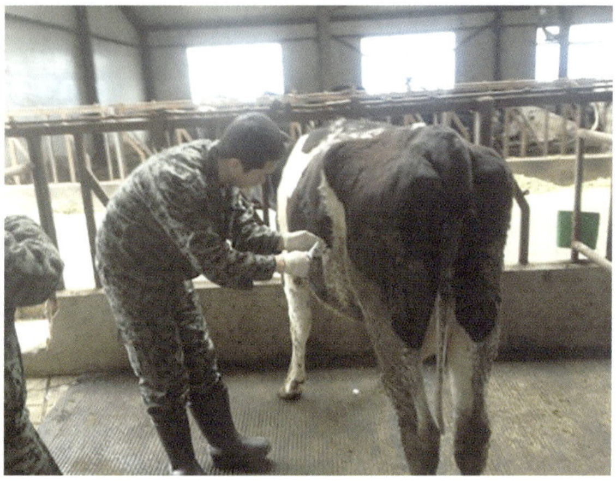

图 1-9 瘤胃穿刺收集瘤胃液

（杨威供图）

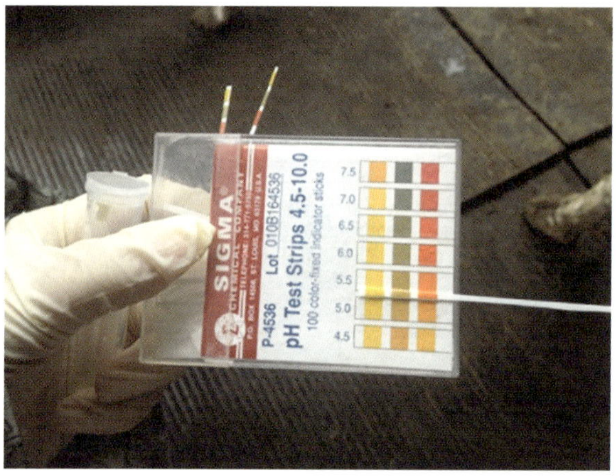

图 1-10 检测瘤胃液 pH 为 5.5

（杨威供图）

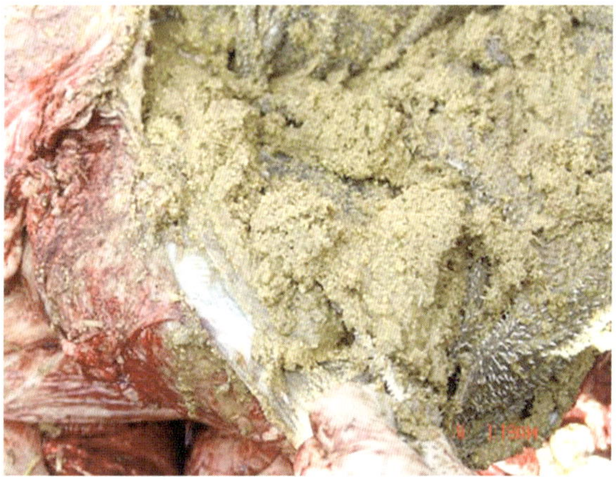

图 1-11 瘤胃内的精料，缺乏干草

（夏成供图）

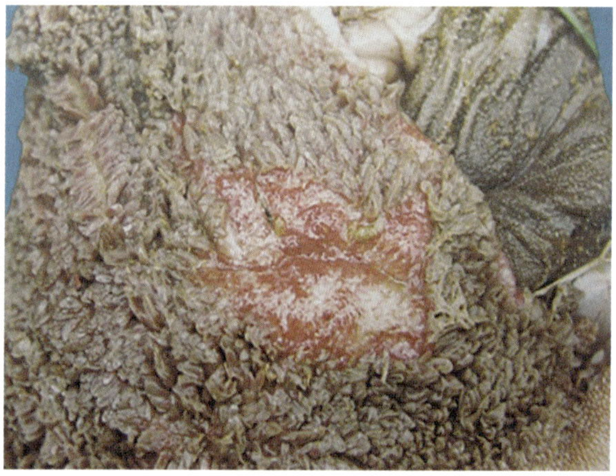

图 1-12 瘤胃黏膜糜烂、溃疡

（夏成供图）

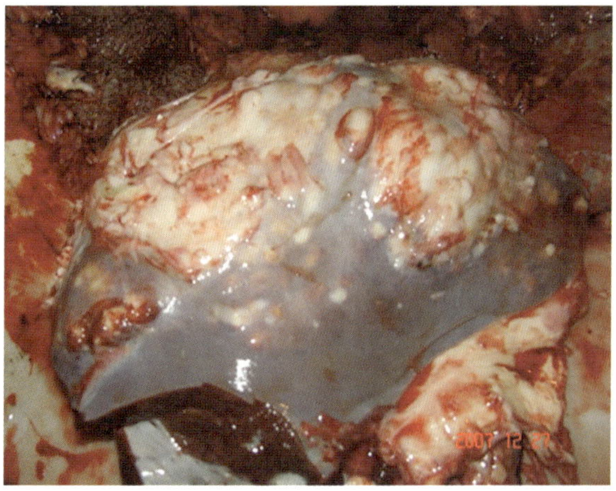

图 1-13 肝脓肿

（夏成供图）

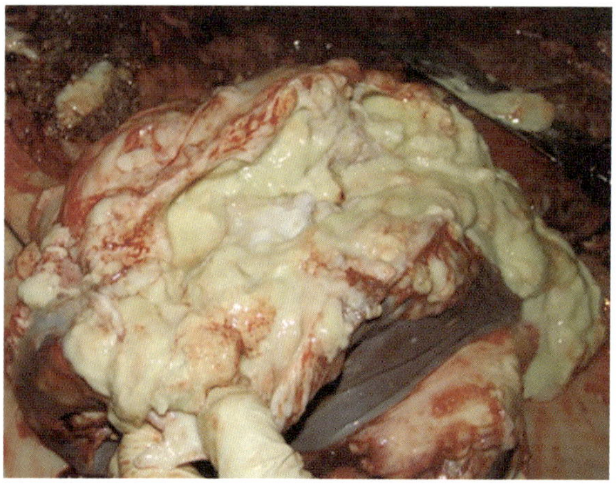

图 1-14 肝脓肿切开后的脓汁

（夏成供图）

【治疗】

（一）治疗原则

清除瘤胃内容物、纠正酸中毒和脱水、恢复胃肠功能和依据病程类型与病情的轻重进行治疗。

（二）治疗方法

1. 冲洗瘤胃

冲洗瘤胃常用于最急性病牛和急性病牛。其方法是瘤胃插入胃管，排除瘤胃内容物，然后用碳酸氢钠溶液反复冲洗，直至瘤胃内容物无酸臭味而呈中性或弱碱性为止。

2. 纠正水合状态和酸碱平衡

补液补碱用于危重的最急性病例。其方法是先采用5%碳酸氢钠，牛 3～6 L，在快速静脉输注 30 min 后，平速输注，纠正酸中毒和离子平衡。此后，5%葡萄糖按每 100 千克体重 0.5 L，静脉输注。

3. 灌服制酸药和缓冲剂

灌服制酸药和缓冲剂用于轻症或亚急性型病例。其方法是常用碳酸盐缓冲合剂（无水碳酸钠、碳酸氢钠、氯化钠、氯化钾按 1∶8∶2∶1混合）成年牛 500～750 g，溶于 5～10 L 水，一次灌服；成年羊 250 g 溶于 3L 水，一次灌服；也可用 5%葡萄糖、生理盐水，静脉输注。

4. 促进瘤胃蠕动、控制感染

适量液体石蜡、人工盐和小苏打，加水灌服。皮下注射毛果芸香碱（孕畜禁用），肌内注射 5%维生素 B_1 注射液或静脉输注 10%氯化钠。必要时，可配合使用抗生素。

5. 行瘤胃切开术

重症患病动物行瘤胃切开术，清除内容物，用温水或 5%碳酸氢钠反复冲洗。

6. 瘤胃菌群移植

在完成瘤胃清洗后，可移植健康奶牛反刍食团或瘤胃液，使其快速恢复瘤胃菌群。

7. 加强饲养管理

分群饲喂，按不同生理阶段合理调配日粮；饲喂全价日粮，严禁突然增加精料量；逐步更换饲料；保证充足的干草，避免过量饲喂青贮饲料；必要时，在高精的日粮中调整碳酸氢钠的用量。

【预后】

最急性病例，病急而重，如果不及时治疗，会很快死亡；如果急性病例、亚急性病例和轻微型病例及时治疗，即可痊愈。

第六节　创伤性网胃腹膜炎

创伤性网胃腹膜炎（traumatic reticuloperitonitis）是由采食的日粮中混入尖锐异物刺伤网胃壁，并穿透胃壁损伤腹膜或邻近脏器所引起的炎症。临床上以间歇性发热、食欲减弱或废绝、腹痛、渐进性的顽固性瘤胃弛缓或反复臌气为主要特征。按病程，创伤性网胃腹膜炎可分为急性、亚急性和慢性。该病发病无季节性，舍饲牛多发，放牧牛少发；常发于成年奶牛和肉牛，偶发于羊。

【病因】

（一）饲料因素

因饲料贮存或加工管理不当，饲料中混入较多铁丝、钢丝、钉子等尖锐异物。

（二）内在因素

因采食快、不咀嚼、识别异物敏感性差，牛、羊易摄食混入饲料的异物，在牛、羊的网胃中常见金属、木头或石子等。

（三）促发因素

在瘤胃积食、瘤胃臌气、劳役、妊娠、分娩、跳跃、滑倒和运输等过程中，因腹压急剧升高或网胃强烈收缩，网胃内异物会穿透网胃壁而促发该病。

（四）诱发因素

在因产奶量提高或其他人为因素调整饲料配方，采食量短期快速提升时，瘤胃和网胃压力增大，网胃内异物会造成创伤性网胃炎，刺穿网胃壁后，瘤胃液渗漏至腹腔即可发展为腹膜炎。

【发病机制】

网胃体积不大、收缩力强，当网胃收缩时，前后壁挤压或紧密接触会导致落入网胃底部的异物损伤网胃。由于异物的性质、部位及其角度不同，其所造成的损伤也不同，其中以 5～10 cm 尖锐金属异物（如钢丝、铁丝等）的危害为最大。当异物刺入网胃蜂巢皱褶固定或嵌入胃壁被结缔组织包埋时，因损伤较小而无明显症状。异物在穿透网胃后会导致局灶性腹膜炎，网胃壁可与腹壁和膈肌发生粘连。无论是否伴有网胃脓肿，长期局灶性腹膜炎患畜常表现为反刍下降、厌食、瘤胃臌气、轻度发热、腹痛以及血象和粪便异常等症状。弥漫性腹膜炎常表现为发热、腹痛、喜卧、消化不良、脱水、腹腔积液等症状。创伤性网胃腹膜炎常见的继发症包括迷走神经性消化不良、创伤性心包炎、脾脏脓肿、肝脏脓肿、膈脓肿、胸膜炎、肾炎、肺脓肿、化脓性胸膜肺炎等。极少数病例会发生充血性心力衰竭、皱胃炎、皱胃溃疡或幽门狭窄以及因脓毒血症或败血症而淘汰或死亡。

【临床症状】

急性病例的体温升高，症状明显。慢性病例体温正常或轻度升高，症状不明显。常在分娩、运动、起卧后突然发病。大多数病牛的食欲下降或废绝，产奶量下降，顽固性前胃弛缓或臌气、反复发生；呼吸浅而快，脉搏稍快。腹痛是主要症状，表现为弓背、咕噜声或磨牙。全身症状因网胃损伤和腹膜炎的程度而有很大差异。

（一）网胃炎症状

因网胃损伤和感染的程度不同而异。

（1）反刍吞咽异常　反刍次数减少或停止。吞咽时，表现痛苦、伸颈摇头。

（2）姿态异常　站立时，出现前高后低、肘头外展等姿势，还有精神沉郁、闭眼（图 1-15）、背腰强拘、腹部紧缩等症状。

（3）运动异常　喜欢走上坡路，不喜欢走下坡路。行走迟缓、步态拘谨，不愿走（图 1-16），不愿跨沟、转弯或下坡，愿走软路。

（4）起卧姿势异常　常卧地不起或长时间站立，起卧拘谨，肘头肌肉颤动，有时呻吟。

（5）疼痛反应　在冲击触诊网胃和抬杠试验时，患病动物表现为躲避、呻吟（咕噜声）；听诊喉部或气管有咕噜声或将手掌放在其喉部可感受到振动或观察左肋弓在咕噜声前无呼吸运动。

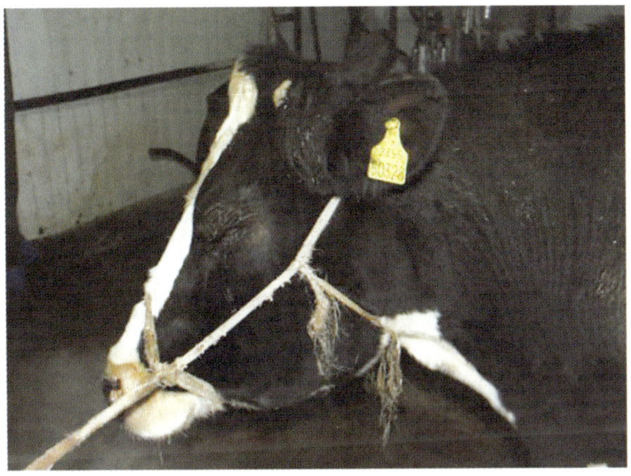

图 1-15 病牛精神沉郁、闭眼、不动

（夏成供图）

图 1-16 病牛行走缓慢、步态拘谨、不愿移动

（夏成供图）

（二）腹膜炎症状

因腹膜炎的程度不同而异。

(1)局限性腹膜炎　急性病例的症状在初期明显，随后不明显。其主要表现为腹痛、弓背或“蜷缩”；体温升高，心率增数，呼吸加快；瘤胃无蠕动、内容物柔软。慢性病例的体况不佳，持续的轻微体温升高；瘤胃充盈度差、蠕动无力；病情时好时坏，消瘦，衰竭；有时腹痛。

(2)弥散性腹膜炎　其表现为毒血症体征。精神沉郁，体温升高或低于正常；心跳加快，胃肠蠕动减弱或消失；冲击触诊腹壁有振水音、呻吟；常卧地不起和高度沉郁，常因循环衰竭或虚弱而死。

【诊断】

根据临床症状、用拟胆碱药物兴奋前胃时症状加重、久治不愈的病史可怀疑为该病；根据血常规检查、血液生化检查和腹腔液分析结果可做出初诊。必要时，可通过开腹探查或尸体剖检确诊。该病应与由单纯性消化不良、梭菌引起的腹腔积液和其他原因引起的腹膜炎等进行鉴别诊断。

（一）血常规检查

常见血细胞比容升高，白细胞增多。局灶性腹膜炎急性病例表现为中性粒细胞增多、核左移；慢性病例表现为中性粒细胞增多症，白细胞数需要数天恢复正常。急性弥散性腹膜炎表现为白细胞减少症和退行性核左移，多预后不良。

（二）血液生化检查

急性病例的典型特征是高纤维蛋白原血症。慢性病例的典型特征是高纤维蛋白原血症和高蛋白血症。血浆蛋白浓度高，主要是球蛋白浓度高。

（三）腹腔液分析

腹腔穿刺，腹腔积液增多、浑浊，有异味；有核细胞和蛋白质增加，中性粒细胞比例增高。

（四）尸体剖检

有的病死牛在妊娠后期或临近分娩时发病（图 1-17），有的病死牛表现为慢性消瘦（图 1-18）。网胃内有各种金属异物，如钢针（图 1-19）、铁丝（图 1-20）等，还有局部增生或包埋、干酪样脓肿、脓腔等病变。网胃与膈肌粘连（图 1-21），网胃壁上有瘢痕、瘘管等。局灶性腹膜炎或弥漫性腹膜炎（图 1-22），可见腹膜暗红、粗糙，腹腔液浑浊，腹膜上或脏器表面有纤维蛋白膜附着，脏器粘连，甚至脏器上出现脓肿。在投服过磁笼的牛死亡后，死亡的牛网胃或瘤胃中可见吸附铁丝的磁笼

（图 1-23、图 1-24）。

图 1-17　母牛死后阴门露出胎儿
（夏成供图）

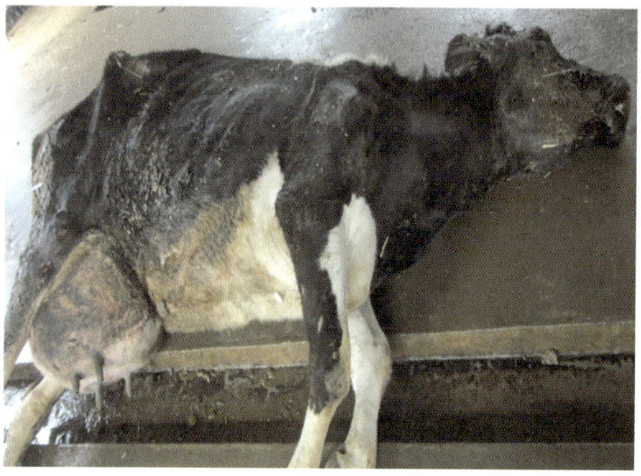

图 1-18　死亡病牛消瘦
（夏成供图）

图 1-19　病死牛网胃内多个钢针
（夏成供图）

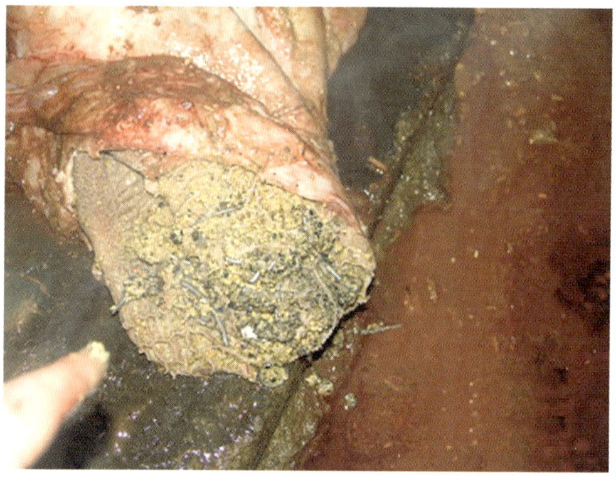

图 1-20　病死牛网胃内许多铁丝
（夏成供图）

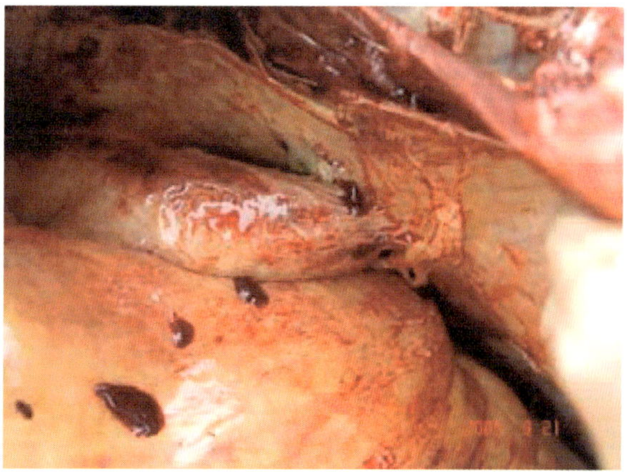

图 1-21　网胃与膈肌粘连
（夏成供图）

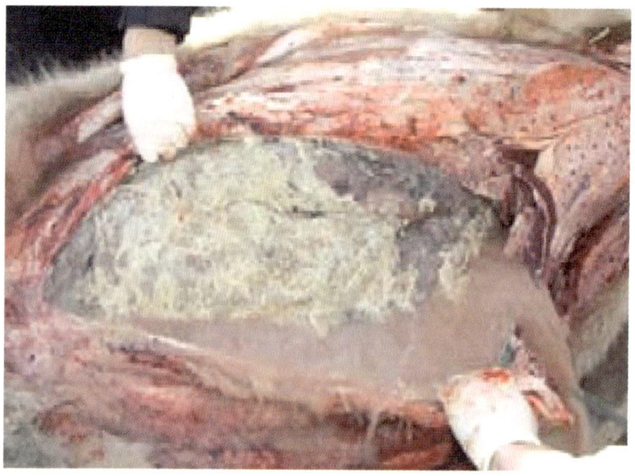

图 1-22　弥漫性腹膜炎
（夏成供图）

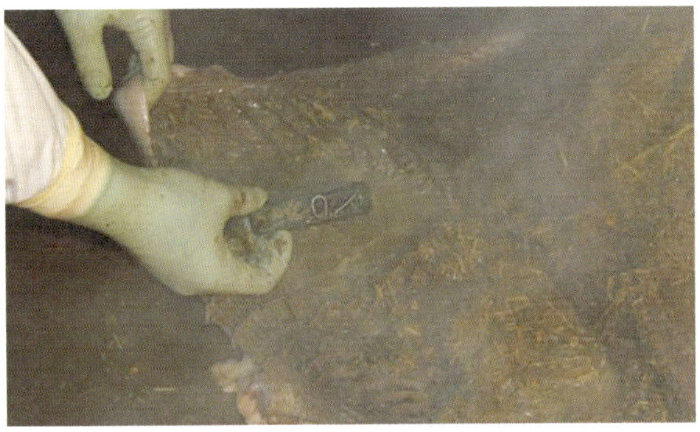

图 1-23　网胃里磁笼
（夏成供图）

图 1-24　磁笼吸附着铁丝
（夏成供图）

【治疗】

（一）治疗原则

采用保守疗法、行瘤胃切开术和加强管理。

（二）治疗方法

1. 保守疗法

在病程初期，限饲 1～2 d，将牛固定或限定于狭小空间，减少运动，在前高后低之处站立。首先，用磁笼吸附瘤胃或网胃内金属异物，并用金属探测器或 X 线检查取铁器是否吸附完瘤胃或网胃内金属。其次，选用青霉素、阿莫西林、甲氧苄啶等抗生素，肌内注射，连用 5～7 d。同时，静脉输液葡萄糖或生理盐水。当金属异物未贯穿网胃，用取铁器吸附后取出，无并发症时，多数病例会治愈。如果病牛在 3～4 d 内经保守治疗无反应，需要在影像学检查后重新制定治疗方案。

2. 行瘤胃切开术

当保守治疗无效，怀疑异物损伤网胃且用取铁器无法取出时，应尽早实施瘤胃切开术。取出金属异物是该病的根治疗法。手术前禁食 24 h，在左肷部前上方切口，切开腹壁至腹膜，腹腔探查网胃前端是否粘连，是否有金属异物进入腹腔，腹水是否正常，包括颜色是否清亮微黄，无恶臭气味，如果发现粘连且无法剥离，则应中止手术，关腹，淘汰。随后，切开瘤胃，用手探查并取出刺入网胃壁及瘤胃和网胃内游离的金属异物。如果网胃异物导致上 1/3 穿孔，还应缝合网胃。当有脓肿附着于网胃周围时，从网胃内抽吸内容物并切开引流。无论是否有并发症，术后应全身消炎或配合腹腔注射，还应向瘤胃中添加 4～5 L 健康牛瘤胃液和适量干草，在禁食 1～2 d 后，给予易消化草料，同时配合抗生素、补液等治疗措施。

3. 加强管理

在饲料收储、采购或加工过程中，严格检查是否含有金属异物，投料车在投料口加装强磁板以吸附金属异物。如果饲料中有大量金属异物，对成年牛配种后的妊娠检查就应投服磁笼进行预防。场区新建和改建后，要做好钢丝头、螺丝钉等金属异物的清理工作。

【预后】

该病常呈急性、亚急性和慢性的经过。早期病例及时治疗会好转或痊愈。慢性病例表现为顽固性的前胃弛缓，很难治愈。穿孔病例的病情复杂，常继发心包炎、胸膜炎、肺炎、腹膜炎、膈肌炎以及肝、脾或膈下的脓肿等，甚至由此导致脓毒血症、败血症，常预后不良，以致淘汰或死亡。

第七节 瓣胃阻塞

瓣胃阻塞(omasum impaction),又称瓣胃秘结,中兽医称为“百叶干”,是指采食大量难消化的草料以及瘤胃弛缓、瓣胃蠕动减弱导致内容物积滞而干涸,从而引起瓣胃扩张、坚硬、疼痛,继而发生阻塞的一种消化不良性疾病。临床上以排粪减少、粪便干燥,触诊瓣胃坚实、有疼痛反应为特征。该病呈散发,冬春枯草季节多发。

【病因】

(一)原发性因素

牛、羊长期饲喂粗纤维含量高的饲料可引起发病,如花生秧、甘薯蔓、豆秸、豆荚和麦糠等。外界不良刺激,突然更换饲料,草料品质差,饲料中矿物质、维生素、蛋白质等缺乏,饮水少或质量差和运动不足能促发该病。长期摄入含泥沙的麸糠、粉渣、酒糟等饲料也可发病。

(二)继发性因素

继发性瓣胃阻塞常见于前胃弛缓、皱胃溃疡、皱胃阻塞、皱胃变位、肠便秘、创伤性网胃腹膜炎、生产瘫痪、腹腔脏器粘连以及传染病或寄生虫病等疾病过程中。

【发病机制】

该病发生基础是前胃弛缓及后送障碍。原发性因素或继发性因素都会引起前胃弛缓。如果伴有迷走神经性消化不良,瓣胃蠕动就会减弱或停止,瓣胃内容物不能正常后送而积滞,内容物水分被吸收而变得干涸而坚硬,造成瓣胃膨胀,刺激和压迫瓣胃。同时,内容物大量腐败分解而产生过多有毒产物引起胃壁炎症、瓣胃叶坏死、神经肌肉受损或麻痹,从而导致腹痛、脱水、自体中毒,甚至死亡。

【临床症状】

(一)一般症状

在病程初期,患病动物表现出前胃弛缓症状。随后,病情加重,精神沉郁,食欲废绝,呼吸急促,心跳加快。在病程后期,患病动物体温升高,排粪少,干硬或停止排粪。病羊的腹部膨胀,有的呈现脱水或自体中毒体征,衰弱,卧地不起(图 1-25),甚至死亡。

(二)示病症状

鼻镜干燥或干裂。叩诊瓣胃,浊音区扩大,瓣胃蠕动音消失。触诊瓣胃,内容物坚硬,表现出躲避、呻吟。瓣胃穿刺,感知内容物干硬、阻力大、无收缩运动。直肠检查可见肛门紧缩,有少量带黏液的暗褐色粪便。

【诊断】

根据病史和示病症状,结合瓣胃穿刺、超声检查、剖腹探查或尸体剖检可做出诊断。该病应与前胃弛缓、创伤性网胃炎、瘤胃积食、皱胃阻塞/变位、肠便秘以及腹膜炎等进行鉴别诊断。

尸体剖检可见病死羊的瓣胃内容物充满、坚硬,瓣胃黏膜乳头变黑(图 1-26)。瓣叶间的内容物干涸如同纸板样的粉末,瓣叶有炎症、出血或溃疡。

图 1-25 病羊衰弱,卧地不起
(何生虎供图)

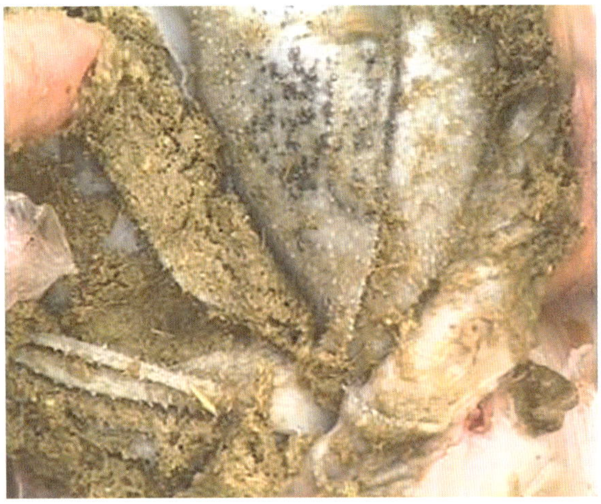

图 1-26 病羊瓣胃黏膜乳头变黑
(何生虎供图)

【治疗】

(一)治疗原则

增强前胃蠕动,以促进瓣胃内容物排出和对症治疗。

(二)治疗方法

1. 增强前胃蠕动机能

病初,硫酸钠或硫酸镁,加水,混合后灌服或选用液体石蜡、大黄酊,牛 30～100 mL、羊 5～20 mL;硫酸镁,牛 15～50 g、羊 5～10 g;人工盐,牛 50～150 g、羊 10～30 g,加水,混合后灌服或液体石蜡或植物油,灌服;也可用拟胆碱约物,氯化氨甲酰甲胆碱、新斯的明或硝酸士的宁等,皮下注射。

2. 瓣胃注射

顽固性或重症病例常用 10%硫酸镁溶液或 10%硫酸钠溶液,牛 1 500～4 000 mL、羊 300～800 mL,1 次/d,连用 1～3 次或选用液体石蜡或甘油,羊 100～300 mL、牛 500～1 500 mL;盐酸普鲁卡因,牛 0.5～2 g、羊 0.2～0.5 g;土霉素按每千克体重牛 5～10 mg、羊 7～15 mg,2 次/d,连用 2～3 次;液体石蜡、人工盐,瓣胃注射,连用 2～3 d。

3. 对症治疗

伴有肠炎或全身败血症的病例应纠正脱水、缓解中毒和抗菌消炎。常用氢化可的松,牛 0.2～0.5 g、羊 0.02～0.08 g;10%葡萄糖酸钙,牛 200～600 mL、羊 50～150 mL;10%氯化钠,牛 1 000～3 000 mL、羊 250～500 mL,静脉输注或选用 10%葡萄糖,牛 500～2 500 mL、羊 100～500 mL;维生素 C,牛 2～4 g、羊 0.2～0.5 g,混合,静脉输注,同时给予抗生素。

4. 手术疗法

如果上述方法无效,就应及时手术切开瘤胃,通过网瓣胃口,冲洗瓣胃,效果较好。

5. 加强管理

合理调配日粮,供给充足的饮水或青绿饲料,避免摄入劣质草料,适当运动,及时治疗原发病。

【预后】

轻症病例的病程较缓慢,经及时治疗可以痊愈。重症病例的病程短急,经过治疗后仍卧地不起,常陷于昏迷而死亡。

第八节 皱胃变位

皱胃变位(displacement of abomasum,DA),也称真胃变位,是指各种原因引起的皱胃弛缓,从而导致皱胃解剖学位置发生改变的一种消化系统疾病。皱胃变位是奶牛常见疾病,多发于高产奶牛分娩前后或妊娠后期。按照皱胃变位的方向,皱胃变位分为皱胃左方变位和皱胃右方变位。

皱胃左方变位是临床中最常见的类型,约占90%。皱胃从右侧腹底部9~11肋的正常位置,经瘤胃腹囊与腹腔底壁空隙移位至左侧腹壁与瘤胃间,并嵌于其中。

皱胃右方变位根据皱胃移行部位的不同可分为皱胃顺时针变位、皱胃逆时针变位和皱胃扭转。

①皱胃顺时针变位:由于皱胃弛缓积气积液离开正常位置,做顺时针方向偏转约90°,移至瓣胃后上方、肝与右腹壁之间,大弯部朝后。

②皱胃逆时针变位:皱胃逆时针方向偏转约90°,大弯部朝前,瓣-皱胃孔和幽门、十二指肠区扭曲,并导致幽门部分或完全闭塞。

③皱胃扭转:皱胃在变位的同时,沿身体的长轴做顺时针反转或逆时针反转,从而导致十二指肠、瓣胃,甚至网胃同时发生位移,幽门闭锁,瓣胃上移,网胃向身体右侧偏离。

【病因】

虽然皱胃变位的确切病因尚不清楚,但3个因素可造成奶牛皱胃左方变位:第一,在分娩后,瘤胃不能充分占据子宫回缩后的空间,瘤胃不能移动到皱胃左侧腹底,则皱胃就有可能滑落至瘤胃下方。第二,网膜松弛,这样皱胃就会向左侧移位。这两个因素为皱胃变位创造了条件。第三,皱胃弛缓。引起皱胃弛缓的主要病因是分娩前后的奶牛血钙浓度下降;未饲喂全混合日粮(TMR)、干乳期体况评分较高或干物质摄入量减少使饲粮的精粗比升高。高精料日粮增多引起皱胃内挥发性脂肪酸(VFA)水平升高,引起皱胃弛缓。

【发病机制】

皱胃左方变位发病的病理学机制一般是皱胃机械性移位。机械性因素主要包括由奶牛在分娩、起卧、爬跨、跳跃、翻滚等过程中造成的腹内压改变而导致变位的发生。在妊娠后期,如牛的胎儿快速生长发育,妊娠子宫将瘤胃从腹底部抬起,为皱胃移动扩展空间,分娩后的子宫压力消失,回复原位,瘤胃将皱胃挤压到瘤胃左侧,置于左腹壁和瘤胃之间,皱胃不能及时收缩回位,导致发生皱胃左方变位。皱胃右方变位和皱胃扭转主要发生在妊娠后期,此时怀孕子宫占据了腹腔底部空间,如发生皱胃弛缓,则扩张积气的皱胃在腹腔右侧发生位移,导致皱胃右方变位或皱胃扭转。

皱胃变位发生的病理学基础一般认为是皱胃弛缓。皱胃弛缓与皱胃内环境改变有关,如由胃酸过多造成的神经末梢损伤及代谢紊乱(如生产瘫痪、酮病等)导致皱胃积气,明显扩张的体积,容易受到压迫而发生变位。饲喂大量的精料可导致挥发性脂肪酸浓度升高。其质量浓度过高可抑制皱胃蠕动和胃排空,使皱胃弛缓,为皱胃变位创造先决条件。

【临床症状】

(一)一般症状

皱胃变位多发生在分娩后的30 d内,头胎牛和经产牛均可发生。皱胃左方变位的牛在病程初期无明显临床症状。随着病情的发展和病程的延长,病牛表现为食欲下降和脱水,部分病牛的食欲时好时坏,不喜精料,但能采食一定量的优质干草;反刍和嗳气明显减少,排粪减少;产奶量逐渐下降。皱胃右方变位的牛发病较急,饮食欲废绝,脱水迅速,眼球下陷、精神高度沉郁,腹痛;皱胃扭转的牛症状比皱胃右方变位的牛症状更为严重,病程更短。如果不及时手术救治,其常在发病后8~12 h死亡。

(二)主要症状

周期性的腹痛和瘤胃膨胀，进行性消瘦。病程长者出现脱水体征，眼球下陷(图 1-27)，左或右腹侧肷窝部明显下陷(图 1-28、图 1-29)，多数患牛左侧肋或右侧肋隆起(图 1-30、图 1-31)。

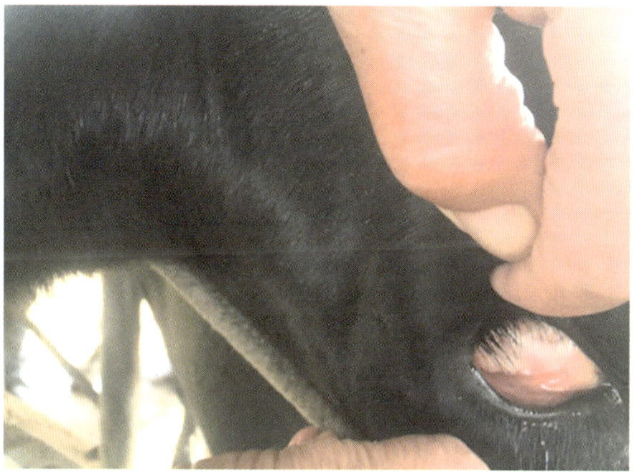

图 1-27 眼球下陷

(董强供图)

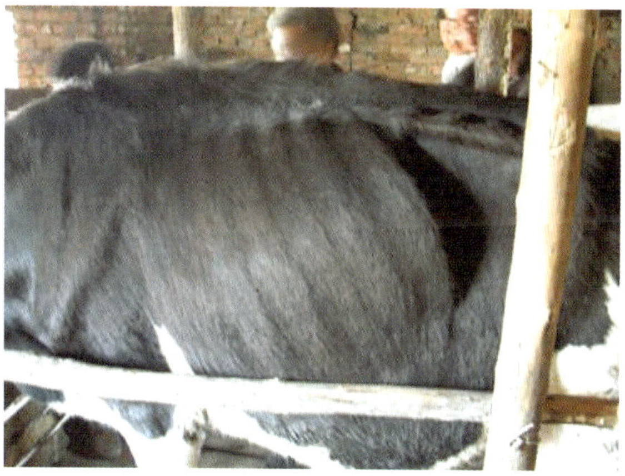

图 1-28 肷窝凹陷

(夏成供图)

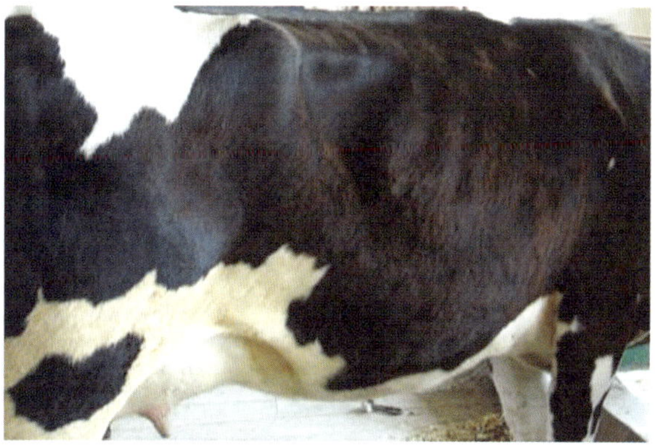

图 1-29 肷窝凹陷

(董强供图)

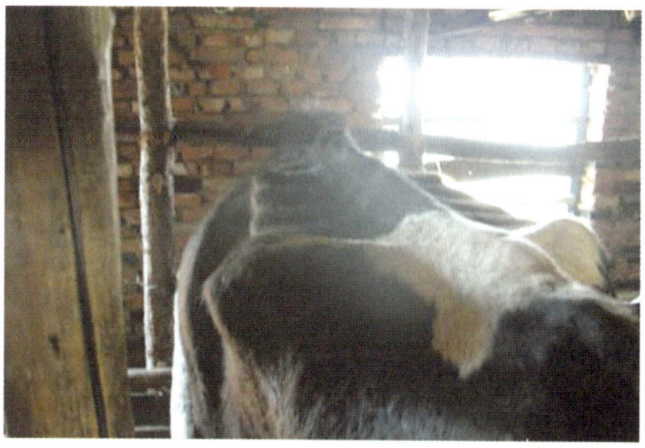

图 1-30 左侧肋隆起

(夏成供图)

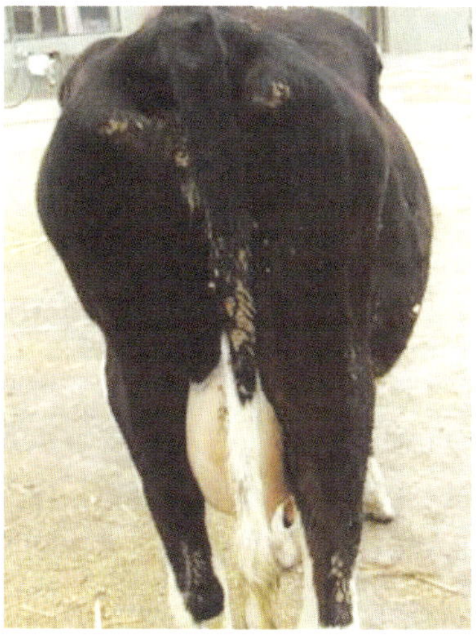

图 1-31 右侧肋隆起

(夏成供图)

(三)示病症状

叩诊结合听诊，皱胃左方变位的牛左肷窝部至左侧肋骨弓处，肩关节水平线上方、左侧 9～13 肋骨间可听到“ping ping”钢管音，左肷窝部触诊可感知腹壁与瘤胃后背盲囊间有空隙，不能直接感觉到瘤胃壁；皱胃右方变位的牛右肷窝前部至右侧肋骨弓内，肩关节水平线上方、右侧 9～13 肋骨间可听到“ping ping”的钢管音；真胃扭转病例的右侧肋弓隆起，钢管音范围比皱胃右方变位的更大，从右侧第 8 肋至最后肋弓后。

(四)直肠检查症状

皱胃左方变位的牛的瘤胃背囊右移，皱胃右方变位的牛可触摸到膨胀的皱胃。

【诊断】

由于皱胃排空不畅，不能被小肠回收的胃酸和电解质导致了皱胃胃壁迟缓扩张、积液和气胀，从而引起严重的代谢性碱中毒。患病动物出现的严重低氯血症、低钾血症以及脱水症状最终导致循环衰竭。

(一)皱胃左方变位的诊断

皱胃左方变位多见于新产牛，全身检查体温、呼吸、脉搏正常；个别病牛表现出腹痛和拒绝采食；大多数患牛有一定食欲，粪便量少；部分牛继发酮病；两侧肷窝均下陷，视诊左侧肋弓部隆起(最后 3 个肋间)，叩诊和听诊相结合可听到钢管音；左侧肋弓部后下方冲击式触诊感有振水音。在第 9～13 肋间、肩关节水平线上方，采用听叩诊结合法，确定是否有钢管音，并确定发音区域；在钢管音区的下部穿刺，若抽出液体，pH 为 1～4，无纤毛虫等，可证明穿出液为皱胃液。直肠检查可见，瘤胃背囊明显右移，有时可摸到皱胃。

(二)皱胃右方变位的诊断

发病急，腹痛轻微，腹围增大，食欲废绝和产奶量降低。右腹侧叩诊和听诊相结合可听见钢管音范围小而清晰。

(三)皱胃扭转的诊断

发病最急，患牛腹痛明显、腹围显著增大、严重脱水、食欲废绝、产奶量急剧下降，直检较易摸到膨大的皱胃，右侧叩诊和听诊相结合可听见大范围的钢管音，音质高朗。

【治疗】

(一)治疗原则

增强皱胃蠕动，采用药物疗法、滚转疗法和手术疗法，加强管理。

(二)治疗方法

1. 药物疗法

口服缓泻剂与止酵剂，采用促反刍药物和拟胆碱药物，促进胃肠蠕动，加速胃肠排空。此外，静脉注射钙制剂和口服氯化钾，每次 30～120 g，2 次/d。若存在酮病、乳腺炎、子宫炎等其他原发性疾病或继发性疾病，就应同时治疗，否则皱胃变位的治疗效果会受到影响。

2. 滚转疗法

滚转疗法仅用于皱胃左方变位的病牛。其方法是将母牛左侧卧，转为仰卧式(背部着地，四蹄朝天)，以背部为中心，先向左滚转 45°，回到正中，再向右滚转 45°，再回到正中，如此摇晃约 3 min 后突然停止，病牛仍呈左侧横卧，再转成俯卧式，使之站立，检查皱胃是否复原。病牛在治疗前 2 天应禁食并限制饮水，这样能减小瘤胃体积，增加复位成功率。其优点是操作简单、快速、无侵入性；其缺点是治疗效果不确定、易复发。

3. 手术疗法

在病牛左肷部或右肷部的下部，腰椎横突下方 15～20 cm 处，垂直切开腹壁约 20 cm，先穿刺放气后，导出皱胃内气体(图 1-32、图 1-33)，将皱胃牵拉或推送至正常位置，将皱胃幽门部或大网膜耳状部缝合固定于右侧腹壁切口下方的肌肉处；也可采用盲针固定术治疗。手术疗法适用于该病的任何类型和阶段，是皱胃变位最有效的治疗方法。图 1-34、图 1-35 为术后左腹隆起和术后右腹隆起。

4. 加强管理

合理搭配日粮，控制高产奶牛精粗饲料比例合适；在妊娠后期，多饲喂食优质干草，增加运动，以预防酮病和产后瘫痪等原发病。

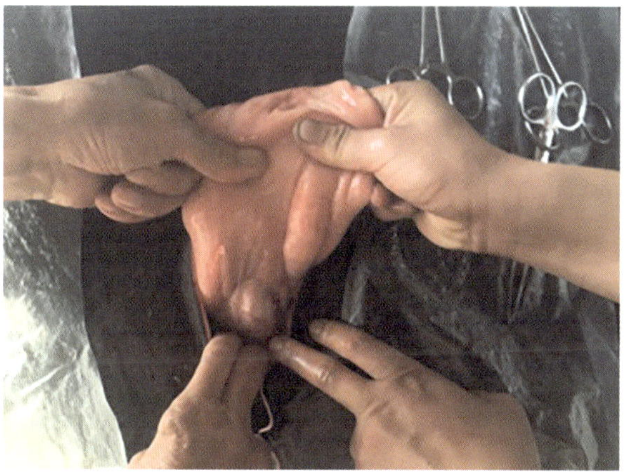

图 1-32 穿刺放气后，左方变位的皱胃
（董强供图）

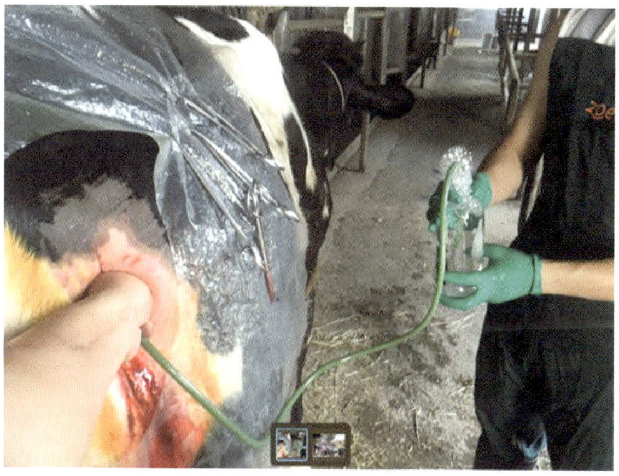

图 1-33 皱胃右后方变位，放气排液
（夏成供图）

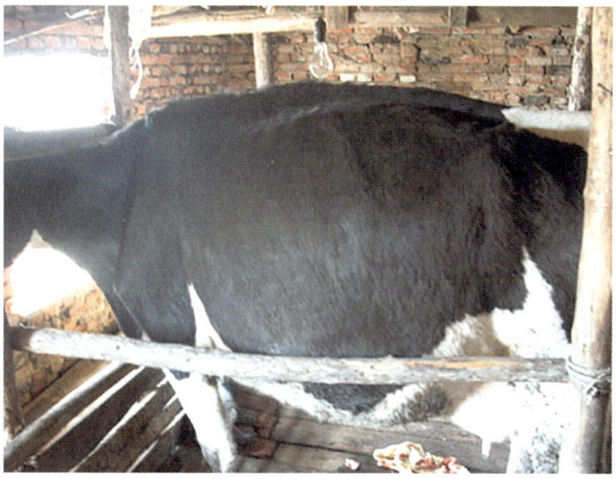

图 1-34 术后左腹隆起
（夏成供图）

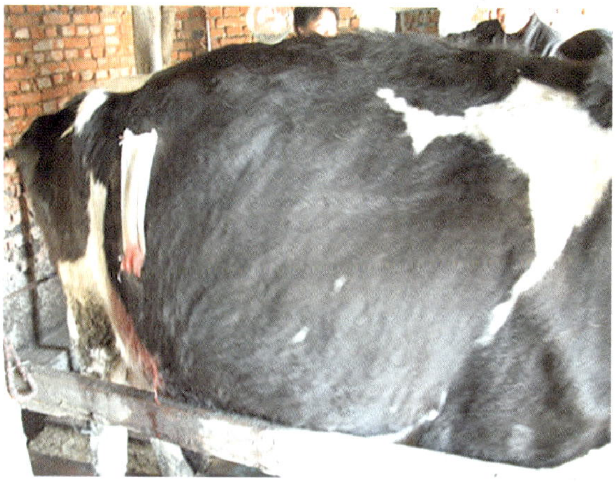

图 1-35 术后右腹隆起
（夏成供图）

【预后】

皱胃左方变位病牛的病程较缓慢，经及时治疗通常可以痊愈。皱胃右方变位或皱胃扭转的病牛易发生皱胃黏膜出血和坏死，如果手术复位较晚，则预后不良。

第九节 皱胃阻塞

皱胃阻塞(abomasal impaction)，又称皱胃积食，是指一种由迷走神经调节机能紊乱导致幽门排空障碍或由采食大量高纤维性饲料及沙子等异物或由创伤性网胃炎、腹膜炎、幽门肿物、皱胃炎或淋巴肉瘤等引起的皱胃内容物积滞、皱胃体积增大的阻塞性疾病。临床上以皱胃内容物增多和容积增大、脱水、自体中毒、进行性消瘦为特征。按病因，该病可分为原发性、继发性；按严重程度，该病可分为不完全阻塞、完全阻塞。牛多发于冬季，呈散发；犊牛比成年牛更常见，尤其是 3 周龄至 3 个月龄的犊牛。成年羊多发，羔羊偶发。

【病因】

(一)原发性因素

摄食劣质的粗硬饲料，如秸秆、麦秸等或摄食混有沙石、泥土、塑料、毛团的饲料，缺水或饮水少以及天气寒冷等而发病;犊牛和羔羊由摄入细碎的日粮、颗粒料或吃垫草和舔毛形成草球或毛球等引起的皱胃排空障碍。

(二)继发性因素

其常见于由迷走神经性消化不良所致的皱胃排空障碍,有时见于由创伤性网胃腹膜炎造成的腹腔粘连或由皱胃炎、皱胃溃疡、淋巴肉瘤所致的幽门狭窄或水肿等疾病经过中。

【发病机制】

该病主要归因于迷走神经紊乱或受损所引起的皱胃消化机能紊乱。原发性因素可以导致迷走神经机能紊乱或受损,继而引起幽门痉挛、皱胃壁弛缓和扩张;继发性因素是较多的粗硬内容物大量积聚于皱胃而发生阻塞,从而导致瓣胃阻塞,病情加剧。

在原发性因素或继发性因素的作用下,前胃机能受到反射性抑制,表现出迷走神经性消化不良的部分综合征,瘤胃或皱胃内容物后送障碍而发生积食。由内容物腐解产生大量有毒物质引起的瘤胃、皱胃发生炎症导致瘤胃积液,从而造成机体脱水和自体中毒及衰竭。继发性皱胃阻塞有原发病相应的病症。

【临床症状】

(一)一般症状

在病程初期,其呈现前胃弛缓症状,发病缓慢,喜卧,采食减少或食欲废绝,有的腹围增大(腹部臌气呈 L 形),粪少稀软或干,呈黑色。多数病例的体温、呼吸、心跳等正常。瘤胃蠕动减弱或停止、内容物充盈而黏硬。在病程后期,患畜精神高度沉郁,消瘦,因衰弱而死。

(二)示病症状

触诊皱胃可在右侧腹底部 1/4 处感知内容物坚实,并表现出躲闪或呻吟。直肠检查盲肠空虚,粪少附有黏液或血丝,扩张的皱胃不容易被触摸,瘤胃不蠕动,肠内容物少或空虚。在病程后期,最显著的特征是右下腹部膨胀,瘤胃大量积液,冲击触诊有大范围的荡水声。

【诊断】

根据病史、示病症状,结合实验室检查可以做出初诊。依据 B 超影像、剖腹探查或尸体剖检做出确诊。该病应与腹腔积液、慢性腹膜炎、迷走神经性消化不良、肠梗阻等进行鉴别诊断。

(一)实验室检查

常见血细胞比容升高,轻度中性粒细胞增多,血清总蛋白升高,轻度低钙血症,高血糖和高胆红素血症,有的呈低氯血症、低钾血症及代谢性碱中毒。

(二)尸体剖检

完全阻塞可见皱胃极度扩张,达正常 2 倍以上,内容物干燥;胃壁菲薄,易撕裂;皱胃黏膜炎性浸润、出血、溃疡、坏死、脱落,甚至破溃穿孔引起腹膜炎。不完全阻塞可在皱胃内发现阻塞幽门的草团或纤维团。

【治疗】

(一)治疗原则

促进皱胃蠕动、促进积食排出、对症治疗、纠正脱水和自体中毒。必要时,手术治疗。

(二)治疗方法

1. 促进皱胃蠕动

除促进蠕动药物外,常用氢氧化镁、碳酸镁或应用油类泻药,如液体石蜡、亚麻籽油等。

2. 促进积食排出

常用皱胃注射和手术疗法。

(1)皱胃注射 常用盐类或油类缓泻剂，如 25%硫酸钠或硫酸镁溶液、25%硫代丁二酸二辛钠的溶液、5%二辛基琥珀酸钠溶液或适量矿物油，直接注入皱胃，1 次/d，连用 2～3 次。

(2)手术疗法 常用皱胃切开术治疗。切开皱胃后，取出皱胃内容物，反复冲洗后，剪除皱胃切口两侧挫灭的组织后，双层缝合皱胃壁，常规闭合腹腔。

3. 对症治疗

严重病例可补液纠正代谢性碱中毒，复方氯化钠、10%氯化钾(牛 20～50 mL、羊 5～10 mL)，2 次/d，混合，静脉注射。因皱胃黏膜有的溃疡，禁用非甾体抗炎药，可以给予抗菌药，预防感染。

4. 加强管理

做好饲料配制。在大量使用麦秸等粗饲料时，可进行氨化等处理。若病情恶化，尽快淘汰或屠宰。

第十节 幼畜消化不良

消化不良(indigestion)，又称卡他性胃肠炎，是胃肠黏膜表层炎症和消化紊乱的统称。临床上以明显的消化机能障碍、渐进性消瘦和不同程度的腹泻为特征。该病是断奶前犊牛和羔羊常见病之一，尤其 15 日龄以内的犊牛和羔羊最常发生，多发于冬春、秋后以及气候多变的季节。

【病因】

(一)原发性因素

原发性因素主要是母畜饲养管理不当。饲料品质不良，如发霉变质、饲料单一、缺乏矿物质和维生素等；饲喂不规范，如突换草料、不定时、不定量等；过劳、长途运输、应激、炎热、畜舍不洁、营养不良、运动不足、缺乏光照、寒冷等。这些因素均可引起母畜营养不良、产后缺乳，从而导致幼畜发病。此外，幼畜饲养管理不当，如没有定时定量给幼畜哺乳、受寒或环境不良等均会造成幼畜体质衰弱，抵抗力降低，从而发病。

(二)继发性因素

常因母畜患酮病、乳腺炎、子宫内膜炎、产后败血症、巴氏杆菌病、传染性胸膜肺炎等疾病造成母乳不足或质量差，从而引起幼畜发病。幼畜患其他普通病、传染病和寄生虫病等也会影响哺乳或对母乳的吸收、消化，抵抗力降低，从而发病。

【发病机制】

该病多由母畜或幼畜的饲养管理不当，如外感风寒、饲喂霉败的饲料和青贮料、患其他疾病等，造成幼畜的消化机能减弱，抵抗力下降，易被细菌、病毒、寄生虫等病原体侵入胃肠道，直接刺激胃肠黏膜的感受器，扰乱胃肠正常分泌、运动和吸收的生理机能，从而导致腹泻。

【临床症状】

(一)一般症状

在病程初期，患病动物精神正常或不振，采食正常或减少；心跳、呼吸大多正常，有的患病动物体温升高；严重时，患病动物精神沉郁，食欲废绝，眼光无神，呼吸浅表，脉微细；被毛无光泽，消瘦(图 1-36)，眼球下陷，脱水严重，末梢发凉，卧地不起，昏迷或死亡。

(二)示病症状

粪便糊状或稀软(图 1-37)，混有凝乳块或未消化的饲料碎片和气泡，气味酸臭。肠音增强、不整或减弱，有的病例腹胀或腹痛。

图 1-36　病犊牛被毛无光泽，消瘦

（夏成供图）

图 1-37　病犊牛排出的糊状或稀软粪便

（夏成供图）

【诊断】

该病根据发病日龄的病史、示病症状和死后解剖变化等，可以做出诊断。继发性病因，如传染病和寄生虫病需要依据流行病学和特征病理变化以及病原分离和鉴定等做出原发病的确诊。

尸体剖检可见，皱胃内凝乳不良，肠道内容物呈糊状或稀粥样（图 1-38），肠壁变薄、积气（图 1-39），肠系膜淋巴结肿胀，胃肠道黏膜轻微充血、出血；个别病例的肝脾肿胀；心肌变软，心内、外膜有出血点。

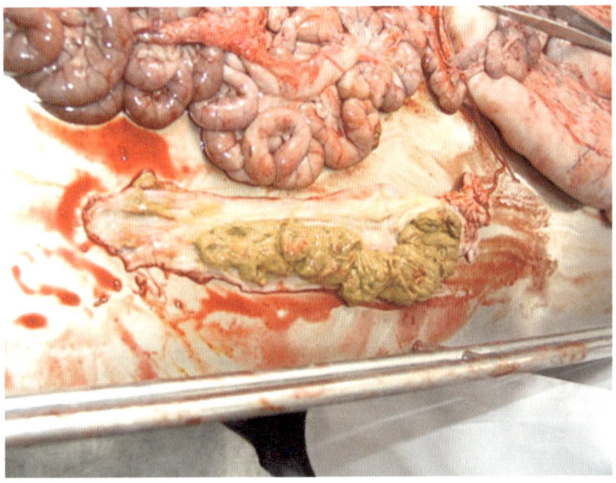

图 1-38　病死犊牛肠内容物呈糊状

（夏成供图）

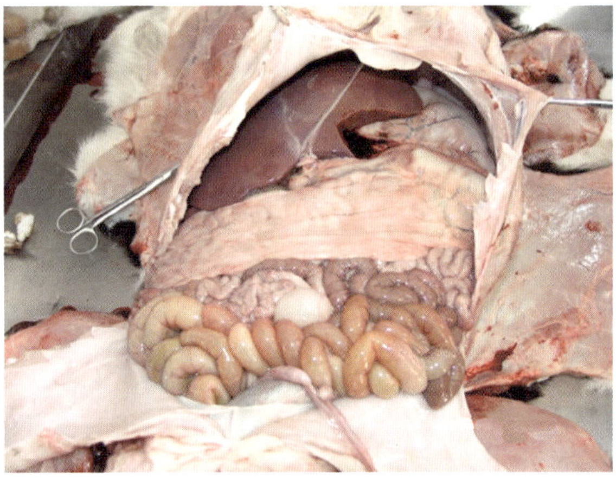

图 1-39　病死犊牛肠壁变薄、积气

（夏成供图）

【治疗】

（一）治疗原则

消除病因、加强护理、清肠止酵、消炎、恢复胃肠机能和对症治疗。

（二）治疗方法

1. 消除病因、加强护理

改善母畜、幼畜的饲养管理，注意厩舍的清洁，保证充足的饮水，避免遭受应激，悉心护理临产母畜和初生幼畜，确保幼畜摄入充足的优质初乳，夏季和冬季应分别注意降温和保暖及通风。

2. 清肠止酵、消炎

当胃肠内容物较多并发酵、腐败时，投服泻剂和止酵药。常用硫酸钠或硫酸镁、鱼石脂或来苏儿，加水，内服；配合庆大霉素或磺胺脒。

3. 恢复胃肠机能

一般在幼畜恢复期使用。常用胃蛋白酶 3～10 g、稀盐酸 2～5 mL、温水 200～1 000 mL，混合后灌服或内服中成药，如健脾散、健胃散等。

4. 对症治疗

如果患病幼畜脱水，应补充水分和电解质，纠正酸中毒。常用 10%葡萄糖溶液，牛 500～2 500 mL、羊 100～500 mL，静脉输注或选用 5%葡萄糖氯化钠溶液、5%碳酸氢钠溶液，静脉输注。

【预后】

轻症病例经及时治疗，预后良好。重症病例的预后因病而异。

第十一节　胃　肠　炎

胃肠炎(gastro-enteritis)是指胃肠黏膜及其深层组织的炎症。临床上以腹泻、呕吐、腹痛、明显的脱水体征和自体中毒体征为特征；病理生理学上以蠕动障碍、分泌异常、消化障碍为特征。该病是牛、羊常见病之一，体弱的幼畜和成畜多发，各季节均有发生，以春冬寒冷季节多发。

【病因】

(一)原发性因素

原发性病因主要是饲养管理不当。采食了发霉、冰冻的草料，圈舍卫生不良或潮湿，营养不良，长途运输等降低了机体的抵抗力，使胃肠道常在菌，如大肠埃希菌、沙门菌等被大量繁殖而引发该病。其他的原发性因素还有用药不当。当患病动物前胃积食和便秘时，大量使用蓖麻油和盐类泻剂或驱虫药投喂不当或滥用抗生素导致肠道菌群失调，从而引发该病。

(二)继发性因素

继发性因素常见于某些传染病、内科疾病和中毒等疾病经过中，如副结核病、病毒性肠炎、肠变位、肠毒血症以及砷、汞、有机氯等农药中毒。

【发病机制】

在原发性因素作用下，胃肠道黏膜发生充血、渗出或溃疡，胃肠内容物异常分解刺激胃肠黏膜，胃肠蠕动加快，分泌增多，出现剧烈腹泻，造成机体脱水。胃肠机能减退，机体免疫力下降和肠道细菌异常繁殖导致胃肠黏膜正常消化和吸收功能被破坏，毒素被吸收而进入血液，引起自体中毒。继发性胃肠炎除上述病变外，原发病病原种类多、致病机制不同使得症状变得复杂，但其会表现出原发病的特征症状。

【临床症状】

(一)一般症状

病情和症状较严重。在病程初期，患病动物常表现为体温升高，脉搏快而弱；精神沉郁，食欲和反刍停止；可视黏膜潮红或黄染；有的患病动物腹痛。在病程后期，患病动物眼球下陷，皮肤湿冷；可视黏膜高度发绀，消瘦、衰弱，卧地不起，因虚脱和昏迷而死亡。

视频 1-1　腹泻患犊便血、严重脱水、休克

(二)示病症状

患病动物常表现为腹泻或便秘与腹泻交替发生。有的患病动物表现为顽

固性腹泻(图 1-40),频频排出水样恶臭粪便(图 1-41);有的患病动物的肛门和尾根带血(图 1-42),排血便(图 1-43);有的患病动物的粪便混有血液、黏液、脓液及脱落的黏膜。重症病例的肛门松弛、排粪失禁、频频努责和里急后重。

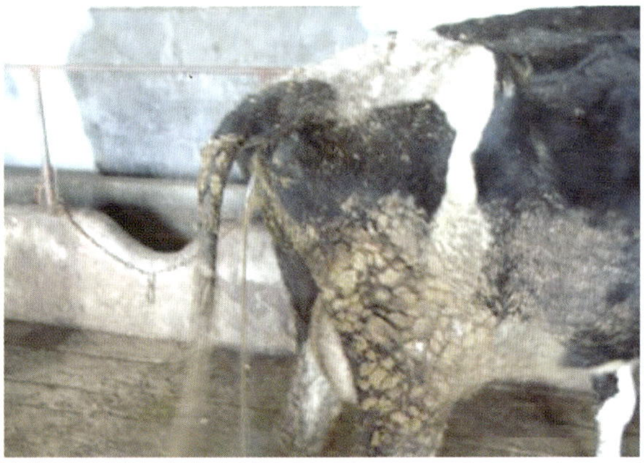

图 1-40 病牛顽固性腹泻

(夏成供图)

图 1-41 病牛黄色水样粪便

(夏成供图)

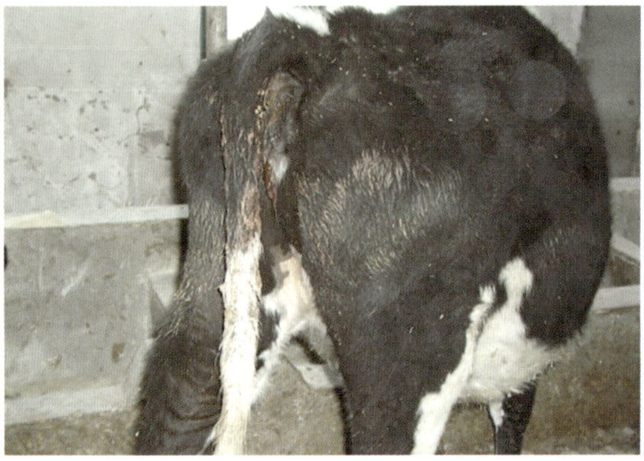

图 1-42 病牛肛门和尾根带血

(夏成供图)

图 1-43 病牛排血便

(夏成供图)

【诊断】

根据病史、临床症状、实验室检查和剖检变化可做出诊断。继发性因素需要依据传染病和寄生虫病的流行病学调查、病原分离和鉴定来确诊。

(一)实验室检查

在病程初期,白细胞总数增多,中性粒细胞比例增高,核左移,出现多量杆状和幼稚型。在病程后期或末期,白细胞总数减少;因脱水出现相对性红细胞增多症指征,如血液浓稠、血沉减慢、血细胞比容增高;尿中出现多量蛋白质、肾上皮细胞及管型等。

(二)剖检变化

胃肠道内容物呈稀粥状或水乳样、恶臭(图 1-44、图 1-45),混有黏液、脓汁或血液,黏膜肿胀、充血或出血(图 1-46),肠壁菲薄透明、积气(图 1-47);重症患病动物的肠黏膜坏死,形成麸皮状覆盖物,剥脱后出现浅表溃疡面;集合淋巴、孤立淋巴滤泡以及肠系膜淋巴结肿胀,有的患病动物的肠壁增生肥厚。

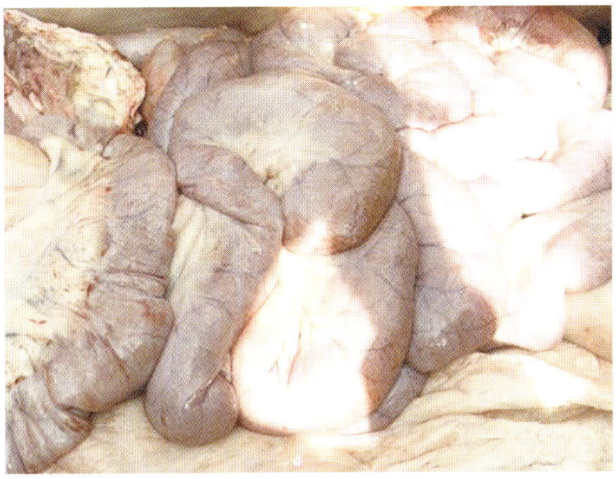

图 1-44 肠道弛缓而内容物似稀软状

（夏成供图）

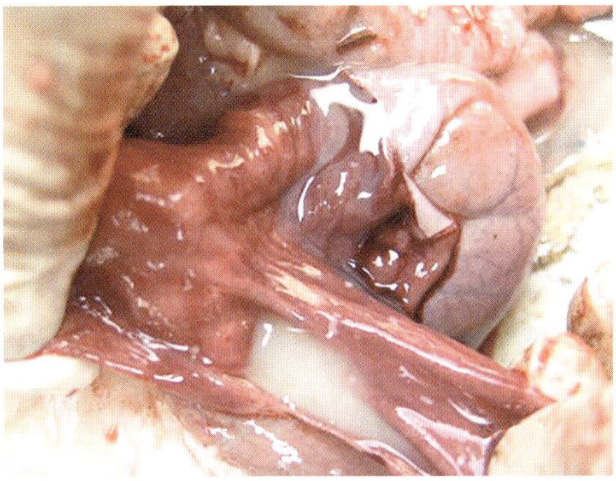

图 1-45 病犊牛肠内容物水乳样

（夏成供图）

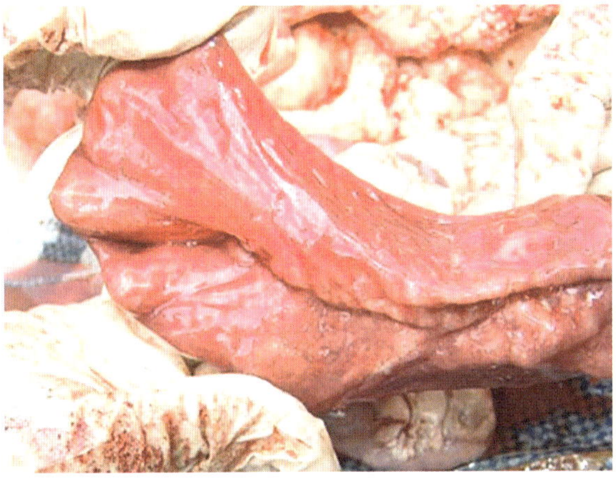

图 1-46 病犊牛肠壁黏膜充血、出血

（夏成供图）

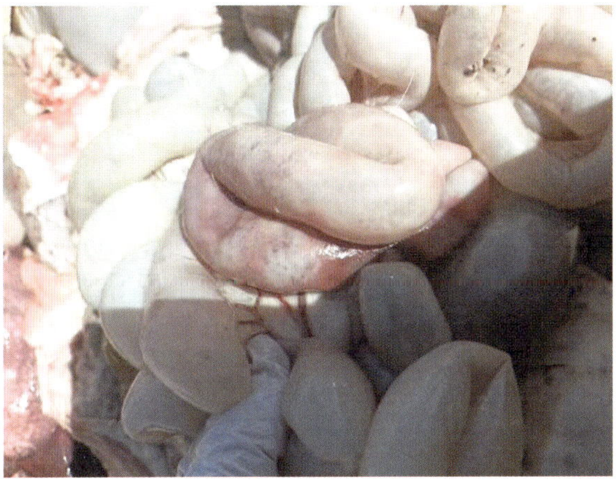

图 1-47 病羊肠壁菲薄、积气

（何生虎供图）

【治疗】

（一）治疗原则

加强护理、抗菌消炎、补液、强心和对症治疗。

（二）治疗方法

1. 加强护理

改善饲养管理，避免饲料品质不良、保存不当、加工调配不合理、饲喂无规律等不良影响。保持畜舍清洁、干燥，通风良好，保证充足的清洁饮用水。防止外来人员、牲畜等进场。

2. 抗菌消炎

磺胺脒按每千克体重牛、羊各为 100～200 mg 或用甲氧苄啶、恩诺沙星等药物，增强抗菌作用和控制细菌感染；也可选用碳酸氢钠，牛 30～100 g、羊 5～10 g，与磺胺脒、碱式硝酸铋合用，加水，灌服。

3. 补液、强心

常用 5%葡萄糖、生理盐水，静脉输液，输液量根据血细胞比容或脱水评分而定，正常牛、羊血容量按体重的 8%～10%计算，输液速度根据脱水严重程度来定。中度或轻度脱水患畜可以用补液盐，饮水或口服，2～3 次/d。

4. 对症治疗

在胃肠内容物基本排尽后，可以给予收敛、止泻或消毒的药物，如鞣酸蛋白、碱式硝酸铋或0.1%高锰酸钾溶液，内服。纠正酸中毒，静脉输注5%碳酸氢钠溶液，根据二氧化碳结合力计算剂量或按每千克体重静脉输注3～5 mL，间隔2～3 h，分2次输注。

5. 中药治疗

白头翁汤，水煎服，对口渴、体热、下痢（脓血便）和里急后重的病例有效或通肠芍药汤，水煎服，适用于频频努责、排粪迟滞、粪色赤白或粉红色水状、肚腹胀满的病例。

【预后】

急性病例得到及时治疗，大多数患病动物能痊愈；慢性重症病例的预后因病而异。一旦发生败血症，患病动物多被淘汰或死亡。

第十二节　其他消化系统疾病

除上述常见的消化系统疾病外，在临床上还可见牛、羊其他消化系统疾病，如表1-1所列。

表1-1　牛、羊其他消化系统疾病

病名	概念	发病情况	病因	临床症状	病理变化	诊断	防治
瘤胃角化不全(ruminal parakeratosis)	由全价精料造成瘤胃黏膜乳头肿大、硬化的疾病	肥育牛多发。成年牛、公牛和犊牛偶发	由摄入精料过多而粗饲料缺乏或饲料粉碎过细，维生素A缺乏等所致	一般无症状。仅食欲减少，生长不良，前胃弛缓，瘤胃臌胀等。偶见肝脓肿、蹄叶炎	瘤胃黏膜乳头肥大、变硬，呈褐色皮革样，乳头成束、成堆	生前难诊断。剖检可见典型的多发性角化不全病灶	减少谷物饲料，增加粗饲料。一旦出现病症或肝脓肿，治疗常无效
皱胃溃疡(abomasal ulcer)	皱胃黏膜出血、溃疡、穿孔的疾病	成年牛、青年牛和犊牛均发生	病因不明。常因分娩、泌乳、过食谷物、代乳品等所致；淋巴瘤、皱胃变位和病毒性疾病等继发	厌食，消瘦(图1-48)，以排黑粪、贫血、腹痛为特征，继发腹膜炎	皱胃黏膜出血、溃疡(图1-49)、穿孔	生前难诊断。剖检呈典型病理变化，代谢性碱中毒	常用抗酸剂、输血、高岭土和果胶治疗或手术治疗。无有效的预防方法
皱胃炎(abomasitis)	皱胃黏膜表层及其下层的炎症统称	老龄牛、羊多发，幼龄偶发	常由粗硬、冰冻、霉变的饲料或糟粕、粉渣等所致；也继发于前胃疾病、代谢病或传染病过程中	缺乏典型症状，鼻镜干燥，精神沉郁，贫血，腹泻，粪干附着黏液。触诊右腹疼痛不安	皱胃黏膜呈点状、片状的潮红、肿胀，或出血、溃疡	临床较难诊断。依据剖检病变确诊	健胃止酵，清理胃肠，消炎止痛，强心输液，保护胃肠黏膜
迷走神经性消化不良(vagal indigestion)	因迷走神经功能紊乱所致的疾病	发病率低，成年牛多发，呈慢性经过	常见于创伤性网胃腹膜炎，也见于放线菌感染、结核、膈破裂或胸膜炎及皱胃扭转等疾病继发	临床上分为4型，表现为贲门、幽门失弛缓症、瘤胃膨气、皱胃堵塞等体征	代谢性碱中毒，氯化物降至60～90 mmol/L，而在瘤胃液中升高	根据粪少色暗呈糊状、腹部L形膨胀等体征做出初诊	对症治疗，纠正脱水和低氯血症或瘤胃造瘘手术，预后不良，淘汰
皱胃凝乳不良(abomasal milk clot failure)	由喂乳不当引起的皱胃内乳未凝固和腹泻的疾病，又称白泻病	21日龄前的犊牛易发，发病率不一	乳饲喂不当，代乳粉更换或饲喂不当，皱胃炎、臌胀等使乳不凝固，肠道不消化和异常发酵所致	腹泻，甚至脂肪泻，常呈乳白色的糊状或粥状，严重的水样，酸臭味	多无异常。皱胃pH偏中性	根据病史、临床症状做出初诊	合理喂乳。给予电解质盐、柠檬酸或延胡索酸等使奶凝固/消化

续表 1-1

病名	概念	发病情况	病因	临床症状	病理变化	诊断	防治
犊牛瘤胃积食（rumen impaction of calf）	大量难消化的粗饲料使瘤胃膨胀的疾病	多发于断乳后的犊牛	断乳后犊牛在饥饿状态下过食大量难消化的劣质草料或饮水不足而发病	腹围膨大，呈圆形或梨形。瘤胃触诊似生面团样，生长不良	腹部膨大，消瘦，缺少脂肪和肌肉	根据病史、临床症状可做出初诊	参见前胃弛缓治疗措施。改善断奶犊牛饲养管理
皱胃扩张（abomasal dilatation）	又称皱胃臌气	犊牛多发，尤其3周龄	病因不明。常因采食代乳粉或开食料后而发病。与饲喂次数不规律有关	精神沉郁，眼球下陷，体温低。右腹膨胀。腹痛，踢腹，死亡	皱胃黏膜溃疡，皱胃积液和积气	根据病史、临床症状可做出初诊	参见瘤胃臌气治疗措施，改善犊牛饲养管理
绵羊肠扭转（intestine volvulus of sheep）	因肠管位置发生改变引起肠闭塞的重度腹痛病	少见，多发于剪毛后，称为“剪毛病”	常见于肠痉挛、胃肠臌气等疾病过程，因肠管痉挛收缩引起翻滚，发生肠管移位或腹压高，使肠管挤压而发病	病程初期，回头顾腹，反复起卧，粪少或无。病程后期，腹水变红，急起急卧，腹围增大，叩诊鼓音	扭转部呈青紫色，浆膜和黏膜高度水肿或出血，腹腔积液。	根据腹痛，镇痛后腹痛不减轻可做出初诊	对症疗法，解痉镇痛。必要时，立即剖腹探诊，手术矫正扭转肠管

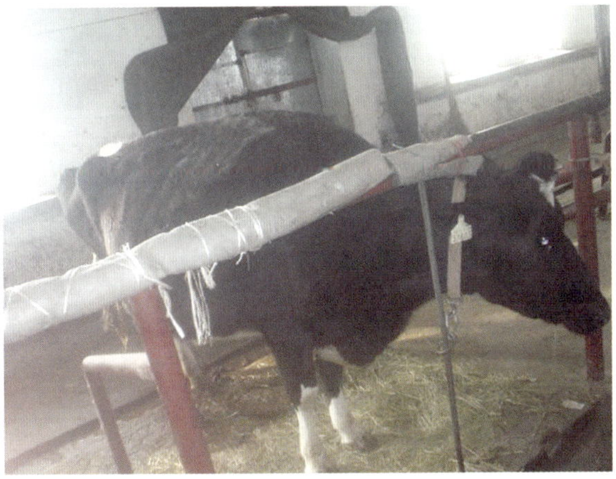

图 1-48　皱胃变位病牛消瘦

（夏成供图）

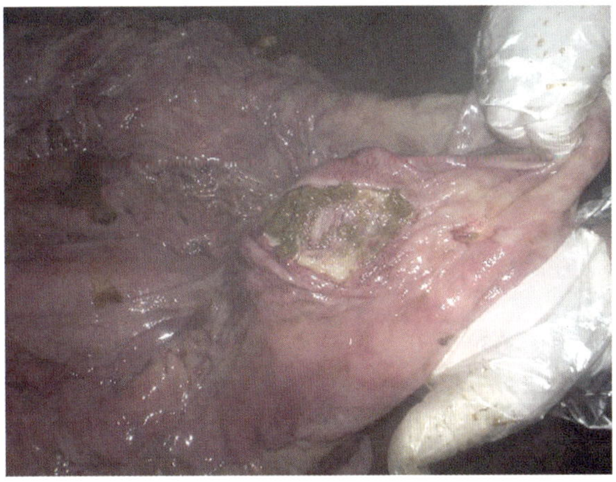

图 1-49　病牛皱胃黏膜多处溃疡

（夏成供图）

思考题

1. 简述食道阻塞的分类与治疗。
2. 简述前胃弛缓的主要症状、诊断和治疗。
3. 简术瘤胃积食与瘤胃臌气的鉴别诊断。
4. 简述瘤胃酸中毒的发病机制、诊治要点。
5. 创伤性网胃腹膜炎的诊断要点是什么？如何进行防治？
6. 简述瓣胃阻塞与皱胃阻塞的鉴别诊断。
7. 皱胃变位的分类有哪些？如何进行诊断和治疗？
8. 犊牛消化不良的病因有哪些？如何进行治疗？
9. 胃肠炎的主要临床症状有哪些？如何进行治疗和预防？
10. 牛、羊较常见的消化系统疾病还有哪些？

第二章　呼吸系统疾病

学习目的与要求

1. 掌握呼吸系统疾病的基本概念、分类和发病特点。
2. 掌握呼吸系统疾病的病因、发病机制及临床症状。
3. 熟练掌握呼吸常见疾病的诊断方法。
4. 熟练掌握呼吸系统疾病的防治方法。

概　　述

呼吸系统由上呼吸道(鼻、咽、喉)、下呼吸道(气管、支气管、肺)、胸膜以及纵隔等构成。呼吸道黏膜有丰富的毛细血管网和黏液腺。呼吸系统的主要功能是吸入氧、排出二氧化碳,保障血液气体交换,并参与体温调节、吞噬和清除异物,以维持内环境稳态。在牛、羊内科学中,呼吸系统疾病是仅次于消化系统疾病的常见病。呼吸系统疾病不仅影响和危害牛、羊的健康,也给养殖业造成了巨大的损失。

根据呼吸系统疾病的种类与发生特点,其可分为上呼吸道疾病、气管/支气管疾病、肺脏疾病、胸腔疾病。上呼吸道疾病主要包括鼻炎、感冒、鼻出血、喉炎等。气管/支气管疾病主要有急性支气管炎、慢性支气管炎。肺脏疾病主要包括肺充血、肺水肿、肺气肿、小叶性肺炎、大叶性肺炎、吸入性肺炎、霉菌性肺炎等。胸腔疾病包括胸膜炎、胸腔积液或积脓、气胸等。牛、羊患病因生理阶段的不同而异,幼畜的呼吸系统疾病主要发生在哺乳期和断奶后。在哺乳期,幼畜常发呼吸道综合征,如慢性肺炎或卡他性肺炎、急性肺炎或流行性肺炎。其暴发与管理变化或天气突变等应激有关。幼畜在断奶后常在运输或转群应激后发病,受饲养环境、管理因素、易感性以及病原等影响。成年牛、羊的呼吸系统疾病的发生是复杂多样的,包括急性渗出性肺炎、吸入性肺炎、慢性化脓性肺炎、急性胸膜肺炎、弥漫性纤维性肺炎、含尘饲料性鼻气管炎、后腔静脉栓塞、结核病和传染性胸膜肺炎等。北方寒冷的冬季,气候干燥,呼吸系统疾病的发病率会增高。

呼吸系统疾病的病因复杂,其可分为原发性因素、继发性因素。原发性因素主要包括理化刺激,如粉尘(尤其沙尘大的地区)、烟雾、有害气体、冷空气等;变应原刺激,如花粉、真菌孢子、细菌蛋白质等;应激因素,如突然更换日粮、断奶、寒冷、贼风侵袭、环境潮湿、通风不良、高浓度的氨气及混群饲养、长途运输等。继发性因素主要包括继发于某些传染病和寄生虫疾病,如副流感、肺结核、传染性胸膜肺炎、传染性鼻气管炎、羊肺炎支原体病、羊鼻蝇和肺线虫等;其他器官的疾病,如感冒、鼻炎、慢性心脏病、慢性肾炎等。

呼吸系统疾病的临床症状各异，其主要表现为呼吸困难、黏膜发绀、咳嗽、流鼻液和肺部听诊有啰音，且常伴有发热、精神沉郁和血象改变等。严重的病例会出现呼吸功能不全，表现为由缺氧、二氧化碳潴留及呼吸衰竭等，最终导致的机体酸碱平衡失调及电解质紊乱，全身系统的代谢和功能受到影响。

呼吸系统疾病的诊断方法众多。首先，详细询问病史，并进行临床检查（视诊、触诊、叩诊、听诊和嗅诊）。其次，实验室检查（血液、尿液和呼吸道分泌物等）。此外，其他特殊检查，如内窥镜检查、X 线检查、超声波检查以及胸腔穿刺、微生物学、细胞学、病理学检查等是重要的辅助手段。最后，应遵循疾病诊断程序。先判断是否为呼吸系统疾病，再判定患病部位或器官，而后着眼于发病特点，进行类症鉴别，确定病因，最终确诊。

呼吸系统疾病的治疗原则主要包括加强护理；抗菌消炎（敏感药物、广谱抗菌药物、糖皮质激素）；祛痰镇咳（止咳药，如复方樟脑酊、复方甘草合剂等；祛痰药，如氯化铵、碘化钠、碘化钾等；平喘药，如麻黄碱、异丙肾上腺素、氨茶碱等），对症治疗（氧气疗法、兴奋呼吸，如尼可刹米、多沙普仑等）。治疗目的是控制感染，排出炎性分泌物，减轻炎性刺激，缓解呼吸困难，恢复和维持正常的呼吸机能。治疗时，只有考虑原发病和继发病，标本兼治，才能收到良好的疗效。

第一节 感 冒

感冒（common cold），又名鼻卡他或伤风（nasal catarrhal or cold），是指由上呼吸道急性炎症引起的一种全身性、热性疾病。其临床上以呼吸增数、体温升高、咳嗽、流鼻液、鼻塞为特征。幼龄、老龄的牛、羊易发，早春、晚秋气候剧变时多发。该病按病因可分为原发性、继发性。原发性常呈散发，继发性多呈流行或暴发。该病按中兽医可以分为风热感冒、风寒感冒。

【病因】

（一）原发性因素

寒冷是最常见的病因。凉风侵袭、卧于凉地、出汗后受凉、草原或高寒地区突遭风雪侵袭等因素，降低上呼吸道防御力，使得呼吸道常在病原，如细菌、病毒等异常繁殖而促发该病；过劳、长途运输、营养不良等因素诱发该病；由饲料粉尘、热空气、烟雾、大麦芒及狐尾草等刺激该病发生。

（二）继发性因素

某些病毒或细菌，如副流感、牛呼吸道合胞体病毒、牛疱疹病毒、克雷伯菌、链球菌、巴氏杆菌、支原体等感染牛、羊过程中常继发该病。

【发病机制】

由寒冷等应激因素持续作用于上呼吸道黏膜引起黏膜血管收缩、腺体分泌减少，导致机体防御力下降或应急因素导致肾上腺素、皮质醇分泌增多，免疫系统受到抑制。在上述情况下，病毒、细菌等微生物易侵入呼吸道假复层纤毛柱状上皮细胞或其他上皮细胞，引起细胞变性、坏死与脱落，发生上呼吸道炎症，出现咳嗽、流鼻液、体温升高等临床症状。中医认为是因外感风寒、内生邪热而发病。外邪之中以风邪为主。在气候反常时，因冷热失调使得风邪乘虚而入。

【临床症状】

多因受寒后发病。患病动物常表现为精神沉郁，双耳下垂，食欲和反刍减弱、废绝，结膜充血、畏光流泪（图 2-1），咳嗽；常伴有咽喉炎、鼻炎的症状。肠音不整或减弱，粪便干燥。

（一）风热感冒症状

风热感冒主要表现为体温和皮温增高，心跳加快和脉搏增数，呼吸加快，呼出气有热感，肺泡呼吸音粗厉，有时带啰音；舌色较红，鼻腔分泌物呈浆液性（图 2-2）、黏液性或黏液脓性。

（二）风寒感冒症状

风寒感冒主要表现为体温正常或微高，皮温不均，心跳和呼吸正常，呼出气有凉感，舌色青黄或青白，鼻寒耳凉，鼻液呈水样，弓背怕冷。

图 2-1　病牛畏光流泪

（夏成供图）

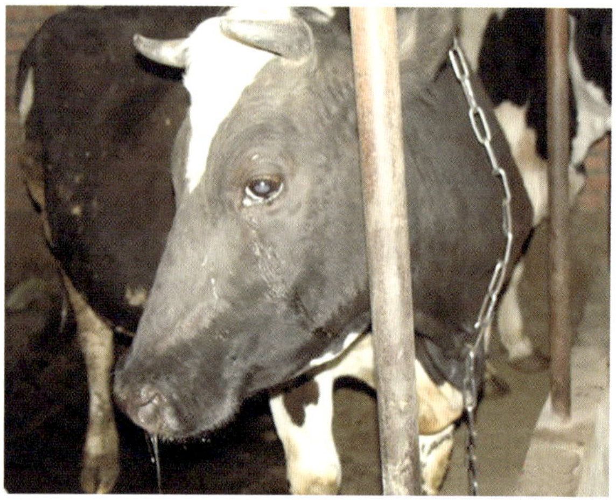

图 2-2　病牛流泪，浆液性鼻液

（夏成供图）

【诊断】

该病根据受寒的病史和上呼吸道轻度炎症症状，可做出诊断。本病应与由副流感、牛传染性鼻气管炎、巴氏杆菌病、曼氏杆菌病等传染病或寄生虫病进行鉴别诊断，查明继发性病因。

【治疗】

（一）治疗原则

消除病因、加强护理、对症治疗和防止继发感染。

（二）治疗方法

1. 消除病因、加强护理

将患病牛、羊置于干燥、温暖、清洁、卫生和安静的舍内，精心饲养，适当运动，降低密度，做好保暖、御寒和通风、换气，避免不良应激，如受凉、久卧凉地、风雨侵袭等。

2. 对症治疗

（1）风热感冒　常用解热镇痛的药物治疗。安乃近注射液，肌内注射，牛 3～10 g、羊 1～3 g；阿尼利定注射液，肌内注射，牛 20～50 mL、羊 5～10 mL；复方氨基比林注射液，肌内注射，牛 20～50 mL、羊 5～10 mL；柴胡注射液，肌内注射，牛 20～40 mL、羊 5～10 mL；也可用辛凉解表、祛风清热的中药治疗，如桑菊银翘散加减。

（2）风寒感冒　常用 50%葡萄糖，牛 50～250 g、羊 10～50 g；5%氯化钙，牛 5～15 g、羊 1～5 g；30%安乃近，牛 3～6 g、羊 1～3 g，静脉输注；也可用辛温解表、疏散风寒的中药治疗，如荆防败毒散加减或杏苏饮加减。

3. 防止继发感染

经解热镇痛而体温仍高于正常或症状未减轻的病例常用硫酸庆大霉素注射液，肌内注射，牛、羊按每千克体重各 2～4 mg，2 次/d，连用 2～3 d 或用磺胺类或其他抗生素，防止细菌感染。

【预后】

该病通常为急性经过，病程数天，大多患病动物预后良好。慢性经过的患病动物可继发肺炎，预后应谨慎。

第二节 鼻 炎

鼻炎(rhinitis)系鼻腔黏膜的炎症。其临床上以鼻腔黏膜充血、肿胀、流涕、打喷嚏和呼吸困难为特征。按病因，该病可分为原发性、继发性；按鼻液性质，该病可分为浆液性、黏液性、脓性和出血性等。该病在任何年龄牛、羊都会发生，多见于幼龄、老龄的牛、羊。该病四季皆可发生，易发于多变的春秋季节。原发性鼻炎较少发，继发性鼻炎多发。

【病因】

(一)原发性因素

1. 寒冷

在早春、晚秋，气候寒冷或潮湿极易使牛、羊受寒而感冒，继而引发该病。

2. 理化病因

饲料或外界环境中的粉尘、霉菌孢子、麦芒、昆虫，胃管的不当使用，通风不良的圈舍中的氨气，用漂白粉消毒产生的氯气，生火及失火产生的烟以及农药、化肥等产生的有害气体会破坏鼻腔黏膜的完整性和防卫功能，容易感染细菌，进而引发该病。

(二)继发性因素

1. 传染病和寄生虫病

传染病和寄生虫病继发主要由病毒、细菌、真菌、蠕虫等感染引起的鼻炎。病毒感染是首要原因或在此基础上，继发细菌感染。继发性鼻炎常见于牛传染性鼻气管炎、传染性胸膜肺炎、鼻孢子菌病以及血吸虫病等疾病过程中。

2. 其他器官炎症或疾病

其他器官炎症或疾病蔓延常见于咽、鼻旁窦、喉等炎症或肿瘤、息肉的经过中。

3. 变应性鼻炎

变应性鼻炎又称花粉症或过敏性鼻炎。夏季鼻塞是一种变应性鼻炎。在春季和秋季，牧场处于花草盛开的环境下，牛、羊会将花粉、尘埃、霉菌孢子等吸入鼻腔，从而引起发病。

【发病机制】

牛、羊的鼻黏膜含有大量腺体、丰富的血管和神经，构成精细、敏感和活跃的终末器官，行使其呼吸道门户的生理功能。它依靠神经-血管、神经-内分泌等活动，维持鼻腔与内外环境的平衡。这种平衡表面依赖于来自下丘脑的两条调节路径：一是通过脑下垂体借助于内分泌链对鼻黏膜进行体液调节；二是通过自主神经系统直接进行调节。调节发生功能的改变可引起鼻黏膜血管和腺体的功能失调与反应性增强，进而引起流涕、打喷嚏等一系列临床症状。

【临床症状】

(一)急性鼻炎症状

在病程初期，患病动物表现为喷鼻、摇头，甚至以鼻端擦饲槽或地面；鼻黏膜潮红、肿胀，有鼻塞音，甚至吸气性呼吸困难；体温、呼吸、脉搏大多正常；后期喷气、流大量黏液脓性分泌物；单侧或双侧鼻孔流出鼻液，常为浆液性，而后变为黏液性（图 2-3、图 2-4）或脓性，并呈干痂状的鼻液附于鼻孔周围。若有继发病，患病动物可表现出体温升高等全身症状。

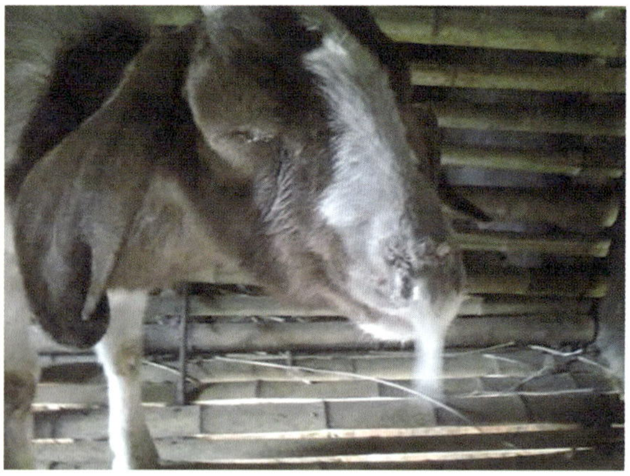

图 2-3　病羊的黏液性鼻液

（何生虎供图）

图 2-4　病犊牛的黏液性鼻液

（夏成供图）

（二）慢性鼻炎症状

慢性鼻炎的主要特征是长期、不定时地流出黏液或脓性鼻液。内窥镜检查可见鼻黏膜肿胀、肥厚或损伤。严重的病例可见红斑、糜烂、溃疡、瘢痕。

（三）夏季鼻塞症状

夏季鼻塞常突发呼吸困难，伴有大量橘色至黄色的鼻分泌物，黏液或脓样至干酪样（图 2-5）。其表现出急性鼻炎的一般症状，如低头伸颈呼吸（图 2-6）。

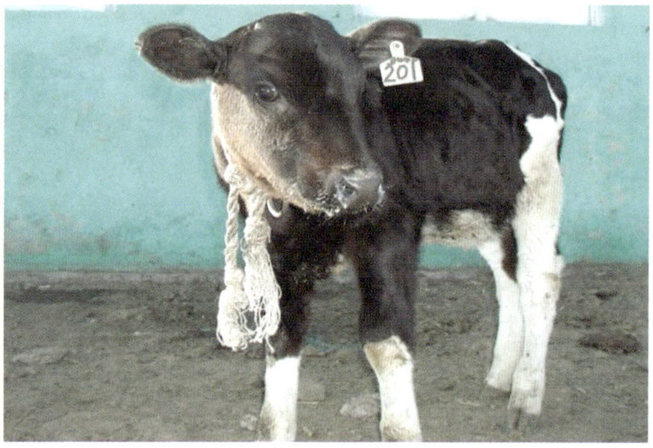

图 2-5　病犊牛流干酪样鼻液

（朴范泽供图）

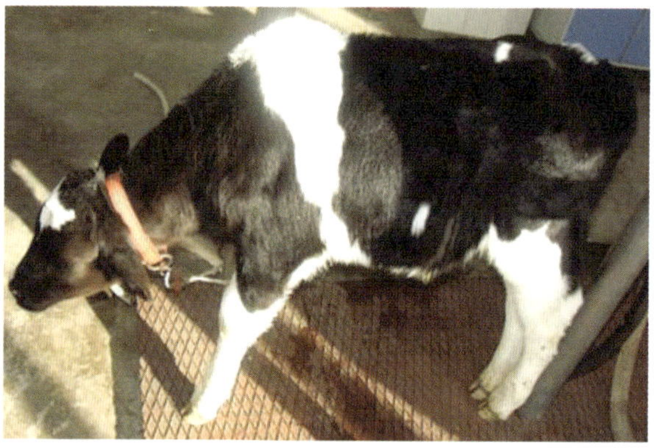

图 2-6　病犊牛低头伸颈呼吸

（夏成供图）

【诊断】

根据病史和鼻炎临床特征，结合血常规检查可做出诊断。必要时，反射镜检查鼻黏膜、鼻黏膜活检，做微生物学和临床病理学及血清学检查，查明原发性或继发性的病因。该病应与由流感、鼻旁窦炎、草螨、牛传染性鼻气管炎等引起的鼻炎的传染病或寄生虫病进行鉴别诊断。

临床病理学检查可见过敏性鼻炎的血液或鼻腔分泌物中有较多的嗜酸性粒细胞。

【治疗】

（一）治疗原则

除去病因、加强护理、局部治疗和抗菌消炎。必要时，手术治疗。

(二)治疗方法

1. 除去病因、加强护理

患病牛、羊置于温暖、清洁干燥、通风良好的舍，避免不良刺激，消除粉尘，远离变应原。科学饲喂，提高机体抵抗力，预防继发感染。

2. 局部治疗

(1)冲洗、消毒和收敛　有大量的鼻液的急性病例选用0.9%生理盐水或1%克辽林、2%硼酸溶液、1%明矾溶液、0.1%鞣酸溶液等，冲洗鼻腔1～2次/d，进行消毒、收敛。

(2)局部用药　在冲洗鼻腔后，局部消炎，通常滴入消炎药水或涂布青霉素、红霉素和磺胺类的软膏或庆大霉素、利多卡因、地塞米松和注射用水，混合滴鼻。收缩血管和消肿常用0.01%肾上腺素或1%麻黄素1～2 mL，滴鼻，2～3次/d。过敏性鼻炎可用醋酸泼尼松软膏，局部用药，2～3次/d。

3. 对因治疗

当细菌性鼻炎的患病动物的体温升高时，可用抗生素治疗，如阿莫西林、磺胺嘧啶、头孢噻呋等治疗；寄生虫性鼻炎使用伊维菌素、多拉菌素、乙酰氨基阿维菌素等药物治疗；真菌性鼻炎常用克霉唑、伊曲康唑等药物治疗。继发性鼻炎应积极治疗原发病。

4. 手术疗法

鼻息肉或肿瘤、鼻旁窦或鼻甲变形的病例可手术治疗。

【预后】

急性病例经治疗可以完全治愈，预后良好。慢性病例经过及时治疗，除去病因，数周或数月后，恢复健康。

第三节　支气管炎

支气管炎(bronchitis)是支气管黏膜表层或深层组织的炎症统称。临床上以咳嗽、呼吸困难、胸部听诊啰音、不定型热为特征。按炎症部位，该病可分为支气管炎、细支气管炎；按病程，该病可分为急性、慢性；按病因，该病可分为原发性、继发性。该病常见于幼龄和老龄的牛、羊。放牧或舍饲的牛、羊有时群发。在寒冷季节或烟雾、粉尘等污染的环境下，牛、羊更易发病。

【病因】

(一)原发性因素

1. 主要因素

受寒感冒、气候骤变、气温骤降或严寒雨雪的天气既降低了牛、羊机体抵抗力，又减弱了呼吸道防御机能，从而引起呼吸道常在菌(如肺炎球菌、链球菌、巴氏杆菌等)迅速繁殖而致病。

2. 理化因素

吸入刺激性气体，如氨气、熏蒸的气体、闷热的或烟尘污染的空气等或多种变应原，如花粉、霉菌孢子、细菌蛋白等以及在投药或吞咽障碍时异物进入气管，均会引起该病。

3. 其他因素

饲养管理不当，如畜舍闷热潮湿、通风不良、受凉风侵袭等或饲料营养缺乏以及年幼、体弱、缺乏运动等应激，均会导致机体抵抗力的降低，从而易诱发微生物感染。

(二)继发性因素

1. 传染病和寄生虫病

由副流感、口蹄疫、牛传染性鼻气管炎、山羊传染性支气管炎、瘟病、恶性卡他热、传染性胸膜肺炎、结核病、嗜血杆菌病、放线菌病、霉菌病、肺丝虫病和蛔虫病等传染病和寄生虫病继发该病。

2. 炎症蔓延

由心内膜炎、喉炎、胸膜炎、肺炎等炎症蔓延而发病。

【发病机制】

在致病因素的作用下,支气管防御机能,如咳嗽、上皮纤毛运动、黏液中溶菌酶和干扰素、管壁上淋巴滤泡等功能或成分下降,白细胞吞噬功能减弱,黏膜的咳嗽反射迟钝,呼吸道内常在微生物大量繁殖或外来病原侵入,导致黏膜发生充血、肿胀,上皮细胞脱落,黏液分泌增加,进而造成管腔狭窄,甚至堵塞支气管,从而出现啰音和呼吸困难症状。由炎性细胞浸润和刺激支气管黏膜感觉神经末梢引起咳嗽,而炎性产物和毒素吸收入血可以引起全身症状,如体温升高、呼吸急促等。此外,炎症持续或反复的刺激会引起支气管壁及其周围组织的增生,发生慢性支气管炎、支气管扩张或塌陷,甚至发生细支气管狭窄、肺泡气肿、肺间质纤维化,出现呼吸高度困难,如呼吸窘迫或喘息。如果发生腐败性支气管炎,就容易继发肺部感染,加重病情,导致渐进性呼吸衰竭。

【临床症状】

(一)急性支气管炎症状

1. 一般症状

全身症状较轻。患病动物的体温正常或升高,呼吸加快。在病程初期,患病动物频发咳嗽,呈短的干咳,后为长的湿咳;鼻液呈浆液性、黏液性或黏液脓性。

2. 胸部听诊症状

患病动物肺泡呼吸音增强,有时听诊出现干性啰音、湿性啰音,随咳嗽而出现或消失。

(二)急性细支气管炎症状

急性细支气管炎呈现弥漫性支气管炎的临床特征。

1. 一般症状

全身症状明显。患病动物可视黏膜发绀,体温升高,呼吸急促,呼吸困难(图 2-7),有时出现弱的痛咳,常无鼻液或仅见少量浆液、黏液或脓性鼻液。

2. 胸部检查症状

听诊患病动物胸部可闻肺泡呼吸音明显增强,有干啰音、湿啰音。叩诊音高朗或呈过清音,肺界后移。

(三)腐败性支气管炎症状

1. 一般症状

全身症状较重。患病动物呼吸困难,鼻孔开张,用力吸气(图 2-8)。湿咳,鼻液带血和纤维蛋白。慢性病例继发肺炎或肺脓肿。

2. 示病症状

患病动物体温持续升高。鼻液呈污秽和腐败臭味,呼出的气体带腐败恶臭味。

3. 胸部听诊症状

患病动物吸气时,在气管上有呼噜声、咆哮音或有支气管呼吸音或空瓮性呼吸音。

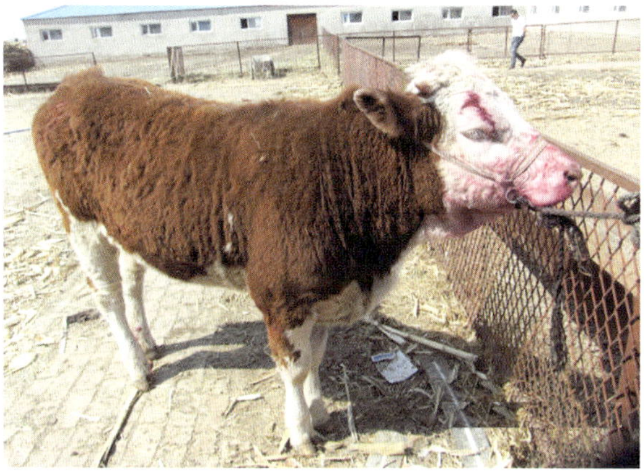

图 2-7 病牛伸颈呼吸

（夏成供图）

图 2-8 病牛鼻孔开张，鼻翼凹陷，用力吸气

（夏成供图）

（四）慢性支气管炎症状

1. 主要症状

患病动物长期持续咳嗽，多呈短的痛咳。在气温突变、运动、采食、夜间或早晚气温较低时，咳嗽加剧。一般鼻液少，有时出现大量黏液或脓性鼻液。伴发支气管狭窄或肺气肿，出现呼吸困难。随着病程延长，病症反复出现，日渐消瘦，贫血，由极度衰竭而死亡。

2. 胸部检查症状

在病程初期，听诊患病动物胸部可闻肺泡呼吸音增强，有湿性啰音；在病程后期，肺泡呼吸为干性啰音。继发肺气肿，肺泡呼吸音减弱或消失。叩诊音一般无变化，继发肺气肿，呈鼓音、过清音，肺界后移。

【诊断】

根据病史、主要症状和血常规检查，结合 X 线检查、尸体剖检可以做出诊断。该病应与喉炎、肺炎进行鉴别诊断。查找继发性因素较难，需要依据病原学和血清学检查进行诊断。

（一）血常规检查

白细胞数增多，中性粒细胞比例增高。

（二）X 线检查

急性支气管炎的肺部支气管纹理增粗或有扩张的阴影。慢性支气管炎早期无明显异常。在病程后期，因细支气管炎或肺间质炎症或纤维化，肺纹理增粗，呈斑点、条索或网状的阴影。

（三）尸体剖检

急性病例的气管内有大量泡沫样分泌物（图 2-9），黏膜充血、出血呈斑点状、条纹状，局部性或弥漫性病变（图 2-10）；气管黏膜肿胀、狭窄，有浆液、黏液或脓性的渗出物。慢性病例伴有炎性粒细胞和淋巴细胞浸润，上皮细胞脱落，黏膜下层组织增生。

【治疗】

（一）治疗原则

消除病因、加强护理；祛痰镇咳，促进炎性分泌物排出；抗菌消炎、抗过敏和解热镇痛。

（二）治疗方法

1. 消除病因、加强护理

病毒感染的病例应隔离和消毒，未发病动物紧急接种疫苗。细菌感染的病例应用抗生素治疗。

同时，保持畜舍通风良好、清洁卫生和温暖，供给优质饲料和清洁的饮水，减少粉尘、病原菌侵害。

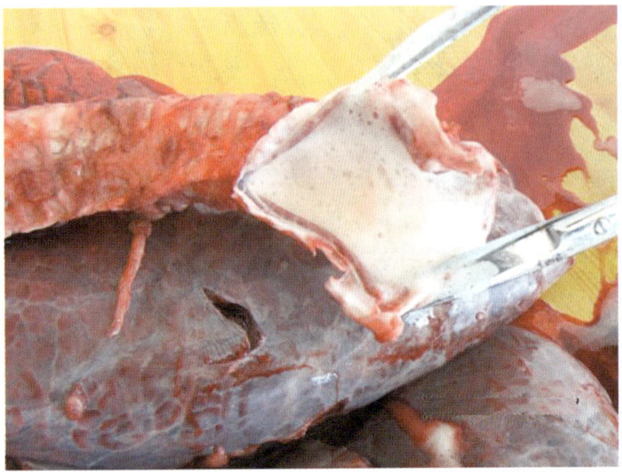

图 2-9　病牛气管内大量泡沫样分泌物
（夏成供图）

图 2-10　病牛气管黏膜充血、出血
（夏成供图）

2. 祛痰镇咳，促进炎性分泌物排出

频频痛咳的患病动物口服镇痛止咳药：常用复方甘草合剂，一次量，牛 15～30 mL、羊 5～15 mL，2～3 次/d；也可用复方樟脑酊、杏仁水等。频咳有黏稠痰液的患病动物口服溶解祛痰剂：常用复方氯化铵，一次量，牛 10～25 g、羊 1～5 g；也可用蒸气疗法，常选用松节油、来苏儿、克辽林、木馏油、薄荷脑等，进行反复吸入，促进气管内黏稠分泌物稀释和排出。

3. 抗菌消炎

细菌感染的病例采用抗生素治疗：肌内注射青霉素，按每千克体重，牛 1 万～2 万 IU、羊 2 万～3 万 IU，1 次/d，连用 2～3 d；头孢噻呋按每千克体重肌内注射，牛 1.1～2.2 mg，1 次/d，连用 3 d 或选用恩诺沙星、磺胺嘧啶钠等药物。病毒感染的病例采用抗病毒药物治疗：双黄连按每千克体重肌内注射，牛、羊各 0.05 mL 或肌内注射或静脉注射黄芪多糖、清开灵等药物。

为消除黏膜水肿，可用碘化钠或碘化钾，一次量，牛 5～10 g、羊 1～3 g，加水，灌服；也可配合非甾体抗炎药，氟尼辛葡甲胺按每千克体重肌内注射，牛、羊各 2 mg，1 次/d，连用不超过 5 d 或双氯芬酸钠按每千克体重肌内注射，牛 2.2 mg，1 次/d，连用 3 d；也可用青霉素、0.5%盐酸普鲁卡因 10 mL 缓慢气管注射。

4. 抗过敏和解热镇痛

过敏的病例常用解痉平喘、抗过敏的药物治疗：肌内注射氨茶碱，牛 1～2 g、羊 0.25～0.5 g；肌内注射盐酸异丙嗪，牛 250～500 mg、羊 50～100 mg 或选用异丙嗪，牛 250～500 mg、羊 50～100 mg；普鲁卡因粉，牛 0.5～2 g、羊 0.2～0.5 g 等。体温升高的病例常用解热镇痛的药物，如安乃近、复方氨基比林等。

5. 中药疗法

外感风寒的病例应疏散风寒、宣肺止咳，用荆防散和止咳散加减或紫苏散；外感风热的病例应疏风清热及解毒，用桑菊银翘散或款冬花散。当食欲减弱、心力衰竭时，可用龙胆末，内服，牛 15～45 g、羊 6～15 g；陈皮酊，内服，牛 30～100 mL、羊 10～20 mL；酵母粉，内服，牛 15～25 g、羊 10～20 g，加水，灌服。

6. 手术治疗

当高度呼吸困难的病例用其他疗法无效时，其需要实施气管切开术或气管插管术，并做好术后日常护理工作，直至痊愈。

【预后】

急性支气管炎的病例病程短经过及时治疗，预后良好；急性细支气管炎的病例病情重，预后谨慎；腐败性支气管炎的病例预后不良。慢性病例有多种并发症，预后慎重或死亡。

第四节 肺 炎

肺炎(pneumonia)是肺实质炎症的统称。临床上以呼吸增数、咳嗽、呼吸音异常等为特征。该病按病因可分为原发性和继发性；按病变范围可分为小叶性肺炎、大叶性肺炎和间质性肺炎。牛、羊以支气管肺炎、胸膜肺炎、化脓性肺炎、粟粒性肺炎等为多发，大叶性肺炎也时有发生。冬春寒冷的季节及气候骤变的季节易发本病。

支气管肺炎(broncho pneumonia)是肺小叶与支气管同时发生炎症，又称小叶性肺炎。临床上以呼吸障碍、弛张热、肺部叩诊有散在的灶状浊音区为特征。

纤维素性肺炎(fibrinous pneumonia)是以肺泡纤维蛋白渗出为主要变化的急性炎症，又称大叶性肺炎。病灶起于局部组织，随病情发展迅速向周围区域扩散。临床上以稽留热、流铁锈色鼻液、肺部叩诊有广泛性浊音区为特征。

【病因】

该病由病毒、细菌、真菌、寄生虫等单独感染或混合感染以及其他因素引起。大多数肺炎由支气管炎症蔓延所致，也由血源途径引起。病因不同，肺炎类型也不同。

(一)支气管肺炎病因

1. 原发性因素

常见的病因是受寒感冒。饲养管理不当，如断奶应激、长途运输、长时间未供给饲料和饮水、通风不良、过度拥挤等；理化因素，如刺激性气体、霉变干草和肺毒性药物等。这些因素都可以降低机体抵抗力，呼吸道易被常在菌侵害从而引起该病，如葡萄球菌、巴氏杆菌、坏死杆菌、链球菌、绿脓杆菌等。

2. 继发性因素

常由细菌、病毒、霉菌及支原体等病原单一或混合感染所引起。常见于呼吸道合胞体病毒感染、传染性胸膜肺炎、肺结核、巴氏杆菌病、副伤寒、口蹄疫和放线菌病等疾病经过中。其偶见于鼻蝇、肋骨骨折、心包炎和心内膜炎等疾病过程中。

(二)纤维素性肺炎病因

病因尚未完全明确。一般认为其主要由病原微生物感染所致。多因肺炎链球菌异常增殖造成肺部感染，其他病原微生物也会导致其感染，如肺炎克雷伯菌、金黄色葡萄球菌、绿脓杆菌、沙门菌、溶血性链球菌等。另外，也见于某些传染病，如传染性胸膜肺炎、巴氏杆菌病等疾病过程中。

【发病机制】

在正常情况下，牛、羊呼吸道主要防御机制包括鼻毛、鼻黏膜、黏液纤毛系统、肺泡巨噬细胞和机体抗体系统。这些防御机制可以及时清除外来异物，确保呼吸道和肺的健康。然而，肺炎的发生和发展因病原及其毒力、侵入肺部途径、机体抵抗力而异。

(一)细菌感染

细菌感染主要是由呼吸道引起原发性细支气管炎，而后扩散至肺实质。感染的肺组织呈现急性纤维蛋白变化，如丝状支原体、结核分枝杆菌感染等，可导致干酪性或肉芽肿性病变。

当发生支气管炎时，炎症的刺激和黏膜分泌液增多可引起咳嗽、鼻液、肺部啰音或喘息等体征。发生肺炎时，肺泡壁充血、肿胀，上皮细胞脱落，炎性渗出物蓄积于细支气管和肺泡腔可引起小叶性肺炎。早期肺组织发生实变，无支气管受累，听诊以支气管呼吸音为主。一旦细菌在浆液性渗出物中大量繁殖，就会向周围蔓延形成肺大叶的病变，就会继发大叶性肺炎，使得肺脏有效换气面积缩小，出现呼吸困难，甚至呼吸衰竭。

（二）病毒感染

病毒感染会经呼吸道引起细支气管炎，扩散到肺泡，引起肺泡上皮细胞的增生，发展为肺水肿。感染组织会再次出现急性炎症和组织坏死，引起间质组织增厚以及肺泡、血管和细支气管周围的淋巴细胞聚集。这是病毒性间质性肺炎的特征。

任何肺炎的病变不论如何发展，都会干扰肺泡与血液之间的气体交换。在肺炎早期，气体交换受限使血液氧合减少，出现呼吸快而浅表；当病重时，患病动物表现为缺氧、高碳酸血症的体征，如呼吸急促、呼吸困难、呼吸音增高，尤其肺前腹侧部。由缺氧、二氧化碳滞留而发生的酸中毒导致出现发绀。在肺炎中后期，病毒会蔓延并引起支气管扩张、胸膜炎、胸膜肺炎、胸腔积液、肺脓肿等并发症，病情加重，难以治愈，常窒息死亡。

视频 2-1 **呼吸困难**

视频 2-2 **呼吸困难，不喜运动**

视频 2-3 **肺炎患犊腹式呼吸**

【临床症状】

（一）早期症状

1. 呼吸异常

呼吸快慢是肺部病变程度的体征。明显的呼吸暂停是轻微的肺损害。呼吸快而浅是早期体征，呼吸困难是肺功能丧失的晚期体征。

2. 咳嗽

咳嗽是一个重要的症状。细菌性支气管肺炎，常为频繁的湿咳。咳嗽前后，胸腔听诊有粗厉的啰音，呼吸道有分泌物。

（二）肺部听诊和叩诊症状

视频 2-4 **肺炎患犊，呼吸困难、呼吸音粗厉**

确定病变的发展阶段和性质以及肺组织受损区域。

1. 支气管肺炎症状

在病程初期，患病动物呼吸音增强，尤其肺尖叶。随着细支气管渗出物的增加，听诊肺下部有明显的捻发音、支气管呼吸音、湿啰音等。然而，病灶部肺泡呼吸音却减弱或消失。叩诊常在肩前区域或肺下部有不规则的灶状浊音区。

2. 间质性肺炎症状

细支气管炎病例肺部可听到喘息。当肺病灶完全实变时，病灶处有明显的、响亮的支气管呼吸音，肺炎病灶周围可听到啰音或捻发音。胸部叩诊肺实变病灶为浊音。

3. 大叶性肺炎症状

病初，患病动物胸部听诊肺泡呼吸音增强、干啰音、捻发音、肺泡音减弱和湿啰音，而后肺泡音消失，出现支气管呼吸音，后期支气管呼吸音消失，出现啰音或捻发音。随着病情转归，叩诊胸部病灶部先呈鼓音或浊鼓音，而后大片浊音区，后期又变为鼓音或浊鼓音。

4. 伴发胸膜炎症状

早期可听到胸膜摩擦声；在渗出的后期，肺腹侧呼吸音减弱。如胸腔积液，胸腔叩诊显示腹侧浊音的液性平面。

（三）一般症状

1. 支气管肺炎症状

急性病例在初期表现为食欲减退、精神沉郁、咳嗽、呼吸急促、体温升高呈弛张热型；在晚期表现为严重呼吸困难、病情延长。慢性病例的呼吸和心率高于正常，体温高低不一，常见黏性鼻液、慢性湿咳。

2. 间质性肺炎症状

病毒性肺炎常表现为体温升高、厌食。严重的弥漫性肺炎会出现呼吸窘迫，然后在几天内死亡。重症病例会出现呼吸窘迫，严重时，呼吸困难，张口呼吸，呼气有咕噜声，运动受限，可能会窒息死亡。

3. 大叶性肺炎症状

全身症状重剧。精神沉郁，食欲废绝，黏液或脓性鼻液，有时鼻液呈铁锈色或黄红色，结膜发绀，呼吸困难。体温呈稽留热型，持续数日，有的老弱患病动物渐退或骤退至正常体温。

【诊断】

根据病史、特征的临床症状（如弛张热、稽留热、肺部听叩诊音变化），结合血液学检查、影像学检查、临床病理学检查可以做出诊断。查明病原，需要微生物学和血清学的检查才能确诊。该病应与鼻旁窦炎、支气管炎、呼吸窘迫综合征、胸膜炎等进行鉴别诊断。

（一）血液学检查

由细菌感染引起的重症支气管肺炎和胸膜炎病例的白细胞总数、中性粒细胞和单核细胞数量增多，而嗜酸性细胞缺乏。当淋巴细胞增多，嗜酸性粒细胞出现时，预示转归良好。胸膜肺炎和胸膜炎病例的血清纤维蛋白原浓度升高。大叶性肺炎病例的白细胞总数和中性粒细胞增多，伴有核左移，而淋巴细胞减少，嗜酸粒细胞和单核细胞缺乏。病毒性肺炎病例的白细胞计数大多正常或偏低，偶见淋巴细胞增多或变异。动脉血气分析 PO_2 下降，PCO_2 升高，发生呼吸性酸中毒。

（二）胸部影像学检查

评估病变的位置和严重程度。X 线检查：小叶性肺炎可见肺纹理增强，呈现散在的局灶阴影；大叶性肺炎可见大片的浓密阴影。

（三）分泌物或积液检查

肺炎病例用鼻咽拭子采集鼻腔、气管、支气管的分泌物或采集支气管肺泡灌洗样本，进行病毒、细菌、真菌的细胞学、病原学检查和药敏试验。胸膜肺炎或胸腔积液的病例可收集和培养胸膜液或胸腔液进行检测，确定病原。

（四）尸体剖检

病牛死于小叶性肺炎或大叶性肺炎（图 2-11、图 2-12）。

（1）支气管肺炎　在肺实质内，特别肺脏前下部，有散在炎性小病灶，似岛屿状（图 2-13）。患病肺组织坚实而不含空气，病初或新病灶呈红色、灰红色，后期或除旧病灶呈灰黄、灰白色（图 2-14）。肺间质组织扩张，因浆液性渗出物而呈胶冻状。病灶细支气管内有渗出物。

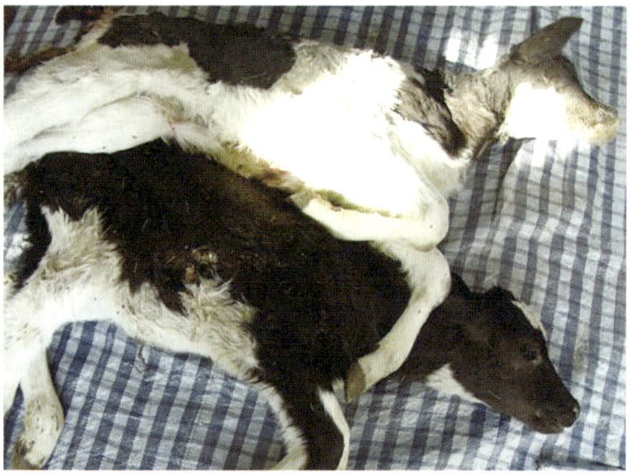

图 2-11　死于小叶性肺炎的病犊牛
（夏成供图）

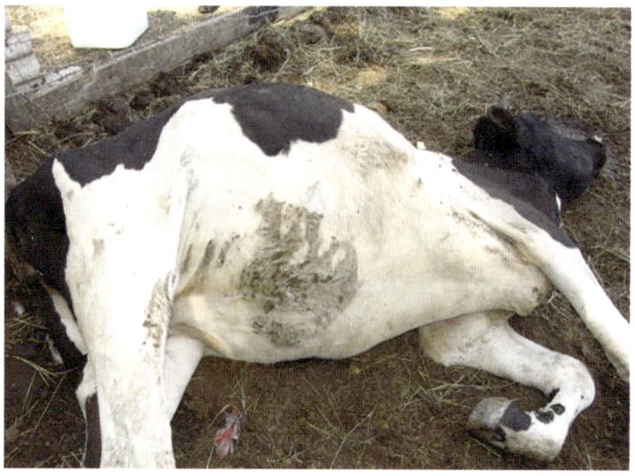

图 2-12　死于大叶性肺炎的病牛
（夏成供图）

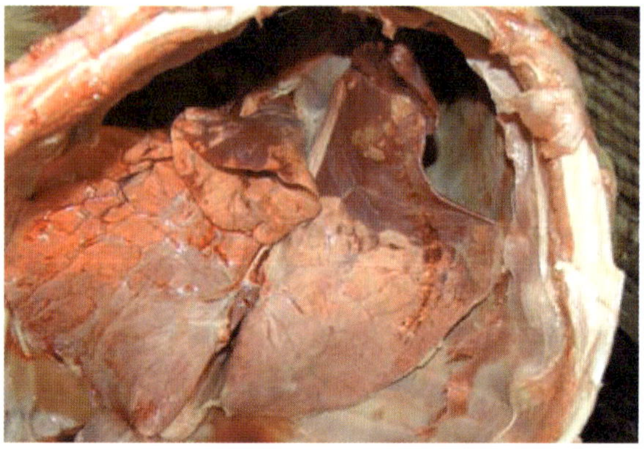

图 2-13　病犊牛肺脏岛屿状病灶
（夏成供图）

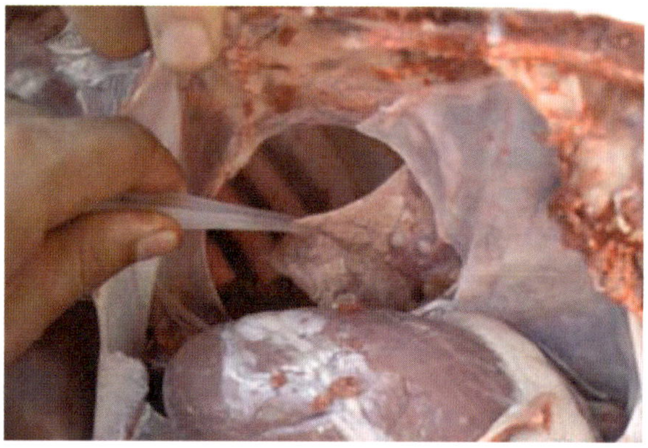

图 2-14　病羊肺脏灰白色病灶
（何生虎供图）

（2）大叶性肺炎　肺炎病变多分布于肺尖叶、心叶和膈叶。通常有 4 个典型的病理特征：充血期的肺呈深红色，切面湿润、光滑；红色肝变期的肺呈红色花岗岩样（图 2-15），硬度似肝，切面干燥似颗粒状；灰色肝变期的肺呈灰白色（图 2-15），切面仍干燥似颗粒状；溶解期的肺变得柔软、切面湿润。病牛在肝变期的肺切面呈脓肿状（图 2-16）。严重的病例的小叶间隔有胶状渗出物。

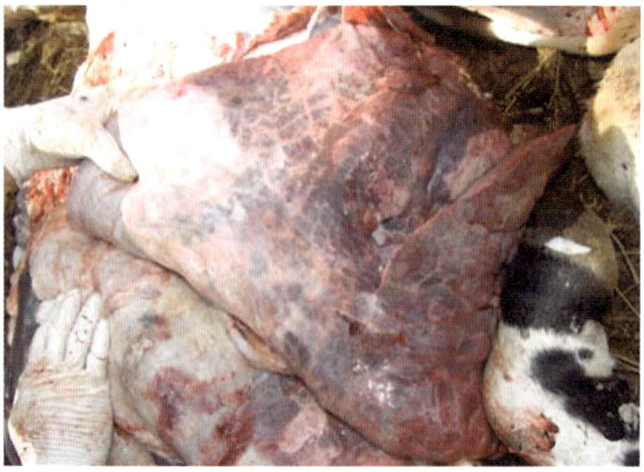

图 2-15　病牛肺脏呈暗红色或灰白色的肝变期
（夏成供图）

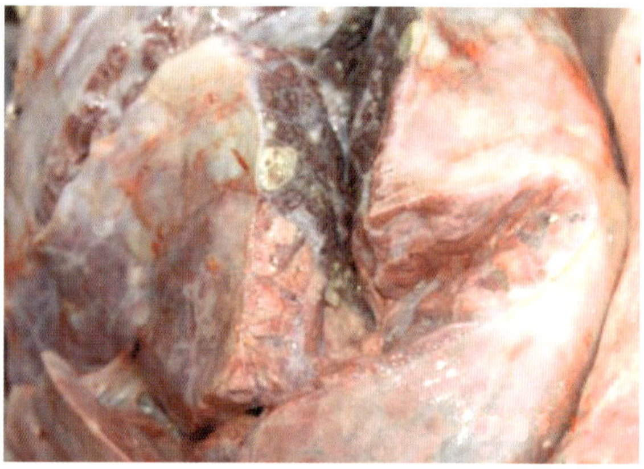

图 2-16　病牛肝变期肺切面示实变及脓肿灶
（夏成供图）

（3）间质性肺炎　受损的肺凹陷，呈深红色，胸膜下和切面有颗粒状外观；小叶间隔常有明显的、坚实的增厚。

(4)其他病变　急性胸膜炎的肺叶间有纤维蛋白碎片。慢性病例常见支气管扩张、纤维性胸膜炎、肺气肿和肺脓肿的病变,有的呈干酪样病变,肺脏布满粟粒样结节(图 2-17),有的融合为化脓灶(图 2-18)。

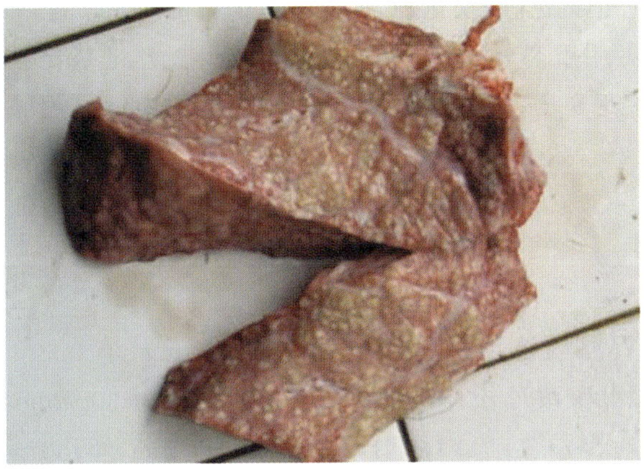

图 2-17　病牛肺脏布满粟粒样结节

(朴范泽供图)

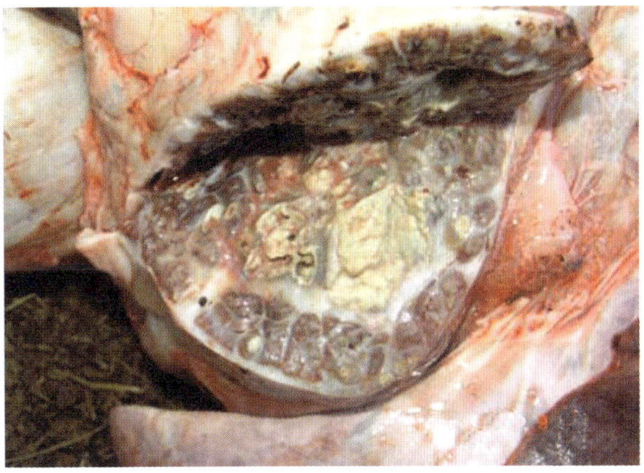

图 2-18　病牛肺脓肿

(夏成供图)

【治疗】

(一)治疗原则

消除病因、加强护理、抗菌消炎、控制感染和对症治疗。

(二)治疗方法

1. 消除病因、加强护理

患病动物安置于温暖、通风良好、清洁卫生的舍内,供给充足的水和优质草料,避免过早返群或暴露于恶劣天气。如果动物不食,应输注营养。一旦查明病因,及时采取防治措施,消除致病因素。

2. 抗病消炎、控制感染

(1)细菌性肺炎　抗菌消炎,常用抗生素,如青霉素、10%磺胺嘧啶钠(肌内注射或静脉注射,按每千克体重,牛、羊各为 50～100 mg,2 次/d,连用 2～3 d)或牛气管内注入抗生素,青霉素 200 万～400 万 U、链霉素 1～2 g,配合 0.5%普鲁卡因溶液 20～60 mL,缓慢注入,1 次/d,连用 2～4 d。必要时,配合静脉注射地塞米松,牛 5～20 mg、羊 4～12 mg,1 次/d,控制炎症。

(2)病毒性或支原体肺炎　病毒性肺炎无特效的治疗药物。必要时,应用抗病毒药物,如干扰素、中药等。支原体肺炎需要用敏感药物治疗。由于病毒性肺炎或支原体肺炎常继发细菌感染,应联合应用抗生素,即阿奇霉素或多西环素加氟苯尼考。

(3)群体治疗　当大群动物发生肺炎时,可选择中药经饲料或饮水给药。当新病例以每天 5%～10%的速度发生时,在大规模给药的同时配合注射药物,以利于治疗早期病例和控制病情。

3. 对症治疗

(1)缓解呼吸困难或窘迫　常用支气管扩张剂,如茶碱、氨茶碱或麻黄素等药物进行辅助治疗。5%麻黄素注射液,皮下注射或肌内注射,牛 1～3 mL、羊 0.2～0.3 mL。

(2)祛痰止咳　当痰液黏稠而不易咳出时,口服祛痰药,氯化铵,牛 10～20 g、羊 0.2～2 g;远志酊,牛 30～100 mL、羊 10～20 mL;也可用 5%乙酰半胱氨酸溶液气管内滴注或喷雾,牛、羊各以 50 mL/h 的速率向呼吸道喷雾 30～60 s,12 h 一次。当频发痛咳而分泌物不多时,口服镇痛止咳剂,选用复方樟脑酊,牛 30～50 mL、羊 5～10 mL;酒石酸锑钾,牛 0.5～3 g、羊 0.2～0.5 g;磷酸可待因，牛 0.2～2 g、羊 0.05～0.1 g 等。中药制剂可用止咳化痰、疏风解表的方剂。

(3)制止渗出，促进炎性渗出物的吸收或排出　常用钙剂，如10%氯化钙溶液、20%葡萄糖酸钙液，配合5%葡萄糖溶液，静脉注射，每天一次或蒸气吸入疗法，如松节油、克辽林、薄荷脑等或气管内注入5%薄荷脑液体石蜡。为加速渗出物消散和防止机化，用碘化钾，加入流体饲料投饲或灌服。

(4)解热、强心、利尿和解毒　当体温过高时，可用解热镇痛的药物，如安乃近、复方氨基比林等。为改善心脏机能和血液循环，可用强心药，如洋地黄等。防止肺水肿、毒血症及酸中毒可用呋塞米，肌内注射或静脉注射，一次量，按每千克体重，牛、羊各 0.5～1 mg；也可用利尿合剂，10%葡萄糖，一次量，牛 50～250 g、羊 10～50 g；10%维生素 C，一次量，牛 2～4 g、羊 0.2～0.5g；3%盐酸普鲁卡因，按每千克体重，牛、羊各 1 mL；氨茶碱，牛 1～2 g，羊 0.25～0.5 g；地塞米松，一天量，牛 5～20 mg、羊 4～12 mg，混合后静脉注射。

(5)健胃消导和抗过敏　促进胃肠蠕动和健胃肌内注射维生素 B_{12}，牛 1～2 mg、羊 0.3～0.4 mg，1 次/d；也可给予胃肠通药物。抗过敏可用醋酸泼尼松片，内服，一天量，牛 200～300 mg，羊首次量 20～40 mg、维持量 5～10 mg，1 次/d；氯苯那敏，肌内注射，牛 100～500 mg、羊 80～200 mg。

(6)中药疗法　小叶性肺炎可用麻杏石甘汤治疗；大叶性肺炎可用清瘟败毒散治疗。

【预后】

大多数早期病例一般经及时正确的治疗会好转或痊愈。一般细菌性肺炎治疗的效果好，病毒性肺炎多无反应或最初有明显的效果而后常复发。然而，细菌性肺炎的复发多取决于病原对药物的敏感性以及病变的严重程度。慢性病例，预后慎重。一旦出现纤维素性胸膜炎、肺脓肿等并发症，预后不良或死亡。

第五节　肺充血与肺水肿

肺充血(pulmonary hyperemia)是肺毛细血管内血液过度充盈的一种病理状态。其可分为主动性肺充血、被动性肺充血。主动性肺充血是指由流入肺脏的血流量过多而流出肺脏的血量正常引起的肺毛细血管过度充盈；被动性肺充血是指由流出肺脏的血量减少而流入肺脏的血量正常或增加引起的肺毛细血管淤血，又称为肺淤血。肺充血按病因可分为原发性、继发性。原发性多为主动性肺充血，主要损害肺脏；继发性多为被动性肺充血，主要损害其他器官。

肺水肿(pulmonary edema)是指由肺毛细血管内液体渗出进入肺间质与肺泡内所引起的一种病理状态。

肺充血及肺水肿是许多疾病的常见病症，也是同一病理过程的两个阶段。临床上以泡沫样鼻液、黏膜发绀、呼吸短促或呼吸困难为主要特征。在炎热季节，牛、羊多突发该病。

【病因】

(一)肺充血病因

(1)原发性因素　多见于肺炎初期。日(热)射病、长距离奔跑、长途运输、吸入刺激性气体，如毒气、烟雾、粉尘等或中毒，如有机磷中毒、有机氟中毒、安妥中毒、菊科向日葵类杂草和伞形科植物中毒以及再生牧草热的急性过敏反应等，均可引起该病。

(2)继发性因素　常见于引起充血性心力衰竭的心脏疾病，如心扩张、心包炎、心肌炎、二尖瓣膜闭锁不全和左房室瓣狭窄等以及传染病、中毒病、其他疾病，如急性呼吸窘迫综合征、胃肠臌气等的经过中或见于长期躺卧，引起肺内血流出受阻或局部血液停滞而发生的肺淤血。

(二)肺水肿病因

肺充血是持续或长时间作用的一种结果,如由过敏、某些传染病或中毒、再生草热等引起。

【发病机制】

在肺充血时,肺毛细血管扩张、肺泡腔减少造成潮气量下降、血氧合作用降低。血氧不足、二氧化碳潴留造成缺氧,出现呼吸困难、喘息等症状。在毒素作用或缺氧时,代谢产物对肺毛细血管的损害会改变毛细血管渗透性。在充血性心力衰竭时,由肺部血液流出受阻、毛细血管静脉压升高而引起血中液体漏出而发生肺水肿。毒素使毛细血管壁通透性升高,加重水肿。由缺氧、吸入刺激性气体引起呼吸道黏膜脱落而形成的阻塞,由急性呼吸窘迫综合征引起的弥漫性肺泡损害都会导致水肿。在液体充满肺泡时,液体也会充满支气管,肺活量被进一步降低,并发生气体交换障碍,出现高度呼吸困难、可视黏膜发绀等症状,严重的患病动物会发生呼吸衰竭,由窒息而死亡。

【临床症状】

肺充血与肺水肿的症状相似。患病动物常突然发病,呈急性经过。在病程初期,患病动物神情紧张、惊恐,体温升高,呼吸急促,脉搏增数。随后,患病动物出现呼吸困难,如张口喘息、鼻孔高度开张、头颈直伸、胸腹部起伏明显等。患病动物表现为典型的异常卧姿,如前腿分开、肘部外展、头下垂等。在病程后期,患病动物可视黏膜潮红或发绀,眼球突出、颈静脉怒张,常突然倒地死亡。

(一)肺充血症状

急性病例的呼吸数超过正常的4～5倍,胸部听诊有刺耳的、粗厉的肺泡呼吸声,胸部叩诊无异常。

(二)肺水肿症状

急性病例的两侧鼻孔流出多量的小泡沫样液体,呈浅黄色、白色或红色(图2-19)。胸部听诊有广泛的湿啰音、捻发音。胸部叩诊有半浊音或浊音。

【诊断】

根据病史、临床症状、X线检查及尸体剖检可以做出诊断。该病的病因不易确定。必要时,鼻咽拭子做细菌学检查和血液学检查,特别要检查嗜酸性粒细胞。该病应与日射病、热射病、肺炎、急性呼吸窘迫综合征、再生草热、急性间质性肺气肿等进行鉴别诊断。

(一)X线检查

患病动物肺部的阴影较重,肺门血管的纹理增粗。

(二)尸体剖检

(1)肺充血　肺肿大呈红色或暗红色,切面流出大量血液(图2-20)。在组织学上,肺毛细血管充盈,肺泡有明显的渗出和出血。

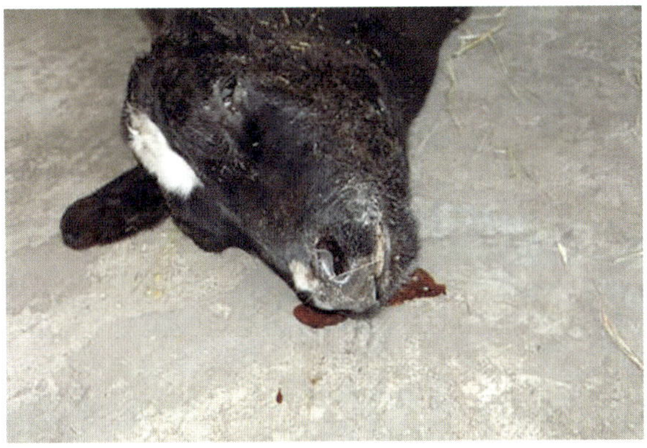

图2-19　犊牛鼻孔流红色泡沫液体

(夏成供图)

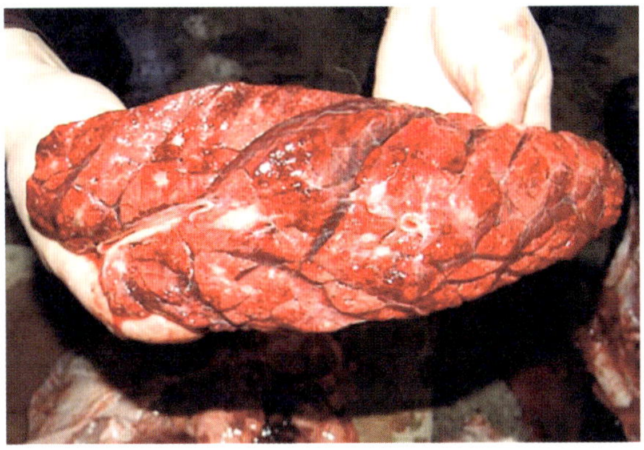

图2-20　犊牛肺切面充满血液

(夏成供图)

(2)肺水肿　肺肿胀、较重,弹性丧失,压之凹陷,呈苍白或蓝紫色(图 2-21),切面流出大量血液。气管、支气管和肺泡常积聚大量淡红色的泡沫样液体(图 2-22)。在组织学上,肺泡和实质中积聚液体,肺泡毛细血管扩张,充满红细胞。

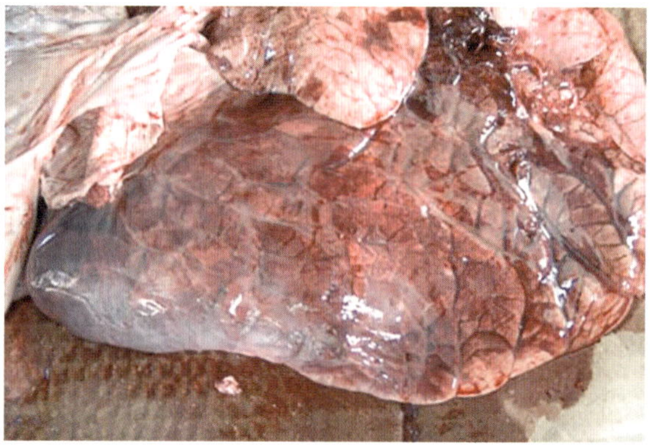

图 2-21　犊牛肺水肿呈蓝紫色

(夏成供图)

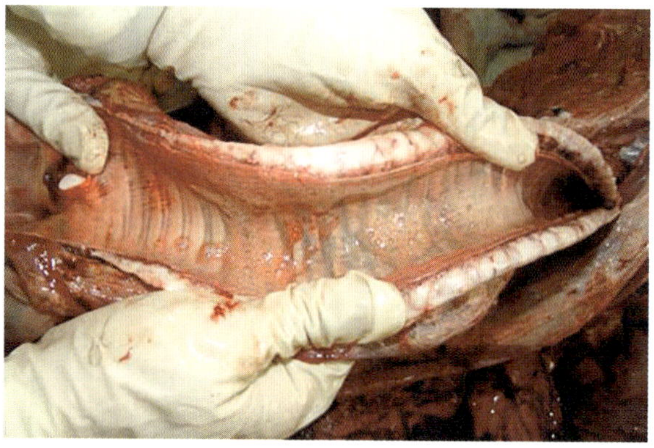

图 2-22　犊牛气管内泡沫样液体

(夏成供图)

【治疗】

(一)治疗原则

消除病因、加强护理和对症治疗。

(二)治疗方法

1. 消除病因

排除致病因素,患病动物安置于清洁、温度适宜和舒适的环境,避免运动和外界不良刺激,保持安静。

2. 加强护理

加强畜舍通风换气,排出刺激性气体。做好防暑降温,减少冷热应激。当患病动物卧地不起时,每天勤翻身,防止发生肺淤血。预防传染病和中毒病。

3. 对症治疗

(1)减轻心脏负担,制止渗出　10%氯化钙,牛 100～200 mL、羊 20～50 mL,静脉注射,2 次/d 或 20%葡萄糖酸钙,牛 300～500 mL、羊 50～100 mL,1 次/d。配合强心药,如 10%樟脑磺酸钠,牛 10～20 mL、羊 2～10 mL;也可给予利尿剂,如呋塞米,以促进肺内液体的排出;可用非甾体抗炎药降低毛细血管壁通透性。

(2)改善肺水肿　由过敏反应引起的肺水肿首选肾上腺素和抗组胺药;可联合用药:先给予肾上腺素发挥即时作用,而后用皮质类固醇,如地塞米松来维持血管的完整性和降低肺血管的通透性。如果无效,就选用抗激肽、前列腺素和缓释物质的药物,如双氯芬酸钠、阿司匹林,静脉注射,一次量,牛 100～300 mL、羊 20～50 mL 等。吸入烟雾引起的肺水肿常用皮质类固醇和非甾体抗炎药,如氢化可的松,静脉注射,一次量,牛 0.2～0.5 g、羊 0.02～0.08 g 或氟尼辛葡甲胺等,静脉注射或肌内注射。有机磷中毒引起的肺水肿肌内注射阿托品,以减少液体渗出。重症时,需要反复给药。

(3)缓解呼吸困难　重症病例可以静脉放血。必要时,实施氧气疗法(常用鼻导管)进行抢救。呼吸刺激剂的效果有限。氨茶碱有助于扩张细支气管。骚动不安的病例可用镇静剂。

【预后】

轻度病例没有肺泡上皮受损或心力衰竭,有的轻度病例可自行恢复正常。严重的肺水肿常不可逆转,因呼吸衰竭或窒息而死亡。

第六节 间质性肺气肿

间质性肺气肿(pulmonary interstitial emphysema)是指肺泡内气体压力增加导致肺泡破裂,气体进入肺间质,在小叶间结缔组织内或肺胸膜下形成气泡的一种病症。临床上以突发呼吸困难或呼吸暂停、不耐运动或强迫呼气、皮下气肿以及迅速窒息为主要特征。牛、羊都易发生,牛更易发生该病,多见于2岁以上的牛、羊。间质性肺气肿常发于牧草茂盛的夏秋季节,发病率可高达50%以上,死亡率可达10%以上。

【病因】

(一)常见因素

最常见于慢性阻塞性肺病。在呼吸源性疾病中,肺的原发病变,如支气管肺炎、急性间质性肺炎、急性过敏反应、肺线虫损伤和异物性肺穿孔等,均可引起肺泡空气阻塞,导致肺泡损伤,引起该病。

(二)其他因素

一般涉及再生草热;急性化学伤害,如吸入烟雾、刺激性气体或液体;中毒病,如四齿参、油菜、柏油杉、紫苏、氯气、对硫磷、安妥、白苏和黑斑病甘薯或红薯等中毒;其他因素,如添加剂、真菌、寄生虫、热应激、病毒或细菌、过敏、过劳和剧烈挣扎等。

【发病机制】

该病的发病机制有两种不同的观点:一种观点认为由于间质组织强度存在缺陷,在咳嗽或用力时,肺泡壁无法维持完整性;另一种观点认为慢性支气管炎、细支气管炎或过敏性支气管痉挛收缩会引起气道阻塞,而空气仍不断进入肺泡。在这两种情况下,随着空气积聚,肺泡过度膨胀,开始的病变发生在脆弱的区域,在咳嗽或用力时,肺泡破裂,空气向周围扩散而发生肺气肿。再生草热是由瘤胃微生物产生的3-甲基吲哚吸收入血,破坏了肺间质内的Ⅱ型肺细胞或内皮细胞,造成肺泡融合,从而引起肺气肿。

在致病因素作用下,当发生痉挛性咳嗽或用力深呼吸时,肺内压力会突然剧烈升高,使细支气管和肺泡壁破裂,空气进入肺间质。进入间质中的小气泡散布于整个肺脏,部分气泡汇合成大的气泡。大部分气体随着肺脏的呼吸运动移动至纵隔,沿前胸而到达颈部、肩部以及背部皮下引起皮下气肿。肺泡壁大面积塌陷使得肺循环受到干扰,毛细血管床随之缩小。胸部负压的降低和异常呼吸也会导致血液回流受限。这些因素会引起右心室衰竭,尤其在原发性心脏病时。一旦发生肺气肿,肺部通气或换气功能就会出现障碍,从而引起低氧血症和高碳酸血症,并导致呼吸衰竭,因窒息而死。

【临床症状】

(一)一般症状

患病动物常突然发病,迅速发生呼吸困难,甚至窒息而死(图2-23),还表现出张口呼吸、流涎、惊恐不安等症状。多数病牛的颈、肩和背出现皮下气肿,有的迅速散布于全身皮下(图2-24),触诊呈现捻发音。有的患病动物出现原发病症状,如体温高、消化紊乱等。

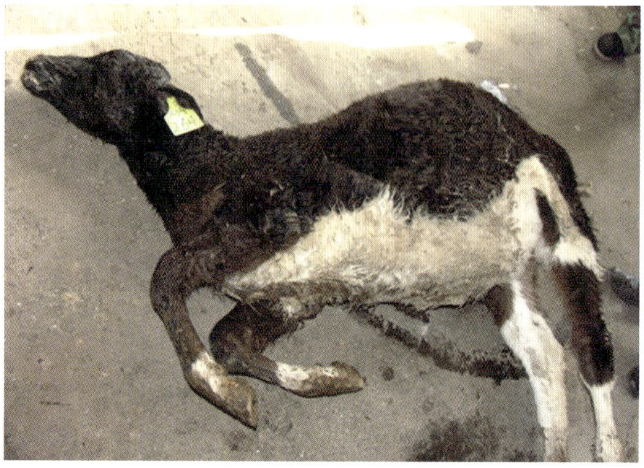

图 2-23　窒息而死的犊牛

（夏成供图）

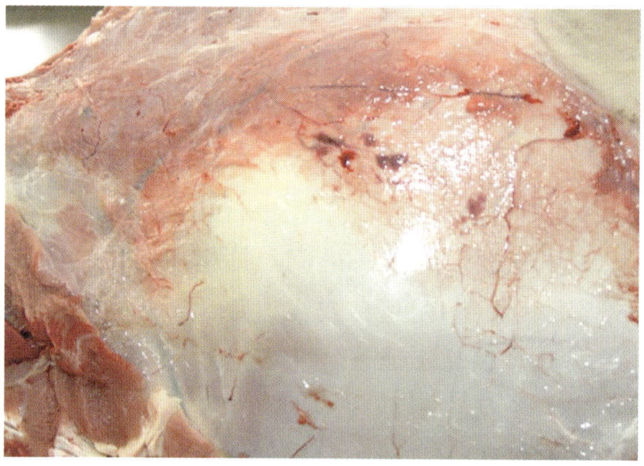

图 2-24　死亡犊牛皮下小气泡

（夏成供图）

（二）示病症状

1. 胸部叩诊

叩诊患病动物胸部叩诊音高朗，呈过清音；当肺中有较大充满气体的空泡时，则出现鼓音。

2. 胸部听诊

听诊患病动物胸部肺泡呼吸音减弱，弥漫性肺萎缩造成呼气困难，呼气时发出咕噜声。肺气肿时，可听到响亮的碎裂音（爆裂音）或捻发音。

【诊断】

根据病史、特征性临床症状、实验室检查和尸体剖检变化可以做出诊断。该病的病因不易确定，应与再生草热、肺充血和肺水肿、急性肌张力障碍、肺炎、气胸等进行鉴别诊断。

（一）实验室检查

患病动物血液学无特征变化。有的患病动物碱储增高，出现代偿性红细胞增多症。过敏病例的血常规检查发现嗜酸性粒细胞增多，鼻腔分泌物拭子涂片染色镜检可见较多嗜酸性粒细胞。

（二）尸体剖检

肺极度扩张，肺表面有肋骨压痕。间质性肺气肿（图 2-25）的肺泡间隔明显增宽（图 2-26），呈充气状，有成串的大气泡（图 2-27），邻近肺组织萎陷，形成气泡腔（图 2-28）。胸膜、肺脏和心包表面可见大小不等的小气泡（图 2-29、图 2-30）。常见充血性心力衰竭和肺水肿的病变。组织病理学可见肺水肿、间质气肿、肺泡壁增厚或破裂、透明膜、嗜酸性粒细胞浸润等。

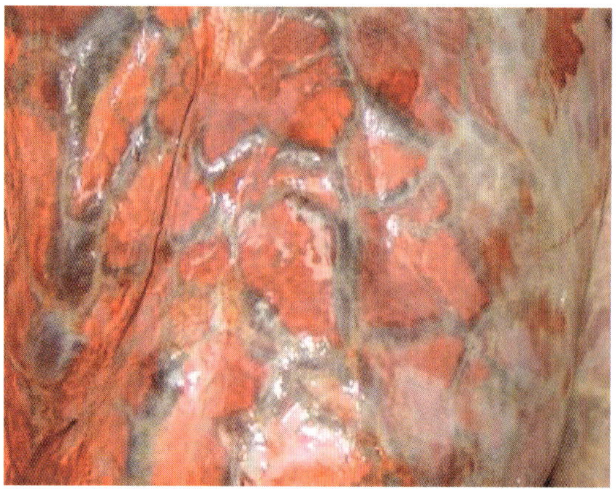

图 2-25　病牛肺气肿

（夏成供图）

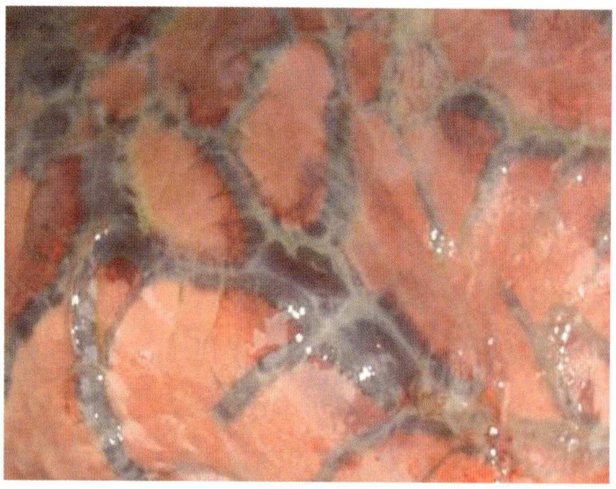

图 2-26　病牛肺间质因气肿而增宽

（夏成供图）

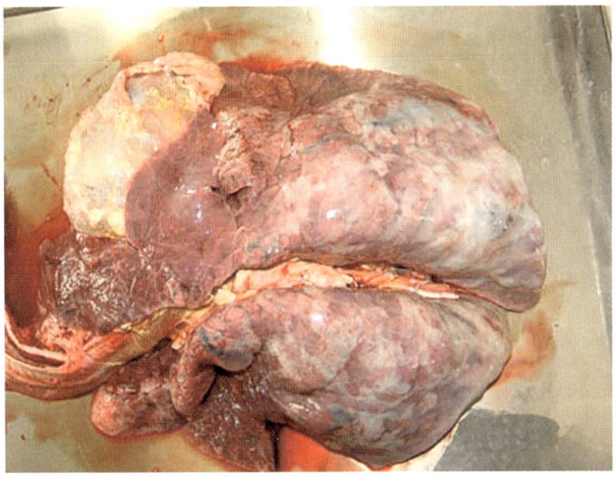

图 2-27 犊牛肺气肿，成串的大气泡
（夏成供图）

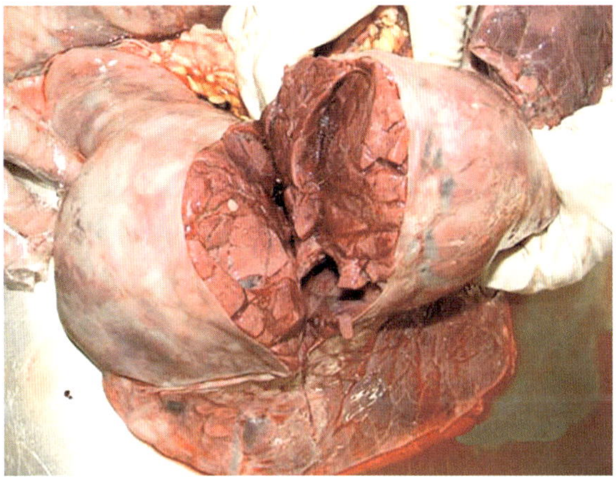

图 2-28 犊牛肺组织萎陷、形成气泡腔
（夏成供图）

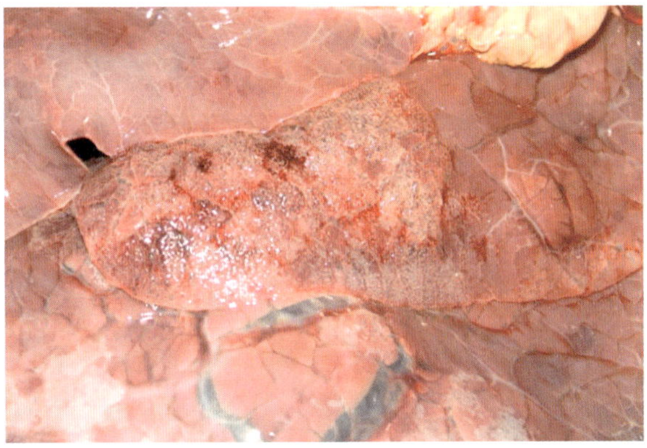

图 2-29 犊牛肺表面小气泡
（夏成供图）

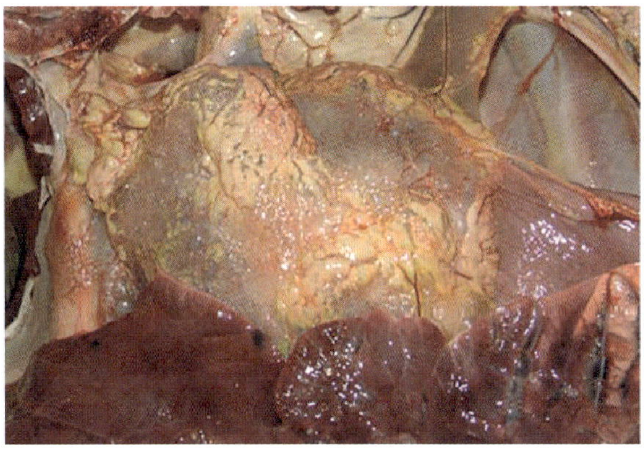

图 2-30 犊牛心包表面散在小气泡
（夏成供图）

【治疗】

（一）治疗原则

祛除病因、加强护理、对症治疗和治疗原发病。

（二）治疗方法

1. 祛除病因

患病动物安置于通风良好、安静、清洁的畜舍，供给清洁饮水和优质干草，避免运动。急性间质性肺气肿无特效疗法。如果肺部疾病能得到有效治疗，气肿会自动消除。

2. 加强护理

保持卫生，减少饲草料中的粉尘，防止饲草料霉变，严禁饲喂霉变饲料。限制动物进入患病牧场和采食患病区干草。逐渐增加放牧时间，在牧草茂盛之前使用牧场和草场。

3. 对症治疗

（1）由中毒引起的病例　常用硫酸镁，一次量，牛 400～800 g、羊 40～100 g，加水混合，灌服，排出毒物；也可用 1%高锰酸钾或 1%～2%过氧化氢，洗胃、氧化解毒或木炭末制成 10%～15%悬浮液，灌服，吸附毒物。

（2）极度不安和剧烈咳嗽的病例　皮下注射阿托品，按每千克体重，牛、羊各 0.02～0.05 mg，使患病动物镇静，防止由咳嗽导致空气进入肺间质。

(3)严重缺氧并危及生命的病例　输氧急救或用0.5%异丙肾上腺素，牛1～4 mg、羊0.2～0.4 mg，进行雾化吸入治疗，每次2～4 mL；也可用1%硫酸阿托品皮下注射，牛1～3 mL、羊0.2～0.3 mL，缓解呼吸困难。

(4)过敏引起的病例　给予糖皮质激素治疗。

(5)由细菌感染引起的病例　常用抗生素治疗，恩诺沙星，肌内注射，一次量，按每千克体重，牛、羊各5 mg，1次/d，连用2～3 d或用青霉素、庆大霉素、头孢菌素等药物。

【预后】

多数轻症病例会自动恢复正常。重症病例，尤其犊牛，处理不当或不及时，会因呼吸困难而窒息死亡。该病常与肺充血、肺水肿同时并发，病因复杂，病程短急，多突发而迅速死亡。

第七节　其他呼吸系统疾病

除上述常见的呼吸系统疾病外，在临床上还可见牛、羊其他呼吸系统疾病，如表2-1所列。

表2-1　牛、羊其他呼吸系统疾病

病名	概念	发病情况	病因	临床症状	病理变化	诊断	防治
鼻旁窦炎(paranasosinusitis)	颌窦和额窦黏膜的炎症	多取慢性经过，散发	常因去角不当发生。还见于上呼吸道感染、邻近器官炎症或全身性疾病经过中	间歇性的流脓性鼻液、鼻血，窦部触诊疼痛敏感、发热，眼球突出，呼吸困难	窦腔扩大，有黄色胶样渗出物或有溃疡、肿瘤	根据病史、临床症状可做出诊断。必要时，采样细菌培养	常用抗菌消炎、中药治疗。必要时，手术治疗。预防可参考鼻炎
粉尘性鼻气管炎(dusty rhino-tracheitis)	干颗粒饲料或由粉尘的垫草引起的疾病	常见于湿度相对较低的干燥地区。有的呈群发	常在放牧或舍饲情况下，饲喂颗粒性干饲料或有粉尘的垫草后发病	给草料或垫草后发生干咳或阵发性咳嗽，伴发结膜炎、鼻炎	鼻炎、气管炎的病理变化	根据病史、病因和主要症状可做出初诊	更换或喷湿草料或垫草、草料加糖浆和垫草除尘处理
急性渗出性肺炎(acute exudative pneumonia)	一种以细菌为主的疾病	任何年龄都发生，多单个动物突然发病	常见隐球菌、放线菌、棒状杆菌、化脓隐秘杆菌、溶血性巴氏杆菌感染经过中	突然停食，黏液脓性鼻液，体温升高，呼吸亢进，吸气有吱吱声、喘息声	黑色肺实变分散或大片，细支气管和肺泡有中性粒细胞和巨噬细胞浸润	根据个别动物发热、明显呼吸症状、病理学变化可以做出诊断	隔离患病动物。用抗生素治疗。确保室内通风良好，避免受凉
异物性肺炎(foreign body pneumonia)	由吸入或误咽异物所致的炎症	散发于牛、羊。犊牛多见于胃管饲喂不当	操作错误或咽喉、食管和脑的疾病造成误咽而发病	体温升高，病情重剧，呼气或鼻汁呈腐败臭味，听诊有啰音、空翁音，叩诊浊音	肺脏和支气管充血，充满泡沫。后期为坏疽性肺炎病变	根据病史、特征症状、鼻液检查、X线检查、尸检等可以确诊	除去异物、抗菌消炎，配合对症治疗，多数无效。投药规范和治疗原发病
弥漫性纤维化肺泡炎(diffuse fibrosing alveolitis)	以肺泡壁增厚、纤维化为特征的一种疾病	个别动物发病，牛、羊均可发生，以6岁以上牛多发	原因尚不清楚。许多发生在患有慢性肺病的动物	全身症状逐渐恶化。持续咳嗽，呼吸亢进，听诊有吱吱声、喘息声和爆裂声	肺泡壁纤维化。肺泡内大量单核细胞，Ⅱ型肺细胞增生或肺泡上皮化生	根据症状，结合病理变化可以做出诊断，但病因难确定	原因尚不清楚，缺乏有效的防治措施。皮质类固醇有助于改善病情

续表 2-1

病名	概念	发病情况	病因	临床症状	病理变化	诊断	防治
急性胸膜肺炎(acute pleuro-pneumonia)	死后剖检可见胸膜肺炎的一种疾病	产后成年牛或犊牛常发。散发，病死率高	病原不明。与溶血性巴氏杆菌、化脓隐秘杆菌等细菌的持续性感染或病毒的协同作用有关	严重的呼吸道症状，如呼吸困难、气喘，甚至胸膜摩擦音等。大多数病牛死亡	似大叶性胸膜炎的病变，或水肿、充血、实变。胸膜与肺粘连，胸腔积液	根据病史、病因和主要症状可做出初诊，病理剖检变化可确诊	大剂量应用抗生素，与非甾体抗炎药合用。大多数死亡。加强饲养管理
再生草热(fog fever)	多因摄入过多 L-色氨酸引起的非典型性间质性肺炎	常发于 2 岁以上的泌乳牛，多呈群发，死亡率可高达 75%	舍饲转入放牧、营养不良或秋季进入新草场。青草中含大量氮物质或 L-色氨酸，过食后代谢为吲哚乙酸，再脱羧为 3-甲基吲哚，引起发病	嗜睡，重症突发气喘。听诊轻微的湿啰音和捻发音。常突然死亡。轻症偶见咳嗽，皮下气肿或水肿	呼吸道黏膜出血。肺表面呈红黑色、肿胀，切面发亮、平滑；小叶间隔膜及胸膜气肿	根据病因、发病特点和主要症状，肺水肿与气肿病变可做出诊断	病牛移出草场，用阿托品或皮质醇、氟尼辛葡甲胺等治疗。逐渐增加放牧，饲喂莫能菌素预防
牛霉尘肺(bovine farmer's lung)	一种慢性非典型性间质性肺炎	成年牛多发，冬季常发	在夏季潮湿季节，饲料质量差，如霉变的干草或稻草；有真菌存在，如小孢子虫，均可引起发病	常突发迟钝、奶量和食欲下降。呼吸窘迫和咳嗽，听诊有破裂音、口哨声、喘息声	肺上灰绿色小病灶。肺间质浸润淋巴细胞和巨噬细胞。支气管炎，肉芽肿	根据病史和临床症状，小孢子虫皮内试验、血清学检查可做出诊断	长效皮质类固醇缓解症状。改善饲草质量，停喂发霉饲料，去除发霉饲料
慢性化脓性肺炎(chronic suppurative pneumonia)	由化脓性细菌引起的肺部化脓性炎症，继而坏死形成脓肿	成年牛常发，暴发过急性肺炎。发病缓慢，突然发作	支气管肺炎、支气管扩张和肺脓肿等病因均可发病	迟钝、消瘦，发热。呼吸急促，胸痛，肘外展。听诊有口哨声、吱吱声和喘息声	似支气管肺炎的肺实变，可见渗出物和炎症细胞，坏死组织和纤维囊壁	根据慢性病史，主要症状和病理学变化可以做出诊断	氨苄西林、磺胺类等治疗数周，常复发，应早期、彻底的治疗。大多淘汰
急性呼吸窘迫综合征(acute respiratory distress syndrome)	以肺泡毛细血管损伤为主的急性肺损伤的综合征	犊牛、成牛偶发，羊少见	尚不明确。严重的感染、创伤、休克等肺侵袭后发病	呼吸快和窘迫、低热，或伴发肺水肿和肺气肿，胸部呼吸道音降低，X 线检查呈弥漫性肺泡浸润的阴影	低氧血症，增生性肺炎病变。肺泡上皮细胞增生、肺泡腔闭塞和间质水肿，血清球蛋白增高	根据发病特点和主要症状做出初诊。胸部 X 线片的弥散性肺水肿及增生性肺炎病变可确诊	参见肺水肿和肺气肿疗法。消除病因，对症治疗。阿托品、呋塞米、地塞米松和广谱抗菌药治疗
后腔静脉栓塞(thrombosis of the caudal vena cava)	脓毒性病灶诱发形成的后腔静脉脓毒性血栓造成的综合征	散发于后备牛和成年牛，犊牛罕见	多起源于肝脓肿，局部静脉炎。在腔静脉区和紧邻肝处的脓性栓子穿过肺脏，引起化脓性肺炎、肺脓肿，发生血栓、支气管和肺泡出血	牛群中散发猝死病例，急性呼吸窘迫综合征，主要表现为咯血、鼻出血、慢性肺炎、贫血等综合征	后腔静脉有血栓形成，肺动脉阻塞及肺出血	根据胸部 X 线片和 B 超确定脓肿病灶。内窥镜确定出血部位或对气管洗出物进行细菌学培养	无有效治疗办法。妥善处理脓性病灶，全身抗菌药治疗，4～5 d 后无效则淘汰
运输热(transit fever，shipping fever)	也称牛地方流行性肺炎，是在运输应激作用下由病原微生物引起的急性呼吸道传染病	断奶犊牛、育成牛或育肥牛都会发生。发病率和死亡率均高	病毒、细菌如 PIV-3、BHV-1、多杀性巴氏杆菌、溶血性曼氏杆菌、支原体等感染；应激(运输、转群、混群、饲料和环境的变化)	突发沉郁、发热和厌食。呼吸浅而急促，咳嗽频而无力；有支气管音或胸膜摩擦音；后期腹式呼吸	以急性渗出性支气管炎或纤维素性胸膜炎的病理变化为主	根据病史，严重呼吸道症状、尸体剖检可做出初诊。确诊要做病原学和血清学的检查	参考支气管炎和胸膜炎的治疗，如抗生素配合非甾体抗炎药治疗，治愈率通常较好。做好预防

思考题

1. 如何区别感冒和鼻炎？如何进行防治？
2. 支气管炎的类型有哪些？主要病因和发病机制是什么？
3. 在临床上如何区别支气管炎、小叶性肺炎和大叶性肺炎？
4. 成年奶牛发生肺炎的原因有哪些？如何进行治疗？
5. 简述肺充血和肺水肿的病因及病理发展过程。
6. 牛间质性肺气肿发生的原因是什么？如何进行防治？
7. 其他常见的呼吸系统疾病还有哪些？请列出5～10个。

第三章　血液循环系统疾病

学习目的与要求

1. 熟悉血液循环系统的组成和结构。
2. 了解血液循环系统疾病的病因和发病特点。
3. 了解血液循环系统疾病的发病机制。
4. 掌握血液循环系统疾病的临床症状、诊断和治疗。

概　述

血液循环系统由心脏、动脉、静脉和毛细血管构成。其主要功能是维持血液循环，血液和组织之间能够进行体液、电解质、氧气和营养物质以及代谢废物的正常交换。心血管系统本身功能障碍或引起心血管系统与组织进行物质交换障碍的疾病都属于血液循环系统疾病的范畴。

按照生理解剖结构，血液循环系统疾病的种类可分为心脏疾病（如先天性心脏病、心力衰竭、心包炎、心肌病、心内膜炎等）、血管疾病（如循环衰竭、出血、血栓形成和静脉炎等）以及血液疾病（如贫血、白细胞减少症、红细胞增多症等）。

血液循环系统疾病的病因一般可分为原发性和继发性两种。原发性因素包括物理化学因素（如异物刺伤心包、静脉穿刺、创伤）、静脉输液药物和剂量使用不当、大出血、大量体液丧失等；继发性因素常为某些急性传染病、寄生虫病、消化道疾病及中毒性疾病，因侵害心肌而引起疾病。

血液循环系统疾病的临床症状主要表现为心搏加快，心音减弱，不耐使役，易疲劳出汗，呼吸增数，体表静脉怒张，耳、鼻、四肢末梢厥冷，颈下、胸前、腹下、四肢下部等处明显水肿。严重时，可引起机体多个组织器官缺血、缺氧，血压下降，最终导致全身多发性器官功能障碍。

血液循环系统疾病的诊断主要依据病史和临床检查，如可视黏膜、脉搏速率和强度、对主要静脉扩张和搏动程度的评价、心脏听诊等做出初步诊断；影像学检查（心电图检查、X 线检查等）和实验室检查可以作为辅助诊断。在临床实践中，区别原发性疾病和继发性疾病，阐明症状间的彼此关系，进而建立诊断。

血液循环系统疾病的治疗原则包括除去病因、加强护理、减轻心脏负担、增强心脏功能和血管舒缩功能、疏通微循环和对症治疗。早诊断早治疗，及时针对原发性疾病采取应对措施更为重要。

第一节 心力衰竭

心力衰竭(cardiac failure),又称为心脏衰竭(heart failure)、心功能不全(cardiac insufficiency),是指因心肌收缩力减弱或衰竭,心输出量减少,引起外周静脉血过度充盈,静脉回流受阻的一种全身性血液循环障碍综合征。临床上以呼吸困难、皮下水肿、心搏骤停和猝死为特征。该病按病程可分为急性、慢性;按病因可分为原发性、继发性。各年龄段牛、羊均可发生。

【病因】

(一)急性心力衰竭病因

急性心力衰竭多为原发性的。常见于由容量或压力负荷过大导致的心肌负担过重,如静脉过快地输入刺激性强的药物、静脉输液量或输液速度超过了心脏的最大负荷量,突然驱赶或受到环境应激因素的刺激都会导致该病发生,如雷击、电击等。

(二)慢性心力衰竭病因

慢性心力衰竭常继发或并发于心脏疾病(心包炎、心肌炎等)、中毒病(棉酚中毒、黄曲霉毒素中毒等)、其他内科病(白肌病、甲状腺功能亢进症、慢性肺泡气肿、慢性肾炎等)以及感染性疾病的经过中。

【发病机制】

(一)急性心力衰竭的发病机制

在致病因素的作用下,由于心输出量明显减少,主动脉和颈动脉压降低,而右心房和腔静脉压增高,反射性地引起交感神经兴奋,发生代偿性心动过速。心脏负荷加重,代偿性活动增强、心肌能量代谢增加、耗氧量增加、心室舒张期缩短和冠状动脉血管血流量减少引起氧供给不足。当心率超过一定限度时,心室充盈不足,排血量降低。此外,交感神经兴奋使外周血管收缩,心室压力负荷加重,血流量减少,抗利尿素分泌增多,引起水钠潴留。心室容量负荷加剧影响心输出量,最终导致代偿失调,引发急性心力衰竭。

(二)慢性心力衰竭的发病机制

大多慢性心力衰竭是在心血管疾病的基础上发展而来的。在疾病进程中心率加快,心脏长期负荷过重,发生代偿性肥大。当肥厚的心肌静息时,张力较高;当心肌收缩时,张力增加速度减慢,致使耗氧量增加,心脏的贮备力和工作效率明显降低。当劳役、运动或其他原因引起心动过速时,肥厚的心肌处于严重缺氧状态,心肌收缩力减弱,收缩时不能将心室排空,随后发生心脏扩张,导致慢性心力衰竭。

【临床症状】

(一)急性心力衰竭症状

在病程初期,患病动物精神高度沉郁、结膜发绀、浅在静脉怒张、出汗、呼吸迫促、心搏疾速,有时出现心内杂音和节律不齐。随病程的发展,全身症状加重、高度呼吸困难、听诊胸部有广泛的湿啰音,眼球突出、步履蹒跚、突然倒地、症状四肢阵发性抽搐,常在症状出现后短时间内死亡。

(二)慢性心力衰竭症状

在病程初期,患病动物精神沉郁,食欲减退,不愿运动,易疲劳,出汗。随着病程的发展,心率加快,在听诊时,第一心音增强,第二心音减弱,心音区扩大,常出现期前收缩和阵发性心动过速。严重病例呼吸频率增加,呼吸困难,结膜发绀,体表静脉怒张,四肢末端和胸腹下水肿,甚至体腔积液。

【诊断】

根据病因、典型症状（如静脉怒张、呼吸困难、胸前腹下水肿、心率加快、第一心音增强和第二心音减弱等），结合心电图、X线检查以及尸体剖检可以做出诊断。该病应与水肿、呼吸困难和腹水等表现的疾病进行鉴别诊断，还应注意急性与慢性、原发性与继发性之间的区别。

尸体剖检：急性或慢性死亡病例可见心肌严重出血（图3-1）、心肌出血和脂肪变性（图3-2）、心肌变性和水肿（图3-3）以及心内膜出血（图3-4）等病变。

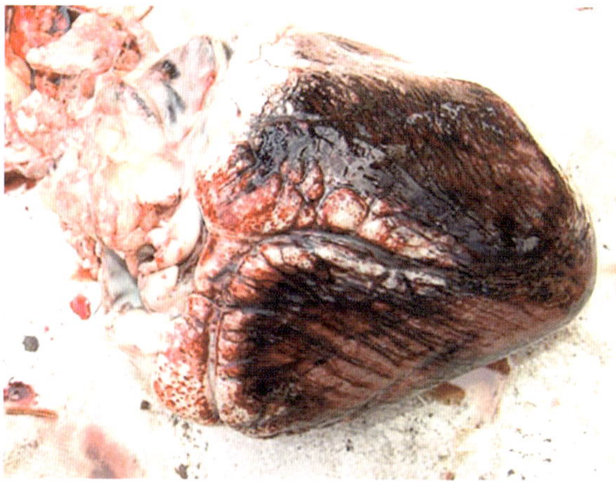

图3-1　病牛心肌严重出血

（夏成供图）

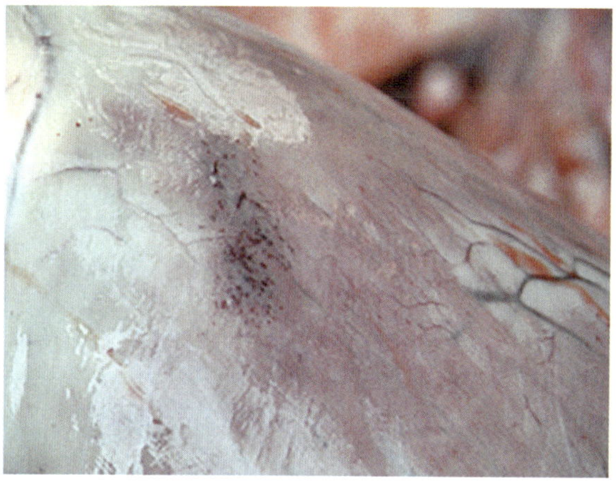

图3-2　病牛心肌出血、脂肪变性

（夏成供图）

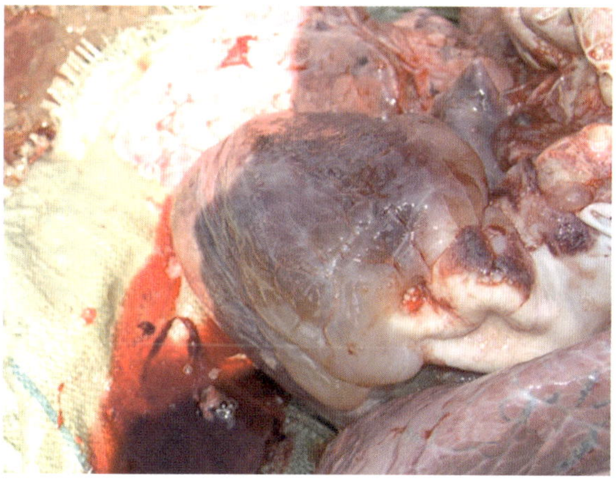

图3-3　病牛心肌变性、水肿

（夏成供图）

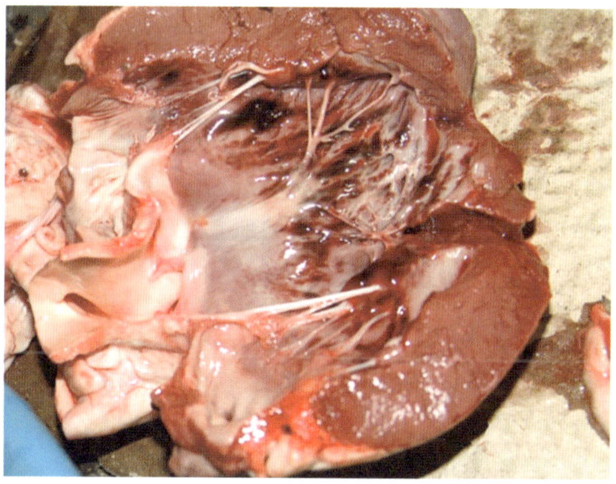

图3-4　病牛心内膜出血

（夏成供图）

【治疗】

（一）治疗原则

加强护理、减轻心脏负担、缓解呼吸困难、增强心肌收缩力和心脏排血量和对症治疗。

（二）治疗方法

1.急性心力衰竭的治疗方法

急性心力衰竭常用强心药。病牛在发生心室纤颤或心搏骤停时应按压心脏或电刺激起搏或小剂量的肾上腺素进行心内注射，0.1%肾上腺素注射液4 mL加入25%葡萄糖1 000 mL，静脉注射；心搏动过速（每分钟超过100次以上）的重症患病动物用复方奎宁注射液，牛10～20 mL、羊5～10 mL，肌内注射，2～3次/d。

2. 慢性心力衰竭的治疗方法

根据病牛体质和外周静脉淤血情况，酌情放血 1 000～2 000 mL，迅速解除呼吸困难的症状，再缓慢静脉注射 25%葡萄糖溶液 500～1 000 mL，2 次/d，连续数天，以增强心肌机能，改善心肌营养。

3. 其他方法

(1)加强护理、减轻心脏负担、缓解呼吸困难　让患病动物保持安静，给予易消化饲料，减少机体对排血量的要求，消除水肿和减轻心脏负担；应给予利尿剂，限制钠盐摄入。常用氢氯噻嗪内服，牛 0.5～1.0 g、羊 0.05～0.1 g；呋塞米按每千克体重肌内注射，牛、羊各 0.5～1.0 mg，2～3 次/d，连用 3～4 d，停药几天后再连用 3～4 d。兴奋心肌和呼吸中枢，缓解呼吸困难。常用樟脑磺酸钠注射液，牛 1～2 g、羊 0.2～1 g，皮下注射或肌内注射。

(2)对症治疗　患病的牛、羊常给予健胃、缓泻、镇静等制剂，配合 ATP、辅酶 A、细胞色素 C、维生素 B、葡萄糖等进行辅助治疗或应用参附汤和营养散进行治疗；继发性心脏病应针对原发病进行治疗，如白肌病等。

【预后】

因病而异，急性心力衰竭的病例多来不及治疗就死亡。由轻度过劳所致的病例经及时治疗后可痊愈。多数病例的预后慎重。

第二节　循环衰竭

循环衰竭(circulatory failure)，又称循环虚脱(circulatory collapse)或休克(shock)，是指由有效循环血量减少、微循环灌注量不足导致的机体重要组织器官缺血、缺氧，血压下降和多器官功能障碍的综合征。临床上以血压下降、心动过速、体温下降、末梢厥冷、浅表静脉塌陷、肌肉无力乃至昏迷和痉挛为特征。各年龄段的牛、羊均可发生。

【病因】

该病主要是由有效循环血量急剧减少、供应各组织器官的微循环灌流量不足所造成的。

【发病机制】

(一)血液总量减少

1. 全血减少

常见于各种原因引起的急性大失血，如由严重创伤或外科手术引起出血过多、大血管破裂、肝脾破裂等造成的内出血。

2. 体液丧失

严重的呕吐、腹泻、胃肠变位、瘤胃酸中毒，由某些疾病引起高热或大量出汗而又没有及时补液造成的机体严重脱水。

3. 血浆丧失

血浆丧失主要见于大面积烧伤，因毛细血管通透性增高，大量血浆从创面渗出。

(二)血管容量增大

1. 严重感染和中毒

某些急性传染病(如炭疽、出血性败血症等)、肠道菌群严重失调的疾病(如土霉素中毒)，由胃肠破裂引起的腹膜炎以及严重的创伤感染和脓毒败血症过程中。病原微生物，尤其革兰氏阴性杆菌及其毒素使小血管扩张、血管容量增大，同时心脏和血管受到损伤，有效循环血量减少、心输出量不足而发生循环衰竭。

2. 各种剧烈疼痛的刺激

重症疝痛、严重的创伤或骨折、在神经丰富部位不经麻醉的手术等使中枢神经系统，如血管运动中枢迅速由兴奋转为抑制，小血管紧张性降低而发生扩张，致使血管容量增大，有效循环血量减少而发生循环衰竭。

3. 超敏反应

由注射异种血清、异性蛋白和抗生素所引起的超敏反应使毛细血管扩张、血管容量增大，有效循环血量减少而发生循环衰竭。

(三)心输出量减少

心输出量减少主要见于各种原因引起的心力衰竭。心收缩力减弱、心输出量减少使有效循环血量减少而发生循环衰竭。

【临床症状】

病情发展急剧，临床症状明显。在不同的发展阶段，临床症状也不同。

(一)病程初期症状

患病动物精神变化不大或轻度兴奋，烦躁不安，汗出如油，可视黏膜苍白；耳鼻及四肢末端发凉，皮温不整；少尿，甚至无尿；心搏动加快，脉搏细数，呼吸浅表而急促。

(二)病程中后期症状

患病动物精神高度沉郁，对外界刺激反应迟钝，甚至昏迷；可视黏膜发绀，耳鼻及四肢末端冰凉，冷汗频出，体表静脉萎陷，充盈缓慢，心音减弱(特别是第二心音)，心率加快，第一心音与第二心音界线不清，血压下降，心音浑浊，脉搏细弱。

随着病情进一步发展，血压急剧下降，脉搏细弱欲绝，甚至出现脉律不齐，若有若无；尿量减少或无尿，呼吸无力、浅表急速而困难，甚至窒息。由过敏引起的循环衰竭，会突然发生强直性痉挛或阵发性痉挛，大小便失禁，呼吸缓慢至停止，很快死亡。

【诊断】

根据病史查明循环衰竭的原因，如失血、脱水、严重感染和中毒、剧烈疼痛的刺激或超敏反应等。依据临床症状，如病情发展迅速，心搏快，脉细而无力，可视黏膜苍白或发绀，末梢发凉，血压下降，尿量减少，反应迟钝，甚至昏迷可以做出诊断。其在临床上应与心力衰竭进行鉴别诊断。

【治疗】

(一)治疗原则

消除病因、恢复血容量、调整血管舒缩功能、疏通微循环、纠正酸中毒和保护脏器功能。

(二)治疗方法

1. 消除病因

治疗原发病。失血性病例要及时止血；由细菌感染引发的病例及时应用抗生素或抗菌药；过敏性病例及时给予抗过敏药等。

2. 恢复血容量

恢复血容量主要是补液，常用5%葡萄糖生理盐水或生理盐水等进行静脉注射。根据皮肤皱褶试验、眼球下陷程度、血细胞比容及中心静脉压等判断脱水程度，估算补液量。

3. 调整血管舒缩功能

常用山莨菪碱，牛100～200 mg，静脉注射，每隔1～2 h重复用药1次，连用3～5次；硫酸阿托品，牛0.08 g、羊0.05 g，皮下注射；盐酸氯丙嗪按每千克体重0.5～1 mg，肌内注射或静脉注射。

4. 疏通微循环

肝素按每千克体重 0.5～1 mg，溶于 5%葡萄糖生理盐水中，静脉注射，同时应用丹参注射液，效果更佳。

5. 纠正酸中毒

常用 5%碳酸氢钠注射液，牛 300～500 mL、羊 50～100 mL，以生理盐水稀释 3～4 倍，缓慢静脉注射。

6. 保护脏器功能

如患病动物处于昏迷状态且伴发脑水肿，应降低颅内压，改善脑循环，可用 50%葡萄糖溶液，静脉注射；也可用 20%甘露醇注射液，牛 500～1 000 mL、羊 40～120 mL，静脉注射，每隔 6～8 h 重复注射一次。如出现呼吸困难，可用尼可刹米，牛 2.5～5 g、羊 0.25～1 g，皮下注射。如出现肾功能衰竭，氢氯噻嗪，牛 0.5～1.0 g、羊 0.05～0.1 g，内服。

7. 中药疗法

循环衰竭、气血两虚的患病动物用生脉散，水煎去渣，内服；气衰阳脱的患病动物用四逆汤，水煎去渣，内服。

【预后】

该病大多病程短急，如采取及时有效的治疗措施，预后良好。如引起休克的原发病未得到有效控制，休克进入晚期或并发其他疾病，预后不良。

第三节 其他血液循环系统疾病

除上述常见的血液循环系统疾病外，在临床上还可见牛、羊其他血液循环系统疾病，如表 3-1 所列。

表 3-1 牛、羊其他血液循环系统疾病

病名	概念	发病情况	病因	临床症状	病理变化	诊断	防治
心包炎(pericarditis)	心包组织的炎症	多取慢性经过，散发	多由刺穿网胃至心包的异物(图 3-5)引起	起卧、站立的姿势异常，喜走上坡路；网胃触诊敏感；下颌及前胸水肿(图 3-6、图 3-7)，颈静脉怒张	心包积液、积脓(图 3-8、图 3-9)；心包增厚、纤维素性渗出；肺间质气肿(图 3-10)	根据临床症状、心包积液性状，实验室检查和尸体剖检可做出诊断	无特效药，抗菌消炎，定期投磁笼预防，清除饲料中的金属异物
心肌炎(myocarditis)	心脏肌肉的炎症	多取慢性经过中	常继发于败血症、慢性感染、口蹄疫和白肌病等经过中	心跳增速，第一心音增强，循环障碍，黏膜发绀，呼吸困难，下颌、前胸等处水肿，体腔积液	心肌变性或炎性损伤，肺充血和水肿，全身淤血	根据临床症状，结合实验室和尸体病理检查可做出诊断	无特效药，抗菌消炎
心内膜炎(endocarditis)	心内膜和心脏瓣膜的炎症	多取慢性经过，散发	其他部位化脓灶转移，如肝脓肿、心包炎、子宫炎、乳腺炎等经过中	持续或间歇性发热，听诊心脏杂音，触诊心脏颤动，心动过速。随着病情进展，常发心力衰竭	心瓣膜肿胀、坏死，坏死组织周围有炎症；瓣膜口有菜花样赘生物或疣状物	根据临床症状做初诊，经剖检、血液培养和超声检查确诊	一般长期使用抗生素药物和对症治疗

续表 3-1

病名	概念	发病情况	病因	临床症状	病理变化	诊断	防治
贫血(anemia)	红细胞计数、血红蛋白浓度、血细胞比容低于参考值下限的一种综合征	失血和溶血性贫血分急性和慢性；营养性贫血多群发，病程长；再生障碍性贫血多呈慢性	各种原因引起的出血、溶血、造血机能障碍以及营养不良	黏膜苍白或黄疸，易疲劳，渐进性消瘦；严重时，脉搏细弱，心音弱，体温降低，皮下水肿，甚至卧地不起	因不同类型而异。有时可见黄疸、血红蛋白尿、出血、血液稀薄如水样	根据病史，各自的临床特点，结合血液学检查，可做出诊断	消除病因，提高造血机能，补充血容量
出血(hemorrhage)	一种自发性或创伤性出血的综合征	根据出血原因，出血分为急性和慢性	血管完整性破坏、血小板疾病、凝血因子异常	由出血性素质引起的自发性出血，可见到鼻出血、血尿、粪便带血、皮肤紫癜等	软组织内血肿，关节和体腔内积血，注射部位出血不止或血肿，创伤或手术后出血不止或凝血时间延长	根据病史和临床症状可做出诊断	加强饲养管理，对因对症治疗
血栓形成和静脉炎(thrombosis and phlebitis)	由静脉损伤及周围组织炎症扩散和病原菌感染导致	分为急性和慢性	反复静脉穿刺，病原微生物感染和扩散；外伤，如枷套、锁链反复刺激等	颈静脉有柔软或坚实血凝块，血管周围炎性水肿，患部增温，疼痛敏感；颈部肿胀、发热	剖检可见，水肿出血部位梗阻的脉管和血栓	根据临床症状可做出诊断。必要时，查明血栓形成原因	抗菌消炎，患部清洗消毒。必要时，给溶栓药物

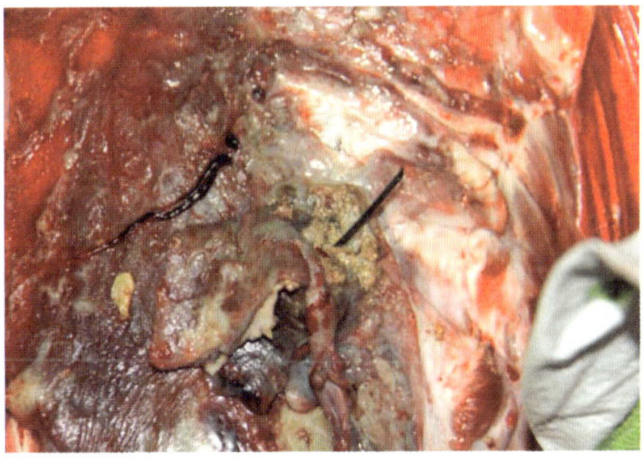

图 3-5 病牛心脏上刺入的钢丝
（夏成供图）

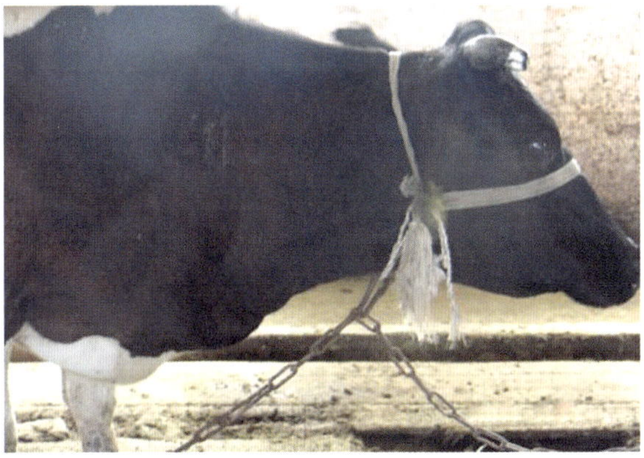

图 3-6 病牛下颌及前胸水肿
（夏成供图）

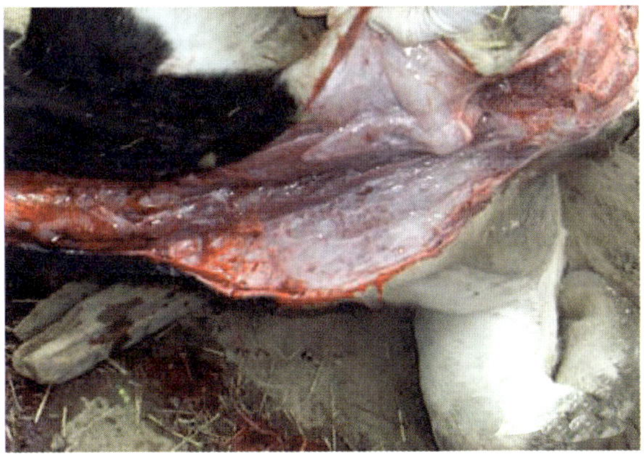

图 3-7 前胸水肿
（夏成供图）

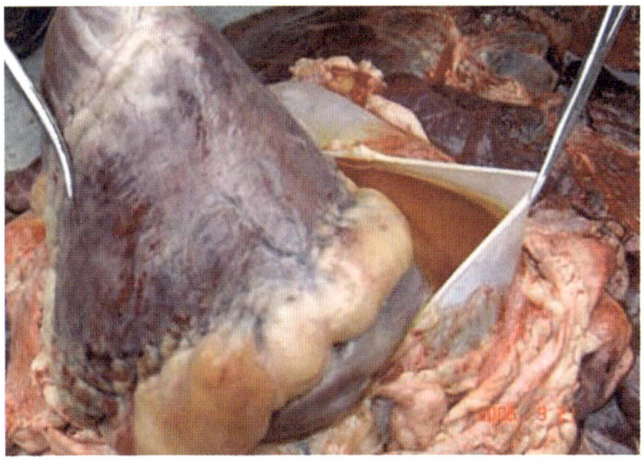

图 3-8 心包积液
（夏成供图）

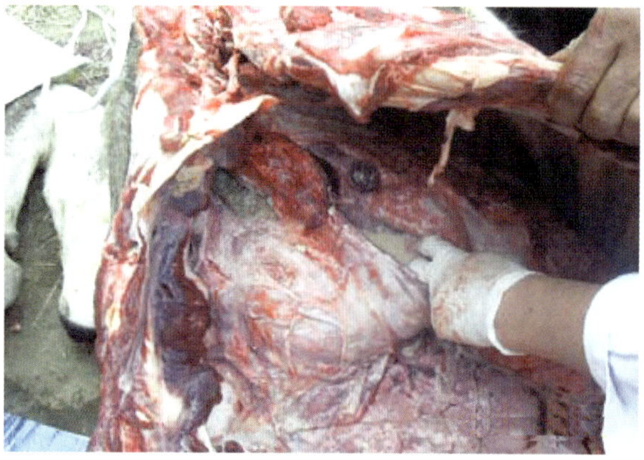

图 3-9 心包腔积脓

（夏成供图）

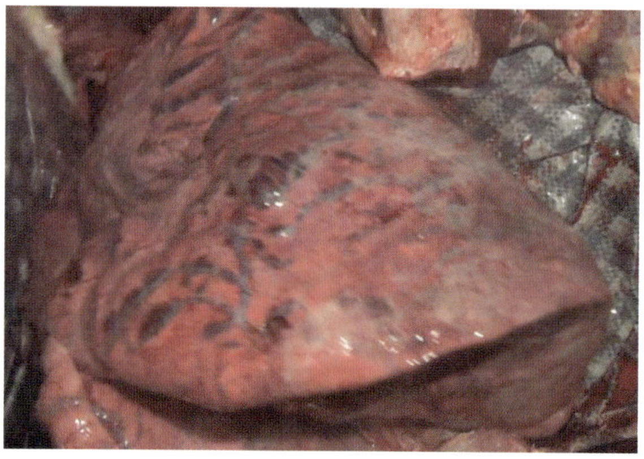

图 3-10 病牛间质性肺气肿

（夏成供图）

思考题

1. 血液循环系统疾病有何发病特点？为什么？
2. 血液循环系统疾病的常见症状是什么？
3. 心力衰竭的主要病因有哪些？如何进行诊治？
4. 循环衰竭的发病机制是什么？如何进行诊治？
5. 除心力衰竭、循环衰竭外，其他常见的血液循环系统疾病还有哪些？

第四章　泌尿系统疾病

学习目的与要求

1. 熟悉泌尿系统的组成和结构。
2. 了解泌尿系统疾病的病因和发病特点。
3. 了解泌尿系统疾病疾病的发病机制。
4. 掌握泌尿系统疾病的临床症状、诊断和治疗。

概　　述

泌尿系统由肾、输尿管、膀胱、尿道构成。它的主要功能是排出代谢产物，维持内环境稳态，调节内分泌。泌尿系统疾病及功能紊乱会对动物机体水平衡、酸碱平衡、电解质平衡、内分泌等产生不良影响。

根据泌尿系统疾病的种类和发生特点，从解剖结构上看，其主要分为肾脏疾病（如肾炎、肾病、肾盂肾炎等）、膀胱疾病（如膀胱炎、膀胱麻痹、膀胱破裂等）和尿道疾病（如尿道炎、尿道结石等）。对于牛、羊而言，泌尿系统疾病的发生率相对于消化系统、呼吸系统以及营养代谢性疾病更低。牛、羊的主要泌尿系统疾病有肾炎、膀胱炎、尿道炎等。

泌尿系统疾病的病因多种多样，一般多由病原微生物感染、某些有毒物质中毒、机体变态反应以及机械性刺激等引起。其中肾炎多继发于感染性疾病，肾脏受内源性毒素和外源性毒素的影响；膀胱和尿道疾病主要由机械性刺激和外界环境不洁的上行感染引起的泌尿道感染所致。寒冷、潮湿等因素在泌尿系统疾病的发生中也具有重要作用。

泌尿系统疾病的临床症状主要表现为排尿异常（如尿频、尿痛、尿失禁或排尿困难等）、尿量变化（如少尿、无尿、多尿或尿闭）、尿液性质改变（如蛋白尿、血尿、管型尿等）、心血管症候（如肾性高血压、主动脉第二心音增强、心浊音区扩大等）、肾性水肿（发生在眼睑、胸下、腹下及四肢末端，严重者可出现尿毒症）。根据病变的部位与性质以及年龄、个体、病程或病情，临床症状各异。

泌尿系统疾病的诊断依据病史和临床症状可进行初步诊断。如果症状不明显，需要结合实验室检查和影像学检查等进行确诊。

泌尿系统疾病的治疗原则一般是祛除病因、加强护理、消除水肿、抗菌消炎和对症治疗。在临床上，根据病因、发病机制、病变部位、病理诊断和功能诊断的不同，选择不同的治疗方案。在治疗过程中，合理使用肾上腺皮质激素、免疫抑制剂和中草药等，以提高疗效。

第一节 肾 炎

肾炎(nephritis)是指肾小球、肾小管或肾间质组织发生炎症的总称。临床上以肾区敏感和疼痛、尿量减少、尿液中含有病理产物为特征。该病按病程可分为急性肾炎、慢性肾炎；按发病部位可分为肾小球肾炎、间质性肾炎和肾盂肾炎。牛、羊的原发性肾炎少见，常为继发性肾炎，其中主要是肾盂肾炎或膜性肾小球肾炎，多散发。

【病因】

该病主要与感染因素、中毒性因素、机械性因素、免疫介导因素和诱发因素有关。

(一)感染因素

多继发于某些传染病，如炭疽、牛出血性败血症、传染性胸膜肺炎、口蹄疫、结核、梭菌感染等经过中或邻近器官炎症的蔓延。

(二)中毒性因素

1. 内源性毒素

在胎衣不下、急性子宫炎、急性乳腺炎、结核病、腹膜炎、肠套叠、肠扭转等疾病过程中，形成的大量内源性毒素可引起该病。

2. 外源性毒素

饲喂霉败变质的饲草、饲料，饲喂未脱毒的棉籽饼或被农药和重金属(如砷、汞、铅、镉、钼等)污染的饲料及饮水或误食有强烈刺激的药物(如斑蝥、松节油等)，均可导致该病。

(三)机械性因素

在冲撞、踢打或直肠检查误将肾脏当便秘块进行挤压时，肾脏均会受到损伤。

(四)免疫介导因素

由结核分枝杆菌、溶血性链球菌、肺炎双球菌、葡萄球菌、大肠埃希菌、钩端螺旋体等感染引起的慢性炎症或感染性疾病，如慢性肺炎、肝脓肿等，造成外源抗原形成的免疫复合物沉积于肾小囊基底膜，引起本病。

(五)诱发因素

营养不良和受寒等因素也会诱发该病。

【发病机制】

发病机制较为复杂，一般认为是单一因素或多种因素作用的结果。感染、中毒和免疫介导等因素作用于机体可以引起肾小球肾炎或肾盂肾炎、间质性肾炎。其中免疫介导因素会引起抗原、免疫球蛋白和补体等沿肾小球毛细血管基底膜沉积。抗原抗体复合物能够在肾小球毛细血管基底膜被捕获，在内皮或上皮下形成致密沉积物。当复合物在上皮下沉积时，其可促进毛细血管基底膜增生。不断增厚的基底膜会包绕致密沉积物，使基底膜进一步增厚，引起膜性肾小球肾炎。这是最常见的肾炎类型。

致病因素作用于血管运动神经可引起肾小球毛细血管痉挛性收缩和炎性反应，导致肾脏血液循环障碍，泌尿机能紊乱，引起少尿或无尿；机体水盐和含氮代谢终末产物不能排出体外而潴留体内，引起肾性水肿和氮质血症；肾小球毛细血管、肾小管受到损伤，炎性产物随尿排出，尿中出现红细胞、白细胞、肾上皮细胞及大量蛋白质；血中大量白蛋白由肾脏排出，患病动物表现为低蛋白血症，血液胶体渗透压被改变，水代谢平衡紊乱，全身水肿的程度加重。严重的病例会发生肾衰竭或尿毒症。

【临床症状】

(一)急性肾炎症状

在病程初期,患病动物精神沉郁,体温升高,食欲减退或废绝,结膜苍白,喜卧,腹痛,运步拘谨,弓腰站立,四肢聚于腹下;仅排出少量尿液或混有血液。随着病情发展,患病动物出现无尿,在肾区触诊或直肠检查时,敏感疼痛,心率加快,第二心音增强,血压升高。病程延长的患病动物出现血液循环障碍和全身静脉淤血的体征,眼睑、前胸、腹下、阴囊或会阴、四肢等低垂部位出现水肿。重症病例发生尿毒症,消瘦,衰弱无力,伴发肺水肿或胸腹腔积液,意识障碍或昏迷,全身痉挛,严重腹泻,呼吸困难,很快死亡。

(二)慢性肾炎症状

慢性肾炎多由急性肾炎发展而来,类似急性肾炎症状,只是发病缓慢,症状表现不明显。在病程初期,全身衰弱,疲乏无力,食欲不振或减退,消瘦,血压升高,心率加快,第二心音增强。随着病情发展,眼睑、胸下、腹下、四肢末端等部位出现水肿;严重的病例出现肺水肿、体腔积液、少尿或无尿。

(三)间质性肾炎症状

因肾脏损伤的程度而异。在病程初期,尿量增多;在病程后期,尿量减少;血压升高,心音区扩大,第二心音增强。肾区触诊常无疼痛表现。直肠检查可见肾脏坚实,体积缩小。随病情发展,患病动物多因尿毒症而死亡。

【诊断】

根据病史(曾患传染病、中毒或受寒等)和典型临床症状(少尿或无尿、肾区疼痛或敏感、血压升高、第二心音增强、水肿等),结合实验室检查(如蛋白尿、管型尿,尿沉渣中含有肾上皮细胞)可做出诊断。肾炎的病因不易确定。该病应与肾病进行鉴别诊断,肾病在临床上见有明显的水肿、大量蛋白尿及低蛋白血症,但不见血尿及肾性高血压现象。

尸体剖检可见肾表面点状出血(图 4-1)、肾皮/髓质点状出血(图 4-2)等病变。

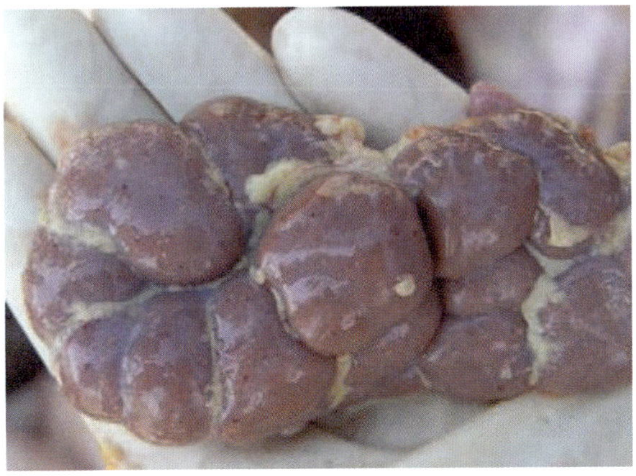

图 4-1　病死犊牛肾表面点状出血

(夏成供图)

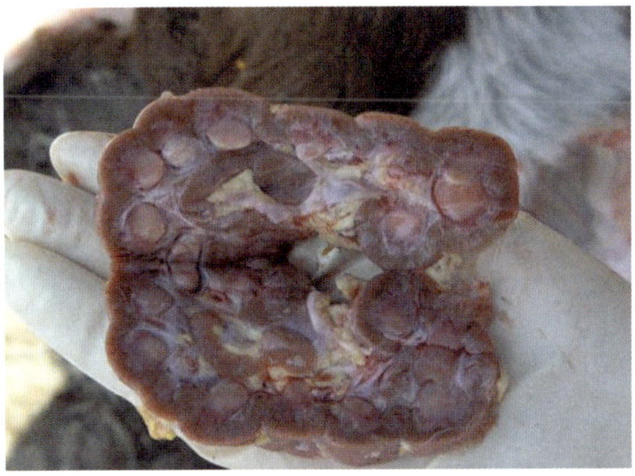

图 4-2　病死犊牛肾皮/髓质点状出血

(夏成供图)

【治疗】

(一)治疗原则

加强护理、消除病因、利尿消肿、抑制免疫反应、尿路消毒和对症治疗。

(二)治疗方法

1. 加强护理

将患病动物置于温暖、干燥、阳光充足且通风良好的舍内,给予富营养、易消化的饲料,防止继续受寒、感冒,减少病原微生物侵袭。为缓解水肿和肾脏的负担,适当限制饮水和食盐。

2. 消除病因

常用青霉素、氟苯尼考、卡那霉素、恩诺沙星等药物消除细菌感染。青霉素按每千克体重,牛1万~2万IU,羊2万~3万IU,肌内注射,2次/d,连用2~3 d;卡那霉素按每千克体重,牛、羊10~15 mg,肌内注射,2次/d,连用2~3 d。同时,采取相应的措施治疗中毒病。

3. 利尿消肿

患病动物明显水肿时,常用利尿剂。氢氯噻嗪,牛0.5~1.0 g、羊0.05~0.1 g,内服,1~2次/d,连用3~5 d;氯噻酮,牛0.5~1 g、羊0.2~0.4 g,内服,每天或隔天一次;氨茶碱注射液,牛1~2 g、羊0.25~0.5 g,肌内或静脉注射。

4. 抑制免疫反应

常用糖皮质激素。醋酸泼尼松,牛100~300 mg、羊10~20 mg,内服,2次/d,连用3~5 d,而后应减量1/10~1/5或用氢化可的松,牛200~500 mg、羊20~80 mg,静脉注射或地塞米松磷酸钠注射液,牛5~20 mg、羊4~12 mg,肌内注射或静脉注射,1次/d。

5. 尿路消毒

乌洛托品,牛15~30 g、羊5~10 g,静脉注射。

6. 对症疗法

心脏衰竭时,使用强心剂,如樟脑或洋地黄;出现尿毒症时,用5%碳酸氢钠注射液或11.2%乳酸钠溶液溶于5%葡萄糖溶液,静脉注射;当出现大量蛋白尿时,可用促蛋白合成药物,苯丙酸诺龙或丙酸睾酮;当有大量血尿时,可用止血剂。

【预后】

早期或轻症病例应进行对症疗法,积极治疗原发病,可以痊愈;一旦发展成肾衰竭,预后不良。

第二节 膀 胱 炎

膀胱炎(cystitis)是指膀胱黏膜及黏膜下层发生的炎性疾病。临床上以疼痛性尿频和尿液中出现较多的膀胱上皮、脓细胞、血液及磷酸铵镁结晶为特征。该病多发生于母畜。

【病因】

(一)感染因素

病原微生物,如大肠埃希菌、化脓球菌、葡萄球菌、肾棒状杆菌、变形杆菌和链球菌等,经血源下行或尿路上行感染而发病。

(二)理化因素

机械性或化学性刺激和损伤,如膀胱结石、膀胱内赘生物、尿潴留时分解产物、刺激性药物以及导尿或膀胱镜操作不当刺激或损伤膀胱黏膜而发病。

(三)邻近器官炎症的蔓延

肾炎、输尿管炎、尿道炎,尤其母畜阴道炎、子宫内膜炎等容易蔓延至膀胱而引起发病。

【发病机制】

通常病原菌通过尿源性、肾源性和血源性三种途径侵入膀胱，直接作用于膀胱黏膜或随尿液作用于膀胱黏膜而发生炎症。当尿潴留时，病原菌使尿液异常分解，形成大量氨及其他有害产物，对黏膜产生强烈刺激，导致膀胱发生炎症。炎性产物、脱落的膀胱上皮细胞和坏死组织等混入尿中引起尿液成分改变，为病原微生物的繁殖创造了良好条件，加剧了膀胱炎的发展。因膀胱黏膜受到刺激，兴奋性和紧张性增高，收缩频繁，导致患病动物排尿次数增多，并呈疼痛性排尿，甚至尿淋漓。若刺激过强，还可引起膀胱括约肌的反射性痉挛，导致排尿困难或尿闭；若炎性产物被黏膜吸收，患病动物会出现全身症状。

【临床症状】

（一）急性膀胱炎症状

急性膀胱炎主要表现为尿频、尿痛。患病动物频频排尿或呈排尿姿势，尿少或呈点滴状排出，排尿时疼痛不安；触诊膀胱，敏感，体积缩小呈空虚感；当尿闭、膀胱颈组织增厚或括约肌痉挛时，尿液潴留可导致膀胱高度充盈。

（二）慢性膀胱炎症状

慢性膀胱炎表现为消瘦、营养不良、被毛粗乱无光泽。病程较长，症状较轻，无明显排尿困难。

【诊断】

根据病史、主要症状，如痛性频尿、排尿姿势变化等，结合尿液检查可以做出诊断。该病在临床上应与膀胱麻痹、尿道炎和尿石症进行鉴别诊断。

尸体剖检可见膀胱淤血、肿胀（图 4-3），膀胱黏膜出血点（图 4-4）等病变。

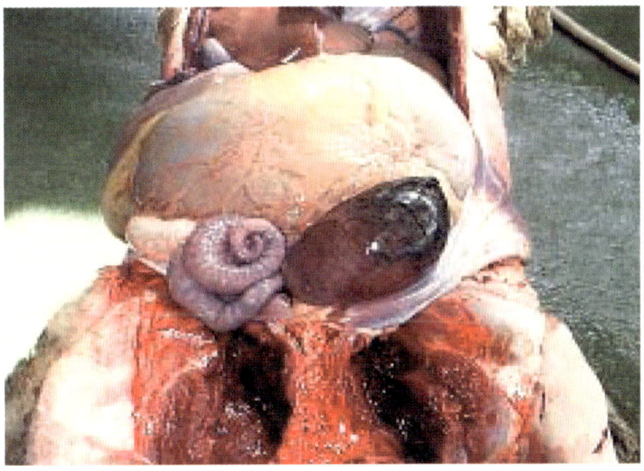

图 4-3 羊膀胱炎，膀胱淤血、肿胀

（何生虎供图）

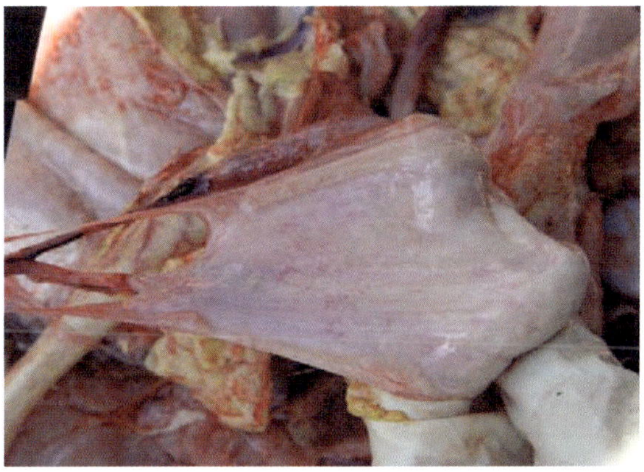

图 4-4 病死犊牛膀胱黏膜出血点

（夏成供图）

【治疗】

（一）治疗原则

加强护理、抗菌消炎、防腐消毒和对症治疗。

（二）治疗方法

1. 加强护理

患病动物隔离饲养，保持安静，适当减少精料，给予充足的清洁饮水。

2. 抗菌消炎

常用广谱抗菌药进行治疗。头孢噻呋或恩诺沙星，肌内注射，连用 5～7 d。

3. 防腐消毒

乌洛托品，牛 15～30 g、羊 5～10 g，静脉注射；也可进行膀胱灌洗，用导尿管导出尿液，经导尿管注入生理盐水灌洗，然后用 1%～3%硼酸溶液或 0.1%高锰酸钾溶液或 0.1%依沙吖啶反复灌洗 2～3 次。慢性膀胱炎可用 0.02%～0.1%硝酸银溶液或 0.1%～0.5%蛋白银溶液灌洗。

4. 对症治疗

膀胱结石的病例应在消除炎症后及时进行膀胱手术清除结石。排血尿的病例应给予止血药；疼痛的病例可用镇痛药。

【预后】

急性膀胱炎经及时治疗，预后良好。严重病例常继发败血症，预后不良，淘汰或死亡。

第三节　其他泌尿系统疾病

除上述常见的泌尿系统疾病外，在临床上还可见牛、羊其他泌尿系统疾病，如表 4-1 所列。

表 4-1　牛、羊其他泌尿系统疾病

病名	概念	发病情况	病因	临床症状	病理变化	诊断	防治
肾病(nephrosis)	以肾小管上皮细胞弥漫性变性、坏死为病理特征的非炎症性肾脏疾病	多为慢性，散发	多继发于感染性疾病、肾脏受内源及外源性毒素影响、肾脏组织缺血	大量蛋白尿、明显的水肿，低蛋白血症。贫血、极度消瘦，烦渴贪饮	肾小管上皮透明、脂肪和淀粉样变性或坏死。髓质、皮质颜色淡。肾脂肪变性(图 4-5)，肾盂积尿(图 4-6)，肾灰白色、肿大(图 4-7)，柔软、黄染(图 4-8)和脂肪变性	根据临床症状，结合实验室检查结果可做出诊断	消除病因、改善肾功能和对症治疗
肾盂肾炎(pyelonephritis)	肾盂黏膜的炎症	分为急性和慢性，散发	由大肠埃希菌和肾棒状杆菌等感染所致	急性表现为腹痛、踢腹、踏步；慢性表现为体重下降、厌食、腹泻、多尿、贫血、尿淋漓、尿液异常	膀胱壁增厚，黏膜出血、溃疡；尿液浑浊；输尿管扩张、肿大；肾盂肿大、肾乳头坏死，肾盂内有组织碎片或纤维蛋白	根据临床症状、直肠检查和尿液分析及病原微生物培养等进行确诊	抗菌消炎、利尿解毒、加强卫生和管理
尿道炎(urethritis)	尿道黏膜的炎症	散发	多由尿路细菌感染所致	频频排尿，尿液断续状流出，疼痛不安，尿道口流出黏液性或脓性分泌物	尿道局部肿胀，黏膜出血、溃疡；尿液浑浊，混有黏液、血液和脓液	根据临床症状，导尿管插入受阻及疼痛，结合尿液实验室检查可做出诊断	畅通尿路、消除病因、控制感染和对症治疗

续表 4-1

病名	概念	发病情况	病因	临床症状	病理变化	诊断	防治
肾淀粉样变性(renal amyloidosis)	肾脏和周围结缔组织出现淀粉样物质沉积	多发于4岁以上的牛，慢性，散发	多见于慢性化脓性疾病经过中	早期，消瘦、顽固性腹泻；随病情发展，表现为肾病综合征，浮肿	肾脏肿胀，表面呈白色、土黄色，凹凸不平，米粒样或砂粒大斑点；肾实质有灰白色、黄白色的点状或条纹状病灶	根据临床症状、直检肾脏肿胀、严重低蛋白血症及淀粉样病变可以做出诊断	无特效疗法
尿石症(urolithiasis)	尿路中形成结石，进而引起出血性炎症和尿路阻塞的疾病	多发于去势公牛和公羊，慢性，散发	精料过高、维生素A缺乏、雌激素过多、饮水不足和去势过早等	频尿，包皮末端有灰白色颗粒；精神沉郁，无尿，里急后重，腹部膨胀，包皮和腹部肿胀、阴囊肿胀和阴茎破裂，甚至腹痛或膀胱破裂	肾脏肿大、水肿，肾盂、膀胱内有灰白色结石，黏膜充血、出血、糜烂；尿道结石多发生于S状弯曲后部和尿道突；阴囊明显肿胀	根据临床症状、尿检及B超可做出诊断	促进结石溶解，缓解疼痛和痉挛或手术治疗；充分饮水，改善日粮，适时去势

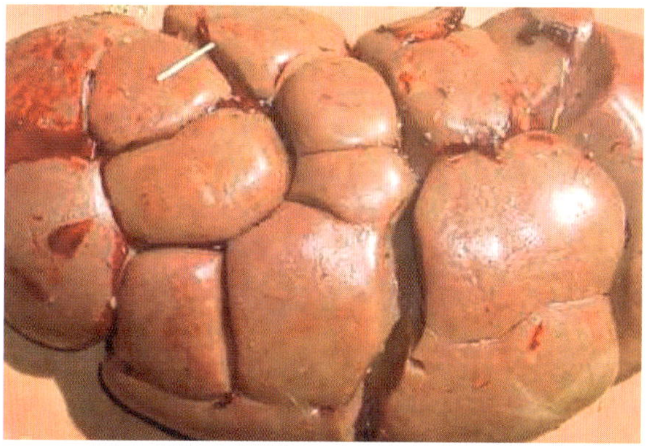

图 4-5　病牛肾肿大，脂肪变性

（夏成供图）

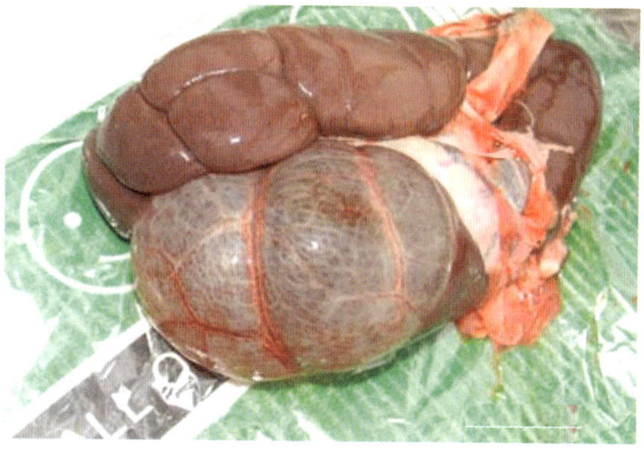

图 4-6　病牛输尿管起始端积尿

（夏成供图）

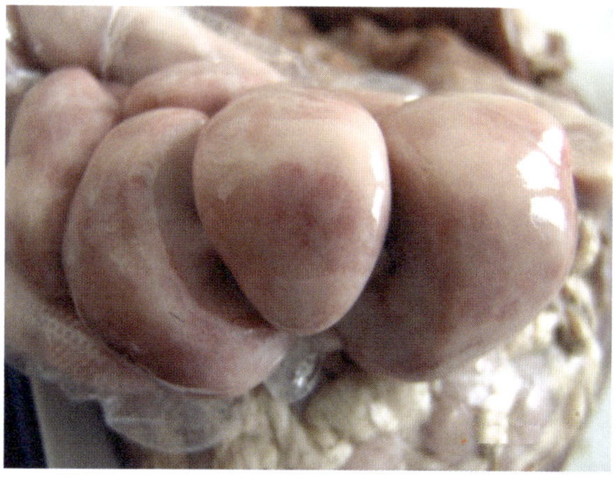

图 4-7　病死犊牛肾灰白色、肿大

（夏成供图）

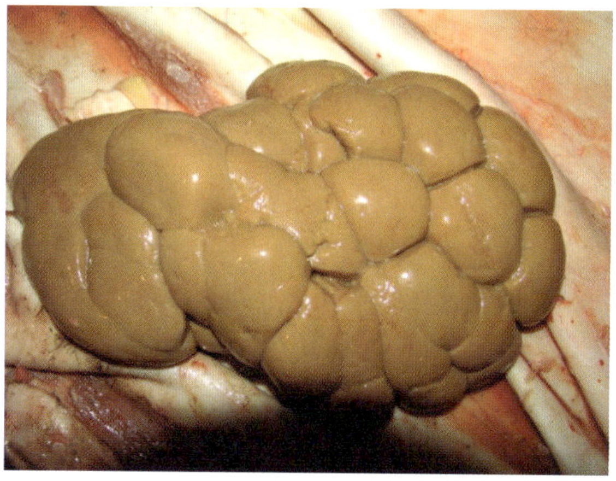

图 4-8　病牛肾柔软、黄染

（夏成供图）

思考题

1.泌尿系统疾病一般有哪些临床表现?
2.肾炎的治疗原则是什么?具体治疗措施有哪些?
3.膀胱炎有何发病特点?如何进行诊治?
4.除肾炎、膀胱炎外,其他常见的泌尿系统还有哪些?
5.在临床上如何鉴别肾炎与肾病?两者的发病机制有何不同?

第五章 神经系统疾病

学习目的与要求

1. 了解神经系统疾病的基本概念、分类和发病特点。
2. 掌握神经系统疾病的病因、发病机制及临床症状。
3. 熟练掌握神经系统疾病的诊断和防治。

概　述

神经系统几乎对动物机体各器官机能都发挥着调节作用。当牛、羊机体受到强烈的内外因素刺激，神经系统的正常机能就会受到影响或遭到破坏，从而引起发病。

神经系统疾病的病因极为复杂，常见的有细菌、病毒、寄生虫和真菌等感染性因素。外源性因素或内源性因素有毒物质中毒，营养物质缺乏及代谢障碍，遗传缺陷，肿瘤以及外伤、电击、日射等物理因素。引起神经系统疾病的细菌有大肠埃希菌、克雷伯菌和沙门菌等；引起神经系统疾病的病毒有狂犬病毒、疱疹病毒和牛病毒性腹泻病毒等；引起神经系统疾病的寄生虫有绦虫、梨形虫和新孢子虫等；引起神经系统疾病的营养因素主要有维生素 A 缺乏、硒和维生素 E 缺乏、镁缺乏等；有些中毒性疾病也可引起神经系统疾病。在临床上，常见的牛、羊神经系统疾病有脑膜脑炎、日射病和热射病、脊髓炎、脊髓损伤和外周神经损伤等。

除病史调查、各系统检查外，神经系统疾病的诊断应着重检查神经系统，还应有选择地进行实验室检查及其他特殊检查。完整的神经系统检查应包括视诊（精神状态、姿势、运动等）、触诊（腱、肌肉、骨骼等）、姿势反射（本体感觉、跳跃、位置等）、脊髓反射（腱、屈肌、会阴等）、脑神经及感觉机能（痛觉、意识）等。神经系统疾病的实验室检查基本项目有血常规、血液生化、脑脊液及尿液检查等。血常规检查和脑脊液检查有助于脑和脊髓的炎性、变性、肿瘤及创伤等疾病的诊断。血液生化检查和尿液检查对代谢性神经疾病的诊断有重要价值。脑、脊髓 X 线检查，脑电图、肌电图描记、CT、MRI 检查以及脑活组织检查等特殊诊断可以做出确诊。

神经系统疾病的基本诊断思路：首先，依据病史和临床表现，判断是否为神经系统疾病；其次，根据病史和临床检查结果，分析判断发病部位是中枢神经还是外周神经疾病；最后，结合实验室及其他特殊检查，进一步判断疾病性质和病变部位等。

神经系统疾病治疗在临床上常采用对症疗法。一般治疗原则可概括为控制感染、降低颅内压、镇静解痉和解除昏迷。

第一节 脑膜脑炎

脑膜脑炎(meningoencephalitis)是指软脑膜及脑实质发生的炎症,并伴有严重脑机能障碍的一种疾病。临床上以高热、一般脑症状、局部脑症状和脑膜刺激症状为特征。该病在牛、羊多呈散发,偶有群发。

【病因】

(一)感染因素

感染多由病毒感染引起,如疱疹病毒、阿卡斑病毒、恶性卡他热病毒等;也可由细菌感染引起,如大肠埃希菌、溶血性巴氏杆菌、沙门菌、嗜血杆菌以及李氏杆菌等,常见于脐带感染的新生犊牛。另外,新孢子虫和刚地弓形虫可引起犊牛脑膜脑炎;大肠埃希菌、李氏杆菌、巴贝斯虫、脑脊髓丝虫、脑包虫、普通圆线虫、环泰勒焦虫和伊氏锥虫常引起成年牛脑膜脑炎。

(二)其他因素

其他因素多见于脑部炎症、损伤以及邻近器官炎症的蔓延,如颅骨外伤、角坏死、龋齿、额窦炎、中耳炎、内耳炎、眼球炎和脊髓炎等;还可见于中毒性疾病,如铅中毒、砷中毒、疯草中毒、萱草根中毒和有机磷农药中毒等疾病。

【发病机制】

病原或有毒物质沿血液循环或淋巴途径侵入或因外伤或邻近组织炎症的直接蔓延、扩散而进入脑膜及脑实质,引起软脑膜及大脑皮层外表血管充血、渗出,蛛网膜下腔炎性渗出物积聚。炎症累及实质引发脑实质出血、水肿;炎症蔓延至脑室、炎性渗出物增多导致脑室积水。由于蛛网膜下腔炎性渗出物聚积,脑水肿及脑室积液,造成颅内压升高,脑血液循环障碍,引起脑细胞缺血、缺氧和能量代谢障碍,产生脑机能障碍,加之炎性产物和毒素对脑实质的刺激而产生一系列的临床症状。

【临床症状】

由于炎症的部位、性质、持续时间以及严重程度不同,其临床症状差异较大。多数临床症状表现出一般脑症状、灶性脑症状以及脑膜刺激症状。

视频 5-1 犊牛神经症状

视频 5-2 脑炎患犊,严重脱水昏迷,四肢划动

视频 5-3 脑炎患犊

(一)一般脑症状

在病程初期,体温升高;先兴奋后抑制或两者交替出现。

(二)灶性脑症状

大脑受损的患病动物表现出行为和性情的改变,步态不稳、转圈,甚至口吐白沫,吞咽障碍,听觉减退,视觉丧失,癫痫样痉挛;脑干受损,精神沉郁,头偏斜,共济失调,四肢无力,眼球震颤、斜视;小脑受损,共济失调,肌肉颤抖,眼球震颤,姿势异常。某组肌肉或某器官麻痹,如由面神经麻痹引起的口唇歪斜,半侧躯体麻痹可呈偏瘫症状等。

(三)脑膜刺激症状

脑膜刺激症状常比脑实质症状出现得更早、更明显。患病动物表现为发热,麻痹,头颈部强直、伸展(图 5-1),角弓反张,倒地时四肢做有节奏的运动,脊柱旁肌肉痉挛性疼痛。

(四)病牛的症状

厌食、精神沉郁、异常行为、迎风而立、反应敏感和怒视(图 5-2)。有的失明,前肢交叉站立(图 5-3),痉挛,共济失调,轻瘫/瘫痪,颅神经缺损表现,癫痫和精神异常。李氏杆菌病常引起不对称的前庭功能障碍,伴有头部倾斜和盘旋,还有其他颅内神经功能缺失,如面部麻痹和咽部麻痹。患牛散发性脑脊髓炎的犊牛表现为步履蹒跚,并发展为卧位和腰弓痛。患牛脑多头蚴的病牛表现为做转圈运动(图5-4)。随着病情发展,病牛卧地不起,有时仰头哞叫(图 5-5)或昏迷,头颈偏于胸侧(图 5-6),最后死亡。

(五)病羊的症状

常无目的地前冲或后退,冲撞障碍物,时常咩叫,神志不清,精神沉郁,视力下降,癫痫样发作,四肢划动。羊毛脱落,离群呆立,发作性嗜睡。

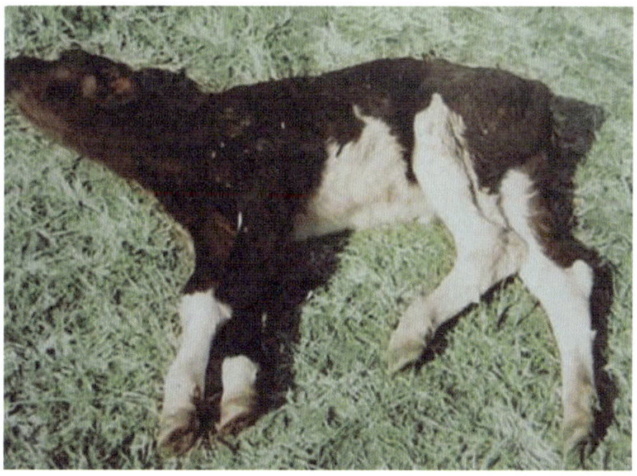

图 5-1 头颈部强直、伸展
(夏成供图)

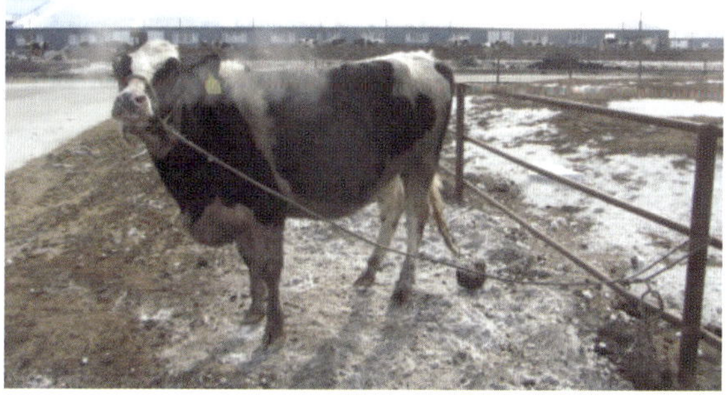

图 5-2 迎风而立、反应敏感、怒视
(夏成供图)

图 5-3 病牛前肢交叉站立
(夏成供图)

图 5-4 患牛脑多头蚴的病牛做转圈运动
(夏成供图)

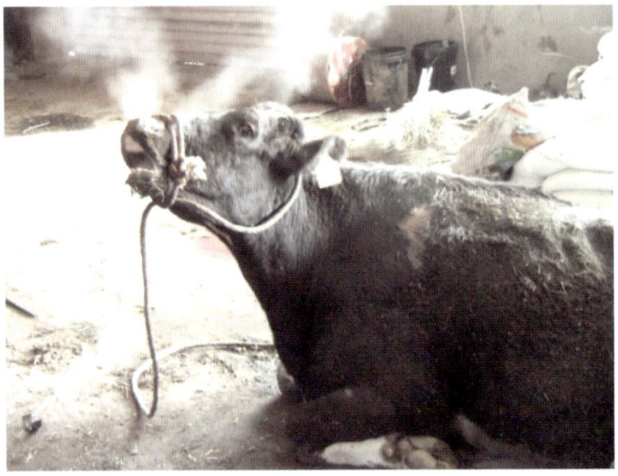

图 5-5　病牛卧地而仰头哞叫
（夏成供图）

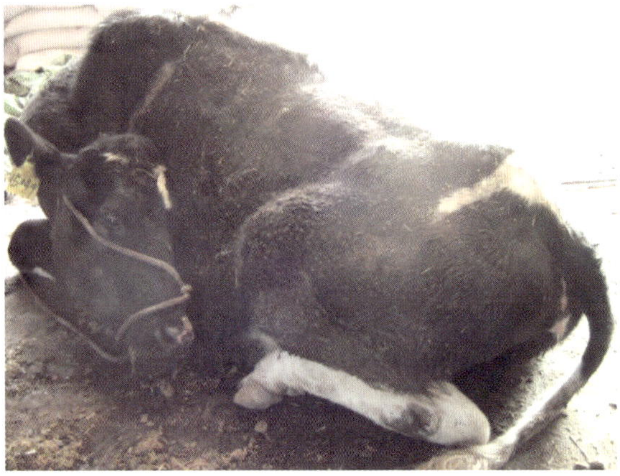

图 5-6　病牛昏迷、头颈偏于胸侧
（夏成供图）

【诊断】

根据脑膜炎一般脑症状、局部脑症状、脑膜刺激症状，结合病史调查和分析可做出诊断。若症状不典型，确诊困难，应进行血常规检查、脑脊髓液检查。必要时，做脑组织病理学检查。该病应注意与其他脑病进行鉴别。

(一)血常规检查

外周血中性粒细胞增多并出现核左移，淋巴细胞减少。

(二)脑脊髓液检查

脑脊液浑浊，蛋白质和细胞含量增高。

(三)病理学变化

镜检时，脑膜炎的特征性病理变化为白细胞弥漫性渗入软脑膜。通常大脑和脊髓的整个蛛网膜下腔有炎症表现。脑膜血管和中枢神经系统小动脉可见血管炎。炎症扩展至中枢神经系统实质导致白细胞浸润，并伴有大面积的血管套。中枢神经系统坏死和软化的病例可见巨噬细胞、中性粒细胞和浆细胞浸润。

【治疗】

(一)治疗原则

加强护理、抗菌消炎、降低颅内压和对症治疗。

(二)治疗方法

1. 加强护理

先将患畜放置在安静、通风的地方，避免光、声的刺激。

2. 抗菌消炎

若患病动物体温升高，选用可以穿透血脑屏障的广谱抗菌药。常用磺胺类、氨苄西林、甲硝唑、氟喹诺酮类和头孢菌素类等药物。为了达到和维持在中枢神经系统中足够的浓度，需要给予足够的剂量。磺胺类药物常用磺胺间甲氧嘧啶钠，如甲氧苄啶、乙胺嘧啶和磺酰胺等对原生动物如弓形虫病、新孢子虫病等感染有效。大剂量短期使用地塞米松可以控制危及生命的并发症，如急性脑水肿等。

3. 降低颅内压

该病多发急性脑水肿，颅内压升高，脑循环障碍，可以先放血，牛 1 000～2 000 mL，再用 10%

葡萄糖溶液，静脉输液；降低颅内压可用20%甘露醇溶液或25%山梨醇溶液，静脉注射。若注射后2～4 h内大量排尿，神经紊乱得到纠正，患病动物就有望好转。

4. 对症治疗

该病应用镇痛药、抗惊厥药，如10%溴化钠或安溴注射液、2.5%盐酸氯丙嗪、5%水合氯醛乙醇溶液治疗；给予液体、强心、营养补充剂和物理疗法。

【预后】

该病病情发展急剧，病程长短不一，一般为3～4 d，也有病例在24 h内死亡。该病的死亡率较高，预后不良。患细菌性脑膜炎的犊牛需要及时尽早救治，否则其病死率非常高。有的病例会转为慢性脑积水。

第二节　日射病和热射病

在炎热的季节，牛、羊头部由于持续受到强烈的日光照射而出现中枢神经系统机能严重障碍，称为日射病(sun stroke)。牛、羊所处的外界环境气温高、湿度大，机体产热多、散热少，由体内积热而引起的严重中枢神经系统机能紊乱，称为热射病(heat stroke)。

日射病和热射病均是由外界环境的光、热、温度等物理因素产生的热应激对机体造成的损伤，统称为中暑。衡量热应激常用环境中温湿度指数(temperature-humidity index，THI)，当THI大于68时，牛会发生热应激。

THI(F)＝Td－[0.55－(0.55×RH)/100](Td－58)，其中Td为干燥时的温度(Temp. dry)；RH为相对湿度(Rel. humidity)。

【病因】

牛不能像其他动物一样能有效地散发热量，只能依靠呼吸来降温。其瘤胃内的发酵过程也会产生大量热量。

在盛夏酷暑，牛在强烈日光直射下或厩舍拥挤、闷热潮湿、通风不良或用密闭而闷热的车、船运输等都可引起该病。黑色被毛的牛因容易吸收热量而更易发生中暑，还应考虑与热负荷关联的阳光辐射和风速。育肥牛或舍饲牛比放牧牛对热应激更敏感，因为它们不能像放牧牛一样选择庇荫、饮水和空气运动来降温，卧床或混凝土的表面温度也较高。

牛体质衰弱、心脏和呼吸功能不全、代谢机能紊乱、皮肤卫生不佳、出汗过多、饮水不足、缺乏矿物质和维生素以及牛在炎热天气的条件下从北方被运至南方，其适应性差、耐热能力低，都易促使该病的发生。

【发病机制】

日射病和热射病都会出现中枢神经系统机能严重障碍，但是两者发病机制有明显的差异。

(一)日射病的发病机制

由于头部持续受到强烈日光照射，紫外线穿过颅骨直接作用于脑膜及脑组织引起头部血管扩张，脑及脑膜充血，颅顶温度和体温急剧升高，导致精神和意识的异常。颅内压增高又会影响中枢神经的调节功能，新陈代谢异常，导致自体中毒和心力衰竭。患病动物卧地不起、痉挛、昏迷。

(二)热射病的发病机制

外界环境温度过高，潮湿闷热，体温调节中枢机能减弱，出汗少，散热障碍，产热大于散热造成机体热量蓄积，引起血液循环、呼吸和中枢神经机能障碍。体内物质代谢加强，氧化产物大量蓄积，脱水和电解质失衡导致酸中毒，脑脊髓与体液间的渗透压的急剧改变影响了中枢神经系统对内脏的调节作用，心、肺等脏器代谢机能衰竭，最终导致窒息和心脏停搏。

视频 5-4 脑炎患犊，卧地不起、四肢划动

【临床症状】

(一)日射病症状

突然发病。病初，患病动物精神沉郁，四肢无力，步履蹒跚，共济失调，突然倒地，四肢划动。随着病情进一步发展，患病动物体温升高，呈现呼吸中枢、血管运动中枢的机能紊乱，甚至昏迷或可致死。

(二)热射病症状

突然发病。患病动物体温急剧上升至 41 ℃以上，皮温增高有灼热感，浅色皮肤变红，出汗；站立不动或倒地张口呼吸，两鼻孔流出粉红色、带小泡沫的鼻液；心悸，心音亢进，脉搏疾速。眼结膜充血，瞳孔扩大或缩小。在病程后期，患病动物呈昏迷状态，意识丧失，心脏节律不齐。濒死前，多数患病动物出现体温下降，常因呼吸中枢麻痹而死亡。

【诊断】

根据发病季节、病史、体温急剧升高、心肺机能障碍和倒地昏迷等临床特征容易确诊。该病应与肺水肿和充血、心力衰竭、脑充血等相鉴别。

(一)血常规检查

患病牛、羊的血细胞比容升高。

(二)尸体剖检

脑及脑膜高度淤血，并有出血点；脑组织水肿，脑脊液增多。肺充血、水肿，胸膜、心包膜及胃肠黏膜均有出血点和轻度炎症病变。血液暗红色且凝固不良。肝、肾和骨骼肌变性。尸僵及尸体腐败发生迅速。

【治疗】

(一)治疗原则

加强护理、降温散热、缓解心肺机能障碍和对症治疗。

(二)治疗方法

1. 加强护理

立即将患病动物移至阴凉通风处，减少运动；若卧地不起，可就地搭起遮阳棚，保持安静。

2. 降温散热

不断用冷水浇洒患病动物全身或用冷水灌肠、灌服 1%冷盐水、头部放置冰袋、乙醇擦拭体表。体质较好的患病动物可以泻血，同时静脉注射等量生理盐水，以促进机体散热。

3. 缓解心肺机能障碍

为防止肺水肿，静脉注射地塞米松；心肺功能不全的患病动物可皮下注射 20%樟脑磺酸钠，强心。

4. 对症治疗

当患病动物烦躁不安和痉挛时，灌服或直肠灌注水合氯醛粘浆剂或肌内注射 2.5%氯丙嗪。若患病动物出现酸中毒症状，静脉输注 5%碳酸氢钠。

【预防】

避免在当日 THI 最高的时候运输牛、使役牛。当日 THI 过高时，使用喷淋和风扇为牛体降温。牛应在清晨凉爽的时候活动，而不是在晚上活动。在热应激加剧期间，应密切观察牛群，如进行呼吸评分，以确定是否需要实施降暑策略。当牛采食量下降、开始流涎、呼吸频率增加，甚至有呼吸困难表现时，应增加防暑降温处理。羊可在两后腿之间涂抹乙醇。

第三节　其他神经系统疾病

除上述常见的神经系统疾病外，在临床上还可见牛、羊其他神经系统疾病，如表5-1所列。

表5-1　牛、羊其他神经系统疾病

病名	概念	发病情况	病因	临床症状	病理变化	诊断	防治
脊髓炎及脊髓膜炎(myelitis and spinal meningitis)	脊髓实质、脊髓软膜及蛛网膜炎症的总称	多发于羊	继发于某些传染病和寄生虫病的经过中；某些有毒植物和霉菌毒素中毒的经过中；椎骨骨折、脊髓挫伤和爬跨过度也可引起	脊髓背根受刺激：用手触摸被毛，表现为骚动不安、呻吟及弓背等疼痛反应；脊髓腹根受刺激：腰、背和四肢姿势改变，如头向后仰、曲背、四肢强直、运步强拘、排粪排尿障碍；沿脊柱叩诊或触摸四肢引起肌肉痉挛	剖检可见，脊髓硬膜血管明显扩张和充血，蛛网膜及软膜组织浑浊，有小出血点。蛛网膜下腔充满浆液性、浆液纤维素性或化脓性渗出物，髓质外周有炎性浸润	根据感觉和运动机能障碍以及排粪尿障碍等临床指征，结合病史、病因分析可做出诊断	加强护理、防止褥疮和控制感染
脊髓损伤(spinal cord injury)	由外界直接或间接因素导致脊柱骨折或脊髓组织受到外伤导致了脊髓的损伤	多发于役用牛和幼畜，多为腰荐脊髓损伤	机械性损伤：多为滑跌、爬跨和用力过猛时腰部损伤 内在因素：患有骨软病、佝偻病和骨质疏松症等可易发病	取决于脊髓受损害的部位与严重程度。腰部脊髓节段受损，在前部可致臀部、后肢、尾的感觉和运动麻痹；在中部则膝与腱反射消失，后肢麻痹的不能站立	神经纤维或神经细胞遭到破坏，导致上行或下行的兴奋传导障碍；分为骨髓半横径损伤、骨髓全横径损伤或个别部位的损伤	根据感觉机能和运动机能障碍以及排粪排尿异常，结合病史分析可做出诊断	加强护理，防止椎骨及其碎片脱位或移位，防止褥疮，消炎止痛，兴奋脊髓，多数病例淘汰

思考题

1. 脑膜脑炎的临床特征是什么？如何治疗脑膜脑炎？
2. 日射病和热射病的病因有哪些？如何预防日射病和热射病？
3. 除脑膜脑炎、中暑外，其他常见的神经系统疾病还有哪些？

第六章　营养代谢性疾病

学习目的与要求

1. 掌握营养代谢性疾病的常见病因、发病特点、诊断及防治原则。
2. 了解营养代谢性疾病的分类、预警及对动物生产性能的影响。

概　　述

营养代谢性疾病是指营养性疾病和代谢障碍性疾病的总称。营养性疾病是指由牛、羊所需的营养物质，包括糖、脂肪、蛋白质、矿物质和维生素等缺乏或摄入过多所致的疾病。代谢障碍性疾病是指机体内一个或多个代谢环节紊乱导致牛、羊机体内环境稳态失衡而引起的疾病。我国奶牛和母羊的营养代谢性疾病的发病率高(可达 30%以上)。营养代谢性疾病可导致产奶量降低。繁殖障碍和乳腺炎等疾病的发病率增加是使用寿命缩短及淘汰的主要因素，给养殖业带来了巨大的经济损失。

营养代谢性疾病包括能量代谢障碍性疾病(奶牛酮病、脂肪肝、妊娠毒血症、新生畜低血糖症等)，钙、磷代谢障碍性疾病(生产瘫痪、骨软化症等)、微量元素缺乏病(铜缺乏症、锌缺乏症等)，维生素缺乏病(维生素 A 缺乏症、硒-维生素 E 缺乏症等)，异嗜症和其他营养代谢性疾病等。随着牛、羊养殖业集约化、规模化程度的提高，营养代谢性疾病多呈群发性或地方流行性(如酮病、硒-维生素 E 缺乏症等)。营养代谢性疾病的病因主要有营养因素和饲养管理因素，营养因素不仅涉及某种或某些特定营养物质的缺乏，还常由某种或某些营养物质的比例失衡导致的绝对或相对过剩；饲养管理因素常见于母牛和母羊在泌乳期、干奶期和围产期的不同营养需求、饲料质量不一和管理不当等。

营养代谢性疾病一般病程较长，发病缓慢，大多为亚临床型，呈群发性，常常影响动物的生长、发育、成熟等生理过程，并会引起营养不良、生产性能下降和繁殖性能低下，牛、羊的健康和生产效率受到严重影响。营养代谢性疾病的诊断应依据流行病学调查、临床检查、病理检查、实验室检查、治疗性诊断和饲料分析等信息进行综合判断。营养代谢性疾病的治疗原则为加强饲养管理、合理调配日粮、保证全价饲养。防治主要依据准确的诊断和群体监测，了解相关疾病的病因学、发症特点和临床症状，定期评估动物营养，采取综合治疗措施。

第一节　奶牛酮病

奶牛酮病(ketosis in dairy cow)是指由奶牛体内能量代谢紊乱所引起的一种全身性功能失调性疾病。该病以能量负平衡为病理学基础，以高酮血症、高乳酮症和高尿酮症以及低血糖为临床病理学特征，以消化机能紊乱、体重减轻、产奶量下降，甚至神经症状为临床特征。该病常发于围产期和泌乳早期的奶牛，尤其以产后1个月内的高产奶牛多发。

根据病因，该病分为原发性酮病和继发性酮病。任何由摄入碳水化合物不足或营养不平衡导致的生糖物质缺乏或吸收减少以及糖异生障碍的因素都可引起原发性酮病。某些使食欲下降的疾病均可导致继发性酮病，如蹄病、子宫炎、皱胃变位、生产瘫痪等。根据症状，该病分为临床酮病和亚临床酮病。临床酮病奶牛血酮含量≥3.00 mmol/L；亚临床酮病奶牛血酮含量为1.40～3.00 mmol/L。根据发病机制及发病时间，该病分为Ⅰ型酮病和Ⅱ型酮病。Ⅰ型酮病是由自发性采食不足而导致的。除具有高血酮外，其还具有低血糖和低胰岛素的特征；Ⅱ型酮病是由奶牛过度肥胖所致的，其表现为高酮、高血糖和胰岛素抵抗。

【病因】

(一)产奶过高

奶牛产后大量泌乳对能量需求增加。奶牛在分娩后食欲减退、采食量恢复高峰晚于泌乳高峰会导致能量供给不能满足泌乳需求，加剧能量负平衡，体脂动员产生大量酮体而发生酮病。

(二)日粮营养不平衡

饲料供应不足、饲料品质低劣等饲养管理不当可导致奶牛生糖物质的缺乏，能量负平衡加剧从而发生酮病。

(三)产前过度肥胖

在干奶期，奶牛过度肥胖会影响产后采食恢复，加剧能量负平衡，体脂动员产生大量酮体而引发酮病。

【发病机制】

围产期奶牛干物质采食量减少，能量需求增加，导致能量负平衡。丙酸通过糖异生生成葡萄糖供能，是主要的生糖物质。凡是能造成瘤胃丙酸生成减少的因素都可以导致血糖浓度下降，包括机械性压迫、分娩应激、产前体脂储备过多和激素异常等。丙酸生成不足，肝脏糖异生生成的葡萄糖无法满足泌乳奶牛对能量的需求，从而引起脂肪动员增加，大量的甘油三酯被分解为甘油和脂肪酸，甘油可作为生糖先质转化为葡萄糖，血液中的游离脂肪酸浓度升高。由生糖先质降低(尤其是丙酮总量降低或者占挥发性脂肪酸的比例降低)导致的草酰乙酸不足使脂肪酸分解过程中产生的大量乙酰辅酶A无法进入三羧酸循环途径，从而进入酮体生成途径，造成大量酮体(β-羟丁酸、乙酰乙酸和丙酮)生成，因而发生酮病。

【临床症状】

(一)一般症状

该病多发生在产前数周或产后70 d内。临床酮病的奶牛表现为精神沉郁，食欲减退，明显消瘦(图6-1)，产奶量明显下降，乳汁和尿液易形成泡沫。亚临床酮病的奶牛无明显临床症状，精神略差，产奶量略下降。

(二)示病症状

临床酮病的奶牛的乳及呼出气体和尿液有烂苹果气味。病牛呆立，反应迟钝(图6-2)，神经型酮病的奶牛在病程初期表现为惊恐、空嚼，随后卧地不起、头颈侧弯。如不及时治疗，患病动物很快死亡。

（三）其他症状

患病奶牛常诱发乳腺炎、子宫炎、繁殖障碍，如乏情和受胎率下降。

图 6-1　精神沉郁，明显消瘦

（夏成供图）

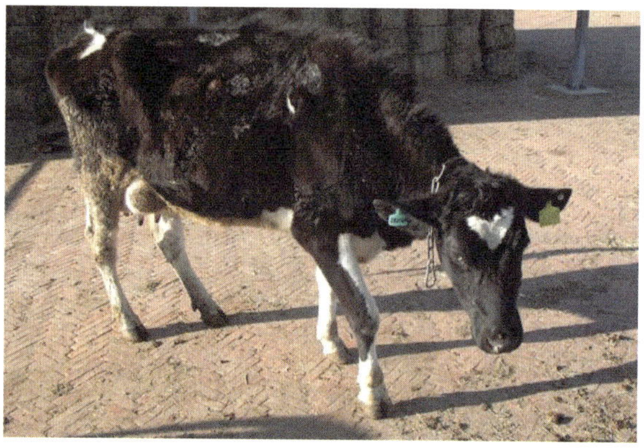

图 6-2　呆立，反应迟钝

（夏成供图）

【诊断】

根据病史和临床特征，结合血酮水平可以做出诊断。通常酮病的诊断主要通过检测血清或血浆、尿液和乳汁中酮体水平来进行。临床上检测酮体的常用方法有酮粉法、尿酮/乳酮试纸条、血酮仪等（图 6-3 至图 6-6）。

患病奶牛血糖低于 2.80 mmol/L，血液的 β-羟丁酸浓度≥3.00 mmol/L，伴有消化机能紊乱，产奶量和体重下降，甚至神经症状等明显的临床症状，可诊断为临床酮病。患病奶牛的临床症状不明显，血液的 β-羟丁酸浓度为 1.40～3.0 mmol/L，可诊断为亚临床酮病。

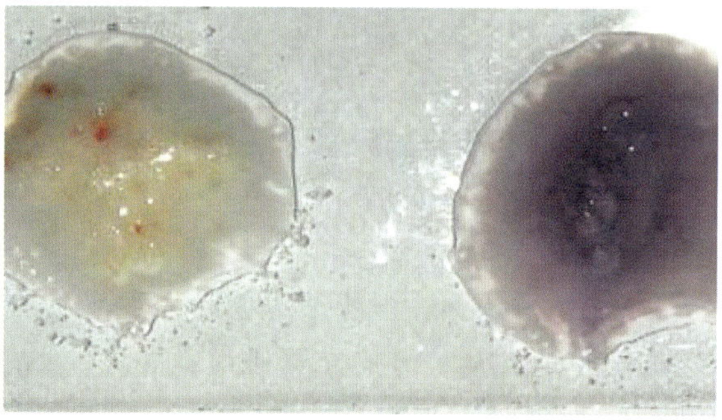

图 6-3　酮粉法，右侧乳酮阳性呈紫色

（夏成供图）

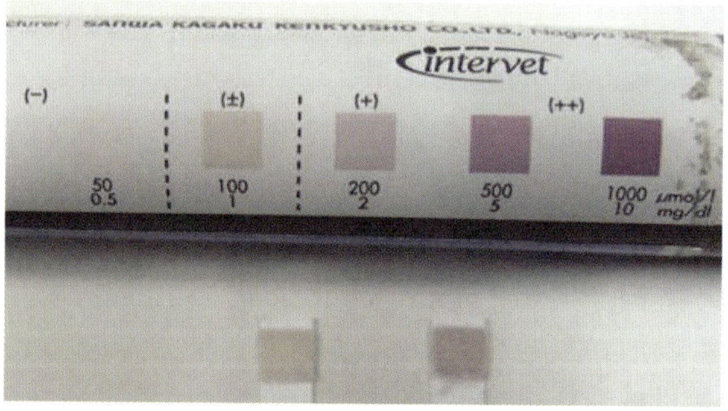

图 6-4　试纸条，可疑（±），阳性（+、++）

（夏成供图）

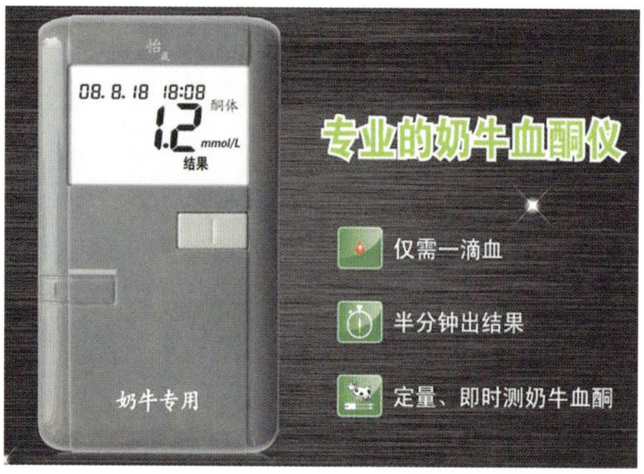

图 6-5　国产血酮仪

（夏成供图）

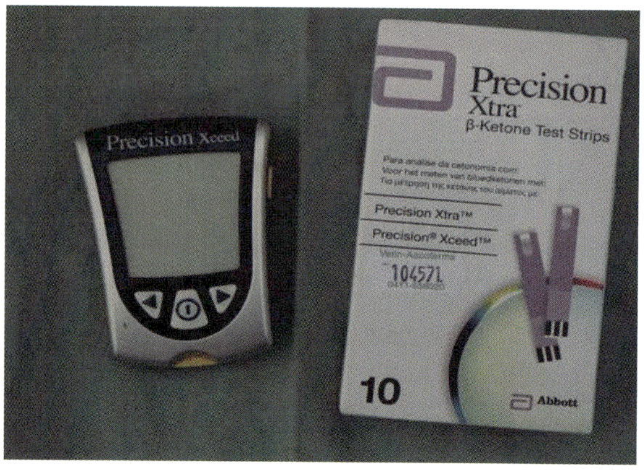

图 6-6　进口血酮仪

（夏成供图）

临床病理学变化：病牛主要表现为"三高一低"，即高酮血症、高酮尿症、高酮乳症和低血糖症。血浆游离脂肪酸浓度增高，肝糖原减少。原发性酮病奶牛的血酮浓度高于 1.40 mmol/L。尿酮的定量分析波动范围大，正常奶牛的尿酮范围为 1.72～12.04 mmol/L，酮病奶牛的尿酮范围为 13.76～22.36 mmol/L。酮病奶牛的乳酮从正常的 0.52 mmol/L 升高至 6.80 mmol/L。健康奶牛的血糖浓度为 3.50 mmol/L，原发性酮病奶牛血糖可降至 2.24 mmol/L 以下。酮病奶牛肝糖原合成能力下降，血钙稍降低；嗜酸性粒细胞和淋巴细胞增多，而中性粒细胞减少。

【治疗】

(一)治疗原则

补充糖和生糖物质，继发性酮病着重治疗原发病。

(二)治疗方法

1. 替代疗法

替代疗法主要是补糖，包括葡萄糖和生糖先质，如丙二醇、甘油和丙酸钠等。亚临床酮病奶牛可静脉注射 50%葡萄糖溶液。病牛可灌服丙二醇或甘油，300～500 mL/次。口服丙酸钠也有效果，但作用较慢。

2. 激素疗法

患病奶牛可肌内注射或静脉注射地塞米松，10～20 mg/次，但会短期抑制泌乳。

3. 其他疗法

神经型酮病的奶牛可应用水合氯醛降低大脑兴奋，提高葡萄糖的产生，增强瘤胃发酵，进而缓解症状：首次 30g 水合氯醛胶囊，投服，再给予 7 kg 水，灌服，连续几天给药；也可补充钴或 5%碳酸氢钠溶液，静脉注射，有助于治疗酮病。

4. 加强管理

防止产前过度肥胖。干奶牛及围产牛的干物质采食量应控制为 12～13 kg，经产围产牛的干物质采食量可以稍高，但不应超过 14 kg。在围产期，每头奶牛可用 20 g/d 过瘤胃烟酸或 20～72 g/d 过瘤胃胆碱等添加剂，提供甲基基团，以预防控制酮病或脂肪肝。

【预后】

大多数酮病可以治愈，预后良好；伴有严重的肝损伤或严重感染的病例预后不良。

第二节　脂　肪　肝

脂肪肝(fatty liver)是指主要发生在高产奶牛的以肝脂代谢紊乱和肝脂蓄积为主要病理学特征的一种能量代谢障碍性疾病。轻度脂肪肝为 1%＜甘油三酯(TG)含量≤5%；中度脂肪肝为 5%＜甘油三酯(TG)含量≤10%；重度脂肪肝为甘油三酯(TG)含量＞10%。轻度脂肪肝或中度脂肪肝的奶牛无明显临床症状，而重度脂肪肝的奶牛表现为食欲废绝、喜卧、心率加快、昏迷、严重的酮血症、高病死率。该病常发于集约化牛场围产期肥胖的母牛。

【病因】

(一)根本因素

在泌乳后期或干奶期，饲喂高能量饲料会导致母牛过度肥胖，如饲喂谷物或青贮玉米太多。在进入围产期后，奶牛的干物质摄入量降低或不足，而泌乳等能量需求增加，机体处于能量负平衡状态，脂肪组织分解代谢增强，产生大量脂肪酸，在肝脏内不能完全氧化而发生酯化，进一步合成甘油三酯，导致肝脂蓄积。此外，高产肥胖奶牛、双胎母牛和胎儿过大母牛或饲料中的蛋白质缺乏会加剧脂肪肝的发生和发展。

（二）遗传因素

荷斯坦奶牛发病率高，役用黄牛及其他品种肉牛的发病率较低。

（三）继发因素

引起干物质采食量下降的任何疾病都可继发该病，如皱胃左方变位、前胃弛缓、蹄病、子宫炎及某些慢性传染病。

【发病机制】

奶牛产前过度肥胖、产后干物质采食量减少以及产后泌乳对能量需求的增加会导致奶牛机体处于能量负平衡状态，进而诱发体脂动员，使血液中游离脂肪酸（FFA）浓度大幅增加，1/4～1/3 的 FFA 被肝细胞吸收。当大量脂肪酸超过肝细胞氧化能力时，在肝内重新酯化生成甘油三酯（TAG），肝细胞内的脂输出系统极低密度脂蛋白（VLDL）输出重新酯化的 TAG。当超过肝脏输出 TAG 的能力时，其就会在肝细胞内蓄积，从而发生脂肪肝。

现已证实，高浓度的 FFA 具有脂毒性可以损伤肝细胞的线粒体功能，减弱 FFA 的氧化功能，并且会释放出大量的活性氧（ROS）。ROS 会影响胰岛素敏感性，激活炎性信号通路，诱发细胞凋亡。

高浓度的 FFA 可以诱发内质网应激，促进脂合成作用。高浓度的 FFA 还可抑制载脂蛋白（Apo）B48、载脂蛋白 B100、载脂蛋白 E 和微粒体甘油三酯转运蛋白（MTTP）等的表达，干扰肝细胞脂质输出系统 VLDL 的组装，加剧 TAG 在肝细胞的沉积。

因此，肝细胞脂沉积造成了脂肪肝的“一次打击”，过度的脂沉积诱发的氧化应激、凋亡、线粒体功能紊乱、内质网应激和 VLDL 的组装损伤等为“二次打击”。这两次“打击”共同介导了脂肪肝的发生和发展。

【临床症状】

患脂肪肝的病牛表现出与酮病相似的症状。在病程初期，患病动物精神沉郁，食欲减退或废绝（图6-7），产奶量下降，瘤胃弛缓，呼出气体、尿及粪便有丙酮气味，尿酮呈阳性，但用酮病治疗方法很难见效。

虽然患轻度和中度脂肪肝的病牛经 1 个月左右可自愈，但会影响产奶量、繁殖力和免疫力。患严重脂肪肝，如不及时治疗，病牛会迅速死亡。不同程度脂肪肝临床症状的比较见表 6-1。

表 6-1　不同程度脂肪肝临床症状的比较

轻度或者中度脂肪肝	重度脂肪肝
常见，发病率为 30%～45%	较少见，发病率在 5%以下
主要发生在奶牛	主要发生在奶牛
妊娠后期体况评分高于 3.5 分的牛	妊娠后期体况评分高于 3.75 分的牛
逐渐消瘦	迅速消瘦
无明显症状	临床症状明显
不治而愈	即使治疗，也可能死亡
患牛死亡率低	患牛死亡率高

【诊断】

根据产犊时间、饲料组成、营养水平、泌乳量及分娩前后体况的变化等病史，结合酮病症状、血液生化分析、肝组织活检和尸体剖检可以做出诊断。

（一）血液生化分析

通过血液中的游离脂肪酸、β-羟丁酸浓度以及肝酶活性等指标来判断病牛是否患有脂肪肝。

病牛血液中的游离脂肪酸、胆红素、酮体、甘油三酯、谷草转氨酶、γ-谷氨酰转移酶和胆碱酯酶的活性升高,而葡萄糖、白蛋白、胰岛素、胆固醇和白细胞总数下降,血液中糖、镁、锰的含量降低。

(二)肝组织活检

病牛脂肪肝诊断的金标准:采用穿刺针采集肝组织,根据肝组织中甘油三酯含量占肝脏湿重的百分比来判定脂肪肝的程度。该方法具有侵入性且操作烦琐,在兽医临床上应用较少。

(三)尸体剖检

肝脏脂肪变性,肿大、边缘钝圆、切面外翻、质地变脆,呈黄白色(图 6-8)。心、肾、肠道、盆腔和网膜内有大量脂肪沉积(图 6-9、图 6-10)。肝、肾、肾上腺和心肌细胞内可见甘油三酯沉积。

图 6-7 精神不振,食欲减退

(夏成供图)

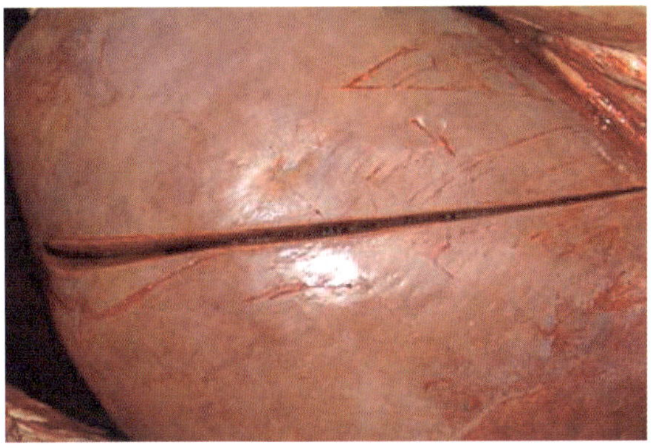

图 6-8 脂肪肝,肝大

(夏成供图)

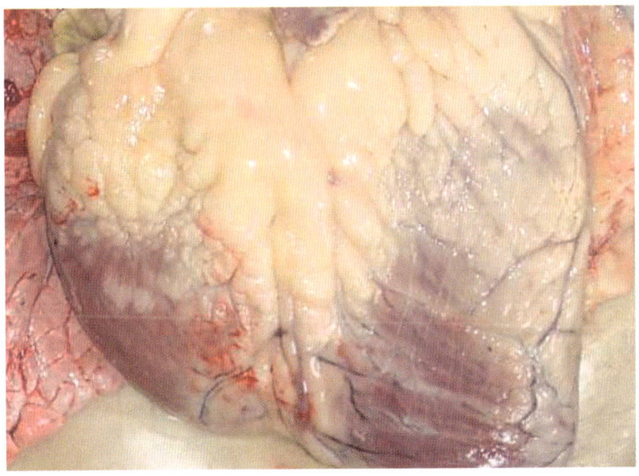

图 6-9 心冠状沟沉积大量脂肪

(夏成供图)

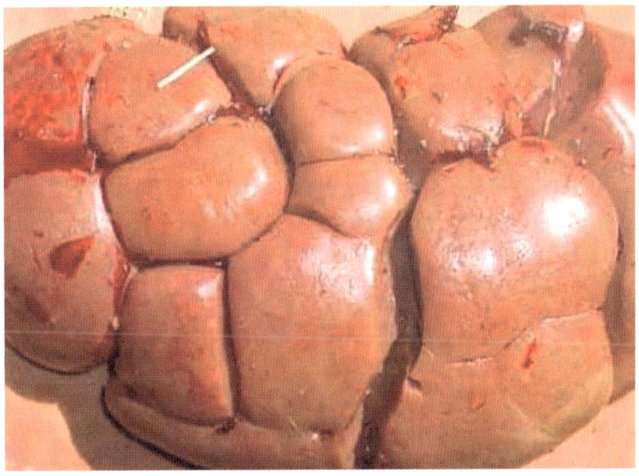

图 6-10 肾脂肪变性,肿大

(夏成供图)

【治疗】

(一)治疗原则

补糖保肝、解毒,避免继发感染。

(二)治疗方法

1. 药物治疗

患轻度和中度脂肪肝的患病动物可口服生糖物质,如丙二醇、甘油等或静脉注射 50%葡萄糖;也可肌内注射糖皮质激素,如地塞米松和胰岛素,配合注射维生素 B_{12}、钴盐等制剂。

2. 补充饲料添加剂

在每头奶牛的日粮中添加 18 g/d 过瘤胃烟酸和 60 g/d 过瘤胃胆碱。烟酸可以抑制脂解,降低血液游离脂肪酸;胆碱可以降低奶牛肝脏中的甘油三酯含量,改善奶牛围产期肝脂代谢紊乱,防治脂肪肝。

3. 加强饲养管理

合理饲喂,及时调整围产期奶牛营养。根据奶牛体况,饲喂营养均衡的日粮,适当减少精料量,增加干物质采食量,防止奶牛产前过度肥胖,同时保证微量元素的均衡。分娩后,加强奶牛护理,逐渐过渡到适口性较好的饲料,预防由泌乳引起的能量负平衡和大量体脂动员,并通过补充生糖先质来减少脂肪动员。

【预后】

大多患轻度和中度脂肪肝的奶牛可以治愈。患重度脂肪肝的奶牛疗效不佳,很难完全恢复健康和生产性能,大多因继发其他疾病而被淘汰。

第三节　妊娠毒血症

妊娠毒血症(pregnancy toxemia),又称双羔病、产羔瘫痪或产羔酮病,是指母羊在妊娠后期发生的一种代谢病。临床上以食欲减退、运动失调、呆滞凝视、卧地不起为特征。该病常见于怀双羔和三羔的母羊,胎儿过大的单胎母羊也会发病,多发于妊娠的最后一个月。

【病因】

(一)致病因素

凡是引起母羊在妊娠后期能量需求增加或能量摄入减少的因素都会促发该病。70%～80%的胎儿的生长发生在妊娠最后两月。此时妊娠母羊能量需求增大,尤其怀有双羔或三羔的母羊比怀有单羔的母羊多消耗180%或240%的能量。饲喂劣质干草难以满足怀双羔的母羊对能量的需要。同时,妊娠后期的子宫及其内容物占据了大部分腹腔空间,影响了草料的摄入,无法满足母羊对能量的需求。在这些情况下,一旦母体大量动员体脂以满足胎儿营养需要,酮体生成就会大量增加,进而诱发该病。

(二)诱发因素

在妊娠早期,母羊过度肥胖;在妊娠后期,母羊的营养难以为继,更易发病。妊娠母羊患有胃肠道寄生虫病以及气候不良、环境突变等均可诱发该病。

【发病机制】

该病发病机制尚不完全清楚。一般认为其主要是母羊在妊娠后期的体内葡萄糖稳态机制被破坏,特别是怀双羔、三羔的妊娠后期的母羊需要耗费大量的营养,从而引起体内糖消耗过多、过快,造成糖供给与消耗不平衡。

肝脏是糖异生主要场所。原发性肝脏疾病或继发性肝脏疾病都可能影响糖异生作用,使血糖浓度下降。长时间血糖浓度下降会引起脂肪大量动员,血液中的游离脂肪酸浓度增加,同时导致肝脏内脂肪酸β-氧化作用加快,乙酰辅酶A生成增加。由于糖缺乏,没有足够的草酰乙酸,乙酰辅酶A不能进入三羧酸循环,则沿着合成乙酰辅酶A的途径,最终形成大量酮体,引发该病。

【临床症状】

(一)一般症状

在病程初期,患病母羊精神沉郁,失明,呆立,反应迟钝,食欲减退,反刍停止;排粪减少,粪球硬小,常覆有黏液。

(二)示病症状

病羊多为怀三羔的母羊。患病动物黏膜苍白或黄染，呼吸浅表，严重时，呼出气体有醋酮气味；神经症状明显，步态蹒跚，做转圈运动或头抵障碍物呆立；在病程后期，患病动物唇肌抽搐，磨牙，流涎；站立时，头颈高举或高仰，呈观星状；有时头向下弯或前伸。严重患病动物卧地不起，胸部着地，头高举凝视。

【诊断】

根据病史、临床示病症状，结合酮体阳性可以做出诊断。

(一)剖检变化

肝脏肿大、脆弱和脂肪变性及有肋骨压痕。

(二)血液和尿液检查

血清总蛋白、血糖、淋巴细胞和嗜酸性粒细胞减少，而血液中酮体的游离脂肪酸升高，尿酮呈强阳性。

【治疗】

(一)治疗原则

补糖、促进糖异生、促进胎儿及早娩出和加强管理。

(二)治疗方法

1. 补糖

供给能量，静脉注射 50%葡萄糖溶液，100～200 mL，2 次/d。

2. 促进糖异生

常用醋酸去甲雄三烯醇酮或可的松、泼尼松等肌内注射；也可肌内注射促肾上腺皮质激素(adrenocorticotropic hormone, ACTH)，可的松 20～60 IU，以活化环腺苷酸(cyclic adenosine monophosphate, cAMP)，促进皮质激素的生物合成。

3. 促进胎儿及早娩出

胎儿的存在会消耗母羊大量的能量，不利于该病的治愈。根据胎儿是否存活、妊娠时期、羔羊价值和母羊体况，应适时考虑实施引产术或剖宫产术。

4. 加强管理

在配种之前，母羊应避免过胖；在妊娠最后两个月，给予母羊优质饲草，加喂精料；在妊娠后期，要避免突然改变饲喂制度；舍饲母羊应适当运动。

【预后】

如不及时治疗，大多数病羊经 1～2 d 昏迷而死亡。

第四节 生产瘫痪

生产瘫痪(parturient paresis)，又称乳热症(milk fever)或低钙血症(hypocalcemia)，是指牛、羊在分娩前后由血钙浓度急剧下降而引起的一种代谢性疾病。临床上以全身肌肉无力、知觉丧失、四肢瘫痪、倒地不起以及胃肠和子宫平滑肌蠕动机能下降为特征。奶牛、山羊和绵羊均可患病，尤以高产奶牛、乳用山羊和绵羊多发。奶牛该病的发病率可高达 10%～30%，主要发生于经产高产奶牛，头胎牛几乎不发病。

【病因】

(一)内分泌因素

在干奶期,母畜甲状旁腺素分泌减少,动员骨钙能力降低;产后泌乳消耗大量血钙,导致血钙急速下降,甲状旁腺素功能启动滞后,从而引起该病。

(二)代谢因素

除钙代谢障碍外,低磷血症和低镁血症也会促发低血钙,从而引起该病。

(三)产科因素

胎儿过大、产道开张不全、助产损伤产道及周围神经使分娩母牛发生麻痹,如伴发低钙血症,其一般会发展为爬卧不起综合征。

(四)外伤因素

股部肌肉及关节周围组织损伤或由压迫性损伤引起的卧地不起。分娩奶牛因站立不稳或地面太滑而跌倒会引起后躯肌肉、神经损伤,并伴有低钙血症。经钙剂治疗后,病牛仍无法站立,则会瘫痪。

(五)诱发因素

舍饲、产奶量高以及妊娠后期体况过胖都可诱发该病。

【发病机制】

分娩时的应激和泌乳期间消耗大量钙离子,导致产后母畜血钙浓度下降,处于低血钙状态,无法站立,长时间躺卧,局部血管受压迫,造成压迫损伤,局部形成缺血性坏死或母畜分娩过程中的难产或助产损伤产道及周围神经和肌肉导致动物不能站立,造成瘫痪或母畜在产后应激,采食少造成了轻度低血钾症和肌细胞内钾离子浓度下降,引起肌纤维细胞膜通透性增加,使细胞内钾离子外溢,并被排泄,导致患病动物无法站立。因此,低钙血症是该病发生的主要原因。由奶牛躺卧时间过长造成的肌肉损伤导致无法站立,加重生产瘫痪。

在正常生理状态下,日粮中的钙由肠道吸收入血,以维持血钙平衡。同时,在维生素 D 和降钙素作用下,将剩余的钙转运至骨骼内贮存。当血钙下降时,甲状旁腺素促使骨骼释放钙进入血液。牛、羊初乳中的钙含量高,使血钙发生转移性损失,下降到正常水平的一半左右,但机体对钙需求急剧增加。虽然饲料中含有一定量的钙,但经肠道吸收后无法满足机体的需要,因此需要动员骨钙进入血液。一旦饲料摄入和骨钙动员无法维持机体血钙平衡,就会发生低钙血症,从而引发该病。

【临床症状】

(一)典型的生产瘫痪症状

典型病例多发生于产后 72 h 内,急性发作,其表现出三个阶段症状。

1. 初期症状

患病动物精神萎靡或沉郁,食欲减退或废绝,反刍停止,后肢软弱,步态不稳,甚至摇摆。有的弓背低头,蹒跚走动,呼吸加快,病程很短,往往容易被忽视或未观察到。

2. 瘫痪症状

患病动物站立不稳,在试图走动时跌倒,倒地后起立困难。牛常卧地不起(图 6-11),四肢屈曲于躯干之下,头颈伸直置于地上,不久即弯向胸侧。羊常头向前直伸,俯卧姿势,停止排粪、排尿;对外界反应淡漠、迟钝,皮肤对针刺反应弱;脉搏先慢而弱,以后变快,呼吸深而慢。在病程后期,用嘴呼吸,唾液随呼气吹出或鼻孔流出。

3. 昏迷症状

常呈侧卧姿势，四肢伸直，头弯于胸部，体温逐渐下降；皮温、末梢温度下降，沉郁转为昏迷，丧失知觉，类似濒死状态。

(二)非典型生产瘫痪症状

牛、羊常于分娩 3 d 后发病，病程缓慢。患病动物表现为头颈俯卧时头颈呈“S”状弯曲；体温多正常，精神不振，反射迟钝，有时能站立，后躯摇摆。

图 6-11 后躯无力，卧地不起
(夏成供图)

【诊断】

根据发病特点，典型临床症状，结合血钙浓度可以做出诊断。生产瘫痪多发生于经产高产母牛，如出现典型的瘫痪姿势且血液离子钙≤1.05 mmol/L，即可确诊。

尸体剖检可见四肢肌肉和神经损伤、缺血性肌坏死、心肌炎、肝脏脂肪浸润和变性等病理变化。

【治疗】

(一)治疗原则

消除病因、加强护理、钙剂疗法和乳房送风。

(二)治疗方法

1. 消除病因、加强护理

母畜在干奶期应增加钙、胡萝卜和青绿饲料饲喂，增加光照，适当运动。避免在分娩时造成产道和周围神经损伤。注重饲养管理，加强营养平衡，控制精料，增加粗饲料(优质苜蓿和干草等)，防止低血磷和低血镁。在围产前期，在给予的中高钙日粮中添加阴离子盐可以减少奶牛发病。

2. 钙剂疗法

牛可缓慢静脉注射 5%氯化钙溶液、10%葡萄糖酸钙溶液、25%硼葡萄糖酸钙溶液，同时密切监测心脏情况。如补钙后病情没有好转，6 h 后可再次补钙，如 2 次补钙后病情仍不见好转，表明钙剂疗法无效，可能存在误诊或为低镁、低钾血症等。羊可静脉输注 10%葡萄糖酸钙或 25%硼葡萄糖酸钙；也可用 5%氯化钙溶液和 10%葡萄糖，混合静脉注射。

3. 乳房送风疗法

该方法简便有效。用乳房送风器注入空气，在打气前，须挤净乳房中的牛奶，乙醇消毒乳头，如乳房已有感染，可先注入 1%碘化钾溶液。4 个乳区均注满空气，以乳房皮肤紧张、乳房基部边缘清楚、轻敲乳房呈现鼓音为标准。然后，用纱布将乳头包扎住，防止空气逸出。乳房送风使流入乳房的血液量减少，血钙进入初乳的含量也减少，减少血钙流失。同时，全身血压升高可改善脑的缺氧、缺血症状，从而恢复大脑调节血钙平衡的功能。在乳房送风 30 min 后，一般患病动物均能苏醒站立，情况好转。如未见好转，6 h 后再注风操作一次。在患病动物站立 1 h 后，去除结扎纱布。该方法对钙剂疗法反应不佳或复发病例的效果较好。因该方法可能会引发乳腺炎或影响泌乳，目前已较少使用。

【预后】

典型病例的病程发展快。如果治疗不及时，50%的病牛会死亡；如果治疗及时得当，90%的病牛可以治愈。

第五节 骨软化症

骨软化症(osteomalacia)是指成年牛、羊由饲料中磷缺乏、钙磷比例不当或维生素 D 缺乏而引起的一种骨营养不良性疾病。其在病理学上以骨质进行性脱钙、骨质疏松和未钙化的骨基质过剩为特征;临床上以消化紊乱、异嗜症、运动障碍和骨骼变形为特征。成年牛和绵羊常发。

【病因】

(一)原发性因素

除与日粮中的钙、磷不足或比例失调,存在干扰钙、磷吸收的成分(瘤胃中有大量的植酸和草酸),维生素 D 缺乏以及运动或光照不足等有关外,骨软化症还与由泌乳导致的钙质流失且长期未得到有效补充有关。由于单位体积羊乳中的钙含量比牛乳中的钙含量更高,所以在分娩中奶羊比奶牛更易发生。

(二)继发性因素

继发性因素常见于酮病和脂肪肝或妊娠毒血症。这些疾病可导致肝功能受损,从而抑制维生素 D 在肝中活化,间接抑制胃肠对钙的吸收和重吸收与甲状旁腺素有关,与维生素 D 关系不大,从而继发该病。

【发病机制】

在正常生理状态下,牛、羊骨骼中的钙、磷与血液中钙、磷不断交换,以保持动态平衡,不断进行矿物质沉着的成骨作用和矿物质溶出的破骨作用。

该病主要由饲料中磷缺乏引起,以骨营养不良为病理学特征,并呈现低磷血症。为了维持机体钙、磷的正常水平和比例,体内的甲状旁腺素、1,25-二羟基维生素 D 等因子需要发挥它们的调节作用。其中,1,25-二羟基维生素 D 可以增加肠道钙磷吸收。大量分泌的甲状旁腺素可以增强骨骼的破骨作用,以维持血磷稳定。然而,在骨骼中的钙、磷溶解后,多余的血钙经尿液排出动物体外,随之带走部分磷,导致骨骼进行性脱钙。脱钙区域又会被过度形成的未曾钙化的骨样基质所代替,最终造成骨骼疏松、脆弱,呈现变形,易发生病理性骨折。

【临床症状】

(一)病牛的症状

常逐渐呈现异嗜、跛行、站立姿势异常、骨和关节的异常变化。

1. 初期症状

患病动物出现消化紊乱和异嗜,主要表现为精神不振,食欲异常或废绝,喜食墙壁、泥土,啃咬石块、铁器或木器,甚至喜食带有恶臭气味的东西,如粪便污染的沙土、饮用粪汁和尿等。

2. 示病症状

随着病情的发展,患病动物出现运动障碍,不愿起立,跛行,如步幅短缩,步态强拘,后躯摇晃,一肢或多肢轮流发生,喜卧。随后,患病动物出现骨骼肿胀变形,弓背塌腰站立,四肢叉开,前肢负重或后肢交替负重(图 6-12 至图 6-14),关节肿大疼痛,肋骨与肋软骨结合处呈算盘珠状肿大。

(二)病羊的症状

虽然病羊与病牛的主要症状类似,但两者存在差异。行走和起立时,关节发出响声;压其背、关节和脊柱时,病羊非常敏感和疼痛,伴发呻吟;骨骼弯曲,在突然起立、转弯以及躺下时,易发骨折;头骨、骨盆的膨大,压迫有弹性;面骨与颌骨膨起,硬腭突入口腔,导致口腔闭合与咀嚼发生困难。

严重病例不愿起立，站立困难（图 6-15），长期躺卧，因起卧而呼吸、心跳加剧，随后卧地呈麻痹状态。

图 6-12 病牛站立塌腰，后肢交替负重
（夏成供图）

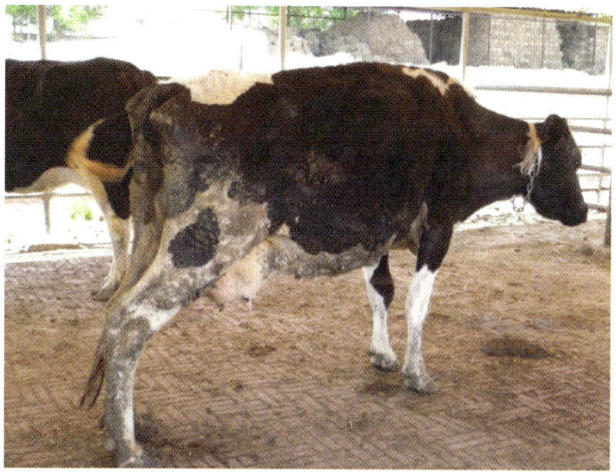

图 6-13 病牛弓背站立，前肢负重
（夏成供图）

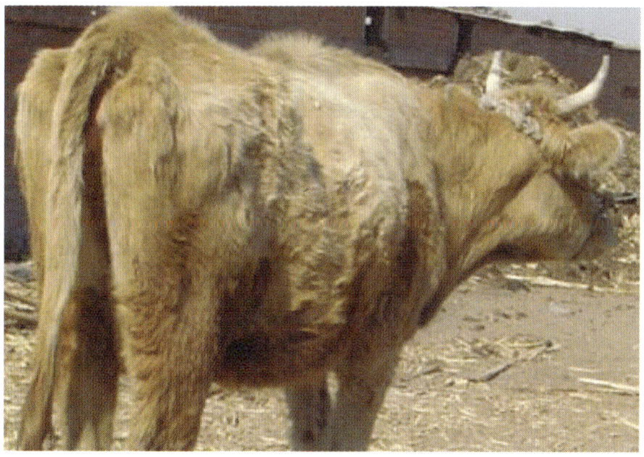

图 6-14 病牛弓背，塌腰站立
（夏成供图）

图 6-15 病羊站立困难
（夏成供图）

（三）并发症

该病可导致发生食道阻塞、创伤性网胃炎、肢蹄病、乳腺炎、发情延迟、不孕和流产等的风险增加。

【诊断】

根据病史、临床特征、临床病理学检查、X 线检查和病理检查，结合无机磷酸盐治疗有效可以做出诊断。

（一）临床病理学检查

通常血钙水平正常，血磷水平明显下降，血清碱性磷酸酶（alkaline phosphatase，ALP）活性明显升高。血清磷的正常水平范围：牛为 1.60～2.30 mmol/L、绵羊为 1V29～2.26 mmol/L、奶山羊为 1.60～4.42 mmol/L，患病牛、羊可降低至 0.90～1.30 mmol/L。

（二）X 线检查

骨密度降低，皮质变薄，关节表面呈蛾蚀状。

（三）病理检查

消瘦。关节周边肌肉发白，关节囊少量积液，关节缘结构疏松；四肢长骨弯曲，骨密度低，骨膜增厚、变形,骨折断面呈海绵状;肝脾萎缩,肾脏轻度水肿、质软。

【治疗】

(一)治疗原则

改善日粮、补磷制剂和加强管理。

(二)治疗方法

1. 改善日粮

在饲料中添加足量的维生素D,避免单纯添加钙剂。

2. 补充磷制剂

每天给予静脉注射20%磷酸二氢钠液,1次/d或静脉注射3%磷酸钙溶液,1次/d,连用3 d。

3. 加强管理

按饲养标准制定日粮中的钙、磷含量,加强补饲管理。在该病流行地区,增加麦麸、米糠和豆饼等富磷饲料,减少石粉的添加量。定期进行饲料分析,多饲喂青绿饲料和优质青干草。增加日光照射,适量添加维生素D。

【预后】

该病呈慢性经过,病程较长,有的历时数月以上。如果患病动物在病程初期得到及时治疗,预后一般良好。在病程后期,病情严重,卧地不起,常因肌肉损伤或其他并发症而预后不良,如败血症。

第六节　新生畜低血糖症

新生畜低血糖症(neonatal hypoglycemia)是指由羔羊/犊牛体内贮备的糖原耗竭而引起的血糖急剧降低的一种营养代谢病。临床上以衰弱乏力、体温下降、运动障碍、昏睡,甚至痉挛、惊厥和衰竭死亡为特征。该病多发于寒冷的冬春季节,常见于新生仔畜,多发于仔畜在出生后的最初几天。

【病因】

(一)主要因素

新生羔羊/犊牛吮乳不足或消化、吸收机能失调,如患有肺炎、腹泻等疾病;新生同胎个体差异较大,弱者吃不上奶或喂奶的间隔时间过长等都会引起该病。

(二)母畜因素

母畜饲养管理不当。由于冬春季节缺乏青绿饲料,饲料缺乏蛋白质、矿物质和维生素等营养成分使妊娠母畜营养不良和胎儿发育不良;母畜在产后少乳、乳质差,甚至无乳;新生羔羊/犊牛体弱、活力较差、吮乳能力差均可引起该病。

(三)环境因素

低温、寒冷或潮湿促使新生畜体内糖原大量消耗以满足热能需求。若此时吮乳不能供应足够的能量,就可引起该病。

【发病机制】

由于新生羔羊/犊牛机体糖异生机制不健全,其无法利用体内蛋白质和脂肪生糖供能,其血糖主要来源于贮备的肝糖原和母乳。新生羔羊/犊牛稀疏的被毛和少量的体脂肪难以阻止机体的热量损失。此时吮乳不足使机体营养供应不足或能量过度消耗,从而导致贮备的糖原迅速耗竭,血糖浓度急剧下降,引发低糖血症。当血糖过低时,中枢神经系统功能发生障碍,患病动物出现昏迷、衰弱，甚至死亡。能量缺乏可促进蛋白质分解，使组织器官的结构和功能发生障碍，引起血清非蛋白氮含量升高，导致中枢神经系统紊乱，加速患病动物死亡。疾病因素及环境因素会导致电解质和水的流失，降低吮乳和增加能量消耗，进而加重病情或死亡，如腹泻、寒冷和潮湿等。

【临床症状】

(一)病犊牛的症状

在病程初期，精神沉郁，站立不稳，运步蹒跚，喜卧不愿动；严重的病犊会出现面部肌肉抽搐，全身肌肉阵发性痉挛，体温下降至 37 ℃以下。在病程末期，病犊陷入昏迷状态，甚至死亡。

(二)病羔羊的症状

在病程初期，精神委顿，运动失调，四肢无力，继而卧地不起。有的心动过速，兴奋；严重的患病动物出现肌肉震颤和痉挛，感觉丧失。在病程末期，全身瘫痪，陷入昏迷，体温在 37 ℃以下，多数在病后 24～36 h 死亡，死亡率高达 50%。

【诊断】

根据采食不足、环境寒冷和母畜疾病等病史，突然出现衰弱、昏迷等临床症状，结合尸体剖检、血糖检查以及葡萄糖补充有效可以做出诊断。

尸体剖检可见胃内没有或仅有少量食物，下颌间隙、颈和胸腹下有水肿，水肿液透明无色；肝呈橘黄色，质地变脆；胆囊肿大，脾呈樱桃红色；肾呈淡土黄色，有散在出血点，切面髓质呈暗红色；膀胱有散在出血点。

【治疗】

(一)治疗原则

补糖、加强护理和改善管理。

(二)治病方法

1. 葡萄糖疗法

原发性低血糖症可静脉注射 10%葡萄糖溶液，犊牛 200 mL，每次间隔 4～6 h，配合静脉注射腺苷三磷酸或肌苷、维生素 C；也可口服 50%葡萄糖溶液，每次间隔 2～3 h。

2. 加强护理

新生动物要保温、保暖；必要时，使用红外线灯照射或保温箱。母乳不足、体弱和吮乳少的新生幼畜应及时给予人工哺乳。

3. 改善管理

加强妊娠母畜饲养管理，供给全价饲料并做好畜舍消毒；喂奶要早，间隔时间要短；及时治疗患病幼畜，如内服葡萄糖水或白糖水；做好传染病的防治工作。

【预后】

该病在发病初期及时治疗，通常预后良好。一旦病情严重，出现继发性疾病，预后不良。

第七节　硒-维生素 E 缺乏症

硒-维生素 E 缺乏症(selenium and vitamin E deficiency)是指由动物体内微量元素硒和维生素 E 缺乏引起的以骨骼肌、肝脏和心肌等组织变性、坏死为特征的一种营养代谢性疾病。临床上以生长发育缓慢、运动障碍、繁殖功能降低、猝死等为特征。该病按病程可分为急性、亚急性和慢性。

牛、羊均可发病，以犊牛和羔羊多发。该病有明显的地域性、季节性及群体选择性的特点。

2—5月是该病的发病高峰期。

【病因】

(一)硒缺乏

土壤、饲料中的硒绝对缺乏是主要原因。我国约2/3的土壤缺硒。黑龙江、吉林、内蒙古、青海、陕西、四川和西藏七省(区)为缺硒地区。随着畜牧集约化生产的发展,大量缺硒地区的草料被调运到不缺硒的地区可引起该病。如果饲料中的含硫氨基酸缺乏,谷胱甘肽的合成受到影响,硒就会失去发挥抗氧化作用的蛋白载体,从而促发该病。

(二)维生素E缺乏

在一般情况下,虽然青贮饲料、谷物、优质风干鲜草中含有较高的维生素E,但储存时间长或加工不当会破坏饲料中的维生素E,导致质量差的牧草、根块作物中的维生素E含量很低。谷物饲料湿度过大或与丙酸一起存放会使饲料中的维生素E含量减少,其与含高不饱和脂肪酸的饲料混合饲喂会因发生氧化分解而导致维生素E缺乏。

(三)其他因素

饲料中与硒拮抗的元素含量过多会干扰动物机体对硒的吸收和利用,导致硒相对缺乏,如铜、锌、砷、硫、汞、氩、镉、铅等。胃肠、肝胆疾病会造成维生素E和硒的吸收或利用的障碍,从而导致硒-维生素E缺乏。

【发病机制】

在正常情况下,动物机体在代谢过程中会产生各种内源性的有机过氧化物(ROOH)和无机过氧化物(H_2O_2)。这些过氧化物会与氧自由基及细胞膜的不饱和脂肪酸磷脂膜发生剧烈的脂质过氧化反应,造成细胞、亚细胞膜的结构和功能受损,释放溶酶体酶,引起组织变性、坏死,从而导致组织器官功能的改变。

硒主要通过硒蛋白起作用。现已发现20多种硒蛋白,其中谷胱甘肽过氧化物酶(glutathione peroxidase, GSH-Px)是最早发现的硒蛋白,也是最重要的硒蛋白之一。GSH-Px可将细胞代谢过程中产生的过氧化物还原为无毒的羟基化合物和水,减弱细胞、肌红蛋白和血红蛋白的氧化作用,以保持运载氧能力。硒还参与辅酶A、辅酶Q和电子传递有关的细胞色素的合成,在三羧酸循环和电子传递中发挥重要作用。

维生素E可以抑制和减缓体内不饱和脂肪酸的氧化和过氧化,中和氧化过程中的氧自由基,保护细胞及细胞器的完整性和稳定性,具有抗氧化作用。维生素E还有维持生殖器官正常功能的作用。

当动物发生硒和维生素E缺乏时,体内不饱和脂肪酸过度氧化会产生过多的过氧化物,导致机体对过氧化物的抵抗力和耐受力降低,致使细胞结构和功能发生改变,尤其是幼畜生长发育快、代谢旺盛、细胞增殖快会导致氧化过程更加强烈。因此,当应激发生时,硒和维生素E低于临界水平的动物容易发病。

【临床症状】

该病主要表现为运动功能障碍、心脏功能紊乱、神经机能紊乱、繁殖障碍等。牛、羊有各自特征性症状。

(一)急性症状

犊牛在10～120日龄易发病,表现为突然发病,体温降低至36～37 ℃,皮肤发凉;心率加快,可达100次/min以上,心律不齐,心音微弱;共济失调,站立困难,卧地不起。多数病例会在6～18 h内因心力衰竭而死。

(二)亚急性症状

犊牛和羔羊多发于1.5～3月龄。其主要表现为呼吸、循环和运动机能的障碍；精神沉郁，运动弛缓，步态强拘，不愿站立，末期麻痹；体温基本正常，但心搏亢进，呼吸数高达70～80次/min，呼吸浅表，肺泡音粗厉；四肢肌肉颤抖，臀部、肩部以及颈部肌肉肿胀、疼痛且较硬；舌和咽喉处肌肉变性，无法吮乳、采食，常在发病1～2周内死亡。

(三)慢性症状

犊牛和羔羊多发于4～6月龄，症状与亚急性型相似，但病程较长。患病动物生长发育迟滞，脊柱弯曲，偶见消化不良或顽固性腹泻，消瘦，被毛粗硬、无光；全身乏力，常俯卧状或保持胸骨平卧，无法站立；应激，如转群或放牧会促进发病；有时继发肺炎或胃肠炎，死亡率达15%～30%；成年的牛、羊主要表现为胎衣不下、泌乳量下降、妊娠率降低或不孕。

【诊断】

根据病史、临床特征、病理特征，结合补硒和维生素E有效可以做出初诊。必要时，检测土壤、日粮中的硒和维生素E含量或测定组织中的硒含量、GSH-Px，有助于确诊。

剖检变化：肌肉颜色淡，肌间存在黄白色条纹，尤其是部分背最长肌、臀肌存在出血点，肌肉切断面有黄白色斑点或条纹(图6-16)；心包腔、腹腔、胸腔较多清亮积液；肺脏水肿，支气管和气管会流出泡沫状液体；心冠脂肪发生胶冻样浸润，心肌质地变软，切开后可见白色条纹(图6-17)；肝大、脆硬，切面呈大理石样病变；瘤胃内只有较少的稀薄内容物，肠道空虚，内容物少，肠黏膜轻度充血。

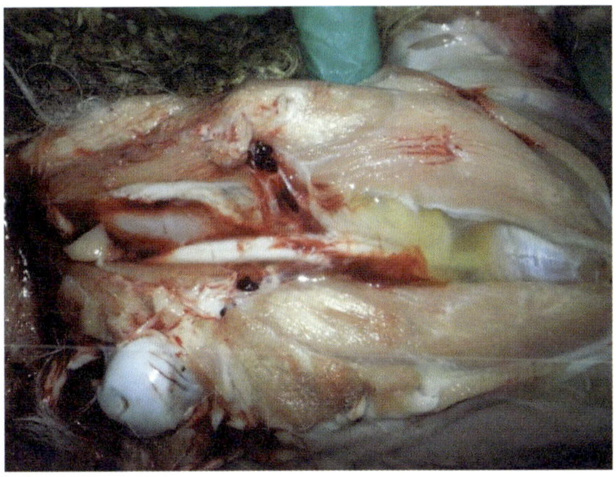

图6-16　病羊后肢肌肉黄白色斑点或条纹

(夏成供图)

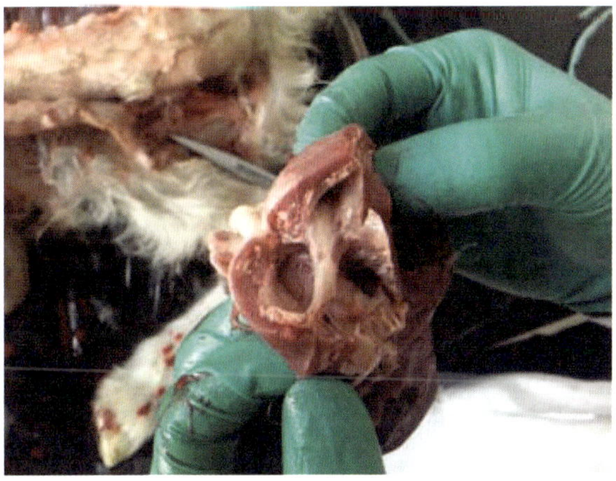

图6-17　病羊心肌白色条纹

(夏成供图)

【治疗】

(一)治疗原则

补充硒制剂与维生素E、加强饲养管理和对症治疗。

(二)治疗方法

1.消除病因

缺硒地区可以给其土壤或在植株叶面喷洒亚硒酸钠，避免谷物或饲料缺硒。另外，检查谷物或饲料的储存条件，防止饲料中的维生素E被破坏。

2.加强饲养管理

在日粮中直接添加适量的亚硒酸钠。母畜在产前注射适量的亚硒酸钠或在饲料或饮水中补充适量的硒和维生素 E 或用由亚硒酸钠与硬脂酸或硅胶结合制成的小颗粒植入耳根后皮下或用硒金属颗粒投入瘤胃中缓释补硒以及给新生幼畜注射硒和维生素 E 制剂都可以有效预防该病。

3. 补充硒和维生素 E

根据患病动物的具体情况，可用 0.1%亚硒酸钠与维生素 E 注射液，肌内注射或皮下注射，或者混于饲料或饮水中进行饲喂。

【预后】

发病初期及时治疗，预后良好。一旦病情严重，继发多种疾病，如肺炎、胃肠炎、子宫内膜炎、乳腺炎、心力衰竭等，淘汰或预后不良。

第八节　铜缺乏症

铜缺乏症(copper deficiency)是指由牛、羊体内微量元素铜缺乏引起的一种营养代谢病。临床上以被毛褪色、皮肤角化不全、共济失调、骨和关节肿大、贫血、腹泻、生长受阻和繁殖障碍为特征。该病常发于牛、羊，犊牛、羔羊更易发病，春季和夏季多发。

【病因】

(一)原发性因素

因长期饲喂来源于低铜土壤生长的饲料而发病。通常土壤中的含铜量为 18～22 mg/kg，植物中的含铜量为 11 mg/kg。在严重贫瘠的沙土地，其铜含量仅为 0.1～2 mg/kg，植物中的含铜量仅为 3 mg/kg。土壤中的铜含量低导致饲料中的铜含量少。在采食这些饲料后，动物由于铜摄入量不足而引发该病，又被称为单纯性缺铜症。

(二)继发性因素

动物对铜的吸收受到干扰，就会继发该病。饲料中过多的钼、硫含量会影响铜的吸收和利用；其他二价金属离子等摄入量过多可以竞争性抑制铜吸收，如锌、铅、镉、银、镍和锰。此外，如果饲料中过高的植酸盐，或者摄食过多的维生素 C，即使铜含量正常，也可以造成铜摄入不足和排泄过多而引发该病。

【发病机制】

铜是牛、羊体内许多酶的组成成分或活性中心。当机体缺铜时，一些关键酶的活性会下降，动物出现缺铜症，如铜蓝蛋白酶、酪氨酸酶、单胺氧化酶、赖氨酰氧化酶、超氧化物歧化酶和细胞色素氧化酶等活性降低。

铜与钼酸盐形成的钼酸铜、铜与硫化物形成的硫化铜螯合物会影响铜的吸收，动物发生临床缺铜症，又被称为继发性铜缺乏症。铜缺乏可以降低铜蓝蛋白酶活性，影响铁的利用，引起低色素性贫血；还能损伤单胺氧化酶和细胞色素氧化酶活性，造成神经脱髓鞘作用和神经系统损伤，导致运动失调。铜缺乏可以造成赖氨酰氧化酶活性和单胺氧化酶活性下降，血管壁内锁链素和异锁链素增多，导致血管壁弹性下降；还会造成酪氨酸酶活性下降，色素代谢障碍，导致被毛褪色；又能造成体内二硫键合成障碍，毛内巯基过多失去弹性，形成钢丝毛。

【临床症状】

(一)一般症状

病牛或病羊的食欲减退或废绝，下痢，贫血，进行性消瘦，衰弱，繁殖力下降，异嗜症，生长发育弛缓；后肢骨密度降低，缺乏硬度，易弯曲，关节肿大畸形，站立困难，跛行。

(二)示病症状

病牛的被毛有许多无弯曲的刚毛,毛色由黑色变成红色、淡锈红色,甚至黄色或淡灰色,尤其眼周围褪色(图 6-18)似戴白框眼镜,故有"铜眼镜"之称(图 6-19);行走摇晃,呈醉酒状(图 6-20),吼叫,跌倒(图 6-21);有的患病动物会迅速死亡。病羊常出现结膜炎,面部溢泪、明显泪痕,运动不协调,行走时后躯摇晃。

图 6-18　病牛眼周围毛褪色,淡锈红色
(夏成供图)

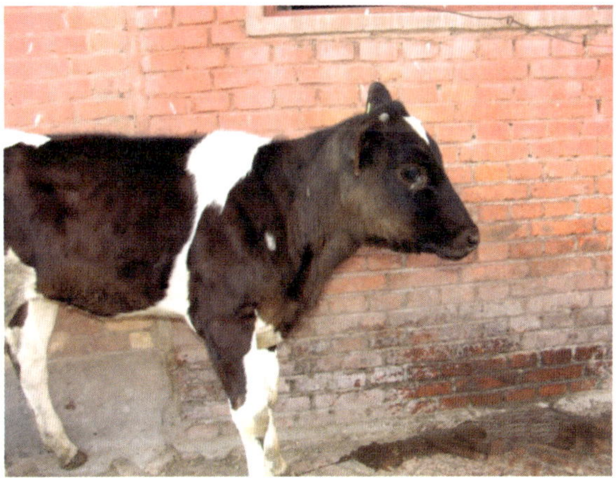

图 6-19　病犊牛眼周围和躯体被毛褪色
(夏成供图)

图 6-20　病牛行走摇晃,似醉酒状
(夏成供图)

图 6-21　病牛跌倒状
(夏成供图)

【诊断】

根据病史、特征性症状,实验室检查和病理变化可以做出诊断。由该病引起的腹泻应与寄生虫性腹泻相鉴别,如肝片形吸虫、肠道线虫、球虫等。该病还应与由病毒、沙门菌、镰刀菌毒素等所致的腹泻相鉴别。

(一)实验室检查

牛的正常血铜浓度为 10～20 μmol/L,血铜浓度低于 8.00 μmol/L 为铜缺乏;牛的正常肝铜浓度为 380～1 600 μmol/L,肝铜浓度低于 160 μmol/L 为铜缺乏。羊的正常血铜浓度为 6.60～10.40 μmol/L,血铜浓度为 1.60～3.20 μmol/L 时则为铜缺乏;羊的正常肝铜浓度为 350～3 140 μmol/L,肝铜浓度为 10～100 μmol/L 时则为铜缺乏。

(二)病理变化

患牛消瘦、贫血,血液稀薄。①剖检变化:肝脏、脾脏和肾脏内有过多的血铁黄素沉着;脑白质灶性溶解、破坏,出现空洞,大脑水肿,脑回变平,有波动感;心脏苍白,肌纤维萎缩,肝、脾肿大,静脉淤血等。②镜检变化:病变部大脑结构破坏,神经细胞凝固性坏死或细胞溶解呈液化性坏死灶,神经纤维脱髓鞘。

当犊牛为原发性缺铜时,其主要表现为骨骼疏松,纤维增生,骨骺端矿化作用延迟。羔羊发生神经纤维脱髓鞘,尤其是脊髓和脑室管道内脱髓鞘。

【治疗】

(一)治疗原则

消除病因、加强饲养管理和适当补铜。

(二)治疗方法

1. 消除病因

缺铜地区可以给其土壤喷洒硫酸铜,避免谷物或饲料缺铜,以保证通常土壤中的含铜量为18～22 mg/kg,植物中的含铜量为11 mg/kg。但喷洒后禁止立即放牧,避免中毒。

2. 加强饲养管理

合理调配饲料,保证饲料中含铜量,满足牛、羊不同生理阶段对铜的需求,舐盐中加入0.5%的硫酸铜或每月灌服一次3%硫酸铜。应注意的是,避免由铜添加量过大而造成的慢性铜中毒。

3. 补充铜制剂

延胡索酸铜和草酸铜吸收率最好,硫酸铜较差。价廉易得的硫酸铜、碳酸铜是主要补铜制剂。硫酸铜:犊牛4 g、成牛8 g、羊1.5 g,水适量,混合后饲喂,1次/周,连用3～5周或将硫酸铜按0.5%的比例混于食盐中让患病动物舔食;也可皮下注射甘氨酸铜。如铜与钴合用,效果更好。

【预后】

发病初期及时治疗,预后良好。一旦病情严重,继发神经症状或卧地不起,常预后不良。

第九节　维生素A缺乏症

维生素A缺乏症(vitamin A deficiency)是指一种由维生素A或其前体胡萝卜素缺乏而引起的营养代谢病。临床上以生长发育不良、夜盲症、上皮角化、繁殖障碍以及免疫力低下为特征,多发于青饲料不足的春初、秋末和冬季,以幼畜最为常见。

【病因】

(一)原发性因素

原发性因素主要是饲养管理不当。在正常生理状态下,快速生长、妊娠和泌乳等阶段,牛、羊对维生素A需求高。饲料调制和保存不善,贮存时间过长,发霉变质或饲料受日光暴晒、酸败和氧化;冬季缺乏青绿饲料,又不补充维生素A;幼畜哺乳不当,不喂初乳或断奶过早。它们均可引发该病。

(二)继发性因素

动物体内缺乏维生素D_3能影响维生素A或胡萝卜素在动物体内的吸收、转化和利用,可继发该病。动物患有胃肠道机能障碍或以腹泻为主的传染病会直接影响维生素A摄入量、消化吸收及合成代谢。饲料缺乏脂肪、蛋白质、维生素C、维生素E、钴和锰等也会影响维生素A在体内的吸收、转化和利用。

【发病机制】

健康动物视网膜中的维生素 A 在酶的作用下氧化为视黄醛。当维生素 A 缺乏或不足时，视黄醛含量降低，动物在阴暗的光线下视力减弱及出现夜盲。维生素 A 是所有上皮细胞的必需物质，其缺乏会导致上皮细胞萎缩，逐渐被角化上皮细胞代替，进而影响上皮细胞的分泌作用。当缺乏维生素 A 时，成骨细胞活性升高，软骨生长和骨骼精细造型受到影响，导致小脑、视神经及脊髓受压而损伤，引起机能减退、共济失调或目盲现象。缺乏维生素 A 还会引起体内蛋白质、肝糖原和脂质合成减少，导致生长迟滞。

【临床症状】

（一）一般症状

患病动物精神沉郁，食欲不振，衰弱乏力，消瘦，异嗜，贫血；被毛粗乱无光泽，皮肤干燥，有较多皮屑，易患皮炎和湿疹。

幼畜生长发育缓慢，增重慢，骨骼变形；运动失调，强直性和阵发性惊厥，对触摸或声音比较敏感。母畜发情紊乱、不孕、流产、死产、受胎率下降，有的发生胎衣不下及卵巢囊肿；公畜精子活力降低，易发生尿结石，排尿困难；消化道及呼吸道的机能减退，易受传染病侵袭。

（二）示病症状

夜盲症是主要特征。在病程初期，患病动物表现为呆立不动，视盘水肿，视网膜呈淡蓝色，局部呈粉红色，视觉不断减弱，最终变成持久性目盲。在病程后期，病症会发展为眼干燥症，角膜干燥，眼球突出，瞳孔散大，角膜水肿、浑浊并发生损伤感染。

【诊断】

根据病史，特征症状，如生长发育不良、夜盲症、上皮角化不全、繁殖障碍等，结合病理特征和脑脊液变化和治疗性诊断可以做出诊断。由该病引起的脑病应与低镁血症性搐搦、脑灰质软化、由 D 型产气荚膜梭菌引起的肠毒血症、狂犬病和散发性牛脑脊髓炎等相区别。

【治疗】

（一）治疗原则

消除病因、补充维生素 A 和加强管理。

（二）治疗方法

1. 消除病因

查明病因，消除原发病。立即停喂原来的饲料，更改日粮，调整日粮配方，增加富含维生素 A 或胡萝卜素的饲料。

2. 补充维生素 A

肌内注射维生素 A，间隔 21 d，可再次注射。

3. 加强管理

按牛、羊不同生理阶段的营养需要，提供全价日粮。全年备足富含维生素 A 和胡萝卜素的饲草料，加强对饲料作物的保管。哺乳期的母畜应为其供给蛋白质饲料，新生畜及时吮食充足初乳。如果使用代乳粉，就要确保品质，提供充足的维生素 A。妊娠期的母畜应重视粗饲料的供给，冬季要补充优质青干草、青贮饲料或胡萝卜。

【预后】

该病在发病初期应及时补充维生素 A 可以痊愈。一旦病情严重，常预后不良。

第十节 锌缺乏症

锌缺乏症(zinc deficiency)是指由饲料中锌含量不足引起的一种营养缺乏病。该病按病因可分为原发性、继发性,常见于绵羊、犊牛。

【病因】

(一)原发性因素

饲料中的锌含量绝对不足是最主要的致病因素。

(二)继发性因素

饲料中的钙、镉、铜、铁、铬、钼、锰、磷和碘以及植酸等含量过多或比例不当以及患传染病、消化道疾病等干扰或妨碍锌的吸收和利用引起发病。

【发病机制】

锌主要存在于蛋白质及各种金属酶中。细胞内的锌可以直接调节酶活性,控制多种物质的代谢过程,特别是蛋白质、糖和脂肪的代谢以及核酸的合成和降解作用。

当动物机体缺锌时,锌酶及锌酶的活性降低会干扰机体正常的代谢、生长发育、内分泌及免疫等生理生化机能,导致机体发生一系列病理变化。由于锌参与角质生成,锌缺乏可引起脱毛、皮肤角化不全,严重者可发生皮炎。锌与骨骼发育密切相关,缺锌会妨碍软骨生成和正常钙化过程,从而导致幼畜后肢弯曲、关节僵硬。

锌对生殖生理有重要影响,缺锌对公畜性器官的发育、精子的生成和母畜繁殖都会产生不利的影响。锌参与维生素 A 的代谢,影响维生素 A 从肝中动员,促发夜盲症。锌还参与免疫的调节,缺锌可引起免疫功能低下,导致感染性疾病易感性增高。

【临床症状】

犊牛一般出现持续 2 周以上食欲明显减弱乃至废绝、生长发育缓慢或停滞等现象;阴门、肛门、鼻镜、耳根、尾根、跗关节和膝皱襞等处的皮肤易发生角化不全、干燥、弹性减退、肥厚等;阴囊、四肢出现类似皮炎的症状,如皮肤粗糙、瘙痒、脱毛,蹄周及趾间皮肤皲裂;骨骼发育异常,关节肿大,后肢弯曲,僵硬、四肢无力和步伐迟缓。

羊、羔羊表现为流泪,生长缓慢,食欲减退;羊毛变直,变细,易脱落,皮肤增厚;皮肤角化不全多发生在眼周围、鼻、足部和阴囊等处,皮肤增厚、皲裂、渗出;关节肿胀,蹄壳变软、扭曲,甚至脱落;母羊的生殖机能降低,公羊的睾丸萎缩,精子生成障碍。

【诊断】

根据病史、临床症状和血清锌水平降低可以做出诊断。牛的正常血清锌水平为 0.80～1.20 mg/L;如果缺锌,血清锌水平可下降至 0.19 mg/L。绵羊的正常血清锌水平为 12～18 μmol/L;如果缺锌,血清锌水平可降至 2.80 μmol/L。

【治疗】

每天口服 0.40 g 硫酸锌或每周注射 0.20 g 硫酸锌或每吨饲料中添加碳酸锌或硫酸锌 180 g 均可以有效地治疗该病。补饲含不饱和脂肪酸的油类有预防作用。

【预后】

早期轻度病例经及时治疗可快速恢复,预后良好。严重器质性病变的病例常预后不良,应尽早淘汰。

第十一节　异　嗜　症

异嗜症(allotriophagy)是指一种由环境、营养、疾病等引起的以采食正常食物以外的无营养价值的物质而导致食欲紊乱的综合征。牛、绵羊和山羊均会发生该病。该病易发于放牧地区和长期干旱地区。

【病因】

(一)原发性因素

由于饲料不足、营养不良,冬末春初的青黄不接的季节异嗜现象最为普遍,特别是在持续干旱年份尤为严重。采食营养价值较低而难以消化的牧草易造成维生素、微量元素和蛋白质缺乏,引起消化功能和代谢紊乱而发生异嗜症。

(二)慢性病因素

当患慢性消化不良、软骨症和某些微量元素缺乏症时,患病动物常表现出异嗜行为。

(三)应激因素

牛、羊活动受限、饲养密度过大、环境空气污浊等会引起相互接触和冲突,为争夺饲料和饮水位置,常诱发异嗜。

【发病机制】

异嗜症的发病机制尚不清楚。该病的发生主要与各种原因引起的饲料中的蛋白质、矿物质和维生素缺乏有关。该病的发生除与神经系统疾病,如伪狂犬病、奶牛神经性酮病等因素有关外,常与饲养管理不当,如饲养密度过大导致动物烦躁、接触频率增大等因素有关。

【临床症状】

异嗜症一般多以消化不良开始,接着出现味觉异常和异嗜症状。

(一)一般症状

初期,易受惊、敏感;后期,迟钝。皮肤干燥,弹力减退,被毛粗乱无光泽;弓腰、磨牙;天冷时,畏寒战栗,口腔干燥。初期,多便秘;后期,下痢或便秘下痢交替出现;渐进性消瘦、贫血,甚至衰竭而死亡。

(二)异嗜症状

绵羊会发生食毛癖。在病程初期,仅见个别羔羊的啃食母羊被粪尿污染的股、腹、尾等部位被毛或相互啃咬被毛或舔食散落在地面的羊毛。在病程后期,多数羔羊成群食毛;舔食墙土,吞食土块、瓦砾、木片、粪便、破布、煤渣和塑料等异物。山羊主要表现为啃咬其他羊只被毛。牛喜食砖头、墙土、布片、绳索、塑料和石头等。

(三)伴发症状

病羔常伴有腹泻、消瘦和贫血。有的瘤胃内形成毛球,引起皱胃幽门或十二指肠阻塞,表现出食欲废绝、排粪停止、肚腹膨大和腹痛等症状。腹部触诊,有时感到皱胃或肠内有枣核大至核桃大的圆形硬块。

【诊断】

虽然异嗜作为症状诊断不困难,但病因学诊断需要根据病史、临床特征、饲料成分分析、血清学检查、病原检查以及治疗性诊断等做出具体分析。

【治疗】

(一)治疗原则

消除病因、合理调配日粮和对症治疗。

(二)治疗方法

1. 消除病因、合理调配日粮

这是预防异嗜症的关键措施。根据牛、羊在不同生长阶段的营养需要,喂给全价配合饲料。喂料要做到定时、定量,不喂发霉变质的饲料;有青草的季节多喂青草,无青草的季节要喂优质干草、青贮料,补饲麦芽、酵母等富含维生素的饲料;合理组群,饲养密度适宜;定期驱虫,防止寄生虫诱发的异嗜症。

2. 对症治疗

当发现有异嗜症时,应适当增加矿物质和维生素的添加量;土壤中缺乏某种矿物质的牧场要增施含该物质的肥料,并采取轮换放牧。

【预后】

病因明确且无器官、系统衰竭的病例应消除病因,经对症治疗,预后良好。病因不明或出现器官、系统衰竭或胃肠梗阻的病例常预后不良。

第十二节　其他营养代谢性疾病

除上述常见的营养代谢性疾病外,在临床上还可见牛、羊其他营养代谢性疾病,如表 6-2 所列。

表 6-2　牛、羊其他营养代谢性疾病

病名	概念	发病情况	病因	临床症状	病理变化	诊断	防治
母牛产后血红蛋白尿(bovine post-parturient haemoglobinuria)	以低磷血症、急性溶血性贫血和血红蛋白尿为特征的一种代谢病	多见于高产奶牛	磷摄入不足;产后泌乳,磷脂排出增加	红尿,贫血,呼吸循环呈相应贫血体征	红尿、低磷血症和红细胞指数下降	根据病史和临床症状,结合低磷血症和贫血可以做出诊断	补充磷制剂,如磷酸二氢钠或骨粉;输血,维持体液平衡
佝偻病(rickets)	由维生素 D 缺乏及钙、磷的摄入不足或钙、磷代谢障碍致使骨组织钙化不全引起的骨营养不良	常见于犊牛或羔羊	维生素 D 缺乏;钙、磷不足或钙、磷比例严重失调;断奶过早或长期腹泻;肝、肾疾病继发;先天性佝偻病	生长缓慢,消化不良,异嗜,骨骼、关节变形	骨骼钙化不良、弯曲变形,软骨持久性肥大,骺端软骨增大	根据病史和临床症状,结合血钙、血磷的降低、碱性磷酸酶活性增高可做出诊断	常给予维生素 D 制剂,调整日粮钙、磷比
钴缺乏症(cobalt deficiency)	由饲料的钴缺乏引起的以厌食、极度消瘦和贫血为特征的疾病	多见于成年牛或羊	饲料中的钴含量不足或饲料中有干扰钴吸收和利用的因素,从而造成维生素 B_{12} 合成不足	渐进性食欲减少,消瘦、虚弱。异嗜症,奶产量下降。繁殖功能下降,腹泻	能量代谢障碍	通过肝脏和血液中的钴浓度及钴缺乏的典型临床症状可做出诊断	口服硫酸钴;缺钴地区的患病动物用含 90%氯化钴丸投入瘤胃

续表 6-2

病名	概念	发病情况	病因	临床症状	病理变化	诊断	防治
锰缺乏症（manganese deficiency）	由日粮中锰缺乏引起的以生长停滞、骨骼畸形、生殖障碍为特征的疾病	成年牛和犊牛都发生	日粮中的锰含量过低，患慢性胃肠道疾病或饲料中的钙、磷以及植酸盐含量高影响锰的吸收和利用	新生犊牛的骨骼发育异常，运动失调；成年牛的性周期紊乱，繁殖力下降	骨骼发育异常	根据发病特点和主要症状做出初诊。必要时，检测饲料和血中的锰含量	供给含锰丰富的青绿饲料；日粮中添加锰盐
低镁血症（hypomagnesemia）	放牧于幼嫩青草地或谷苗后不久而突发的一种高度致死性代谢病，又称青草搐搦	放牧的牛、羊多发，发病率可达50%，病死率高达70%	在春季草场放牧或青绿禾谷类作物田间放牧；镁摄入量不足或摄入镁的利用率降低	运动失调、抽搐搦、反应机敏（图6-22）、卧地挣扎、企图站立（图6-23）	多无异常	根据病史、临床特征以及血清和脑脊液镁含量降低及镁制剂疗效可做出诊断	20%硫酸镁溶液，皮下多点注射；30%硼葡萄糖酸钙和5%次磷酸镁混合液（1:1），缓慢静注
碘缺乏症（iodine deficiency）	由饲料中碘缺乏引起的一种慢性营养代谢病	多发于缺碘地区的幼龄牛、羊	原发性因素主要是摄入碘不足。继发性因素主要是饲料中含有碘拮抗物质	幼畜虚弱、脱毛、皮下水肿、四肢弯曲、站立困难	甲状腺增大，颈部粗大，毛稀少。全身水肿，特别颈部	根据发病情况、病史和症状可做出初诊。确诊须测定血清T3、T4	在甲状腺肿地区，用碘化钾可有效防治碘缺乏症

图 6-22　卧地不起，反应机敏

（夏成供图）

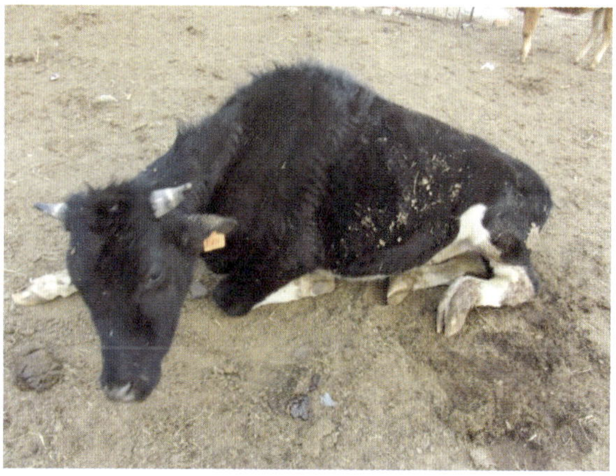

图 6-23　卧地挣扎，企图站立

（夏成供图）

视频 6-1　佝偻病患牛，关节肿大，跛行

视频 6-2　佝偻病患牛

思考题

1. 简述营养代谢性疾病的发生特点、病因和诊断程序。
2. 试述奶牛酮病的病因、发病机制、诊断和防治措施。
3. 简述奶牛脂肪肝的病因、诊断和防治措施。
4. 论述奶牛生产瘫痪的病因、发病机制、诊断和防治措施。
5. 佝偻病和骨软化症有何异同?
6. 如何防治新生畜低血糖症、羊异嗜症?
7. 简述硒-维生素 E 缺乏症的病因、诊断和防治措施。
8. 如何诊断铜缺乏症和锌缺乏症?
9. 简述维生素 A 缺乏症的发病机制及临床症状。
10. 其他常见的营养代谢性疾病还有哪些?

第七章　中毒病

学习目的与要求

1. 了解毒物、中毒及中毒病。
2. 掌握中毒病的病因、发病机制及临床症状。
3. 掌握中毒病的诊断和治疗。

概　　述

在一定条件下，一定量的某种外源化合物在进入牛、羊机体后会引起机体的病理变化，甚至造成死亡，该种化合物就被称为毒物。由毒物经不同途径进入机体后产生毒性作用所引起的病理过程，称为中毒。由毒物所引起的疾病称为中毒病。

牛、羊常见的中毒病主要有饲料毒物中毒病、霉菌毒素中毒病、有毒植物中毒病、农药中毒病、矿物质中毒病等。中毒病的发生具有群发性、地域性、季节性、共同临床表现、相似剖检变化、相同病因、体温正常或低下、无传染性和经济损失严重等特点。根据牛、羊接触毒物的毒性、摄入剂量和途径以及时间长短，中毒可分为急性中毒、慢性中毒。在散养状态下，恶意投毒会导致牛群、羊群集中发生急性中毒。在规模化养殖条件下，急性中毒减少，但由饲料或环境中的毒素所致的慢性中毒却大幅度增加。

近年来，随着集约化养殖的发展、草地保护法的实施，牛、羊中毒病的发生率有所减少。管理不严或使用不当等导致的中毒病仍时有地方流行或散发。由于毒物种类不同，牛、羊中毒病的发病机制也不同。通常，大多数毒物通过阻止氧的运转和利用、氧化应激、损伤亚细胞结构、引起免疫抑制、抑制酶活性、中止细胞反应、诱发炎症、致敏反应、破坏遗传信息和致畸变等作用，损伤机体，引起病理变化，从而出现临床症状。

由于毒物的性质、数量以及中毒的途径不同（消化道、呼吸道和皮肤），中毒的临床症状也不一样，一般可分为最急性、急性和慢性三种。最急性中毒的病程特别短促，闪电型经过；临床症状与病理剖检无明显变化，不易诊断。急性中毒发病突然，经过较急；有明显的神经症状、消化道症状和病理变化，并呈现示病症状。慢性中毒的发病隐袭，病程长，一般表现为消瘦、贫血及消化障碍，缺乏典型症状。

因毒物种类繁多，临床表现也错综复杂，中毒的诊断变得较为困难。一般应按照一定的步骤进行，通过详细调查病史，全面收集症状，结合病理学检查、毒物化验、动物实验和治疗性诊断的结果，加以综合分析，进而做出准确的诊断。中毒病的诊断对中毒病的防治是至关重要的，特别是群发性中毒病。只有查明原因，才能采取有效的治疗和预防措施，否则采取支持与对症治疗，不能从根本上解决问题。

一旦牛、羊发生急性中毒或集体中毒，应及时上报，并采取一般救治措施。第一，应阻止有毒物质继续进入体内；第二，尽快排出已进入体内的毒物；第三，采用解毒药物来拮抗或消除已吸收的毒物；第四，根据整体和各器官系统的具体状态，采取全身治疗和对症治疗。做好中毒病的预防，工作时，需要严格遵守有关毒物的管理规定，规范饲料添加剂的使用；做好饲料加工与贮存；坚持工业三废排放规则，注意自然环境中的毒物污染和区域分布情况，保护环境。

第一节　氢氰酸中毒

氢氰酸中毒（hydrocyanic acid poisoning）是指牛、羊采食过量富含氰苷的饲料在胃内酶和盐酸的作用下水解，产生游离氢氰酸，引起机体中毒的疾病。临床上以呼吸困难、肌肉震颤、全身惊厥等组织性缺氧为特征。该病常见于放牧的牛、羊，幼龄母畜、妊娠母畜对该病较敏感。

【病因】

（一）常见因素

由过量饲喂或误食富含氰苷或可产生氰苷的饲料所致。生长迅速的高粱、玉米、苏丹草等禾本科植物幼苗，蔷薇科植物桃、梅、李、杏、樱桃、枇杷等的叶、茎、种子，草场中生长的百脉根、三叶草、海南刀豆、狗爪豆、芦苇等，冷榨油后的亚麻子饼残渣等均富含氰苷。牛、羊在采食过量的这些饲料后可发生中毒。

（二）其他因素

大量施用氮肥、除草剂或干旱、霜冻等会导致上述植物中的氰苷含量升高。牛、羊在采食这些植物后的中毒风险增高。

【发病机制】

氰苷本身无毒，经酶水解后释放的氢氰酸中的氰根离子能迅速与氧化型细胞色素酶的三价铁牢固结合，使其不能被转化为还原型细胞色素酶，从而失去电子传递作用，组织细胞内的生物氧化过程受到抑制，呼吸链终止，导致组织缺氧，中枢神经系统对缺氧尤其敏感。由于氰苷产生的氢氰酸分子极性较小，其容易通过血-脑屏障而进入脑组织，从而侵害中枢神经系统，导致脑组织损伤，血管运动中枢和呼吸中枢尤为敏感。中毒的牛、羊在临床上表现为先兴奋，后抑制，并有严重的呼吸麻痹。此外，氰根离子在机体内可转化为硫氰酸盐，硫氰酸盐能够竞争性地抑制甲状腺对碘的聚集和转化，从而导致甲状腺素合成障碍。

【临床症状】

（一）一般症状

在采食富含氰苷或可产生氰苷的饲料后，牛、羊不久就会出现典型的临床症状。其表现为兴奋不安，呼吸和心跳加快。多数病例伴有瘤胃臌气。症状持续 30～45 min，随后精神沉郁，乏力，站立不稳或卧地不起，呼吸浅表。严重的病例可因窒息、痉挛而死亡。

（二）示病症状

可视黏膜由鲜红色逐渐转为青紫色，呼出的气有苦杏仁味，肌肉震颤，随后，迅速发展为全身抽搐，甚至惊厥和昏迷。

【诊断】

根据采食富含氰苷饲料的病史、临床症状与病理变化可以做出初步诊断。确诊可用苦味酸试纸条对瘤胃内容物进行检测。该病应与由有机磷、氨基甲酸酯、有机氯、亚硝酸盐、尿素等引起的中毒相鉴别。

剖检变化：血液起初呈鲜红色或樱桃红色；如尸检延迟，血液呈暗红色，血凝不良；胃肠道黏膜和浆膜充血或出血；肺充血，切开的肺脏内有大量粉红色泡沫状液体；腹腔或胸腔内有浆液性渗出液；心脏有点状出血；肝脏充血肿大。

【治疗】

（一）治疗原则

消除病因、加强管理、特效解毒和对症治疗。

（二）治疗方法

1. 消除病因、加强管理

停止饲喂有毒的饲料，禁止在幼嫩、多汁的草地放牧；只有牧草到达 45 cm 以上的高度后，才可安全采食；在高粱地放牧前，让牛、羊先采食其他草料，之后再放牧；在高粱等植物霜冻后，7 d 内不要放牧牛、羊，也不要收割和切碎后饲喂牛、羊。

2. 特效解毒

在发病后，立即应用特效药（亚硒酸钠和硫代硫酸钠联合、大剂量亚甲蓝和硫代硫酸钠连用）进行救治；也可用 1%亚甲蓝溶液，按每千克体重 10～20 mg，静脉注射。数分钟后，再用硫代硫酸钠。

3. 对症治疗

根据病情，可实行洗胃、缓泻、输液、解毒和强心等治疗措施。

【预后】

急性病例未及时治疗，大多病例会死亡。出现中毒症状后存活 2 h 以上的牛、羊一般能够耐过，预后良好。

第二节　硝酸盐和亚硝酸盐中毒

硝酸盐和亚硝酸盐中毒（nitrate and nitrite poisoning）是指牛、羊过量摄入富含硝酸盐或亚硝酸盐的饲料或饮水，血液中产生大量的高铁血红蛋白，从而引起机体中毒的疾病。临床上以皮肤和可视黏膜发绀、呼吸困难等为特征。牛、羊易感性较高，尤其羔羊和妊娠母羊对该病更为敏感。

【病因】

（一）常见因素

由过量摄入富含硝酸盐的饲料或植物所致。玉米、燕麦、黑麦、高粱、黍和向日葵等易于蓄积硝酸盐；野苋、藜属植物、蓟属植物、曼陀罗、地肤、蓼属植物、酸模属植物和阿拉伯高粱等杂草的硝酸盐含量较高；饲料遭受雨淋、堆放、焖煮等可使硝酸盐还原为毒性更强的亚硝酸盐。牛、羊过量采食这些饲料或植物就会发生中毒。

（二）其他因素

牛、羊大量饮用含高浓度硝酸盐或被化肥和大肠埃希菌严重污染的井水、湖水、河水等均可发生中毒。在进行牛、羊氢氰酸中毒治疗时，过量使用亚硝酸盐也会引起中毒。

【发病机制】

硝酸盐本身毒性较小，但牛、羊摄入过量的硝酸盐可以引起胃肠黏膜发生炎症和损伤，从而引发胃肠炎。硝酸盐在瘤胃内硝酸盐还原菌的作用下可以转化为毒性更强的亚硝酸盐而引起中毒。在亚硝酸盐被吸收入血后，亚硝酸根离子迅速与血红蛋白结合，发生氧化还原反应，使血红蛋白转变为高铁血红蛋白，从而失去携氧能力，出现高铁血红蛋白血症，组织器官因缺氧而受损。由于亚硝酸盐有较强的血管扩张作用，其会导致血管平滑肌松弛，造成血压下降和外周循环衰竭。亚硝酸盐还有较强的致癌、致畸作用，在体内可以形成亚硝酸胺、亚硝胺等致癌物，引起癌变或进入胎盘，影响胎儿生长发育。

【临床症状】

(一)急性中毒症状

突然发病，常于采食后数小时或半天左右出现症状。在发病期间，患病动物心跳和脉搏加快，体温下降，共济失调，肌肉震颤，乏力；随后病情加重，呼吸急促，可视黏膜发绀，惊恐不安和尿频。有的病例无任何前驱症状，突然惊厥死亡或 12～24 h 或更长时间后突然死亡。

(二)慢性中毒症状

有的病例在连续摄入富含硝酸盐的牧草几天，甚至几周才出现典型的临床症状。其表现为间质性肺气肿的病症，呼吸困难。有的病例增重减缓，泌乳下降，前胃弛缓，腹痛、腹泻，共济失调，甲状腺肿胀。患病母畜则出现流产或不孕症状。

【诊断】

根据采食硝酸盐或亚硝酸盐的病史、临床特征，结合剖检变化可以做出初步诊断。采集饲料、饮水、胃内容物等进行亚硝酸盐的定性或定量分析可以确诊。

剖检变化：血液常呈巧克力色或暗红色，血液凝固不良；若尸检延迟，血液颜色可能正常；腹水、肺水肿；胃肠黏膜充血，浆膜面有出血点。

【治疗】

(一)治疗原则

排出毒物、特效解毒、对症治疗和加强管理。

(二)治疗方法

1. 排出毒物

当患病动物体况较好时，尽早用温水或生理盐水洗胃；也可用液体石蜡、菜籽油等灌胃导泻，促进毒物排出。

2. 特效解毒

排毒后，按每千克体重 8 mg，静脉注射 1%亚甲蓝进行解毒；也可用 5%甲苯胺蓝溶液进行解毒，还原变性血红蛋白的速率比亚甲蓝快 37%。

3. 对症治疗

根据病情，可实行洗胃、缓泻、输液、解毒和强心等治疗措施。应用樟脑磺酸钠注射液，缓解呼吸困难。输液时，给予 25%维生素 C 注射液(倍量)和 25%～50%葡萄糖，有助于促进解毒。

4. 加强管理

在亚硝酸盐含量高的地区，减少作物茎块的饲喂量。在亚硝酸盐含量高的牧场，不要放牧饥饿的牛、羊。补充维生素 A 和碘盐可降低中毒的风险。必要时，对饲草亚硝酸盐进行检测，亚硝酸盐含量小于 0.30%可安全饲喂。

【预后】

急性中毒经救治及时，一般预后良好。若慢性中毒发生间质性肺气肿、卧地不起，则预后慎重。

第三节 棉酚中毒

棉酚中毒(gossypol poisoning)是指由牛、羊长期或大量摄入含游离棉酚的棉籽及其副产品[如棉籽和棉籽饼(粕)]引起的中毒性疾病。临床上以心力衰竭、血红蛋白尿、肝脏变性坏死和慢性生殖障碍为特征。该病主要见于犊牛，偶发于羊。成年牛因对棉酚毒性作用有较高的抵抗力，发病率较低。急性中毒极为少见，多见于慢性中毒。

【病因】

棉酚和其他多酚类色素存在于棉株各个部位的色素腺体内。棉籽和棉籽饼(粕)含 15 种以上的棉酚类色素，其中主要是棉酚。棉酚以结合蛋白(结合棉酚)和游离形式(游离棉酚)存在，只有游离棉酚是有毒的。棉籽的棉酚含量从微量到大于 6%，受植物种类、品种以及气候、土壤类型、栽培环境、施肥、含油量、蛋白质含量和棉花纤维品质等影响。同时，棉籽的棉酚含量因棉籽在储存期和制油工艺过程等的变化而不同。因棉籽粉中的蛋白质含量为 50%～90%，棉籽和棉籽粉被广泛用作牛、羊饲料的蛋白质补充剂。当日粮中的游离棉酚超过 100 mg/kg 时，其会引起犊牛中毒；当日粮中的游离棉酚超过 800 mg/kg 时，其会引起成年牛中毒。

【发病机制】

成年牛、羊瘤胃中的可溶性蛋白质与棉酚形成稳定的复合物，阻止棉酚的吸收，从而解毒。毒性作用仅在长期接触棉酚后才会发生，通常为数周至数月。然而，犊牛瘤胃缺乏这种功能，对棉酚的毒性较为敏感。

大量游离棉酚进入消化道吸收入血后可与许多功能蛋白质和一些重要的酶结合，使它们失去活性，引起功能紊乱。游离棉酚与二价铁离子结合会干扰二价铁离子与血红蛋白的合成，降低血液携氧能力，引起缺铁性贫血；游离棉酚可以损害肝细胞、心肌和肺脏，导致相应器官的变性坏死，引起心力衰竭、肺水肿和全身缺氧，表现出呼吸困难。棉酚能广泛性损坏公牛的睾丸生精上皮，导致精子畸形、死亡，甚至无精子；也能造成母牛发情异常，黄体溶解中断和直接的胚胎毒性。

棉酚可以引起牛、羊中毒死亡。其致死形式有三种：急性致死的直接原因是血液循环衰竭；亚急性致死的原因是继发性肺水肿；慢性中毒死亡多因恶病质和营养不良。

【临床症状】

(一)幼龄动物的症状

哺乳犊牛最敏感，常因吸吮饲喂棉籽饼母牛的母乳而发生中毒；厌食，体重减轻，虚弱，应激易感性增加，易患心肌病或猝死。慢性经过出现精神沉郁、厌食和呼吸困难。

(二)成年动物的症状

厌食、贫血、沮丧、心力衰竭、胸水肿、呼吸困难、虚弱、胃肠炎、血红蛋白尿和繁殖障碍。

【诊断】

根据病史、临床症状和棉酚含量测定可以做出确诊。诊断依据：①具有相对长期采食棉籽粉或棉籽产品的病史；②数头牛、羊突然死亡或有慢性呼吸困难的临床症状；③剖检发现与由棉酚导致的心力衰竭、肝脏损伤一致的病灶，且体腔中的液体增多；④日粮中存在大量的游离棉酚。4 月龄犊牛的饲料中的游离棉酚含量＞100 mg/kg 可作为诊断依据。

剖检变化：实质器官广泛性充血、水肿，全身皮下组织呈浆液性浸润，尤其水肿部位；肺部气管有大量泡沫、水肿和充血，间质性肺水肿；小叶间间隔明显水肿；心脏肥大、苍白、心肌苍白、心室扩张及瓣膜水肿。骨骼肌苍白；肝脏黄染、肿大、充血和出血，称为肉豆蔻肝；肾脏、脾脏和其他内脏器官充血，膀胱内积聚血红蛋白尿。

【治疗】

(一)治疗原则

消除病因、对症治疗和加强管理。

(二)治疗方法

1. 消除病因

停止饲喂含毒棉籽饼粕，灌服盐类或油类泻药，加速毒物的排出；也可大量饲喂蛋白质、氢氧化钙或铁盐，以起保护作用。

2. 对症治疗

尚无特效疗法，应采取解毒、保肝、强心、消炎、止血、健胃等综合治疗措施。

3. 加强管理

加强管理，做好预防。选育无色素腺体棉花新品种，改进棉籽加工工艺与技术。如棉籽饼中的棉酚含量超过 0.1%，应进行去毒处理(化学去毒、加热处理和微生物去毒法)，以降低和消除棉酚，提高棉籽饼粕的安全性和利用率。

【预后】

该病常取慢性经过，一旦病情恶化，预后不良。从饲料中去除棉籽产品后，病情会持续数周，个别轻症的病例会逐渐恢复正常，但大多病重的病例被淘汰。

第四节　黄曲霉毒素中毒

黄曲霉毒素中毒(aflatoxicosis)是指由牛、羊采食的饲料被黄曲霉和寄生曲霉等所产生的黄曲霉毒素污染而引起的一种中毒性疾病。临床上以全身出血、消化机能紊乱、腹腔积液、神经症状等为特征；病理变化以肝细胞变性、坏死、出血以及胆管和肝细胞增生为特征。该病根据病程可分为急性、亚急性和慢性。犊牛和羔羊对该病较敏感，成年的牛、羊对黄曲霉毒素有一定的耐受性。

【病因】

黄曲霉毒素(aflatoxin，AFT)主要是指由黄曲霉和寄生曲霉等产生的有毒代谢产物。黄曲霉毒素是已发现的各种霉菌毒素中最稳定的一种，不易被加热破坏。在摄入后，AFT 会迅速吸附在胃肠道中，并很快在牛奶中出现。牛、羊对 AFT 毒性不敏感。牛奶中的 AFT 超过 0.5 mg/L 就会危害人的健康。当日粮中的毒素浓度达到 10～20 mg/kg 时，黄曲霉毒素代谢产物(黄曲霉毒素 M1 和黄曲霉毒素 M2)可从牛奶中排出。当日粮中的毒素浓度超过 20～100 mg/kg 时，奶牛和肉牛的健康就会受到影响。当日粮中的毒素浓度超过 10～100 mg/kg 时，其会导致犊牛和成年牛慢性中毒。

当环境温度较高，湿度较大时，储藏不当的饲料易被产黄曲霉毒素的真菌所污染，进而产生大量的黄曲霉毒素。不同类型的黄曲霉毒素在紫外线照射下可以产生不同颜色的荧光，发出蓝紫色荧光的 B 族毒素被称为黄曲霉毒素 B(AFTB)，发出黄绿色荧光的 G 族毒素被称为黄曲霉毒素 G(AFTG)。已知的黄曲霉毒素及其衍生物有 20 余种，天然产生的黄曲霉毒素主要有 AFTB1、AFTB2 和 AFTG1、AFTG2 等，其余均为它们的衍生物。二氢呋喃环和香豆素是黄曲霉毒素的基本组成结构，毒性强的黄曲霉毒素分子中的呋喃环末端带有双键。其中 AFTB1 的毒性和致癌作用最强，为氰化钾的10倍。因此，AFTB1是饲料和食品安全评价的主要监测成分。

【发病机制】

黄曲霉毒素经胃肠吸收后主要分布于肝脏，对肝实质细胞具有较强的毒性作用和致癌作用。黄曲霉毒素在肝脏代谢后形成环氧化物，与核酸和核蛋白等大分子物质结合，引起毒性作用。它因核DNA的烷基化作用可以导致突变、致癌、致畸、蛋白质合成减少以及免疫抑制，从而引起机体代谢酶生成减少，机体抵抗力下降和疫苗免疫失败。

牛、羊通常不会发生急性中毒。长期饲喂含有毒素的日粮会导致其发生慢性中毒。高剂量的黄曲霉毒素可引起严重的肝细胞坏死。当日粮中有高浓度（>1 000 mg/kg）的黄曲霉毒素时，瘤胃收缩力会减弱，肝脏受损，凝血因子合成减少，急性出血或慢性出血。长期低剂量的毒性刺激导致生长缓慢、肝脏肿大和胆管增生。当机体内蓄积大量AFTB1时，其代谢产物AFTM1会在12 h内出现在牛奶中，AFTM1和AFTB1有相似的毒性会引起哺乳犊牛或羔羊中毒。

【临床症状】

（一）急性症状

短暂性食欲不振后，患病动物很快死亡。可视黏膜黄染或出血，腹泻或血便等。

（二）亚急性症状

临床上较为多见。犊牛、羔羊多表现为发育不良。成年的牛、羊精神沉郁，食欲不振或厌食，前胃弛缓或瘤胃臌气，可视黏膜苍白或黄染，腹泻或便秘，粪便表面附有黏液或血液。严重病例喜卧，四肢无力，有的高度兴奋，间歇性抽搐，角弓反张。

（三）慢性症状

病程较长，食欲不振或废绝，反刍停止，磨牙，呻吟，里急后重，腹痛，腹泻，排混有血凝块的黏液样粪便，营养不良，后期因虚脱、昏迷而死；有的角膜浑浊、失明；发情异常，妊娠牛、妊娠羊易发生流产、早产、死胎或畸胎；易患呼吸系统疾病。

【诊断】

根据采食霉变饲料的病史、特征症状，结合血液学检查和病理学变化可以做出初步诊断。确诊必须对饲料样品进行霉菌的分离培养和鉴定，同时测定黄曲霉毒素的含量。黄曲霉毒素的检验方法有生物学方法、免疫学方法和化学方法。酶联荧光免疫测定和胶体金免疫层析技术常用于饲料和牛奶中黄曲霉毒素的快速检测。

（一）血液学检查

急性中毒病例血清中的碱性磷酸酶、谷草转氨酶、凝血酶原的活性增高，胆红素、胆汁酸的浓度升高。亚急性和慢性中毒病例多表现为低蛋白血症，红细胞数、白蛋白和球蛋白的浓度均显著下降，白细胞增多，凝血时间延长。

（二）病理变化

急性病例表现为广泛性的出血和黄疸；肝脏肿大，脂肪浸润、肝小叶中央坏死和出血。亚急性和慢性病例表现为肝脏呈棕褐色、黄色或橘色，出现不同程度的肿大、硬度增加，肝纤维化和胆囊水肿；肝门静脉周围炎性反应和胆小管增生及纤维化，肝细胞及其核肿大；胃肠道黏膜消化腺萎缩、炎症；肾脏肾小管变性和增生。

【治疗】

（一）治疗原则

消除病因、排出毒物、对症治疗和加强管理。

(二)治疗方法

1. 消除病因、排出毒物

中毒后,应立即用优质饲草替换霉变饲料,同时用盐类泻剂或油类泻药,促进毒物排出。

2. 对症治疗

尚无特效治疗措施。应采取解毒、保肝、缓泻、强心、消炎、止血和健胃等综合治疗措施;用40%乌洛托品、10%氯化钠溶液,混合静脉注射;然后,10%葡萄糖溶液、肌苷和维生素 C,混合静脉注射;酸中毒用 5%碳酸氢钠溶液,静脉注射。

3. 加强管理

以预防为主,做好饲料的防霉和去毒工作,加强饲料安全的监测。在日粮中加入水合铝硅酸钠钙、钠基膨润土、硅藻土、聚合葡甘露聚糖等吸附剂或增加日粮中的蛋白质和维生素 A、维生素 D、维生素 E 和维生素 K 的含量,以降低黄曲霉毒素的毒性作用。

【预后】

急性中毒,祛除病因,一般预后良好。慢性中毒,多预后不良。

第五节　玉米赤霉烯酮中毒

玉米赤霉烯酮中毒(zearalenone poisoning)是指由牛、羊采食含有玉米赤霉烯酮的发霉玉米而发生的一种中毒性疾病。临床上以阴门肿胀、流产、乳房肿大,过早发情等雌激素综合征为特征。牛、羊常发该病。

【病因】

在雨量充沛、相对湿度较高的季节,生产、收获、加工、运输和贮藏等环节极易导致农作物产生玉米赤霉烯酮(zearalenone,ZEA)。玉米赤霉烯酮一般产生于田间。收获后,玉米的贮存不当也会引起玉米霉变,从而产生大量的毒素。

玉米赤霉烯酮是一种二羟基苯甲酸内酯类植物雌激素化合物,在代谢过程中会产生还原性物质玉米赤霉烯醇(zearalenol, ZOL)。相对于猪而言,牛不敏感和不易发生 ZEA 中毒,但 ZEA 可导致母牛发生不育症、产奶量减少和雌激素过多。

【发病机制】

玉米赤霉烯酮主要发挥雌激素样作用。因结构与雌激素(17-β-雌二醇)相似,ZEA 能与雌激素竞争性结合胞浆雌激素受体,二聚化后共同移入胞核,与特定类固醇反应元件结合,开启靶基因转录以及蛋白质的合成。1～10 nmol/L 浓度的玉米赤霉烯酮能刺激雌激素受体 α 和雌激素受体 β 的转录活性,是雌激素受体 α 的完全激动剂,却是雌激素受体 β 的激动拮抗剂。

玉米赤霉烯酮及其代谢产物能够引起母牛、母羊的雌激素过多症和生殖障碍。值得注意的是,玉米赤霉烯酮不仅会引起采食污染饲料的动物中毒反应,还会造成其后代的中毒症状,表现出遗传毒性。

【临床症状】

患病的牛、羊主要表现为雌激素亢进症;食欲下降,体重减轻,产奶量减少;精神亢奋不安,对刺激敏感,频频排尿;慕雄狂,阴门肿大,子宫肥大;不孕、流产、死胎等繁殖障碍。

【诊断】

根据采食发霉饲料的病史,结合雌激素亢进症状和生殖道病变可做出初步诊断。确诊需要对可疑饲料中的玉米赤霉烯酮进行定量分析及对产毒霉菌进行分离培养和鉴定。

病理变化：生殖道病变；阴道及子宫颈黏膜充血、水肿、坏死；子宫肿大，子宫壁增厚，子宫角增大；卵巢发育不全、萎缩，无黄体；乳腺和乳头肿大，乳管上皮细胞分裂活跃。

【治疗】

(一)治疗原则

消除病因、对症治疗和加强管理。

(二)治疗方法

1. 消除病因

应立即停止饲喂霉变饲料，一般停喂 7～15 d 后，中毒症状可逐渐消失。

2. 对症治疗

无特效疗法。应采取解毒、保肝、缓泻、强心、消炎、止血、健胃等综合治疗措施。

3. 加强管理

防止饲料霉变是预防该病的最主要措施。在饲料生产和贮存过程中，应防止受潮、污染。由于玉米赤霉烯酮结构稳定，一般经加热、烘烤等处理后依旧有毒性，可采取水浸法去毒。因为毒素往往仅存在于谷物表层，所以可碾去谷物表皮，再加工后饲喂。

【预后】

多数病例在停喂或更换饲料后经及时治疗，预后良好。

第六节　丁烯酸内酯中毒

丁烯酸内酯中毒(butenolide poisoning)，又称“霉稻草中毒”(moldy straw poisoning)或“蹄腿肿烂病”“肿脚病”和“烂蹄病”等，是指由牛、羊采食发霉的稻草或苇状羊茅草(或酥油草)所致的一种中毒病。临床上以跛行、蹄腿肿胀或溃烂、蹄壳和蹄骨脱落、耳尖和尾梢干性坏死为特征。该病主要发生于舍饲耕牛，水牛尤为多发；绵羊和山羊偶发。该病发生有明显的季节性和地区性，以南方水稻主产区多发，一般在饲喂干稻草期间发生，10 月中旬开始发生，11—12 月达高峰，至翌年 3—4 月自行停止。发病率高达 85%以上，病死率在 25%左右。

【病因】

(一)致病因素

常由牛、羊采食大量霉变稻草所致。一般认为，牛、羊的烂蹄坏尾病实质上是由镰刀菌属多种真菌侵染稻草产生丁烯酸内酯或多种单端孢霉烯族化合物所致的。

引起霉稻草中毒的主要毒素是丁烯酸内酯。产毒真菌包括三线镰刀菌、拟枝孢镰刀菌、梨孢镰刀菌、弯角镰刀菌、半裸镰刀菌、禾谷镰刀菌、尖孢镰刀菌、雪腐镰刀菌、木贼镰刀菌、粉红镰刀菌和砖红镰刀菌等。犊牛投服 22～31 mg/kg 丁烯酸内酯可使尾巴发生红斑和水肿；投服 30～68 mg/kg 丁烯酸内酯，经 3～4 d 可引起死亡。

(二)诱发因素

镰刀菌属在气温较低(7～15 ℃)的环境中可产生大量的丁烯酸内酯，而在常温条件下的产毒量少。因此，动物冬季采食污染霉菌的稻草更容易发生中毒。

当相对湿度低于 30%时，镰刀菌几乎不繁殖；当相对湿度达 85%～90%，特别是在连阴雨天、日照不足时，镰刀菌的繁殖就会加速，稻草霉烂程度加重。重剧劳役、营养不良等可使动物机体对毒素的耐受性降低，发病率升高。

【发病机制】

该病的发生机制仍不十分清楚。吸收入血后的丁烯酸内酯的主要毒害作用是引起末梢血液循环障碍。毒素作用于外周血管，局部血管会发生痉挛性收缩，并损伤血管内皮细胞，致血管增厚，管腔狭窄，血流缓慢和血栓形成，进而导致血管炎。局部血液循环障碍会引起局部组织的淤血、水肿、出血和坏死。皮肤屏障机能被破坏易继发细菌感染，病情恶化，导致系关节以下皮肤发生腐败或脱落。

低温环境是霉稻草中毒发生的重要诱发因素。低温一方面有利于镰刀菌产生丁烯酸内酯，另一方面可使动物机体远端体表末梢血管收缩，血流缓慢，导致毒物的作用增加，促使疾病发生。

【临床症状】

自然发病病例在酥油草牧场放牧 5～15 d 或饲喂霉变稻草 15～20 d 后会发病。有的动物在数月后才发病。黄牛患病较轻，病程短，为 3～7 d，治愈率高。水牛患病较重，病变处明显，病程长，可达数月，卧地不起，常被淘汰。

(一)一般症状

食欲、反刍减退，瘤胃蠕动减弱，精神沉郁，对外周反应降低，被毛粗乱无光泽，四肢乏力，行走摇晃，体温、呼吸、脉搏无明显变化。妊娠母牛发生流产、死胎、胎衣不下及阴道外翻。

(二)示病症状

发病 1 周左右，步态僵硬，腕关节或跗关节肿胀，病部与健康部的皮肤呈明显的环形分界线；指(趾)间出现渗出、出血或腐烂，跛行；有的患病动物的耳尖、耳边缘、尾稍出现充血、淤血、肿胀、渗出，甚至龟裂、坏死等病变。

【诊断】

该病具有明显的季节性、地区性。根据采食霉变稻草或霉变苇状羊茅草的病史，结合耳尖、尾尖坏死，蹄、腿肿烂及蹄壳脱落等示病病状以及剖检变化可以做出初步诊断。确诊需要进行饲草真菌分离鉴定、丁烯酸内酯含量的测定及动物实验。

剖检变化：典型病变在四肢，患肢蹄系部可见充血、肿胀、出血，有淡黄色透明液体渗出，皮下组织水肿；蹄系部血管明显扩张、充血，甚至有血栓；肝脏肿胀、黄染，有散在出血点，心外膜有出血点；肺脏肿大，气管内有多量泡沫样液体；肾肿大、有点状出血；瘤胃黏膜表层坏死，皱胃黏膜增厚，有溃疡；小肠黏膜充血、出血，坏死。

【治疗】

(一)治疗原则

消除病因、对症治疗和加强管理。

(二)治疗方法

1. 消除病因、加强管理

停食霉烂稻草，给予优质饲草。防止稻草或苇状羊茅草发霉变质，禁止用发霉的稻草饲喂牛、羊。在冬季饲喂前应将饲草进行翻晒，以减少发霉或用石灰水浸泡漂洗后再饲喂，做好冬季圈舍的防寒、保暖工作。

2. 对症治疗

尚无特效疗法。

(1)局部用药　病初，为促进局部血液循环，热敷患肢。可选用生姜、樟树叶、大蒜、石菖蒲、艾叶、鱼腥草等芳香药物外敷或内服；也可用樟脑注射剂进行患部注射或外擦，每天 1～2 次，病期连用 2～3 d，严重的病例连用 4～5 d。

(2)抗菌消炎　当患部破溃继发细菌感染时，在外科处理后，用头孢噻呋或磺胺类药物进行治疗。为促进肉芽组织及上皮生长以及疮口愈合，红霉素软膏涂敷患处。

(3)全身治疗　在病程后期，如出现"烂蹄、坏耳、坏尾"症状，除局部处理，应给予10%葡萄糖溶液、生理盐水、四环素和维生素C，进行配合全身治疗。

【预后】

急性中毒病例在祛除病因后，一般预后良好。慢性中毒病例多预后不良。

第七节　栎树叶中毒

栎树叶中毒(oak leaf poisoning)，又称为青杠树叶中毒，是指由动物长期或大量采食栎树叶而发生的一种中毒性疾病。临床上以前胃弛缓、腹泻或便秘、皮下水肿、体腔积液以及血尿、蛋白尿、尿管型等肾病综合征为特征。该病有明显的地区性和季节性，初春和秋末多发，常见于林区放牧的牛、羊，其中犊牛、羔羊和妊娠母畜较敏感。

【病因】

栎树，又称橡树、青杠树和柞树。栎树叶中毒主要发生于栎树生长的山区和林带。放牧牛、羊在采食低矮栎树的幼嫩枝叶或栎树种子(橡子)后发病，或者因采食栎树叶垫草而中毒。据报道，牛采食的栎树叶量占日粮的50%以上即可引起中毒，超过日粮的75%则会中毒死亡。

【发病机制】

栎丹宁是栎树叶的主要有毒成分，可在胃肠内水解为多种酚类化合物。栎丹宁在进入消化道后会导致胃肠道黏膜变性、坏死和出血性炎症，并在胃肠道微生物或酶的作用下可水解为多种低分子酚类化合物。这些酚类物质通过胃肠道黏膜上皮进入血液，并随着血液循环分布于全身各个组织器官。多数低分子酚类化合物有较强的生物活性和刺激性，造成各个组织器官发生炎症和功能紊乱。低分子酚类化合物经肾脏排出会引起肾小管变性和凝固性坏死，出现蛋白尿、尿管型和细胞管型。因肾功能衰竭和水盐代谢紊乱，动物机体出现水肿和体腔积液。

【临床症状】

在连续采食栎树叶1周左右发病，中毒后的病程长短不一。

(一)一般症状

精神沉郁，食欲不振或厌食；瘤胃蠕动减弱，反刍、嗳气减少，里急后重，腹痛，便秘，粪便干硬、腥臭、表面附有黏液。随着病情发展，逐渐消瘦，被毛粗乱、无光泽，脱水明显，皮肤弹性下降，鼻镜干燥，眼球下陷。

(二)主要症状

眼睑、下颌、胸腹部、股内侧等部位浮肿，体腔积液；可视黏膜苍白或黄染，尿频，尿液浑浊，呼出气有氨味，患病动物会最终死于肾衰竭。

【诊断】

根据采食栎树叶或橡子的病史、发病特点以及特征性临床症状和病理变化可做出初步诊断。进一步确诊需要进行尿液和血清尿素氮、挥发性游离酚的实验室检查。尿中出现大量的肾上皮细胞、白细胞及各种管型，血中的尿素氮和肌酸酐水平较高可作为重要的诊断依据。

剖检变化：皮下水肿，胸腹腔积液、呈淡黄色胶冻状；皱胃、十二指肠、盲肠黏膜充血、水肿、出血，浆膜有出血点，瘤胃和食管黏膜出血、溃疡；肾脏肿大呈苍白色；心包积液，心内外膜出血，心肌颜色变淡；肝脏和胆囊肿大，胆汁黏稠呈红褐色。组织学变化以肾近曲小管的凝固性坏死为主要特征。

【治疗】

(一)治疗原则

加强管理、排出毒物和对症治疗。

(二)治疗方法

1. 加强管理

立即禁止牛、羊接触或采食栎树叶或橡子，给予充足优质饲草和清洁饮水。

2. 排出毒物

早期给予氢氧化钙、活性炭、促反刍药物和泻药，以加速肠道内容物的排出，调理胃肠道。

3. 对症治疗

病牛可静脉注射 5%～10%硫代硫酸钠溶液 150～200 mL，1 次/d，连用 2～3 d，进行解毒；若有瓣胃阻塞，瓣胃注射 3%氯化钠溶液 1 000～1 500 mL；纠正脱水和酸中毒，5%葡萄糖溶液 500～1 000 mL、生理盐水 500～1 000 mL、5%碳酸氢钠溶液 300～500 mL，静脉注射，1 次/d，连用 2～3 d。出现浮肿和腹腔积液的病例应使用利尿剂消除水肿，给予磺胺类药物或抗生素治疗胃肠道炎症。

初春和秋末不应在栎树林放牧或用栎树叶饲喂动物，也不采用栎树叶垫圈。若需放牧，应缩短放牧时间。牛、羊采食栎树叶量在日粮中的比例应控制为 40%以下。放牧前，应适当补饲；放牧后，可灌服一次 0.05%高锰酸钾溶液或放入水槽供牛、羊饮用。

【预后】

急性中毒病例在祛除病因后，一般预后良好。慢性中毒病例易发肾病和心力衰竭，多预后不良。

第八节　蕨　中　毒

蕨中毒(bracken fern poisoning)是指由放牧动物采食过量蕨类植物所引起的一种中毒性疾病。牛的急性蕨中毒在临床上以高热、贫血、血凝不良和全身广泛性出血为特征；牛的慢性蕨中毒在临床上以地方性血尿为特征。羊的蕨中毒主要以血尿、血便、视网膜变性和萎缩、血管狭窄退化和失明及脑灰质软化为特征。牛、羊均可发生。

【病因】

蕨类植物在我国分布广泛，主要生长于山区的山地、荒坡、沟、塘、河边等阴湿地带。蕨是凤尾蕨科蕨属多年生植物，引起中毒的蕨属植物主要有欧洲蕨的斜羽变种和毛叶蕨。在早春季节，蕨属植物返青比其他牧草早，易在放牧草场上茂盛生长，成为优势物种。在该类草场放牧的牛、羊因喜欢采食蕨属植物的嫩叶而易发生中毒。

【发病机制】

牛、羊的蕨中毒发病机制与蕨属植物毒性成分及其性质有关。蕨类植物的有毒成分包括原蕨苷、硫胺素酶、血尿因子和槲皮黄素等。当牛、羊长期摄入蕨类植物时，原蕨苷可造成骨髓造血干细胞的类放射性损伤，导致骨髓巨核细胞减少，引起血小板发育不全，还会诱发严重的淋巴细胞减少症。原蕨苷可导致肠道、膀胱和乳腺发生肿瘤，具有一定的致癌性。

蕨中的硫胺素酶可使动物体内的硫胺素大量分解，出现硫胺素缺乏。当硫胺素缺乏时，硫胺素是 α-酮酸氧化脱羧酶的辅酶，使丙酮酸不能通过三羧酸循环充分氧化，并在各组织大量堆积，引起能量代谢障碍，损害神经系统和心血管系统，出现多发性神经炎、脑灰质软化(如绵羊)及其他相关病变。血尿因子和槲皮黄素发病机制目前仍不明确。

【临床症状】

(一)一般症状

病牛精神沉郁,食欲下降,粪便稀软,消瘦,步态蹒跚,喜卧或离群站立。病情急剧恶化的病例体温突然升高,瘤胃蠕动消失,腹痛,后肢踢腹。

(二)特征症状

贫血和出血。患病动物可视黏膜苍白或黄染,粪干,呈暗褐色或黑色。慢性病例出现血尿。病羊最先出现血尿和血便。最典型的行为是一群羊总是跟随在某只羊身后。

(三)神经症状

神经症状主要是脑灰质软化。患病动物无目的行走,转圈运动或站立不动,卧地不起,角弓反张,四肢伸直,眼球震颤,周期性强直性惊厥。

(四)其他症状

呼吸频率和心率加快。患病动物渐进性双眼失明,离群羊抬步过高、头颈高举且保持机警。在昏暗的地方,病羊的眼睛异常明亮,瞳孔散大且对光刺激不敏感。患病动物还可能发生骨髓抑制、出血、免疫抑制以及尿道肿瘤。

【诊断】

根据发病情况和采食蕨类植物的病史,结合典型的临床症状及病理变化可做出诊断。确诊需要做饲料或胃肠内容物中的原蕨苷、硫胺素酶、血尿因子和槲皮黄素等成分分析以及血和组织中硫胺素、丙酮酸等含量检测。

(一)尸体剖检

严重贫血,黏膜苍白,血液稀薄,心室中血凝块稀少,膀胱和肠腔内有凝血块,黏膜出血,肝、肾、肺和瘤胃壁可见梗死灶。

(二)眼底检查

严重病例的动脉和静脉血管狭窄,视网膜色素层苍白并有微细的裂纹和灰点。

(三)组织学检查

视网膜视杆、视锥以及外膜层,尤其是视网膜后毯状部的部分严重萎缩。

【治疗】

(一)治疗原则

排出毒物、加强护理和对症治疗。

(二)治疗方法

尚无特效解毒药。急性中毒病例应立即停止采食,并洗胃或缓泻。早期病例可用 1 g 鲨肝醇溶于 10 mL 橄榄油中,皮下注射,1 次/d,连用 5 d,刺激骨髓造血机能。当白细胞减少时,应用抗生素预防继发感染和肠道溃疡。出现硫胺素缺乏症的病例应注射复方维生素 B。

【预后】

急性中毒病例在祛除病因后,一般预后良好。慢性中毒病例,特别是发生失明和尿道肿瘤的病例多预后不良。

第九节　萱草根中毒

萱草根中毒(hemerocallis root poisoning),又称黄花菜中毒或羊瞎眼病,是指由牛、羊采食了有毒萱草(俗称黄花菜)的根引起的一种中毒性疾病。临床上以瞳孔散大、双眼失明、四肢麻痹或全身瘫痪、膀胱麻痹积尿等为特征。病理特征为脑、脊髓白质和视神经软化、空泡变性。该病常见于放牧的绵羊和山羊，牛偶有发生。冬末初春，在萱草返青时，动物易发病。自然发病病例常见于在人工种植黄花菜的农田及分布有毒萱草的草地放牧的绵羊和山羊。

【病因】

萱草根素是萱草根的主要毒性成分。北萱草、北黄花菜、小黄花菜、野黄花菜和童氏萱草等萱草属植物是引起动物中毒的主要品种。人工栽培或野生萱草属植物密集的地区常发生萱草根中毒。在人工种植黄花菜收获花蕾后的菜地里放牧时，羊群采食大量的萱草根(图 7-1)可引起中毒而发生大批死亡(图 7-2)。

图 7-1　黄花菜地的萱草根

(何生虎供图)

图 7-2　大批羊因中毒而死亡

(何生虎供图)

【发病机制】

萱草根素会侵害全身各个器官，其中对神经系统、消化系统和泌尿系统的损害尤为显著。视神经和视网膜对萱草根素的毒性作用较为敏感。在萱草根毒素的作用下，视神经的组织结构被破坏，出现双侧性全神经性神经纤维断裂、脱髓鞘、崩解和坏死，视觉传导障碍或中断。萱草根素可直接作用于血管壁，导致血管壁紧张度下降、视网膜血液循环障碍、细胞坏死，从而丧失视觉功能。萱草根素也可引起脑水肿、脑脊髓液增多，使颅内压升高，造成神经蛛网膜下腔扩张和中央静脉压升高，视网膜血管充血、淤血及视盘水肿，导致失明。当脑脊髓运动神经和植物性神经受到严重损害时，患病动物还会出现四肢麻痹、全身瘫痪和膀胱麻痹。

【临床症状】

轻症病例采食少量的萱草根，一般 2～4 d 发病。其临床表现为厌食，反刍减少或停止，精神沉郁，目光呆滞，反应迟钝，离群索居，空嚼磨牙，四肢不灵活，步态不稳。停止摄入萱草根，轻症病例多能恢复正常。

重症病例采食很多萱草根，发病较快。其临床表现为呻吟，全身颤抖，以头抵墙或低头呆立(图 7-3)，对外界刺激反应下降。有的重症病例排尿频数，胃肠蠕动音增强，出现腹泻。多数重症病例在 1～2 d 内出现眼球震颤，双目失明，瞳孔散大，紧张和惊恐不安，盲目行走或冲撞，四肢高举，运步拘谨等。有的重症病例做转圈运动，呈犬坐姿势或卧地不起，四肢麻痹，头颈伸展，四肢划动，严重的昏迷瘫痪或死亡。

【诊断】

根据采食有毒萱草根的病史，结合双目失明、瞳孔散大、四肢麻痹或瘫痪等临床症状可做出初步诊断。确诊需进行剖检且可见眼底变化和进行萱草根素的毒物分析。

剖检变化：胸腔、心包和腹腔有渗出液；心脏质软，扩张，心内膜、心肌层有出血；肝脏淤血或充血、肿胀，呈紫红色（图 7-4），表面有出血点和黄褐色斑块，切面浑浊不清；胆囊肿大充盈胆汁。脾脏充血、淤血、肿大，呈黑紫色（图 7-5）；肾脏肿大、质软，被膜紧张（图 7-6），苍白或呈黄褐色；肺脏充血、肿大，有出血点或斑（图 7-7）；膀胱壁充血或出血；皱胃和小肠黏膜充血；软脑膜充血或出血，脑室积液；视盘及其静脉血管周围水肿、充血或变性坏死，部分视网膜脱落；视神经盘肿胀，呈灰红色，稍变细或完全萎缩，呈断裂状。

图 7-3　中毒羊无法站立，以头抵墙
（何生虎供图）

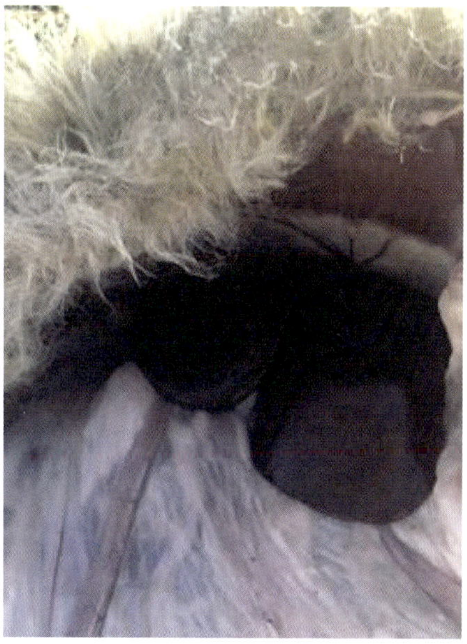

图 7-4　肝脏充血、肿胀，呈紫红色
（何生虎供图）

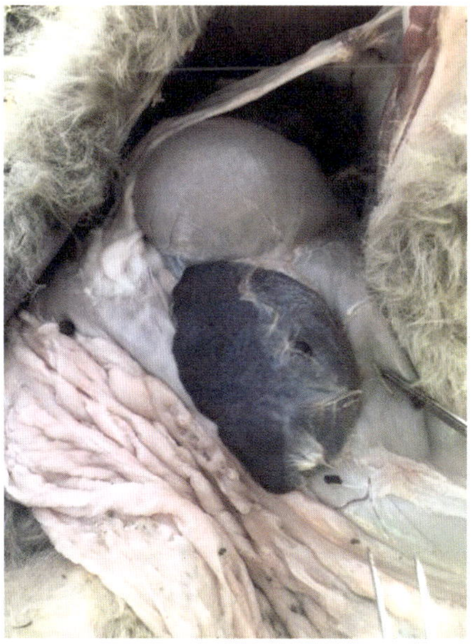

图 7-5　脾脏充血、淤血，呈黑紫色
（何生虎供图）

图 7-6　肾脏肿大，被膜紧张
（何生虎供图）

【治疗】

目前无特效解毒疗法。一旦发现萱草根中毒，牛、羊应避免再接触或摄入萱草根。萱草根中毒病例应洗胃或导泻，及时清理胃肠，对症治疗。轻症病例可以治愈。

【预后】

急性萱草根中毒病例在祛除病因后经及时救治，一般预后良好。多数慢性萱草根中毒病例预后不良。多数因萱草根中毒失明的病羊被淘汰。

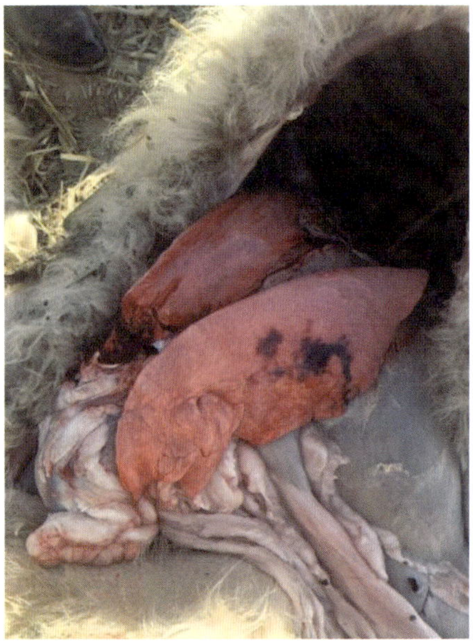

图 7-7　肺肿大、充血和出血

（何生虎供图）

第十节　铜　中　毒

铜中毒(copper poisoning)是指由牛、羊摄入过量的铜而发生的一种中毒性疾病。临床上以腹痛、腹泻、肝功能异常和贫血等为特征。该病按照病程可分为急性、慢性。牛、羊都易发生该病，羊对铜的毒性作用尤其敏感。

【病因】

(一)急性铜中毒病因

急性铜中毒偶见于大量误食或注射大剂量可溶性铜盐。饮用含铜量高的河水、缺铜地区给饲料中添加过量的铜制剂或搅拌不匀等均会引起中毒。

(二)慢性铜中毒病因

慢性铜中毒常见于环境污染或土壤中铜含量高的地区，如铜矿、冶炼厂、电镀厂等周围。由于频繁使用含铜较高的猪粪、鸡粪给牧草施肥导致牧草中的铜含量较高，牛、羊长期采食这些牧草而中毒。由于三叶草、天芥菜等植物可使铜在肝内蓄积，牛、羊长期采食这些植物可发生中毒。饲料中的钼和硫可抑制动物机体对铜吸收。若日粮中的钼、硫添加不足，铜足量或添加过多，也可能发生铜中毒。

【发病机制】

过量或高浓度的铜盐对胃肠黏膜有较强的刺激作用，可引起急性胃肠炎等消化系统疾病。肝脏、肾脏是体内铜贮存的主要器官。如果动物长期摄入过量的铜，过量的铜就会在肝脏和肾脏蓄积而发生慢性铜中毒，并损伤肝、肾细胞的细胞核、线粒体等亚细胞结构，导致肝细胞变性坏死、肾小管坏死和肾功能衰竭。铜中毒时，蓄积在肝脏内的铜释放入血，导致血浆中的铜浓度大幅度升高，红细胞变性和亨氏小体生成，出现溶血性贫血危象。

【临床症状】

(一)急性铜中毒症状

呼吸增快，脉搏频数，剧烈腹痛，腹泻，排水样稀粪，粪中有蓝绿色黏液，有的排红褐色尿液。

在病程后期，体温下降，休克，死亡。

(二)慢性铜中毒症状

在病程初期，体重减轻，一般无其他明显症状。在病程中期，精神，食欲变化轻微。在病程后期，溶血危象，兴奋不安，呼吸困难，可视黏膜黄染，喜卧。

【诊断】

急性铜中毒根据一次大量摄入铜盐的病史，结合腹痛、腹泻等临床症状可做出初步诊断。慢性铜中毒根据病史、典型临床症状、病理变化进行诊断，确诊需对肝、肾、血浆、饲料中的铜浓度及相关酶的活性进行实验室检查。

(一)实验室检查

血液呈红褐色，血红蛋白浓度降低，血细胞比容极度下降，红细胞形态异常，出现亨氏小体，且精氨酸酶、谷草转氨酶和山梨醇脱氨酶等酶活性升高，血浆铜浓度升高。

(二)病理学变化

急性铜中毒表现为明显的胃肠炎症状，皱胃、十二指肠充血、出血，甚至溃疡、穿孔。慢性铜中毒表现为肝脏肿大、脂肪变性、表面有坏死灶，肝小叶中央坏死，肝窦隙扩张；大量含铁的血黄素沉着于肝脾细胞内，胞浆严重空泡化，细胞核溶解；肾脏肿大呈黑色，切面有金属光泽，肾小球变性萎缩，肾小管上皮细胞变性，肿胀；脾肿大，弥漫性淤血和出血。

【治疗】

(一)治疗原则

促进毒物排出、加强护理和对症治疗。

(二)治疗方法

1. 急性铜中毒的治疗方法

体况较好的患畜可用 0.1% 亚铁氰化钾或硫代硫酸钠洗胃，也可灌服油类泻剂，以减少铜的吸收。

2. 慢性铜中毒的治疗方法

立即停喂铜含量异常的饲料，供给适口性好易消化的优质牧草和蛋白质饲料。在饲料中添加钼酸铵、硫代硫酸钠等，连续使用数周，直至粪便和血浆中的铜接近正常水平。牛按每千克体重以 250 mg 的质量浓度在日粮中添加乙酸锌或口服钼酸铵和硫代硫酸钠或静脉注射四硫钼酸铵(按每千克 1.70 mg)，以减少动物机体对铜的吸收或减轻铜中毒症状和治疗铜中毒。绵羊可用 50～500 mg 钼酸铵和 0.1～1 g 硫酸钠，每天口服，连用 3～6 周，可促进铜的排泄。

【预后】

急性中毒经及时救治，一般预后良好。多数慢性中毒预后不良或 1～3 d 内死亡。

第十一节 铅 中 毒

铅中毒(lead poisoning)是指由牛、羊摄入过量的铅化合物或金属铅所致的一种中毒病。临床上以神经机能紊乱、胃肠炎症状为特征。该病按照病程可分为急性、亚急性和慢性。牛、羊对该病较敏感，尤其犊牛、羔羊和妊娠母畜更易发生该病。

【病因】

通常引起铅中毒的是铅的氧化物、硫酸盐、硫化物、碳酸盐或醋酸盐。由铅矿、冶炼铅的工厂排放的废水、烟尘或被汽车尾气等污染的牧场、草地、水源也含有大量的铅。牛、羊大量采食含铅的饲料可以引起铅中毒。使用某些含铅药物为绵羊驱虫，如砷酸铅或在使用不当时也会发生铅中毒。

【发病机制】

铅在消化道内易形成不溶的铅螯合物，绝大部分铅会随粪便排出，1%～2%铅被胃肠吸收。吸收的铅主要沉积和蓄积在肝、肾、骨骼等组织器官中，造成相应的损伤。铅可以损害造血功能，通过抑制 δ-氨基乙酰丙酸脱水酶和铁螯合酶等阻碍血红蛋白的合成，引起卟胆原生成和卟啉代谢障碍，间接导致缺铁性贫血。铅可导致小动脉平滑肌痉挛，进入肝、肾等器官的血流量减少，发生缺血、缺氧，引起组织细胞变性、坏死。另外，铅可引起脑血管扩张，脑脊压升高，神经节变性和坏死，中枢神经系统机能和神经传导出现障碍。铅还可引起胃肠平滑肌痉挛性收缩，发生腹痛。铅可抑制动物机体的体液免疫、细胞免疫和吞噬细胞的功能，导致动物机体抵抗力下降；还可通过胎盘屏障导致流产和胎儿畸形。

【临床症状】

(一)急性铅中毒症状

急性铅中毒主要发生于犊牛，表现为兴奋、狂躁不安或惊恐、吼叫，反应迟钝；视力下降或失明，不躲避障碍物；肌肉震颤或痉挛，磨牙，流涎，口吐白沫，角弓反张等。羔羊的表现与犊牛相似。

(二)亚急性和慢性铅中毒症状

亚急性和慢性铅中毒主要发生于成年的牛、羊，表现为精神沉郁，共济失调，食欲不振，前胃弛缓，渐进性消瘦，贫血，腹泻或便秘，病后 3～5 d 可发生死亡。羊的亚急性铅中毒与牛相似，神经症状较轻；慢性铅中毒的羊主要表现为精神沉郁，逐渐消瘦，视力下降，贫血，运动障碍，后肢轻瘫或麻痹。

【诊断】

该病根据动物摄入铅的病史，结合神经机能、消化障碍和贫血等临床特征可以做出初步诊断。确诊须依据血、肝、肾中铅含量的测定。

病理变化：主要在神经系统、肝脏、肾脏、胃肠等；脑脊液增多，软脑膜充血水肿，有出血点；脑实质毛细血管网充血，血管内皮细胞肿胀，皮质层状坏死、白质水肿，皮质脑回变平；肝脏脂肪变性，偶有核内包涵体；肾肿大，呈黄褐色，易破裂；肾小管上皮细胞颗粒变性和坏死，有核内抗酸包涵体；胃肠黏膜充血、肿胀，出血和坏死；羔羊还可见骨质疏松。

【治疗】

(一)治疗原则

立即断绝毒源、清除胃肠毒物和解毒及对症治疗。

(二)治疗方法

1. 急性铅中毒的治疗方法

采取洗胃、导泻等措施救治：洗胃可用 1%的硫酸镁或硫酸钠，以促进胃内容物的排出；也可实施瘤胃切开术，去除胃肠道内容物。当患病动物精神高度兴奋和痉挛抽搐时，其可用巴比妥类药物镇静。

2. 慢性铅中毒的治疗方法

常用特效解毒药：乙二胺四乙酸钠钙，配成 12.5%溶液，牛 100～500 mL、羊 10～20 mL，静脉注射，2 次/d，连用 4 d。

【预后】

急性铅中毒在祛除病因后经及时救治，一般预后良好。多数慢性铅中毒，预后不良。

第十二节 砷中毒

砷中毒(arsenic poisoning)是指由牛、羊过量摄入有机或无机砷化物引起的以消化功能紊乱、实质脏器和神经系统损害为特征的中毒性疾病。临床上以口腔有蒜臭味、腹痛、腹泻及神经症状为主要特征。该病根据病程可分为最急性、急性、亚急性和慢性。牛、羊因误食含有砷的农药或杀虫剂或在含矿区放牧采食被砷化物污染的牧草而发生急性或慢性中毒。

【病因】

误食被无机砷农药或有机砷农药处理过的种子、喷洒过砷化物的农作物;饮用被砷化物污染的饮水;误食含砷的灭鼠毒饵;使用浓度过高的含砷杀螨消毒药和腐蹄病药剂因皮肤破损或被牛、羊吞饮和舔食,常可引起最急性、急性和亚急性的砷中毒。

由铁矿、铜矿和冶炼厂等排放的废水和烟尘中含有大量砷化物,在污染的牧场或水源放牧,牛、羊易出现慢性砷中毒。

【发病机制】

砷化物对牛、羊的消化道有腐蚀作用,吸收后会造成毛细血管通透性增加,血浆及血液成分外渗,引起胃肠壁充血、水肿和出血。皮肤接触高浓度砷化物后,上皮组织会发生腐蚀性坏死。低浓度砷化物易被接触的皮肤吸收,引起全身中毒。另外,砷化物干扰动物机体内的酮酸氢化酶等一些重要酶的功能发生代谢紊乱。砷化物结合某些蛋白酶的巯基可以抑制该酶的活性,导致细胞内氧化还原反应和呼吸链中断。砷化物可以损害神经细胞,引起神经系统机能障碍;还可以直接作用于心血管系统,引起血管扩张、血压骤降和心力衰竭。

【临床症状】

(一)最急性砷中毒症状

最急性砷中毒常无症状而突发死亡。有的患病动物站立不稳、腹痛、虚弱、瘫痪,而后死亡。

(二)急性砷中毒症状

急性砷中毒多在采食后数小时发病,重剧的急性胃肠炎和腹膜炎特征。腹痛不安,大量水样腹泻,粪便恶臭带血,脱水,虚弱。随着病程发展,患病动物狂躁不安,精神沉郁,共济失调,肌肉震颤,呼吸和脉搏加快,体温下降,瞳孔散大,最后因呼吸或循环衰竭而死。

(三)亚急性砷中毒症状

亚急性砷中毒主要表现为胃肠炎症状。口渴,食欲、反刍减少或停止,腹痛、腹泻,粪便带血或附有黏液;尿频或无尿,血尿或血红蛋白尿;眼窝下陷,鼻镜干燥,脱水,心率加快,体温下降,后肢末梢冰凉,抽搐,最后因昏迷而死。

(四)慢性砷中毒症状

慢性砷中毒主要表现为消化道和神经系统的机能障碍。食欲、反刍减退或废绝,瘤胃蠕动缓慢,流涎;腹痛,便秘与腹泻交替,四肢无力或麻痹。羔羊生长发育停滞,消瘦,被毛粗乱,脱毛;母羊繁殖障碍和泌乳量减少。

【诊断】

根据砷接触史,结合以消化机能紊乱为主、神经机能障碍为辅的综合征可以做出初步诊断。确诊需采集饲料、肝、肾、胃肠及其内容物等测定砷的含量。

剖检变化:急性中毒可见胃肠黏膜充血、水肿、出血和溃疡,胃内容物有大蒜味;皱胃溃疡,甚至穿孔;肝、肾、心脏等器官脂肪变性,脾肿大、充血;喉及支气管黏膜充血、出血。

【治疗】

(一)治疗原则

促进毒物排出、防止毒物吸收、解毒和对症治疗。

(二)治疗方法

尚无特效疗法。多数急性砷中毒的病例被淘汰。轻度砷中毒的病例可灌服生理盐水进行洗胃,并用盐类或油类泻剂排出毒物或用活性炭吸附胃内毒物。静脉注射10%硫代硫酸钠,牛 50～100 mL、羊 10～30 mL,1 次/d,连用 3～4 d 或口服硫代硫酸钠,牛 20～30 g、羊 5～10 g 或静脉注射二巯基丙磺酸钠 5 mg/kg,1 次/4 h,解毒或静脉注射葡萄糖生理盐水,牛 500～1 000 mL、羊 250～500 mL,配合肾上腺素,改善血液循环。

【预后】

急性砷中毒的病例在祛除病因,经及时救治,一般预后良好。多数慢性砷中毒的病例,预后不良。

第十三节　有机磷杀虫剂中毒

有机磷杀虫剂中毒(organphosphate insecticides poisoning)是指一种由牛、羊接触、吸入或误食了某种有机磷杀虫剂后发生的中毒性疾病。临床上以副交感神经兴奋症状,如腹泻、流涎、肌肉震颤等为特征。

有机磷杀虫剂是一类高效、广谱、分解快、残效期短的化学杀虫剂,具有触杀、胃毒、熏杀等内吸作用,也是农业上应用最多的一类高效杀虫剂,如乐果、杀螟松、敌百虫等。敌百虫、蝇毒磷、哈罗松(哈洛克酮)、萘肽磷、育畜磷(克芦磷脂)和倍硫磷可作为驱虫药,使用过量可引起急性有机磷杀虫剂中毒。有些有机磷农药的毒性较小,如二嗪磷、杀螟硫磷、毒死蜱、马拉硫磷和对硫磷,中毒发生较慢,会造成慢性有机磷杀虫剂中毒。

【病因】

有机磷杀虫剂是一类毒性较强的接触性或内吸性农药,具有高度的脂溶性,可经消化道、呼吸道和皮肤进入机体,临床上以消化道吸收而中毒为多见。

牛、羊采食、误食或偷食过量喷洒过有机磷杀虫剂的农作物、牧草或种子等均可引起有机磷杀虫剂中毒。兽医临床上常使用敌百虫等有机磷杀虫剂来驱除体表寄生虫。牛、羊使用过量或舔舐体表的农药可发生有机磷杀虫剂中毒。牛、羊饮用了被有机磷农药污染的池塘、水槽的水也可发生有机磷杀虫剂中毒。

【发病机制】

有机磷杀虫剂对动物的毒性机制主要是抑制胆碱酯酶的活性。有机磷杀虫剂进入机体后,由于化学结构与乙酰胆碱相似,其能与胆碱酯酶结合生成性质较为稳定的磷酰化胆碱酯酶,使其失去分解乙酰胆碱的能力,导致乙酰胆碱在胆碱能神经末梢和突触部位大量积聚。副交感神经的节前纤维、节后纤维以及分布于汗腺的交感神经的节后纤维等胆碱能神经兴奋可以导致胃肠运动过度、腺体分泌过多,表现出毒蕈碱样症状(又称 M 受体兴奋症状)。因运动神经末梢和交感神经节前纤维,包括支配肾上腺髓质的交感神经受到刺激而出现烟碱样症状(又称 N 受体兴奋症状)。乙酰胆碱在脑组织中蓄积影响了中枢神经信号的传导而引发过度兴奋或高度抑制的中枢神经系统疾病。当酶活性降低到 50%左右时,有机磷杀虫剂中毒会出现明显的临床症状;当酶活性降低到 30%以下时,则有机磷杀虫剂中毒重剧。

【临床症状】

有机磷杀虫剂中毒后会造成乙酰胆碱大量蓄积。其主要表现为胆碱能神经兴奋,出现毒蕈碱样症状、烟碱样症状及中枢神经系统症状。

(一)毒蕈碱样症状

毒蕈碱样症状，又称 M 受体兴奋症状，腹痛，如回顾腹部、肠音亢进、腹泻、粪尿失禁；大量流涎，流泪，鼻孔和口角有白色泡沫；瞳孔缩小呈线状，食欲废绝，可视黏膜苍白。

(二)烟碱样症状

烟碱样症状，又称 N 受体兴奋症状，肌肉痉挛，如上下眼睑、颈、肩胛、四肢肌肉发生震颤，常以三角肌、斜方肌和股二头肌最明显；严重者波及全身肌肉，出现肌群震颤。因乙酰胆碱在神经肌肉结合处蓄积，常继发骨骼肌无力和麻痹，心跳加快。

(三)中枢神经系统症状

轻度、中度、重度的中毒临床指征各异。

(1)轻度中毒　食欲减退或废绝，流涎，腹泻，反刍停止。

(2)中度中毒　轻度症状加重，精神沉郁(图 7-8)，摇头，出汗，肌肉震颤(图 7-9)。严重者全身抽搐，继而麻痹，窒息而死。

(3)重度中毒　常见体温升高，心跳加快，瞳孔缩小，大小便失禁，全身震颤，突然倒地，昏迷，头附于前肢(图 7-10)，卧地不起而死(图 7-11)。

图 7-8　病牛精神沉郁
(夏成供图)

图 7-9　病牛出汗，肌肉震颤
(夏成供图)

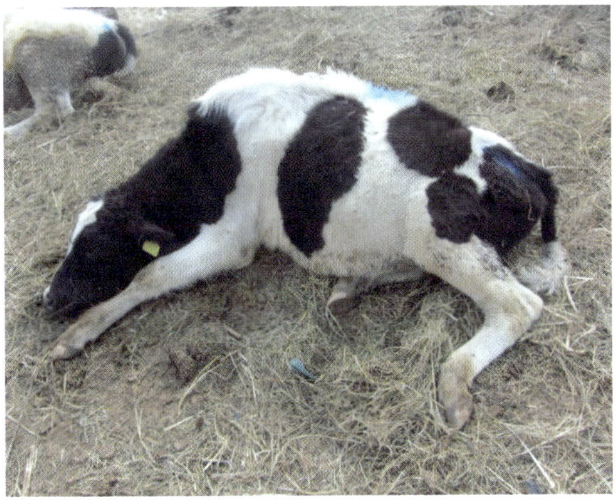

图 7-10　病牛昏迷，头附于前肢
(夏成供图)

图 7-11　大批病牛卧地不起，死亡
(夏成供图)

【诊断】

根据病史和临床症状，结合胆碱酯酶活性和呕吐物、胃内容物的有机磷杀虫剂定性检测可以做出诊断。该病应与有流涎、呕吐、腹痛、腹泻以及神经症状的疾病进行鉴别诊断。

剖检变化：胃肠黏膜充血、肿胀，呈暗红色，黏膜层易脱落，胃内容物呈特殊苦杏仁气味或酸臭味；肾脏浑浊、肿胀、被膜易剥离，切面呈淡红褐色；肺水肿、充血，支气管内含有白色泡沫；心内膜上有不整形的白斑。

【治疗】

(一)治疗原则

促进毒物排出、减少毒物吸收、解毒和对症治疗。

(二)治疗方法

1. 排出毒物

停喂可疑的饲料和饮水，并立即用肥皂水(忌用热水)和2%的碳酸氢钠彻底洗胃(敌百虫除外，因为可变成毒性更大的敌敌畏)或口服盐类泻剂。

2. 特效解毒

常用解毒药有两种：一种是抗M受体拮抗剂；另一种是胆碱酯酶复活剂。

(1)阿托品　在病程早期、适量、反复给药，快速达到“阿托品化”，如瞳孔散大、鼻镜无汗、口干、心率加快等，按每千克体重，牛10～50 mg、羊5～10 mg，皮下注射和肌内注射，每隔1～2 h，1次。山莨菪碱(654-2)和樟柳碱(703)的药理作用与阿托品相似，对有机磷杀虫剂中毒有一定疗效。

(2)胆碱酯酶复活剂　常用解磷定、氯解磷定和双复磷，迅速减轻烟碱样症状(如肌群颤动)，并能加速疾病的康复。

3. 清洗和催吐

经皮肤接触的病例应用洗涤剂和温水冲洗，但不要擦洗和刺激皮肤。口服矿物油可减少胃肠道对农药的吸收，也可服用活性炭(按每千克体重1～2 g)吸附。

4. 加强管理

建立和健全有机磷杀虫剂的购销、运输、保管和使用制度。在喷洒过农药的田地或草场，严禁牛、羊在7～30 d进入放牧；也严禁在场内刈割青草用于饲喂牛、羊。在使用敌百虫药驱寄生虫时，应严格控制剂量。

第十四节　氟　中　毒

氟多以化合物的形式存在，氟中毒分无机氟中毒和有机氟中毒两类。通常所称的氟中毒一般指无机氟中毒(inorganic fluoride poisoning)。该病按照病程可分为急性、慢性。牛、羊都会发生该病，有时呈地方性群发。

【病因】

(一)急性氟中毒病因

急性氟中毒是指由牛、羊一次食入大量氟化物或氟硅酸钠而引起的中毒，如杀螨剂(氟化钠)、灭鼠剂(氟硅酸钠)用量过大。急性氟中毒较少见。

(二)慢性氟中毒病因

慢性氟中毒是指由牛、羊长期连续摄入少量氟而在体内蓄积所引起的全身器官和组织的毒性损害。其常见原因有地方性高氟和工业氟污染两种。

1. 地方性高氟

如火山喷发地区,冰晶石矿、磷矿地区,土壤中含氟量高。

2. 工业氟污染

利用含氟矿石作为原料或催化剂的工厂(磷肥厂、陶瓷厂、氟化物厂等)未采取除氟措施,随“三废”排出的氟化物污染周围空气、土壤、牧草及地表水,其中含氟废气与粉尘污染较广,危害最大。深井饮用水和自流井是我国氟中毒的主要因素。

氟的毒性取决于摄入量、溶解度和生物利用度。当氟浓度超过 100 mg/kg 时,食用含氟的磷酸盐的饲料会导致牛、羊患病,因此饲料级磷酸盐中的氟化物含量<1%。当氟浓度达到 27 mg/kg 时,牛、羊易出现斑点齿和骨质损害;当氟浓度达到 49 mg/kg 时,牛、羊会出现中等程度的斑点齿和骨质损害;当氟浓度 93 mg/kg 时,牛、羊会出现明显的骨质损害。反刍动物最大安全摄入量按每千克体重为 1 mg,大量摄入氟化物(>1 mg/kg)后,2 h 内出现临床症状。氟化钠的致死剂量按每千克体重为 5~10 mg。

【发病机制】

氟是一种对细胞有毒害作用的原先质毒物。过量的氟进入动物体内会产生明显的毒害作用,干扰镁、锰、铁、铜和锌等必需金属的代谢。其主要损害骨骼和牙齿,呈现低血钙、氟斑牙和氟骨症等一系列病症,还会导致各个组织器官结构和功能的改变。可溶性氟化物被迅速吸收,约 50%的可溶性氟化物通过肾小球滤过排泄,超过 95%的残留氟化物沉积在骨骼和牙齿中,在干扰钙代谢和替代氢氧根离子后形成氟磷灰石。在低水平的氟化物暴露下,瓷釉的溶解度降低,从而起到保护作用。在较高的暴露水平下,牙釉质变稠变脆。如果在动物怀孕期间发生暴露,则会严重影响胚胎发育中的骨骼和牙齿。成釉质细胞坏死,造釉停止,导致釉质缺损,形成发育不全的斑釉(氟斑牙)。

氟对牙本质的损害表现为钙化过程紊乱或钙化不全,牙齿变脆,易磨损。因牙齿釉质发育不良,表面凹凸不平,凹陷处有色素沉着。牙本质小管靠近髓腔四周有局灶性断裂,断裂处出现空洞样的坏死区。氟可使骨盐的羟基磷灰石结晶变成氟磷灰石结晶。其非常坚硬且不易溶解,导致血钙浓度下降,引起继发性甲状旁腺机能亢进,使破骨细胞活跃,骨吸收增加,进而表现为骨硬化和骨疏松并存。氟和氟化物会导致动物机体细胞免疫和体液免疫出现异常,还会损害肝脏、肾脏和内分泌腺。

【临床症状】

(一)急性症状

氢氟酸的形成刺激瘤胃,导致腐蚀性中毒。其主要表现为严重的胃肠炎,瘤胃蠕动停止,流涎,躁动,出汗,厌食,呼吸困难,室性心动过速,继而出现沉郁和死亡。

一般患病动物在食入半小时后出现特征的神经症状,肌肉震颤,无力,瞳孔扩张,感觉异常和持续咀嚼,随后,发生阵发性强直痉挛,严重时虚脱而死。患病动物通常在几个小时内死亡。

(二)慢性症状

慢性病例主要表现为牙齿和骨骼损害。随年龄增长,病情加重。侧切齿的损害最为明显。多数慢性病例会出现氟斑牙,呈现牙面、牙冠有许多白垩状,呈黄色、褐色以至黑棕色、不透明的斑块沉着;表面粗糙不平,齿釉质碎裂,甚至形成凹坑,色素沉着在孔内,牙齿变脆并缺损,多呈对称性。患病动物还表现为异嗜症,生长发育不良,食欲减退,贫血。当氟摄入量在150～200 mg/kg时,母畜的奶产量下降,繁殖力下降。

【诊断】

急性氟中毒主要根据病史、胃肠炎和血清氟浓度等可以做出诊断。临床病例可见低血钙和低血镁,也可以此作为辅助诊断的依据。

慢性氟中毒根据骨骼、牙齿病理变化及其相关症状、流行病学特点、X线检查做出初步诊断。在进行X线检查时,骨密度增大或异常多孔,骨外膜呈羽状增厚,骨密质增厚,骨髓腔变窄。有的病例长骨端骨质疏松。

查清氟源与确定病区,应进行畜体及环境含氟量的测定。氟化物在日粮中的正常浓度为20～50 mg/kg,而日粮中100～300 mg/kg的浓度会导致慢性氟中毒。如水中的氟浓度＞30 mg/L,则水是有毒的。正常牛的血浆氟浓度＜0.20 mg/L,血浆氟浓度＞0.70 mg/L即为氟中毒。正常牛的尿氟浓度＜0.50 mg/L,氟中毒时的浓度范围为14～120 mg/L。正常牛的骨骼和牙齿中的氟化物浓度分别为1.50 g/kg和1.00 g/kg,氟中毒时的浓度分别达到6.0～13.0 g/kg和7.5～11.0g/kg。

【治疗】

(一)治疗原则

清除氟中毒来源、中和体内残留氟。

(二)治疗方法

应使牛、羊脱离氟污染区或划出危险区。牧草含氟量超过70 mg/kg为高氟区,应严禁在高氟区放牧;牧草含氟量超出40 mg/kg为危险区,只允许成年的牛、羊在危险区放牧,且放牧时间不宜超过三个月。在舍饲牛、羊的日粮中,氟含量不应超过干物质的0.003%。在补饲磷酸盐时,磷酸盐的含氟量不应高于1 000 mg/kg。饮水的含氟量应低于1μg/mL。

1.急性氟中毒的治疗方法

应及时抢救,注射镇静剂和镇痛剂,牛可用0.5%氯化钙或石灰水洗胃;也可静脉注射10%葡萄糖酸钙300～500 mL或10%氯化钙100～200 mL,以中和消化道中残留的氟,补充体内钙的不足;还可配合维生素D、维生素B_1和维生素C治疗。羊的急性氟中毒的治疗方法可参照牛的治疗方法。

2.慢性氟中毒的治疗方法

尚无有效方法。停止摄入高氟牧草或饮水。转移动物至安全牧区放牧是最经济有效的办法,并给予富含维生素的饲料及矿物质添加剂,修整牙齿。

第十五节 其他中毒病

除上述常见的中毒病外，在临床上还可见牛、羊其他中毒病，如表 7-1 所列。

表 7-1 牛、羊其他中毒病

病名	概念	发病情况	病因	临床症状	病理变化	诊断	防治
菜籽饼粕中毒(rape seed cake poisoning)	在过食菜籽饼后，发生的以神经症状和胃肠炎为特征的中毒病	牛、羊均很敏感	由于未经脱毒处理的菜籽饼粕含有硫葡萄糖苷及其降解产物、芥子碱等多种有害成分，动物在大量采食或长期饲喂后会发生中毒	狂躁不安、腹痛、便秘或腹泻；黏膜苍白或黄染，血红蛋白尿；肺水肿或肺气肿；呼吸困难和皮下气肿；慢性中毒，甲状腺肿大	胃肠道炎症病变，肾点状出血，肺水肿和肺气肿，心内外膜出血，血液呈酱油色，凝固不良	根据病史特征症状可做初步诊断。测定饲料中的硫代葡萄糖苷的降解产物，如硫氰酸酯、噁唑烷硫酮等含量可做出确诊	无可靠的治疗方法，重在预防。限饲菜籽饼粕或与其他饲料搭配使用，控制饲料中的毒物含量，实现营养互补
蓖麻籽饼粕中毒(castor seed cake poisoning)	在误食蓖麻籽或饲喂蓖麻籽饼后，发生以出血性胃肠炎和神经系统障碍为主证的中毒病	多见于牛、羊	由于蓖麻籽、蓖麻叶和蓖麻饼粕中含有蓖麻毒素、蓖麻碱、变应原、红细胞凝集素等毒性物质，动物采食过多这些物质会引起中毒	采食 10 min 到 3 h 出现症状，体温无明显变化，呼吸和心跳增速。其主要特征：伪膜性、出血性胃肠炎；妊娠羊发生流产	肠黏膜轻度出血，肝、肾细胞空泡变性，细胞核浓缩；肺充血和水肿	根据采食蓖麻籽、蓖麻叶或蓖麻饼粕的病史，结合临床症状和实验室对毒素的检验可做出诊断	0.5%单宁酸或 0.2%高锰酸钾洗胃，给盐类或油类泻剂，配合利尿剂和乌洛托品；尼可刹米、肾上腺素；抗蓖麻毒素血清，控制蓖麻饼粕添加量
霉烂甘薯中毒(mouldy sweet-potato toxin poisoning)	在采食霉烂甘薯后，发生以急性肺水肿与间质性肺气肿、呼吸困难和皮下气肿为特征的中毒病	主要发生于牛、水牛、绵羊，山羊次之	由甘薯长喙壳菌和茄病镰刀菌等真菌侵害的甘薯产生甘薯酮、甘薯醇、甘薯宁、4-甘薯醇和 1-甘薯醇等毒素引起的中毒	精神沉郁，食欲、反刍减少或停止，瘤胃蠕动减弱或废绝，结膜充血或发绀；脉搏加快，心音增强或减弱，呼吸困难，皮下气肿	肺显著肿胀苍白；肺水肿、肺气肿或间质性肺气肿	根据病史、发病季节，结合呼吸困难、皮下气肿、肺气肿和肺水肿等临床特征以及剖检特征可做出诊断	0.1%高锰酸钾溶液或 0.5%双氧水洗胃；内服盐类泻剂；静脉注射 10%硫代硫酸钠解毒；20% 葡萄糖酸钙或 5%氯化钙静脉注射，消除肺水肿
杂色曲霉毒素中毒(sterigmatocystin poisoning)	在采食被杂色曲霉污染的饲草后，发生以肝脏和全身黄染为主要特征的中毒病	主要发生于羊	饲草收割后未经充分晾晒或受雨淋或贮存不当，滋生霉菌，如杂色曲霉、构巢曲霉和离蠕孢霉等产生毒素而中毒	病初，体温不高，食欲不振，精神沉郁，消瘦。而后，出现结膜潮红，巩膜黄染，虚弱，腹泻，尿黄或红	皮下、腹膜、脂肪黄染。肝大，呈黄绿色，表面粗糙，呈花斑样。肾脏、脾、肺、膀胱等广泛性出血	根据病史、症状和特征的剖检变化做出初诊。确诊必须进行样品中霉菌的分离培养和毒素含量测定	无特效疗法，对症治疗。应立即停喂霉败饲草，给予易消化的青绿饲料和优质干草，防止饲草料的发霉变质

续表 7-1

病名	概念	发病情况	病因	临床症状	病理变化	诊断	防治
钼中毒(molybdenum poisoning)	在采食含钼高的饲料后，发生以持续性腹泻、贫血、消瘦为特征的中毒病	主要发生于反刍动物，羊最易感，幼龄更易发	矿场或冶金厂可造成周围牧场或水源污染。在该地区放牧易发生中毒	被毛褪色、卷曲度消失、腹泻、贫血，羔羊运动失调、失明、关节肿大和背部凹陷	消瘦，脂肪呈胶冻状，内脏色淡，骨质疏松，肋骨呈念珠状，关节肿胀	根据病史和特征症状，结合对铜制剂治疗的反应可做出诊断。确诊需对饲料和组织中的钼和铜的含量进行测定	铜制剂对钼中毒有疗效，肌内注射或皮下注射甘氨酸铜注射液。在饲草含钼高的地区，在日粮中补充硫酸铜来预防
硒中毒(selenium poisoning)	在采食含硒高的日粮后，发生以呼吸困难、步态蹒跚、脱毛与蹄壳脱落等为特征的中毒病	常发生于牛、羊	高硒地区的植物含硒较高。过量采食紫云英、黄芪属、棘豆属、木质紫菀等聚硒植物；日粮中过量添加硒均会引起中毒	急性硒中毒呼吸困难、黏膜发绀，共济失调，腹痛、瘤胃臌气，呼出气有大蒜味。亚急性和慢性硒中毒消瘦，脱毛，贫血，步态蹒跚，瞎撞，转圈，流涎，吞咽障碍，腹泻，蹄壳变形、脱落	急性表现为全身出血，肺充血及水肿，腹水，肝肾变性。亚急性和慢性硒中毒表现为心肌萎缩、肝萎缩和肝硬化	根据高硒地区或高硒饲料的病史，结合视力下降、神经症状、消瘦、贫血、脱毛、蹄匣脱落等综合征可做出初诊。进行饲草料及被毛、血液和组织的硒分析可以确诊	无特效解毒药。严格按照硒需要量进行添加。治疗硒缺乏应严格控制剂量。增加日粮中蛋白质的含量，适当添加硫酸盐、砷酸盐等可有效预防富硒地区的硒中毒
疯草中毒(locoweed poisoning)	在采食疯草后，发生以神经系统机能紊乱为特征的中毒病	主要发生于我国西部牧区放牧的牛、羊，其中羊较常见	疯草毒性成分为吲哚里西啶生物碱类-苦马豆素。长期或过量采食疯草可发生中毒	精神沉郁，后肢不灵活，步态蹒跚，共济失调，转圈；易摔倒。严重患病动物的后肢瘫痪。妊娠羊流产，胎儿畸形。公羊性欲降低或丧失配种能力	皮下、小肠黏膜有出血点，胃、脾与横膈膜粘连，肾土黄、灰白色，腹腔积液。细胞多有空泡变性	根据放牧采食疯草的病史和临床特征，做出初诊，确诊应检测植物样品或胃内容物的苦马豆素，或检测血清 α-甘露糖苷酶活性	尚无特效解毒疗法。轻度的患病动物及时转移到安全牧场放牧，适当补给精饲料，可自行康复。加强草场管理，轮牧与舍饲结合可有效预防该病
毒芹中毒(cicuta virosa poisoning)	采食毒芹后发生的中毒病	主要发生于放牧的牛、羊	毒芹是多年生草本植物，有毒成分为毒芹素。早春，毒芹返青较早，因饥饿过量采食而发生中毒	兴奋不安，流涎，食欲废绝，反刍停止，瘤胃臌气，腹泻，腹痛。头颈部到全身肌肉痉挛。四肢末端冷厥，体温下降，脉搏细弱，多由呼吸中枢麻痹而死亡	胃肠黏膜出血或黏膜脱落；肺充血、水肿、出血；心脏扩张，心肌变性，心内外膜出血；肝脾肿大，有出血点	根据病史，结合特征症状可做出初诊。剖检可见，内脏广泛充血、出血、水肿，结合瘤胃内容物毒芹根茎叶以及生物碱的定性实验可以确诊	尚无特效解毒疗法。早期中毒可用沉淀、中和法解毒，同时采取排毒、解痉、镇静、强心、输液等疗法。在放牧前，补饲干草，以免因饥饿而过食毒芹

思考题

1. 简述氢氰酸中毒和亚硝酸盐中毒的病因、主要症状和病理变化。
2. 棉酚中毒的主要临床特征和病理变化是什么？
3. 黄曲霉毒素主要种类有哪些？如何预防牛、羊黄曲霉毒素中毒？
4. 反刍动物玉米赤霉烯酮和丁烯酸内酯中毒的临床特征分别是什么？
5. 栎树的叶、蕨的主要毒性成分是什么？牛、羊中毒的临床特征有哪些？
6. 萱草根的主要毒素是什么？萱草根中毒绵羊的临床症状有哪些？
7. 绵羊铜、铅和砷等中毒有哪些临床症状和病理变化？
8. 牛、羊有机磷杀虫剂中毒的发病机制有哪些？应该采取哪些措施进行急救？
9. 牛、羊慢性无机氟中毒的发病机制有哪些？临床症状和病理变化有哪些？如何预防？
10. 哪些动物中毒病有特效解毒剂？请给出相应的特效解毒药物。

第八章 其他疾病

学习目的与要求

1. 了解其他疾病的种类、基本概念和发病特点。
2. 掌握其他疾病的病因和临床症状。
3. 熟练掌握其他疾病的诊断和治疗方法。

概 述

其他疾病是指病因、发病机制未明确，致病因素众多，病症复杂，尚无法归类的一类疾病，又称杂症。这类疾病通常以病因、综合征、病症等名称来命名，如贫血、电击、雷击、过敏症等。一般多呈散发，发病率不高，偶有群发，不会造成牛、羊的大批死亡，但会导致牛、羊的生产性能下降，抵抗力降低，易继发其他疾病，给牛、羊的健康带来一定的危害。

其他牛、羊疾病的种类繁杂，主要包括肝脏疾病，如肝脓肿、肝坏死、高凝血症；腹部疾病，如腹水、气腹等；肺脏疾病，如纤维化肺泡炎、闭塞性细支气管炎等；营养性疾病，如鬣狗病、营养不良等；代谢性疾病，如卧地不起综合征、不明原因消瘦和虚弱、弱犊综合征等；皮肤病，如脱毛症，包括单发性无毛症、迟发型少毛、遗传性表皮发育不良等；应激性疾病和免疫性疾病及遗传性疾病，如应激综合征、淀粉样变性病、白细胞黏附缺陷病等。

其他牛、羊疾病的病因和发病机制通常复杂或不清楚。常见的疾病，如应激综合征、卧地不起综合征、脱毛症、弱犊综合征、淀粉样变性病、牛白细胞黏附缺陷病、荨麻疹、感光过敏、牛鬣狗病等，常由多种致病因素引起。致病因素一般包括外源性刺激、物理或化学性损伤、过敏、病原感染、营养、代谢、内分泌、遗传和中毒等。

其他牛、羊疾病的临床症状较复杂，由于病因、个体、病程以及发病机制等的差异而有很大的不同。其他牛、羊疾病的诊断一般较为困难，需要依据详细的病史、临床检查和实验室辅助检查来做出诊断。通常仅根据病史和临床症状难以确诊，需要根据化学、免疫学、病理学和分子生物学等多学科方法，才能查明可能的病因，给出合理的诊断。

其他牛、羊疾病的治疗效果取决于病因和治疗措施是否合理。通常根据不同病因和病性，其他牛、羊疾病需要采取综合性治疗措施，但疗效大多不佳。同样地，预防工作也较困难，一般应加强饲养管理，供给全价日粮，定期健康监测，控制好疫病，做好遗传改良。

第一节 应激综合征

应激综合征(stress syndrome)是指牛、羊在遭受各种不良因素或应激原的刺激时表现出生长发育缓慢、生产性能下降、产品质量降低、免疫力减弱，甚至引起死亡的一种非特异性反应。牛、羊常经历运输应激、断奶应激、热应激、冷应激和转群应激及分娩应激等多重应激。

【病因】

该病是环境因素导致动物处于不适应和激动状态，从而引起动物非特异反应的结果。

在集约化养殖业中，许多应激原，如温度变化、精神刺激、过度疲劳、通风不良、有害气体的蓄积、日粮成分、饲养制度的改变、动物分群、断奶、妊娠、驱赶、捕捉、运输、剪毛、采血、去势、修蹄、检疫和预防接种等均可影响动物正常的生理活动，引发应激。

【发病机制】

应激反应的发生机制十分复杂，仍不完全清楚。在应激过程中，牛、羊分解自身组织，生成能量，并定向地用于特定组织，同时减少供应于其他组织的能量。在能量产生、分配和利用的过程中，激素作用于靶器官或靶组织，通过改变控制代谢途径的酶活性，代谢过程可发生变化。与此同时，在能量足够时可以合成急性期蛋白，体内脂质过氧化加剧，自由基生成过多。在应激时，蛋白质降解多，血液中尿素水平升高。当肌蛋白降解时，肌酸从肌组织中释放，血液中肌酸水平也升高。牛、羊在受到应激原作用后免疫力下降，对某些传染病和寄生虫病的易感性增加，预防接种的效果降低。

【临床症状】

牛、羊应激综合征的临床症状多种多样，主要有以下几种类型。

(一)猝死型

猝死型即所谓“突毙综合征”。在受到强烈应激原刺激时，牛、羊不表现任何临床病症而突然死亡。在运输开始后仅 2～4 h，因受高温、拥挤或惊恐的影响，牛、羊突然昏迷，倒地，呼吸极度困难，全身颤抖，于 10 min 内死亡。

(二)神经型

患病动物表现为高度兴奋，颈静脉怒张，两目圆睁，大声哞叫，常以头抵撞障碍物，不断磨牙，几分钟后倒地，呼吸浅表；有的患病动物从口鼻喷出粉红色泡沫，很快死亡。

(三)全身适应性综合征

母畜在受严寒、酷暑、饥饿、过劳、惊恐、中毒及预防注射等因素的作用时会引起复杂的应激反应。其先表现为警戒反应性休克，体温下降，血糖降低，血压下降，血液浓缩，嗜酸性粒细胞减少等；而后，体温升高，血压增高，血容积增大，两者相互交错、掩映，易于混淆，应予注意。

(四)恶性高热型

恶性高热型常见于运输途中的牛、羊。因运输、高温和拥挤等应激作用，牛、羊表现出大叶性肺炎或胸膜炎的症状；体温极度升高，皮温增高，触摸有灼热感，可视黏膜发绀，最后虚脱。如不予治疗，患病动物在死后几分钟就会发生尸僵，肌肉温度很高。

【诊断】

根据遭受应激的病史、遗传易感性和休克样临床症状，如肌肉震颤、体温快速升高、呼吸急促、强直性痉挛等，结合死后剖检可见大叶性肺炎或胸膜炎的病变就可做出初步诊断。测定血液中与应激有关的指标有助于诊断。该病应与由高热环境中强迫运动所致的中暑或由剧烈运动引起的肌红蛋白尿相区别。

【治疗】

(一)治疗原则

消除应激原、缓解应激和加强管理。

(二)治疗方法

1. 消除应激原、缓解应激

根据应激原性质及反应程度，常选用镇静剂、皮质激素及抗应激药物，如苯海拉明、氯丙嗪、静松灵和抗氧化剂等；也可进行大剂量静脉补液，配合5%碳酸氢钠溶液纠正酸中毒或给予多种维生素添加剂或采取体表降温等措施。必要时，特异性受体阻滞剂或激动剂可以在抗应激中发挥更大的作用，如糖皮质激素受体阻滞剂、中枢受体激动剂及多巴胺受体阻滞剂等。

2. 加强管理

由于应激原种类繁多，应激影响是多方面的，需要采取综合抗应激的措施，以尽量减少各种应激原的刺激。在装卸时，应避免追赶、捕捉的行为。在转群或组群时，应避免任意混群，减少争斗。在运输时，应适当的安排起运时间，防止热应激或冷应激，保证供给充足的饮水。畜舍注意通风换气，做好防暑降温，减轻噪声刺激。一旦出现异常病例，就要及时处置，防止疫病扩散，避免不必要的死亡或损失。

【预后】

轻度应激的患病动物经及时改善管理或治疗，预后良好。重度应激的患病动物常继发其他病症，会突然死亡，预后慎重。

第二节　母牛卧地不起综合征

母牛卧地不起综合征(downer cow syndrome)，又称"趴卧母牛综合征"(creeper cow syndrome)，是指母牛分娩前后发生的以"倒地不起"超过24 h为特征的一种临床综合征。它不是一种独立的疾病，而是由多种疾病呈现的一种临床表现。

该病最常发生于产犊后2～3 d的高产母牛。多数病例与生产瘫痪同时发生，其中有代谢性疾病并发症的占病例总数的7%～25%。在大多数情况下，凡是经一次或两次钙剂治疗无反应或反应不完全的卧地不起的母牛都可归属在这一综合征范畴。

【病因】

目前，该病的病因尚无确切定论。因为母牛对钙剂疗法反应不完全或全然没有反应，所以显然不是单纯或典型的低钙血症。

(一)代谢性因素

矿物质代谢紊乱，尤其是低磷血症、低钾血症和低镁血症等与该病密切关联。有些病牛按照生产瘫痪治疗可以改善精神抑制和昏迷状态，但依然爬不起来，可能存在低磷血症，否则是补钙的剂量不足。有些病牛在补钙后的精神抑制和昏迷状态不仅消失，而且变得比较机敏，甚至有食欲，但依然爬不起来，似乎是肌肉无力，可能伴有低钾血症。若病牛爬不起来，伴有搐搦、感觉过敏、心搏动过速和冲击性心音，就可能伴有低镁血症。

(二)产科性因素

胎儿过大、产道开张不全或助产粗暴等会损伤产道及周围神经,犊牛产出后,母牛会发生卧地不起。此外,急性子宫炎、乳腺炎、胎衣不下、闭孔神经麻痹或损伤也可促发该病。

(三)外伤性因素

常见于骨骼、肌肉、韧带、关节周围组织损伤及关节脱臼等。因产房地面湿滑,在分娩、起卧或行走时失去平衡,不慎跌倒可引起后躯肌肉、韧带和神经损伤,甚至造成骨折(如骨盆、脊椎、四肢等的骨折)、关节脱臼等。

(四)其他因素

某些重剧疾病,如肾功能衰竭、中枢疾患等可引起该病。肾脏血量灌注不足、乳房血流量大,同时伴有心脏扩张、低血压、肾性尿毒症等,使动物机体(尤其分娩时)出现循环危象,从而促发该病。

【发病机制】

该病病因复杂,目前发生机制尚未十分明确。但普遍认为其主要是在循环系统、神经系统、运动系统(包括肌肉和骨骼关节)的机能紊乱基础上发生的。

母牛长时间躺卧(一般超过 4~6 h),局部血管受压迫,体型越大,压迫越重,血液供应障碍,引起局部肌肉水肿,甚至缺血性坏死,导致肌病。肌肉的病变引起肌纤维细胞膜通透性增加,细胞内的钾离子外溢,被排泄,又因食欲减退或废绝,钾摄入量减少,造成低钾血症。

在卧地不起综合征发生过程中,几乎 100%的患牛有局灶性心肌炎,造成心动过速、心律不齐,甚至静脉注射钙剂也反应迟钝。反复使用钙剂治疗会加重患病动物的心肌炎。该病还伴有蛋白尿,可能与肌肉损伤释放肌蛋白有关。

【临床症状】

(一)一般症状

病牛常在产犊过程或产犊后 48 h 内发生卧地不起。饮食欲正常或减退,体温正常或稍有升高,心率 80~100 次/min,脉搏细弱,呼吸无变化;排粪和排尿正常。

(二)特征症状

有的病牛表现为反复挣扎,不能站立;有的病牛表现为精神正常,前肢跪地,后肢半屈曲或向后伸,呈"青蛙"姿势,匍匐爬行;有些病牛常侧卧头弯向后方,人工纠正后,很快恢复原状;严重病例表现为感觉过敏,四肢搐搦,饮食欲废绝,意识障碍。

视频 8-1 趴卧母牛、站立不稳

【诊断】

根据钙剂治疗无效或治疗后精神状态好转或机敏,但依然爬不起来可做出初步诊断。该病的诊断关键是查明病因,但在临床上比较困难,要借助实验室检查来确诊。

(一)血液生化检查

多数病牛呈现低钙血症、低磷血症、低钾血症和低镁血症,有的病牛血清中的钙、磷、镁的浓度在正常范围内。血糖浓度正常,血清肌酸磷酸激酶和谷草转氨酶在躺卧 18~20 h 后明显升高,这种状况可持续数天,表明肌肉损伤严重。

(二)尿液检查

有的患病动物表现为中度的蛋白尿。尿沉渣检查可见管型。

【治疗】

(一)治疗原则

消除病因、加强护理和对症治疗。

(二)治疗方法

1. 消除病因、加强护理

当母牛体重过大,卧地不起时,应防止出现劳损性肌病和皮肤损伤及褥疮等,可适当给予垫草及定期翻身或在人工辅助下站起。在日常管理中,要做好临近分娩母牛护理工作,避免滑倒、劈叉;助产要严格遵守操作规程,防止其他疾病的发生。

2. 对症治疗

根据病因,采取相应疗法,随意用药可导致不良后果。心率高达 80～100 次/min 的病例应用过量钙剂会发生突然死亡。同样,过量的钾且注射速度过快可以导致心跳停止。

当伴有低镁血症时,静脉注射 25%硫酸镁溶液;当伴有低磷血症时,用 20%磷酸二氢钠溶液,静脉注射或皮下注射。应注意只给予磷酸钠盐,而不应给予磷酸钾盐。当低钾血症时,将 10%氯化钾溶液加入 5%葡萄糖或生理盐水溶液,静脉注射,但要控制剂量和速率;也可应用皮质醇、B 族维生素、维生素 E 和硒等药物。

【预后】

治疗不及时会在 3～5 d 内死亡;如及时治疗,可转入 2～8 周康复期。有的病例长久卧地,肢体末端(蹄、尾、耳和乳头及四肢)出现皮肤坏疽,病情加重,预后慎重。

第三节 脱 毛 症

脱毛症(alopecia),又称秃毛症、无毛症或稀毛症,是指局部或全身被毛出现脱落的一种病症。根据病因,脱毛症可分为先天性(遗传性)脱毛症、后天性(获得性)脱毛症。后天性脱毛症又分为炎症性脱毛、非炎症性脱毛。犊牛、羔羊和成年羊均可发生。

【病因】

脱毛的病因很多,任何影响毛囊的因素均可造成脱毛。

【发病机制】

(一)先天性脱毛的发病机制

多数先天性脱毛是遗传性的。其主要原因是毛囊发育缺陷。多数先天性脱毛在出生时或出生后不久发生,但其发病机制尚不清楚。

(二)后天性脱毛的发病机制

1. 炎症性脱毛

炎症性脱毛由细菌、真菌、病毒、外寄生虫等感染所致,还常见于连续接触刺激性化学物质或外伤等。这些致病因素作用于毛囊、毛干,扰乱毛发生长或引起动物瘙痒、疼痛等不适而致使其脱毛。

2. 非炎症性脱毛

非炎症性脱毛多见于内分泌性脱毛或免疫介导性脱毛,如甲状腺机能减退、肾上腺皮质机能亢进、性激素失调等内分泌疾病，汞、铊、碘等中毒，有毒植物的感光过敏，能量、蛋白质、维生素和铜、锌等缺乏。这些因素均可直接抑制或减缓毛囊生长，造成脱毛。羊在妊娠、泌乳、重病或发热后几周内也会发生暂时性的脱毛。

【临床症状】

（一）先天性脱毛症状

在出生时，羔羊的头顶、额上、腹下、腹股部等区域无被毛，脱毛的区域常呈对称性，无明显的炎症变化。犊牛先天性脱毛多见于头部，偶见全身脱毛。

（二）后天性脱毛症状

后天性脱毛常见从局部脱毛逐渐向周围扩大，伴有皮屑。

1. 螨虫感染

脱毛常出现于柔软无毛的区域，从鼻镜、口、眼、耳根、头颈、背、臀、尾根等部位开始，向周围逐渐蔓延。瘙痒不安，剧烈摩擦患部。

2. 真菌感染

大量被毛脱落，甚至形成斑秃，局部坏死，出现瘙痒，剧痒和疼痛等。

3. 神经或内分泌性脱毛

皮肤病变一般呈对称性，颈部、股内侧等部位先脱毛，其他全身各处也出现不同程度的脱毛，脱毛区域出现色素沉着、脱皮、苔藓化、红斑、鳞屑等。卵巢功能不全，胸部、阴部等皮肤增厚，色素沉着或发生脂溢性皮炎。

4. 营养缺乏性脱毛

消瘦，被毛粗乱无光泽，生长发育弛缓等。

【诊断】

根据病史和临床症状可以做出初步诊断。脱毛的具体病因必须进行实验室检查，如病原学、内分泌学和饲料营养等分析来确定。诊断的关键是查明先天性脱毛，还是后天性脱毛的病因，注意区分由皮肤的细菌、真菌或外寄生虫等感染继发的脱毛和非炎症性脱毛。

【治疗】

（一）治疗原则

对因治疗和对症治疗与局部和全身治疗相结合。

（二）治疗方法

治疗效果取决于潜在的病因及特异性的诊断。恢复的程度取决于疾病持续的时间和毛囊损伤的数量。细菌感染常用抗生素或抗菌药进行治疗。真菌感染常用抗真菌药进行局部或全身用药。另外，可以应用40%卵磷脂软膏或1%氯乙酰胆碱软膏涂抹患部或鞣酸、水杨酸、乙醇混合后涂于患部，刺激毛根生长和扩张患部毛细血管，促进被毛再生。内分泌性的脱毛可按每千克体重2 mg醋酸泼尼松，皮下注射。

【预后】

先天性脱毛一般不会影响动物的其他生理功能，但会出现永久性脱毛，导致产毛量下降。后天性脱毛在消除病因后，其被毛多可自然再生，一般预后良好。

第四节　其他常见疾病

除上述常见的其他疾病外，在临床上还可见牛、羊其他常见疾病，如表8-1所列。

表8-1　牛、羊其他常见疾病

病名	概念	发病情况	病因	临床症状	病理变化	诊断	防治
弱犊综合征(weak calf syndrome)	犊牛衰弱无力、生活力低下的一种先天性发育不良的疾病	犊牛多于出生后的10 d内发病，多发于早春季节	由怀孕母畜营养不足导致的，如蛋白质、维生素、矿物质和微量元素的缺乏	衰弱无力，肌肉松弛，动作不协调，站立困难或卧地不起。反应迟钝，不会吸吮或吸吮反射很弱；体温低，末梢冷凉	跗骨和腕骨连接处和远侧的皮下组织出血和水肿。滑液有血液的颜色，含有纤维蛋白凝聚物	根据犊牛出生时的虚弱，出生后运动不协调、呼吸困难和吮吸失败等症状可做出诊断	牛舍应保持温暖和通风，温度保持在25～30 ℃；输液供给养分及补氧；饲料添加维生素；给予充足初乳
牛鬣狗病(bovine hyena disease)	四肢长骨生长发育障碍的疾病	在犊牛出生后，3～6月龄开始出现，肥育牛散发	目前尚不完全清楚。由维生素A、维生素D和维生素E使用不当导致的；也可能是由病毒引起的	患犊1岁内呈鬣狗样外观；后躯发育弛缓，2个后肢缩短，腰部至尾根部的背线下降，后肢呈"X"状	四肢长骨短缩，骨端部扁平化，骨软骨板部分变薄，弯曲不整。增殖带软骨细胞柱状排列不整，部分消失	根据临床症状、病理变化以及血液维生素A、维生素D、维生素E增多可做出诊断	尚无有效治疗方法。严格控制维生素A、维生素D、维生素E的使用剂量
淀粉样变性病(amyloidosis)	全身内脏器官、组织及其血管周围广泛发生的淀粉样蛋白纤维斑块浸润的罕见性疾病	常见于4岁或以上的牛	原发性淀粉样变性病与免疫介导性疾病有关；继发性淀粉样变性病与慢性感染有关；也可继发于牛结核、副结核等疾病	多为慢性。主要为蛋白尿和肾病综合征。脱水、消瘦、排泥样乃至水样粪便；颌下部、胸前、下腹部等浮肿	肾肿大2～3倍，呈黄色，表面呈砂粒或米粒大的水滴状斑点；肠道柔软、水肿状，器官镜检有淀粉样蛋白沉积	根据临床症状、病理变化以及蛋白尿可做出诊断	治疗原发病，消除病原，促进动物机体逐渐康复
牛白细胞黏附缺陷病(bovine leukocyte adhesion deficiency)	由中性粒细胞杀菌作用先天缺陷所致的常染色体隐性遗传病，又称粒细胞病综合征，属非特异性免疫防卫系统缺陷	常见于犊牛。常在2～4月龄死亡，存活不到1年	白细胞黏附功能及其相关的吞噬和趋化作用的先天性缺陷。与白细胞黏附功能有关的*CD18*基因第383位发生单点突变有关，导致常染色体的隐性遗传	持续性细菌感染，进行性腹膜炎、肺炎、肠炎、溃疡性和肉芽肿性口炎以及炎症损伤	皮肤、口、舌以致瘤胃和小肠黏膜广泛的坏死性溃疡，伴有肉芽肿，胃肠壁病灶，皱胃显著增厚	血中成熟中性粒细胞增多，但无核左移和再生性左移；PCR检测血液、皮肤或被毛DNA的突变	抗生素对致死性遗传病很少奏效。在育种时，不留该病的后代作为种牛
荨麻疹(urticaria)	皮肤乳头层和棘状层浆液性浸润所表现的一种扁平疹，属Ⅰ型超敏反应性免疫病	牛、羊常发	外因有细菌、病毒、动植物毒素，蚊虫叮咬，某些药物过敏或化学药物刺激。内因有霉败或变质的饲料，胃肠消化紊乱	病变仅见于眼周、鼻镜、颈、肩、躯干、外阴和乳房等无毛区域。外源性，站立不安，磨蹭，皮肤破溃，似湿疹样	皮肤丘疹呈扁平、半球状，豌豆至核桃大，迅速增多，有时遍布全身，甚至融合成大面积肿胀	根据病史调查，结合临床症状和皮肤的病理变化可做初步诊断	消除致敏因素，缓解过敏反应。停喂霉败饲料，驱虫，缓泻制酵；用糖皮质激素或抗组胺类药治疗

续表 8-1

病名	概念	发病情况	病因	临床症状	病理变化	诊断	防治
感光过敏（photosensitization）	因外周循环中的某种光能剂经日光照射而出现的一种病理状态。	常见于奶牛、绵羊、山羊	引起感光过敏的大多数化合物来源于植物，还有一些药物、真菌源性和细菌源性的感光物质	在阳光下，患病动物立刻畏光，焦躁不安；有的摩擦和舔舐皮肤。病初，多出现于白色被毛、无色素沉着或无被毛区域	皮肤出现红斑、水肿等，随后发展为水疱、大疱、渗出、溃疡、结痂和皮肤坏死等	根据临床症状、暴露的光敏物质以及特征性的病理变化可做出诊断	对症治疗。应遮阳或舍饲，夜间放牧；可用糖皮质激素治疗；患部皮肤应适当处理，避免蚊虫叮咬

思考题

1. 如何区分先天性脱毛症和后天性脱毛症？
2. 牛、羊应激综合征发生的病因有哪些？如何预防它的发生？
3. 母牛卧地不起综合征的病因有哪些？如何治疗和预防该病？
4. 除上述的疾病外，还有哪些其他常见疾病？

第二篇

犬、猫内科疾病

第九章 心血管系统疾病

学习目的与要求

1. 了解心血管系统疾病的基本概念、分类和发病特点。
2. 掌握心血管系统疾病的发病机制及临床症状。
3. 掌握心血管系统疾病的体格检查要点和影像学表现。
4. 掌握心血管系统疾病的急诊处理和慢性管理原则。

概　　述

心血管系统疾病包括心脏病、全身性高血压、肺高压以及一些罕见的静脉异常。心脏病是犬、猫常见的内科疾病。在动物医院就诊的患犬中，约 10%的患犬存在心脏病；约 15%的眼观正常的猫存在心肌病。心脏病严重威胁犬、猫的健康和生活质量。犬、猫全身性高血压通常继发于其他类型的内科疾病，病情严重的患病犬、猫会发生危及生命的急性高血压危象。肺高压是目前兽医心血管疾病领域研究的热点。

犬、猫心脏病可以分为原发性和继发性两大类，且以原发性为主。犬、猫原发性心脏病还可以分为获得性和先天性，以获得性更为常见。对于犬而言，常见的原发性获得性心脏病有黏液瘤样二尖瓣疾病、扩张型心肌病；常见的原发性先天性心脏病包括动脉导管未闭、肺动脉狭窄、主动脉瓣下狭窄和室间隔缺损等。对于猫而言，常见的原发性获得性心脏病有各种类型的心肌病，如肥厚型心肌病、限制型心肌病、未分型心肌病和扩张型心肌病；常见的原发性先天性心脏病包括二尖瓣发育不良、三尖瓣发育不良、室间隔缺损和动脉导管未闭等。继发性心脏病主要包含与甲状腺功能亢进症相关的心肌病、高血压心脏病和牛磺酸缺乏诱导的心肌病。血管相关疾病包括全身性高血压、肺高压、动脉血栓栓塞、持久性右主动脉弓以及一些较为罕见的静脉、淋巴系统疾病。

绝大多数犬、猫心脏病的病因不明。对于犬而言，退行性瓣膜病病因尚不清楚，存在一定的遗传倾向；扩张型心肌病具体病因也尚不明确，但有些犬种与基因突变有关。对于猫而言，各种类型的心肌病有遗传倾向，尤其是肥厚型心肌病。继发性心脏病多与营养、全身性疾病、激素等原因有关，如犬高血压性心脏病、猫甲状腺功能亢进症相关心肌病。各种类型的心脏病的致病机制有所不同，常见的心脏病通常引起血管短路、瓣膜反流、流出道梗阻、心律失常或原发性的收缩与舒张功能障碍，进而引发前负荷、后负荷、收缩力和节律同步性异常，最终表现出相应的临床症状。

犬、猫心力衰竭的临床表现可以分为由静脉回流受阻所引起的充血性心力衰竭和由心输出量迅速下降所引起的心源性休克。犬、猫临床上最常见的心力衰竭是充血性心力衰竭。左心充血性心力衰竭的病理特征是肺水肿（犬和猫）和/或胸腔积液（猫），最突出的临床特征是呼吸困难；右心充血性心力衰竭的特征是第三腔积液，常表现为呼吸困难（胸腔积液）或腹围增大（腹水），在少数情况下出现皮下水肿。其他常见的心脏病临床表现包括心杂音、异常心音（如奔马音）、心律失常、脉搏异常、黏膜发绀、运动不耐受、咳嗽和虚脱等。

犬、猫心脏病的诊断需要将病史、体格检查以及相关的实验室检查和影像学检查结果进行综合分析。常规实验室检查常用于评估动物是否存在共存病以及药物不良反应。生物标记物检测可以评估心脏病或心腔增大程度或心肌损伤程度，常用的标记物包括心房利钠肽、脑利尿钠肽、心肌钙蛋白 I 和心肌钙蛋白 T。影像学检查有助于精确评估心脏病的类型以及心脏的结构和功能。

犬、猫心脏病治疗包括内科药物管理、介入治疗以及外科手术治疗。内科药物管理是目前最常用的治疗方法。药物治疗主要是延缓疾病发展和改善临床症状。外科手术治疗和介入治疗主要针对先天性心脏病，是未来兽医临床非常重要的治疗手段。

第一节　犬黏液瘤样二尖瓣疾病

犬黏液瘤样二尖瓣疾病（canine myxomatous mitral valve disease，MMVD），又称犬退行性瓣膜病，是指以瓣膜（主要是二尖瓣）原发性退行性病变为特征的一种心脏病。本病在临床上以由瓣膜反流所引起的收缩期心杂音、咳嗽和呼吸困难等为典型特征。该病根据病程可以分为急性和慢性。依据美国兽医内科协会（American College of Veterinary Internal Medicine，ACVIM）的疾病分期系统，犬慢性退行性瓣膜病按疾病从轻到重分为 A 期、B 期、C 期和 D 期四个期（表 9-1）；按临床症状可以分为无症状的临床前期、有症状的临床期。中老年的小型公犬高发，二尖瓣（左房室瓣）最容易受到影响，30％的患犬的三尖瓣（右房室瓣）也会受到波及。

表 9-1　美国兽医内科协会（ACVIM）的犬慢性退行性瓣膜病的分期系统

<table>
<tr><th>分期系统</th><th colspan="2">分期类别</th><th>分期特征</th><th>所需检查</th><th>临床症状</th></tr>
<tr><td>无心杂音</td><td colspan="2">A 期</td><td>好发品种
老年犬，尤其是小型犬</td><td>心脏听诊</td><td rowspan="3">临床前期（无症状）</td></tr>
<tr><td rowspan="4">有心杂音</td><td rowspan="2">B 期</td><td>B1 期</td><td>B1 期：有二尖瓣疾病
但无心脏增大或增大不明显（未达到匹莫苯丹临床试验治疗标准）</td><td rowspan="4">心脏听诊、影像学检查</td></tr>
<tr><td>B2 期</td><td>B2 期：左心尖收缩期心杂音≥3 级
影像学可见左心明显增大（达到匹莫苯丹临床试验治疗标准）</td></tr>
<tr><td colspan="2">C 期</td><td>具有或者曾经出现过心力衰竭症状</td><td rowspan="2">临床期（症状）</td></tr>
<tr><td colspan="2">D 期</td><td>难治性心力衰竭，对标准心力衰竭治疗反应不良</td></tr>
</table>

引自 KEENE B W，ATKINS C E，BONAGURA J D，et al. ACVIM consensus guidelines for the diagnosis and treatment of myxomatous mitral valve disease in dogs[J]. Journal of Veterinary Internal Medicine，2019。

【病因】

犬黏液瘤样二尖瓣疾病的病因尚未明确。有些犬存在遗传倾向，如欧洲的查理士王小猎犬高发，且发病年龄更小，疾病发展更迅速。

【发病机制】

该病的退行性病变实质上是黏液瘤样病变。黏液瘤样病变通常会影响瓣叶和腱索，引起细胞种类和细胞间基质的改变，进而影响瓣膜的胶原成分和胶原纤维的排列，且瓣膜的海绵层内蛋白聚糖成分的改变会使海绵层发生膨胀。长期存在、逐渐加重的这些变化会使二尖瓣结构发生病变，从而影响瓣膜的闭合，导致瓣膜反流。瓣膜反流的逐渐恶化增加了心脏的负担，并引起心脏重塑，最终造成心室功能障碍。

慢性的左心充血会引起肺部血管出现结构性变化，引起肺高压。慢性肺高压将增加右心的负担，最终引起右心功能障碍。若同时存在三尖瓣退行性病变，右心功能会加速衰竭。

【临床症状】

(一)急性病例症状

最危险的急症是由左心充血性心力衰竭所引发的呼吸困难，在极端情况下会出现口鼻粉色泡沫样分泌物。如果出现重度肺高压，可能会发生急性虚脱。

(二)慢性病例症状

最突出的症状是左心二尖瓣区收缩期心杂音。最常见的病史是长期的咳嗽、运动不耐受。若右心衰竭，还会出现颈静脉怒张与搏动、腹水和皮下水肿等症状。

视频 9-1 由犬右心衰竭和房颤引起的颈静脉搏动

【诊断】

根据病史、临床特征、胸部 X 线检查和超声心动检查可以做出诊断。实验室检查常用于提示某些共存病，对心脏病本身无明确的诊断意义。生物标记物脑利尿钠肽定量及半定量检测可用于鉴别心源性与非心源性呼吸困难，但其本身的应用具有一定的局限性。

(一)胸部 X 线检查

最常见的变化是左心增大，尤其是左心房增大。侧位片上，可见明显增大的左心房使气管上抬，造成气管与脊椎夹角减小。若左心衰竭，肺门周围和肺后叶会出现间质-肺泡型/肺泡型渗出，提示心源性肺水肿。犬退行性瓣膜病所引起的肺水肿更容易局限于肺的右后叶(图 9-1)。

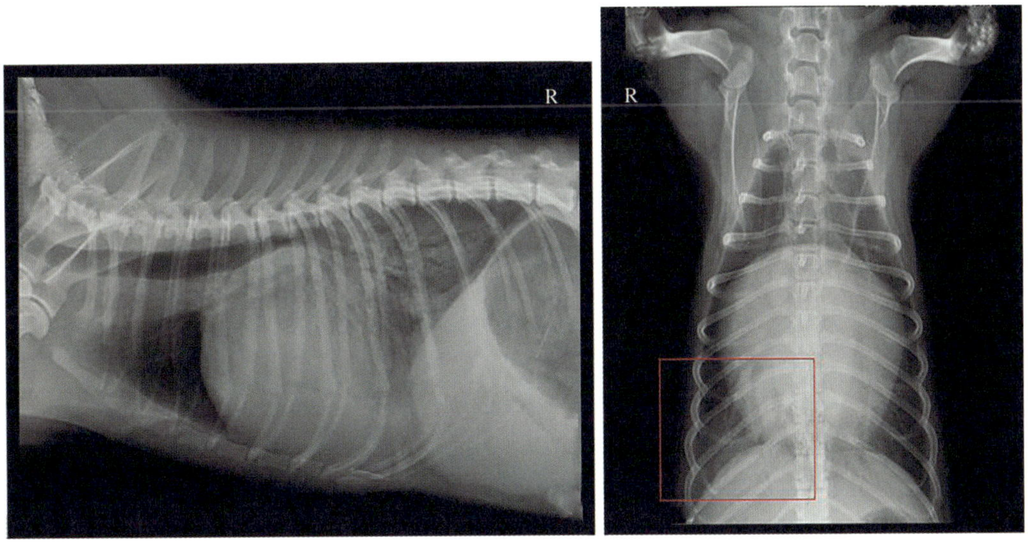

A　　　　B

A. 可见左心明显增大，气管被明显抬高；B. 红框为集中在右后肺叶的肺水肿。

图 9-1　退行性瓣膜病引发肺水肿的胸部 X 线片

（中国农业大学动物医院供图）

(二)超声心动检查

在二维模式下，常见二尖瓣瓣叶不均匀增厚、前叶脱垂，左心房增大、左心室增大；在 M 型模式下，常见左室容量过载、左室收缩功能亢进；在彩色多普勒模式下，可见二尖瓣口收缩期左心房内的花色血流信号，提示二尖瓣反流(图 9-2)。当犬存在慢性肺高压或严重三尖瓣反流时，会出现右心增大。

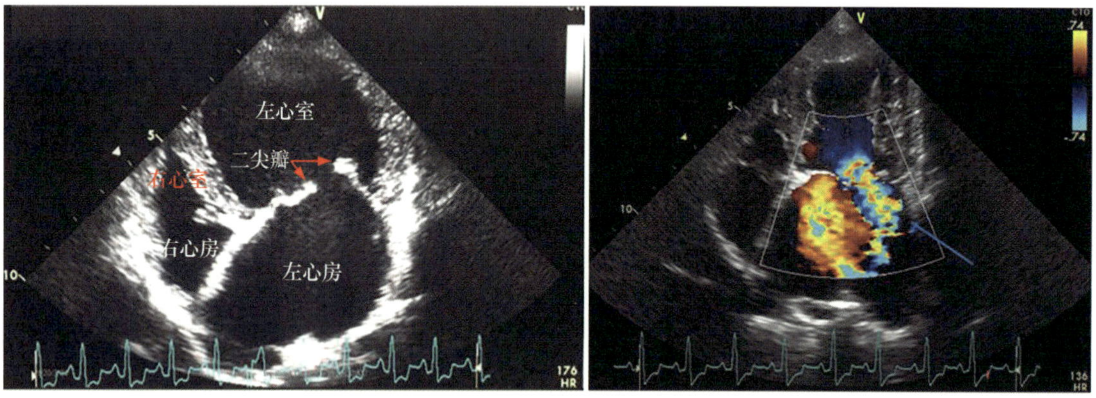

A　　B

A. 二维图像，可见左心房与左心室明显增大，二尖瓣(红色箭头)不均匀增厚；B. 彩色多普勒图像，二尖瓣口收缩期可见离心性彩色血流信号，在左心房内出现附壁效应(Coanda effect)，提示严重的二尖瓣反流。

图 9-2　退行性瓣膜病患犬的左心尖四腔超声心动图像

(中国农业大学动物医院供图)

(三)其他检查

心电图通常无明显异常，心腔明显增大的患犬可能会出现窦性心动过速、室上性期前收缩、心房扑动、心房纤颤或室性期前收缩；绝大多数患犬血压正常。

【治疗】

(一)治疗原则

在无症状的临床前期(B2 期)，对患犬可使用药物，以延缓疾病发展；明显心力衰竭阶段的患犬按照标准方案(常用三联疗法)治疗，以改善其生活质量和延长生存时间。

(二)治疗方法

1. 血管紧张素转换酶抑制剂

依那普利、贝那普利是该类药物中最常用，剂量为 0.25～0.5 mg/kg，1～2 次/d，口服。

2. 髓袢利尿剂

充血性心力衰竭的核心治疗药物可以减少前负荷，从而缓解充血症状。最常用药物是呋塞米，慢性管理常用剂量为 1～6 mg/kg，2～3 次/d，口服。托拉塞米的利尿效果是呋塞米的 10～20 倍，且半衰期更长，常按照呋塞米的 24 h 总剂量的 1/20～1/10 给药。长期或过量使用髓袢利尿剂会引起氮质血症、代谢性碱中毒和电解质紊乱，因此应定期监测肾功、酸碱平衡与电解质。当患犬出现呋塞米耐药症状时，噻嗪类利尿剂和螺内酯可与呋塞米联用，以增强利尿效果。

3. 正性肌力药物

常用的治疗药物是匹莫苯丹，其兼有磷酸二酯酶抑制剂与钙离子增敏剂双重作用，是一种强心舒血管药物。推荐剂量为 0.25～0.3 mg/kg，2 次/d，口服。

4. 营养管理

为患犬提供高能量、高优质蛋白、低盐的全价日粮，尽量维持动物理想的营养体况。

【预后】

多数患犬终生不表现临床症状。从 B2 期开始给予匹莫苯丹的患犬发展到 C 期或出现心因性死亡的中位时间约为 39 个月；不使用匹莫苯丹的 B2 期患犬发展到 C 期或出现心因性死亡的中位时间约为 24 个月。使用标准心力衰竭治疗方案的 C 期患犬的中位生存期约为 9 个月。D 期患犬的预后信息较少，暂无相关的文献报道。

第二节 犬扩张型心肌病

犬扩张型心肌病(canine dilated cardiomyopathy，DCM)是一种原发性心肌病，以左心扩张和收缩功能下降为特点，随着疾病的发展，通常还会出现舒张功能下降。它是犬第二常见的获得性心脏病，常见于中年的大型犬与巨型犬。该病在不同犬种的身上存在各自的特点，大多常并发心律失常。心律失常是早期筛查疾病的重要指标，也是患犬猝死的重要原因。该病容易影响全心，导致双侧的充血性心力衰竭。

【病因】

犬扩张型心肌病的确切病因仍未明确。主流的理论认为这是一种多因素共同作用导致的特发性心脏病。这些因素包括病毒、营养、毒素和遗传。

该病呈现明显的品种倾向性分布，但是不同地区的流行品种存在差异。至少 2 个犬种的扩张型心肌病与基因突变位点有关，分别是杜宾犬的丙酮酸脱氢酶激酶 4 编码基因和拳师犬的纹蛋白编码基因。由于不同犬种的扩张型心肌病各有特点，根据犬种来命名不同类型的扩张型心肌病是一种新的趋势。

【发病机制】

犬扩张型心肌病以心室(左侧或双侧)的心肌收缩力自发性下降为特征。随着疾病的发展，心室出现进行性的容量过载和舒张功能障碍，继而出现瓣膜反流和心房增大，最终导致充血性心力衰竭。有时严重的收缩功能不全会引发心源性休克。有些患犬会因出现致命性的心律失常而猝死。

【临床症状】

(一)急性病例症状

急性充血性心力衰竭会引起肺水肿和/或胸腔积液，患犬表现为急性呼吸困难。严重的室性心律失常会引起患犬突发虚弱、虚脱，甚至猝死。

(二)慢性病例症状

患犬可能会出现心律失常、脉搏异常、奔马音与心杂音。咳嗽、运动不耐受、消瘦、厌食和腹围增大也较为常见。

【诊断】

无症状期的犬，尤其是特别早期的犬需要结合动物的体征、病史与体格检查等信息以及连续的心电图监测、超声心动检查进行诊断。症状期的犬主要借助影像学检查进行评估。

(一)实验室检查

所有非典型犬种(金毛寻回犬、拉布拉多猎犬等)和可卡犬均应进行全血牛磺酸浓度检测。

（二）胸部X线检查

胸部X线检查一般不用于扩张型心肌病的筛查。但是胸片可以提供关于气道、肺实质、胸膜腔等部位的信息。扩张型心肌病最常见的X线片征象是左心房、左心室增大，心源性肺水肿的分布较为典型，以肺叶对称性分布为主，胸腔积液也较常见。有时杜宾犬的心腔增大没有其他犬种明显，解读时应谨慎。

（三）超声心动检查

超声心动检查是评估腔室大小以及左室收缩和舒张功能的核心手段。早期的扩张型心肌病可能没有任何异常的超声心动指标（如杜宾母犬），因此不能将超声心动作为亚临床扩张型心肌病唯一的筛查的手段。

对扩张型心肌病进行超声心动检查的核心意义是通过对心腔增大程度的定量评估以及对心脏收缩和舒张功能的量化，进而判定扩张型心肌病的严重程度。

明显的扩张型心肌病的超声心动表现包括左室舒张末期和收缩末期容积增大、左室游离壁和室间隔收缩运动减弱、轻度到中度的继发性二尖瓣反流、E点到室间隔距离（e-point of septal separation，EPSS）增大等（图9-3）。超声心动指标数据应与品种特异性参考范围进行对比，或者采用体重进行校正。

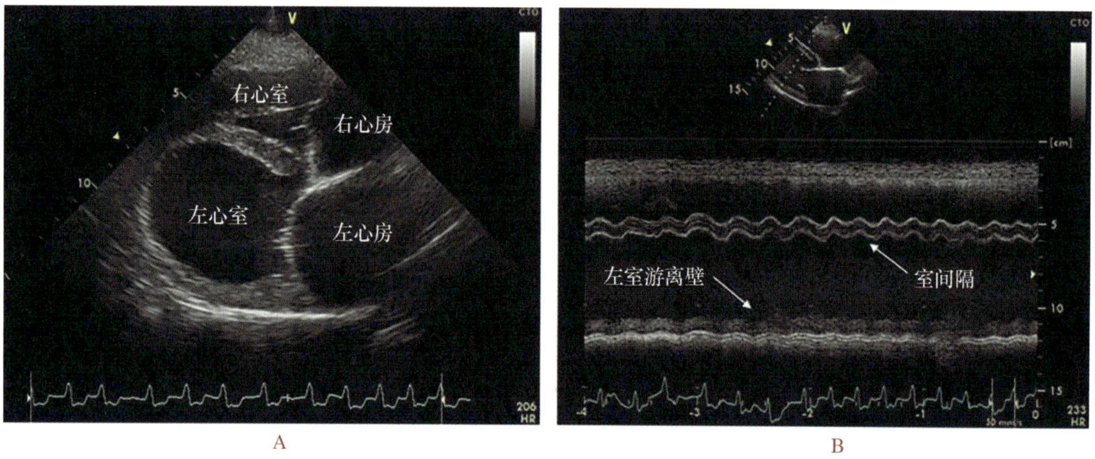

A. 右胸骨旁长轴四腔观，可见全心增大，尤其是左心房与左心室最为明显；B. M形图像，注意收缩运动明显减弱的室间隔与左室游离壁。

图9-3　患扩张型心肌病的金毛寻回犬的超声心动图像

（中国农业大学动物医院供图）

（四）其他检查

心电图检查是筛查扩张型心肌病的有效手段。对高发品种（如杜宾犬、拳师犬等）实时5 min心电图发现室性早搏，就应怀疑其为扩张型心肌病，应进行更详细的检查。采用霍特（Holter）连续心电监测会极大地提高诊断敏感性。最新的研究认为，杜宾犬，或者拳师犬若24 h内出现室性早搏超过300个或1年内2次24 h霍特监测的室性早搏数量为50～300个，则高度提示扩张型心肌病。严重心律失常的犬还会出现心房扑动（简称房扑）、心房纤颤（简称房颤）、致死性的室性心动过速或心室纤颤（简称室颤）（图9-4）。基因检测可用于筛查种用的犬，目前仅限于杜宾犬和拳师犬的特定基因检测。临床病例的基因检测无法替代传统的诊断手段。生物标记物在筛查杜宾犬的无症状期扩张型心肌病方面有良好的应用前景，如N-末端脑利尿钠肽前体（NT-proBNP）。

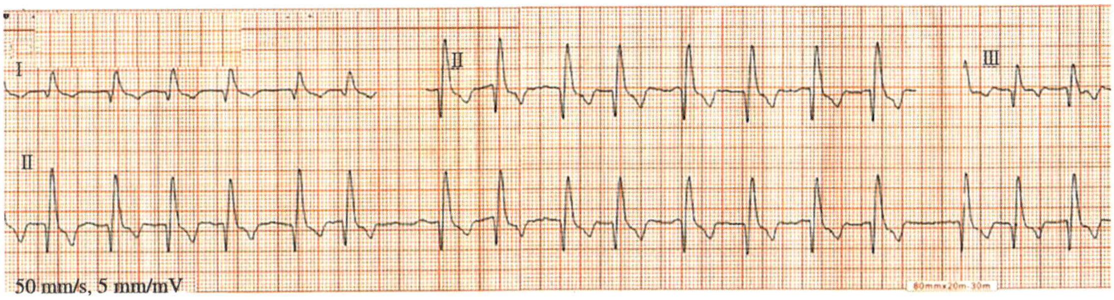

在Ⅱ导联上未见P波，且R-R间期毫无规律，这是典型的房颤的心电图。

图 9-4 患扩张型心肌病的杜宾犬的心电图

（中国农业大学动物医院供图）

【治疗】

（一）治疗原则

无症状期延缓心力衰竭的出现。心力衰竭期控制临床症状，从而改善生活质量。

（二）治疗方法

1. 无症状期的治疗

匹莫苯丹或血管紧张素转换酶抑制剂均可以延缓心力衰竭的发生。

2. 心力衰竭阶段的治疗

核心治疗方案与退行性瓣膜病类似。

3. 营养管理

为患犬提供高能量、高优质蛋白、低盐的全价日粮，尽量维持动物理想的营养体况；可卡犬、非典型犬种和全血/血浆牛磺酸水平偏低的患犬应终生补充牛磺酸。

4. 其他治疗

患犬常见心律失常。房颤是最常见的心律失常之一，通常联用地高辛与地尔硫卓进行治疗。严重的室性心动过速需要进行药物干预。美西律不良反应较少见，可以有效控制室率。其他常用的药物包括索他洛尔和胺碘酮。与美西律相比，这些药物更易出现不良反应。

【预后】

不同犬种的扩张型心肌病的病程存在明显的差异。该病的发展速度受多种因素的影响。值得注意的是，杜宾犬的扩张型心肌病有较高的猝死风险。若已经出现充血性心力衰竭，则预后不良，中位生存期约为19周。

第三节 猫心肌病

猫心肌病（feline cardiomyopathy）是指一组病因不明的异质性心肌病。其常见的类型包括肥厚型心肌病、限制型心肌病、未分型心肌病与扩张型心肌病。这里重点阐述肥厚型心肌病。猫的肥厚型心肌病以左心室壁原发性肥厚为特征。绝大多数肥厚型心肌病呈进行性发展，并最终出现充血性心力衰竭、动脉血栓栓塞和/或猝死。它发生于任何年龄段的猫，公猫的发病率高于母猫。该病的易发品种见于家养短毛猫、家养长毛猫、美国短毛猫、缅因猫和布偶猫等。

【病因】

除由全身性疾病所引起的继发性心肌病外，绝大多数猫心肌病均为特发性，确切病因尚不完全清楚。

(一)原发性因素

已知致病性基因突变可导致部分猫品种(如缅因猫、布偶猫)出现肥厚型心肌病,目前研究最多的致病基因为肌球蛋白结合蛋白 C3(myosin binding protein C3,MYBPC3)。

(二)继发性因素

全身性高血压、甲状腺功能亢进症与肢端肥大症都可能引发左心室肥厚。

(三)促发因素

14%~50%的症状期肥厚型心肌病的患猫在就诊前 1~2 周内经历过静脉输液、麻醉、手术、创伤事件或使用过糖皮质激素。其临床症状的出现或许与应激诱发潜在的心肌病而出现失代偿或诱发了由心肌水肿所致的暂时性心肌增厚有关。

【发病机制】

在各种病因作用下,猫发生左心室肥厚会影响舒张功能,引起左心房增大和压力升高,导致左心充血性心力衰竭。同时,增大的左心房易导致血栓的形成,从而引发动脉血栓栓塞。肥厚的左心室壁可能会出现局灶性梗死,影响左心室的收缩功能以及引发各种类型的心律失常。严重的心律失常可能导致猝死。

【临床症状】

多数肥厚型心肌病的患猫在确诊时处于疾病的无症状期,症状期的猫通常呈急性发作。

视频 9-2 猫动脉血栓栓塞恢复期

(一)急性病例症状

急性病例的典型症状包括由突发性肺水肿和/或胸腔积液引起的呼吸加快、呼吸困难,由动脉血栓栓塞引起的急性后肢瘫痪、疼痛、灌注不良。少数患猫会发生猝死。

(二)慢性病例症状

常见的异常表现包括心杂音、奔马音和心律失常。值得注意的是,患心肌病的猫可能没有任何异常心音,相反,部分健康猫会存在生理性心杂音。因此,是否存在心杂音不能用于诊断,或者排除猫的心肌病。

【诊断】

任何存在心杂音、心律失常和奔马音的猫以及出现上述临床症状的猫均应做进一步的检查,以确认其是否存在心肌病。

(一)实验室检查

生物标记物,尤其是脑利尿钠肽被广泛应用于猫心肌病的筛查,这是一种敏感性较高的诊断方法,但特异性一般。因此,任何血清脑利尿钠肽浓度异常的猫均应进行影像学检查。基因检测可以提供有用的诊断信息,尤其适用于种用的猫;基因检测异常的猫应对其定期进行影像学检查,以监测疾病的发生和发展。

(二)胸部 X 线检查

胸部 X 线检查是常规的检查手段之一。在侧位片上,猫的心影增大不如犬的心影增大明显;在正位片上,明显增大的心影会呈“爱心形”。猫的心源性肺水肿的胸片表现较为随机,会呈无规律的散在斑块样分布。猫的左心衰竭常伴有胸腔积液,使心影的评估更加困难(图 9-5)。心力衰竭症状明显或者对应激反应激烈的患猫应在情况稳定后,再对其进行胸部 X 线检查。

(三)超声心动检查

超声心动检查是目前诊断、评估和分类猫心肌病的金标准。

1. 肥厚型心肌病诊断

患猫存在弥散性对称性、弥散性非对称性或局灶性左室壁增厚。目前诊断标准为左室壁舒张期厚度≥6 mm；肥厚梗阻性心肌病将出现左室流出道湍流和二尖瓣反流，在彩色多普勒图像中出现“双湍流”表现，慢性舒张功能异常将引起左心房增大(图 9-6)。

2. 扩张型心肌病诊断

扩张型心肌病以左心或全心增大，伴左心室收缩功能下降为特点。

3. 限制型心肌病诊断

限制型心肌病表现为双侧心房增大，伴二尖瓣限制型充盈模式，心内膜可能出现广泛性纤维化；左室壁厚度和收缩功能通常正常。

总体而言，猫的心肌病通常会引发高凝血症，严重的患猫将出现心腔内血流呈“烟雾征”或者出现心腔内血栓。

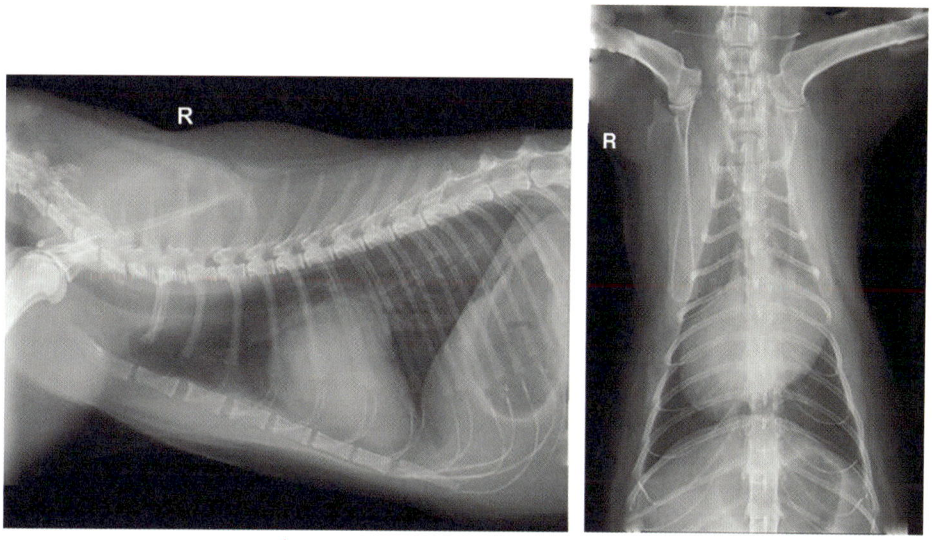

A　　B

A. 可见心影明显增大，正位心胸比明显增大；B. 肺野背尾侧可见间质型表现，提示肺水肿。

图 9-5　猫肥厚型心肌病引发的心源性肺水肿

(中国农业大学动物医院供图)

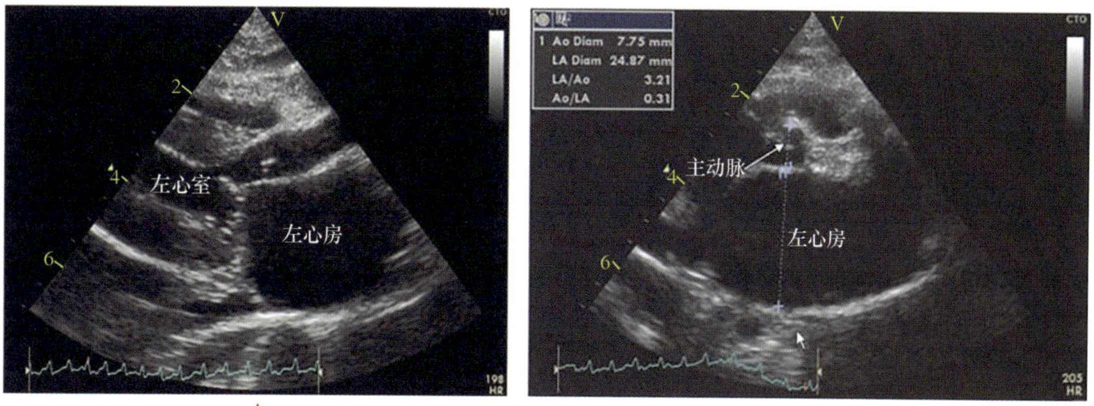

A　　B

A. 右胸骨旁长轴五腔观，可见明显向心性增厚的左心室壁与明显增大的左心房；B. 右胸骨旁主动脉根部水平短轴观，可见显著增大的左心房，左心房与主动脉内径比是 3.21(正常<1.6)。

图 9-6　肥厚型心肌病患猫的超声心动图像

(中国农业大学动物医院供图)

(四)其他检查

心电图检查常见各种非特异性的异常。肥厚型心肌病的患猫会出现左前分支传导阻滞,这种传导异常在犬的心脏病以及猫的其他类型的心肌病均较为罕见。室性期前收缩较为常见。

【治疗】

(一)治疗原则

无症状期的猫主要是延缓疾病发展与预防血栓的形成;症状期的猫主要是缓解充血症状、预防与控制血栓的形成以及改善生活质量。

(二)治疗方法

1. 无症状期的治疗

无症状期的肥厚型心肌病的患猫的经典治疗理论是用β受体阻滞剂(普萘洛尔)或者钙离子通道阻断剂(地尔硫卓)降低心率和减弱心肌收缩,进而改善舒张功能和缓解左室流出道梗阻,最终延缓疾病发展。但该治疗方案的效果存在争议。左心房明显增大或者心腔内"烟雾征"的患猫可以对其用阿司匹林(每只猫 5 mg,每 2 天 1 次,口服或 25 mg/kg,每 2～3 天 1 次,口服)、氯吡格雷(每只猫 18.75 mg,每天 1 次,口服)或利伐沙班(每只猫 1.25～2.5 mg,每天 1 次,口服),以减少血栓形成的风险。

2. 症状期的治疗

充血性心力衰竭的患猫可以用呋塞米(1～4 mg,每天 2 次,口服)或者托拉塞米(按照 24 h 呋塞米总剂量的 1/20～1/10)进行治疗。目前不推荐使用匹莫苯丹治疗猫的肥厚型心肌病,尤其是存在严重左心室流出道梗阻的猫。禁止在心力竭衰阶段使用β受体阻滞剂。

3. 动脉血栓栓塞的治疗

参见猫动脉血栓栓塞的治疗。

【预后】

接近 1/3 的肥厚型心肌病的患猫在诊断后的 10 年内会出现心因性死亡。充血性心力衰竭的肥厚型心肌病的患猫的中位生存期约为 19 个月。与肥厚型心肌病相比,其他类型心肌病的预后会更差。

第四节　猫动脉血栓栓塞

猫动脉血栓栓塞(feline arterial thromboembolism,FATE)是指各种原因引起的循环血栓堵塞动脉所引发的疾病。它是引起猫急性跛行和瘫痪的重要原因。该病通常急性发作,除堵塞的器官或组织出现缺血性损伤和炎症,还经常引发全身性反应,导致动物死亡。多数动脉血栓栓塞会影响猫的后肢。

【病因】

该病的潜在病因包括心肌病、肿瘤、全身性炎症等,其中最常见的是心肌病。

(一)心源性因素

其最常见的病因通常是各种类型的心肌病或引起左心房增大的先天性心脏病。

(二)非心源性因素

非心源性因素是较为少见的。ATE 的患猫在无明显左心疾病的情况下应筛查非心源性病因,主要包括全身性炎症、肿瘤等。

【发病机制】

根据经典的血栓形成理论，任何引起血管内皮结构或功能异常、血液流动变缓或静止以及血液高凝状态的基础性疾病均会引发血栓栓塞。心房内脱落的血栓通常堵塞在腹主动脉尾侧的分叉处，形成所谓的“鞍状”血栓。有时候血栓也会堵塞髂动脉、股动脉、臂头动脉或腹腔内脏动脉。血栓不但会阻断动脉血流，而且减少侧支循环，引起下游器官或组织发生缺血性损伤和炎症，进而发生功能障碍和变性，从而出现相应的临床症状。

【临床症状】

动脉血栓栓塞的患猫常见的临床症状通常与由基础性心脏病和血栓产生的影响有关。

(一)与基础性疾病相关的症状

基础性心脏病相关临床表现详见猫心肌病。若由非心源性疾病引起的动脉血栓栓塞，患猫可能就出现炎症或与肿瘤相关的临床表现。

(二)与血栓栓塞相关的症状

动脉血栓栓塞的相关症状通常与组织缺血、坏死有关。最常发生栓塞的部位是腹主动脉尾侧分叉处，通常引起后肢急性瘫痪、剧烈疼痛、肢端冰凉、股动脉脉搏缺失以及后肢爪垫苍白或发绀(图 9-7A 至图 9-7C)。疼痛会在栓塞后的 24～36 h 内逐渐消失。随着栓塞的持续发展，患猫后肢肌肉将逐渐僵硬，尤以腓肠肌最为明显。在少数情况下，血栓会堵塞腹腔脏器的动脉，并出现相关的临床症状。例如，肠系膜动脉血栓栓塞将引发剧烈腹痛、便血、吐血、肠壁坏死和败血性腹膜炎；肾动脉血栓栓塞将引发急性氮质血症和无尿(图 9-7D)。

(三)非特异性症状

其他常见的非特异性症状还有精神沉郁、食欲减退、躲藏和惨叫等。

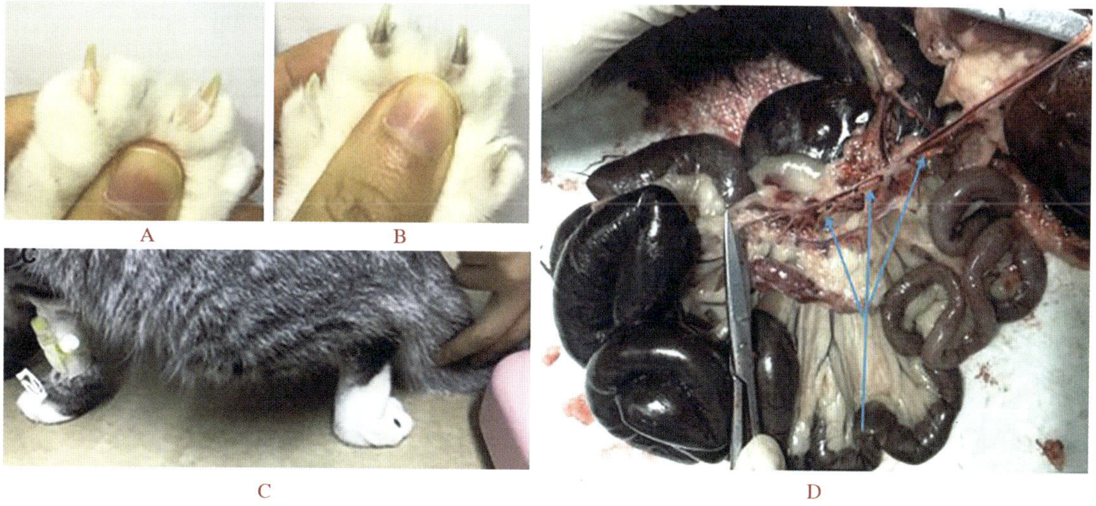

A. 正常的前肢甲床呈粉色；B. 栓塞的后肢甲床呈紫色；C. 后肢血栓的猫出现典型的本体反射消失；D. 肠系膜动脉血栓栓塞(蓝色箭头)，缺血的肠管出现坏死，与正常的肠管颜色明显不同。

图 9-7 猫心源性动脉血栓栓塞的表现

(中国农业大学动物医院供图)

【诊断】

该病的诊断较为直观，但任何时候都要积极排查潜在的病因。

(一)实验室检查

常见的异常包括应激白细胞象、氮质血症、肌肉酶活性升高(丙氨酸转氨酶、谷草转氨酶、乳酸脱氢酶和肌酸激酶)。在罕见情况下,血栓会出现急性自发性溶解而引起再灌注损伤,出现致命性高钾血症。实验室检查有助于排查其他原因引发的动脉血栓栓塞。

(二)胸部X线检查

胸部X线检查常见左心房增大。对于呼吸急促或张口呼吸的猫而言,胸部X线检查有助于排查是否存在肺水肿或胸腔积液。对于股动脉脉搏无明显异常的后躯瘫痪猫而言,胸部X线检查也有助于排查是否存在脊柱椎间盘疾病。

(三)超声心动检查

超声心动检查可以评估潜在的心肌病。心源性动脉血栓栓塞的患猫常见左心房增大、左房内(通常左心耳)血栓或左心房内血液呈"烟雾征"。高频的线阵探头可以评估腹主动脉及其尾侧的分支,动脉血栓栓塞表现为血管内有回声物质伴血液信号局部减弱或缺失。腹部超声检查有助于排查其他原因引发的动脉血栓栓塞。

【治疗】

(一)治疗原则

纠正基础性疾病以及对症管理血栓相关症状,同时预防血栓的进一步形成。

(二)治疗方法

1.纠正基础性疾病

存在严重基础性心脏病的患猫应根据需要对其使用相应的心脏病药物。

2.疼痛管理

在动脉血栓栓塞发生的最初24～36 h为剧烈疼痛期,应积极地进行疼痛管理。常用药物有布托菲诺、丁丙诺菲和芬太尼等。在胃肠道外给药时,应避开受血栓影响的血管。

3.控制血栓

针对血栓栓塞的药物包括抗血小板药物、抗凝血药物和溶栓药物。在急性期,联合使用抗血小板药物和抗凝血药物可达到更佳的治疗效果。

(1)抗血小板药物　最常用的是阿司匹林和氯吡格雷,以降低血栓的再形成风险。氯吡格雷的效果优于阿司匹林。

(2)抗凝血药　使用最广泛的是肝素,以减少血栓的进一步形成,有助于增加侧支循环,但无溶栓的作用。普通肝素的起始剂量为200 IU/kg,静脉注射,之后可每6～8 h皮下注射150～250 IU/kg。普通肝素对凝血指标的影响较明显,容易有出血风险。低分子量肝素是另一种选择,其副作用更小。

(3)溶栓药物　人医常用尿激酶、链激酶和人重组组织纤溶酶原激活剂等溶栓药物在小动物临床上的应用有限,应谨慎使用。

【预后】

该病整体预后不良。单肢发病或者患肢尚有运动功能的猫一般有更高的初次康复率。双后肢完全栓塞、伴低体温的患猫(肛温低于37 ℃)通常预后不良。若无法进行确实的疼痛管理,建议对其进行安乐死。耐受过初始阶段的猫一般在1～2周后逐渐恢复运动功能,但有些猫需要数月。少数猫的患肢终生无法恢复功能,或者出现持续性的缺血性坏死,需要进行截肢手术。心源性动脉血栓栓塞有较高的复发风险,患猫需要终生使用抗血栓药物。

第五节 动脉导管未闭

动脉导管未闭(patent ductus arteriosus, PDA)是指动脉导管壁平滑肌减少而弹性纤维增多使动脉导管无法在动物出生后的数小时至数周内闭合的一种先天性心脏病。

【病因】

任何妨碍初生犬、猫的循环前列腺素水平下降的因素都可能诱发动脉导管未闭。对于犬、猫而言,目前最常见的原因是遗传性因素,但具体的遗传机制尚不明确。

【发病机制】

由于主动脉内的压力总是高于肺动脉,无论收缩期,还是舒张期,其均有血液自主动脉经由未闭的导管分流至肺动脉。分流血液所途经的部位均会出现增大,如主动脉弓、肺部动静脉、左心房和左心室。分流使肺部血液循环过度,严重者会发展为重度肺高压,导致分流血液逆转,出现反向动脉导管未闭。

【临床症状】

典型的临床表现包括左心基部连续性心杂音、股动脉脉搏亢进。未经干预的动物通常发展为左心衰竭,并出现左心衰竭典型的临床症状。

【诊断】

侧位胸片最突出的表现是肺血管增粗以及显著的左心增大(常被误认为全心增大);正位胸片可见心影变长以及 1～3 点钟方向的“三联征”:主动脉、肺动脉干和左心耳膨出。超声心动检查可见左心增大等征象,最典型的表现是肺动脉干内连续性的湍流。

【治疗】

左到右分流的动脉导管未闭的动物应对其进行导管结扎或封堵,有多种手术或介入方式可供选择。

【预后】

超过一半的未经介入干预的患犬将在 1 周岁前死亡。若无条件进行手术或介入治疗的患病动物,当发展至心力衰竭阶段时,就应按常规的心力衰竭治疗方案进行管理。

第六节 心室流出道梗阻

最常见的先天性心室流出道梗阻(ventricular outflow tract obstruction, VOTO)是左心的主动脉瓣下狭窄和右心的肺动脉狭窄。主动脉瓣下狭窄的易发品种为金毛寻回犬、拳师犬、萨摩耶犬等;肺动脉狭窄的易发品种为英国斗牛犬、法国斗牛犬和迷你雪纳瑞犬等。其他不常见的流出道梗阻还包括主动脉瓣膜狭窄、双腔右心室、肺动脉瓣下狭窄等。

【病因】

主动脉瓣下狭窄具体的遗传机制不明确。研究显示,在金毛寻回犬中,室间隔与升主动脉的夹角减小可能会诱发主动脉瓣下嵴的发育,从而导致主动脉瓣下狭窄。肺动脉狭窄的遗传机制不明确,可能单独发生,也可能与其他复杂的先天性发育异常同时出现,典型的例子是法洛四联症。

【发病机制】

流出道梗阻使对应的心室出现后负荷升高,进而导致心室出现向心性肥厚。慢性的向心性肥厚引发心室舒张功能障碍,引起对应的心房增大和与充血相关的临床表现。严重的流出道梗阻可引起心输出量显著下降，使动物出现虚弱、虚脱等表现。

【临床症状】

患病动物常见的临床表现是左心基部收缩期心杂音，严重者会出现心律失常、运动不耐受、虚脱以及猝死。严重的肺动脉狭窄通常会引起右心衰竭，而严重的主动脉瓣下狭窄罕有引起左心衰的表现。

【诊断】

主动脉瓣下狭窄的侧位胸片常见主动脉弓向头背侧膨出，向心性肥厚的左室通常不显现。肺动脉狭窄的正位胸片常见肺动脉干膨出和右心室增大，使心影呈现“倒 D”的形状。超声心动检查常见异常动脉同侧的心室向心性肥厚以及流出道处的湍流征象。超声心动检查可以对主动脉瓣下狭窄进行分级，对肺动脉狭窄进行分类和分级(图 9-8)。

【治疗】

中度至重度的肺动脉狭窄的患犬可以进行导管球囊瓣膜成形术，减轻狭窄的程度；存在由冠状动脉发育异常所致的肺动脉狭窄者，严禁进行任何球囊瓣膜成形术。患中度至重度主动脉瓣下狭窄的动物可以进行导管球囊瓣膜成形术或者使用 β 受体阻滞剂，减缓狭窄。

【预后】

患心室流出道梗阻的动物的预后与狭窄程度呈负相关。

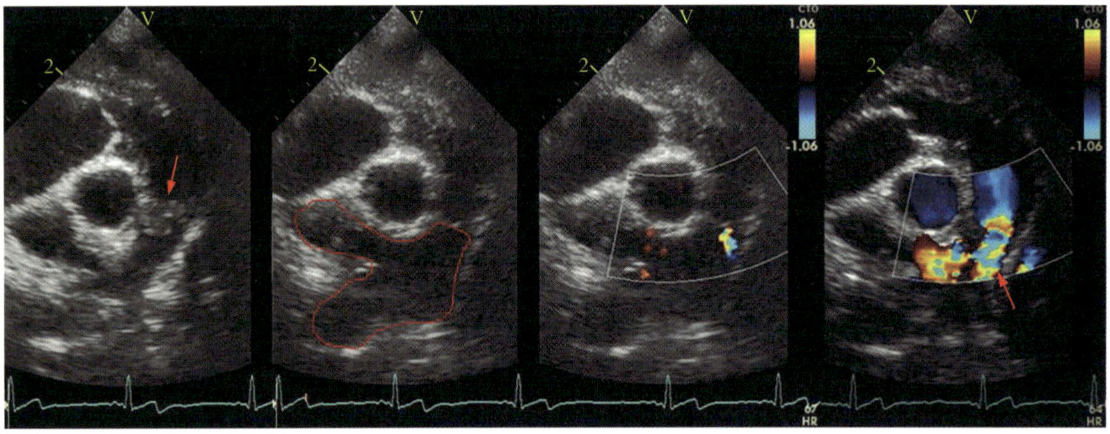

A B C D

A. 箭头所示为发育异常的肺动脉瓣；B. 狭窄后肺动脉增粗(红色轮廓所示)；C. B 图的实时彩色多普勒图像；D. 可见肺动脉内血流速率明显升高，产生花色血流(红色箭头所示)。

图 9-8　肺动脉狭窄患犬的右室流出道的超声心动图像

(中国农业大学动物医院供图)

第七节　房室瓣发育不良

房室瓣发育不良(atrioventricular valves dysplasia，AVD)包括二尖瓣发育不良和三尖瓣发育不良。它主要引起对应的瓣膜出现闭锁不全，在少数情况下会表现为闭锁不全伴狭窄。房室瓣发育不良不仅会影响瓣膜本身，而且会影响腱索和乳头肌。二尖瓣发育不良的易发品种见于牛头㹴、金毛寻回犬、大麦町犬和猫等；三尖瓣发育不良的易发品种见于拉布拉多猎犬、德国牧羊犬、威玛猎犬和猫等。

【病因】

左右房室瓣起源于心内膜垫，在胚胎发育阶段，若出现心内膜垫的异常，则可能导致二尖瓣、三尖瓣的发育异常。由于室间隔膜部和部分房间隔也起源于心内膜垫，故房室瓣发育异常可能会与房间隔缺损或室间隔缺损同时出现。

【发病机制】

瓣膜发育不良通常引起房室瓣反流，继而诱发与退行性瓣膜病类似的病生理学和临床表现。在少数情况下，其可能表现为房室瓣狭窄，引起同侧心房增大和充血相关表现，但心室可能不出现容量过载。

【临床症状】

房室瓣发育不良典型的临床表现为病变的瓣膜区出现收缩期心杂音，严重者将出现与退行性瓣膜病患犬相似的临床表现。

【诊断】

胸部X线片上可见相应的心腔出现增大。严重的二尖瓣发育不良会引起肺水肿；三尖瓣发育不良会引起第三腔积液和皮下水肿。超声心动检查可见瓣膜增厚、运动受限、腱索过短、缺失或排列异常，有时会出现三尖瓣瓣环向心尖移位。瓣膜闭锁不全会引起相应的腔室容量过载，产生与退行性瓣膜病变类似的后果(图9-9)。

【治疗】

以狭窄为主的瓣膜发育不良可以进行导管球囊瓣膜成形术，成形术能够缓解症状和延长动物的寿命。对于多数动物而言，药物对症治疗是更为现实的方案。已出现充血性心力衰竭症状的动物按照心力衰竭的常规治疗方案进行管理。顽固性胸腔积液或腹水的动物需要定期进行胸腔穿刺和腹腔穿刺，以缓解动物的症状。

【预后】

心腔明显增大的动物通常预后不良。

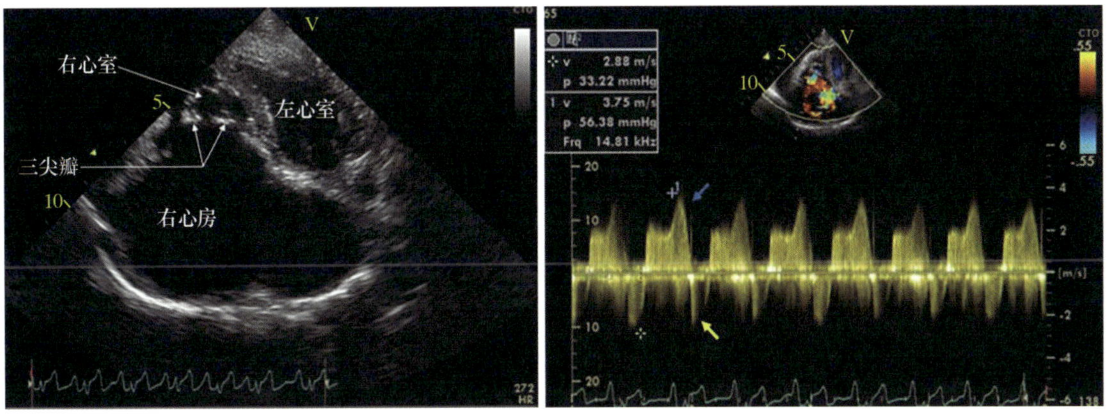

A　　　　B

A. 畸形的三尖瓣与显著增大的右心房，三尖瓣整体向心尖移位；B. 三尖瓣的频谱多普勒图像，可见流入道血液流速显著升高(蓝色箭头)，提示严重的三尖瓣狭窄。黄色箭头所示为轻度的三尖瓣反流。

图9-9　三尖瓣发育不良的拉布拉多犬的超声心动图像

(中国农业大学动物医院供图)

第八节　心包疾病

心包疾病(pericardial diseases)是一大类疾病的总称，包含多种表现形式，如心包积液、心包积气或心包内的占位性病变。这里主要介绍心包积液。急性或严重的心包积液通常会引起心包填塞，导致右心充血性心力衰竭和心源性休克。肿瘤性心包积液常见于中老年犬。各种犬种均有可能发病,而心基部肿瘤常见于短头颅犬种。特发性心包出血常见于中老年的中型至大型犬,典型的犬种有金毛寻回犬、拉布拉多猎犬和德国牧羊犬。幼年猫的心包积液主要考虑由先天性心脏病所致的充血性心力衰竭和传染性腹膜炎,成年猫的心包积液则需要考虑由心肌病所致的充血性心力衰竭和肿瘤性疾病。

【病因】

心包是一个闭合的浆膜囊,其完整包裹心脏并附着于心基部的大血管。在正常情况下,心包腔内含有极少量的液体以起到润滑作用。在临床上,最常见的心包异常是各种原因引起的心包积液。

(一)犬心包积液的病因

其常见于肿瘤性疾病(如血管肉瘤、心基部肿瘤和间皮瘤)、特发性心包积液和充血性心力衰竭等疾病。

(二)猫心包积液的病因

其常见于充血性心力衰竭、肿瘤性疾病和猫传染性腹膜炎等疾病。

【发病机制】

在各种病因作用下,心包腔内积聚过多液体会导致心包压力上升,进而影响心脏的舒张期充盈。由于右心整体的压力较低,其最先受到影响,进而会出现右心充血的症状。随着右心充盈的进行性下降以及心包压力的上升,左心回心血量也开始减少,严重者将出现由前向心输出量不足引发的心源性休克。

【临床症状】

心包积液常见于临床,通常与心包填塞有关,即右心充血性心力衰竭和心输出量减少。

(一)右心充血性心力衰竭

右心充血性心力衰竭常表现为颈静脉怒张/搏动、胸腔积液、腹水和腹围增大,外周水肿较为少见。大量心包液使心音沉闷,增大的心包腔会挤压支气管,引起咳嗽;胸腔积液会使重力侧的肺音减弱或消失,大量的胸腔积液会引起呼吸急促、呼吸困难。

(二)心输出量不足

心输出量不足提示严重或急性心包填塞。常见的临床异常有股动脉脉搏减弱、可视黏膜苍白、毛细血管再充盈时间延长和低血压等。

(三)猫心包积液

猫心包积液通常不表现明显的临床症状,尤其是由充血性心力衰竭所引起的心包积液。

【诊断】

该病诊断包括确认心包积液的存在、评估心包积液的影响以及查找潜在的病因。

(一)实验室检查

除传染性腹膜炎外,其余常见的疾病一般无明显的血常规异常。心包积液检查可以提供有价值的信息。

1. 犬心包积液的诊断

犬心包积液几乎都是出血性的。积液的血细胞比容通常超过7%,常见变性的间皮细胞。虽然心包积液的细胞学检查无法排除肿瘤性疾病,但可以用于排除感染性疾病。若动物有其他出血的倾向,就应对其进行凝血筛查。

2. 猫心包积液的诊断

猫心包积液多为漏出液或改性漏出液。若心包积液分析提示传染性腹膜炎,应将心包积液进行更特异性的检查,如冠状病毒的聚合酶链反应(polymerase chain reaction,PCR)检查。

(二)胸部影像学检查

胸部 X 线片常见心影增大。较多的慢性的心包积液的液量使心影呈现典型的球形外观。急性心包积液渗出量少,心影更类似于全心增大。若心包积液引发了心包填塞,或者疾病波及胸膜腔,胸腔积液的影像就会出现。

超声心动检查可以排查心脏病和肿瘤性疾病。犬心脏血管肉瘤最常发于右心房(尤其右心耳),心基部肿瘤一般包裹于主动脉干外,其他部位肿瘤也需借助超声心动进行仔细排查。若怀疑血管肉瘤,应进行腹腔超声检查,排查其他部位肿瘤。有时需要连续多次的超声心动检查才能发现肿瘤影像,不能通过单次的超声心动检查就完全排除肿瘤。猫的心包积液常继发于充血性心力衰竭,超声心动检查可以详细评估心脏的结构和功能(图 9-10),还可引导心包穿刺。

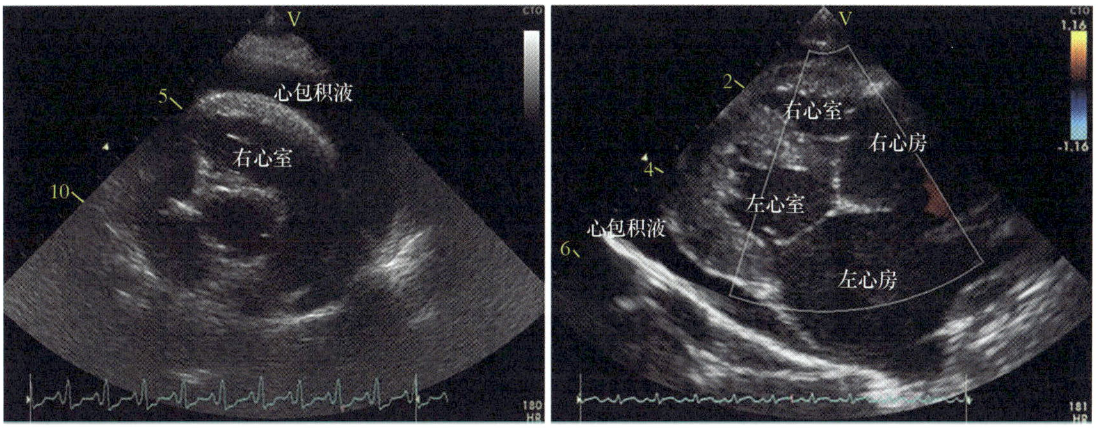

A　　　　B

A. 特发性心包炎的金毛寻回犬的超声心动图像,在右心室外可见弧形无回声暗区,提示心包积液; B. 限制型心肌病缅因猫的超声心动图像,可见双侧心房显著增大与心脏外无回声的心包积液。

图 9-10　犬、猫心包积液示例

(中国农业大学动物医院供图)

(三)其他检查

典型的心包积液心电图表现为 QRS 波群低压和电交替现象,但该特征用于筛查心包积液时既不敏感也不特异。心电图更实际的用途是在心包穿刺时进行心电实时监护,以防出现致命性的室性心律失常。

【治疗】

(一)治疗原则

病因不同,治疗有较大的差异。有明显心包填塞症状的动物对其用心包穿刺是最有效的缓解手段。

(二)治疗方法

1. 缓解心包填塞

无法手术治疗的肿瘤性心包积液需要进行定期心包穿刺,缓解症状。特发性心包出血若连续 2～3 次穿刺后仍有复发,就应进行心包切除术。

2. 管理病因

充血性心力衰竭使用常规治疗心力衰竭的方案进行管理,通常不需要进行心包穿刺减压。由其他感染性疾病引发的心包积液应进行抗微生物治疗以及必要的外科介入。

3. 特殊考虑

由非充血性心力衰竭所致的心包积液要慎用利尿剂。过度或不恰当地使用利尿剂会加重已经存在的心输出量不足，使动物出现急性的心源性休克而危及生命。必要时，兽医可以借助胸腔镜进行微创心包切除术，这样可以减少手术相关的组织创伤和并发症，并缩短患病动物术后的恢复时间。

【预后】

肿瘤性心包积液的预后不良，尤其是血管肉瘤。由充血性心力衰竭所引起的心包积液的预后谨慎。特发性心包出血经手术治疗后一般预后良好。

第九节 肺 高 压

尽管肺高压与肺动脉高压的概念有所不同，但这两个术语在兽医临床上几乎通用。肺动脉平均压超过 25 mmHg 或收缩压超过 35 mmHg 就可以定义为肺高压(pulmonary hypertension，PH)。严重的肺高压在临床上以呼吸道症状、虚弱或虚脱等为特征。由某些先天性心脏病所致的肺高压以及较为罕见的特发性肺动脉高压易发于年青动物，而更多的肺高压常见于中老年动物。

【病因】

人医将肺高压分成五大类，兽医也在套用人医的分类系统，但临床应用仍不广泛。兽医领域习惯上将肺高压的病因分为三大类。

(一)第一类病因

肺部血流量增加，又称为肺循环过度，它主要是指各种由左到右的先天性心脏短路。常见疾病有动脉导管未闭、房间隔缺损和室间隔缺损。

(二)第二类病因

肺血管阻力升高，它主要是指由某些引起肺动脉结构改变的腔内疾病和肺实质疾病。常见疾病有心丝虫病、慢性肺实质疾病和肺血栓栓塞。

(三)第三类病因

肺静脉压升高也是犬、猫肺高压最常见的原因。常见疾病有犬慢性退行性瓣膜病、犬扩张型心肌病和各种类型的猫心肌病，尤其是限制型心肌病。

【发病机制】

由慢性的左心充血引起的肺静脉压升高会导致肺部小动脉出现不可逆的病理性变化。由肺部循环过度以及肺血栓栓塞、心丝虫、慢性肺部疾病所引起的肺部炎症和缺氧刺激也会引起肺部小动脉发生病理性重塑，出现血管壁增厚和血管腔堵塞，从而导致肺高压。

【临床症状】

肺高压并无特异性的临床表现。临床症状包括引起肺高压的基础性肺部疾病和心脏病所表现的症状，也包括由肺高压继发导致的右心功能不全所表现的症状。

(一)急性病例症状

急性病例既表现出与基础性疾病相关的急症，如与左心充血相关的急性肺水肿或与气道梗阻相关的急性呼吸困难，也会表现出与肺高压相关的急症，如昏迷、虚脱等。

(二)慢性病例症状

慢性病例常见的异常表现为湿啰音、喘鸣音；二尖瓣区域的心杂音、较为少见的肺动脉瓣区域的心杂音，有时有第二心音分裂。它的主要原因是由肺动脉高压引起的舒张期主动脉瓣和肺动脉瓣不同步关闭。慢性病例还会出现咳嗽、运动不耐受、疲倦、嗜睡等症状。

当肺动脉高压导致右心衰竭时（即所谓的肺心病），它可能出现腹腔积液、胸腔积液和皮下水肿。若基础性疾病为先天性的心脏病，在循环系统出现右-左反向分流的情况下，其会由于低氧含量的肺动脉血直接进入全身循环而使动物出现黏膜发绀，这些先天性心脏病包括法洛四联症、动脉导管未闭、室间隔缺损和房间隔缺损。

视频 9-3 由犬肺高压导致的虚脱

【诊断】

该病诊断包括寻找与肺高压相关的证据、评估肺高压的严重程度以及查找肺高压的病因。

（一）心脏（右心）导管检查术

最经典、最准确的肺动脉高压的诊断方法是在全身麻醉的状态下，对动物进行右心插管直接测量肺动脉压力。但是这个方法在兽医临床并不实用，因为目前对肺动脉高压的筛查主要是基于动物的临床症状及超声心动表现。当患犬出现这些变化时，它们的一般病情已经到了较晚的阶段，此时不适合对患犬进行全身麻醉和心脏插管等操作。

（二）胸部 X 线检查

胸部 X 线检查不能单独用于诊断，但是可以提示肺高压。根据基础性疾病的不同，胸部 X 线片可能会呈现心影增大、肺动脉增粗、肺动脉干膨出、肺野渗出以及与肺炎相关的异常影像，可以揭示心肺疾病。但是某些患有严重肺高压的犬的胸部 X 线片无明显的异常表现。

（三）超声心动检查

患有慢性肺高压的动物由于右心后负荷长期处于过载的状态而出现重塑的现象。其主要异常变化包括三方面：右心室扩张和右心室壁增厚；室间隔运动反常或者平坦；肺动脉扩张（图 9-11）。当右心室增厚时，心室壁的质地会呈现绒毛状，这是由心壁内小梁形成而产生的。若动物不存在右心流出道梗阻以及严重的右心功能不全，且存在三尖瓣反流和/或肺动脉瓣反流，就可通过测算三尖瓣反流或肺动脉瓣反流的峰速来推算肺高压的严重程度。以三尖瓣反流为例，肺高压可以分为轻度（35～50 mmHg）、中度（50～75 mmHg）以及重度（>75 mmHg）。较不常用的评估手段还有 Tei 指数评估、右心室收缩时间间隔评估以及较新的肺动脉膨胀指数测量与组织多普勒检查等。

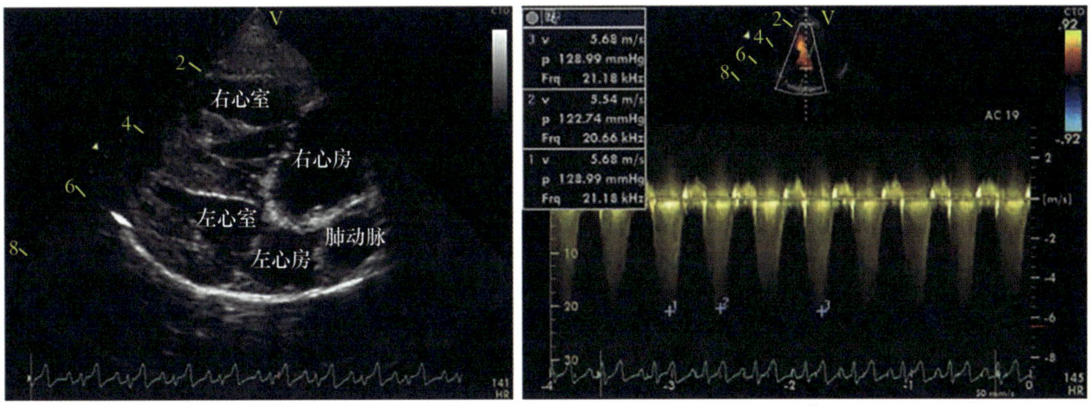

A　　　　B

A. 右胸骨旁长轴四腔观，可见右心室、右心房明显增大，室间隔平坦，右室游离壁增厚和肺动脉增粗；B. 该犬的三尖瓣频谱多普勒图像，三尖瓣反流速率超过 5.5 m/s，提示重度肺高压。

图 9-11　严重肺高压患犬的超声心动图像

（中国农业大学动物医院供图）

【治疗】

(一)治疗原则

改善临床症状、增加运动耐受能力、降低肺动脉压力、降低右心室负荷、延缓疾病的发展进程、延长动物的存活时间和改善动物的生活质量。由于临床上大部分的肺高压都是由基础性疾病引起的,该类患犬的治疗除直接针对肺动脉高压外,还要设法改善基础性疾病。

(二)治疗方法

肺动脉高压的药物疗法主要包括肺动脉内皮素旁路(内皮素受体拮抗剂)、前列腺素类(前列环素类似物)、一氧化氮旁路(特异性或者非选择性的磷酸二酯酶抑制剂)。目前,临床最常使用的药物是磷酸二酯酶Ⅴ抑制剂,代表性药物是西地那非(1~3 mg/kg,每天 3 次,口服)。该药物可以改善动物症状、延长存活时间和缓解肺高压。新的同类药物是他达拉非,目前仍处于临床试用阶段。

【预后】

目前该病预后尚不清楚。对于退行性瓣膜病的患犬而言,存在肺高压的群体的存活时间会更短。肺高压的患犬可以使用西地那非以 1 mg/kg 的剂量,2~3 次/d,口服,患犬 3 个月的存活率为 95%,半年存活率为 84%,1 年存活率为 73%。

第十节　全身性高血压

全身性高血压(systemic hypertension, SHT)是指体循环动脉血压持续处于高水平。绝大多数哺乳动物的正常收缩压应小于 150mmHg。高血压会引起靶器官损伤,且常出现严重的临床病症,如急性失明、抽搐和心脏、肾脏损伤等。犬、猫全身性高血压多为继发性。该病主要影响中老年的犬、猫。其原因可能与引起高血压疾病的流行特点有关。

【病因】

犬、猫全身性高血压通常与全身性疾病有关,非原发性或特发性非常少见。

(一)原发性因素

可能与遗传有关,但犬、猫罕见。

(二)继发性因素

常见于肾病、肾上腺皮质功能亢进、甲状腺功能亢进症、嗜铬细胞瘤、犬糖尿病、肝脏疾病、醛固酮增多症、颅内高压、肥胖和猫慢性贫血等疾病过程中。“白袍效应”可引起一过性高血压,尤其是猫。

【发病机制】

各种病因可以激活交感神经系统、肾素血管紧张素醛固酮系统或其他收缩血管的活性物质,或者抑制一氧化氮等舒张血管物质,引起外周血管阻力增强,有时伴有心输出量的增多,从而导致动脉血压持续性升高。高血压所伴随的持续性高灌注压会损伤毛细血管较为丰富的器官或需要克服高血压进行运转的器官,如脑部、眼球、肾脏和心脏。

【临床症状】

该病常见的临床症状通常与基础性疾病和高血压本身有关。

(一)与高血压相关的症状

它主要表现在被高血压损伤的靶器官上,即脑部、眼球、肾脏和心脏。常见症状包括嗜睡、行为改变、震颤、抽搐、急性失明、球内出血、青光眼和左心增大等，有的动物可能发生鼻出血。一般而言，眼部相关的症状在收缩压高于 180 mmHg 时更容易出现(图 9-12)。

(二)与基础性疾病相关的症状

肾病、肾上腺皮质功能亢进和糖尿病等基础性疾病几乎都表现出多饮多尿的症状(高血压本身也会引起压力性利尿)；还有其他的症状，如由肾上腺皮质功能亢进引起的腹围增大、脱毛等。

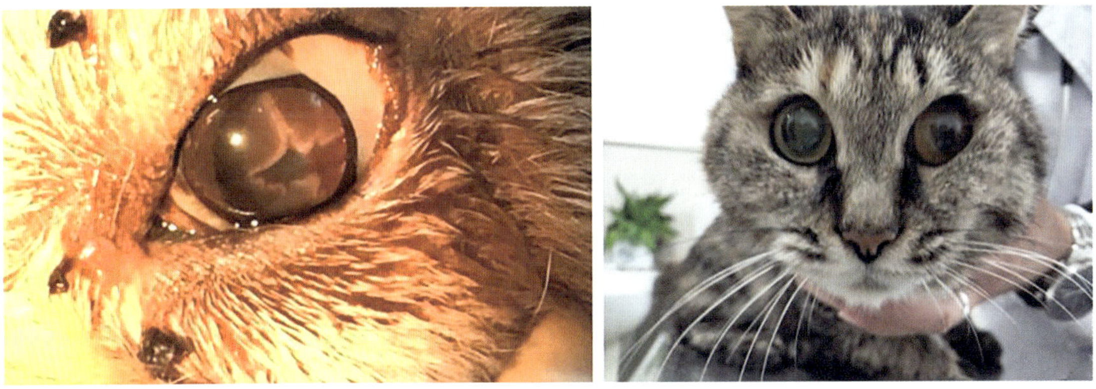

图 9-12 由高血压引起的犬和猫的眼部病变
(中国农业大学动物医院供图)

【诊断】

高血压的诊断是双向的。若体检时发现动物存在高血压，需要积极排查引起高血压的潜在原因；若动物被诊断出可能引起高血压的疾病，应监测动物血压，排查是否存在高血压。

(一)动脉血压的测量

全身性动脉血压的测量方法有若干种。在确诊高血压之前，应进行反复的测量，以确认动物确实存在高血压。血压的测量方法可以分为直接法和间接法。直接法是金标准，但是侵入性较强，需要在动物的外周动脉留置插管，一般适用于麻醉状态下的动物。间接法主要包括示波法和多普勒超声法。多普勒超声法通常只能测量收缩压。

(二)全身性高血压的分级

根据全身性高血压对靶器官的损伤风险，动物的全身性高血压的严重程度可进行分级：收缩压低于 150 mmHg，属于风险等级Ⅰ；收缩压为 150～159 mmHg，属于风险等级Ⅱ；收缩压为 160～179 mmHg，属于风险等级Ⅲ；收缩压≥180 mmHg，属于风险等级Ⅳ。视觉猎犬的正常血压比一般的犬高 20 mmHg 左右。

(三)其他检查

其他检查主要包括实验室检查、眼科检查、神经学检查和影像学检查。这些检查有助于筛查基础性疾病以及评估其严重程度。若有眼部症状和神经症状，属于急性高血压危象，应进行紧急的血压控制。

【治疗】

(一)治疗原则

控制血压、纠正基础性疾病。血压的控制包括急性期治疗与慢性期治疗。

(二)治疗方法

1. 紧急管理

危及生命以及对靶器官有严重影响的急性高血压应使用速效降压药。常用药物包括硝普钠

(静脉匀速滴注)或肼屈嗪(静脉注射)。如果没有这些药物,可以口服氨氯地平。该药物也有快速降血压的作用。在高血压的紧急管理时,应密切监测血压,防止出现低血压。

2. 长期管理

多数高血压患病动物需要进行慢性管理。在长期管理之前,需要对基础性疾病进行切实的管理。

(1)犬的用药方案　适用于犬高血压长期管理的药物包括血管紧张素转换酶抑制剂(依那普利、贝那普利)、血管紧张素受体阻滞剂(替米沙坦等)和钙[离子]通道阻滞剂(氨氯地平)。犬的高血压通常需要联合多种降压药才能取得满意的控制效果。若这些药物控制效果不理想,可以添加β受体阻滞剂(阿替洛尔、普萘洛尔)。

(2)猫的用药方案　氨氯地平是管理猫高血压的首选药物,通常单药物管理效果良好。血管紧张素受体阻滞剂是近年用于管理猫高血压的药物,降血压效果也的确很好,如替米沙坦。

3. 治疗目标与追踪

高血压控制的目标一般是将收缩压维持在140 mm Hg以下。动物的病情不同,复查的时间也不同。通常在使用降压药或调整降压药后7～10 d复查血压,血压控制效果良好的动物可以每1～4个月复查。

【预后】

高血压动物的预后取决于基础性疾病、确诊时受损的靶器官类型以及靶器官损伤的严重程度。基础性疾病控制良好,且无严重的脑部、肾脏和心脏损伤的动物一般预后良好。

第十一节　其他心血管系统疾病

除上述常见的心血管系统疾病外,在临床上还可见犬、猫其他心血管系统疾病,如表9-2所列。

表9-2　犬、猫其他心血管系统疾病

疾病	概念	病因	临床症状	诊断	治疗	预后
猫限制型心肌病(feline restrictive cardiomyopathy)	心肌舒张功能原发性下降,伴左心收缩功能正常的一类心肌病,常伴发心内膜纤维化	特发性	与肥厚型心肌病类似,但不常见心杂音。包括与左心充血性心力衰竭相关的呼吸困难和与动脉血栓栓塞相关的后肢瘫痪等器官功能障碍	超声心动检查。常见双侧心房增大、心内膜纤维化和二尖瓣限制性充盈模式(E/A＞2)	与肥厚型心肌病类似	预后谨慎至不良。各类报道的中位生存期差异较大
猫扩张型心肌病(feline dilated cardiomyopathy)	心肌收缩功能自发性下降的一类心肌病,常伴发舒张功能障碍	特发性、心动过速介导性和营养相关性(通常与牛磺酸缺乏相关)	与肥厚型心肌病类似,但不常见心杂音。严重的病例可能出现心源性休克	超声心动检查。左心室舒张期内径增大(＞16 mm)、收缩期内径增大(＞11 mm)、缩短分数下降(＜20%)	在肥厚型心肌病的治疗方案上添加正性肌力药物(如匹莫苯丹)	预后不良。营养相关性的扩张型心肌病。多数预后良好

续表 9-2

疾病	概念	病因	临床症状	诊断	治疗	预后
感染性心内膜炎(infectious endocarditis)	一种由微生物侵袭心脏瓣膜或心内膜引起的致死性、难以诊断的疾病	在菌血症的状态下，病原微生物侵袭心内膜及瓣膜，引起心肌化脓、瓣膜破坏和瓣膜赘生物	新近出现的收缩期杂音是该疾病的特征之一。全身性非特异性症状包括发热、沉郁、嗜睡等；与充血性心力衰竭相关的呼吸困难以及由动脉血栓栓塞引起的器官功能障碍。少数患犬可能会出现与免疫复合物沉积相关的多发性关节炎和肾小球肾炎	血液培养和/或超声心动检查发现心脏脓肿、瓣膜破坏和瓣膜赘生物	根据血液培养和药敏结果，挑选合适的抗生素进行治疗	
室间隔缺损(ventricular septal defect)	胚胎期室间隔或心内膜垫发育异常导致左心室、右心室之间存在异常的血液沟通	特发性发育异常。缺损好发部位为室间隔膜部，偶尔也见于室间隔肌部	多数患病的犬、猫无临床症状，严重的室间隔缺损可能引发左心衰竭、肺高压和右心衰竭，导致犬、猫出现呼吸困难、运动不耐受、发绀和腹水、胸腔积液	根据犬、猫的品种、年龄和右胸骨旁收缩期杂音做初步的诊断；超声心动检查是确诊和评估疾病严重程度的金标准	出现充血性心力衰竭的犬、猫，其治疗方案与其他类型的心脏病类似。实施手术修补可根治该病	预后取决于缺损孔的大小以及左右心室之间的压力差
房间隔缺损(atrial septal defect)	胚胎期房间隔发育异常(原发性)或右心房压力持续过高导致卵圆孔未闭(继发性)，引起左心房、右心房间存在异常的血液沟通	原发性房间隔缺损是先天性发育异常。继发性房间隔缺损的病因包括先天性右心房压力过高和由严重的左心疾病导致的房间隔撕裂	多数犬、猫无临床表现，严重的先天性房间隔缺可能会引起犬、猫出现心基部收缩期杂音(相对性肺动脉狭窄)和第二心音分裂，并可能出现腹水、胸腔积液等右心充血性心力衰竭的表现	超声心动检查，缺损部位根据常见到不常见的顺序，分别为继发孔缺损、原发孔缺损和静脉窦型缺损	多数犬、猫无须治疗。出现右心充血性心力衰竭的犬、猫的治疗方案类似于其他类型的右心衰竭。在透视引导下，缺损封堵是可供选择的治疗方案	无明显心脏重塑的犬、猫(缺损孔较小)，预后良好。出现右心衰竭的犬、猫预后不良

思考题

1. 犬、猫常见心血管系统疾病有什么差异？
2. 各种心血管系统疾病的英文缩写是什么？
3. 犬常见的获得性心脏病有哪些？各自好发的犬种是什么？
4. 犬常见的先天性心脏病有哪些？
5. 犬退行性瓣膜病的体格检查要点是什么？
6. 犬扩张型心肌病的治疗原则是什么？
7. 当犬心包积液引起心包填塞时，急诊处理措施包括哪些？
8. 肺高压主要影响哪一侧的心脏？犬肺高压最常见的原因是什么？
9. 全身性高血压损伤的靶器官有哪些？

第十章 呼吸系统疾病

学习目的与要求

1. 了解呼吸系统疾病的病因和发病机制。
2. 掌握呼吸系统疾病临床症状的鉴别诊断和诊断流程。
3. 熟悉呼吸系统疾病的治疗与预后。
4. 熟悉呼吸窘迫急诊处置流程。

概 述

呼吸系统由鼻、咽、喉、气管、支气管和肺组成。其中鼻、咽和喉属于上呼吸道;气管、支气管和肺则组成下呼吸道。呼吸系统的任何部位出现异常或受到疾病影响都会引起动物的呼吸道症状。除此之外,胸壁、胸膜腔和纵隔的异常也会影响呼吸系统。

犬、猫呼吸系统疾病的种类略有不同。犬常发短头品种气道综合征、气管塌陷、慢性支气管炎和嗜酸性肺病等;猫常发上呼吸道感染疾病以及下气道疾病(猫哮喘和慢性支气管炎)。除此之外,吸入性肺炎、肺血栓栓塞、胸膜腔积液和气胸也比较常见。

犬、猫呼吸系统疾病的病因大致分为原发性和继发性两大类。原发性因素多为特发性或先天遗传,例如,解剖结构异常、发育不良等;继发性因素包括感染性、创伤性、营养性和肿瘤性等。

犬、猫呼吸系统疾病的临床症状常表现为咳嗽、打喷嚏、鼻腔分泌物和呼吸急促/呼吸困难。与喷嚏一样,咳嗽是机体重要的防御反应,但症状持续提示存在潜在的疾病(如感染、炎症、结构异常、肿瘤等),会对呼吸道产生损伤;鼻腔分泌物异常症状可见于呼吸道疾病(如呼吸道感染、齿根脓肿、鼻腔内异物等),也可在其他全身性疾病出现(如凝血异常、全身性高血压等);呼吸急促常与肺实质和胸膜腔疾病有关,有时见于猫支气管异常。除此之外,黏膜发绀、运动不耐受、呼吸音异常等其他呼吸系统症状也应给予重视。

详细的病史调查和全面的体格检查是犬、猫呼吸系统疾病的诊断的前提。在此基础上,再选择恰当的常规实验室诊断技术,如血常规、血清生化、动脉血气分析和尿液分析等,了解全身状态,排除其他潜在疾病,缩小鉴别诊断范围。疾病的确诊常常需要进行更深入检查,如细菌/真菌培养、PCR、生物标记物检测和细胞学检查等。影像学检查被广泛地用于呼吸系统和胸腔疾病,X线片检查可以提供早期关键的鉴别诊断信息。必要时,实施侵入性检查,如内窥镜、胸腔穿刺、细针抽吸检查和活检等,为进一步诊断提供依据。

犬、猫呼吸系统疾病治疗的常规方法包括药物治疗、手术干预以及辅助治疗，有时需要多种方法联合使用。先天发育异常、创伤、肿瘤等疾病常常需要通过手术干预。侵入性较小的治疗方法以药物治疗和辅助治疗为主。常用的药物按作用分为抗感染药物（抗病毒、抗细菌和抗真菌）、糖皮质激素（猫的慢性支气管炎性疾病、犬的嗜酸性肺病等）、支气管扩张药物（茶碱和β激动剂）、镇咳（犬常用，猫少用）和化痰药物等，根据病例具体情况可选择口服、注射或雾化吸入等给药方式。

常用的辅助治疗包括吸氧疗法、胸导管放置/留置、营养管理等。在动物就诊检查、治疗以及护理康复期间，患病的犬、猫在各环节均有可能出现呼吸困难、呼吸急促、黏膜发绀或虚脱等情况，属于急诊范畴，应尽快进行处置。吸氧治疗能够在一定程度上改善低血氧的情况，以维持重要器官的氧合作用。吸氧疗法有面罩、氧箱、鼻氧气管和气管内吸氧等，各种方法所能提供的氧气浓度和对操作、设备的要求各不相同。患脓胸、气胸的犬和猫常需要放置胸导管。营养支持可以改善消瘦动物的营养状况以及帮助肥胖动物进行体重管理，缓解由肥胖导致的呼吸系统恶化症状。

犬、猫呼吸系统疾病应依据病史、临床症状、实验室检查和影像学检查等综合信息，确定病因后，选择合理的治疗方案，同时兼顾消除病因、对症治疗和避免药物不良反应，才能有效治愈患病动物，维护好动物的健康和生命。犬、猫呼吸系统疾病的转归存在较大的差异。

第一节 猫上呼吸道感染疾病

猫上呼吸道感染疾病（feline infectious upper respiratory diseases）是指广泛分布的引起幼猫发病，甚至死亡的一种重要的疾病。该病多见于幼猫，尤其生活在拥挤或应激环境中更易感。

【病因】

（一）致病微生物

该病的主要病原为猫疱疹病毒-1型（feline herpes virus-1，FHV-1）和猫杯状病毒（feline calicivirus，FCV）。原发的细菌性病原有衣原体、支原体、波氏杆菌等。单独感染或混合感染都会发生，通过患猫、携带者和污染物进行传播。在原发性感染破坏黏膜后，它还可继发链球菌、葡萄球菌、多杀性巴氏杆菌等条件致病菌感染。

（二）风险因素

在幼龄、应激、密集拥挤、卫生不良的饲养环境或免疫抑制情况下，猫更易感。大约80%的猫在急性病毒性上呼吸道感染之后会进入长期携带病毒的状态。

【发病机制】

致病微生物通过口腔、鼻腔和结膜感染动物，罕见引起原发性的肺部损伤。继发细菌感染会加重由病毒造成的损伤。多种致病微生物感染导致临床表现多种多样，严重程度也不同。

（一）疱疹病毒感染

疱疹病毒主要攻击上呼吸道组织，包括软腭、扁桃体、鼻甲、结膜，有时波及气管，造成多灶性的上皮坏死。疱疹病毒在损伤呼吸道上皮后会进一步溶解鼻甲骨，造成持续性的鼻窦炎和鼻炎。疱疹病毒感染角膜上皮会引起角膜溃疡和角膜炎。

（二）杯状病毒感染

杯状病毒主要在口腔和呼吸道组织进行复制，在没有明显症状的情况下持续排毒。杯状病毒长期持续感染与猫的慢性溃疡性口炎有关。杯状病毒还可以引起一过性的急性滑膜炎，导致跛行。

【临床症状】

急性型更为常见。患猫有相似的症状，主要表现为精神沉郁、厌食和脱水、发热、打喷嚏、流浆液性、黏脓性鼻分泌物、结膜炎和眼分泌物增多。有的周期性复发与应激或免疫抑制有关。

（一）疱疹病毒感染症状

患猫因个体差异表现的症状的严重程度不同。轻者仅表现为间断性打喷嚏和结膜炎，严重者会发展为支气管肺炎，甚至死亡。新生幼猫更易发生病毒血症和全身感染，有时还出现角膜溃疡，反复性的鼻窦炎、鼻炎等症状。

（二）杯状病毒感染症状

患猫在急性感染后转为慢性感染。临床主要表现为口腔、舌部、鼻镜、结膜和皮肤的溃疡。口咽部会出现持续性感染，导致慢性溃疡性增殖性口炎和淋巴浆细胞性口炎。患猫的前臼齿及臼齿区域颊黏膜、腭舌弓两侧的黏膜出现病变。在罕见情况下，杯状病毒的强毒株会引起高热和严重的上呼吸道症状，头面部和四肢皮肤水肿、脱毛、结痂和溃疡。杯状病毒进一步侵袭肝脏、消化道和胰腺，引起呕吐、黄疸和腹泻等全身症状，甚至死亡。

【诊断】

该病根据幼猫易感、环境应激诱发的病史，结合多样的临床特征可以做出初步诊断。然而，由于病原的混合感染使临床症状复杂化（如暴发或出现严重症状），患猫需要进行特殊病原体检查。常用的检测方法包括细菌培养、PCR、病毒分离以及血清抗体滴度检查。

【治疗】

（一）治疗原则

特异性治疗、控制细菌感染和对症治疗。

（二）治疗方法

1. 特异性治疗

（1）抗病毒　病毒感染常用抗病毒药物。病毒性角膜炎、角膜溃疡应局部用药，如三氟胸苷、阿糖苷，进行点眼。严重的持续性病毒感染应全身用药，如泛昔洛韦。上呼吸道感染引起眼部病变，禁止使用糖皮质激素。

（2）抗菌　细菌感染选用多西环素[10 mg/(kg·24 h)，口服，或者 5 mg/(kg·12 h)，口服]或阿莫西林[12～22 mg/(kg·12 h)，口服]。其中多西环素对波氏杆菌和支原体感染有效，阿莫西林对继发性细菌感染效果较好，但对支原体感染无效。

2. 对症治疗

常用液体疗法、雾化和吸氧等治疗以及用饲管进行肠道营养支持。

【预防】

1. 预后

多数上呼吸道感染症状不严重的猫无须进行抗微生物治疗即可自愈。急性感染且症状严重的猫需要进行合理的治疗，预后谨慎。

2. 预防

该病的主要预防手段包括减少应激和拥挤、消毒、检疫以及接种疫苗。减少应激和拥挤对于降低发病率而言至关重要，最好将猫单独饲养，远离应激环境。选择有效的消毒剂，定期对猫舍或环境进行消毒。一般来说，大多数猫在免疫后可产生一定的保护效果，疫苗可以降低疾病的严重程度，缩短疱疹病毒的排毒时间。定期开展病毒检测和抗体效价的监测将有利于控制疾病的流行。

第二节 猫下气道疾病

猫下气道疾病(feline lower airway disease，FLAD)泛指猫的所有支气管疾病，包括炎性支气管疾病和非炎性支气管疾病，其中炎性支气管疾病更为常见。猫的炎性下气道疾病，即猫的哮喘或支气管炎(feline asthma or bronchitis)。该病是猫最常见的呼吸道疾病之一，多见于青年猫、中年猫，其中暹罗猫发病率较高。

【病因】

由于发病机制、治疗和预后方面的差异，炎性支气管疾病和非炎性支气管疾病应进行区分。非炎性支气管疾病病因多样，如解剖结构异常。不同于非炎性支气管疾病，猫的炎性支气管疾病(猫哮喘或支气管炎)的特征是下气道出现炎症反应且没有明确的病因。

一些风险因素包括感染(细菌、病毒、支原体)、空气中的变应原以及非特异性的气道刺激物。这些风险因素可以触发猫的哮喘或支气管疾病症状，并加重哮喘发作和气道阻塞。

【发病机制】

许多因素可以引发猫的咳嗽，包括气道受压、气管支气管异物、有害气体、感染、黏液或液体。由于呼吸道上皮水肿、黏性分泌物增多、平滑肌收缩、黏膜腺体活性增强，小气道的气流量会减少，甚至梗阻，引起咳嗽和呼吸窘迫。有时这些异常变化是可逆的，如过敏反应。然而，有时长期的炎性刺激会导致永久性的病变，如气道纤维化、肺气肿。下呼吸道严重梗阻致使小气道狭窄，肺内的气体无法完全呼出而滞留，形成较高的压力，最后会造成永久性的气道扩张、肺组织弹性和结构丧失(如肺气肿)。

【临床症状】

该病通常呈慢性经过且发展缓慢，主要症状为咳嗽、呼吸窘迫和运动不耐受。这些症状可同时出现，有时伴有其他异常。

(一)咳嗽

不同于犬，咳嗽对猫而言是一种不常见的临床症状，且猫很少出现心源性的咳嗽症状，故该症状对于气管支气管疾病来说有很高的特异性。有时可能会将呕吐与咳嗽混淆，需要仔细鉴别。

视频 10-1 猫咳嗽症状

(二)运动不耐受

猫有时会出现该症状，有时则会减少活动以缓解呼吸系统的压力。支气管狭窄的猫有时会出现呼吸急促、呼吸窘迫和黏膜发绀的症状。

(三)其他症状

其他症状还表现为呼吸音异常、喘鸣音、食欲不振和体重减轻等，其中呼吸音异常或喘鸣音会随时间推移而不断加重。

【诊断】

出现哮喘危象的病例切忌进行过多的操作，应先稳定体况，之后进行下一步操作。该病根据病史、临床症状，结合体格检查、影像学检查、实验室检查和其他检查可做出诊断。

(一)体格检查

有时患猫在静息状态下眼观正常，肺部听诊没有异常。在进行体格检查时，患猫可出现气管触诊敏感、呼气时间延长现象，听诊有喘鸣音，偶尔可听见啰音。

(二)影像学检查

典型病例的胸部X线片显现以支气管壁增厚为主的支气管型,有时可见肺内空气滞留现象或出现右肺中叶膨胀不全。在很多情况下,临床症状可能先于影像学变化或X线检查不能给出明确的诊断。此时,胸部CT会更好地识别异常,如支气管壁增厚、渗出以及支气管扩张等。

(三)实验室检查

(1)血常规检查　通常无法用于诊断或排除支气管炎,但外周血嗜酸性粒细胞增多症是较为常见的异常。

(2)心丝虫抗体或抗原检测　有助于确诊由寄生虫引起的呼吸道疾病。

(3)粪便检查　可以筛查由猫圆线虫、猫弓首蛔虫等造成的炎性浸润。

(四)其他检查

气管或支气管镜和气管灌洗可以获得细胞学检查样本,进行分泌物细胞学和微生物培养等检查,有助于确定病原或炎症性质。

【治疗】

(一)治疗原则

在治疗猫的炎性支气管疾病时,应先进行急性呼吸窘迫的处置,并在稳定体况之后长期使用药物、控制或规避变应原和减少刺激物暴露以及采取其他辅助手段。

(二)治疗方法

1. 急性呼吸窘迫的处置

急性呼吸窘迫的患猫切忌进行过多的操作。首先,应稳定体况,尽力降低应激并使动物处于富氧、凉爽的环境。其次,给予支气管扩张剂,如β2受体激动剂,特布他林,经静脉注射、肌内注射或皮下注射或速效糖皮质激素,如地塞米松经静脉注射或肌内注射。如果用药没有反应或继发出现气胸,就需要进行胸腔穿刺。

2. 长期药物的控制

大部分下气道疾病的患猫给予糖皮质激素和支气管扩张药物,口服或肠外途径给药,治疗效果良好。

(1)糖皮质激素　口服糖皮质激素(如泼尼松龙)是经典的治疗慢性支气管疾病的方法之一,效果稳定、可靠,但有时会引发全身性不良反应。吸入性糖皮质激素是另一种较为安全的选择,如氟替卡松适于长期使用。

视频10-2　氟替卡松吸入治疗哮喘的操作

(2)支气管扩张药物　除特布他林外,沙丁胺醇吸入剂也能够快速有效缓解临床症状,但无法控制气道炎性反应,通常不单独使用,并需要注意药物副作用,如心动过速、中枢神经系统刺激、震颤和低血钾。

(3)抗生素　由于支原体感染通常难以确诊,应给予敏感的抗生素,如多西环素。

3. 控制或规避环境变应原

经病史调查或环境史调查后,若能确定过敏性因素或刺激性因素,尽可能减少对气道的刺激,改善患猫的症状。

4. 其他治疗

肥胖的猫需要进行体重管理。虽然肥胖与支气管狭窄程度没有相关性,但是肥胖已经被证实对犬的肺功能有损伤,因此建议肥胖的患猫减重。

【预后】

多数患猫经药物治疗后反应良好，但需要终身用药。反之，对长期药物管理反应不佳或出现了较多不良反应的患猫，预后不良。

第三节 气管塌陷和气管支气管软化

气管塌陷（tracheal collapse）是指气管环背侧变平、气管背侧膜松弛无力、向腹侧气道腔内陷造成气管狭窄的一种疾病。支气管的塌陷（或软化）通常与气管塌陷有关。气管塌陷与支气管塌陷同时出现，称为气管支气管软化（tracheobronchomalacia）。其临床上以突发咳嗽、雁鸣音、呼吸困难和运动不耐受等为特征。该病最常见于玩具型、小型或中型犬，易发品种有约克夏犬、博美犬、巴哥犬、贵宾犬、马尔济斯犬以及吉娃娃等。大型犬偶见支气管塌陷，但罕见气管塌陷。患犬发病年龄为1～15岁，以中老年居多。猫也罕见气管塌陷。

【病因】

气管塌陷的原因很复杂，并且是多种因素共同作用，其中涉及遗传病、营养、神经和刺激性事物等。该病发生既需要原发性软骨环异常，又需要诱发因素促使疾病发展至出现症状。

（一）原发性软骨环异常

气管软骨环内糖胺聚糖或硫酸软骨素含量的降低导致了软骨环弹性下降。

（二）继发性因素

气管创伤、气管内或气管外肿块、西高地白㹴特发性肺纤维化。

（三）诱发因素

肥胖、心脏疾病、刺激性物质或变应原的吸入、呼吸道感染或近期做过气管插管操作等。

【发病机制】

正常动物的气管横切面呈圆环状。气管软骨环使气管在安静呼吸的任何阶段都保持为开放的空腔。气管软骨环的背侧有缺口使软骨环呈“C”形，在气管背侧有气管膜覆盖。根据呼吸运动时气道压力梯度的变化，气管塌陷的动物在吸气时出现颈部气管塌陷，在呼气时则是胸腔内部分出现塌陷。当气管塌陷时，气管环的背腹侧方向压扁和气管膜的拉伸引发气管背侧膜的炎性反应和松弛下垂，并向管腔内凹陷，造成气管腔内的狭窄。同时，松弛下垂的背膜对对侧的气管黏膜造成机械性刺激，加重了水肿和炎症反应的程度。气管黏膜纤毛受损，增加了小气道疾病发生的风险。

【临床症状】

患病动物的典型症状包括长期咳嗽、运动不耐受、吸气和呼气困难，严重者黏膜发绀。

（一）咳嗽

几乎所有病例都有长期的咳嗽病史，且严重程度不一。临床症状时好时坏、阵发性或持续不断，尤其在饮水、进食、兴奋、运动以及牵拉颈部时，咳嗽症状加重。患病动物干咳或发出“鹅鸣”音。

视频10-3 由气管塌陷导致的“鹅鸣”音

（二）呕吐

有时患犬在饮水或进食后容易出现呕吐或干呕。

（三）其他症状

其他症状包括不同程度的呼吸困难、呼吸喘鸣音和运动不耐受。在特别严重情况下，患病动物会由于气道梗阻、肺动脉高压等出现晕厥和黏膜发绀。

【诊断】

根据病史、典型症状，结合体格检查和影像学检查可以做出确诊。必要时，进行其他辅助诊断和评估，如荧光透视检查、气管支气管镜、心脏超声、肺功能测试等。

(一)体格检查

动物气管触诊敏感。当寰枕关节过度伸展时，可造成气管背腹侧压扁而加重呼吸困难。胸腔和颈部听诊可听到气管和支气管处有喘鸣音；如果没有伴发下呼吸道疾病（如慢性支气管炎），则肺音听诊一般是正常的。

(二)影像学检查

1. X线检查

颈部和胸部的X线检查是重要的诊断手段之一。需要注意的是，气管塌陷的动态性质以及拍摄的时机。若患病动物颈部气管塌陷，在吸气阶段拍摄更容易看到明显的颈部气管狭窄；若患病动物胸内气管塌陷，则呼气时拍摄更容易看到胸内气管塌陷。除诊断气管塌陷外，X线检查还可以用于诊断或发现其他异常，如心血管疾病、肺部或小气道疾病。

2. 其他影像检查

荧光透视检查可以提供动态的气道变化影像，比单独的X线检查具有更高的特异性。气管支气管镜可以在静态或动态情况下评估气管塌陷和塌陷程度，有助于区分疾病的严重程度并确定治疗方案和预后判断。然而，气管塌陷的患犬，尤其是严重气管敏感、肥胖或过度兴奋的患犬用气管支气管镜检查的麻醉风险较高。

【治疗】

(一)治疗原则

缓解严重的呼吸困难、对药物治疗有效的病例进行长期管理；当药物治疗无效时，应手术放置气管支架。

(二)治疗方法

1. 缓解呼吸困难

呼吸困难的患病动物应进行吸氧治疗，同时给予镇静，必要时给予镇咳药物。选用布托菲诺或乙酰丙嗪皮下注射进行镇静，并给予糖皮质激素缓解急性炎性反应。

2. 长期管理

长期管理的主要目的是减少所有可能促进疾病发展的因素，降低气管黏膜的炎性反应水平。对肥胖的患病动物进行体重管理，有助于缓解症状。同时，将牵引绳由项圈换成肩带，以减少对气道的刺激。

(1)糖皮质激素　通过口服或吸入的途径给予低剂量的糖皮质激素，减轻气道内的炎性反应。因糖皮质激素的副作用，患病动物应尽量避免长期使用。

(2)镇咳药物　常用的布托菲诺和氢可酮有中枢镇咳作用和镇静效果。它可以打破咳嗽—呼吸道炎性刺激—咳嗽加剧的恶性循环，阻止咳嗽对气道黏膜的刺激，且有助于缓解兴奋引起的呼吸困难。然而，在并发小气道疾病的情况下，镇咳药物会抑制黏液和气道内脱落组织的排出，需要谨慎使用。同时，还要避免动物过度镇静而活动量下降，体重上升。

(3)支气管扩张药物　在用药初期，需要使用镇咳药物缓解动物的咳嗽症状。有时慢性支气管炎的病例需要用支气管扩张药物。

(4)抗生素　当气管镜/气管灌洗检查发现有感染时，应选择恰当的抗生素进行治疗。

3. 手术治疗

症状严重的动物经合理用药后效果不佳，应实施手术来放置气管支架。

【预后】

多数患病动物通过治疗可以改善病情，但病情仍会持续发展。如果病情长期发展，则预后较差，尤其是不可逆性气道塌陷的动物。

第四节　短头品种气道综合征

短头品种气道综合征（brachycephalic airway sydrome，BAS）是一种先天性疾病，由过度的人工选育繁殖造成犬、猫颅骨的解剖结构异常，从而引起一系列综合征。该综合征的患病动物会出现鼻孔狭窄、软腭过长、喉小囊外翻和气管发育不良等呼吸道结构异常。该病常见于短头颅的犬和猫。易发病品种有斗牛犬、波士顿㹴、巴哥犬、京巴犬、波斯猫、异国短毛猫、喜马拉雅山猫和苏格兰猫等。

【病因】

该病主要是由过度的人工选育造成了短头品种的上呼吸道结构异常，如鼻孔狭窄、软腭过长、喉小囊外翻、气管发育不良（如英国斗牛犬）。此外，肥胖、运动和炎热气候也是该病的重要风险因素。

【发病机制】

患病动物的鼻孔、鼻甲骨畸形和咽后部的狭窄会增加上呼吸道的气道阻力，迫使动物拉伸胸壁肌肉和膈肌更用力地吸气。当用力吸气时，狭窄的气道内的压力下降得更快、更低。在这种负压环境下，软腭部分由于没有软骨和骨性结构支撑，软组织受到较大的损伤，出现炎性反应和水肿等症状。持续的咽部软组织炎性反应，继发软腭增厚和喉小囊外翻，最后发生喉塌陷。

【临床症状】

该病发病早、终生伴随，最终恶化，使动物虚弱、运动不耐受且影响生活质量，运动、游戏、进食和睡眠活动均受到影响。

（一）主要症状

主要症状包括鼻部和咽喉部出现喘鸣音、打鼾、干呕、运动不耐受和呼吸困难。在急性严重的呼吸困难时，患病动物出现黏膜发绀、晕厥或虚脱，有生命危险。在肥胖、应激情况下（如环境温度上升、兴奋或运动等），患病动物更常出现急性呼吸窘迫。

（二）其他症状

患犬通常伴发食道和胃的疾病，出现吞咽困难、呕吐和反流症状，有时出现吸入性肺炎。

【诊断】

根据就诊动物的品种、病史、临床症状和鼻部形态可以进行初步诊断。同时，配合体格检查和影像学检查可以做进一步评估。

（一）体格检查

鼻孔对称性狭窄在呼吸时气体通过鼻腔、外翻的喉小囊和过长的软腭可听到鼾声；在喉塌陷时，呼吸会产生喘鸣音。气管发育不良的患犬在气管听诊时呼吸音较尖锐。此外，动物的主人经常将动物的呼吸窘迫或呼吸困难看作是“品种的正常现象”。

（二）影像学检查

1. X 线检查

颈部和胸部的 X 线检查有助于客观评估患病动物软腭的长度、厚度，且在怀疑动物有气管发育不良时，可进行气管内径的评估。

2. 内窥镜检查

患病动物软腭过长的程度和喉部结构的评估需要在镇静的条件下进行直视或内窥镜检查，此时需要注意麻醉风险。在确诊有异常后，应计划手术矫正。当喉小囊外翻时，可见在喉口腹侧面、声带褶的外侧有圆形软组织结构凸出。喉塌陷是指双侧杓状软骨向内侧移位。若内窥镜可弯曲，应翻转内窥镜检查鼻咽部结构。如鼻甲骨结构向后突入，在手术矫正异常后仍然可能继续出现呼吸道梗阻。

【治疗】

(一)治疗原则

非手术治疗管理和手术治疗，其中手术治疗是更彻底的治疗方法。

(二)治疗方法

1. 非手术治疗管理

它涵盖了急性呼吸窘迫的急救、药物控制、长期管理等方面，无法根治该病。

(1)急性呼吸窘迫的急救　出现急性呼吸窘迫的动物应先使动物镇静，避免耗氧过多和体温过高，并使动物处于凉爽、安静的环境内。必要时，采取降温措施。

(2)药物控制　严重的呼吸窘迫的动物常用糖皮质激素进行抗炎，还应用药物控制并发的消化道症状。

(3)长期管理　在疾病的管理过程中，应尽量避免或消除加重症状的风险因素，如兴奋、剧烈运动和环境温度过高等，以改善呼吸道的气体流通。短头品种气道综合征的患病动物的体重管理也是十分重要的。如果有超重或肥胖问题，应尽量在术前实现减重，以减少与麻醉相关的并发症。

2. 手术治疗

针对解剖结构的缺陷情况，可以选择恰当的手术方案进行纠正，如鼻孔整形、切除过长过厚的软腭、切除外翻的喉小囊。

【预后】

该病的预后与畸形的严重程度相关。通常在发病早期进行手术会有较好的预后。如果出现较严重的喉塌陷，则预后不良。伴发的气管发育不良问题就无法通过手术进行纠正。该病手术后的并发症也与品种、手术类型和术前因素有关。饲养相关品种犬的主人应该进行客户教育，告知该品种的发病倾向和可能的后果。

第五节　犬慢性支气管炎

犬慢性支气管炎(canine chronic bronchitis)是一种起病隐匿、不可治愈的疾病。其特征是患犬在2个月内出现持续不断的咳嗽，但没有任何明确的原发病因。该疾病最终会引起慢性的气道阻塞，通常又称为慢性阻塞性肺病。它常见于5岁以上的中年或老年小型犬(如㹴类犬、贵宾犬、可卡犬)，大型犬罕见。

【病因】

患犬反复咳嗽，并且无明确的原发性因素和继发性因素，故又称为非特异性支气管炎。引发犬慢性支气管炎的风险因素包括肥胖、感染性疾病(如细菌、病毒、寄生虫的感染性支气管炎)、刺激性气体等。

【发病机制】

慢性支气管炎是气道损伤与患犬反应恶性循环造成的结果。呼吸道通过一套完整的防御机制维持健康,这套机制包括正常的细胞纤毛运动、正常的黏液质量、有效的咳嗽反射等。长期的刺激物吸入或持续的感染会导致呼吸道上皮细胞损伤,造成纤毛上皮的化生、分泌黏液的腺体细胞增生和肥大、支气管黏膜充血和细胞浸润。支气管上皮的慢性损伤破坏了肺部的正常防御机制,还加剧了肺内气流的功能性梗阻。在慢性支气管炎过程中,患犬气道直径缩小。引起气道直径缩小的机制包括气道壁水肿和炎性细胞浸润、过量的气道内黏稠分泌物、支气管黏膜固有层纤维化或增生、支气管平滑肌痉挛以及慢性炎症。由下而上支气管壁强度下降导致的较大气道塌陷。这些变化都会造成患犬气道清除能力严重受损,炎性反应进一步加重,诱发更加严重的咳嗽,形成恶性循环。

【临床症状】

患犬的病史常常超过 2 个月,且在多数日子里持续不断地出现咳嗽,但没有任何明确的原发性病因。该病最典型的临床症状是慢性、迁延不愈的顽固性咳嗽,多数患病动物同时患有其他老年心肺疾病,出现虚弱、晕厥等症状。

(一)咳嗽

咳嗽一般伴有气道分泌物,但犬无吐痰的习性,需要细心观察。在多数情况下,患犬不出现精神沉郁、饮食欲下降等全身性表现。只有当咳嗽非常严重且影响动物休息和活动时,才会出现全身症状。若病情稳定的患犬叠加呼吸道感染,咳嗽会加重。

(二)虚弱或晕厥

大多数患犬存在明显的呼吸性窦性节律不齐,这与慢性气道疾病刺激迷走神经有关。少数犬在咳嗽后出现虚弱或虚脱,即所谓的咳嗽-虚脱综合征(cough-drop syndrome)。这种症状与潜在的严重肺高压有关或与由咳嗽诱发的迷走神经紧张性增强有关。

(三)其他症状

该病在小型老年犬中非常普遍,经常与其他常见的老年心肺疾病共存。

【诊断】

该病需要进行排除性诊断。根据病史和临床症状,并排除其他引起长期咳嗽的病因后才能做出诊断。同时,还应与充血性心力衰竭、气管塌陷、寄生虫性肺病、喉麻痹等疾病相鉴别。

(一)实验室检查

患犬没有明显的实验室检查结果异常。若患犬炎症指标显著升高或出现明显的外周嗜酸性粒细胞增多症,应积极排查其他炎性气道疾病,如呼吸道感染、嗜酸性支气管肺病。常规的实验室检查有助于排查全身性的其他疾病。

(二)影像学检查

胸部 X 线片通常无明显的异常。有些患犬呈现混合间质型支气管肺炎的特点,严重者会出现支气管扩张。胸部 X 线片更重要的意义是排查其他心肺疾病,如气管塌陷、肺实质疾病或严重的心脏病等。

(三)支气管镜和支气管肺泡灌洗

单纯的慢性支气管炎可以不做该项检查。只有当怀疑动物并发其他呼吸道疾病时,才进行相应的检查。

【治疗】

(一)治疗目标

控制炎症和咳嗽,改善睡眠质量和运动状态,尽可能缓解气道重塑和疾病的发展。然而,该病是一种只能缓解而无法治愈的疾病。

(二)治疗原则

减少或消除刺激因素、体重管理、抗炎止咳。

1. 减少或消除刺激因素

应消除或减少空气污染物;将牵遛脖圈换成肩背带;安抚吠叫的动物,以减少气道刺激。

2. 体重管理

超重或肥胖的动物应进行有计划的减重。

3. 抗炎止咳

(1)糖皮质激素　核心的治疗药物以抗炎剂量[泼尼松龙 0.5～1.5 mg/(kg·d),口服]起始,在症状改善后逐渐减至最低有效剂量。

(2)镇咳药物　中枢镇咳药也是早期使用的核心药物,除阿片类药物外,其他类型药物的镇咳效果非常差。其临床上较常用的速效镇咳药为布托菲诺,曲马多是备选药物。

(3)支气管扩张药物　效果不确实,只有少数患犬的症状在用药后才会改善。常用的药物有茶碱、氨茶碱和特布他林。

(4)抗生素　若患犬同时存在呼吸道感染,应根据药敏试验选择合适的抗生素。无条件的地方常用多西环素、阿奇霉素或喹诺酮类抗生素。

4. 注意事项

有些患犬的咳嗽非常顽固,如果既往诊断和治疗方案正确,应加大镇咳药或糖皮质激素的剂量。对常规剂量的镇咳药无明显反应的患犬可以进行深度镇静 12～24 h,以阻断咳嗽炎症的恶性循环。

【预后】

该病的预后良好,一般不影响患病动物寿命。若同时并发其他严重的心肺疾病,预后谨慎。

第六节　细菌性肺炎

细菌性肺炎是指由细菌感染造成的下呼吸道炎症反应。细菌可以通过呼吸道吸入、胸膜腔或胸腔内结构直接蔓延或血液循环进入肺部。该病通常为继发性感染,且常常是混合菌群感染的结果。

【病因】

该病通常为继发性疾病。除由原发性细菌性呼吸道病原体引起的感染(如支气管败血鲍特菌)外,大多数患病动物存在某种缺陷就会诱发该病。犬比猫更容易发病。

(一)病原

通常由犬、猫体内的常在菌群引起,且常为混合菌群感染(表 10-1)。

(二)诱发因素

如果确诊动物患有细菌性肺炎,应进一步寻找诱发因素。这些因素包括使用全身免疫抑制剂、处于免疫缺陷状态、呼吸系统防御能力下降、呼吸道上皮受损、吸入异物和胸壁穿透性创伤等。

表 10-1　细菌性肺炎常见分离病原体

犬细菌种属	猫细菌种属
大肠埃希菌(*Escherichia coli*)	大肠埃希菌(*Escherichia coli*)
巴斯德菌属(*Pasteurella* spp.)	巴斯德菌属(*Pasteurella* spp.)
支气管败血鲍特菌(*Bordetella bronchiseptica*)	支气管败血鲍特菌(*Bordetella bronchiseptica*)
链球菌属(*Streptococcus* spp.)	链球菌属(*Streptococcus* spp.)
凝固酶阳性葡萄球菌属(*Coagulase positive Staphylococcus* spp.)	凝固酶阳性葡萄球菌属(*Coagulase positive Staphylococcus* spp.)
克雷伯菌属(*Klebsiella* spp.)	肠球菌属(*Enterococcus* spp.)
肠球菌属(*Enterococcus* spp.)	铜绿假单胞菌(*Pseudomonas aeruginosa*)
铜绿假单胞菌(*Pseudomonas aeruginosa*)	支原体属(*Mycoplasma* spp.)
支原体属(*Mycoplasma* spp.)	

【发病机制】

健康的动物一方面通过大气道黏液、纤毛和咳嗽反射排出大颗粒的异物(大于 10 μm);另一方面通过肺泡内表面活性物质和巨噬细胞对小颗粒(小于 3 μm)异物或病原体进行防御和清除。当细菌的绝对数量过大、毒力强或肺部有损伤时,肺部的防御受到压制,无法清除下呼吸道的细菌,进而发展为肺炎。细菌性肺炎通常起源于细支气管-肺泡交界处的三点原因:①该部位是细菌的主要沉积部位;②此处同时缺乏大气道黏膜的覆盖和肺泡防御系统的保护;③该部位直径狭窄,容易堵塞。

【临床症状】

患病动物表现出呼吸道症状和全身症状。呼吸道症状为咳嗽(猫少见)、双侧鼻孔流黏脓性分泌物、呼吸窘迫和运动不耐受。全身症状包括精神不振、食欲下降、嗜睡、厌食、发热和体重减轻。除此之外,患病动物还可表现出与诱发因素相关的症状。

【诊断】

根据体格检查、血常规检查、影像学检查可初步确诊。气管灌洗液的细胞学检查和细菌培养结果可进一步指导用药;结合其他检查,有助于寻找潜在疾病。

(一)体格检查

约有一半的患病动物会发热。在进行听诊时,患病动物可发现啰音和喘鸣音。

(二)血常规检查

患病动物的血常规检查结果可能正常,也可能出现中性粒细胞增多症(伴有或不伴有核左移现象),伴有退行性核左移的中性粒细胞减少症或中性粒细胞呈中毒性变化。

(三)影像学检查

因诱发因素不同,胸部 X 线片的表现也有不同。典型的异常是肺泡型变化(空气支气管征)(图 10-1),也经常出现支气管型和间质型。

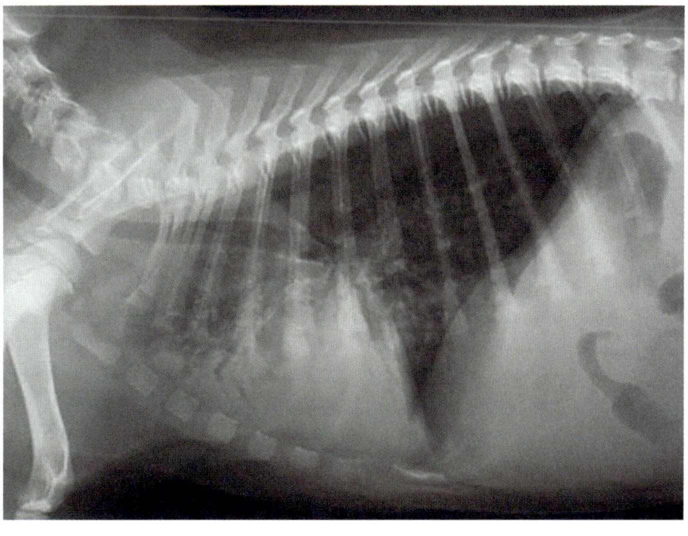

肺野腹侧出现典型肺泡型变化。

图 10-1　犬细菌性肺炎胸腔侧位 X 线片

(中国农业大学动物医院供图)

(四)气管灌洗液的细胞学检查和细菌培养

对肺部采样进行细胞学和微生物检查,并指导抗生素用药。应在抗生素使用前进行采样检查,尽可能提供准确的诊断。

(五)其他检查

其他检查主要用于寻找潜在病因,如使用支气管镜检查气道内异物和异常,进行犬瘟热病毒检查、巨食道症的评估等。

【治疗】

(一)治疗原则

使用抗生素、保持气道湿润、利用支气管扩张剂缓解气道痉挛,并且配合恰当的理疗和监护。

(二)治疗方法

1. 抗生素

在获得药敏结果之前,可使用的抗生素有阿莫西林-克拉维酸、头孢氨苄和甲氧苄啶,当怀疑被波氏杆菌感染时,应使用多西环素。病情严重或有败血症风险的动物最初应使用静脉注射抗生素。抗生素治疗应该至少持续到临床症状消失后 1 周。

2. 保持气道湿润

通过加湿保持气道分泌物的水分,避免呼吸道上皮纤毛功能下降,促进分泌物排出。

3. 支气管扩张剂

当患病动物出现呼吸力度增加、呼吸性喘鸣音时,可使用支气管扩张剂,避免支气管痉挛。使用时,密切监测患病动物状态,避免患病动物出现由通气灌注比失调而造成的严重低血氧。

4. 理疗和监护

定时(每 2 h)翻身,避免患病动物长时间侧卧。适当的运动可令呼吸加深,刺激动物咳嗽,清除气道分泌物,同时监测动物的呼吸频率、呼吸力度和黏膜颜色。

【预后】

细菌性肺炎经过规范性的治疗一般可以治愈。然而,如不能祛除潜在疾病,预后谨慎。

第七节　吸入性肺炎

吸入性肺炎是指由动物将口咽部、胃内容物或其他异物误吸入下呼吸道所引起的严重的危及生命的肺部疾病。该病通常呈急性发病,任何年龄、品种的犬和猫均可发生。

【病因】

该病为继发性疾病,多继发于食道异常、口咽部异常、全身性肌肉神经异常、意识减弱和医源性操作不当等。

(一)反流性因素

临床常见的患病动物出现胃/食道反流的异常原因都容易引发吸入性肺炎,如巨食道症、喉麻痹、腭裂、全身麻醉或深度镇静和癫痫发作等。

(二)医源性因素

它主要继发于错误或过度的强饲或灌药操作以及错误饲管放置。

【发病机制】

在疾病发生后，肺部的损伤因吸入物的体积和性质而有所不同。在开始阶段，由于吸入物的性质（如酸性的胃液），肺部会出现化学性灼伤，并直接刺激气道内的感觉神经，出现急性炎症反应，引发肺部组织损伤。随后，细菌会在肺部损伤中定殖、繁殖，继发细菌性肺炎。

【临床症状】

通常发病较急，咳嗽和呼吸费力是最常见的症状。有的病例会出现间断性的呼吸急促或出现全身症状，如发热。

【诊断】

根据病史和体格检查、血常规检查和影像学可以做出诊断。

（一）病史和体格检查

通常患病动物在发生误吸前有呕吐或反流的症状，但常被忽略；在医源性的操作后，出现误吸。听诊肺部呼吸音增强或减弱，在重力侧听到啰音或喘鸣音。

（二）血常规检查

初期，多数患病动物外周血检正常，随着病情发展，中性粒细胞增多或伴随核左移和中性粒细胞中毒性变化。

（三）影像学检查

典型的胸部X线征象分为间质型和肺泡型（图10-2）。任何肺叶都可能出现吸入性肺炎，但以右肺中叶最为常见，与患病动物吸入时的体位有关。

【治疗】

（一）治疗原则

缓解急性呼吸窘迫、寻找并管理潜在病因、预防和控制肺部感染。

（二）治疗方法

1.缓解急性呼吸窘迫

对于急性病例而言，若患病动物呼吸窘迫，应进行吸氧、补液，给予支气管扩张药物和糖皮质激素；若患病动物对吸氧没有反应，则需要进行正压通气。长期使用糖皮质激素可能会抑制呼吸道上皮的修复，不应长期使用。

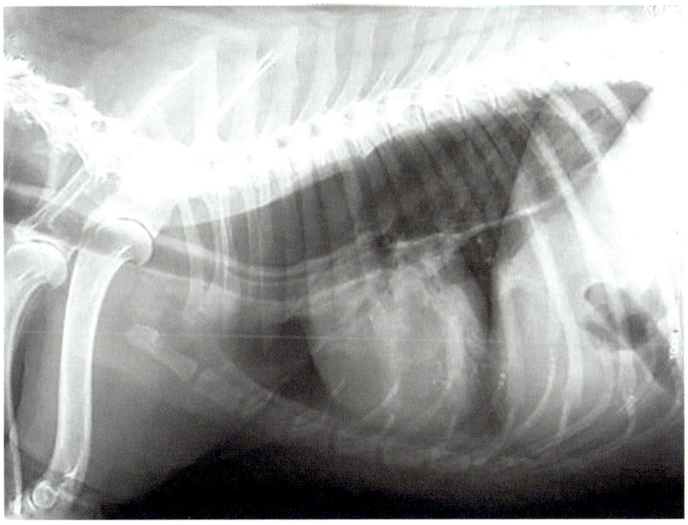

胸部侧位X线片，食道广泛性扩张，肺野腹侧中部可见肺泡型变化。

图10-2 犬巨食道症继发吸入性肺炎

（中国农业大学动物医院供图）

2.寻找并管理潜在病因

找到误吸的原发病因，并进行管理，避免再次出现误吸和气道损伤。让食道和喉部疾病的患病动物直立进食或饮水或给予肉丸形状的食物。

3.预防/控制感染

根据气管支气管灌洗样品培养的微生物种类以及药敏试验的结果，对感染的动物选择敏感的抗生素进行治疗。必要时，通过气管及支气管镜探查并移除较大的气道内异物。

【预后】

轻症或潜在病因可以纠正的病例，预后较好；重症或潜在病因无法纠正的病例，预后较差。

第八节　嗜酸性肺炎

嗜酸性肺炎是一组不同类型的肺部疾病。它们共同的明显特征是呼吸道组织中的嗜酸性粒细胞增加。猫最常见的嗜酸性粒细胞浸润肺病是哮喘和特发性慢性支气管炎，犬更常见嗜酸性肺炎。青年犬，且母犬比公犬更易发病。易发品种有西伯利亚雪橇犬、阿拉斯加雪橇犬和罗威纳犬等，其他品种犬也发病。

【病因】

该病病因有特发性病因和继发性病因。特发性的嗜酸性粒细胞浸润肺病可在没有其他诱因的情况下发生。继发性病因涉及心丝虫病、肺部寄生虫感染、寄生虫幼虫的肺部移行、药物和吸入性变应原。

【发病机制】

发病机制不明。

【临床症状】

特发性的患犬主要表现出慢性的进行性呼吸道症状，如咳嗽、呼吸费力、运动不耐受；全身症状少见，如食欲下降、体重减轻等。

【诊断】

根据病史、主要临床症状，结合呼吸道组织的嗜酸性粒细胞浸润的病理学特征可以做出诊断。

(一)血常规检查

50%～60%的嗜酸性肺炎患犬的外周血中的嗜酸性粒细胞增多。如果没有嗜酸性粒细胞增多症，也不能排除嗜酸性肺炎。

(二)影像学检查

嗜酸性肺炎患犬胸腔X线片常见肺野内弥散性间质性病变，但也可见肺泡型肺炎。高密度的浸润性影像易被误认为是肺部肿瘤(图 10-3)。

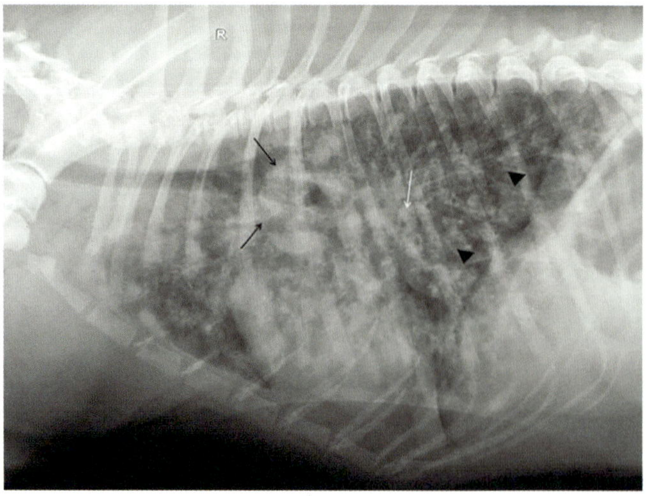

A

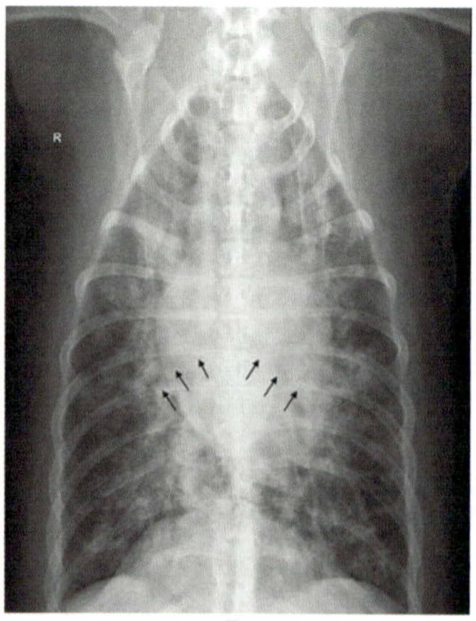

B

A. 胸腔侧位X线片，肺野密度广泛性升高，总体呈支气管间质肺泡混合征。黑色箭头为肺门处软组织密度阴影；白色尖头为支气管周围密度升高，呈“套袖”征；黑色三角形箭头为肺野内散在斑块样的结节阴影；B. 胸腔正位X线片，主支气管夹角增大(黑色箭头)，呈“牛仔腿”征，疑肺门淋巴结增大或心基部肿物。

图 10-3　犬嗜酸性支气管肺病

(中国农业大学动物医院供图)

(三)细胞学检查

患犬支气管灌洗液的细胞学检查可见细胞计数上升,其中嗜酸性粒细胞数量比例升高(图 10-4)。在支气管灌洗液细胞学检查时,还应仔细检查样本中是否出现了肿瘤细胞(如肥大细胞瘤、淋巴细胞瘤)、真菌或肺部寄生虫,并将样本进行培养。

(四)其他检查

若患犬气道灌洗液中的嗜酸性粒细胞增多,需要进一步检查以排除寄生虫感染,如粪便检查、心丝虫抗原检测等。

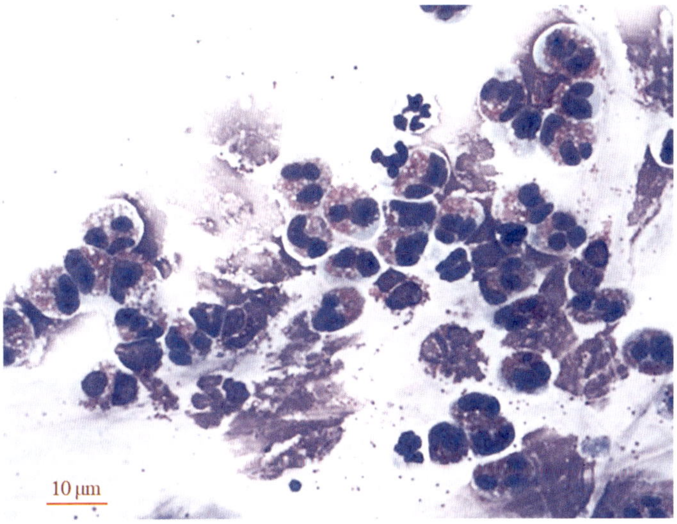

嗜酸性粒细胞比例升高(瑞氏-吉姆萨染色,100×)。

图 10-4 犬嗜酸性支气管肺病气管灌洗采样细胞学检查

(中国农业大学动物医院供图)

【治疗】

(一)特发性病例的治疗

特发性病例主要依靠糖皮质激素治疗,但必须在检查、排除了潜在的感染、肿瘤或与药物相关的病因后实施。随着疗程的推进,药物剂量应逐渐递减[如泼尼松/泼尼松龙,起始剂量为 1～2 mg/(kg·d),口服]。在治疗过程中,患病动物需要进行 X 线片的复查,监测其对治疗的反应,初期每周评估一次。当临床症状消失后,糖皮质激素剂量应下调至最低有效剂量;在维持 3 个月无症状后,可以停用药物。

(二)继发性病例的治疗

在使用糖皮质激素治疗过程中,病情加重的病例需重新检查,以寻找可能的感染性因素,采取适当的治疗措施消除致病因素,进行对症治疗。

【预后】

特发性的病例,预后谨慎;严重支气管扩张的病例,预后不良。

第九节 肺血栓栓塞

肺血栓栓塞(pulmonary thromboembolism,PTE)是指血栓部分或完全堵塞肺动脉干或肺动脉分支,血凝块可以在局部形成(原发性肺血栓形成),也可以在远端形成并转移(肺栓塞)。两者在临床上难以鉴别,因此使用肺血栓栓塞来描述。

【病因】

该病的发生与产生血栓栓塞的潜在疾病有关，但无特异性。引起犬、猫肺血栓栓塞疾病的种类繁多，包括蛋白丢失性肾病(protein-losing nephropathy，PLN)、免疫介导性溶血、肿瘤、心脏病、坏死性胰腺炎、肾上腺皮质功能亢进、外源性糖皮质激素和创伤等。发生肺血栓栓塞的患病动物通常同时存在两种或两种以上诱发血栓栓塞的疾病。肺血栓栓塞的患病动物通常在机体其他部位也存在血栓。

【发病机制】

形成血栓的原因可以归结为三点：血管内皮损伤、血液流动减慢或瘀滞和高凝血症。在致病因素作用下，血栓在形成过程中会释放相关的血管活性因子，导致肺部血管的收缩，而血小板释放的介质导致了支气管收缩和气道阻力增加，肺泡表面活性物质功能的变化也会导致肺泡顺应性降低。形成的 PTE 会破坏动物机体正常的气体交换以及生理过程，出现呼吸道症状，甚至造成其他机能障碍。

【临床症状】

该病无特异性的临床表现，最常见的症状是呼吸困难、呼吸急促和精神沉郁。其他症状应引起注意，如肺音异常、心动过速、肺高压和与基础疾病相关的症状等。临床症状的严重程度反映了心肺系统受影响的程度以及代偿的能力。轻度的肺血栓栓塞可以无任何临床表现，严重的急性肺血栓栓塞可导致猝死。

(一)肺音异常

肺血栓栓塞引发的肺水肿、出血或支气管收缩会产生异常的肺音，尤其是肺啰音。与肺血栓栓塞相关的胸腔积液会使患病动物的心肺音变得模糊。

(二)心动过速

当低氧血症、焦虑、疼痛和心输出量不足引起交感神经兴奋性增强时，患病动物会出现心动过速。

(三)肺高压

肺血栓栓塞可以引发急慢性肺高压，患病动物会出现与肺高压相关的临床表现。

(四)与基础性疾病相关的症状

许多临床症状与引发肺血栓栓塞的基础性疾病有关，例如，严重免疫介导性溶血性贫血的动物黏膜苍白和尿色异常。肾上腺皮质功能亢进的患病动物出现皮肤异常和多饮多尿等症状。

【诊断】

根据病史与临床症状可以对基础性疾病进行诊断，有助于初步确定该病的诊断方向，但是需要进行 CT 检查，对肺血栓栓塞定位。该病在兽医临床常常得不到明确的诊断。

(一)实验室检查

通常无明确的诊断意义，但有助于筛查潜在的病因。常规的凝血功能检查一般无明显异常。常见的异常结果通常与由肺血栓栓塞引发的炎症、缺氧和应激有关。

(二)影像学检查

1. X 线检查

肺血栓栓塞动物的胸片无明显异常，若患病动物呼吸异常无其他明确的病因，则相对正常的胸片反而是支持肺血栓栓塞筛查的证据。有时肺血栓栓塞的动物会出现胸片异常征象。对于犬而言，肺血栓栓塞表现为区域性血容量减少，即在栓塞部位的外周肺部动脉出现影像消失的征象，这在犬的背腹位或腹背位更容易被观察到。肺血栓栓塞也表现为肺部浸润，通常呈单灶性或散在多灶性肺泡型，或者呈单肺叶的肺叶征。

2. 心脏超声检查

超声心动图无法提供足够的诊断信息。有时在肺动脉干或分叉处以及左右肺动脉分支的起始段会发现血栓的影像，但是较为少见。有时慢性肺血栓栓塞会出现肺高压表现以及右室增大。急性肺血栓栓塞可以引发急性肺高压。由于右心在短时间内无法适应这种压力的急剧升高，有时会出现收缩减弱的表现，导致超声心动测量得到的肺血管压力假性偏低。

3. CT 血管造影检查

CT 血管造影检查是确诊手段。在镇静的情况下，进行快速的静脉推注造影剂可以避免麻醉对呼吸困难动物的影响，同时能够获得较为理想的影像，以供诊断。

【治疗】

(一)治疗原则

限制血栓的进一步增加和预防血栓的再次形成。

(二)治疗方法

1. 抗凝、溶栓药物的使用

常用抗凝血药、抗血小板药和溶栓药，但是目前治疗该病的效果未确认。普通肝素和低分子量肝素可用于住院动物的起始治疗。存在肺血栓栓塞高风险，或者经历过肺血栓栓塞的患病动物使用阿司匹林和氯吡格雷在一定程度上可以减少患肺血栓栓塞的风险。

2. 介入治疗

经血管插管引导进行局部溶栓药治疗的方案可以减少溶栓药的全身性不良反应。

3. 其他药物

选用的其他药物有支气管扩张剂、磷酸二酯酶抑制剂。

【预后】

该病整体预后不良。急性肺血栓栓塞通常能引起致命性的后果。慢性肺血栓栓塞可引发严重的肺高压或肺心病，预后不良，很多病例出现右心衰竭。

第十节　胸 腔 积 液

胸膜腔是胸膜脏层和胸膜壁层之间的空隙。在通常情况下，胸膜腔内仅有少量液体，用于润滑，减少胸腔器官在呼吸、心脏运动过程中的摩擦。胸腔积液(pleural effusion)是指胸膜腔积聚大量的液体使腔隙扩大的一种病症。其临床上以不安、呼吸急促、呼吸困难、运动不耐受、黏膜发绀以及听诊有胸膜摩擦音或排水音等为特征。

【病因】

胸腔积液的原因多且复杂，以继发性为主，特发性少见。胸腔积液并不是特定的疾病，而是由一系列病理过程导致的结果。

(一)漏出液和改性漏出液

由血浆胶体渗透压降低、静水压升高或淋巴管堵塞造成。胶体渗透压降低往往与低白蛋白血症有关，常见于蛋白丢失性肠病、PLN 或肝衰竭等；静水压升高常与右心充血性心力衰竭有关；淋巴管梗阻多见于膈疝或肿瘤性疾病。

(二)败血性渗出液

常见病由感染所致，如胸部的穿透性伤口、细菌性肺炎的蔓延、异物移行和食管穿孔等。

(三)血性渗出液

血性渗出液与抗凝血鼠药中毒、创伤、肺叶扭转、肿瘤相关。

(四)乳糜性胸腔积液

乳糜性胸腔积液由胸导管泄漏造成,多为特发性乳糜胸;也会继发于创伤、肿瘤、心脏病、心包疾病和膈疝等。

【发病机制】

在正常情况下,液体进入和离开胸膜腔是动态平衡的状态,并受到斯塔林力(Starling force)的控制。肺部血管内的静水压和胸膜腔内的负压促进液体进入胸膜腔;而血管内胶体渗透压阻止了过多的液体进入胸膜腔,淋巴系统则不断清除胸膜腔中的液体。液体异常积聚来源于两个主要原因,即流入胸膜腔的液体增多和淋巴系统排出的液体减少。

流入胸膜腔的液体增加主要由血管内静水压升高、渗透压降低和血管通透性上升造成,且增加量超出淋巴系统排出液体的能力。血管内静水压升高可见于充血性心力衰竭、血栓栓塞、全身性高血压;渗透压降低则主要与低蛋白血症有关;血管通透性上升则多见于炎症。

当淋巴系统排出障碍时,即使胸膜腔的液体没有增加,也会造成胸腔积液。淋巴系统压力升高和淋巴系统漏出可造成其排出障碍。淋巴系统压力上升多见于充血性心力衰竭、心包填塞、淋巴管阻塞;淋巴系统漏出则多见于淋巴管炎或淋巴管扩张疾病。

在脓胸的情况下,炎症诱导血管扩张和增加毛细血管通透性,引起胸腔积液。富含蛋白质的液体释放到胸膜腔,使胶体渗透压上升,将更多的液体吸入胸膜腔。胸膜也因慢性炎症而增厚,吸收液体的能力下降。

【临床症状】

胸腔积液的患病动物的病因不同、病史复杂,其临床症状的出现和发展时间取决于本身的潜在疾病。与胸腔积液直接相关的临床表现为动物不安、呼吸急促、呼吸困难、运动不耐受、张口呼吸和黏膜发绀等。对于同样体积的胸腔积液而言,产生积液速度更慢的动物,其呼吸功能受限的程度相对较轻。

【诊断】

根据病史、临床检查、胸部X线检查(图10-5)、超声检查或胸腔积液采样可做出诊断。通常胸腔积液分为漏出液、改性漏出液和渗出液,但还需要其他的细胞学或生化检查(表10-2),以进一步找到潜在病因或治疗方法。

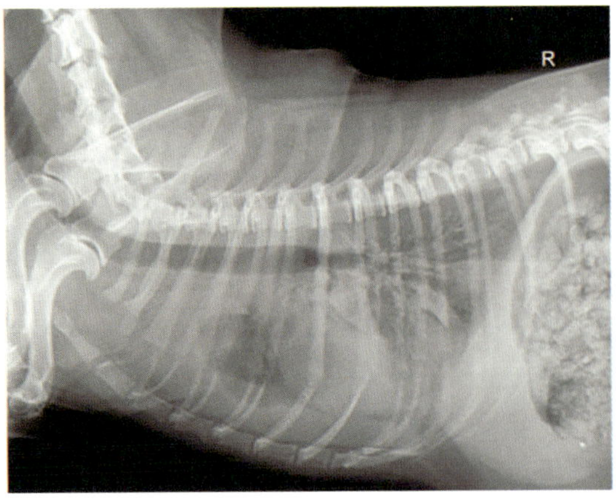

A

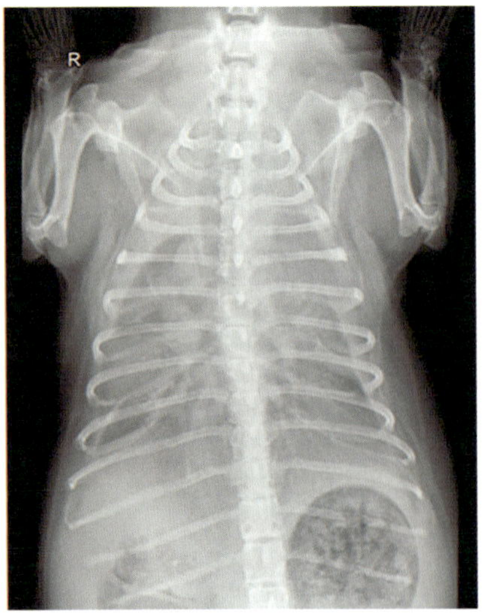

B

A. 胸腔侧位X线片;B. 胸腔正位X线片。

图10-5 犬胸膜腔积液

(中国农业大学动物医院供图)

表 10-2　胸腔积液的分类及诊断

分类	血清总蛋白/(g/dL)	有核细胞计数/μL	细胞分类	常见疾病
漏出液	<2.5	<2 500	非退行性中性粒细胞、巨噬细胞、间皮细胞	低白蛋白血症，如蛋白丢失性肠病
改性漏出液	2.5～7.0	1 000～7 000	非退行性中性粒细胞、巨噬细胞、间皮细胞、肿瘤细胞、淋巴细胞	充血性心力衰竭、肿瘤、乳糜胸
渗出液	>7.0	>7 000	种类繁多	脓胸

(一)漏出液和改性漏出液

当静水压升高引起胸腔出现漏出液，结合体格检查，怀疑动物患心脏病时，通过胸腔 X 线、心电图和心脏超声检查可以进一步评估心脏。低白蛋白血症可以通过血清生化检查确认，患病动物重力侧有时可见皮下水肿。当血清白蛋白的浓度低于 1.5～1.6 g/dL 时，才会出现由低白蛋白血症引起的漏出液。

(二)渗出液

渗出液中的蛋白质浓度较高，细胞计数也偏高。非败血性的渗出液的常见病因见表 10-3。对疑似 FIP 的病例还应进行眼底检查、渗出液 PCR 等。败血性渗出液的细胞学检查中以退行性中性粒细胞为主，且在中性粒细胞和巨噬细胞内可见胞内吞噬细菌。如有需要，可以进行革兰氏染色、需氧和厌氧培养，并进行药敏试验。

表 10-3　胸腔积液类型及常见疾病的鉴别诊断

积液类型	常见疾病
漏出液和改性漏出液	右心衰竭 心包疾病 低蛋白血症 肿瘤 膈疝
非败血性渗出液	猫传染性腹膜炎(FIP) 肿瘤 膈疝 肺叶扭转
败血性渗出液	脓胸
乳糜性胸腔积液	乳糜胸
血性渗出液	创伤 出血性疾病 肿瘤 肺叶扭转

(三)乳糜性胸腔积液

积液的细胞学特征与改性漏出液或败血性渗出液一样，蛋白质浓度中等(>2.5 g/dL)，有核细胞计数水平较低或中等。通过积液中的甘油三酯含量来确定，通常积液中的甘油三酯含量高于血清中的甘油三酯含量。淋巴系统造影有助于评估胸腔乳糜管的解剖学变化，排查是否存在泄漏以及评估泄漏的范围。

(四)血性胸腔积液

积液的血细胞比容(hematocrit,HCT)通常在20%以上。与患病动物外周血的血细胞比容相比,积液的血细胞比容是外周血液HCT的50%以上。存在血胸的患病动物应结合病史、影像学检查以及凝血筛查等结果,来确认潜在病因。

【治疗】

(一)治疗原则

通过对症治疗、对因治疗来缓解症状,消除潜在病因,才能治愈。

(二)治疗方法

1. 对症治疗

依据动物体格检查和就诊时的状态;必要时,应先进行胸腔穿刺放液以稳定病情。呼吸困难的患病动物应进行吸氧治疗;焦虑或者不安的患病动物应使用药物进行轻度的镇静,以使后续的操作更为顺畅。

2. 对因治疗

根据引起胸腔积液的原因,选择对应的治疗方法。患低蛋白血症的患病动物应进行胶体渗透压支持,并治疗潜在的肝衰竭、蛋白丢失性疾病;右心充血性心力衰竭的患病动物需要进行心力衰竭处置和管理。

3. 其他方法

病因无法有效缓解或消除且胸腔积液生成快的患病动物应留置胸腔导管排液。

【预后】

该病的预后由基础性疾病决定。如果能够消除病因,通常预后良好;否则,预后不良。

第十一节 气 胸

气胸(pneumothorax)是指气体在胸膜腔内积聚,属于后天获得性疾病。按病因,该病可分为创伤性气胸、自发性气胸或医源性气胸三种;按创伤情况,该病还可分为开放性气胸和封闭性气胸。创伤性气胸可见于任何年龄和性别的犬、猫,但年轻未去势的公犬、公猫具有更高的患病风险,小型的犬和猫尤其容易出现胸部的咬伤。自发性气胸则多见于较大体型、大体重的犬。此外,西伯利亚雪橇犬具有更高的肺大疱发病率,肺大疱容易发展为气胸。

【病因】

通常气胸与钝性创伤或穿透性胸外伤有关;也可由肺部组织病理性漏出气体进入胸膜腔内而形成气胸。气胸的种类不同,其病因也不同。

(一)创伤性气胸病因

按创伤情况,创伤性气胸可以分为开放性气胸和封闭性气胸两种。开放性气胸是指胸壁已经发生破裂的气胸;封闭性气胸在发生时胸壁完整性未受到破坏。当气体进入胸膜腔位点处的组织起到单向活瓣的作用时,它会产生高于大气压的胸膜腔内压力,造成张力性气胸。

(二)自发性气胸病因

自发性气胸是指损伤很小或无损伤而出现的气胸。它与肺脓肿、原发性/转移性肺肿瘤、异物移行、肺内大疱破裂、肺炎和猫哮喘等疾病有关。另外,犬急性气胸与寄生虫感染有关,如丝虫病、肺吸虫等。

(三)医源性气胸病因

医源性气胸常见于胸腔穿刺、活检采样或过长时间正压通气损伤肺泡或气道。

【发病机制】

在病因作用下,当气体进入胸膜腔后,胸腔内的液体无法再将胸膜和肺部充分贴合在一起,部分肺组织发生塌陷。塌陷部分的肺通气量下降造成肺通气量与血液灌注量的不匹配,最终导致动脉氧分压下降。随着气胸的发展,胸腔内的容积增加,但肺部的体积缩小,通气不良或完全无法通气的肺泡变得更多,通气-灌注不匹配情况加重。同时,不断升高的胸腔内压力影响了血液回流心脏,进而导致心输出量下降。此外,在气胸发生时,患病动物同时伴有骨折、肺挫伤等异常情况,加剧了对心血管系统和呼吸系统的损伤。

【临床症状】

该病在临床上主要表现为呼吸急促、运动不耐受、呼吸窘迫。其中,张力性气胸较为严重,可导致患病动物死亡。然而,气胸动物的临床表现取决于呼吸和循环系统的受损或受限程度。

(一)创伤性气胸症状

患病动物的呼吸窘迫、呼吸急促和呼吸做功增加的程度差异较大。黏膜颜色可能为粉红、苍白或发绀;有的病例肺部听诊可闻肺音减弱,尤其肺野背侧。临床症状的严重程度与胸膜腔内的气体量和并发的其他损伤程度呈正相关。

(二)自发性气胸症状

多数患病动物的呼吸窘迫逐渐加重,有的病例症状持续 1 周以上。其他常见的症状有呼吸急促、咳嗽以及厌食,少见黏膜发绀和虚脱。

(三)医源性气胸症状

患病动物通常表现为呼吸急促或呼吸窘迫、皮下气肿或肺顺应性降低、氧饱和度下降、心动过速或低血压等症状。

【诊断】

根据损伤的病史、临床症状,结合体格检查和胸部 X 线检查可以做出确诊。然而,气胸的病因和分类不同,诊断方法也会不同。创伤性气胸应同时评估其他损伤,如脊柱、肺部等;对于自发性气胸而言,除 X 线检查外,在稳定体况后,还需要进行全面彻底的检查,如血常规、生化、血氧饱和度或血气分析等,以评估潜在的原因,如肺炎应进一步做气管灌洗液的细胞学检查和培养;医源性气胸可以通过胸部 X 线片或胸腔穿刺确定,若怀疑气管破裂,支气管镜有助于诊断。

【治疗】

(一)治疗原则

依据产生的原因以及不同类型的气胸,采取不同的治疗方法和管理。

(二)治疗方法

1. 创伤性气胸的治疗

治疗方案取决于气胸的严重程度,需要全面评估其他影响预后的创伤,如脊柱损伤等。若仅为钝性损伤引起的气胸,通常不需要手术,经支持治疗后可以迅速恢复,预后较理想。若为穿透性胸壁创伤,需要手术探查,尤其是咬伤,损伤会将毛发或其他碎片带入胸腔内。

2. 自发性气胸的治疗

在治疗前,应稳定患病动物后再进行检查;确诊后,判断是否需要手术。胸腔穿刺或胸导管放置治疗有较高的复发率和死亡率。没有发现明确病因的病例应尽早进行手术探查,确定病变部位,但少数自发性气胸的患病动物经手术探查可能找不到明显的泄漏位点。除此以外,还可以采用胸腔镜技术进行手术，如通过 CT 等手段能更好地定位病变部位，更利于手术操作。

3. 医源性气胸的治疗

若病情较轻，可保守治疗。处于通气操作状态下的患病动物可将受损一侧的胸腔朝下侧卧。此外，避免呼气末正压通气操作。保守治疗无效的患病动物应进行手术开胸探查治疗。

【预后】

气胸的预后取决于引起气胸的原因与治疗方式。创伤性气胸的预后相对良好，但治疗前因伤死亡或有其他严重损伤（如膈疝、严重的肺挫伤、腹部挫伤等）的动物除外。自发性气胸与发生原因和治疗方法有关。与外科治疗相比，采取内科药物治疗的病例的死亡率更高，也有较高的复发率。医源性气胸通常预后良好，患病动物的治疗效果主要取决于其原有疾病。

第十二节　其他呼吸系统疾病

除上述常见的呼吸系统疾病外，在临床上还可见犬、猫其他呼吸系统疾病，如表 10-4 所列。

表 10-4　犬、猫其他呼吸系统疾病

病名	概念	病因	临床症状	诊断	治疗及预后
鼻真菌病（rhinomycosis）	由真菌感染鼻腔和鼻窦引起的疾病	多为继发感染。烟曲霉是最常见病原体。动物常有免疫缺陷、外伤、肿瘤病史	可见于任何年龄、品种的犬，德国牧羊犬高发，猫很少见。鼻腔流黏液性、脓性或血性分泌物，打喷嚏，鼻孔处色素减退和溃疡	体格检查可见相应临床症状。鼻腔 X 线检查可见鼻腔影像密度下降，甚至有骨骼被侵袭现象。细胞学检查及微生物培养可见病原体	在清创手术后，进行局部治疗，可选择伊曲康唑或特比萘芬。当病变侵袭超出鼻腔范围时，需要配合口服抗真菌药物治疗。通常预后良好
猫鼻咽息肉（feline nasopharyngeal polys）	发生于幼猫和年青成猫的一种良性赘生物，与咽鼓管底部相连，可延伸至外耳道、中耳、咽部和鼻腔	通常与由感染导致的黏膜局部肥大有关。应对潜在感染或其他疾病进行排查	呼吸道症状包括打鼾，上呼吸道梗阻和鼻腔流浆液性、黏脓性分泌物。有些病例可出现外耳炎、中耳炎或内耳炎症状	结合体格检查、影像学检查可确诊。X 线片可见软腭、鼻咽、鼻腔或外耳道有团块样组织影像。应利用 X 线和 CT 进一步检查鼓泡情况	手术切除。依病情不同，有些病例需要截除鼓泡。预后良好，但可能会复发
喉麻痹（laryngeal paralysis）	杓状软骨不能在动物吸气时正常外展，胸腔外呼吸道出现梗阻的一种疾病	多为特发性，与多发性神经病和多肌病相关；也可继发于喉神经或喉部损伤、喉部或颈部肿瘤、胸腔前部肿物或创伤	老年大型犬常见特发性喉麻痹，拉布拉多猎犬发病率高。患病动物出现急性呼吸窘迫，喘鸣音，有时伴有咳嗽、呕吐，罕见吸入性肺炎。猫罕见	在麻醉较浅时，通过喉镜检查可确诊；并对潜在疾病和并发疾病进行排除诊断，如吸入性肺炎、咽部及食道功能障碍、甲状腺机能减退症等	对呼吸窘迫采取急救措施，稳定体况。手术方法治疗采用喉成形术来改善气体交换情况。非手术治疗方法可选短效糖皮质激素，且尽量笼养，避免剧烈运动和环境高温。除非能够治疗潜在病因，否则喉麻痹无法根治。多数预后良好。伴有巨食道、吞咽困难或多疾病的动物预后谨慎

续表 10-4

病名	概念	病因	临床症状	诊断	治疗及预后
病毒性肺炎(viral pneumonias)	由原发性病毒感染引起的肺泡上皮、肺间质以及肺毛细血管内皮的炎症反应	犬病毒性肺炎的病原包括犬流感病毒、犬瘟热病毒、犬副流感病毒、犬腺病毒Ⅱ型;猫原发性病毒性肺炎的病毒主要有猫疱疹病毒、猫杯状病毒、猫传染性腹膜炎病毒等	咳嗽、发热、流黏性脓性鼻分泌物、呼吸频率加快,甚至发展为呼吸窘迫。听诊可闻湿啰音。犬感染犬瘟热病毒可出现消化道症状和中枢神经系统症状。患传染性腹膜炎的猫肺部会受到影响,同时其他多个器官受到病毒感染也会出现相应症状	结合病史、临床症状、影像学检查可初步确诊。确定病毒种类需要进行血清学检查、PCR、酶联免疫吸附试验等	可以使用特异性的抗病毒药物进行治疗。使用抗生素控制继发的细菌感染。同时维持体循环和气道内的水合状态。必要时,使用止咳药物。由于病毒类型不同,预后差异较大
肺水肿(pulmonary edema)	肺实质内血管外水含量增加有两种主要形式:静水压上升和通透性增加	多数病例由肺血管通透性升高引起,常见于各种原因造成的急性肺损伤,如吸入烟雾、吸入性肺炎、败血症、触电等。有些病例由毛细血管内压力上升引起,常见于充血性心力衰竭、淋巴梗阻等。肺血管内血浆胶体渗透压降低也可引起肺水肿	发病急,主要表现为咳嗽、呼吸急促和呼吸窘迫症状。听诊可闻湿啰音。病情严重者在死亡前可在气管、鼻部等处发现血色泡沫样分泌物	除体格检查与临床症状外,需要结合胸部X线检查,早起征象为间质型,进一步发展为肺泡型。同时,还需要进行急性肺损伤或急性呼吸窘迫综合征的评估	尽量减少应激,采用输氧疗法;使用呋塞米,防止水肿液的进一步形成。纠正低蛋白血症。纠正潜在疾病。急性肺损伤/急性呼吸窘迫综合征的患病动物预后很差,死亡率高

思考题

1. 呼吸系统疾病的对症治疗包括哪些方面?
2. 猫上呼吸道感染疾病的预防措施包括哪些?
3. 阐述猫的下气道疾病治疗原则和注意事项。
4. 患肺炎时,什么情况可以使用糖皮质激素,什么情况不可以?为什么?
5. 阐述短头品种综合征的临床表现和检查要点。
6. 阐述胸膜腔积液的产生原理和鉴别方法。
7. 阐述胸膜腔积液的处置原则。
8. 阐述气胸的诊断要点和处置原则。

第十一章　消化系统疾病

学习目的与要求

1. 了解消化系统疾病的基本概念、分类和发病特点。
2. 掌握消化系统疾病的主要病因、发病机制及临床症状。
3. 掌握消化系统疾病的诊断方法和流程。
4. 掌握消化系统疾病的治疗原则及核心治疗方法。

概　述

犬、猫消化系统由消化管(从前向后依次为口腔、咽、食道、胃、小肠、大肠和肛门)和消化腺(唾液腺、肝脏、胰腺和散在于消化管的壁内腺)组成。消化系统的主要功能包括摄取、运输、消化和吸收营养,并排出代谢废物。本章只介绍消化管的疾病,消化腺疾病如肝胆及胰脏外分泌疾病在第十二章介绍。

犬、猫消化系统疾病的种类复杂,依据疾病的主要发病部位,可分为口腔与邻近器官疾病(口炎、牙龈炎/牙周炎、唾液腺囊肿、口腔肿瘤、咀嚼肌炎、环咽部迟缓和环咽部机能障碍等)、食道疾病(巨食道症、食道炎、食道裂孔疝、食道梗阻、异物、狭窄和肿瘤等)和胃肠道疾病(急性胃炎、胃扭转、胃肠肿瘤、肠道寄生虫感染、肠道异物、肠套叠、肠扭转、炎性肠病、便秘和直肠脱垂等)。其中,口腔疾病和胃肠道疾病是最常见的消化系统疾病,是兽医犬、猫内科学临床疾病防治的重点。

犬、猫消化系统疾病的病因大致分为原发性和继发性两大类。原发性因素包括消化道结构(如食道裂孔疝、血管环异常、食道憩室和巨结肠症等)和功能性异常(如家族性自主神经异常和肠应激综合征)、炎症性(如炎性肠病)、感染性(如犬细小病毒感染、毛滴虫病、贾第鞭毛虫病和组织胞浆菌等)、阻塞性(如胃肠异物、肠扭转和肠套叠等)、动力性(如巨食道症和特发性胃动力不足)和肿瘤性(口腔黑色素瘤、口腔鳞状上皮癌、胃肠淋巴瘤和胃肠平滑肌瘤等)病因;继发性因素主要包括腹腔内疾病(胰腺炎、腹膜炎和肝胆系统疾病)、全身性疾病(尿毒症、糖尿病酮症酸中毒、肾上腺皮质功能减退和神经系统疾病等)。

犬、猫患有消化系统疾病可表现出非特异性和特异性的临床症状。非特异性的临床症状包括精神沉郁、食欲减退或厌食、体重减轻、腹痛、脱水和休克。特异性的临床症状取决于患病部位。口腔和咽部疾病主要表现为采食和咀嚼障碍、吞咽困难、口臭和流涎;食道疾病主要表现为吞咽障碍和反流;胃肠道疾病主要表现为呕吐、吐血、腹泻、便血、黑便、便秘、里急后重、排便困难和腹围增大等。临床症状的严重程度与年龄、病程和病情都具有相关性。

犬、猫消化系统疾病一般根据病史和临床症状进行初步诊断，通过临床体格检查、实验室检查和影像学检查等做出确诊。其中，体格检查是建立诊断的第一步，包括口腔检查、直肠检查和腹部触诊。实验室检查包括全血细胞计数、生化检查、凝血检查、内分泌检查、尿液分析、粪便检查、病原学检查和消化与吸收试验。影像学检查包括消化道放射学（X 线检查和透视检查）、消化道超声检查以及内窥镜检查。根据诊断需要，必要时进行开腹探查、腹腔镜检查和活组织检查。在实际诊疗中，应以临床症状为问题列表，进行鉴别诊断，区别原发性疾病和继发性疾病，解析疾病的并发症，并据此采取防治措施。

犬、猫消化系统疾病的治疗原则主要包括对因治疗、对症支持和营养管理。其中，对因治疗是根据致病原因，采用针对病因的措施，实施治疗的方法；对症支持措施包括止吐、止疼、抗酸、肠道黏膜保护剂、缓泻或止泻、调节消化道运动以及通过液体疗法纠正动物的休克、脱水、电解质和酸碱平衡紊乱状态。营养管理对于患有消化道疾病的动物而言至关重要，具有提供营养支持、调节代谢功能、治疗疾病的作用，有助于患病动物的恢复并可一定程度上预防疾病。

消化系统疾病常用的药物包括止吐剂、抗酸药物、胃肠道黏膜保护剂、胃肠道运动调节剂、抗感染药物和抗炎药物等。其中，止吐剂用于抑制呕吐症状；抗酸药用于降低胃内酸度；肠道保护剂用于保护肠道黏膜；胃肠运动调节剂用于止泻（延长食糜肠道停留时间）或加速胃排空和肠蠕动；抗生素用于控制细菌感染。

第一节　猫　口　炎

猫口炎（feline stomatitis）是猫最常见的口腔疾病之一，泛指口腔中任何部位的黏膜发生炎症的反应。炎症反应呈慢性经过且破坏性强，不仅影响口腔上皮和黏膜固有层，还可损伤黏膜下组织。根据病程，猫口炎可分为急性口炎和慢性口炎。病变部位也分为局灶性、多灶性或广泛性。猫口炎常见于 4～17 岁的猫，纯种猫可能更高发，无明显的性别倾向。

【病因】

猫口炎的病因尚不清楚，但可以肯定该疾病由多因素引起。多种微生物的感染可能与口炎的发生和发展有关，包括猫杯状病毒（FCV）、猫疱疹病毒（FHV）、猫白血病病毒（FeLV）、猫免疫缺陷病毒（FIV）和巴氏杆菌等，其中 FCV 发挥的作用最直接，几乎所有慢性增生性口炎的患猫都处于 FCV 持续排毒状态，而只有 20％的健康猫会排毒。牙菌斑刺激也是可能的病因。此外，青年型口炎有一定的遗传倾向，缅因猫高发。

【发病机制】

在上述诸多病因的作用下，口腔内的黏膜屏障受到破坏并暴露于黏膜下组织，诱发口腔发生抗原-抗体反应及补体激活，从而引起进一步的组织破坏。慢性的炎性刺激可引起继发性感染和疼痛，引起患猫出现口臭、流涎和口腔疼痛等临床症状。

【临床症状】

当发生猫口炎时，多数患猫疼痛、流涎、口臭、食欲减退和厌食。

（一）疼痛

口炎的患猫最明显的表现是因疼痛而导致的咀嚼缓慢，甚至不敢咀嚼。有些患猫不愿意采食颗粒食物，喜欢采食罐头等软质食物或流质食物；有些患猫有采食欲望，但表现为采食小心或不敢采食或在采食中抓挠面部和嘴角。

(二)流涎

患猫由于疼痛而无法吞咽唾液,口角附着白色黏稠泡沫。这种流涎并非是由唾液腺过度分泌导致的,因此又称为“假性流涎”。

(三)口臭

口腔组织坏死、牙垢和食物残渣导致口腔细菌异常增殖,从而出现口臭。

(四)食欲减退和厌食

患猫会因为疼痛而拒绝采食。长时间的摄食不足会导致患猫体重减轻、被毛质量和体况评分下降,呈现恶病质状态。

【诊断】

根据患病动物的临床症状,结合口腔检查和X线检查可以做出诊断。然而,其病原和病变的性质较难确定。必要时,通过病原学检查和组织病理学检查进行鉴别诊断,以区分免疫介导性疾病、感染性疾病、创伤性疾病、毒性物质和其他疾病。

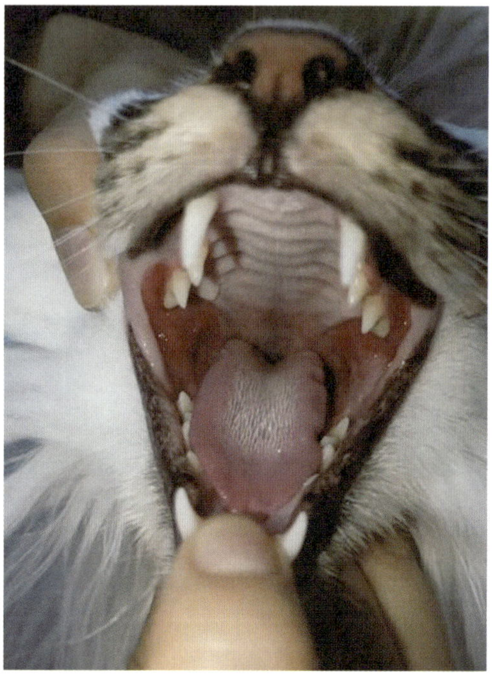

图11-1 非镇静状态下口腔检查可见典型的猫口炎特征

(耿文静供图)

(一)口腔检查

如果患病动物比较配合,可在非镇静状态下进行口腔视诊、嗅诊和触诊;有些患病动物因为疼痛可能拒绝口腔检查,表现为躲闪和抓咬,必要时需要镇静。视诊可见牙龈、牙槽黏膜、颊黏膜和/或腭舌褶皱的侧面区域常呈对称的、明显的溃疡或增生性病变,舌部侧缘和硬腭接触牙齿区域也可见类似的病变(图11-1)。嗅诊可闻到明显的口腔异味。触诊可发现牙齿松动和牙龈疼痛,此外,还能触诊到下颌淋巴结肿大。

(二)X线检查

约60%患口炎的猫在X线平片上可见多处牙吸收。

(三)其他鉴别诊断

猫口炎与其他口腔疾病有相似的临床症状,需要排除免疫介导性疾病(如落叶型天疱疮或系统性红斑狼疮)、感染性疾病(如杯状病毒或疱疹病毒感染)、创伤性损伤(如结石或牙菌斑刺激、异物或触电)、毒性损伤(如由某些植物引起的口腔黏膜刺激或化疗刺激物等)以及其他病变(如嗜酸性斑块、口腔肿瘤和牙吸收等)。

【治疗】

(一)治疗原则

急性病例主要采用免疫调节、营养支持、拔除牙齿和对症支持方案进行治疗;慢性病例则应考虑实施全口拔牙术;病情特别严重的病例在全口拔牙术后需要配合糖皮质激素的使用。

(二)治疗方法

刷牙和口腔清洁有助于预防牙结石性牙周炎和口腔溃疡。口腔护理应尽量做到每天护理,并长期坚持。

1. 急性病例的治疗

常用免疫抑制治疗，搭配抗生素和营养支持等治疗措施。

(1)免疫抑制　常用类固醇皮质激素，如泼尼松龙，每天一次或两次，0.5～1 mg/kg，口服。免疫抑制治疗的有效率可达73%～86%。

(2)抗生素　最常用阿莫西林-克拉维酸钾，13.75 mg/kg，每12 h一次，口服或克林霉素，5～11 mg/kg，每12 h一次，口服。抗生素有效率约为30%，但持效期短。

(3)营养支持　非常必要，特别是体重严重下降和重度脱水的慢性病例。猫长期厌食容易出现脂肪肝等并发症，因此口腔疼痛而拒绝进食的患猫可以考虑使用鼻饲管或食道饲管来保证营养摄入。

2. 慢性病例的治疗

因长期使用类固醇皮质激素会产生不良反应和并发症(如糖尿病和多饮多尿等)，慢性病例不推荐长期使用。慢性口炎病例建议实施全口拔牙，成功率接近80%。

3. 严重病例的治疗

在全口拔牙后，立即用类固醇皮质激素；顽固患猫可使用ω-干扰素，每天一次，0.1 MU，口服，可以改善某些病例的临床症状，并减轻疼痛。

【预后】

大部分患猫在全口拔牙后，预后良好。有些病例需要长期使用类固醇皮质激素治疗。如果患有FIV和FeLV，则预后谨慎。

第二节　食　道　炎

食道炎(esophagitis)是一种食道炎症疾病，病情或轻(自限性)或重(引发食道狭窄)。根据发病原因，食道炎可以分为原发性食道炎和继发性食道炎两种。如果发生吸入性肺炎，患病动物还会表现出咳嗽和呼吸困难。该病可发生在任何年龄、性别及品种的犬和猫，但胃食道反流和食道裂孔疝在短头颅品种犬中发病率较高，因此食道炎的发病率相应较高。

【病因】

(一)原发性因素

常见病因包括食道异物、药物刺激、感染、肿瘤、巨食道症和特发性食道炎。如果多西环素、克林霉素和非甾体抗炎药停留在食道时间过长，其刺激性可引发食道炎，尤其是猫。

(二)继发性因素

胃食道反流是继发性食道炎最常见的病因。胃食道反流的诱因包括全身麻醉、食道裂孔疝、持续或慢性呕吐、胃排空减慢。许多全身麻醉剂(包括麻醉前给药、诱导麻醉用药和维持麻醉用药)都会降低食道下括约肌张力，引发胃食道反流，如阿片类药物、阿托品、乙酰丙嗪、地西泮和丙泊酚等。禁食时间大于24 h的麻醉也会增加胃食道反流风险，且反流物酸度更高。短头颅品种在吸气时胸腔内负压升高，更容易诱发胃食道反流和食道裂孔疝，从而发生反流性食道炎。

【发病机制】

食道本身具备相应的保护机制。食道黏膜上皮、表面黏液以及丰富的黏膜下血液供应等构成了食道黏膜屏障；食道下括约肌的收缩能有效防止胃内容物反流入食管；碱性的唾液具有中和、保护食道黏膜的作用。若食道黏膜与刺激性药物和胃酸接触过多或食道下括约肌紧张度下降，其会导致食道自我保护机制遭到破坏，引发炎症，造成食道黏膜糜烂、溃疡和食道的狭窄。反过来，食道炎会影响食道动力和食道下括约肌能力，进一步引发胃食道反流，还会导致永久性食道损伤。

视频 11-1 猫反流症状

【临床症状】

食道炎的患病动物主要表现为反流、流涎、吞咽困难、干呕、吞咽疼痛(颈部伸长或反复尝试吞咽),有些患病动物出现食欲下降或厌食,体重减轻,咳嗽等症状。反流时,“呕出”的物质(如食物、水、唾液)从口、咽或食道流出,不伴有明显的腹部收缩。有时反流可导致误吸或刺激咽喉从而引发咳嗽。吸入的反流物进入气道可引起吸入性肺炎。食道疼痛可导致吞咽困难或厌食,但大部分患病动物食欲不受影响。严重且持续的反流可引起营养不良和体重减轻。

【诊断】

根据病史和临床症状可以对该病做出初步判断。必要时,实施实验室、影像学、食道内窥镜等检查或采样,为确诊和治疗提供依据。

(一)病史和临床症状

相关药物的使用、麻醉操作后出现呕吐和反流症状,提示食道炎是由胃酸灼伤引起的。

(二)实验室检查

血常规检查、血清生化学检查和尿液分析的检查结果通常正常。

(三)影像学检查

X 线检查和造影检查诊断食道炎并不可靠,但可见轻度食道扩张或食道远端液体聚积或发现吸入性肺炎,有时可见狭窄前扩张、食道异物、食道裂孔疝、食道腔内或外肿物。荧光透视有时可见胃食道反流。

(四)食道内窥镜检查

食道内窥镜检查可见食道黏膜红肿、溃疡或有活动性出血病灶(图 11-2),必要时,可同时进行组织病理采样。由于食道组织病理样本采集难度大,且并发症多,故临床上较少进行病理组织采样。如果怀疑动物患有食道炎且给予药物治疗后无明显改善,则需要进行食道活组织检查。

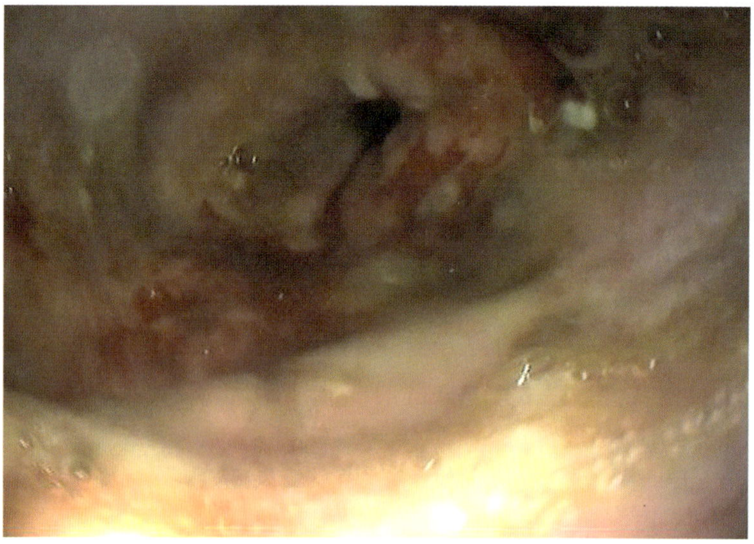

图 11-2 内窥镜下由食道异物所引起的食道损伤,可见食道黏膜破损、出血和散在的坏死组织

(中国农业大学动物医院供图)

【治疗】

(一)治疗原则

治疗原发病、控制风险因子;抑制胃酸、减少食道损伤;促胃肠动力、减少胃食道反流;保护食

道黏膜、避免损伤加重；控制感染；疼痛管理和支持治疗。

(二)治疗方法

1. 治疗原发病、控制风险因子

在使用食道刺激性口服药(如多西环素、克林霉素或非甾体抗炎药)时，避免药物在食道停留时间过长；管理巨食道；治疗肿瘤、食道异物等疾病。除此以外，麻醉可能导致胃食道反流，因此使用质子泵抑制剂来预防反流所继发的食道炎，例如，在麻醉前使用奥美拉唑。

2. 抑制胃酸、减轻食道损伤

常用质子泵抑制剂(优于 H2 受体阻滞剂，如法莫替丁、雷尼替丁和西咪替丁)，奥美拉唑(1 mg/kg，每 12 h 一次，口服)，饭前 30 min 服用，如使用周期超过 3～4 周，需用 2～3 周逐步减量。

3. 促胃肠动力、减少胃食道反流

常用西沙比利(0.5～1 mg/kg，每 8 h 一次，口服)和甲氧氯普胺[0.2～1 mg/kg，每 8 h 一次，口服/皮下注射或 1～3 mg/(kg·d)，恒速静脉注射]。西沙比利可以增加食道下括约肌压力，从而减少胃食道反流和促进胃排空；甲氧氯普胺还有中枢性止吐作用。

4. 保护食道黏膜、避免损伤加重

常用药物为硫糖铝(0.5～1 g，口服，每 8 h 一次，空腹)，可选择片剂或混悬液剂型，后者可更好地发挥作用。硫糖铝形成不溶性复合物结合于炎性反应组织表面，形成保护屏障，避免胃蛋白酶、胃酸和胆汁引起进一步损伤。硫糖铝的另一个作用是通过刺激碳酸氢盐和前列腺素 E 的产生，在中性环境(pH)下与表皮生长因子结合，增强黏膜的防御屏障和修复机能。

5. 控制感染

单纯食道炎一般不需要抗生素治疗，如果发生吸入性肺炎，需要使用抗生素控制感染，如阿莫西林等。

6. 疼痛管理和支持治疗

有疼痛表现的犬、猫需要进行疼痛管理，常用药物包括利多卡因胶浆(2 mg/kg，口服，每 4～6 h一次)，也可以使用曲马多(2～5 mg/kg，口服，每 8～12 h 一次)。如果患病犬、猫脱水，可通过静脉输液来维持水合。在营养管理方面，应少量多次给予动物易消化的软食或流食。在饲喂时抬高食盆，有助于减少反流。病情严重的患病动物需要禁食一段时间，直至反流缓解或考虑避开食道放置胃饲管进行营养管理。

【预后】

由于原发病不同，预后差异也较大。轻度食道炎，预后良好。重度食道炎，特别是出现严重并发症，如食道狭窄，则预后谨慎或不良。

第三节　巨食道症

巨食道症(megaesophagus)是指由食道动力下降或缺失而引起的食道局部或全部弥散性的扩张。该病可分为先天性巨食道症和获得性巨食道症两种。该病主要发生于犬，猫少见。先天性巨食道症可见于杰克罗素㹴、刚毛猎狐㹴、史宾格犬、迷你雪纳瑞犬、大丹犬、德国牧羊犬、拉布拉多猎犬、纽芬兰犬、爱尔兰雪达犬、爱尔兰猎狼犬、中国沙皮犬和暹罗猫。获得性特发性巨食道症在临床上比较常见，多发生在 5～12 岁的大型犬，没有品种倾向性。

【病因】

(一)先天性巨食道症的病因

先天性巨食道症多为特发性,病因不明确。

(二)获得性巨食道症的病因

获得性巨食道症又分为获得性继发性巨食道症和获得性特发性巨食道症。

1.获得性继发性巨食道症

其与很多其他疾病有关,包括神经肌肉疾病、内分泌异常、食道狭窄/梗阻、肿瘤、中毒性疾病等。神经肌肉疾病波及食道神经、肌肉或神经肌肉接头,可引起部分性或广泛性的食道无力,例如,重症肌无力、系统性红斑狼疮、家族性自主神经异常、多发性神经病、糖原贮积病和肌营养不良等。患有内分泌系统疾病时,犬也可出现巨食道症,例如,肾上腺皮质功能减退或甲状腺机能减退症。食道异物、食道裂孔疝、血管环异常和食道炎等疾病会造成食道梗阻或食道狭窄,可引起食道病变处头侧发生扩张。此外,其他引起巨食道症的潜在病因包括铅中毒、胸腺瘤、有机磷中毒、犬瘟热导致的神经纤维脱髓鞘和食道括约肌失弛缓症等。

2.获得性特发性巨食道症

获得性特发性巨食道症通常没有已知的潜在病因,此时又称为特发性巨食道症。它会导致后天性巨食道症。

【发病机制】

在上述病因的作用下,食道出现节段性或弥漫性的扩张和蠕动功能异常,导致食物无法正常排入胃部,堆积在扩张的食道中的食物和液体容易发生反流。频繁的反流或并存的气道保护机制受损会造成患病动物易于发生吸入性肺炎,从而诱发咳嗽、呼吸困难等呼吸道症状。

【临床症状】

巨食道症主要表现为反流和流涎,如果波及会厌可能会表现出吞咽困难。当反流发生时,作呕症状不明显且不持续,但可能会有干呕和流涎,"呕出"的物质(如食物、水、唾液)从口、咽或食道排出,不伴有明显的腹部收缩。反流的频率无规律,可间歇性发作,也可一天多次出现。有时反流可导致排出物误吸或刺激咽喉而引发咳嗽。吸入的反流物进入呼吸道可引发吸入性肺炎。大多数患病动物食欲良好,如果频繁反流,可导致体重减轻,严重时可食欲减退和虚弱。过于频繁的反流可导致动物因营养不良而出现轻度至中度的恶病质。

【诊断】

根据病史、临床症状和影像学检查可对该病做出诊断。同时通过其他特殊检查来确定巨食道症的病因,为后续治疗和预后提供支持。

(一)实验室检查

血常规、血清生化和尿常规的检查结果通常正常。铅中毒动物的血涂片镜检可见红细胞嗜碱性点彩。肌酸激酶增加提示肌病,但并不是所有的肌病都会引起肌酸激酶的升高。如果怀疑动物的巨食道症与肾上腺皮质功能减退相关,需要进行 ACTH 兴奋试验。如果怀疑动物患重症肌无力,则需要进行乙酰胆碱受体抗体检测。在疾病初期,有些动物仅发生局部性肌无力,只有食道和口咽部肌肉受影响,此时乙酰胆碱受体抗体检测可为阴性,如仍怀疑存在重症肌无力,则需要数月后复查。患有甲状腺机能减退症时,可见血清甲状腺素(T4)浓度降低和促甲状腺素(thyroid stimulating hormone,TSH)浓度升高。其他实验室检查还包括血液铅浓度测定和犬瘟热抗体滴度测定。

(二)影像学检查

患巨食道症的动物的胸部 X 线平片可见食道内充满空气、液体或消化物,呈现广泛性扩张

(图 11-3)；如果 X 线平片未见异常，但食道造影检查发现广泛性或局灶性食道扩张(局灶性扩张一般见于狭窄或肿物的头侧)，也可确诊。需要注意的是，钡餐吞咽试验或食道造影容易引起吸入性肺炎。当动物患有吸入性肺炎时，胸部 X 线片可见重力侧肺野密度升高。如果怀疑食道存在占位性或结构性异常，需要进行食道内窥镜检查，尤其是局灶性巨食道症。

(三)其他检查

仍怀疑肌肉疾病的动物可能需要进行肌肉活组织检查和肌电图检查。

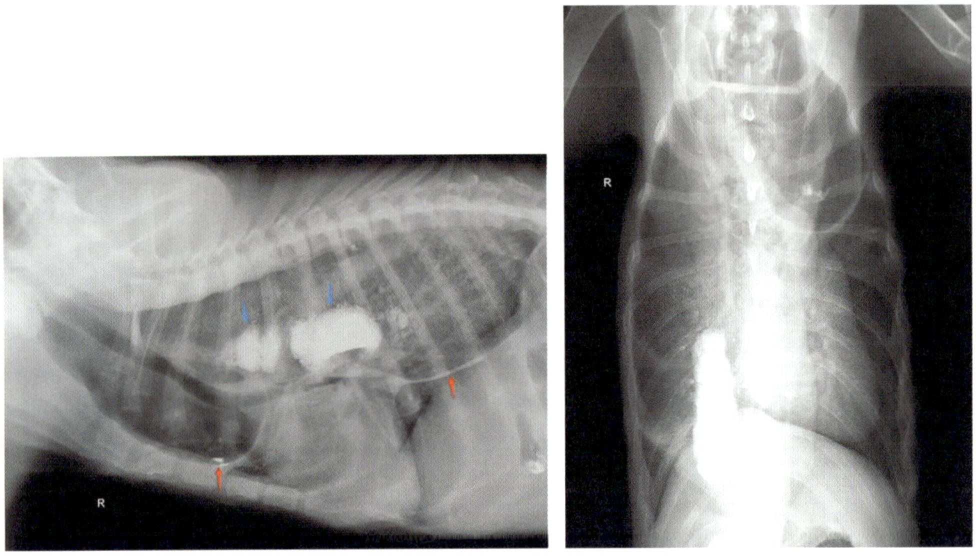

红色箭头所示为食道边界；蓝色箭头所示为残留的钡餐。

图 11-3 7 月龄的德国牧羊犬慢性反流，可见严重扩张积气的食道

（中国农业大学动物医院供图）

【治疗】

(一)治疗原则

在巨食道症的治疗和管理中，营养管理尤为重要，建议(保持犬的躯干与地面成)45°～90°直立饲喂，并且在饭后维持 15～20 min 直立，可以使用贝利椅(Bailey chair)，这是一种特制的椅子(图 11-4)。食物类型不限于流食、液体或肉丸，需要摸索适合每一只动物的食物种类，并计算好热量，保证每天的总摄入量。

(二)治疗方法

1. 先天性特发性巨食道症的治疗

使用西地那非松弛平滑肌，使下食道括约肌松弛，食物容易进入胃内。这种治疗方法已证实可以改善临床症状和影像学特征。

2. 获得性巨食道症的治疗

(1)治疗原发疾病 针对原发疾病进行合理的治疗和控制。例如，使用药物治疗重症肌无力(如吡斯的明、泼尼松龙或麦考酚酯)、肾上腺皮质功能减退(如泼尼松龙、氟氢可的松或去氧皮质酮新戊酸酯)和甲状腺机能减退症(如左甲状腺素)。

(2)控制临床症状 反流症状严重时，应使用抑制胃酸分泌的药物，如奥美拉唑。目前促胃动力药物仍有争议，因为该药物可增加食道下括约肌紧张性，减轻反流和食道炎，但增加了吸入性肺炎的发病风险。严重反流病例可使用胃饲管，并且用食道饲管抽吸反流的液体。吸入性肺炎的患病动物需要使用抗生素。

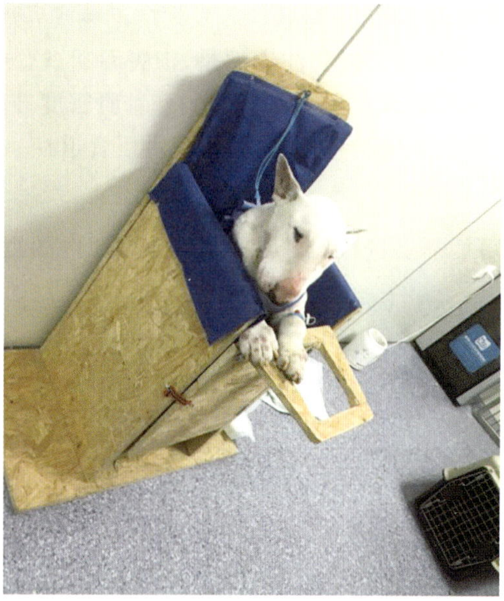

图 11-4 一只患有巨食道症的牛头㹴在住院期间使用定制的贝利椅进食

（耿文静供图）

【预后】

先天性巨食道症预后谨慎。获得性巨食道症预后取决于原发病因，其中特发性巨食道症只能对症治疗，预后谨慎。

第四节 出血性胃肠炎

出血性胃肠炎（hemorrhagic gastroenteritis）是指急性严重出血性腹泻。过去人们认为出血部位包括胃和肠道，因此称之为出血性胃肠炎，而事实上出血的器官不是胃，而是肠道，因此该名称也更正为急性出血性腹泻综合征（AHDS）。很多胃肠道疾病均可表现出血性腹泻，这里特指一种临床上以急性血性腹泻，伴随大量体液和电解质丢失到肠腔，导致血细胞比容升高为特征的胃肠道疾病。该病可发生在任何品种和性别的犬，但青年至中年（平均 5 岁）小型或玩具犬多发。

【病因】

该病的准确病因尚未确定，但过敏反应、遗传因素、自体免疫、传染性病原都是潜在的致病因素。特殊种属的产气荚膜梭菌与出血性胃肠炎有关。小型犬的过度活跃、兴奋、应激和神经质也是一个风险因素，可能会影响肠道动力和通透性。迷你雪纳瑞犬、腊肠犬、约克夏犬、迷你贵宾犬和马尔济斯犬多发。

【发病机制】

在上述的潜在致病因素作用下，胃肠黏膜受到刺激或损伤，发生急性出血性坏死和严重的小肠、大肠中性粒细胞浸润会导致肠道通透性增加。失去屏障的肠道将丢失大量水、血浆蛋白和红细胞，引起脱水、低血容量性休克和出血性腹泻。在严重病例的肠道内容物中，细菌和毒素通过破损的黏膜进入血液循环，引发败血症或内毒素血症。出血性胃肠炎的最大威胁并非出血，而是短时间内大量的细胞外液丢失导致了低血容量性休克。如果不能及时治疗，患病动物就会因多器官衰竭而死亡。

【临床症状】

发病之初，患犬主要临床症状包括精神沉郁、呕吐、厌食、腹痛和急性水样腹泻，之后可发展为出血性腹泻，并快速出现休克体征，如心动过速、脉搏弱、黏膜苍白和毛细血管再充盈时间延长。败血症的动物还会出现顽固性低血压等症状。有时患病动物的体温会升高。

【诊断】

根据出血性腹泻、快速的低血容量性休克和脱水等症状可对该病做出初步诊断，血细胞比容大于60%是出血性胃肠炎的一个标志性特征。同时需要进行实验室检查和影像学检查，对其他导致出血性腹泻的疾病进行鉴别，包括排除病毒性疾病（如细小病毒感染）、细菌性疾病（如沙门菌感染和弯曲杆菌感染）、急性胃肠道溃疡、肠道梗阻或套叠、胰腺炎、凝血病和休克等。

（一）实验室检查

1. 血常规检查

血细胞比容通常大于60%，有些病例的白细胞呈现应激象和血小板减少。若继发感染，可能出现中性粒细胞增多伴核左移以及白细胞中毒象。

2. 血清生化检查

可能出现肾前性或肾性氮质血症以及丙氨酸转氨酶升高，败血症的患病动物会发生低血糖和高胆红素血症等。

3. 尿常规检查

尿液浓缩，其他无明显异常。

4. 粪便检查与病原检测

可排除寄生虫感染或病毒传染病。

5. 凝血检查

通常正常，但危重病例可出现异常，特别是发生弥散性血管内凝血时，可表现为凝血酶原时间（prothrombin time，PT）和活化部分凝血活酶时间（activated partial thromboplastin time，APTT）延长，血小板减少和*D*-二聚体升高。

（二）影像学检查

通过X线检查、消化道钡餐造影和超声检查来排除胃肠道梗阻，如异物、肠套叠和肠扭转，还可以排查是否存在胰腺炎、腹膜炎等其他出血性腹泻。

【治疗】

（一）治疗原则

纠正低血容量性休克，预防、控制感染，对症支持并进行营养管理。

（二）治疗方法

1. 纠正低血容量性休克

由于需要液体复苏，建议患病动物住院治疗。液体治疗包括纠正低血容量性休克、纠正脱水、纠正电解质和酸碱紊乱。纠正低血容量性休克时常用等张晶体液，如乳酸林格液，按照20～30 mL/kg快速静脉输液，输注时间为15～30 min。其间，需反复评估心率、黏膜颜色、毛细血管再充盈时间、脉搏质量和血压。如果休克状态没有改善，可以重复上述快速输注的步骤，直至休克状态缓解。病情严重的患病动物会丢失大量血液和蛋白，可以考虑使用血液制品和胶体液，但大部分患病动物无须使用。研究发现，存在凝血不良和急性肾损伤风险的患病动物可使用人工胶体液，如右旋糖酐，死亡率会增加。

休克状态缓解的体征包括心率降回至正常范围、收缩压应维持在80～90 mmHg（含）以上、毛细血管再充盈时间小于2 s、黏膜颜色从苍白恢复到粉红。犬多次重复快速输注的总液体量上限为

80～90 mL/kg。休克得到缓解后，则根据患病动物的脱水情况、维持量需求和持续丢失量，缓慢补液 1～3 d，其间，需要反复评估血清电解质水平和酸碱状态，进行必要的纠正。

2. 预防、控制感染

由于在出血性胃肠炎的病程中不一定存在感染性因素，除非发生败血症，通常不需要使用抗生素。研究发现，使用阿莫西林克拉维酸钾无法提高该病的存活率，反而会干扰肠道菌群和刺激毒素的产生。

3. 对症治疗

如果患病动物持续呕吐，给予止吐药和促胃肠动力药物，如马罗匹坦，1 mg/kg，每 24 h 一次，能控制呕吐和恶心。在多数情况下，不需要使用抑酸剂，除非有足够的临床指征，例如，怀疑出现胃溃疡和糜烂导致的呕血，可选择的药物包括奥美拉唑和泮托拉唑(1 mg/kg，每 12～24 h 一次)。如果表现明显的疼痛症状，可以使用阿片类止痛药。

4. 营养管理

在症状发生的最初 12～48 h 应禁食，之后数天，少量多次地给予低脂、低纤维的食物。对于胃肠道来说，尽早地给予肠道内营养，有助于疾病的康复。

【预后】

该病的病程短，为 24～72 h。经过积极的液体疗法，大部分病例预后良好，很少发生死亡。

第五节　胃扩张-扭转综合征

胃扩张-扭转综合征(gastric dilation-volvulus，GDV)是指胃部沿胃轴发生扭转，胃内积聚大量的液体和气体而扩张的一种威胁生命的综合征。该综合征可迅速影响心血管系统和其他系统，引起休克、多系统/器官受损。根据病程，该病可分为急性、慢性和间歇性。

胃扩张-扭转综合征与单纯的胃扩张不同，后者只是胃膨大，充满气体、液体和食糜，没有解剖位置的改变，危险程度不如前者。胃扩张-扭转综合征常见于大型犬和巨型犬，也可见于小型犬和猫。高发品种有大丹犬、威玛猎犬、圣伯纳犬、标准贵宾犬和德国牧羊犬等。

【病因】

胃扩张-扭转综合征的病因目前不明确，但有多种风险因素与该病有关，主要受品种和饲养管理等因素的影响。

(一)品种

GDV 常见发生于大型犬、巨型犬，深胸犬更易发病。猫和小型犬则较少发生 GDV。

(二)饲养管理

动物进食过多且过快、每天只进食一餐、进食过程中发生应激事件，或者在进食后进行剧烈运动都有可能诱发胃扩张-扭转综合征。此外，饲喂高脂肪的干粮、食盆摆放位置太高均会增加患病风险。

(三)其他因素

该疾病受遗传影响，亲代有 GDV 病史的个体发病风险升高；老年动物发病率更高；性格脾气暴躁和精神高度紧张也会增加患病风险。一些犬的肝-胃韧带和肝-十二指肠韧带松弛会导致胃部在腹腔内活动性较强，更容易发病。

【发病机制】

胃扩张-扭转综合征的发病机制复杂，且影响多个器官，甚至系统。胃扭转的形式和程度多变，常见扭转方式为顺时针方向扭转 270°（犬仰卧，观察者位于犬尾侧，面向头侧），幽门由动物右侧向背侧翻转，最终在食道左侧卡住。胃扩张与胃内气体和液体的快速积聚相关。该疾病既可以先发生胃扭转，引起胃内积气、积液，导致胃扩张，又可以先发生胃扩张，随后发生胃扭转。GDV 可导致休克和组织损伤，引起全身炎症反应综合征（systemic inflammatory response syndrome，SIRS）；如果不及时纠正，可导致多器官功能障碍综合征（multiple organ dysfunction syndrome，MODS），继而导致死亡。

（一）血流变化

患病动物在发生胃扩张-扭转后，整个腹腔血流量减少，造成回心血量和心输出量下降，扩张的胃部压迫膈肌，造成患病动物的呼吸困难，减少了氧气的输送。

（二）心功能下降

血流的变化可导致患病动物的冠脉系统供血不足，导致心肌缺血，由此产生的心律失常（特别是室性心律不齐）会进一步使全身的循环灌注量下降。

（三）胃壁坏死

在血流量下降和胃内压力上升的双重影响下，胃壁常发生坏死。此外，由于胃和脾脏的解剖位置关系，GDV 动物常见脾脏血管撕裂、脾脏血管内栓塞、脾扭转和脾梗死等（图 11-5）。

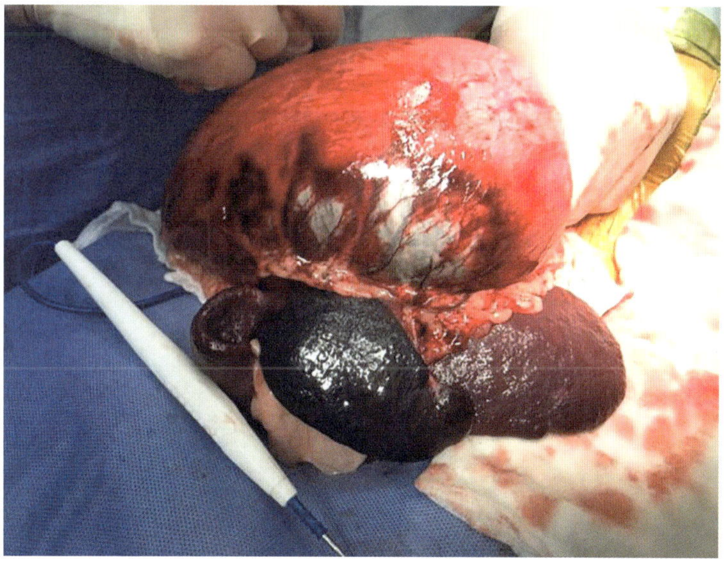

胃部剧烈扩张、部分胃壁有坏死现象，脾脏淤血。

图 11-5　患胃扩张-扭转的犬进行开腹手术

（中国农业大学动物医院供图）

【临床症状】

（一）早期症状

患犬临床表现为烦躁不安、不适、焦虑、流涎和干呕；随后患病动物逐渐虚弱和腹围增大，但深胸犬、肥胖犬不容易观察到。触诊腹部感知膨胀、坚实的腹部。脾脏充血后变大，有可能向尾侧位移，可能会触诊到条状肿大的脾脏。

（二）中期症状

如果胃扩张-扭转持续发生且没有及时干预，会迅速引起休克。患病动物精神沉郁、黏膜苍白、毛细血管再充盈时间延长、心动过速和脉搏弱。严重者呼吸用力、呼吸急促、心律不齐和脉搏短绌。

(三)晚期症状

该疾病后期会发生吸入性肺炎、胃坏死穿孔、腹膜炎、肠道血供不足和弥散性血管内凝血等。严重病例最终发展为多器官衰竭和死亡。

【诊断】

根据病史和临床症状可以做出初步判断。影像学检查是胃扩张-扭转综合征诊断的重点,病史和实验室检查为类症鉴别诊断和并发症提供证据。该病应与胃扩张、血腹、败血性腹膜炎、肠扭转和急性门静脉栓塞进行鉴别。

(一)实验室检查

血细胞比容和总蛋白升高提示血液浓缩或脱水。白细胞分类计数会呈现应激象。有的患犬会出现血小板减少症。当凝 PT 和 APTT 延长、纤维蛋白原下降、血小板减少和抗凝血酶耗尽时,会提示发生弥散性血管内凝血。最常见的混合型的酸碱紊乱包括代谢性酸中毒、低氯性碱中毒、呼吸性酸中毒和低血钾。肝脏灌注不良可导致肝损伤,出现丙氨酸转氨酶(alanine transaminase,ALT)升高。全身炎症反应综合征和肝脏功能不全可导致胆红素升高。休克和 SIRS 均可导致急性肾损伤(acute renal injury,AKI)和氮质血症。严重病例会出现高乳酸血症。当乳酸水平超过 9.0mmol/L 时,死亡率增加。

(二)影像学检查

通过右侧位的 X 线平片区分胃扩张和胃扩张-扭转。胃扩张-扭转时,幽门向头侧、背侧移动,由软组织密度隔开,胃底位于右侧,呈倒 C 状。胸腔 X 线片提示是否有吸入性肺炎和其他潜在性疾病(图 11-6)。

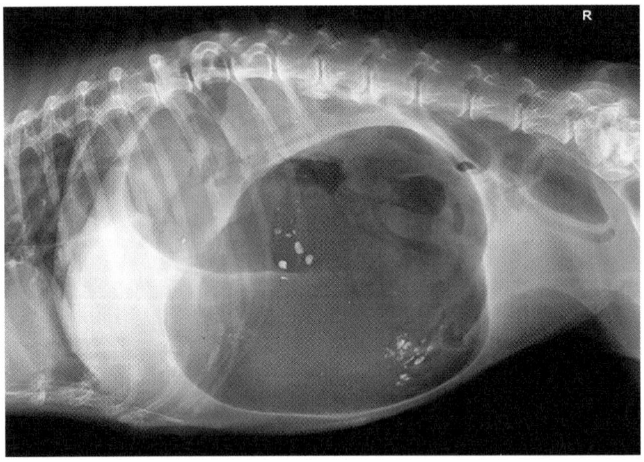

图 11-6　一只大白熊犬典型的胃扭转-扩张 X 线片,积气的胃形似"大力水手手臂"或"蓝精灵"

(中国农业大学动物医院供图)

【治疗】

(一)治疗原则

GDV 既是内科急诊,又是外科急诊,因此需要积极纠正休克、胃部减压、镇痛、抗心律不齐和急诊手术治疗。

(二)治疗方法

1. 纠正休克和胃部减压

维持心血管系统的稳定性,恢复有效循环血量,应当先进行液体复苏,并寻找合适的时机进行胃部减压，提高心血管功能。

（1）液体复苏 需要补充大量的等渗晶体液，有时也需要胶体液。最常用等渗晶体液，如0.9% NaCl或乳酸林格液，按照20～30 mL/kg快速给予，输注时间为15～30 min，可反复输注，多次输注的总液体量最多为80～90 mL/kg；也可以使用高渗盐水（如7.5% NaCl），5 mL/kg，输注时间为10～15 min。使用合成胶体液可能会增加急性肾损伤和死亡的风险，剂量为5～10 mL/kg，输注时间为15 min以上。如果GDV不能手术纠正，液体复苏的效果只能是暂时的。

（2）减压 患病动物在液体复苏之后用阿片类药物进行镇静，而后经口使用胃管迅速减压或在最大膨胀部位剃毛消毒、穿刺减压。减压有助于循环复苏，也存在再灌注损伤的风险。单纯的胃扩张不需要立即手术干预，可以用药物二甲硅油（2～4 mg/kg，口服，每6 h一次）和甲氧氯普胺（0.2～0.4 mg/kg，皮下注射，每8 h一次）帮助减少气体的产生和加速胃排空。在经口胃部插管进行减压时，应注意保护患病动物的呼吸道。必要时，同时进行气管插管。

2. 镇痛

为了提高患病动物的舒适度和减轻心动过速，建议对患病动物进行镇痛，可选择μ阿片受体激动剂。这类镇痛药物对心血管影响最小，可选药物包括美沙酮和芬太尼等。

3. 抗心律不齐

如果出现室性心动过速（心率超过160～180次/min）和多形性室性早搏，需要使用利多卡因。如果利多卡因无效，还可以考虑使用硫酸镁或氯化镁，0.3 m/kg，静脉注射，输入时间超过20 min或普鲁卡因胺，负荷剂量为10 mg/kg，静脉推注，之后20～50 mg/(kg·min)持续静脉输注。

4. 手术治疗

手术治疗包括胃内减压和复位、评估胃和脾脏、除去坏死组织以及胃固定术。胃固定术可有效地预防扭转，但不能预防扩张。如果反复发生胃扩张，没有扭转，为了避免发生这类严重疾病，症状恢复之后，建议做胃固定术。如果出现呕吐，给予止吐药，避免使用非甾体抗炎药。术后12～24 h常见心律失常，应尽量进行连续性的心电监护。如果心律失常影响心输出量，应给予抗心律失常药物。

5. 对症治疗

如果没有吸入性肺炎和细菌性腹膜炎，术后无须使用抗生素，但术前建议使用头孢唑啉，剂量是22 mg/kg，静脉注射，每90 min给药一次，直至手术结束。

【预后】

一旦发生胃扩张-扭转综合征，患病动物会迅速出现休克。胃扩张-扭转综合征经过积极的液体纠正、减压等稳定体况后，必须迅速进行手术治疗，如果手术及时，大部分患病动物预后良好。如果在围手术期中发生低血压、腹膜炎、败血症或弥散性血管内凝血，会造成患病动物死亡。如果治疗及时恰当，存活率就可达85%。

第六节 消化道异物

消化道异物（gastrointestinal tract foreign body）是指异物在口腔至直肠的消化道的任何部位造成完全或部分梗阻的一种疾病。该病可见于各个年龄和品种的犬、猫。

【病因】

消化道异物的主要病因是饲养管理不当导致动物吞食生活用品、玩具、厨余垃圾或外出捡拾异物，例如，袜子、耳塞、玩具、桃核、玉米芯等（图11-7）。营养失衡或异嗜症是犬、猫吞食异物的另一个主要病因。犬和猫均可发生消化道异物，但猫更容易吞食线性异物。幼龄动物比成年动物更容易吞食异物。

【发病机制】

异物进入消化道后会停留在口腔至直肠的任何部位，造成完全梗阻或部分梗阻。异物停留在口咽部会导致咀嚼困难和吞咽困难。有些线性异物会缠绕在舌下(图11-8)，并延伸到消化道后段。食道异物最常发生的部位是胸腔入口处、心基部和食道裂孔前。胃内异物对黏膜产生刺激或堵塞胃流出道从而引起呕吐，有时幽门处梗阻的异物会因剧烈呕吐而暂时回到胃内，直至再次引起幽门梗阻，引起患病动物症状反复。肠道异物可以发生在任何一段肠管，但小肠多发。

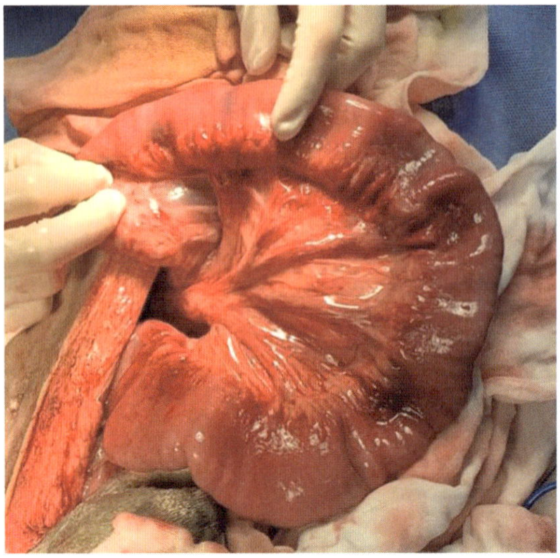

图11-7　一只手术中的患败血性腹膜炎的拉布拉多猎犬可见线性异物所导致的肠管皱缩，并伴有肠壁坏死和泄漏

（中国农业大学动物医院供图）

由于异物大小、阻塞的部位和程度的不同，其引起的器官机能障碍和临床症状也不同。异物会导致消化道完全梗阻或不完全梗阻，可出现气体和液体聚积，引起肠壁水肿，其中完全梗阻的后果更为严重，更容易发生肠道坏死和穿孔，一旦穿孔可引起败血性腹膜炎。呕吐和腹泻可引起酸碱及电解质紊乱。异物的类型对病情也有不同的影响，锋利的异物，如签子、鸡骨、针和塑料片等，更容易刺穿胃肠导致穿孔；线性异物可使肠道皱缩并串联在一起，肠道的自主运动与静止的线摩擦切割可导致多处肠道穿孔；除造成梗阻外，有些异物还可能释放有毒物质或化学腐蚀，如电池。

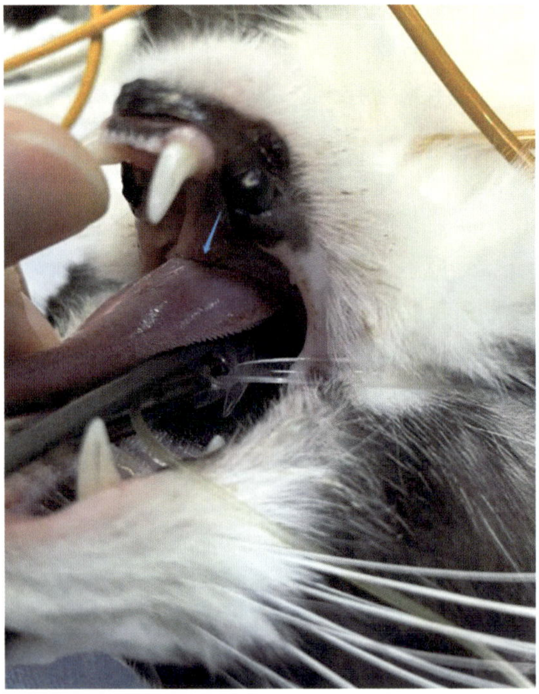

图11-8　一只怀疑线性异物的患猫在麻醉插管时发现舌下线性异物缠绕(蓝色箭头)

（中国农业大学动物医院供图）

【临床症状】

临床症状的严重程度取决于异物的位置以及梗阻是否完全。部分梗阻的症状相对更轻，病程更长，也可表现为间歇性发作，容易被漏诊。

(一)口咽部异物症状

其临床主要表现为流涎、咀嚼困难、吞咽困难和干呕等，若波及上气道，可能引起吸气困难和上气道杂音。

(二)食道异物症状

其临床主要表现为反流、流涎、咽下困难，食欲正常或下降。易发生穿孔导致严重并发症，例如气胸、胸膜炎、血管损伤以及食道狭窄。

(三)胃肠异物症状

其临床常见的症状是呕吐、腹泻、腹痛、厌食和精神沉郁。一旦发生穿孔，导致败血性腹膜炎，还表现为发热、呼吸窘迫、虚弱、低体温、严重脱水、休克和昏迷，甚至死亡。

【诊断】

根据病史、临床症状，结合 X 线、超声和钡餐造影等检查可以诊断出大部分消化道异物；有时不完全梗阻且透射线的异物需要利用内窥镜检查或开腹探查。然而，该病需要进行鉴别诊断来区别功能性肠梗阻和机械性肠梗阻，前者是由胃肠道动力异常导致的肠梗阻；后者常见的原因包括异物、肠套叠或肿瘤。两者会有相似的临床症状和影像学表现。

1. 实验室检查

血常规、生化和尿常规的检查结果通常正常。但异物造成的并发症会引起血液指标相应的变化。当出现败血症时，可能会出现核左移和白细胞中毒象。脱水的动物可表现出不同程度的氮质血症和尿比重增加。呕吐或腹泻剧烈可导致离子和酸碱紊乱，常见低钾血症和代谢性酸中毒。由于大量胃酸丢失，胃流出道梗阻引起剧烈呕吐，可导致代谢性碱中毒。

2. 影像学检查

(1)X 线检查　食道和胃肠道异物必须用 X 线平片和造影来评估。如果是阳性异物，X 线平片即可显影；如果是阴性异物，X 线造影或腹部超声更有帮助。在 X 线平片中，若犬小肠直径与 L5 椎体的比值大于 1.6 或猫小肠直径与 L2 椎体的比值大于 2，提示小肠梗阻。小型不透射线的物体在 24～48 h 连续 X 线拍摄中处于同一个位置也提示肠梗阻。如使用钡餐造影来辅助诊断，硫酸钡混悬液（质量浓度为 20%）的造影剂量为犬 6～12 mL/kg、猫 12～16 mL/kg。如果怀疑发生穿孔，禁止使用液体钡制剂，需要改用非离子型碘造影剂（如碘海醇）。当发生功能性肠梗阻和不完全梗阻时，钡餐的移动速度就会发生异常的改变。

(2)超声检查　超声下胃肠道内出现高回声伴清洁声影的现象，提示异物（图 11-9）。超声检查还有助于排除其他急性呕吐和腹泻的疾病，如胃肠道肿瘤、肠套叠、胰腺炎和腹膜炎等。

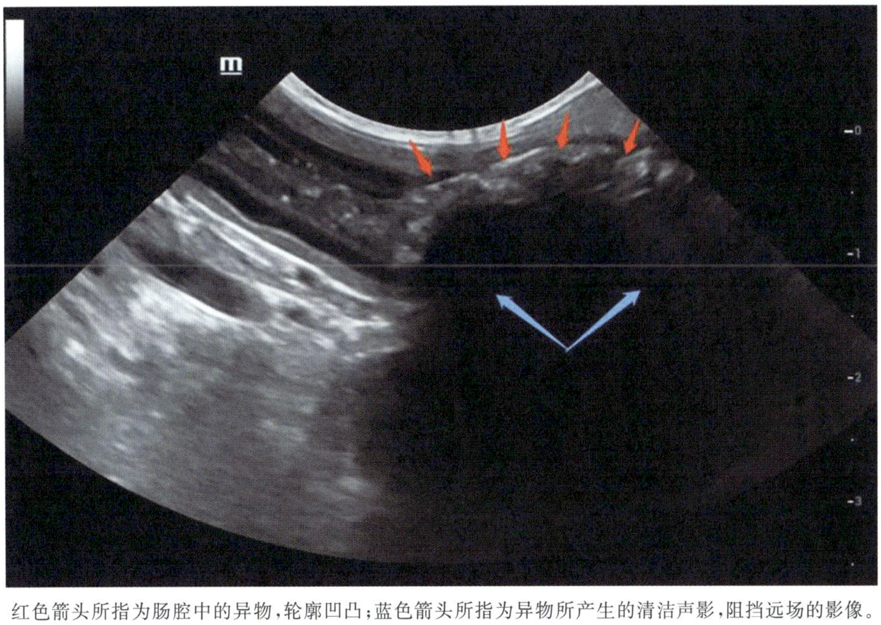

红色箭头所指为肠腔中的异物，轮廓凹凸；蓝色箭头所指为异物所产生的清洁声影，阻挡远场的影像。

图 11-9　肠道异物的超声心动图

（中国农业大学动物医院供图）

【治疗】

(一)治疗原则

根据异物的种类和梗阻的部位，采用内窥镜或外科手术取出异物；药物治疗包含液体疗法、对症治疗和营养管理。

视频 11-2　肠套叠超声征象

(二)治疗方法

1. 口咽部和食道异物的治疗

能够直观看到的口腔异物可用合适的器械直接取出，特殊情况需要内窥镜和/或手术移除异物。食道异物则需要内窥镜和/或手术移除异物，取出异物之后，需要按照食道炎进一步管理，如使用胃酸抑制剂、黏膜保护剂和促胃肠动力药物，给予黏稠的利多卡因凝胶稀释液，减缓食道疼痛。特别注意是否继发食道狭窄。严重食道炎可以引起瘢痕化，从而导致食道狭窄。如发现严重的食道黏膜损伤，需留置胃饲管。

2. 胃肠异物的治疗

如果完全梗阻，在纠正水合、酸碱和电解质紊乱后，尽快使用内窥镜和/或手术治疗。不完全梗阻可根据患病动物的实际临床表现持续观察，再决定是对症治疗，还是外科介入。如果出现胃肠穿孔，则需要立即手术，并给予广谱抗生素和液体疗法等对症治疗。

【预后】

大部分病例通过积极的治疗，预后良好；如伴有严重并发症，预后谨慎。

第七节　炎性肠病

炎性肠病(inflammatory bowel disease, IBD)是一种影响犬和猫胃肠道的特发性炎性疾病。该病没有其他胃肠道炎症的病因存在，且对症治疗(如抗生素、抗寄生虫药或饮食管理等)效果往往不理想。炎性肠病可发生在任何年龄的犬、猫，但中年犬、猫和老年犬、猫多发。德国牧羊犬、威玛猎犬、罗威纳犬、边境牧羊犬和拳师犬更常见。炎性肠病伴随蛋白丢失性肠病，多见于爱尔兰软毛㹴、罗威纳犬、约克夏犬或其他小型犬。该疾病的具体定义和分类需要根据肠道的组织病理学检查结果来确定。

【病因】

该病通常是特发的，病因尚不明确。某些犬种可能存在先天性免疫缺陷，例如，在某些德国牧羊犬中发现了由 Toll 样受体基因突变导致的先天性免疫缺陷，从而更容易患 IBD。患肉芽肿性结肠炎的拳师犬存在 *NCF2* 基因突变，该突变使患犬肠道清除细菌的能力受损，令侵袭性大肠埃希菌更易黏附在肠道黏膜。一般认为 IBD 与机体对肠道内抗原的免疫耐受崩溃有关。肠道内的抗原包括食物成分或细菌。目前，犬、猫最常见的炎性肠病是淋巴浆细胞性肠炎(lymphocytic-plasmacytic enteritis, LPE)，除此以外，还有嗜酸性胃肠炎和肉芽肿性小肠结肠炎。

【发病机制】

在通常情况下，炎性肠病的发生、发展需要几个因素的参与：①肠道内的菌群出现失调现象；②肠道黏膜免疫功能存在缺陷，令食物/细菌抗原直接与黏膜固有层中的固有免疫细胞和获得免疫细胞接触；③对细菌抗原的固有免疫和获得免疫反应失衡。机体免疫失调引发肠道黏膜的慢性炎症。在该炎症过程中，由促炎因子、蛋白水解酶、溶酶体酶、免疫复合物导致的补体活化和氧自由基会引起肠道上皮受损。慢性炎症可导致胃肠道的运动、消化和吸收功能受损，从而出现一系列相应的临床表现。

【临床症状】

IBD 的患病犬、猫主要表现为持续或间歇性发作的消化道症状(持续时间达到或超过 3 周)。其主要症状包括食欲减退、呕吐、小肠性腹泻或大肠性腹泻，有些患病动物仅体重减轻。严重病例可表现出全身性症状。

(一)主要症状

最常见的消化道症状是呕吐和腹泻，呕吐物常带有胆汁和食物。如果呕吐物呈咖啡渣样，则提示出血。多食、食欲正常和食欲减退均可能出现。胃和小肠前段的病变主要表现为呕吐；小肠后段或大肠更常见的病变为腹泻，表现出小肠性腹泻或大肠性腹泻的特征。小肠性腹泻更容易出现体重减轻，而大肠性腹泻更容易出现黏液、鲜血便和里急后重。大肠性腹泻的患病动物全身症状更轻微，多数病例的精神状态、体型、被毛状态和食欲比较正常。

(二)其他症状

严重的 IBD 可引起蛋白丢失性肠病。此时，由于血浆白蛋白过低，胶体渗透压下降，患病动物会出现第三腔积液和皮下水肿。

【诊断】

根据病史、临床症状和组织病理学的炎症结果可以做出诊断。然而，由于炎性肠病是特发的，不能仅仅依靠组织病理学结果，还需要采用排除诊断法。需要排除的腹泻原因涉及食物反应性、抗生素反应性、寄生虫和肿瘤等。组织病理学可作为综合性诊断的一部分，而不能作为诊断的唯一依据(图 11-10)。

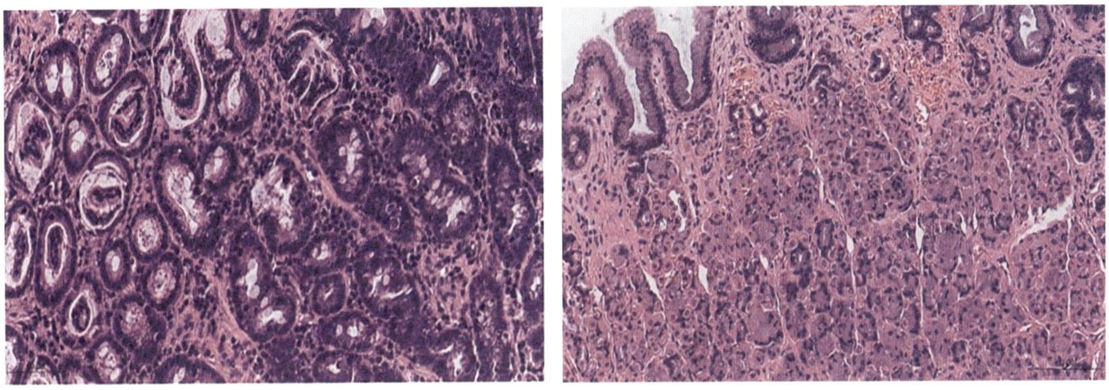

图 11-10　一只 1 岁的慢性呕吐的贝灵顿㹴患有胃内异物(石头)，使用内窥镜进行异物取出术，同时进行胃和十二指肠采样，结果提示胃和十二指肠存在多灶性的淋巴浆细胞性炎症

(耿文静供图)

【治疗】

(一)治疗原则

该病的治疗措施包括调整饮食、使用抗生素和糖皮质激素等免疫抑制剂。IBD 的治疗应从调整饮食开始。如果无效，就再加入抗生素和/或激素，循序渐进。

(二)治疗方法

1. 调整饮食

最常见的食物抗原是蛋白质成分，因此配方中的主要蛋白质应经过特殊处理，抗原性降低。选择水解蛋白或新奇蛋白做食物排除试验是较好的选择。目前，市场上可以购买到商品化的水解蛋白食品。需要注意的是，这些水解蛋白食品内的其他成分没有经过特殊处理，因此仍有可能存在一些食物抗原成分。新奇蛋白食物是根据动物的饮食记录，筛选出过去从未食用过的食物原料(因此不会发生过敏或不耐受)。每种食物的试验周期是 2～3 周，少数动物需要 6 周以上才能明显改善。在食物排除试验期间，不能饲喂其他任何食物。如果临床症状在试验期间得到改善，则继续使用该食物 4～6 周，以确保不是病情的自发性波动。如果是结肠的炎性肠病，食物中添加纤维可能会改善症状，如可选用高纤维商品化日粮，也可以添加洋车前子、小麦麸(每份食物添加 1～2 茶匙)或南瓜(每份食物添加 1～3 汤匙)，并给予充足饮水，防止便秘。如果存在低钴胺素血症，需要补充维生素 B_{12}。

2. 抗生素

可视情况选用抗生素，如甲硝唑、喹诺酮类或泰乐菌素等。抗生素治疗可能有利于 IBD 的控制，以减少激素的使用量。但是也有报道认为抗生素会影响肠道菌群，并非所有的病例都推荐使用。

3. 激素疗法

真正的 IBD 通常在调整饮食和使用抗生素治疗后不能完全控制临床症状，因此需要使用糖皮质激素。常用药物包括泼尼松或泼尼松龙，剂量为 1～2 mg/(kg·12 h)，先给予 2～4 周，在症状缓解后，可逐渐减少到最低有效剂量(每两周减少 25%)。在使用布地奈德时，猫的剂量是 1 mg/只，小型犬的剂量是 1 mg/只，中型犬的剂量是 2 mg/只，大型犬的剂量是 3 mg/只。

4. 免疫抑制剂

如果激素治疗不佳，就可以考虑更换免疫抑制剂，如环孢素、硫唑嘌呤、吗替麦考酚酯、来氟米特和苯丁酸氮芥。其中有关使用环孢素的研究最多。部分证据表明，环孢素可用来治疗激素治疗后复发的 IBD 和蛋白丢失性肠病病例，剂量为 5 mg/kg，一天一次，口服 4～6 周，在缓解后，逐渐减少到最低有效剂量。

【预后】

大多 IBD 短期预后良好，但因严重的程度而异，长期预后不定。疾病复发较为常见。临床症状严重或低蛋白血症的动物预后不良。

第八节　蛋白丢失性肠病

所有导致大量蛋白质经胃肠道丢失的疾病统称为蛋白丢失性肠病(protein losing enteropathy，PLE)。任何年龄和品种的犬、猫都可以发生蛋白丢失性肠病，但犬比猫多见。爱尔兰软毛㹴、约克夏犬和巴迅犬等多发。

【病因】

任何严重的炎症、充血和出血都可以导致蛋白丢失性肠病。成年犬最常见的病因是淋巴管扩张、炎性肠病和消化道淋巴瘤；幼年犬最常见的病因是钩虫和慢性肠套叠。在少数情况下，抗生素反应性肠病也可以引起 PLE。PLE 还见于巴迅犬的免疫增生性肠病、胃肠溃疡和糜烂以及消化道肿瘤出血。猫的 PLE 不常见，主要的病因是淋巴瘤和严重炎性肠病。

【发病机制】

上述病因可能会导致胃肠道黏膜屏障受损以及淋巴液泄漏到肠腔，最终出现低白蛋白血症。球蛋白与白蛋白会同时丢失，但是球蛋白的生成受到原发疾病的影响，因此血浆球蛋白浓度可以降低、正常，甚至升高。

患有肠道淋巴管扩张的犬的肠道乳糜管扩张和破裂，大量淋巴液(包含蛋白质、淋巴细胞和乳糜微粒)泄漏，进入肠黏膜下层、固有层和肠腔。当超过肠道的重吸收能力时，就会导致大量蛋白丢失。肠壁或肠系膜边缘的淋巴管破裂会形成脂肪肉芽肿，继而进一步加重淋巴管阻塞。

由严重的蛋白丢失导致的胶体渗透压下降，严重时，可能会引起动物出现第三腔积液和间质水肿。蛋白质的丢失还会引起其他指标的异常，包括低胆固醇血症、低钙血症和高凝血症。患病动物可能出现相应的抽搐、血栓栓塞等症状。

【临床症状】

患病动物多表现为营养体况评分较低、被毛粗乱和体重减轻。持续性腹泻或间歇性腹泻是蛋白丢失性肠病的常见临床症状，但并非所有的病例都会发生腹泻。PLE 不常见呕吐。某些病例仅表现为腹围增大和皮下水肿(图 11-11)。如果发生胸腔积液，患病动物可能会呼吸困难。在少数情况下，动物可出现与血栓栓塞相关的步态异常、腹痛等情况。

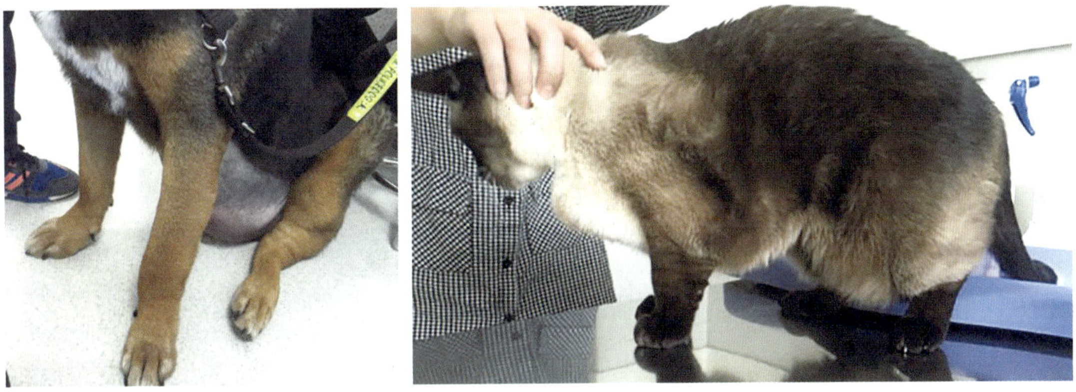

图 11-11　由严重低白蛋白血症所引起的全身皮下水肿
(中国农业大学动物医院供图)

【诊断】

根据病史、临床症状、实验室检查和影像学检查，结合内窥镜和活组织检查可以做出诊断。

(一)实验室检查

生化检查可见严重的低白蛋白血症，血白蛋白小于 2.0 g/dL，并伴有低胆固醇血症。其他实验室指标，尤其是胆汁酸检查、尿蛋白-肌酐比值(urinary protein-creatinine ratio，UPC)和血常规可用于排查肝功能不全、蛋白丢失性肾病(PLN)和严重出血导致严重的低白蛋白血症。

当肝功能不全时，患病动物的肝功能指标(如白蛋白、尿素氮、胆固醇和葡萄糖)会下降，餐前和/或餐后胆汁酸升高，胆红素可能升高，球蛋白正常或轻度升高。

PLN 的患病动物血清白蛋白不一定降低。如果患有肾小球肾炎或淀粉样变，就会更易发生严重低白蛋白血症，球蛋白正常或升高，并常伴有胆固醇升高。PLN 可以通过测量 UPC 来排除。患病动物的 UPC 会显著升高，通常大于 2.0。

严重出血也可导致低白蛋白血症，且球蛋白也会降低。它可以通过病史、体格检查(如直肠检查)、血常规、粪便检查(包括寄生虫筛查和粪便潜血)来评估。

消化道内大量的蛋白丢失可以通过测量粪便中 $\alpha1$ 蛋白酶抑制剂浓度来评估。$\alpha1$ 蛋白酶抑制剂是一种分子量与白蛋白相似的血浆蛋白。当发生蛋白丢失性肠病时，其会与白蛋白以相同的速率丢失到肠腔中。

在组织胞浆菌的流行地区，建议使用直肠黏膜刮片进行排查。必要时，需要镇静，可在直肠检查时完成。

(二)影像学检查

如果是由淋巴管扩张引起的蛋白丢失性肠病，超声下可能会发现高回声的肠道黏膜亮线或斑块，强烈提示淋巴管扩张(图 11-12)。为了使超声下的异常更为明显，可以在超声前一天晚上给予高脂肪的食物。由于病变部位不确定，即使超声或内窥镜没有看到异常，也不能排除淋巴管出现扩张。此外，超声检查还可以用于排查消化道肿瘤和慢性肠套叠。

(三)消化道内窥镜检查和活组织检查

消化道内窥镜检查和活组织检查可对蛋白丢失性肠病的病因进行鉴别诊断，如炎性肠病、肠道淋巴瘤、淋巴管扩张和组织胞浆菌等(图 11-13)。淋巴管扩张的病例在使用胃十二指肠镜和结肠镜检查时会看到斑块样病变。与超声检查一样，提前给予高脂肪饮食有助于提高检出率。在内窥镜采样时，应尽量地采集整个黏膜层；在开腹手术采样时，应尽量对肠道全层采样，并包括周围淋巴结。当发生严重低白蛋白血症时，患病动物麻醉风险高，肠道愈合能力差，全层采样更容易导致肠道泄漏等严重并发症，故此时不推荐做全层采样。尽量先通过内窥镜检查和采集黏膜层样本来获得初步的诊断，这对疾病的治疗非常重要。

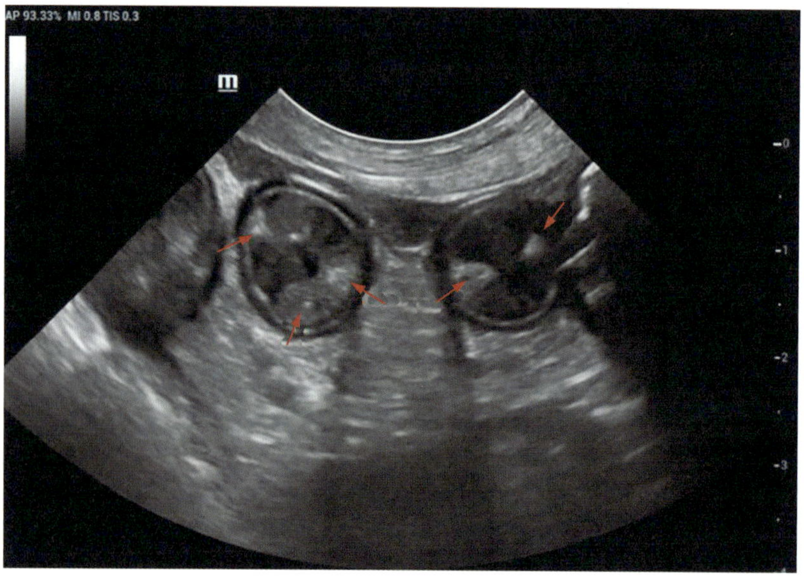

图 11-12　一只 3 岁的英国斗牛犬患慢性腹泻，超声可见小肠黏膜层广泛性斑块样回声增强(红色箭头)，符合乳糜管扩张的征象

(中国农业大学动物医院供图)

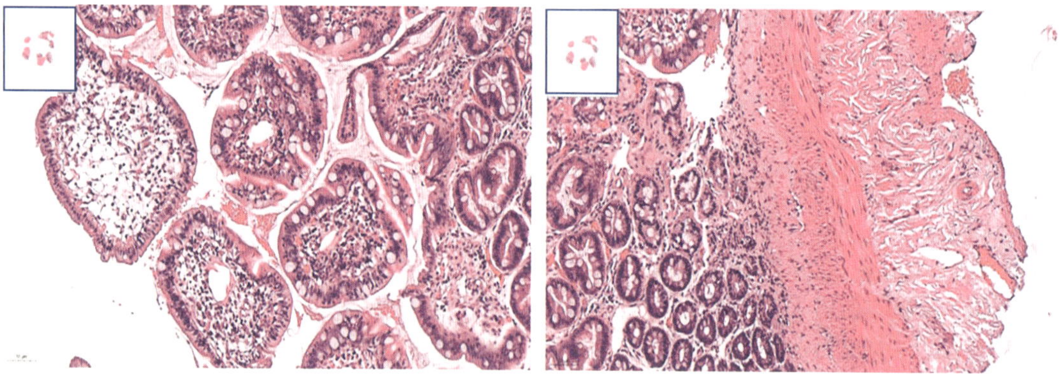

图 11-13　一只 12 岁已绝育比熊母犬因低白蛋白血症而怀疑蛋白丢失性肠病，经病理学诊断为淋巴管扩张，伴发中度的淋巴浆细胞性肠炎

(耿文静供图)

【治疗】

(一)治疗原则

潜在病因的治疗、抗血栓治疗和对症治疗。

(二)治疗方法

1. 潜在病因的治疗

当怀疑 PLE 由炎性肠病引起，可尝试低过敏性食物和免疫抑制治疗。当怀疑 PLE 由淋巴瘤引起时，可以尝试化疗。当怀疑 PLE 由淋巴管扩张引起时，应给予超低脂食物，有些病例可以在 2 周内看到血液中白蛋白明显升高。严重的病例需要同时使用免疫抑制剂，即泼尼松龙

[1.1～2.2 mg/(kg·d)，口服]或环孢素[3～5 mg/(kg·12 h)，口服]治疗。抗炎药物需要使用 2～4 个月。如果白蛋白水平稳定，抗炎药物应逐渐减少到最低有效剂量。

2. 抗血栓治疗

当白蛋白浓度低于 2.0 g/dL 时，患病动物机体易发生高凝血症状态，因此需要给予血小板聚集抑制剂，如氯吡格雷，犬的使用剂量为 3～5 mg/kg，一天一次，口服；猫的使用剂量为 18.75 mg/只，一天一次，口服。此外，犬还可以使用低剂量的阿司匹林，0.5 mg/kg，一天 2 次，口服。不建议同时使用氯吡格雷和阿司匹林。

3. 对症治疗

当第三腔积液影响动物呼吸，或者引起其他严重不适时，可以考虑进行穿刺引流，以缓解症状。静脉补充胶体液，如人用白蛋白、羟乙基淀粉等，可在一定程度上缓解间质水肿和第三腔积液。

【预后】

预后谨慎，与原发病因密切相关。如果淋巴管扩张的患病动物能早期诊断，预后较好，可缓解数月至数年。有些病例对治疗无反应，预后较差。

第九节　结　肠　炎

结肠炎(colitis)泛指大肠的炎症。按照解剖位置，结肠炎症又可分为盲肠炎、结肠炎和直肠炎。本章节讲述的是发生在结肠段的炎症，分为急性和慢性。任何年龄和品种的犬和猫都可能发生结肠炎，但犬比猫更常见。

【病因】

结肠炎的病因多种多样，包括食物、药物、感染、创伤、炎症、寄生虫、代谢性、免疫介导性和肿瘤。急性结肠炎通常具有自限性，大部分病例病因不明确，慢性结肠炎需要找到病因并给予治疗，才可改善临床症状。

(一)急性结肠炎病因

其可能与饮食不当(如突然换粮、零食过多或给予人类食物等)、病原感染、创伤(食入骨骼等尖锐异物)和炎症(由胰腺炎引起的横结肠炎症)有关。

(二)慢性结肠炎病因

(1)食物　食物反应性肠病或食物不耐受。

(2)药物　如抗生素、非甾体抗炎药和皮质类固醇。

(3)病原感染　如鞭虫、结肠小袋纤毛虫、胎儿三毛滴虫、产气荚膜梭菌、空肠弯曲菌、耶尔森菌和组织胞浆菌等。

(4)代谢性　肾上腺皮质功能减退。

(5)免疫性　炎性肠病和肠应激综合征。

(6)肿瘤　如淋巴瘤。

(7)组织细胞性溃疡性结肠炎　由于感染了黏附性-侵袭性大肠埃希菌，该病有品种倾向性，常见于年青的拳师犬、法国斗牛犬、杜宾犬、马士提夫獒犬和阿拉斯加雪橇犬。

【发病机制】

上述病因可导致肠道发生促炎因子聚集，生成氧自由基，破坏上皮细胞之间的紧密联系，释放蛋白水解酶和溶酶体酶，活化补体，刺激结肠杯状细胞分泌和破坏正常的肠道动力。结肠是吸收水分最主要的位置，结肠发炎可导致脱水和离子紊乱，腹泻物常含有黏膜和新鲜血液。

【临床症状】

里急后重、大便量减少但排便频率增加、便中黏液增加(果冻样外观)、血便和排便困难。上消化道症状不常见,如呕吐、食欲减退,体重减轻等。有些病例同时具有小肠炎症和大肠炎症,因此结肠炎症状不典型。急性结肠炎通常在 1 周内恢复正常。症状持续或间歇性超过 3 周为慢性结肠炎。

【诊断】

急性结肠炎可根据病史和临床症状做出初步诊断。慢性结肠炎需结合实验室检查、影像学检查、结肠镜和活组织检查进行诊断。

(一)实验室检查

血常规、生化检查和尿常规的检查结果一般无明显异常,但重度炎症可发生中性粒细胞增加伴核左移。如果存在慢性出血,就可表现出由慢性缺铁导致的小细胞-低色素性贫血。长期慢性炎症、感染和肿瘤可导致高球蛋白血症。若怀疑肾上腺皮质功能减退,需要 ACTH 兴奋试验。反复的粪便检查(粪便漂浮和直接粪便涂片)用于排查寄生虫(如球虫、毛滴虫等)感染。为提高诊断的敏感性,还可借助酶联免疫吸附测定和 PCR。直肠刮片细胞学检查可用来辅助诊断组织胞浆菌。

(二)影像学检查

通常无明显异常,超声检查可能发现肿物、广泛性肠壁增厚、分层结构改变和淋巴结增大。如果是胰腺炎引起的结肠炎,超声检查可看到胰腺炎特征,如胰腺回声下降和胰周脂肪回声增强。

(三)结肠镜和活组织检查

结肠镜和活组织检查可为诊断提供更多信息。可能的异常包括发现肉芽肿、充血、黏液增多、糜烂、溃疡、出血、肿物和寄生虫等(图 11-14)。结肠的活组织检查可通过结肠镜采样或手术全层采样。需要注意的是,结肠的全层活检并发症比小肠多见,可先进行结肠镜采样。

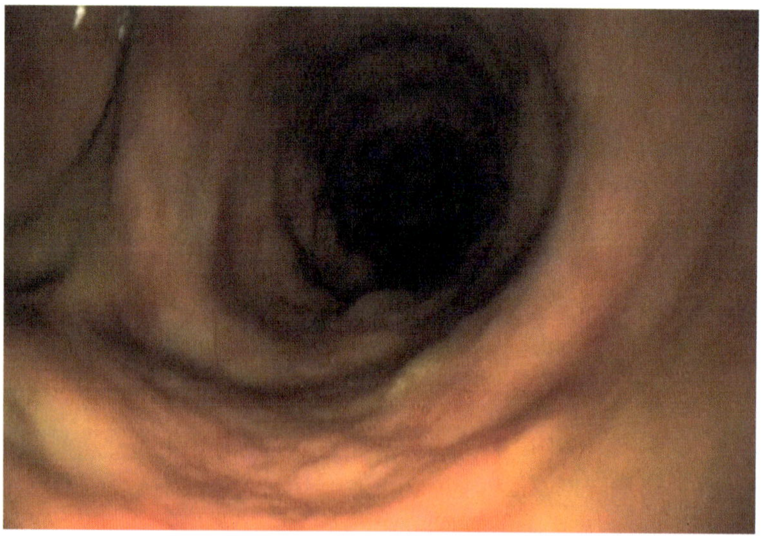

图 11-14　患慢性大肠性腹泻的 11 岁混血犬的结肠内窥镜,可见结肠黏膜水肿、散在出血斑,符合结肠炎表现

(中国农业大学动物医院供图)

【治疗】

(一)治疗原则

对症治疗、饮食管理、驱虫、抗生素治疗、抗真菌治疗和抗感染治疗,难治病例可能需要进行免疫抑制治疗。

(二)治疗方法

1. 对症治疗

急性结肠炎多采取非特异性的对症治疗，例如，暂时的禁食、给予低脂易消化的食物。高岭土可以用来吸附细菌毒素和加固粪便。多数病例不需要抗生素治疗，可以给予益生菌。严重病例可使用甲硝唑等抗生素进行经验性治疗。

2. 饮食管理

如果怀疑食物不耐受或食物过敏，就使用水解蛋白或新奇蛋白质食物，进行食物排除试验，时间最少为 2 周。有些动物对高纤维处方食物反应良好。不溶性纤维(如麸皮)可增加粪便量，改善结肠收缩力和运动能力，并结合粪便的水分使粪便成型。可溶性纤维(如车前子或含有甜菜浆或低聚果糖的饮食)发酵产生短链脂肪酸，有利于结肠细胞功能。

3. 驱虫

选用芬苯达唑，50 mg/kg，每 24 h 一次，口服，连用 5 d，3 个月后重复一次。若有毛滴虫，加用罗硝唑 30 mg/(kg·d)，连用 14 d。

4. 抗生素治疗

当感染产气荚膜梭菌感染或艰难梭菌时，选用甲硝唑 10 mg/kg，每 12 h 一次，口服，连用 5 d；或泰乐菌素，5～10 mg/(kg·d)，口服，连用 5 d。当感染弯曲杆菌时，选用红霉素 10～15 mg/kg 口服，每 8 h 一次或阿奇霉素 5～10 mg/(kg·d)，口服，连用 7～10 d。组织细胞性溃疡性结肠炎的首选药物是氟喹诺酮类，如恩诺沙星，10 mg/(kg·d)，口服，连用 4～6 周。

5. 抗真菌治疗

组织胞浆菌感染需选用伊曲康唑治疗，犬的剂量为 10 mg/(kg·d)，口服；猫的使用剂量为 5 mg/kg，每 12 小时一次，口服，治疗数月。

6. 抗感染治疗

常用柳氮磺吡啶，犬的使用剂量为 2～40 mg/kg，口服，每 8 h 一次，连用 3～6 周，逐渐减量；猫的使用剂量为 20 mg/kg，口服，每 8 h 一次，连用 3 周。甲硝唑既有杀菌作用，又有免疫调节作用，使用剂量是 10 mg/kg，口服，每 12 h 一次，连用 5 d。

7. 免疫抑制治疗

糖皮质激素对免疫介导性疾病(如炎性肠病)是有效的。常用泼尼松或泼尼松龙，有时需要配合硫唑嘌呤、苯丁酸氮芥或环孢素进行治疗。

【预后】

大多数病例预后良好，尤其是由细菌性和寄生虫性病因引起的结肠炎。其他原发病因引起的结肠炎预后不定。

第十节 巨结肠症

巨结肠症(megacolon)是结肠持续性、不可逆的扩张，伴功能的永久性丧失。巨结肠症最终形成慢性便秘。巨结肠症通常为特发性，常见于青年公猫(平均 5.8 岁)，家养短毛猫、家养长毛猫和暹罗猫多发。

【病因】

(一)原发性因素

原发性因素是指猫特发性巨结肠症,病因不清,与行为改变或结肠神经传导物质改变有关。

(二)继发性因素

继发于神经功能紊乱,如脊柱损伤、骨盆损伤、自主神经神经节神经炎和家族性自主神经异常。结肠神经节细胞缺失或神经节细胞减少症是一种先天性的结肠平滑肌神经节缺乏疾病,可引发巨结肠症。

【发病机制】

在上述病因的作用下,患猫的结肠会出现广泛性的结肠壁平滑肌功能不全,引起大量粪便在结肠堆积,粪便堆积会进一步加剧结肠扩张,扩张的结肠也进一步加剧了结肠壁平滑肌细胞功能不全,最终引起顽固性便秘。此外,脱水的干粪可能会对结肠壁产生机械性刺激,使患猫出现矛盾性的大肠性腹泻。

【临床症状】

常见临床症状主要是患猫反复出现排便动作,但无粪便排出。如果发生肠梗阻,患猫还可能出现呕吐、厌食和精神沉郁等全身性症状。体格检查可发现腹部紧张和敏感,并可触诊到条状坚硬的粪便。慢性便秘的动物还可能出现脱水和体重减轻。存在继发性病因的患猫还可能出现相应的临床表现,例如,与脊柱损伤相关的后肢步态异常、尾部触痛,与自主神经异常相关的干眼症、第三眼睑脱出等。

【诊断】

根据病史、临床症状和触诊检查发现巨大的充满粪便的结肠可诊断便秘,配合影像学检查可诊断猫巨结肠症。进一步的神经学检查、组织病理学检查有助于区分原发性病因和继发性病因。

(一)实验室检查

猫特发性巨结肠症的实验室检查一般无特异性结果,血常规检查可能提示脱水和应激性白细胞象。血清生化和电解质检查可以排查因慢性肾病和离子异常导致的便秘,如氮质血症、低钾血症和高钙血症。

(二)影像学检查

X 线片上结肠的最大直径与第五腰椎(L5)长度的比值大于 1.48,提示患巨结肠症(图 11-15)。结肠镜可以用来检查肠道内是否有肿块、异物和狭窄。

(三)神经学检查

利用神经学体格检查、高级影像学(如磁共振成像)和脑脊液等检查来帮助诊断神经学功能异常,如马尾综合征和盆神经损伤等。

(四)组织病理学检查

猫特发性巨结肠没有显著的组织学变化,平滑肌正常,有正常的神经支配。长期粪结堆积、梗阻可导致黏膜和黏膜下溃疡、纤维化和炎症反应。其他病因引起的猫巨结肠症的病理结果包括神经节异常或数

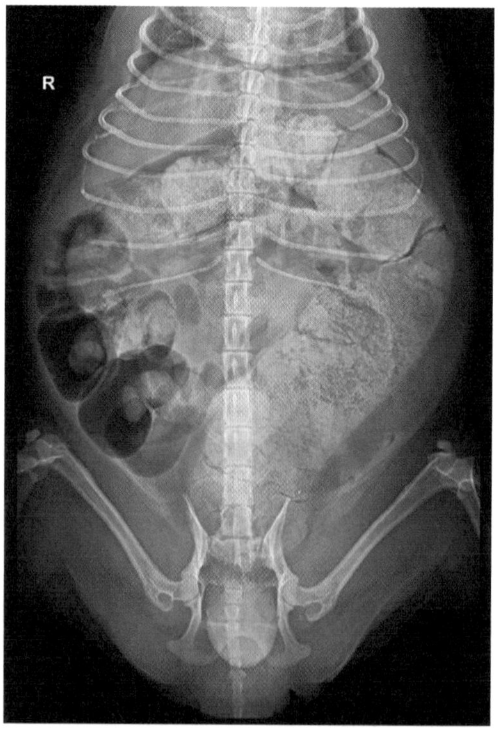

图 11-15　一只患有严重便秘的猫的 X 线片,可见显著扩张的结肠伴大量干粪便,诊断为巨结肠症

(中国农业大学动物医院供图)

量减少（神经节神经炎或神经节细胞减少症）或平滑肌肥大（阻塞导致的代偿反应）。

【治疗】

（一）治疗原则

因原发病不同而异，采用灌肠、缓泻、促进肠蠕动、营养疗法和手术等措施。

（二）治疗方法

1. 灌肠导便

常用 5～10 mL/kg 温水或温水与水溶性润滑剂（各 50%）的混合液，通过润滑的 10～12 Fr 红色橡胶导管缓慢注入直肠。可使用乳果糖灌肠，剂量为 5～10 mL/kg，配合轻柔的腹部按摩。

2. 缓泻

使用高渗泻药，如聚乙二醇和乳果糖。使用方法是将聚乙二醇 3350 粉末（Miralax®）1/8～1/4 茶匙，与食物混合同服，每 12 h 一次；口服乳果糖 0.5 mL/kg，每 8～12 h 一次。作为灌肠导便的替代方案，它还可以使用聚乙二醇电解质溶液（GoLytely®），通过鼻饲管给予 12～48 h，给药速率为 6～10 mL/(kg·h)。

3. 促进肠蠕动

西沙必利是一种 5-羟色胺受体激动剂，可刺激猫和犬的结肠平滑肌运动。猫的剂量为 0.1～0.5 mg/kg，口服，每 8～12 h 一次。如果耐受良好，剂量可增加至 1 mg/kg。甲氧氯普胺不影响结肠运动，不宜用于便秘治疗。

4. 营养疗法

配合饮食调整，可有助于便秘的改善，可选用高纤维处方食物，或添加车前子壳粉，剂量为 1/4～1 茶匙，一天两次，使粪便呈有弹性的果冻样。

5. 手术疗法

如果保守治疗不能有效控制，需要进行外科手术治疗。

【预后】

特发性巨结肠症的药物治疗作用有限，经外科手术治疗后，大部分病例术后恢复良好，偶见术后复发。由于结肠是水分吸收的主要肠段，所以常见的术后并发症是腹泻，但一般可在 6 周内恢复正常。

第十一节　其他消化系统疾病

除上述常见的消化道疾病外，在临床上还可见犬、猫其他消化系统疾病，如表 11-1 所列。

表 11-1　犬、猫其他消化系统疾病

病名	概念	病因	临床症状	诊断	治疗
唾液腺囊肿（salivary mucocele）	唾液腺阻塞或破裂导致大量分泌物泄漏，聚集到皮下组织	创伤或特发性	唾液腺肿胀但无痛	细针抽吸含有中性粒细胞的黏稠液体	外科手术切开和引流以及唾液腺切除
咀嚼肌肌炎（masticatory myositis）	影响咀嚼肌的免疫介导性疾病	免疫介导性	急性期颞肌和咬肌可能肿胀或疼痛。有些表现为肌肉萎缩且无法张口	肌肉活检和发现 2M 型纤维抗体	高剂量泼尼松龙或硫唑嘌呤

续表 11-1

病名	概念	病因	临床症状	诊断	治疗
家族性自主神经异常(dysautonomia)	自主神经系统功能丧失	特发性	巨食道、排尿困难、膀胱扩张、瞳孔散大、对光反射缺失、黏膜干燥、体重减轻、便秘、呕吐、肌肉松弛和厌食	通过临床症状怀疑，X线片提示消化道多个区域胀气。毛果芸香碱和氯贝胆碱试验。确诊只能通过尸检，进行自主神经节组织病理检查	氯贝胆碱帮助尿排空，西沙比利促进胃肠动力
抗生素反应性肠病(antibiotic-responsive diarrhea)	由小肠内细菌过量导致的菌群失调肠病	消化道细菌过度繁殖和宿主对细菌反应异常	腹泻、体重减轻	治疗性诊断	广谱抗生素，如泰乐菌素、甲硝唑，易消化食物
食物反应性肠病(food-responsive diarrhea)	食物不耐受或食物过敏	对食物抗原的超敏反应或非免疫介导性反应	呕吐和/或腹泻	食物排除试验	低过敏食物
肠应激综合征(irritable bowel syndrome)	特发性、慢性、大肠性腹泻，且排除了寄生虫、饮食、细菌和炎症等因素	功能性异常的大肠性疾病，但没有器质性病变	慢性大肠性腹泻	排除法	高纤维素日粮

思考题

1. 犬、猫常见的消化系统疾病各有什么特点？猫口炎的发病机制是什么？
2. 犬巨食道症的病因如何分类？
3. 出血性胃肠炎的临床诊断标准是什么？
4. 胃扩张-扭转的好发犬种有哪些？急诊处理的措施有哪些？
5. 炎性肠病有哪些常见的种类？治疗流程是什么？
6. 蛋白丢失性肠病的临床症状有哪些？
7. 猫的巨结肠有哪些临床症状？治疗原则有哪些？

第十二章　肝胆疾病及胰腺外分泌疾病

学习目的与要求

1. 掌握常见肝脏疾病的诊断要点。
2. 掌握胆道疾病的类型及病因。
3. 掌握胰腺外分泌疾病的诊断及治疗。

概　　述

肝胆疾病及胰腺外分泌疾病是指犬、猫肝胆及胰腺实质的疾病。肝胆疾病一般包括炎性/传染性肝病、血管异常、代谢性肝病、中毒性肝病、肝脏肿瘤以及胆囊和肝外胆管系统的疾病；胰腺外分泌疾病主要包括胰腺炎和胰腺外分泌功能不全。犬、猫常见的肝胆疾病及胰腺外分泌疾病在任何年龄都会发生。

犬常见的肝胆疾病及胰腺外分泌疾病，包括特发性慢性肝炎、铜贮积性肝病、先天性门脉短路、药物或毒素诱导性肝病、急性胰腺炎、慢性胰腺炎及胰腺外分泌功能不全，而胆道疾病、各种原因引起的急性重型肝炎、原发性肝脏肿瘤相对少见。然而，猫常见的肝胆疾病类型与犬的颇为不同，包括肝脏脂质沉积综合征、胆管炎和急性胰腺炎，而先天性门脉短路、肝吸虫、感染或药物/毒素诱发性肝脏疾病、原发性肝脏肿瘤相对少见。

犬、猫肝胆疾病的病因复杂，包括先天性遗传性异常（如门脉短路）、药物、毒素、传染性因素等。犬、猫胰腺外分泌疾病的发生虽存在诸多风险因素，但具体病因尚不明确。

犬、猫肝胆疾病的临床症状最常表现为非特异性症状，主要包括精神沉郁、厌食、呕吐和腹泻。常见的特异性症状为黄疸、胆红素尿，还有代谢性脑病、凝血异常和腹水。

犬、猫胰腺外分泌疾病的临床症状包括呕吐、腹泻、食欲下降或食欲亢进、腹痛和消瘦。犬、猫肝胆疾病及胰腺疾病的诊断，根据病史、临床症状和体格检查提供诊断思路，通过实验室检查及影像学检查进行综合诊断。诊断和评估肝胆疾病最重要的实验室指标为肝胆酶类指标和肝功能指标。其中肝胆酶类指标包括丙氨酸转氨酶（alanine transaminase，ALT）、谷草转氨酶（AST）、碱性磷酸酶（alkaline phosphatase，ALP）以及 γ-谷氨酰转移酶（γ-glutamyl transferase，GGT）。这些指标升高提示肝脏实质存在损伤或胆汁淤积；肝功能指标包括血清胆红素、血清胆汁酸、血氨、血清白蛋白、血清胆固醇、血糖、血清尿素氮以及凝血指标，这些指标升高或降低提示肝脏功能受损。

影像学检查有助于查找病因，发现并发症。计算机断层扫描（computed tomography，CT）技术是诊断门脉短路的金标准。然而，经以上检查未能确诊的病例还需要侵入性检查来进一步诊断。侵入性检查技术包括细针抽吸技术和活组织检查技术，通过这些采样技术取得的样本可用于细胞学检查、组织病理学检查、微生物培养或PCR检测，以确诊疾病。其中组织病理学检查是大部分肝胆及胰腺外分泌疾病的确诊手段。

犬、猫肝胆疾病及胰腺外分泌疾病的治疗重点是解除原发病因。由于肝脏功能损伤会影响机体正常代谢，故纠正由功能异常而引起的机体紊乱也是十分必要的。营养管理、保肝利胆、液体治疗和对症支持是临床常用的治疗手段。

犬、猫肝胆疾病及胰腺外分泌疾病的种类较多，诊断和治疗较为复杂，是犬、猫临床上具有挑战的常见疾病。

第一节　猫肝脏脂质沉积综合征

猫肝脏脂质沉积综合征（feline hepatic lipidosis，FHL），又称为猫脂肪肝，是一种致命性的胆汁淤积综合征。根据病因，它可分为原发性和继发性。该病多见于青年猫和中年猫，无品种和性别倾向。

【病因】

（一）原发性因素

原发性因素包括环境变化、日粮改变或供给不足、动物减重不当、家庭增加新宠物等应激因素。

（二）继发性因素

任何引起患猫厌食的疾病，如其他肝脏疾病、糖尿病、胰腺炎、炎性肠病、肿瘤和腹膜炎等。

【发病机制】

猫肝脏脂质沉积综合征的发病机制尚未完全明确。无论原发性因素或继发性因素，一旦导致猫厌食、脂肪异常动员和沉积，最终会引起猫肝脏脂质沉积综合征。由于猫对营养需求较高，当处于能量负平衡状态时，外周脂肪动员进入肝脏，不能被完全利用，沉积于肝细胞内，影响肝细胞的正常结构与功能。由于沉积了脂质的肝细胞体积增大，致使胆汁淤积，从而引发相应的临床表现。

【临床症状】

当存在应激因素引发该病时，患病动物在初期可能因应激而出现进食量下降、躲避（藏于床下或高处）、异常地方排尿等症状；而后患病动物逐渐精神沉郁，进食量进一步下降或食欲废绝，并逐渐出现皮肤或黏膜黄染（黄疸）（图12-1）、流涎（图12-2），有些患病动物出现呕吐或腹泻、尿量减少，由进食量不足而导致的体重下降。由于疾病后期的肝脏合成、代谢功能进一步下降，可能出现凝血不良、昏迷、抽搐、休克，甚至死亡。

【诊断】

根据病史、临床症状、实验室检查和影像学检查可以做出初步诊断。必要时，进行肝脏组织病理学检查，这是诊断该病的“金标准”。由于患猫体况通常较差，麻醉和手术的风险较高，且患猫在出现凝血不良时采样造成的出血无法控制，所以在一般情况下，不进行肝脏组织病理学检查。

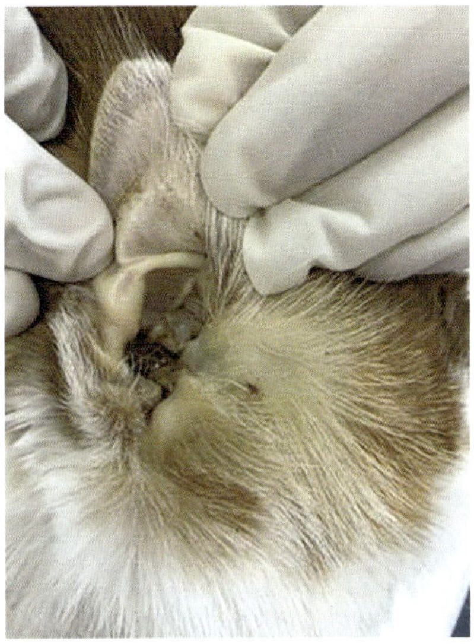

图 12-1 肝脏脂质沉积综合征患猫右侧耳郭内皮肤黄染
（中国农业大学动物医院供图）

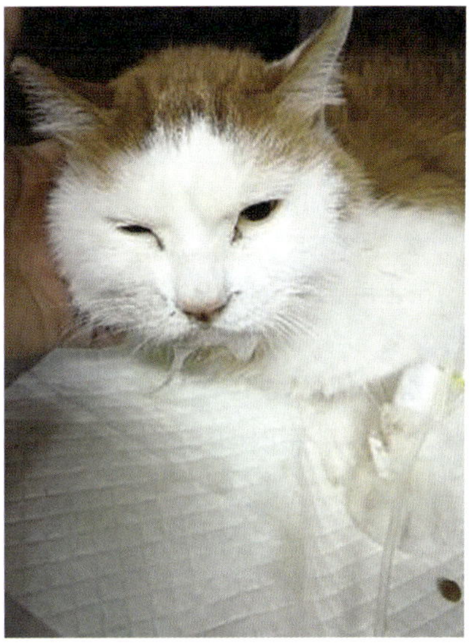

图 12-2 肝脏脂质沉积综合征患猫大量流涎
（中国农业大学动物医院供图）

（一）实验室检查

大部分患猫的红细胞可见海因茨小体，血清中的 ALT、AST、ALP 和胆红素水平等升高。部分病例，出现凝血异常。原发性猫肝脏脂质沉积综合征的一个特异性标志是 GGT 不升高或仅轻度升高。而在其他原因引起的胆汁淤积性病变中，ALP、GGT 和胆红素一般都会明显升高。继发性猫肝脏脂质沉积综合征还伴有原发性疾病的血液学异常变化。

（二）影像学检查

腹部超声检查可见肝实质回声广泛性增强（图 12-3），超声检查还有助于查找继发性猫肝脏脂质沉积综合征的原发病因。

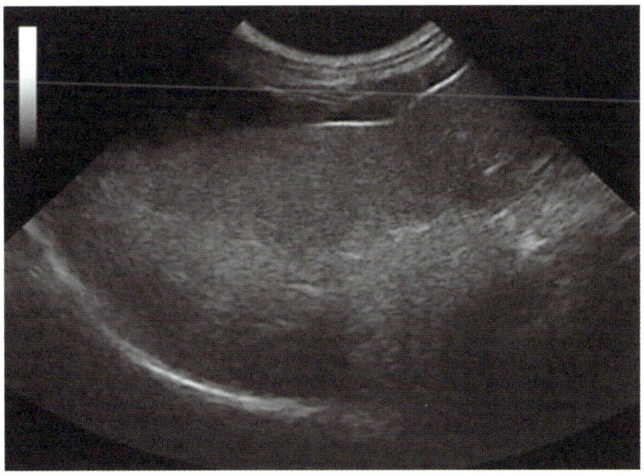

图 12-3 FHL 患猫超声检查可见肝脏实质回声广泛性增强
（中国农业大学动物医院供图）

【治疗】

（一）治疗原则

加强营养干预，严防再喂养综合征（refeeding syndrome）的发生，积极纠正动物呕吐、腹泻、电解质紊乱及肝功能紊乱。

(二)治疗方法

1. 原发性猫肝脏脂质沉积综合征的治疗

(1)营养管理　必须尽快采用鼻饲管、食道饲管或胃饲管等方法给予营养支持,供给高蛋白质、中等脂肪和低碳水化合物的食物。患猫的静息能量需求(resting energy requirement, RER)与体重相关,计算方式为 $RER=70\times BW^{0.75}$ kcal。开始饲喂的第一天应给予 1/4～1/3 RER,之后逐渐加量,通常 3～5 d 后达到 1RER。根据个体情况,可以适当地延长给予 1RER 的时间。每天的所需食物应按照少食多餐的原则分 4～6 次给予。

(2)严防再饲综合征的发生　由于患猫长期不进食,插管饲喂后会引起再饲综合征,即长期不食后的突然饲喂会导致机体内的电解质紊乱,出现严重低血钾、低血磷和低血镁,对动物有致命的危害,应定期监测离子水平,并予以纠正。

(3)对症支持　如果患猫伴有呕吐或胃排空延迟及反流,应给予止吐剂和促胃动力药剂,如雷尼替丁、甲氧氯普胺。同时,补充维生素 E 和 *S*-腺苷甲硫氨酸,防止由肝功能紊乱而引起的氧化损伤。若存在凝血异常,在治疗开始时应补充维生素 K_1。视动物液体需求量而进行液体治疗,纠正电解质和酸碱紊乱。

2. 继发性猫肝脏脂质沉积综合征的治疗

积极治疗原发病,并按照原发性猫肝脏脂质沉积综合征做好营养管理和对症治疗。

【预后】

胆红素逐渐下降是猫肝脏脂质沉积综合征好转的一个重要指标。治疗最初的 7～10 d 内总胆红素下降 50%的患猫,预后良好。及时进行营养管理可以显著提高患猫的存活率。

第二节　急性肝损伤

急性肝损伤(acute live injury, ALI)是指各种原因导致的迅速肝细胞损伤,甚至影响肝脏功能的综合征。轻度急性肝损伤由于肝脏代偿能力强不会引起肝脏功能的下降。肝细胞迅速损伤会导致肝脏功能急速下降而出现急性肝衰竭。该病无特殊品种及年龄易发性,容易接触潜在毒性物质、药物或免疫不全的动物更易发病。

【病因】

该病的潜在病因包括肝脏缺血、暴露于有毒物质、特发性或剂量依赖性药物反应、肿瘤、代谢紊乱、传染病和免疫介导性疾病。表 12-1 总结了部分急性肝损伤的病因。

表 12-1　犬、猫发生急性肝损伤的病因

毒素	药物	传染病	其他
黄曲霉素	对乙酰氨基酚	犬传染性肝炎	缺血
鹅膏菌	口服苯二氮卓类药物(猫)	猫传染性腹膜炎	肝脏脂质沉积
蓝藻	卡洛芬	钩端螺旋体	肿瘤
苏铁棕榈	洛莫司汀	扁体吸虫	
木糖醇	米托坦	沙门菌病	
	苯巴比妥	弓形虫病	
	非那吡啶		
	斯坦那唑		
	磺胺药		
	唑尼沙胺		

引自 Thawley V. Acute liver injury and failure [J]. Veterinary Clinics of North America: Small Animal Practice, 2017。

【发病机制】

毒素、药物等病因在进入门脉时会直接损伤门脉周围细胞。传染病的病原微生物可以引起小血管内皮损伤及机体炎性反应，从而导致离肝静脉较近的肝细胞出现缺血缺氧损伤。如果肝脏丧失功能超过70%，就会发生急性肝衰竭。

【临床症状】

患病动物多突然出现临床症状。早期临床症状主要表现为精神沉郁、不愿活动、长时间嗜睡、食欲下降或废绝。有的患病动物可能会出现呕吐、腹泻，甚至便血或黑粪的症状，难以与胃肠道疾病相区分。其后逐渐出现明显的黄疸症状。若急性肝损伤程度较重，对肝功能影响较大，则可能出现因腹水增多而导致的腹围增大、外周水肿、多尿。疾病后期可能出现凝血不良、低血糖、抽搐、昏迷、休克，甚至死亡。

【诊断】

根据病史、临床症状、体格检查、实验室检查和影像学检查可以做出诊断。确诊需要进行细胞学检查和组织病理学检查。

（一）实验室检查

血常规检查较常见小细胞性贫血和白细胞增多症。生化检查常见ALT、AST、ALP、GGT大幅度升高及高胆红素血症。若肝脏功能受到影响，可见低白蛋白血症、血清尿素氮、血糖和胆固醇降低。凝血检查可见PT和APTT的延长。

（二）影像学检查

腹部超声能够观察到肝脏实质结构的回声情况，同时可以评估有无其他并发疾病。急性肝损伤通常可见肝脏回声降低或正常。

（三）细胞学检查和组织病理学检查

组织病理学检查可以辅助诊断急性肝损伤的病因。由于动物体况和出血等影响，其临床实用性较低。细针抽吸进行细胞学检查的风险性较低，但无法评估肝脏的总体结构情况，可以辅助诊断某些浸润性肝脏疾病，如肝脏脂质沉积或弥散性肝脏肿瘤。

【治疗】

（一）治疗原则

治疗原发病、保肝利胆、对症支持及营养管理。

（二）治疗方法

1. 治疗原发病

部分感染性因素可以选用针对性抗生素进行治疗，如钩端螺旋体。肿瘤疾病需要进行手术治疗或放疗、化疗等。

2. 保肝利胆

与其他肝脏疾病一样，使用保肝药物治疗有助于降低肝脏氧化损伤。

3. 对症支持

对症支持包括液体治疗、胃肠道对症支持以及维生素补充。肝功能下降的患病动物应避免使用含有乳酸缓冲对的液体。同时，纠正电解质和酸碱紊乱。胃肠道对症治疗可以使用H2受体拮抗剂和质子泵抑制剂。肝功不全的患病动物会缺乏维生素K，因此需要补充维生素K。

4. 营养管理

根据动物营养需求给予肠内营养。遵循少量多次原则，缓慢增加饲喂量。肝功能下降且出现神经症状的病例在初期应限制蛋白摄入。

【预后】

急性肝损伤的动物由于病因、发病程度的不同以及对治疗的反应不一，预后多变。若存在急性肝脏衰竭的指征，预后不良。

第三节 犬慢性肝炎

犬慢性肝炎(canine chronic chepatitis)是指各种病因导致的肝细胞凋亡、坏死，并进一步发展至纤维化和肝硬化、肝功能不全和肝衰竭而引发的一种综合征。该病根据病因可分为特发性慢性肝炎、铜贮积性肝病、传染性病原引起的犬慢性肝炎、中毒性慢性肝炎等类型。青年犬至中年犬易发病，美国可卡犬、英国可卡犬、贝灵顿㹴、杜宾犬、拉布拉多猎犬及西高地白㹴高发。

【病因】

慢性肝炎的病因较多，一般包括感染性因素、遗传性因素、药物和自体免疫性因素。

(一)感染性因素

如钩端螺旋体、犬传染性肝炎病毒的慢性感染。

(二)遗传性因素

肝脏内铜蓄积是唯一一种遗传疾病引起的慢性肝炎，贝灵顿㹴、西高地白㹴、杜宾犬等品种易发。

(三)药物因素

抗癫痫药物、非甾体抗炎药以及某些化疗药均可以导致慢性肝炎。

(四)自体免疫性因素

部分病例中可见肝脏内 $CD3^+$ 淋巴细胞数量增加以及 $CD4^+$ ∶ $CD8^+$ 升高，提示存在自体免疫性因素。

【发病机制】

各种病因都可引起肝细胞凋亡和炎性细胞浸润。为了应对肝细胞凋亡，肝脏本身将有更多肝细胞再生，但炎性细胞释放的溶酶体酶和自由基会破坏正常肝细胞的细胞外基质，溶酶体酶还能破坏细胞膜，导致转化生长因子 $\beta 1$ 过度释放，进而抑制细胞增殖、诱导细胞凋亡、攻击胶原生成细胞、诱导细胞外基质蛋白质沉积，从而导致纤维化。纤维化会导致肝脏变性、新生结节、门脉血管联合形成，出现肝硬化。

肝细胞周围胶原形成、纤维化和肝硬化会使肝窦周围实质结构改变，引起不可逆的肝窦阻塞，进而导致门脉内血液进入肝窦受阻，血管内压力升高，从而形成门脉高压。门脉压力升高致使内脏充血、水肿和溃疡，最终导致腹水和获得性门脉短路。

【临床症状】

该病有时发展较慢，疾病早期无明显临床症状或仅表现为轻度的非特异性症状，如精神沉郁、厌食和体重下降。随着疾病发展，由于肝功能下降，患病动物体重下降、呕吐、腹泻、腹围增大、腹部疼痛、多尿和黄疸，有的患病动物存在严重凝血不良或出血倾向。

继发肝性脑病会出现神经系统症状，如共济失调、行为改变、转圈、头抵墙和抽搐等。

【诊断】

根据病史、临床症状、体格检查、实验室检查和影像学检查可以做出诊断。确诊需要进行组织病理学检查。

(一)实验室检查

血常规检查常见非特异性变化，如贫血、白细胞增多症或血小板减少症。病初，生化检查可见ALT、AST、ALP及GGT升高，随着病程发展，这些酶类的血清浓度会回落至正常参考范围。肝功能异常，表现为高胆红素血症、尿素氮下降、低血糖、低甘油三酯、低白蛋白血症和高球蛋白血症。在病后期，PT和APTT延长。

(二)影像学检查

腹部X线片可见肝脏缩小。腹部超声可见腹腔积液、肝脏缩小、肝脏结节及肝脏回声不均或增强。

(三)组织病理学检查

组织病理学检查是慢性肝炎诊断的金标准。部分病例可通过该检查确定原发病因。

视频12-1　犬慢性肝炎的超声征象

【治疗】

(一)治疗原则

治疗潜在病因、保肝利胆、对症支持和营养管理。

(二)治疗方法

1. 抗感染治疗

若由感染性因素引起，需要进行抗微生物治疗，如由钩端螺旋体引起的慢性肝炎可以选用多西环素、阿莫西林克拉维酸等抗生素进行治疗。

2. 降低肝脏内铜含量

使用铜螯合剂，如*D*-青霉素、曲恩汀。

3. 保肝利胆

常用*S*-腺苷甲硫氨酸、水飞蓟素、乙酰半胱氨酸和熊去氧胆酸等药物。

4. 对症支持

液体治疗，给予胃肠道保护剂，纠正机体低蛋白、低血糖、脱水、电解质和酸碱紊乱。

5. 营养管理

患病动物出现肝性脑病症状，需要限制蛋白摄入，避免高蛋白摄入。铜蓄积性慢性肝炎需要限制铜摄入，一些商品化日粮中添加锌，减少铜从胃肠道吸收。根据动物能量需求饲喂食物，避免发展为恶病质。

【预后】

犬慢性肝炎预后较差。如果已发展为肝硬化，预后不良。血小板减少症和凝血时间延长是预后较差的指征。

第四节　门脉短路

门脉短路(portosystemic shunts，PSS)是指门脉循环和体循环之间的不正常的吻合。经过胃、肠、脾脏和胰腺的血液应通过门脉系统回流至肝脏，在肝脏中进行一系列代谢后再汇入体循环。患有门脉短路的动物体内存在异常血管，将经过胃、肠、脾脏和胰腺的血液绕过部分或全部肝脏而直接引流至体循环。患病动物常出现神经系统、胃肠道系统及泌尿系统的异常。

该病可以分为先天性门脉短路和获得性门脉短路两类。先天性门脉短路是由发育异常而导致的，见于幼龄动物，犬较猫发病率更高；获得性门脉短路继发于引起慢性门脉高压的疾病，常见于中老年动物。

【病因】

(一)先天性门脉短路病因

胚胎发育异常而导致血管发育畸形或动脉导管未闭。通过这些异常结构，未经肝脏过滤的血液将直接进入全身循环。这些异常血管存在于肝内，则被称为先天性肝内门脉短路，多见于大型犬；如果异常血管存在于肝外，就被称为先天性肝外门脉短路，多见于小型犬。

(二)获得性门脉短路病因

任何引起慢性门脉高压的疾病均可以引起获得性门脉短路。肝脏纤维化、门脉发育不良伴门脉高压、肝脏动静脉畸形是最常见的病因。

【发病机制】

在来自胃肠道、脾脏和胰腺的血液中，富含各种营养物质(如蛋白质)、促激素(如胰岛素、胰高血糖素)以及毒素。这些血液汇入门静脉后进入肝脏，在肝脏内逐级分支进入肝血窦。肝细胞可以将这些血液中的营养物质和毒素进行代谢和中和，而促激素能刺激肝脏发育，维持肝脏正常的生理功能。

当动物机体发生门脉短路时，部分来自门脉的血液不经过肝脏处理，而直接汇入体循环。由于缺少激素刺激，肝脏无法正常发育，出现结构萎缩和功能异常。肝脏无法处理蛋白质代谢后形成的氨等代谢废物，会引起以代谢紊乱为基础的中枢神经系统功能失调综合征，也称为肝性脑病。这些代谢废物还会导致胃肠道及泌尿系统等组织器官发生病变。

图 12-4　先天性门脉短路的患猫“古铜色”瞳孔
(中国农业大学动物医院供图)

【临床症状】

(一)先天性门脉短路症状

常见临床症状包括发育迟缓、体重下降、体型偏小、食欲减退、神经系统症状、胃肠道症状以及泌尿系统异常。部分患猫可见古铜色瞳孔(图 12-4)。神经系统症状与门脉短路继发肝性脑病有关，表现为共济失调、转圈、木僵或抽搐、头抵墙、中枢性失明、发声异常、肌肉震颤、步态异常。胃肠道症状包括异嗜症、呕吐、吐血、腹泻和便血。泌尿系统异常可见多尿、排尿困难、血尿、泌尿道结晶/结石。

(二)获得性门脉短路症状

最常见的症状为腹水，还可见呕吐、吐血、腹泻和便血等症状。

【诊断】

根据病史、临床症状、实验室检查、尿常规检查和影像学检查可以做出诊断。

(一)实验室检查

血常规检查常见轻度非再生性小红细胞性贫血和白细胞增多症。生化检查可见肝功能异常，如白蛋白、胆固醇、尿素氮和血糖等降低；餐前/餐后胆汁酸的异常；血氨浓度升高。部分动物可见PT或APTT延长。

(二)尿常规检查

低渗尿或等渗尿，还可见重尿酸铵结晶或尿酸盐结石。

(三)影像学检查

腹部超声检查可发现异常的短路血管,其敏感性和特异性主要取决于检查者的技术。CT 及血管造影技术(图 12-5)和磁共振成像(magnetic resonance imaging,MRI)是诊断门脉短路的“金标准”。

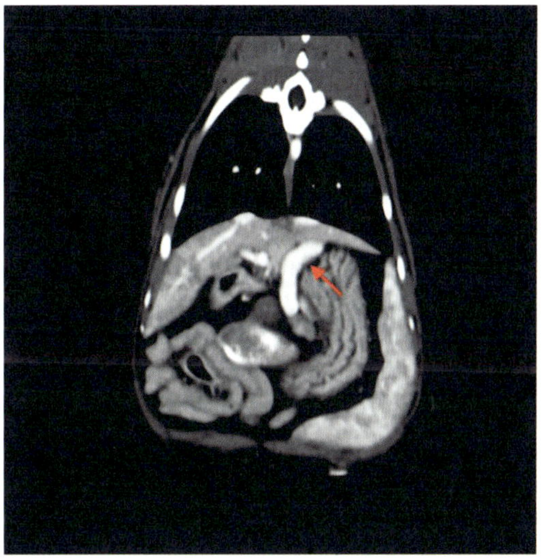

图 12-5　先天性门脉短路的患猫 CT 及血管造影技术显示的异常短路血管(红色箭头所示)

(中国农业大学动物医院供图)

【治疗】

(一)治疗原则

先天性肝外门脉短路需要手术治疗,先天性肝内门脉短路手术难度较大。先天性肝外门脉短路和获得性门脉短路也可以进行内科管理。内科治疗重在减少代谢废物氨的产生和吸收,并针对胃肠道、泌尿道症状进行治疗。

(二)治疗方法

1. 手术治疗

使用常规缝线、玻璃纸、缩窄环或栓塞线圈等材料闭锁异常血管。

2. 内科管理

视频 12-2　猫门脉短路的 CT 征象

(1)减少氨的产生和吸收　通过营养管理、灌肠和使用抗生素来达到该目的。

①营养管理。病初使用低蛋白质食物,疾病维持期使用正常蛋白质含量或轻微限制蛋白质的食物。日粮中的蛋白质应易消化且生物利用度高。饲喂方式应遵循少量多餐原则。

②灌肠。动物处于肝性脑病危象时使用。将乳果糖∶水按照1∶3的比例混合,取 10 mg/kg 灌入直肠,停留 30 min 至 1 h。

③ 乳果糖。在疾病维持期使用,使用剂量约为 0.5 mL/kg, 2～3 次/d,口服以维持每天排便为成型软便。

④ 抗生素。常用抗生素为甲硝唑或阿莫西林。由于使用甲硝唑的副作用包括引发神经症状,故需注意药物给予剂量,并密切监测治疗反应,

(2)对症支持　使用胃肠道保护药物,如 H2 受体拮抗剂(如法莫替丁)和质子泵抑制剂(如奥美拉唑),以缓解胃肠道症状。

【预后】

先天性肝外门脉短路经过适当的手术治疗和内科管理后,预后良好。术后并发症包括门脉高压和持续性抽搐,而肝内门脉短路使用药物内科保守控制,预后不定,部分动物通过长期营养管理而存活,但后期可能发展为恶病质。获得性门脉短路是肝脏疾病的进一步发展,出现门脉高压时的一种机体自救措施,此时肝脏疾病多已不能逆转,因此多预后不良。

第五节　猫胆管炎

猫胆管炎(feline cholangitis)是指胆道系统的炎症。世界小动物兽医协会(World Small Animal Veterinary Association, WSAVA)根据组织病理学中胆道系统炎症时浸润的炎性细胞种类,将胆管炎分为中性粒细胞性胆管炎(包括急性和慢性)、淋巴细胞性胆管炎以及与肝片吸虫相

关的慢性胆管炎。该病无品种及性别倾向性，青年猫及中年猫更易发该病。平时喜生食淡水鱼虾的猫易患与肝片吸虫相关的慢性胆管炎。

【病因】

（一）中性粒细胞性胆管炎病因

肠道中的细菌逆行性感染导致胆道系统感染而出现炎症性变化。常见的细菌有大肠埃希菌、链球菌属、克雷伯菌属、假单胞菌属以及肠球菌属的细菌。

（二）淋巴细胞性胆管炎病因

病因未明。目前认为它可能与多种原因相关，如免疫介导性炎性反应、幽门螺杆菌感染或巴尔通体感染等。

（三）肝片吸虫相关的慢性胆管炎病因

由感染肝片吸虫而引起的胆道系统疾病。由于地域不同，患猫会感染不同种类的肝片吸虫。

【发病机制】

（一）中性粒细胞性胆管炎发病机制

1. 急性

由肠道中的细菌逆行引起中性粒细胞浸润至胆道系统，导致胆道上皮退行性变化及坏死。

2. 慢性

由于细菌持续性感染或诱发了免疫介导性炎性反应，引起中性粒细胞、浆细胞和淋巴细胞浸润至门脉区域。炎症会累及周围肝脏实质，也会造成胆道增生和纤维化。

（二）淋巴细胞性胆管炎发病机制

免疫介导或其他未知病因引起了淋巴细胞浸润至门脉区域，从而造成胆道增生和纤维化。慢性炎性进程可以引起门脉区域B淋巴细胞聚集，门脉区域出现脂质肉芽肿或胆管缺失。

（三）肝片吸虫相关的慢性胆管炎发病机制

患猫通过摄入被囊蚴感染的中间宿主而感染。未成熟的吸虫从患猫肠道通过胆道系统进入肝脏，于8～10周成熟并排卵，在感染的3周后即可出现肝脏的病理学变化，如近端胆管扩张、中性粒细胞和嗜酸性粒细胞浸润；在慢性进程时，发生胆道增生及周围纤维化。

【临床症状】

（一）中性粒细胞性胆管炎症状

急性病例的典型症状为精神沉郁、发热、厌食、呕吐、腹泻、腹部疼痛和黄疸，通常发病急。慢性病例的相关症状为间断性出现或程度较轻，但持续时间较长，常见精神沉郁、厌食、体重减轻及呕吐。

（二）淋巴细胞性胆管炎症状

与中性粒细胞性胆管炎症状较为相似，但少见发热，还会出现高蛋白性腹水。

（三）肝片吸虫相关的慢性胆管炎症状

患猫症状与感染肝吸虫的数量相关。当感染量少时，患猫甚至无临床症状；当大量感染时，患猫会出现急性肝后性黄疸、精神沉郁、厌食、体重下降、呕吐和腹泻。

【诊断】

根据病史、临床症状、实验室检查、影像学检查和特殊检查可以做出诊断。

（一）实验室检查

血常规检查会出现白细胞增多症。生化检查会出现肝胆酶类和胆红素会升高。患猫胆管炎的 GGT 升高较 ALP 更敏感，有时 ALT 和 AST 也会升高。患慢性中性粒细胞性胆管炎和淋巴细胞性胆管炎会出现高球蛋白血症。

(二)影像学检查

超声检查可见门脉周围肝脏实质回声增强、胆道扩张、胆囊壁增厚、胆囊增大、胆囊内容物回声升高等异常变化。有些患猫可能无明显的影像学异常。

(三)特殊检查

1. 细胞学检查

通过超声引导下的胆囊穿刺术，采集胆汁进行细胞学检查，有助于确定胆囊炎种类，如存在中性粒细胞浸润和细菌(图 12-6)，则提示中性粒细胞性胆管炎。如存在肝片吸虫虫卵，则提示肝片吸虫相关的慢性胆管炎。

视频 12-3　猫肝吸虫导致的胆管扩张超声征象

2. 细菌培养及药敏试验

采集的胆汁可以进行细菌培养及药敏试验，确定引起感染的细菌种类，并针对性选择治疗药物。

3. 粪便沉淀检查

与肝片吸虫相关的慢性胆管炎在粪便中会出现肝片吸虫虫卵(图 12-7)，但该检测的敏感性较低。

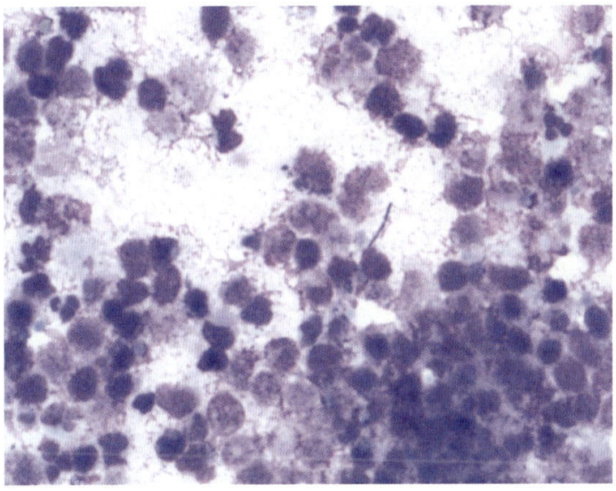

图 12-6　中性粒细胞性胆管炎患猫的胆汁细胞学检查，可见大量中性粒细胞浸润及细菌

(中国农业大学动物医院供图)

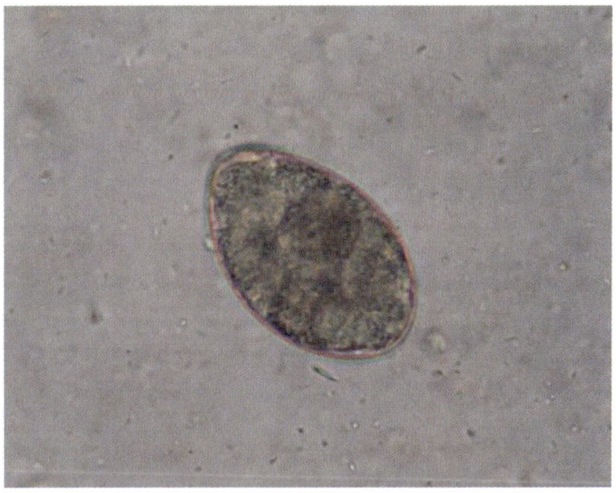

图 12-7　粪便样本中的肝片吸虫虫卵

(张海霞供图)

【治疗】

(一)治疗原则

加强营养管理、消除原发病因、对症支持治疗。

(二)治疗方法

1. 抗生素

通常针对革兰氏阴性需氧菌进行治疗，常用药物包括阿莫西林克拉维酸钾和头孢菌素。必要时，根据胆汁细菌培养和药敏试验结果来选择抗生素。有时需要添加能覆盖厌氧菌的抗生素，如甲硝唑。抗生素治疗周期为 4～6 周。

2. 免疫抑制

慢性中性粒细胞性胆管炎和淋巴细胞性胆管炎病例可以用泼尼松龙等免疫抑制药物进行治疗。由于淋巴细胞性胆管炎的病因未明，使用该药物仅能够帮助减缓疾病进程和改善临床症状。

3. 驱虫治疗

与肝片吸虫相关的慢性胆管炎可以用吡喹酮进行驱虫治疗。

4. 支持治疗

用熊去氧胆酸以稳定胆管膜,增加胆汁流动性,减少炎性反应,减少纤维化形成。S-腺苷甲硫氨酸及维生素E或其他抗氧化药物可以减少氧化损伤。急性患猫需要住院治疗和静脉输液治疗。

【预后】

中性粒细胞性胆管炎在早期进行正确的干预,预后较好。淋巴细胞性胆管炎通常预后较差,即使治疗,也因伴发胰腺疾病或肠道疾病而引起患猫死亡。如与肝片吸虫相关的慢性胆管炎为严重感染病例,则预后不良。

第六节　犬胆囊炎

犬胆囊炎(canine cholecystitis)是指多种因素引起的犬胆囊急性与慢性炎症过程。该病根据病程可以分为急性和慢性两种类型,无品种和年龄倾向性。

【病因】

犬胆囊炎的常见病因包括胆泥淤积、胆囊黏液囊肿、胆囊肿瘤及胆总管梗阻。

【发病机制】

在病因作用下,胆汁流出,减少细菌从肠道逆行感染的风险性增大。部分病因导致胆囊扩张而影响胆囊壁血液供应,造成胆囊壁缺血性坏死和无菌性炎性反应。

【临床症状】

轻症患犬常无临床症状。大部分就诊的患犬表现为间断性异常。其主要症状包括精神沉郁、厌食、体重下降、呕吐、腹泻、黄疸和腹部疼痛。

【诊断】

(一)实验室检查

血常规检查常见白细胞增多症。生化检查可见ALT、AST、ALP和GGT升高以及高胆红素血症。部分病例可见高胆固醇血症、高球蛋白血症和氮质血症。

(二)影像学检查

腹部X线检查可见胆结石、肝脏增大、腹部浆膜细节丢失等影像。腹部超声检查常见胆囊增大、胆道扩张、胆囊壁增厚、胆结石、胆泥淤积、胆囊周围积液以及肝脏回声出现变化。

(三)细菌培养

胆囊穿刺术,取胆汁进行细胞学检查、细菌培养和药敏试验可以确定感染细菌种类。

【治疗】

(一)治疗原则

治疗潜在病因、抗感染、保肝利胆和对症支持。

(二)治疗方法

1. 治疗潜在病因

若存在胆结石、胆囊肿瘤、胆囊壁异常,需要结合外科治疗。

2. 抗感染

若存在感染,根据胆汁培养结果选择合适的抗生素治疗。如无法进行培养,通常选用甲硝唑、阿莫西林、氟喹诺酮类或头孢菌素类药物进行治疗。

3. 保肝利胆

常用药物包括熊去氧胆酸、*S*-腺苷甲硫氨酸、水飞蓟素等药物。

4. 支持治疗

液体治疗及胃肠道症状管理十分必要。

【预后】

该病预后与疾病的严重程度相关。轻度胆囊炎且治疗及时，则预后良好。若存在潜在病因，或者出现了胆道梗阻或胆囊破裂，预后谨慎至预后不良。

第七节　胆囊黏液囊肿

胆囊黏液囊肿(gallbladder mucoceles，GBM)是指一种胆囊内充满半固态至固态黏液样胆汁物质的胆囊疾病。它是犬的常见胆管系统疾病之一，潜在并发症包括肝外胆管阻塞、胆囊炎、坏死性胆囊炎、胆汁性腹膜炎和胰腺炎。喜乐蒂牧羊犬、可卡犬和迷你雪纳瑞犬易发该病，最常见于中老年犬。

【病因】

该病病因尚未明确。风险因素包括高脂血症、胆囊运动障碍、胆囊壁无菌性或败血性炎症、内分泌疾病以及外源性类固醇的使用。

【发病机制】

该病发病机制尚未明确。在病因作用下，胆囊腔内的黏液过量积聚，逐渐引起胆囊过度扩张、破坏血液供应，从而导致胆囊壁压力性坏死、破裂以及继发的胆汁性腹膜炎。

【临床症状】

该病发病缓慢，临床表现存在较大差异。部分患犬无临床症状，仅在常规腹部超声检查时会被意外发现。而部分患猫存在嗜睡、厌食、呕吐、黄疸及腹部疼痛的临床症状，很难与其他肝胆疾病区分。有些病例还会出现与肝外胆管阻塞、胰腺炎或胆汁性腹膜炎相关的急腹症。发热通常与细菌性胆囊炎或胆汁性腹膜炎有关。

【诊断】

(一)实验室检查

在血常规检查中，中性粒细胞增多症和核左移是胆汁性腹膜炎、细菌性胆囊炎或细菌性胆管肝炎的常见指标变化。生化检查主要异常为ALP升高，也常见ALT、GGT和总胆红素升高，有临床症状时尤为明显。若伴有胆管阻塞，则胆固醇明显升高。

(二)影像学检查

超声检查是诊断胆囊黏液囊肿的金标准，可见特征性的低回声黏液聚集在胆囊内侧缘，高回声胆泥向胆囊腔中央移位，称为“猕猴桃”征(图12-8)。对于未成熟的黏液囊肿而言，高回声胆泥可悬浮在

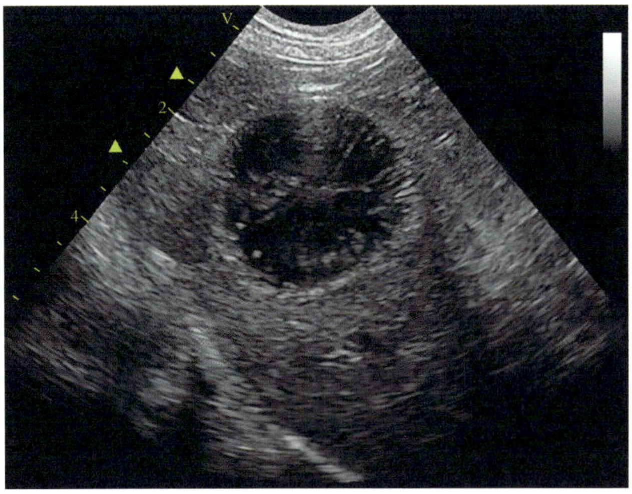

胆囊内部呈星芒状，即“猕猴桃”征。

图12-8　胆囊黏液囊肿患犬的胆囊超声影像

(中国农业大学动物医院供图)

胆囊腔内或沉于重力侧,并存在数量不等的无回声液体或胆汁。有时可见黏蛋白碎片和胆结石悬浮于胆囊腔或胆总管内,在极少数情况下游离于腹腔。胆囊壁正常或弥散性增厚。若胆囊壁附近紧贴或邻近高回声脂肪,提示胆囊破裂或局灶性腹膜炎。

(三)组织病理学检查

以胆囊的囊性黏液增生、黏液黏附于管腔表面为特征性病理变化或存在淋巴细胞性和/或中性粒细胞性胆囊炎。

【治疗】

(一)治疗原则

手术切除病变的胆囊、药物治疗及对症支持。

(二)治疗方法

1. 手术治疗

若胆囊破裂,必须进行手术治疗。胆囊切除术是最常用的治疗方法。根据胆道阻塞情况的不同,选择性进行胆道分流术。

2. 药物治疗

保肝利胆药包括熊去氧胆酸和 *S*-腺苷甲硫氨酸。根据胆汁培养结果选择合适的抗生素治疗细菌感染。

3. 对症支持

液体治疗、胃肠道症状管理是十分重要。

【预后】

该病预后与疾病的严重程度相关。若胆囊破裂而出现败血性和胆汁性腹膜炎时,预后较差,死亡率高。若病情稳定且胆囊未破裂,在手术治疗后 3～5 d 内,出现并发症的概率较高。若该段时间内患犬存活,则预后良好。

第八节 胰 腺 炎

胰腺炎(pancreatitis)是指胰蛋白酶在胰腺内被激活后引起胰腺组织自身消化、水肿、出血,甚至坏死的炎症反应。它可以分为急性胰腺炎和慢性胰腺炎。急性胰腺炎易发于中年的犬、猫,迷你雪纳瑞犬、迷你贵宾犬、家养短毛猫等属于易发品种;慢性胰腺炎更常见于中老年犬,查理士王小猎犬、可卡犬、苏格兰牧羊犬和拳师犬更易发病,猫无品种倾向性。

【病因】

该病的病因目前尚未明确。对于犬而言,肥胖、高脂饮食、其他内科疾病(如糖尿病、肾上腺皮质机能亢进、甲状腺机能减退、胃肠道疾病或癫痫)、恶病质、药物、毒物、十二指肠内容物逆行、缺血/再灌注损伤等为风险因素。对于猫而言,其他内科疾病(肝脏脂质沉积、糖尿病、肠炎、胆囊炎等)为风险因素。

【发病机制】

胰腺分泌的消化酶在未进入肠道前应以酶原的形式存在。当发生急性胰腺炎时,胰蛋白酶在胰腺内过早激活会导致胰腺自体消化、严重的炎症反应以及胰腺周围脂肪坏死,从而引起局灶性或广泛性无菌性腹膜炎,甚至出现严重的全身性炎性反应或多器官衰竭。

慢性胰腺炎是一种胰腺的持续性炎性反应,导致胰腺不可逆的损伤,会引起胰腺内分泌功能异常（糖尿病）和外分泌功能异常（胰腺外分泌不足）。

【临床症状】

（一）急性胰腺炎症状

患病动物临床症状差异很大。有的病例仅表现为厌食、轻度的腹痛和呕吐；严重病例表现为剧烈呕吐、明显腹痛呈祈祷姿势（图 12-9）、脱水、虚弱，甚至休克。与犬相比，大多患猫仅有轻微的胃肠道症状，包括厌食和轻度呕吐。患重度急性胰腺炎的猫通常也仅表现为嗜睡和厌食；部分重度急性胰腺炎患猫会并发全身炎性反应或多器官衰竭，影响肺脏和肾脏的功能，从而出现呼吸急促或少尿。

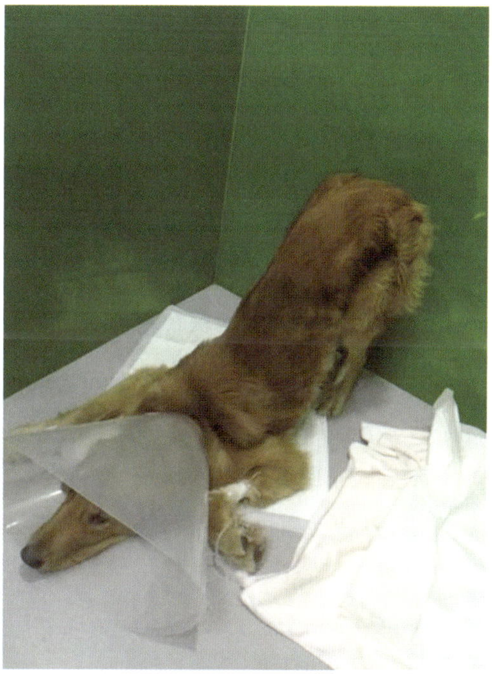

图 12-9　患犬因腹部疼痛而表现出“祈祷样”姿势

（中国农业大学动物医院供图）

（二）慢性胰腺炎症状

患犬表现出间断性胃肠道症状，包括厌食、间断性呕吐或餐后活动性下降。患猫通常症状轻微且无特异性。

【诊断】

该病根据病史、临床症状、实验室检查、影像学检查、组织病理学检查和特殊检查可以做出诊断。

（一）实验室检查

大部分患病动物出现中性粒细胞增多伴核左移，有的患病动物出现中毒性中性粒细胞，血小板减少及贫血。生化检查无特异性，常见胰酶（淀粉酶、脂肪酶）和肝酶升高、氮质血症、高胆红素血症等。

（二）影像学检查

1. 急性胰腺炎的诊断

急性胰腺炎可见胰腺呈低回声，胰腺周围组织高回声（图 12-10）。部分病例可见少量腹膜腔积液。

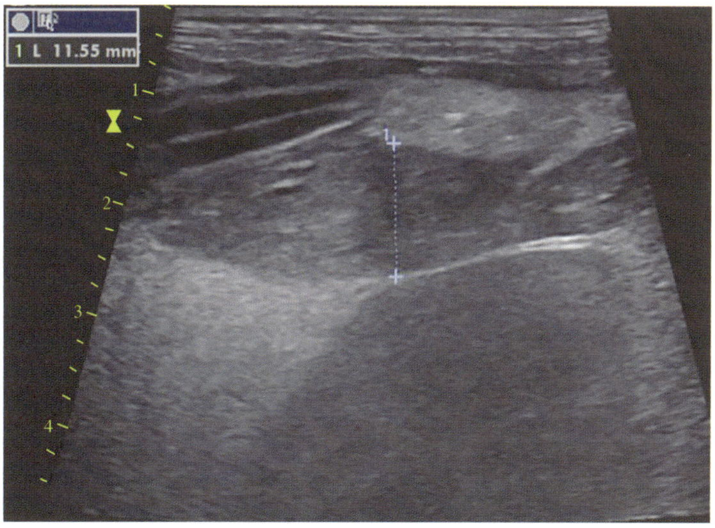

胰腺肿大且呈低回声，胰腺周围组织回声升高。

图 12-10　急性胰腺炎的超声影像

（中国农业大学动物医院供图）

2. 慢性胰腺炎的诊断

通常可见胰腺高回声，这与胰腺组织纤维化相关。胰腺假囊肿可见于急性和慢性胰腺炎。

(三)组织病理学检查

组织病理学检查是诊断急性胰腺炎和慢性胰腺炎的金标准，但临床上受动物体况、侵入性操作等因素影响，很少进行。

(四)特殊检查

1. 犬胰脂肪酶样免疫反应

犬胰脂肪酶样免疫反应(canine pancreatic lipase immunoreactivity, cPLI)只检测来自胰腺外分泌功能分泌的脂肪酶，是检测胰腺炎较为敏感的指标。

2. 猫胰脂肪酶样免疫反应

对于中度至重度胰腺炎而言，猫胰脂肪酶样免疫反应(feline pancreatic lipase immunoreactivity, fPLI)的敏感性和特异性均较高，但对轻度胰腺炎的敏感性相对偏低。

【治疗】

(一)治疗原则

以对症支持为主。急性胰腺炎应进行止吐、止疼、合理液体治疗及营养管理；慢性胰腺炎的营养管理和止疼较为重要。

(二)治疗方法

1. 止吐

常用神经激肽受体阻滞剂(如马罗皮坦)、H2 受体拮抗剂(如法莫替丁或雷尼替丁)和质子泵抑制剂(如奥美拉唑)。

2. 止疼

常用的止疼药物包括阿片受体部分激动剂，如丁丙诺菲或布托啡诺。应避免使用非甾体抗炎药，因其存在增加胃肠道溃疡及肾脏损伤的风险，同时会进一步减少胰腺灌注。

3. 液体治疗

旨在纠正脱水、电解质紊乱和酸碱紊乱，维持胰腺灌注。

4. 营养管理

通常只要患病动物不呕吐，就应当在 6～12 h 内给予食物。患犬可以给予低脂、低蛋白、低纤维及高消化率和高碳水化合物的食物，而患猫不需要限制脂肪摄入。应少量多餐给予食物，最终逐渐恢复至满足患病动物每天能量需求的食物量。若患病动物因厌食而无法进行肠内营养管理，可以留置鼻饲管/食道饲管辅助饲喂。

5. 抗生素

轻度病例可以不用抗生素治疗。严重的急性病例应给予广谱抗生素治疗，氟喹诺酮可单用或与阿莫西林/甲硝唑联用。

【预后】

由于疾病的发病程度、发病时间均有所差异，故预后不一。轻度急性胰腺炎和慢性胰腺炎的病例，预后较好；重度急性胰腺炎病例和慢性胰腺炎急性发作期病例，死亡风险较高。如果急性胰腺炎患猫存在低血钙，则预后不良。

第九节 犬胰腺外分泌功能不足

当 85%～90%的胰腺腺泡细胞无法分泌胰酶和碳酸氢根离子时，就会出现胰腺外分泌功能不足(exocrine pancreatic insufficiency，EPI)。该病根据病因可以分为原发性胰腺外分泌功能不足和继发性胰腺外分泌功能不足。原发性犬胰腺外分泌功能不足常见于幼龄犬，德国牧羊犬为易发品种。继发性胰腺外分泌功能不足常见于中老龄犬，易发品种包括查理士王小猎犬、英国可卡犬以及苏格兰牧羊犬。

【病因】

(一)原发性因素

原发性胰腺腺泡萎缩是原发性胰腺外分泌功能不足的病因。德国牧羊犬出现胰腺腺泡萎缩是一种针对腺泡的自体免疫性疾病，也见于其他品种。

(二)继发性因素

1. 慢性胰腺炎

胰腺的慢性炎症引起胰腺腺泡萎缩，从而导致胰腺外分泌消化酶减少，导致功能不足。

2. 其他疾病

胰腺肿瘤、酶原未激活或单纯酶缺乏可以引起胰外分泌功能不足，但很罕见。

【发病机制】

无论是原发性病因，还是继发性病因，最终都会导致胰腺腺泡组织结构破坏而引发胰酶和碳酸氢根分泌减少。由于胰酶产生减少，小肠无法正常消化摄入的食物，进而造成吸收障碍和营养不良，继续影响剩余胰腺组织的功能，从而导致疾病进一步发展。

【临床症状】

患病动物食欲旺盛，但体重下降，消瘦，被毛质量差。部分患病动物出现呕吐。大部分患病动物表现为慢性腹泻，粪便通常偏白、量大且质地油腻。患犬由于出现必需脂肪酸缺乏和恶病质，可能并发慢性脂溢性皮肤病。继发性胰外分泌功能不足还会表现出与慢性胰腺炎或糖尿病的相关症状。

【诊断】

该病根据病史、临床症状、实验室检查和特殊检查可以做出诊断。

(一)实验室检查

胰腺外分泌功能不足的患犬通常血液学检查结果正常。病重或恶病质病例会出现非特异性变化，如低蛋白血症、肝酶轻度升高、胆固醇/甘油三酯下降等。

(二)特殊检查

1. 血清胰蛋白酶样免疫反应性

血清胰蛋白酶样免疫反应性(trypsin-like immunoreactivity，TLI)是胰腺外分泌不足的确诊性检测，具有较高的敏感性和特异性。当临床表现明显的胰外分泌功能不足时，TLI 水平显著降低。

2. 钴胺素和叶酸水平

若出现胰腺外分泌功能不足，患病动物的血清钴胺素含量会下降；小肠中的微生物过度增殖会导致血清叶酸含量上升。

【治疗】

(一)治疗原则

补充胰酶、营养管理和对症支持。

(二)治疗方法

1. 补充胰酶

患病动物需要持续性添加外源性胰酶来帮助消化食物。目前,可以使用商品化的外源性胰酶产品,但需要严格按照说明口服。

2. 营养管理

在疾病初期,应使用低脂食物,避免饲喂高脂饮食。对于继发性胰腺外分泌功能不足而言,长期使用低脂饮食能够减少餐后疼痛和急性发作。

3. 对症支持

胃部的酸性环境会影响胰酶的效果,因此治疗效果不佳的动物可以对其增加胰酶剂量或给予H2 受体阻滞剂,以减少胃酸分泌带来的影响;适当补充钴胺素和维生素 E。

【预后】

该病经及时诊断后,持续治疗管理,预后较好。

第十节 其他肝胆疾病及胰腺外分泌疾病

除上述常见的肝胆疾病及胰腺外分泌疾病外,在临床上还可见犬、猫其他肝胆疾病及胰腺外分泌疾病,如表 12-2 所列。

表 12-2 犬、猫其他肝胆疾病及胰腺外分泌疾病

病名	概念	病因	临床症状	诊断	治疗
肝外胆管阻塞(extrahepatic bile duct obstruction)	各种原因致使胆管腔外压迫或腔内梗阻性病变	周围脏器的炎性反应;肿瘤;胆结石	黄疸、厌食、沉郁、呕吐	高胆红素血症;腹部超声检查	祛除病因。未完全梗阻前,可以考虑保肝利胆治疗;完全梗阻则需手术治疗
肝脏淀粉样变(hepatic amyloidosis)	由肝细胞外沉积不可溶性淀粉样蛋白质而导致的肝脏病变	遗传性疾病,病因未完全明确	腹围增大、精神沉郁、厌食	组织病理学检查	支持治疗
肝脏脓肿(hepatic abscesses)	细菌感染肝脏后导致肝脏出现病理变化	细菌	厌食、嗜睡、呕吐、发热、腹痛	中性粒细胞升高,肝胆酶升高,细针抽吸细胞学检查可见炎性细胞浸润和病原微生物,可通过微生物培养确定感染微生物种属	祛除病因 、抗感染治疗、支持治疗或手术切除脓肿
肝脏原发性肿瘤(primary liver tumors)	由肿瘤细胞侵袭肝实质或胆道系统而导致的疾病	未完全明确	无症状或嗜睡、厌食、腹围增大,严重时可能出现肿瘤破裂而导致的急腹症	组织病理学检查	手术切除、化疗、放疗或靶向治疗

思考题

1. 提示肝脏损伤的酶类有哪些？提示胆汁淤积的酶类有哪些？

2. 提示肝脏功能的生化指标有哪些？

3. 简述猫脂肪肝的治疗要点。

4. 门脉短路可分为几类？哪些情况可以通过手术治疗？哪些情况应考虑内科管理？并简述内科管理要点。

5. 猫胆管炎分为几类？请简述其发病机制。

6. 犬、猫胰腺炎的治疗原则有哪些？在营养管理方面，犬胰腺炎和猫胰腺炎治疗有哪些异同？

第十三章　泌尿系统疾病

学习目的与要求

1. 掌握泌尿系统疾病的种类和定义。
2. 了解泌尿系统疾病的病因、发病机制及预后。
3. 熟悉泌尿系统疾病的诊断依据和治疗方法。

概　　述

泌尿系统包括肾脏、输尿管、膀胱、尿道，其主要功能为排泄代谢废物，调节水、电解质、酸碱平衡和分泌激素。泌尿系统的功能失常会对动物机体的内平衡产生不良影响。任何品种、各年龄阶段的犬、猫都可能发生泌尿系统疾病。随着犬、猫饲养数量的增加以及动物主人对疾病认知水平的提高，我国兽医临床对泌尿系统疾病的诊断、治疗及预防越来越重视。

犬、猫泌尿系统疾病的种类按生理解剖结构可分为肾脏疾病（急性肾损伤、慢性肾病、肾盂肾炎、蛋白质丢失性肾病）、输尿管疾病（输尿管炎、输尿管异位）、膀胱疾病（尿石症、膀胱破裂、猫特发性膀胱炎）、尿道疾病（尿道炎、尿道括约肌机能障碍）等。

泌尿系统疾病的病因多样，主要受中毒、感染、创伤、遗传、免疫介导等致病因素影响而发病。

犬、猫泌尿系统疾病的临床症状能为疾病的诊断提供重要线索，主要表现为与排尿相关的异常症状，如尿血、尿频、排尿困难、痛性尿淋漓、多尿、少尿、无尿等；与感染、炎症等病因相关的症状，如发热、腹痛等；非特异性全身性症状，如精神沉郁、嗜睡、厌食、呕吐、腹泻等。

犬、猫泌尿系统疾病的诊断一般需要结合病史（如误食毒物、使用麻醉药物、创伤等）、临床症状（如多尿、尿频、尿血、痛性尿淋漓、消瘦等）、实验室检查（氮质血症、高磷血症、代谢性酸中毒、贫血、等渗尿等）、影像学评估（肾脏肿大、髓质轮圈征、肾皮质回声增强、肾盂扩张、膀胱壁增厚、尿道扩张等）等各方面的信息进行诊断评估。

犬、猫泌尿系统疾病的治疗原则是纠正原发病因与对症支持治疗，避免发生进一步损伤。感染性疾病应积极清除感染源；中毒性疾病应立即停止继续摄入有毒物质，进行催吐，并使用特效解毒药；尿石症应尽早解除结石引起的尿路不畅。同时进行积极的输液治疗，改善脱水，保障肾脏的灌注；针对并发的胃肠道症状、厌食、发热、腹痛进行对应的支持治疗，缓解症状。

随着犬、猫疾病研究水平的发展，小动物泌尿系统疾病的临床诊断和治疗水平也在不断提高。本章概述了当前犬、猫临床常见的泌尿系统疾病的定义、病因、发病机制、临床症状、诊断、治疗及预后，旨在让本科生和从业者能够熟练掌握泌尿系统疾病的基础理论知识和诊疗技术，及时、准确地诊断和治疗疾病，改善动物的生活质量。

第一节　急性肾损伤

急性肾损伤(acute kidney injury，AKI)是指一种肾脏的部分或全部功能急性丧失的疾病。与旧称急性肾衰相比，它包括的疾病范围更广泛。该病根据发病部位可分为肾前性、肾性和肾后性急性肾损伤。任何年龄、任何品种的动物均可能发病。

【病因】

该病主要由缺血、中毒、感染、肾后性梗阻等因素直接或间接损伤肾脏而发病。

(一)缺血

脱水、低血压、休克、麻醉、中暑、出血和创伤等导致肾脏缺血、灌注不足，肾小球滤过率降低，肾脏不能有效滤过代谢毒素。

(二)中毒

如乙二醇、百合(猫)、两性霉素 B、氨基糖苷类药物、非甾体抗炎药、葡萄(犬)、维生素 D_3 灭鼠药、血管造影剂、三聚氰胺等均可能导致该病。

(三)感染

钩端螺旋体、猫冠状病毒等感染会引起肾脏损伤。

(四)肾后性梗阻

由结石、肿瘤、痉挛、创伤等引起的泌尿道梗阻会导致肾脏无法滤过并排泄废物，严重病例还可能继发尿道或输尿管破裂，尿液渗漏至腹膜腔，引起尿液毒素大量重吸收进入血液循环。

【发病机制】

肾小球血流动力学改变或血管通透性降低，肾小管泄漏、变性或坏死，肾间质水肿，细胞浸润等导致该病。

【病程】

急性肾损伤的病程一般分为 4 个阶段

(一)起始阶段(第一阶段)

从肾脏遭受损伤开始，通常维持数分钟至数小时。肾脏血流受损、正常细胞代谢过程受到干扰。

(二)进展阶段(第二阶段)

持续缺氧对起始损伤的延续可持续数小时至数天。肾脏细胞肿胀、凋亡和坏死。肾小球滤过率(glomerular filtration rate，GFR)开始下降。

(三)维持阶段(第三阶段)

持续数天到数周，细胞开始修复，但损伤通常会继续。肾脏损伤程度在这个阶段达到峰值，发生可逆性或不可逆性的病变。细胞经历修复、迁移、凋亡和增殖，细胞完整性和功能会发生重建。GFR 下降至最低水平。

(四)恢复阶段(第四阶段)

一般超过数周至数月，细胞不断修复和重组，开始恢复正常肾脏功能。GFR 开始逐渐升高。某些病例的损伤和炎症非常严重，以致发生纤维化和瘢痕化，导致该区域的肾单位功能完全且永久地丧失，最后发生肾衰竭和尿毒症。

【临床症状】

(一)非典型症状

患病动物精神沉郁、嗜睡、厌食、呕吐、腹泻、脱水、腹痛、口腔溃疡和流涎。

(二)典型症状

患病动物主要表现出非长期性的多饮、多尿,也可能是少尿、无尿、尿毒素性呼吸等症状。感染性病例可能会出现发热、黄疸;继发高血钾的病例会出现心动过缓;发生尿道梗阻的病例多伴有腹围增大。

【诊断】

该病需根据病史调查、实验室检查和影像学检查可以做出诊断。

(一)病史调查

根据问诊获取有助于发现致病因素相关的信息,如是否接触过有毒物质、用药史、麻醉及手术经历等信息。

(二)实验室检查

1. 血常规

血常规一般无特异性变化,有的患病动物因脱水而出现红细胞增多或因胃肠道、泌尿道出血而继发贫血。

2. 生化

生化主要出现肌酐、尿素氮升高、高磷血症、高钾血症,脱水病例还会出现高蛋白血症。根据国际肾病研究协会(International Renal Interest Society,IRIS),患病动物测定的血肌酐值分为Ⅴ级(表13-1),级数越高则代表病情越严重。虽然急性肾损伤Ⅰ级病例并没有出现氮质血症,但是存在急性肾损伤病史(如接触肾毒性物质),实验室(如48 h之内血肌酐值升高≥26.4 μmol/L、管型尿、蛋白尿、SDMA升高)、影像学证据(如肾肿大)或出现容量反应性良好[即恢复循环容量后6 h之内尿量>1 mL/(kg·h)和/或48 h内血肌酐降至基线值]的少尿或无尿。

表13-1　犬、猫急性肾损伤的IRIS分级

分级	血肌酐值/(μmol/L)	临床描述
急性肾损伤Ⅰ级	<140	非氮质血症性急性肾损伤
急性肾损伤Ⅱ级	140～220	轻度急性肾损伤
急性肾损伤Ⅲ级	221～439	
急性肾损伤Ⅳ级	440～880	中至重度急性肾损伤
急性肾损伤Ⅴ级	>880	

引自 International Renal Interest Society (IRIS). IRIS guideline recommendations for grading of AKI in dogs and cats(2016)。

3. 对称性二甲基精氨酸

对称性二甲基精氨酸(symmetric dimethylarginine, SDMA)是血液中反映肾小球滤过率的生物标记物,发生急性肾损伤的动物会出现SDMA升高。

4. 血气

因尿毒素等有机酸的堆积,肾脏泌酸能力下降,其主要出现代谢性酸中毒。

5. 尿液常规检查

尿体积质量可能正常,也可能下降,尿葡萄糖呈阳性,尿蛋白呈阳性,沉渣镜检可见大量管型。

(三)影像学检查

通过 X 线检查和超声检查评估泌尿道形态变化。

1. X 线检查

评估膀胱轮廓、泌尿道是否存在不可透射线的结石。怀疑下泌尿道破裂的犬、猫应对其进行逆行性尿路造影。

2. 超声检查

患病动物肾脏大小正常或增大，皮质回声升高或降低，肾盂可能出现扩张，肾周有时出现积液、软组织回声增强。评估泌尿道是否有结石或肿物、膀胱是否过度充盈、近段尿道是否扩张。

视频 13-1　急性肾损伤超声征象

【治疗】

(一)治疗原则

纠正已明确的致病因素，避免肾脏进一步遭受损伤，对动物当下的临床病症进行支持治疗，改善动物体况。

(二)治疗方法

1. 对因治疗

消除急性肾损伤的致病因素。缺血性急性肾损伤病例应通过输液或输血来恢复肾脏灌注。尿路梗阻的急性肾损伤病例尽快恢复尿路的通畅性、排出尿液。当误食肾毒性物质时，早期可行催吐或口服活性炭(首次 2～4 g/kg，而后 1 g/kg，每 4～6 h 一次)，减少毒物吸收。之后使用特殊解毒药物，如乙二醇中毒的病例可使用 4-甲基吡唑或乙醇来减少乙二醇分解为有毒代谢物质，或者进行血液净化治疗清除血液中的毒素成分。感染性病例在确诊后应对其及时使用抗感染药物，如钩端螺旋体感染应使用多西环素或青霉素。

2. 对症治疗

(1)输液　根据患病动物的脱水状态、排尿情况，实施输液、纠正脱水、改善电解质和酸碱紊乱。在输液期间应密切监测尿量、心率、呼吸、血压、体重的变化，保证肾脏灌注改善，避免水合过度。多尿的动物在脱水时优先选择晶体液，如乳酸林格液、生理盐水、林格液，在 6～8 h 内改善水合，而后使用维持液保证肾脏灌注良好。

(2)利尿　在维持期出现少尿[平均尿量小于 2 mL/(kg·h)]或无尿的病例，则应进行利尿治疗，常用药物为呋噻米[每次 2～6 mg/kg，静脉输注或按 0.66～1 mg/(kg·h)，恒速输注]，或者甘露醇 0.25～0.5 g/(kg·次)，静脉输注，每天累计最大用量不超过 2 g/kg。在使用利尿剂期间，应至少每 1 h 评估一次尿量。

(3)纠正高血钾　患病动物在因高钾血症而出现心律失常时需要监测心电变化。必要时，使用钙制剂，如 10%葡萄糖酸钙，按每次 0.5～1 mL/kg，静脉输注，可重复多次用药。同时使用碳酸氢钠、葡萄糖或胰岛素等可促进血浆中钾离子快速转移至细胞内的药物，降低血钾。

(4)纠正代谢性酸中毒　当血液 pH＜7.2 或 HCO_3^- 浓度≤12 mmol/L 时，可补充碳酸氢钠溶液。

(5)改善胃肠症状　呕吐时，使用止吐剂，如马罗匹坦、甲氧氯普胺；抑酸剂，如法莫替丁、奥美拉唑。口腔溃疡病例使用氯己定溶液冲洗口腔。

(6)肾脏替代治疗　当患病动物对常规液体治疗反应不良，持续少尿、无尿或难以纠正严重的酸碱、电解质紊乱时，可以进行肾脏替代治疗(如连续性肾脏替代治疗、间歇性血液透析、腹膜透析)。

(7)营养管理　急性肾损伤病例对营养需求高，应尽快恢复饮食，推荐饲喂易消化的高能量体积质量食物或肾脏处方食物；患有高磷血症的动物在进食时应使用磷螯合剂减少磷的吸收。

3. 避免肾脏发生进一步损伤

患急性肾损伤的病例应禁用潜在肾毒性的药物，避免脱水，非紧急手术应当延期进行。

【预后】

该病预后取决于病因、病程、医疗护理水平。因乙二醇、百合、氨基糖苷类药物、非甾体抗炎药等引起发病或同时伴有多系统疾病或少尿或无尿、贫血、低蛋白血症、低血糖、低体温等。老年动物有预后不良倾向。

患病动物死亡的主要原因包括严重的高血钾，顽固性代谢性酸中毒，严重氮质血症，肺水肿等。约一半的患病动物会发生死亡，而存活的患病动物均会转归为严重程度不一的慢性肾病。

第二节 慢性肾病

慢性肾病(chronic kidney disease，CKD)是指犬、猫肾脏功能发生持续的、渐进的、不可逆的损伤导致了肾脏形态和/或功能的缺失。与旧称慢性肾衰相比，它包括的疾病范围更广泛。间质肾炎、肾盂肾炎、肾小球肾炎等肾脏的慢性炎症以及淀粉样变性、遗传性肾病、急性肾损伤、肿瘤、感染等均可引起该病，影响肾脏的分泌、调节、排泄功能，继而引发一系列全身症状。其主要发生于老年的犬、猫，也见于青年或中年的犬、猫，任何品种的犬、猫都可能发病。

【病因】

肾脏实质(包括肾小球、肾小管、肾间质)的慢性感染(猫艾滋病病毒、钩端螺旋体、肾盂肾炎)、炎症(如肾小管间质肾炎、肾小球肾炎)、缺氧(慢性贫血)、氧化应激、肿瘤性病变会激化肾脏的纤维化变性，导致患病动物的肾脏萎缩、轮廓不规则，肾脏功能单位也随之减少。剩余肾单位的平均肾小球滤过率会出现代偿性升高，继而肾小球进一步硬化，导致剩余肾单位的肾小球滤过率逐渐下降，最终发展至肾功能衰竭。

【发病机制】

肾小球滤过率下降，肾脏不能有效清除机体代谢废物，导致尿毒素累积于血液中，刺激消化道形成溃疡；肾小管浓缩能力下降，液体和电解质、酸碱失衡，导致动物多尿、电解质异常；缺乏促红细胞生成素而继发非再生性贫血，最终影响动物的精神状态、饮食欲、体重、排泄，继发一系列并发症。

【临床症状】

(一)非典型性症状

患病动物常出现沉郁、虚弱、厌食、嗜睡、呕吐、便秘等不具有特异性的全身症状。

(二)典型症状

典型症状包括持续时间超过3个月的多饮和多尿、体重下降、被毛粗乱，继发尿毒症动物还会出现尿毒素性呼吸、口腔溃疡(图13-1)、舌坏死、流涎、腹泻、头面部，尤其是下颌骨肿胀、意识不清、抽搐等。

【诊断】

根据患病动物的临床症状、体格检查、实验室检查和影像学评估可以做出诊断。

(一)体格检查

患慢性肾病的动物一般消瘦，肌肉状况评分下降，被毛粗乱，黏膜苍白，有的伴有尿毒素性呼吸、口腔溃疡，甚至舌部坏死，触诊的肾脏大多缩小(图13-2)、轮廓不平滑。

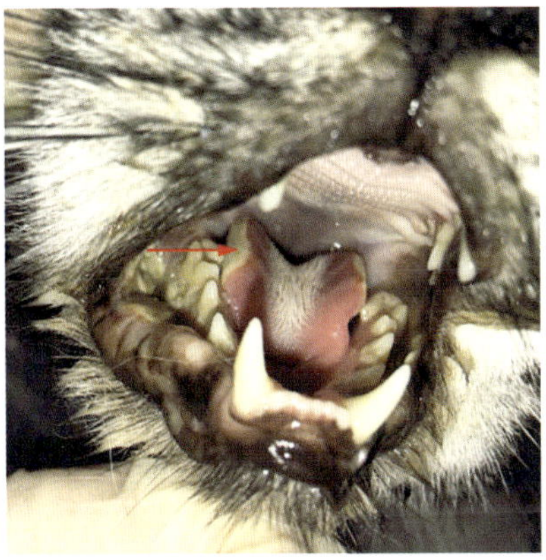

图 13-1　尿毒症患猫舌部边缘可见白色溃疡灶(箭头)

(刘小萍供图)

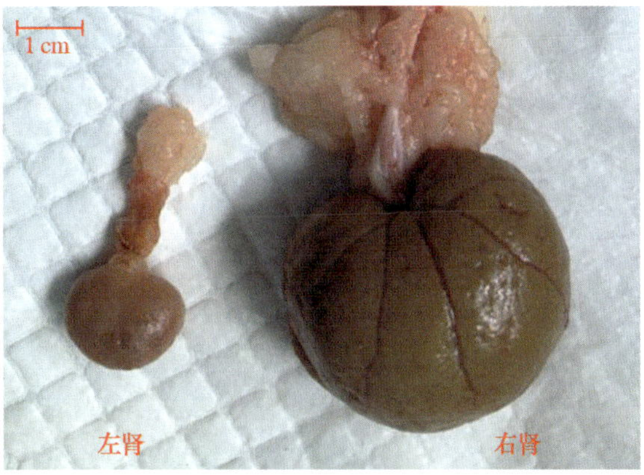

图 13-2　慢性肾病患猫尸检发现双侧肾脏呈非对称性萎缩,肾脏皮质颜色改变,表面不平滑

(刘小萍供图)

(二)实验室检查

1. 血常规

常见因促红细胞生成素合成不足、胃肠道溃疡、慢性炎症、尿毒素血症继发的非再生性贫血,有可能因脱水出现相对红细胞增多症。

2. 生化

反映肾小球滤过率的肌酐和尿素升高以及反映肾脏排泄功能的血磷升高。在慢性肾病早中期,多见低钾血症;而在疾病后期,常见高钾血症。另外,还可见血钙升高或降低。

IRIS 根据患病动物稳定状态下的血肌酐值将慢性肾病分为 4 期(表 13-2)。分期越高,代表患病动物的肾脏功能越差。

(1)慢性肾病Ⅰ期　不伴有氮质血症,但存在肾脏异常,如肾脏质地或形态改变、浓缩尿液能力下降、肾性蛋白尿、肾脏组织病理学异常、血肌酐或 SMDA 水平持续升高。

(2)慢性肾病Ⅱ期　血肌酐水平接近参考范围上限或轻度升高,慢性肾病相关临床症状不明显。

(3)慢性肾病Ⅲ期　血肌酐水平中度升高。患病动物出现各种临床症状,临床症状轻微的病例归为Ⅲ期早期病例,临床症状显著的病例归为Ⅲ期后期病例。

(4)慢性肾病Ⅳ期　血肌酐水平严重升高。患病动物一般会表现出全身性临床症状,甚至是尿毒症。

表 13-2　犬、猫慢性肾病的 IRIS 分期系统

检测指标	物种	Ⅰ期	Ⅱ期	Ⅲ期	Ⅳ期
血肌酐/(μmol/L)	犬	<125	125～250	251～440	>440
	猫	<140	140～250	251～440	>440

引自 International Renal Interest Society (IRIS). IRIS staging of CKD (modified 2019)。

3. SDMA

出现血清 SDMA 升高。

4. 血气

主要出现代谢性酸中毒,严重程度大多比急性肾损伤时要轻。

5. 尿液常规检查

主要为尿体积质量下降至等渗尿，反映肾小管重吸收能力的下降。部分慢性肾病患猫不表现出尿体积质量下降；还常见尿蛋白阳性，应评估尿蛋白-肌酐比值，以进一步定量评估肾性尿蛋白。

视频 13-2　慢性肾病超声征象

（三）影像学检查

患病动物进行腹部超声检查可见肾脏大小正常或缩小、肾脏轮廓不平滑、皮质回声增强、皮髓质分界不清。

【治疗】

（一）治疗原则

减缓渐进性损伤的发展速度、减少尿毒症的发生频率、管理并发症以及保证患病动物的生活质量。

（二）治疗方法

1. 对因治疗

纠正病因，如存在感染或肿瘤性病因应积极治疗原发病，可以减缓慢性肾病的进展。同时避免肾脏发生进一步损伤，如不使用潜在肾毒性的药物、避免脱水等。

2. 对症支持

（1）输液　积极纠正患病动物的脱水、电解质异常和酸碱紊乱，输液原则同急性肾损伤。慢性脱水的患病犬、猫可以选择皮下补液，在家进行长期管理。

（2）改善胃肠道症状　常用止吐剂，如马罗匹坦、甲氧氯普胺；抑酸剂，如法莫替丁、奥美拉唑。患有口腔溃疡的病例可用氯己定溶液冲洗口腔。在肾功能不全时，应下调药物剂量。

（3）管理并发症　患慢性肾病的犬、猫多伴有各种并发症，如贫血、高血压、蛋白尿、矿物质和骨异常等。它们会进一步加重病情、加速慢性肾病发展，也会直接危及患病动物的生命。

①贫血。严重贫血的动物应进行输血治疗并补充促红细胞生成素，每次 50～150 U/kg，皮下注射，每周三次。同时补充铁剂，如右旋糖苷铁，猫每次 50 mg，犬每次 10～20 mg/kg，肌内注射，每月一次，使用期间定期监测血常规和血压。

②高血压。犬首选的降压药是贝那普利 0.5 mg/kg，口服，每天一次；猫首选的降压药是氨氯地平，0.625～1.25 mg/只，口服，每天一次。

③蛋白尿。详见“肾小球病”。

④矿物质和骨异常。定期监测患病的犬、猫的血磷、血钙、甲状旁腺素水平。严格控制血磷是避免继发矿物质和骨异常的关键。常用碳酸钙、碳酸镧等磷螯合剂治疗高磷血症。

（4）营养管理　患病犬、猫应限制蛋白质摄入总量，但蛋白质生物效价更高、低磷、可调节慢性代谢酸中毒的肾脏处方食物。长期厌食、进食量不足的患病动物可留置饲管进行营养管理。

（5）肾脏替代治疗　液体治疗反应不良，持续少尿、无尿或难以纠正严重酸碱、电解质紊乱的病例可对其进行肾脏替代治疗，将经过体外净化的血液输回体内，减轻肾脏负担。

【预后】

该病预后取决于病例体况、IRIS 分期、并发症的严重程度等因素。个体差异明显，猫整体病程发展比犬缓慢，管理得当的患猫可存活数年。矿物质和骨异常、体重或肌肉量下降、治疗反应不良等情况是提示慢性肾病预后不良的指征。

第三节　肾小球病

肾小球病(glomerulopathy)是指影响肾小球结构和功能的疾病。其特征是伴有典型的蛋白尿,随着肾小球疾病的发展,最终会导致肾脏的肾小球滤过率下降,甚至肾脏功能衰竭。肾小球疾病可继发严重的并发症,如低蛋白血症、血栓,会加速慢性肾病恶化的进程。该病主要发生于中老年动物,无明显的性别倾向,可发生于任何品种。家族性肾小球疾病见于爱尔兰软毛㹴、布列塔尼猎犬、英国可卡犬、萨摩耶犬、杜宾犬和斗牛㹴。

【病因】

该病可分为免疫介导性和非免疫介导性两种类型。大多肾小球病均属免疫介导性肾小球肾炎,包括原发性免疫介导性肾小球肾炎和继发性免疫介导性肾小球肾炎。它常因自发性免疫介导性疾病、感染性疾病(猫白血病病毒、猫冠状病毒)、犬心丝虫感染、红斑狼疮、肿瘤、遗传性肾小球疾病等诱发。非免疫介导性肾小球病包括淀粉样变性和滤过负荷量过高。

【发病机制】

免疫介导性肾小球肾炎是由免疫复合物在肾小球沉积引发的疾病。免疫复合物沉积主要影响肾小球的滤过屏障(包括血管内皮、基底膜、足细胞),可以降低球内固定负电荷量,增强循环中负电荷大分子(如白蛋白)的滤过,同时会发生补体活化损伤膜结构,并吸引炎性细胞、炎性因子,促进炎症损伤肾小球。

淀粉样变性是指淀粉样纤维蛋白沉积于肾脏而导致肾小球损伤,蛋白质经尿液漏出。而滤过负荷量过高,如持续性高血压会导致肾小球球内压持续升高,导致滤过异常,滤出白蛋白等大分子物质。

【临床症状】

与慢性肾病相似,患病动物的典型症状主要表现为显著的长期多饮多尿和体重下降。当发生并发症,如低白蛋白血症时,患病动物腹围增大、外周水肿;当发生血栓时,患病动物可继发呼吸困难、瘫痪等。

【诊断】

根据病史、临床典型症状,结合尿蛋白的定量检测以及肾脏组织活检可以做出诊断。犬、猫在临床可通过磺基水杨酸、微量白蛋白尿来评估尿蛋白。最常使用的是检测尿蛋白-肌酐比值(urine protein-creatine ratio, UPC),能定量评估蛋白尿的严重程度(表 13-3)。检测前必须排除由血尿、脓尿、高球蛋白血症、血红蛋白血症以及高热、抽搐、剧烈运动等造成的非肾性蛋白尿。只有进行肾脏活组织检查,才能够区分肾小球病的类型。

表 13-3　犬、猫蛋白尿的严重程度分级系统

犬 UPC	猫 UPC	严重程度分级
<0.2	<0.2	非蛋白尿
0.2～0.5	0.2～0.4	临界蛋白尿
>0.5	>0.4	蛋白尿

引自 International Renal Interest Society (IRIS). IRIS staging of CKD (modified2019)。

【治疗】

(一)治疗原则

限制蛋白质摄入总量、降低肾小球球内压和抗感染来减少蛋白质的滤出。

（二）治疗方法

1. 对因治疗

原发性免疫介导性肾小球肾炎可以使用免疫抑制药物，如糖皮质激素、环孢素、苯丁酸氮芥等；继发性免疫介导性肾小球肾炎需要针对潜在病因进行管理，如对感染性疾病进行抗感染治疗，对肿瘤疾病进行放疗、化疗。淀粉样变性病例可以使用二甲基亚砜或秋水仙碱。

2. 对症支持

（1）降低肾小球球内压　常用药物可抑制肾素-血管紧张素-醛固酮系统的血管紧张素转换酶抑制剂，贝那普利，0.5 mg/kg，口服，每天一次或血管紧张素受体阻滞剂，替米沙坦，1 mg/kg，口服，每天一次。药物会降低肾小球滤过率，治疗期间需要监测血肌酐和血钾水平。

（2）抗炎　常用 ω-3 不饱和脂肪酸进行抗感染治疗。

（3）抗血栓　继发低白蛋白血症的动物还需要进行抗血栓治疗（氯吡格雷，犬 1.1～3 mg/kg、猫 18.75 mg/只），口服，每天一次。

（4）营养管理　给患病动物饲喂限制蛋白质总量的全价食物，如肾脏处方食物，减少蛋白质经肾脏滤过的量。

【预后】

淀粉样变性肾小球病一般预后不良，患病动物在就诊时往往已发展到肾功能衰竭，诊断后存活期一般少于一年。免疫介导性肾小球肾炎的病程不定，会逐渐发展为肾功能衰竭，预后谨慎，一般存活期为数月至数年。

第四节　遗传性肾脏疾病

遗传性肾脏疾病（hereditary nephropathy），或称家族性肾脏疾病，即有血缘关系的动物患有某种特定肾病的概率高于无血缘关系的动物。该病一般发病年龄是 6 月龄至 5 岁，多表现出与慢性肾病相关的症状。该类疾病的严重程度和恶化速度因不同的动物个体而差异较大，但多为渐进性疾病，最终死亡。

【病因】

该类疾病病因是遗传性因素，但疾病的遗传模式及发病机制目前尚不清楚。这些遗传性疾病的病变部位可以发生于肾脏的任何部位。一部分病例为先天性肾脏异常，与基因变异或者胚胎在发育过程中受到不良因素影响有关。

【发病机制】

大部分患病动物在出生时的肾脏正常，之后才逐渐恶化。大多该类疾病是肾脏发育不良的后果，导致动物出现与慢性肾病相关的临床症状和病理学变化。

【临床症状】

患病动物多在 2 岁前发病，有少部分病例在出生时即发病。所表现的临床症状与慢性肾病相似，如多饮、多尿、嗜睡、厌食、体重下降、生长迟缓、被毛粗乱和口臭等。

【诊断】

根据病史调查、肾脏活组织检查可以做出诊断。在组织病理学检查时会发现原发不良病灶（如发育不成熟的肾小球）、代偿性病灶和退化性病灶（如纤维化、营养不良性矿化、肾小球萎缩等）。常见的犬、猫遗传性肾病见表 13-4。

表 13-4 常见犬、猫遗传性肾病的发病位置、疾病表型、遗传模式及对应代表品种

发病位置	疾病表型	遗传模式	犬代表品种	猫代表品种
全肾	多囊性肾病	常染色体隐性、常染色体显性	牛头㹴、凯恩㹴、西高地白㹴	英国长毛猫、英国短毛猫、波米拉猫、异国短毛猫、喜马拉雅山猫、缅因猫、波斯猫、苏格兰猫和塞尔凯克卷毛猫
	青年性肾病		阿拉斯加雪橇犬、边境㹴、松狮、杜宾犬、科克尔犬、哈利犬、金毛寻回犬、荷兰狮毛犬、拉萨犬、迷你雪纳瑞犬、西施犬、爱尔兰软毛㹴和标准贵宾犬	
肾小球	淀粉样变性	常染色体显性	秋田犬、比格犬、英国猎狐犬和沙皮犬	阿比西尼亚猫和暹罗猫
	免疫介导性肾小球肾炎		美国猎狐犬、德国牧羊犬、金毛寻回犬、拉布拉多猎犬、喜乐蒂牧羊犬和爱尔兰软毛㹴	
	肾小球基底膜缺失		纳瓦索塔混血犬、牛头㹴、大麦町犬、英国可卡犬、史宾格犬和萨摩耶犬	
肾小管	范可尼综合征	常染色体阴性	巴迅犬和边境㹴	
	胱氨酸尿		美国斯坦福㹴、澳大利亚牧牛犬、澳大利亚短尾牧牛犬、澳大利亚牧羊犬、巴迅犬、巴吉度犬、吉娃娃、腊肠犬、英国斗牛犬、法国斗牛犬、爱尔兰㹴、拉布拉多德利犬、拉布拉多猎犬、兰西尔犬、马士提夫獒犬、迷你杜宾犬、纽芬兰犬、柯基、猎鹿犬和苏格兰㹴	家养短毛猫
下泌尿道	输尿管异位		边境㹴、伯瑞犬、瑞士犬、猎狐㹴、金毛寻回犬、格里芬尼韦内犬、拉布拉多猎犬、纽芬兰犬、西伯利亚雪橇犬、迷你贵宾犬、斯凯㹴犬和西高地白㹴	

引自 Elliott J, Grauer GF, Westropp J. BSAVA manual of canine and feline nephrology and urology[M]. 3th ed. BSAVA, 2017。

【治疗】

该类疾病的治疗方法主要是对症支持疗法,与慢性肾病相同。

【预后】

该类疾病一般预后谨慎,动物存活期短。随着分子生物学技术的发展以及在兽医临床的应用,将来有望揭示犬、猫遗传性肾病的分子机制,以便更好地进行遗传咨询,预防该类疾病的发生。

第五节 泌尿道感染

泌尿道感染(urinary tract infection,UTI)是指足够量的致病微生物定殖于本应无病原的肾

脏、输尿管、膀胱和近端尿道，导致相关临床症状的发生。任何年龄、任何品种的动物都可能发病。犬的发病率约为14%，猫的发病率为0.1%～1%。该病常见于德国牧羊犬、贵宾犬、拉布拉多猎犬、腊肠犬、杜宾犬、迷你雪纳瑞犬，母犬比公犬更为常见。猫主要发生在老龄动物，尤其是尿体积质量低、有尿道造口病史或导尿病史的猫。

【病因】

该病的病因主要是细菌感染，常见的细菌种类为肠杆菌、肠球菌。80%的病原是通过尿道、生殖系统或者会阴进入泌尿道，20%的病原可以通过血液、淋巴液、腹膜腔进入泌尿道。

【发病机制】

泌尿道感染发病需要具备3个条件：①病原数量足够多；②病原具有致病性；③病原可以攻破动物机体的防御机制。健康尿液、尿道远端定殖的常在菌群、尿液的流动性、膀胱黏膜分布的糖胺聚糖、输尿管的单向蠕动、肾盂的低氧环境以及健全的系统免疫机制都能在一定程度上抑制感染。

当满足以上3个致病条件时，就会发生泌尿道感染。当患病动物出现解剖学结构异常（如输尿管异位、脐尿管残留等）、内分泌疾病（如糖尿病、肾上腺皮质功能亢进）、全身免疫功能抑制（如骨髓抑制剂、猫艾滋病病毒感染）、排尿异常（如长时间憋尿、尿失禁）、结石、慢性肾病和留置导尿管时，患病动物发生泌尿道感染的风险就会增加。

【临床症状】

患病动物的临床症状主要取决于病原的数量及致病性、感染持续的时间及发生部位、泌尿道是否并存其他疾病和免疫系统的抗感染能力。

（一）上泌尿道感染症状

患病动物主要表现为多饮、多尿、发热、沉郁和腹痛等。

（二）下泌尿道感染症状

患病动物主要表现为尿频、尿血、痛性尿淋漓，排尿困难或有尿道口分泌物，会阴部皮炎。

（三）非典型症状

约10%的感染病例无任何异常临床症状，也称为亚临床性泌尿道感染。

【诊断】

该病根据临床症状、尿液常规检查和尿液微生物培养可以做出诊断。

（一）尿液常规检查

当泌尿道感染病例的尿体积质量正常或下降时，会出现尿蛋白、尿潜血。当感染细菌时，尿液pH升高。尿沉渣镜检一般可见白细胞、红细胞以及细菌。

（二）尿液微生物培养

尿液常规检查未见细菌，并不能排除泌尿道感染，因此必须进行尿液微生物培养。微生物培养是诊断泌尿道感染的金标准，在无菌操作下，经膀胱穿刺（图13-3）获取尿液样本进行微生物培养。在不能进行膀胱穿刺的病例，也可以进行导尿（图13-4）取样，不能使用直接接取的尿样或从尿袋中收集的样本。

在适宜培养条件下，穿刺尿液的菌量需要>1 000 CFU/mL，雄性动物导尿尿液的菌量需要>10 000 CFU/mL，而雌性动物导尿尿液的菌量需要>100 000 CFU/mL，才可诊断为有临床意义的泌尿道感染。之后，还需要进行菌种的分离鉴定和药敏试验以指导治疗。

根据有无临床症状、感染发生部位以及发病类型，泌尿道感染可以分为亚临床性菌尿、偶发性细菌性膀胱炎、复发性细菌性膀胱炎、细菌性前列腺炎和上泌尿道感染。

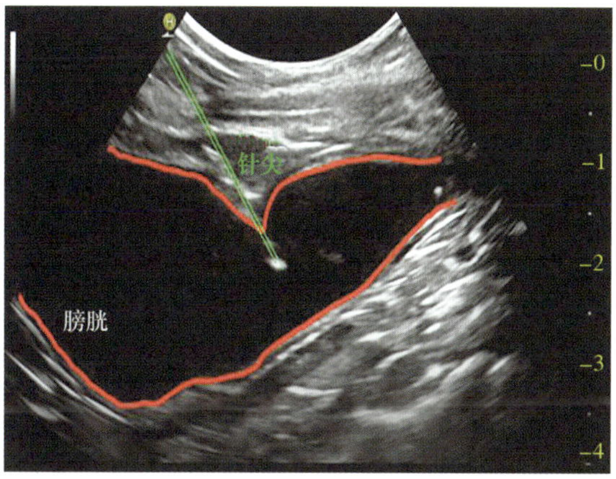

仰卧位保定动物，一只手握超声探头扫查，使适度充盈的膀胱显示于近场；另一只手持注射器，针尖自腹壁进针，朝向膀胱颈方向穿入膀胱内取尿，超声下可见膀胱内高回声亮点，为针尖顶端。

图 13-3　超声引导下膀胱穿刺取尿

（中国农业大学动物医院供图）

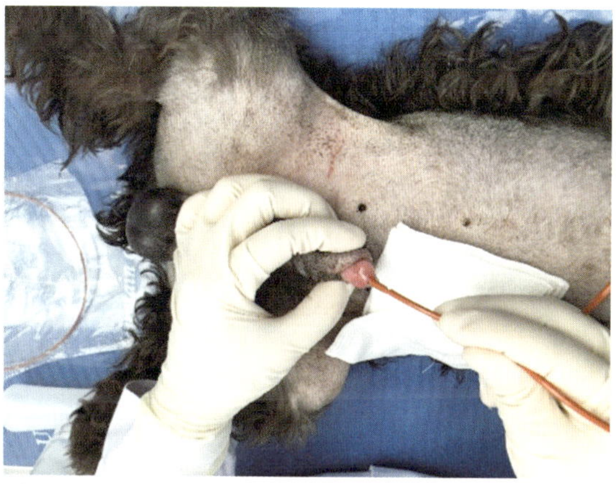

仰卧位保定动物，惯用手持无菌的尿管，非惯用手固定阴茎并暴露尿道口。

图 13-4　公犬使用导尿管导尿

（中国农业大学动物医院供图）

【治疗】

（一）治疗原则

查明和管理引起泌尿道感染的潜在疾病，科学、合理地使用抗生素。

（二）治疗方法

1. 根据药敏试验结果进行选择

合理选择相对窄谱、在泌尿道分布浓度高、不良反应少的抗生素。严重的感染需要在获取微生物培养样本后，立即开始使用广谱抗生素，如上泌尿道感染。

2. 根据国际动物感染性疾病协会指南进行选择

2019 年发布的《犬、猫细菌性泌尿道感染诊断与管理指南》介绍了不同种类抗生素的使用方法和优先程度。表 13-5 列出了针对不同类型泌尿道感染的治疗建议。

3. 不进行预防性治疗

不建议为了预防泌尿道感染而使用抗生素，易引发耐药菌感染；也不建议在膀胱内局部使用抗生素或杀菌剂。合理科学地用药有助于减少耐药细菌的产生。

表 13-5　不同类型泌尿道感染的推荐用药周期和推荐一线药物

泌尿道感染类型	推荐用药周期	推荐一线药物
亚临床型菌尿	不用药	无
偶发性细菌性膀胱炎	持续性或复发性感染：7～14 d；再感染：3～5 d	根据药敏试验结果选择用药
上泌尿道感染	10～14 d	头孢噻肟、头孢他啶；根据药敏试验结果选择用药
细菌性前列腺炎	4～12 周	甲氧苄啶、恩诺沙星等可透过血液-前列腺屏障的药物

引自 Weese J S，Blondeau J，Boothe D，et al. International Society for Companion Animal Infectious Diseases (ISCAID) guidelines for the diagnosis and management of bacterial urinary tract infections in dogs and cats[J]. The Veterinary Journal. 2019，247:8-25。

【预后】

泌尿道感染一般预后良好。如果为耐药菌感染、上泌尿道感染或者继发菌血症，则预后谨慎或不良。

第六节　猫特发性膀胱炎

猫特发性膀胱炎(feline idiopathic cystitis，FIC)是猫特有的一种主要累及膀胱的疾病，表现出与典型的下泌尿道炎症相关的临床症状，如尿频、尿血、痛性尿淋漓、尿闭以及常见可引发相似症状的病因，如泌尿道感染、结石或肿瘤无相关性。它会急性发作或持续发病，多可自愈，但易复发，整体发病率高。根据是否发生尿道梗阻，该病可分为非梗阻性 FIC、梗阻性 FIC。该病好发于青中年猫，尤其是小于 10 岁的猫，无明显的性别和品种倾向。已绝育、室内喂养、使用猫砂排泄、只喂食干粮的猫更易发病。

【病因】

猫特发性膀胱炎的病因是猫的敏感体质(受性格、曾经历的创伤影响)和刺激性环境(如更换食物、居住环境变化、惊吓、与其他动物发生冲突等)共同作用激活猫的中枢应激反应系统(stress response system，SRS)而继发的下泌尿道炎症的一系列临床表现。它是猫下泌尿道疾病(feline lower urinary tract disease，FLUTD)最常见的病因。

【发病机制】

猫特发性膀胱炎的发病机制涉及多个系统的异常，包括泌尿系统、神经系统、内分泌系统。泌尿道上皮完整性受损是疾病的启动因素。应激、炎症、疼痛、下丘脑-垂体-肾上腺轴异常都会激活 SRS，使膀胱的炎症反应进一步加重或持续发展，膀胱黏膜出现严重的肿胀、出血，甚至坏死，并继发尿道痉挛，导致患猫出现一系列排尿异常。

【临床症状】

(一)典型症状

患病动物主要表现为尿频、尿血、排尿困难和痛性尿淋漓等下泌尿道症状，有时患猫因疼痛过度舔舐腹部而出现局部脱毛。如果发生尿闭，患猫就会出现腹围增大且腹壁坚实。尿闭动物在进行导尿或膀胱穿刺操作时可能会发生尿道断裂或膀胱破裂，患病动物也会出现腹围增大但伴有波动感。

(二)非典型症状

一些患病动物会因肾后性梗阻继发急性肾损伤，出现沉郁、嗜睡、呕吐、厌食等症状。

【诊断】

该病主要进行排除性诊断，需要排除泌尿道的感染、结石、肿瘤等可引起相似临床症状的病因，并且发现潜在的刺激源就可做出诊断。同时，需要进行详细的病史调查、体格检查、实验室检查和影像学检查，为诊断提供依据。

(一)病史调查

寻找潜在应激源，如生活习惯改变、家庭成员改变、环境改变等。

(二)体格检查

非梗阻性 FIC 一般可触诊到患猫膀胱充盈不良，有些患猫的膀胱壁增厚或膀胱区域敏感。梗阻性 FIC 可以触诊到患猫膀胱极度充盈、质地坚实。

(三)实验室检查

1. 血常规

血常规一般无异常。

2. 生化

当发生尿道梗阻时,患病动物会出现与急性肾损伤相关的血液生化指标的变化。

3. 尿液常规检查

一般尿体积质量正常,尿沉渣中常见结晶、红细胞。

4. 尿液微生物培养

尿液微生物培养呈阴性。

(四)影像学检查

1. X 线检查

X 线检查可以评估泌尿道内不透射线的结石、膀胱充盈程度及尿道栓子。怀疑尿道或膀胱破裂的动物还可以进行逆行性造影评估破裂位置。

2. 超声检查

超声检查可以评估膀胱壁形态、近端尿道是否扩张、膀胱结石。

【治疗】

(一)治疗原则

改善临床症状、缩短临床症状的持续时间和减少复发。

(二)治疗方法

1. 非梗阻性猫特发性膀胱炎的治疗

大部分病例不发生尿道梗阻,尤其是母猫。该病的管理核心是进行多模式环境管理(multimodal environmental modification,MEMO)。首先,需要进行详细的客户教育,帮助客户了解猫的习性,如捕猎天性;其次,加深对应激的认识后,制定管理方案,降低 SRS 的活性,最大限度地提高猫的生活质量,将应激水平控制在疾病阈值以下。

从保证洁净安全的排泄环境、充足的饮水、可满足猫捕猎天性且稳定的喂食、无冲突式社交互动、增加垂直或水平的活动空间等方面进行多重管理;还可以使用猫的信息素来舒缓猫的情绪。85%～90%的首次发病动物可在发病的 5～7 d 内缓解,不需要药物治疗。

不能自愈的猫应在 MEMO 基础上进行疼痛管理,如使用阿片类止疼药、加巴喷丁、乙酰丙嗪等。持续发作或频繁复发的病例还需要考虑添加三环类抗抑郁药,如阿米替林,5～10 mg/只,口服,每天一次。

2. 梗阻性猫特发性膀胱炎的治疗

对于该类病例而言,更紧急的是,缓解患猫的尿道梗阻状态。通过穿刺膀胱可以缓解膀胱压力,同时进行输液,改善患猫的脱水、酸碱及电解质紊乱。在患猫耐受麻醉时,进行麻醉后导尿,疏通尿道。

【预后】

非梗阻性猫特发性膀胱炎一般预后良好。梗阻性猫特发性膀胱炎易出现危及生命的并发症,如高血钾、代谢性酸中毒、氮质血症等,预后谨慎。90%首次发病的患猫在一周内可以自愈,而环境改善不理想的患猫会在 6～12 个月内复发,约一半的患猫会在 12 个月内复发。

第七节 尿 石 症

尿石症(urolithiasis)是指由泌尿道内生成的结石而导致一系列泌尿系统临床症状的疾病。它可以发生于泌尿道的任何部位。通常根据结石发生的部位,尿石症可分为肾结石、输尿管结石、膀胱结石和尿道结石。上泌尿道结石可能会引起腹痛和肾脏功能受损,而下泌尿道结石常会导致患病动物出现尿血、尿频、痛性尿淋漓等症状。该病占犬、猫泌尿道疾病的 7%~28%,可以发生于任何品种的动物,无明显的性别倾向,常见于成年动物。

【病因】

结石是由尿液中的溶质过度饱和,结晶析出、聚集、增长而成的。结石的形成受多方面因素影响,如摄食成分、饮水量、尿液的酸碱度及温度、遗传因素导致的代谢异常等。

【发病机制】

结石是由结石核心、结石体、外壳和表面结晶组成的,其结构模式见图 13-5。结晶可以自发沉淀均质成核,也可由其他物质,如脱落的上皮细胞、炎症细胞、细菌、异物、结石抑制剂等,形成结石核心,称为异质成核。若 70%以上的结石由同类结晶组成,即该结晶命名为结石;若结石中的主要结晶少于 70%,则称为混合结石。犬、猫有多种结石类型,临床上常见结石类型为磷酸铵镁结石、草酸钙结石、胱氨酸结石和尿酸盐结石(图 13-6)。不同类型结石的好发品种见表 13-6。

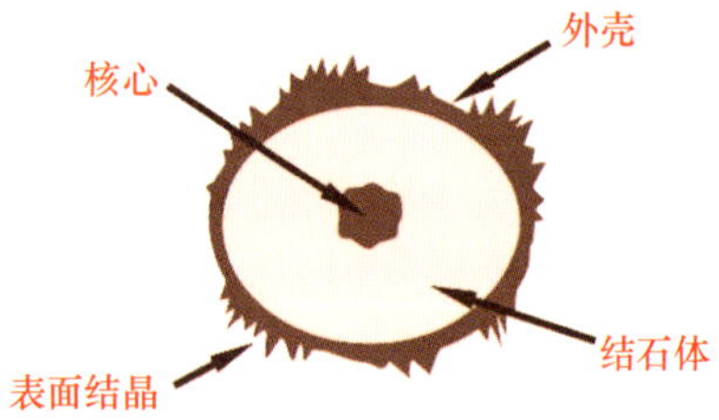

图 13-5 结石结构模式

(刘小萍供图)

A

B

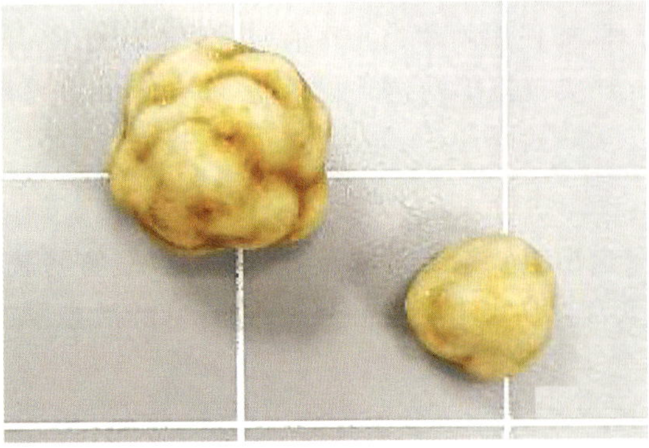

C

D

A. 磷酸氨镁结石; B. 草酸钙结石; C. 胱氨酸结石; D. 尿酸盐结石;图片中正方形小格边长为 1 cm。

图 13-6 犬、猫临床常见结石类型的外观

(中国农业大学动物医院供图)

表 13-6　常见结石类型及对应品种倾向、尿液 pH 及 X 线密度

结石类型	品种倾向	尿液 pH	X 线密度
磷酸铵镁	迷你雪纳瑞犬、西施犬、约克夏犬、巴哥犬、拉布拉多猎犬和腊肠犬	中性至碱性	＋至＋＋＋＋
草酸钙	比熊犬、拉萨犬、迷你雪纳瑞犬、博美犬、西施犬和约克夏犬	酸性至中性	＋＋至＋＋＋＋
尿酸盐	大麦町犬、英国斗牛犬、迷你雪纳瑞犬、西施犬和约克夏犬	酸性至中性	0 至＋＋
胱氨酸	英国斗牛犬、美国斯坦福㹴、马尔济斯犬、腊肠犬和吉娃娃	酸性至中性	＋至＋＋

引自 Koehler L A，Osborne C A，Buettner M T et al. Canine uroliths：frequently asked questions and their answers[J]. Veterinary Clinics of North America Small Animal Practice. 2008，39：180。

注：＋越多，结石的 X 线密度越高。

结石对发病部位造成的物理性刺激会引起黏膜的增厚、肿胀，甚至出血，也可引起输尿管或尿道梗阻，导致动物出现一系列与泌尿道相关的临床症状。

【临床症状】

该病的临床症状取决于结石的位置、数量、类型以及是否发生梗阻。

（一）上泌尿道结石症状

肾结石患病动物一般表现出多饮多尿，尿血。而输尿管结石的患病动物一般会伴有沉郁、呕吐、厌食和腹痛。

（二）下泌尿道结石症状

尿血、尿频、痛性尿淋漓。发生尿道梗阻的病例会出现排尿困难、腹围增大、精神沉郁、呕吐或厌食。

【诊断】

该病根据患病动物的实验室检查、影像学检查就可以做出诊断。必要时，还需要进行结石分析，确定结石类型。

（一）实验室检查

1. 血常规

血常规一般无异常。

2. 生化

肾结石病例以及尿路梗阻的病例会出现氮质血症。

3. 尿液常规检查

尿液常规检查可见尿液 pH 异常，尿沉渣可见红细胞、白细胞，或者细菌，有时还有明显的结晶。但是尿结晶并不能诊断结石，更不能根据结晶类型诊断结石类型。所有结石病例都应当进行尿液微生物培养，确定是否存在微生物感染。

（二）影像学检查

1. X 线检查

X 线检查可以直观地判断结石的存在和位置，但不适用于诊断过小（直径小于 5mm）或 X 线密度低的结石。

2. 超声检查

超声检查可以发现较小的和 X 线密度低的结石，还可以评估泌尿道是否发生梗阻、肾盂及输

尿管是否发生扩张、膀胱及肾脏的形态。

(三)结石分析

对于患病动物自行排出或经手术取出的泌尿道结石可以进行结石成分分析,以确诊结石类型。

【治疗】

(一)治疗原则

控制原发病因、消除或缓解梗阻、清除结石和纠正患病动物体况。

(二)治疗方法

1. 非手术治疗

采用泌尿道冲水排石、体外激光碎石或内窥镜取石。磷酸铵镁结石、胱氨酸结石和尿酸盐结石可以使用药物溶石,推荐饲喂泌尿道处方食品,并增加饮水,以保持尿体积质量小于 1.025,增加排尿的次数和量。一些患病动物可以通过调整饮食溶石,并控制复发。

2. 手术治疗

手术治疗适用于发生尿道梗阻、临床症状严重、结石较大或对非手术治疗无效的病例。发生尿道结石的病例一般需要将结石推回膀胱再进行膀胱切开,取结石。输尿管结石和肾结石需要在结石位置进行切开取石。术中需要同时探查有无异常解剖结构,并获取比尿液样本敏感性更高的泌尿道黏膜送检,进行微生物培养。不透射线的结石须在术前和术后都进行 X 线检查,以确保完全清除结石。

【预后】

下泌尿道结石的病例一般预后良好,但是严重的并发症,如肾积脓、肾积水等会影响预后。尿石症复发率极高,良好的饮食和生活习惯有助于预防结石的复发。

第八节　其他泌尿系统疾病

除上述常见的泌尿系统疾病外,在临床上还可见犬、猫其他泌尿系统疾病,如表 13-7 所列。

表 13-7　其他犬、猫泌尿系统疾病

病名	概念	流行病学	病因	临床症状	诊断	治疗与预防
范可尼综合征(fanconi syndrome)	由多重肾小管重吸收功能缺陷导致的葡萄糖、磷酸盐、氨基酸、碳酸氢盐重吸收障碍的疾病	多发生于4～8岁的巴迅犬	膜缺损影响钠的转运,从而影响与钠在近端小管协同转运的物质	多饮、多尿、体重下降、脱水	血糖正常,伴尿糖、氨基酸尿	遗传疾病无法治愈、维持高质量饮食、使用碱化剂纠正代谢性酸中毒和监测并控制泌尿道感染
肾小管酸中毒(renal tubular acidosis)	在肾小球滤过率正常的情况下,由碳酸氢盐重吸收减少或酸排泄不良造成的高氯代谢性酸中毒	罕见	远端肾小管集合管的氢离子分泌受损或近端肾小管重吸收碳酸氢盐的能力下降	多饮、多尿、厌食、嗜睡、肾脏肿大、尿体积质量降低	氯化铵耐受性测试;高氯性代谢性酸中毒,伴酸性尿,同时伴有糖尿(血糖正常)可诊断	使用碱化剂纠正代谢性酸中毒

续表 13-7

病名	概念	流行病学	病因	临床症状	诊断	治疗与预防
尿道括约肌功能不全(urethral sphincter mechanism incompetence)	尿道闭合压力降低，导致尿失禁的疾病	主要见于中、大型品种的绝育母犬	雌激素缺乏	睡觉或卧倒时尿失禁	最大尿道闭合压力降低，而尿道功能性长度缩短	使用 α 肾上腺素激动剂增加尿道近端平滑肌的收缩力或者使用胶原蛋白填充尿道，缩小尿道腔内径
输尿管异位(ectopic ureters)	输尿管开口不位于正常的膀胱三角区	主要见于幼年犬，罕见于猫	发育异常	尿失禁	排泄性尿路造影、腹部超声、膀胱镜、计算机断层扫描	手术矫正输尿管开口位置
特发性肾性血尿(idiopathic renal hematuria)	病因不明的尿血，出血来自肾脏	主要见于年青的大型犬(威玛猎犬、拳师犬和拉布拉多猎犬)	病因不明	整个排尿阶段都有显著尿血，有时可见血凝块，可连续或间断发生	排除性诊断。需要排除肾脏肿瘤、创伤、肾结石和肾脏血管异常。一般膀胱镜可见单侧肾脏血尿	明确为单侧肾脏出血的病例可进行单侧肾脏切除
肾周假囊肿(perinephric pseudocyst)	肾脏实质和肾包膜之间形成纤维囊，囊内充满漏出液	主要见于发生慢性肾病的老年猫	病因不明	腹围增大及与慢性肾病相关的临床症状	排泄性尿路造影、腹部超声检查	超声引导穿刺引流囊内液体或手术切除囊肿壁

思考题

1. 简述犬、猫急性肾损伤和慢性肾病诊断要点的主要区别。
2. 国际肾病研究协会将犬、猫慢性肾病分为几期？分期依据是什么？各期分别有什么特点？
3. 犬、猫肾小球疾病的对症管理要点包括哪几项？
4. 列举 4 个遗传好发多囊性肾病的犬或猫品种。
5. 对没有临床症状表现的泌尿道感染是否使用抗生素？为什么？
6. 猫特发性膀胱炎的诊断依据是什么？
7. 犬、猫临床常见的结石种类包括哪几种？

第十四章　内分泌疾病

学习目的与要求

1. 掌握内分泌疾病的诊断要点。
2. 掌握内分泌疾病的治疗方法。
3. 熟悉诊断内分泌疾病常见的特殊试验。

概　　述

内分泌系统包括垂体、甲状腺、甲状旁腺、肾上腺、胰腺和性腺等多种内分泌腺体。它们分泌各种各样的激素，通过血液循环到达靶细胞，与相应的受体结合，影响机体代谢过程而发挥广泛的全身性作用。任何一种内分泌腺体功能失常导致激素分泌过多或过少，均可引起相应的内分泌疾病的生理变化。随着我国犬、猫的饲养量不断增加，检测手段的不断升级，内分泌疾病在国内小动物临床中越来越多被诊断出来。

根据发病机制的不同，犬、猫内分泌疾病可分为激素过多、激素减少和靶细胞应答异常等。激素过多常见于内分泌腺肿瘤或增生性病变，例如，垂体肿瘤、甲状腺增生或甲状腺肿瘤、甲状旁腺肿瘤、胰岛素瘤和肾上腺皮质肿瘤等可以自主分泌激素，导致腺体功能亢进；也可见于外源性激素摄入过多，例如，由过量使用糖皮质激素所致的医源性肾上腺皮质功能亢进。激素减少常见于内分泌腺破坏，如肾上腺皮质功能减退、肿瘤性破坏、感染、放射损伤和手术切除等；也可见于先天性腺体发育不全，例如，犬先天性甲状腺功能减退。靶细胞应答异常由激素受体缺乏或信号传导系统异常所致，最终导致激素不能发挥作用。

犬、猫内分泌疾病的临床症状对诊断内分泌疾病来说非常重要。如为肾上腺疾病，当肾上腺皮质功能亢进时，常见多饮多尿、多食、腹部扩张和对称性脱毛；当肾上腺皮质功能减退时，常见嗜睡、厌食、呕吐、体重减轻和应激不耐受。如为胰腺内分泌疾病，糖尿病的典型症状为多饮、多尿、多食和体重下降。如为甲状腺疾病，当甲状腺功能亢进时，常见多食、消瘦、间歇性呕吐和腹泻、不安或过度兴奋，甚至具有攻击性；当甲状腺机能减退时，常见反应迟钝、嗜睡、运动不耐受和皮肤症状（如典型的对称性脱毛或仅尾部脱毛，也称为“鼠尾”）。

犬、猫内分泌疾病的诊断包括临床表现、功能诊断和定位诊断三个方面。内分泌疾病主要分为临床型和亚临床型。其中临床型内分泌疾病有特异性的症状和体征，实验室检查指标证据充足，易于诊断。亚临床型内分泌疾病因缺乏特异性症状和体征，早期诊断较困难，必须结合实验室检查结果才能进行相应诊断。功能诊断是指通过生化分析（如糖尿病出现的高血糖和果糖胺水平升高）、激素浓度测定以及激素功能试验（检测腺体分泌功能的兴奋和抑制试验）等为疾病提供最终的诊断依据。定位诊断是指通过影像学检查（如下丘脑-垂体肿瘤、肾上腺肿瘤和胰腺肿瘤等）、放射性核素扫描（如甲状腺）以及细胞学/组织病理学检查（如对结节或肿瘤进行活检）等为内分泌疾病诊断和评估提供支持。

由于内分泌疾病的多样性和复杂性，其治疗方案的确定应该根据疾病的病因、所处不同阶段以及特定的激素异常，进行针对性、个体化的治疗。功能亢进的疾病常采取手术治疗，切除功能亢进的肿瘤或增生组织，如嗜铬细胞瘤、肾上腺皮质肿瘤等；药物治疗可通过药物抑制激素的合成和释放，如曲洛司坦作为类固醇的合成阻断剂治疗肾上腺皮质功能亢进；核素治疗可应用放射性^{131}I治疗甲状腺功能亢进症。功能减退的疾病常用外源激素替代或补充治疗，如补充糖皮质激素或/和盐皮质激素治疗肾上腺皮质功能减退，补充合成左甲状腺素钠治疗甲状腺功能减退；其他药物治疗，补充维生素 D 和钙制剂治疗原发性甲状旁腺功能减退。大多数内分泌疾病可以控制，应尽早进行诊断、遵循标准诊疗流程和消除诱发因素，疾病通常预后良好。

内分泌疾病种类繁多且复杂，兽医临床初学者需要掌握常见的犬、猫内分泌疾病，例如，犬肾上腺皮质功能亢进，犬肾上腺皮质功能减退，犬、猫糖尿病，犬甲状腺机能减退症，猫甲状腺功能亢进症和嗜铬细胞瘤。

第一节　肾上腺皮质功能亢进

肾上腺皮质功能亢进（hyperadrenocorticism，HAC）是指一种由内源性糖皮质激素分泌过多或外源性糖皮质激素使用过量所致的常见的内分泌疾病。其临床上以多饮多尿、多食、腹部扩张和对称性脱毛为特征。该病按病因可分为垂体依赖性肾上腺皮质功能亢进、肾上腺依赖性肾上腺皮质功能亢进和医源性肾上腺皮质功能亢进。该病常见于中老年犬，罕见于猫。垂体依赖性肾上腺皮质功能亢进（pituitary-dependent hyperadrenocorticism，PDH）的发病年龄为 2～16 岁，肾上腺依赖性肾上腺皮质功能亢进（adrenal-dependent hyperadrenocorticism，ADH）的发病年龄为 6 ～ 16 岁。无明显的性别倾向性。所有品种均可发病，但贵宾犬、腊肠犬、各种㹴类犬和拳师犬更易发生 PDH。

【病因】

（一）垂体依赖性肾上腺皮质功能亢进的病因

垂体依赖性肾上腺皮质功能亢进是自发性肾上腺皮质功能亢进最常见的原因，占 80%～85%。超过 90% 的 PDH 是由肿瘤引起的。

（二）肾上腺依赖性肾上腺皮质功能亢进的病因

肾上腺依赖性肾上腺皮质功能亢进占自发性肾上腺皮质功能亢进的 15%～20%。腺瘤和腺癌的发病率相同，犬多为单侧发生，罕见双侧 ADH。

（三）医源性肾上腺皮质功能亢进的病因

由过量使用糖皮质激素所致。患病动物的临床特征符合肾上腺皮质功能亢进的表现，促肾上腺皮质激素（adrenocorticotropichormone，ACTH）兴奋试验结果却与肾上腺皮质功能减退相吻合。

【发病机制】

(一)垂体依赖性肾上腺皮质功能亢进的发病机制

垂体大量合成和分泌 ACTH,继而促使双侧肾上腺皮质继发性增生,最终导致皮质醇过量分泌。

(二)肾上腺依赖性肾上腺皮质功能亢进的发病机制

多是自发性和功能性的。在不受 ACTH 刺激的情况下,自发性分泌皮质醇,并通过负反馈机制抑制下丘脑分泌促肾上腺皮质激素释放激素(corticotropin releasing hormone,CRH),抑制垂体分泌 ACTH,从而引起无病变侧的肾上腺萎缩。

(三)医源性肾上腺皮质功能亢进的发病机制

长期过量使用糖皮质激素抑制 CRH 和 ACTH 分泌,从而引起双侧肾上腺萎缩。

【临床症状】

(一)常见症状

多饮多尿、多食、腹部扩张、对称性脱毛、轻度肌肉无力、喘、嗜睡和高血压。

(二)其他症状

某些患犬易发生尿道感染。当垂体瘤扩张进入下丘脑和丘脑时,患犬会出现神经症状,如呆滞。罕见肺血栓栓塞。

【诊断】

该病根据典型的临床症状可做出初步诊断;反之,应该先排除其他病因。疑似病例应进行全面检查,包括实验室检查、内分泌试验和影像学检查等。

(一)实验室检查

1. 血常规

有些病例呈现典型的应激性白细胞象。

2. 生化

常见血清 ALP 活性和胆固醇升高。当血清 ALP 未升高时,可以初步排除 HAC,约 85%的患犬 ALP 超过 150 IU/L,常超过 1 000 IU/L。

3. 尿液

在不限水的情况下,尿的体积质量通常小于 1.015。

(二)内分泌试验

当疑似 HAC 时,应进行内分泌试验来确诊。试验包括尿皮质醇-肌酐比值(urinary cortisol-creatinine ratio,UCCR)、ACTH 兴奋试验和低剂量地塞米松抑制试验(low-dose dexamethasone inhibition test,LDDST)等。试验方案和结果判读见表 14-1。目前,LDDST 是诊断 HAC 的首选试验。一旦确诊为 HAC,应开展影像学检查进一步鉴别 PDH 和 ADH。

(三)影像学检查

胸部 X 线检查可能发现气管支气管壁钙化,肾上腺癌肺转移等;腹部 X 线检查可能发现肝脏增大、膀胱结石和软组织钙化等。超声检查可判断肾上腺大小和形态以及是否存在肿瘤。肾上腺厚度>7.5 mm,提示肾上腺增生;肾上腺厚度>4 cm,强烈提示恶性肿瘤(图 14-1)。CT 和 MRI 检查可评估肾上腺肿瘤、增生以及垂体肿瘤。

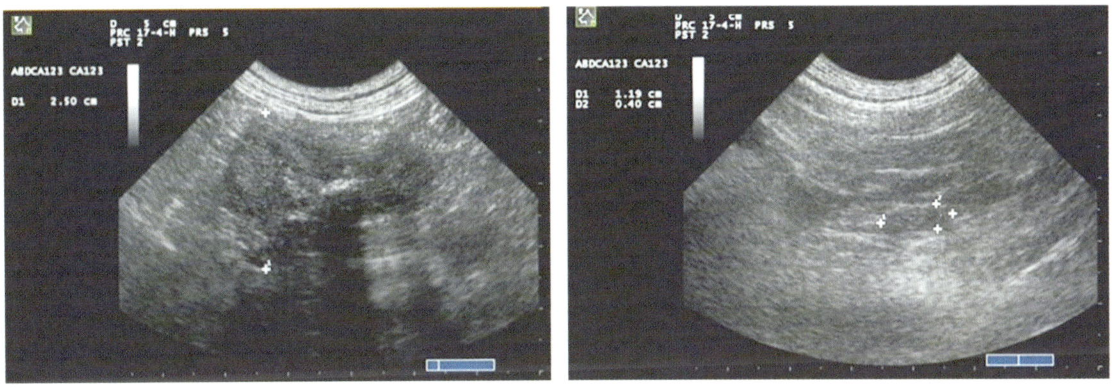

一侧肾上腺厚径为 2.5 cm。　　对侧肾上腺萎缩，厚径为 0.4 cm。

图 14-1　肾上腺肿瘤患犬

（中国农业大学动物医院供图）

表 14-1　评价疑似 HAC 患犬垂体-肾上腺皮质轴的诊断试验

试验	目的	方案	结果		解释
UCCR	排除	采集尿液	升高		考虑存在
ACTH 兴奋试验	诊断 HAC	合成 ACTH(替可克肽)：5 μg/ kg,皮下注射,给药前后 1 h 检测血浆皮质醇水平	给予 ACTH 1 h 后	> 24 μg/dL	提示存在 HAC
				19～24 μg/dL	可能存在 HAC
				8～18 μg/dL	正常
				< 8 μg/dL	医源性 HAC
低剂量地塞米松抑制试验	诊断 HAC，并鉴别 PDH 和 ADH	地塞米松：0.01 mg/kg,皮下注射,给药前和之后 4 h、8 h 检测血浆皮质醇水平	给予地塞米松 4 h 后	给予地塞米松 8 h 后	
			—	<1.4 μg/dL	正常
			<1.4 μg/dL	>1.4 μg/dL	PDH
			<50%给药前浓度	>1.4 μg/dL	PDH
			—	>1.4 μg/dL 且 <50%给药前浓度	PDH
			>50%给药前浓度	> 1.4μg/dL 且 >50%给药前浓度	PDH 或 ADH

【治疗】

(一)治疗原则

维持正常的血液皮质醇浓度。

(二)治疗方法

1. 手术治疗

肾上腺切除术和垂体切除术。

2. 药物治疗

治疗 PDH 和 ADH 的药物主要包括曲洛司坦、米托坦、*L*-司来吉兰和酮康唑等。曲洛司坦是 3-β 羟类固醇脱氢酶的竞争性抑制剂，在肾上腺内调节孕烯醇酮转化为黄体酮，抑制可的松的生成，是目前治疗 HAC 最有效的药物。用药和监测方案如下。

①推荐起始剂量为 1～2 mg/kg，1 次/d 或 2 次/d，根据需要调整用量和用药频率，直到临床症

状得到有效控制。

②建议用药后 10 d、4 周、3 个月进行 ACTH 兴奋试验监测治疗效果，之后应每 3～4 个月复检一次。

③副作用不常见，包括由嗜睡、呕吐和肾上腺皮质功能减退引起的电解质紊乱。针对医源性肾上腺皮质功能亢进，停止使用外源性糖皮质激素即可。

【预后】

部分 PDH 患犬的预后取决于犬的年龄、体况以及主人对治疗的配合程度，平均寿命约为 30 个月。肾上腺皮质腺瘤和肾上腺皮质腺癌未转移的患犬预后良好，使用曲洛斯坦治疗的中位存活期约为 1 年，而腺癌转移的患犬则预后不良。虽然临床症状可以通过药物控制，但最终会死于由肿瘤和肾上腺皮质功能亢进引发的各种并发症。

第二节　肾上腺皮质功能减退

肾上腺皮质功能减退（hypoadrenocorticism，HA），又称艾迪生病，是一种由盐皮质激素或糖皮质激素分泌不足，或者由两者同时分泌不足所致的疾病。该病可分为原发性和继发性两类。原发性犬肾上腺皮质功能减退是最常见的，涉及糖皮质激素和盐皮质激素分泌减少。该病多发于青年母犬至中年母犬，平均发病年龄为 4～6 岁，有品种倾向性，常见于葡萄牙水犬、标准贵宾犬、古代英国牧羊犬、罗威纳犬、西高地白㹴和爱尔兰软毛㹴等。继发性犬肾上腺皮质功能减退临床较为罕见，通常只涉及糖皮质激素缺乏。

【病因】

病因尚不明确，通常可分为原发性和继发性两类。

（一）原发性肾上腺皮质功能减退的病因

原发性肾上腺皮质功能减退多为特发性，可见于免疫介导性肾上腺皮质破坏，也可见于由药物（如曲洛司坦、米托坦）、肿瘤或真菌感染引起的双侧肾上腺皮质破坏。

（二）继发性肾上腺皮质功能减退的病因

继发性肾上腺皮质功能减退主要是垂体功能异常导致了 ACTH 分泌减少或下丘脑分泌 CRH 减少，从而继发糖皮质激素分泌减少。其常见于垂体腺、下丘脑被破坏或长期使用外源性糖皮质激素。

【发病机制】

（一）原发性肾上腺皮质功能减退的发病机制

肾上腺皮质包括球状带、束状带和网状带。它们分泌的激素依次为盐皮质激素、糖皮质激素和性激素。原发性肾上腺皮质功能减退是肾上腺皮质各区以相似的速度被破坏，导致糖皮质激素和盐皮质激素同时缺乏。盐皮质激素（即醛固酮）控制钠、钾排泄以及体液平衡。当发生原发性肾上腺皮质功能减退时，醛固酮分泌减少会降低肾脏保钠排钾的功能，引起低钠血症、低氯血症以及高钾血症，从而出现渐进性低血容量、低血压、心输出量减少以及肾脏及其他组织灌注减少。糖皮质激素缺乏会诱发胃肠道症状和精神状态等一系列变化。

（二）继发性肾上腺皮质功能减退的发病机制

继发性肾上腺皮质功能减退仅涉及糖皮质激素异常，临床中不会出现由盐皮质激素分泌减少所致的电解质紊乱。这是由于醛固酮分泌主要受肾素-血管紧张素-醛固酮系统调节，而不受 ACTH 或 CRH 调节。

【临床症状】

临床症状因病程急慢而异。急性发作通常会出现艾迪生病危象，涉及多器官受损，严重可危及生命；慢性病例通常伴有不同程度的胃肠道症状和精神状态改变，且病情时好时坏。

（一）急性发作症状

急性发作会出现艾迪生病危象，包括重度脱水、虚脱、低血容量性休克、低体温、心动过缓和股动脉微弱等。此外，还会出现胃肠道症状，包括呕吐、腹泻，甚至严重的胃肠道出血。

（二）慢性发作症状

慢性发作常见嗜睡、厌食、呕吐、虚弱和体重减轻等，少见多饮多尿、黑粪症、腹部疼痛等。值得注意的是，病史调查可见反复发作的胃肠道症状和间歇性精神沉郁或虚弱。

【诊断】

该病根据实验室检查、心电图检查和影像学检查可做初步诊断。确诊必须进行 ACTH 兴奋试验。

（一）实验室检查

1. 血常规

有些病例呈现非再生性贫血，缺乏应激性白细胞象，表现为中性粒细胞正常或减少、淋巴细胞增多和嗜酸性粒细胞增多。

2. 生化

生化检查常见高钾血症、低钠血症、低氯血症、高磷血症、肾前性氮质血症和代谢性酸中毒。钠/钾的值具有重要的诊断参考价值，当该比值低于 27 时，提示可能存在肾上腺皮质功能减退。

（二）ACTH 兴奋试验

静脉注射 5 μg/kg 合成 ACTH，给药前和给药后 1 h 采集血液测定皮质醇水平；刺激后的血浆皮质醇水平＜2 μg/dL（55 mmol/L），即可确诊该病。

（三）心电图检查

心电图的特征性变化主要与高钾血症相关，显示 P 波缺失、QRS 波增宽和 T 波增高。

（四）影像学检查

腹部超声检查肾上腺的大小和形态。当肾上腺最大厚径小于 0.3 cm 时，强烈提示肾上腺萎缩（图 14-2），但肾上腺大小正常不能排除该病。

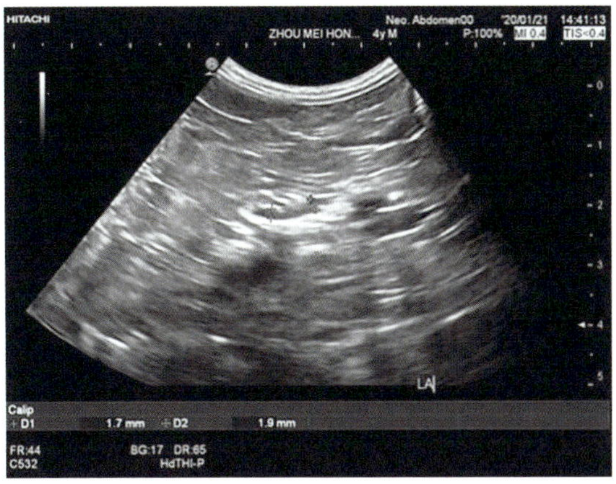

图 14-2 左侧肾上腺萎缩，头极厚径 1.7 mm，尾极厚径 1.9 mm

（中国农业大学动物医院供图）

【治疗】

（一）治疗原则

依据患犬的临床症状和发病类型而定。当临床症状典型的患犬出现急性艾迪生病危象时，需要紧急医疗干预。部分临床症状不典型的患犬，在确诊后需要长期的药物治疗。

（二）治疗方法

1. 急性发作的治疗

若出现急性艾迪生病危象，尽早补充糖皮质激素、盐皮质激素，同时纠正低血容量、低血压、电解质紊乱和代谢性酸中毒。

（1）液体治疗　首选生理盐水，有利于纠正低血容量、低钠血症和低氯血症。高钾血症和轻度代谢性酸中毒可以通过血液稀释和改善肾脏灌注而缓解；严重的代谢性酸中毒可静脉注射碳酸氢钠治疗。

(2)补充激素　糖皮质激素可用地塞米松磷酸钠注射液，最初按 0.5～1 mg/kg 静脉注射，随后每 12 小时按 0.05～0.1 mg/kg 重复静脉注射，直至可以口服给药。盐皮质激素类药物主要包括去氧皮质酮新戊酸酯(desoxycorticosterone pivalate，DOCP)和醋酸氟氢可的松。

2. 维持治疗

一旦患犬经输液治疗后病情稳定，可以开始维持治疗，包括终身服用糖皮质激素和补充盐皮质激素。

(1)盐皮质激素　常用醋酸氟氢可的松，初始剂量为 0.02 mg/(kg·d)，分 1～2 次口服。最初，需要每 1～2 周评估一次血清电解质浓度，根据电解质浓度变化调整药物剂量，待药物剂量稳定后，可每 3～6 个月复查一次血清电解质浓度。

(2)糖皮质激素　主要用于控制与 HA 相关的非特异性症状和胃肠道症状，常用泼尼松，初始剂量为 0.2～0.5 mg/kg，每天 2 次，然后在数周内逐渐减少剂量，直到确定可以控制临床症状的最低剂量。

【预后】

预后通常良好，平均存活时间可达 4～7 年。

第三节　犬糖尿病

糖尿病(canine diabetes mellitus)是一种因胰岛素分泌减少或产生胰岛素抵抗而引起胰岛素绝对或相对缺乏的内分泌疾病。这是犬常见的内分泌疾病之一。人类的糖尿病可分为 1 型、2 型、其他型和妊娠型；犬糖尿病主要以类似于人类的 1 型糖尿病为主。该病常见于老年犬，多发年龄段为 7～9 岁。母犬的发病率是公犬的 2 倍。一些犬种具有遗传倾向性，如澳大利亚猎犬、萨摩耶犬和比格犬等。

【病因】

病因不明，一般认为是多因素共同作用的结果。遗传倾向、感染、胰岛素抵抗性疾病(母犬处于发情间期、肾上腺皮质功能亢进等)、药物(糖皮质激素等)、肥胖、免疫介导机制和胰腺炎均是犬糖尿病的诱发因素。这些因素均可导致 β 细胞丧失，进一步引发低胰岛素血症，最终诱发临床症状。

【发病机制】

动物体内血糖水平的稳定性主要由胰岛素和胰高血糖素共同维持，胰岛素主要由胰岛 β 细胞分泌。当胰岛 β 细胞功能丧失时，体内胰岛素生成减少使得葡萄糖、脂肪和氨基酸的组织利用率下降，循环中的葡萄糖不能进入机体的大多数细胞，肝脏糖异生和糖原分解作用增强，循环中葡萄糖积聚，最终导致高血糖。当血糖升高至超过肾糖阈(大于 180～220 mg/dL)时，出现糖尿。糖尿导致渗透性利尿，从而出现多饮多尿。外周组织对葡萄糖的利用减少会导致体重下降，并进一步引发多食。如果未及时发现并进行治疗，最终会发展为糖尿病酮症酸中毒(diabetic ketoacidosis，DKA)。与猫不同的是，犬的胰岛 β 细胞功能丧失是不可逆的，罕见糖尿病缓解，需要终身使用胰岛素治疗。最常见于犬的糖尿病缓解是进行子宫卵巢切除术后，处于发情间期的母犬由孕酮刺激所致的胰岛素抵抗得到纠正。肥胖引发的胰岛素抵抗可见于犬，但不会发展为 2 型糖尿病，这点也与猫不同。

【临床症状】

(一)主要症状

患犬常见多饮、多尿、多食和体重下降，被称为“三多一少”。

(二)并发症

若未及时就诊,患犬会发展为DKA,出现全身性症状,如虚弱、呕吐和厌食等。糖尿病的长期并发症包括白内障、皮肤症状(被毛稀疏、干燥、易断、无光泽或因过度角化而出现鳞屑)和低血糖等。

【诊断】

糖尿病的诊断主要取决于三点:相应的临床症状、持续性禁食高血糖和持续性糖尿。如果患犬存在糖尿病的同时检测出酮尿,则可诊断为糖尿病酮症(diabetic ketosis,DK);若进一步确定存在代谢性酸中毒,则可诊断为DKA。其他原因(如应激)也会引起一过性的高血糖,肾性糖尿也会导致糖尿,因此在确诊糖尿病时,必须确定同时存在持续的高血糖和糖尿。

(一)实验室检查

一旦初步诊断为糖尿病,必须对患犬进行更详细的实验室检查,包括血常规检查、生化检查、犬胰脂肪酶样免疫反应性(canine pancreatic lipase immunoreactivity,cPLI)、甲状腺素、尿液分析和尿液细菌培养。如果患犬是未绝育母犬,应检测血清孕酮浓度。实验室检查的目的不仅是确诊糖尿病,还应确定是否有并存疾病。

典型的实验室检查异常为高血糖、糖尿、ALT、ALP、胆固醇和甘油三酯升高等;也可能出现应激性白细胞象;若cPLI阳性,则需要考虑胰腺炎的可能性。血清果糖胺是一种糖基化的蛋白,可反映2～3周内的血糖水平,且不易受其他因素的影响,当果糖胺质量浓度超过500 μmol/L(参考范围为225～375 μmol/L)时,说明血糖控制不良。

(二)影像学检查

腹部超声检查胰腺、肾上腺、子宫、肝脏和泌尿系统,以进一步确定是否有并存疾病。尤其是母犬处于发情间期或患犬同时存在肾上腺皮质功能亢进时会出现严重的胰岛素抵抗,影响胰岛素治疗效果。

【治疗】

(一)治疗原则

控制临床症状;尽量减少治疗方案对动物主人生活方式造成不便影响;避免低血糖,控制并发症。

(二)治疗方法

胰岛素治疗、日粮管理和适当运动;同时,控制引起胰岛素抵抗的并存疾病,停用引起胰岛素抵抗的药物。治疗时,必须控制低血糖的发生,最常见于过量使用胰岛素。根据血糖曲线调节胰岛素剂量和定期监测血糖。持续的临床症状和并发症的发生都直接与高血糖的程度和持续时间有关。糖尿病需要长期治疗,动物主人的积极参与对治疗效果影响极大,因此在制定治疗方案时必须考虑动物主人的因素。

1. 胰岛素治疗

临床上可选用的胰岛素包括中效胰岛素[中性鱼精蛋白锌胰岛素(neutralprotaminehagedorn,NPH)、慢胰岛素锌(Lente)]和长效胰岛素[鱼精蛋白锌胰岛素(protamine zinc insulin,PZI)、甘精胰岛素]。NPH和PZI均是重组人源性胰岛素,Lente是猪源性胰岛素,甘精胰岛素是一种胰岛素类似物。治疗犬糖尿病一般首选中效胰岛素,初始剂量约为0.5 U/kg(范围为0.2～1 U/kg),皮下注射,2次/d。初始治疗选用低剂量胰岛素有助于避免低血糖和苏木杰现象。

2. 日粮管理

日粮管理在犬糖尿病管理中发挥重要作用。控制肥胖和增加日粮中的纤维含量是控制血糖最有效的两种方法。肥胖可导致胰岛素抵抗,不利于控制血糖水平。纤维含量增加的日粮有助于控制肥胖和血糖水平。推荐使用富含可溶和不可溶纤维的日粮。禁止给消瘦的患犬饲喂高纤维日粮。

3. 适当运动

适当运动在血糖控制中也起着十分重要的作用,有利于减轻体重和消除由肥胖引起的胰岛素抵抗。必须注意的是,运动必须定时、定量、有规律,避免剧烈和偶尔的运动,否则会引起严重的低血糖。

4. 控制胰岛素抵抗

并存疾病(炎症、感染、激素和肿瘤性疾病)和使用具有胰岛素抵抗作用的药物可以影响组织对胰岛素的反应性,导致胰岛素抵抗和血糖控制不良。因此,在治疗糖尿病的同时,需控制并存疾病。轻度的胰岛素抵抗(如肥胖引起的)只需增加胰岛素剂量即可;对于严重的胰岛素抵抗(肾上腺皮质功能亢进、母犬发情间期)而言,无论什么类型和剂量的胰岛素均可能无效。

(三)治疗监测

1. 血糖监测

在正常情况下,血糖水平应控制在100～250 mg/dL。血糖控制良好的标准是患犬的临床症状消失,体重稳定以及主人满意度。若胰岛素剂量超过了1.5 U/kg,而血糖控制仍达不到满意的效果,则应考虑其他原因。

2. 血糖曲线

血糖曲线是调整胰岛素剂量的依据。按照患病动物的日常生活习惯,定时给予食物和胰岛素,每隔1～2小时测定一次血糖水平,确定胰岛素是否起效、血糖最低点、胰岛素的峰作用时间、胰岛素持效时间和血糖浓度的波动情况。确定血糖最低点和注射胰岛素后最低点出现的时间是评估胰岛素持效时间的关键,可用于指导胰岛素的用量和类型。如果血糖最低点高于150 mg/dL,可以增加胰岛素用量;若低于80 mg/dL,则减少胰岛素用量。尿糖不能作为调整胰岛素用量的依据。如果血糖已控制稳定的患犬再次出现高血糖或低血糖,就必须重新绘制血糖曲线,再次确定胰岛素剂量。

3. 苏木杰现象

苏木杰现象,也称低血糖诱导性高血糖,是机体对胰岛素过量诱发低血糖的一种正常生理反应。当血糖浓度低于65 mg/dL或下降过快时,反调节激素(如胰高血糖素、肾上腺素和可的松)释放导致血糖升高。苏木杰现象的诊断可以通过低血糖(小于80 mg/dL)后继发高血糖(大于300 mg/dL)来确定。治疗方法是减少胰岛素剂量。

【预后】

该病预后取决于存在的并存疾病及其可逆性、胰岛素控制糖尿病的难易程度和动物主人的治疗意愿。确诊后,前6个月内的死亡率较高;度过前6个月后,在动物主人和兽医的共同努力下,存活期很容易超过5年,且生活质量不受影响。

第四节　猫糖尿病

糖尿病(feline diabetes mellitus)是猫常见的内分泌疾病之一。大多数猫糖尿病类似于人类的2型糖尿病;1型糖尿病在猫罕见。该病可见于任何年龄的猫,但多数患猫的年龄为10～13岁。常见于去势公猫。无明显的品种倾向性。

【病因】

病因不明，一般认为是多因素共同作用的结果。肥胖、年龄（超过7岁的猫患病风险更大）、品种（缅甸猫）、活动性差（室内生活或不爱活动的猫）和药物治疗（使用外源性糖皮质激素、孕酮）均是该病的诱发因素。

【发病机制】

猫糖尿病主要由胰岛β细胞功能障碍和胰岛素抵抗所致。胰岛β细胞功能障碍的诱发因素包括胰岛淀粉样变，葡萄糖毒性、活性氧和细胞因子导致的损伤；胰岛素抵抗由肥胖、并存的内分泌疾病、药物和胰腺炎所致。重要的是，许多猫在胰岛素抵抗解除后可实现糖尿病缓解，即临床症状消失，血糖和果糖胺水平均可恢复正常。停用胰岛素达4周以上不再出现临床症状，即可判断为糖尿病缓解。

持续性高血糖可抑制残留的胰岛β细胞的功能，导致低胰岛素血症；也可通过促使葡萄糖转运系统功能下调，引起胰岛素抵抗，此种现象即葡萄糖毒性。葡萄糖毒性具有可逆性，早期进行胰岛素治疗并控制和纠正胰岛素抵抗至关重要。

【临床症状】

（一）主要症状

患猫常见多饮、多尿、多食和体重下降，罕见消瘦。

（二）并发症

若未及时就诊，患猫会发展为DKA，出现全身性症状，如虚弱、呕吐和厌食等。偶见糖尿病性神经症状，如后肢虚弱、跳跃能力下降、共济失调或跖行姿势。

【诊断】

猫糖尿病的诊断与犬类似，根据临床症状、持续性禁食高血糖和持续性糖尿做出诊断。85% ～95%新诊断的猫糖尿病均为2型糖尿病。一旦诊断为糖尿病，必须对患猫进行详细的体格检查和实验室检查，包括血常规检查、生化检查、血清T4浓度、猫胰脂肪酶样免疫反应性（feline pancreatic lipase immunoreactivity，fPLI）、尿液分析和尿液细菌培养。猫的血糖更易受应激的影响，如果怀疑存在应激性高血糖，应检测血清果糖胺浓度。

（一）实验室检查

典型的实验室异常与犬类似。猫不一定出现应激性白细胞象和ALP升高；若肝酶升高，需要进一步评估是否存在肝脏疾病。若fPLI阳性，需要考虑是否存在胰腺炎。若T4升高，需要进一步判断是否存在甲状腺功能亢进症。

（二）腹部超声检查

腹部超声检查属于常规检查的一部分，用以确定是否存在并存疾病。

【治疗】

（一）治疗原则

控制临床症状；尽量减少治疗方案对动物主人生活方式造成的不便影响；避免低血糖，控制并发症。

（二）治疗方法

1. 胰岛素治疗

目前，治疗猫糖尿病首选的胰岛素类型为PZI或甘精胰岛素，每次使用剂量为0.5 U/kg，剂量范围为0.2～0.8 U/kg，皮下注射，每天2次。

2. 日粮管理

日粮管理是控制猫糖尿病的关键环节，主要目的是减少采食对餐后高血糖的影响。应给患猫饲喂高蛋白、低碳水化合物的食物，以更好地控制血糖水平。在使用胰岛素治疗的同时，应进行日粮管理。肥胖会显著影响患猫对胰岛素的敏感性，控制体重也是治疗猫糖尿病的重要环节。

3. 控制并存疾病

肥胖、慢性胰腺炎或其他炎性疾病、感染、甲状腺功能亢进症和肢端肥大症均能导致胰岛素抵抗，从而影响治疗效果。因此，查明并控制并存疾病是成功治疗糖尿病患猫很重要的一部分。

（三）治疗监测

将患猫的血糖水平控制在 280 mg/dL 以下，以避免渗透性利尿，并降低葡萄糖毒性的风险。血糖曲线的绘制参见犬糖尿病血糖曲线的绘制。猫容易出现应激性高血糖，应慎重判读血糖曲线的结果。治疗时应避免低血糖（低于 54～63 mg/dL）和苏木杰现象。

【预后】

糖尿病患猫和犬的预后类似，如有并存疾病，尤其是危及生命的疾病，确诊后的前 6 个月内的死亡率较高。度过前 6 个月后，在主人和兽医的共同努力下，存活期很容易超过 5 年，且生活质量不受影响。

第五节　犬甲状腺机能减退症

甲状腺激素是在甲状腺内合成的酪氨酸碘化物，主要包括甲状腺素（thyroxine，T4）和三碘甲腺原氨酸（triiodothyronine，T3）。甲状腺激素有多种生理作用，可以提高代谢率，增加大部分组织的氧消耗量，调节胆固醇的合成和降解，促进红细胞生成等。同时，甲状腺激素是机体生长、发育和成熟的重要因素。

犬甲状腺机能减退症（canine hypothyroidism）是由甲状腺激素缺乏、机体代谢活动下降所致的临床综合征，是犬常见的内分泌疾病之一。该病临床症状各异，不同品种间也存在差异，多见于 2～6 岁的患犬，无性别倾向；好发品种包括杜宾犬、贵宾犬和雪纳瑞犬等。

【病因】

甲状腺结构和功能的异常会造成甲状腺激素生成减少。根据下丘脑-垂体-甲状腺复合体的发病部位可以对甲状腺机能减退症进行简单的分类。

（一）原发性甲状腺机能减退症的病因

根据常见的组织病理学特点，它一般分为淋巴细胞性甲状腺炎和特发性甲状腺萎缩。这两种形式最终都会造成甲状腺渐进性破坏和循环中甲状腺激素水平降低。

（二）继发性甲状腺机能减退症的病因

由垂体的促甲状腺素细胞破坏（垂体肿瘤）或促甲状腺素细胞的功能受抑（激素或药物）而引起。临床中罕见。

（三）第三种甲状腺机能减退症的病因

由下丘脑视上核和室旁核肽能神经元分泌的促甲状腺激素释放激素（thyrotropin-releasing-hormone，TRH）分泌缺乏所致。临床中罕见。

【发病机制】

（一）淋巴细胞性甲状腺炎

淋巴细胞性甲状腺炎是指以甲状腺内淋巴细胞、浆细胞和巨噬细胞弥散性浸润为特征的疾病，可以导致滤泡渐进性破坏。当超过 75％的腺体遭到破坏时，患病动物会出现临床症状。由于淋巴细胞性甲状腺炎是免疫介导性疾病，它可能会与其他免疫介导性内分泌疾病同时出现，所以又被称为免疫内分泌疾病综合征。

（二）特发性甲状腺萎缩

特发性甲状腺萎缩是指以甲状腺实质被脂肪组织替代为特征的疾病。通常无炎症浸润。它的病因不明，可能是一种退化性疾病，也可能是淋巴细胞性甲状腺炎晚期的表现。

【临床症状】

（一）代谢异常

多数患犬反应迟钝、嗜睡、运动不耐受或不愿运动，食欲或食量不增加而体重增加。这些症状通常以缓慢的速度逐渐发生。

（二）皮肤症状

皮肤和被毛的变化也是该病最常见的临床症状。

1. 典型的皮肤症状

双侧对称性、非瘙痒性脱毛。有时仅尾部脱毛，也称为“鼠尾”（图 14-3）。

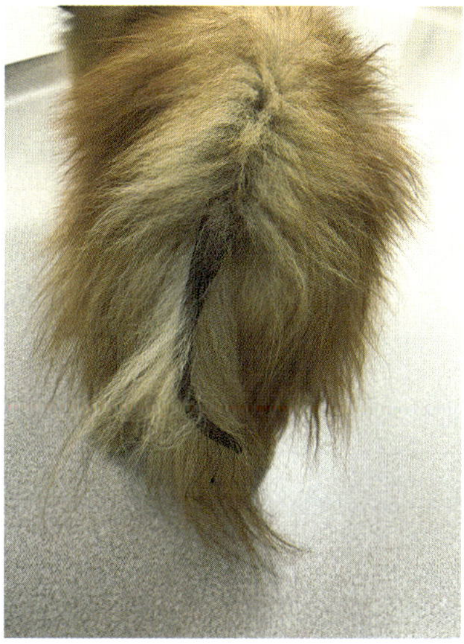

图 14-3　8 岁松狮犬尾部脱毛，呈典型“鼠尾”特征

（张海霞供图）

2. 病原感染症状

常见反复发作的细菌感染，如毛囊炎、疖病、皮脂溢和脓皮症；也可见马拉色菌和蠕形螨感染，常伴有瘙痒。

3. 其他症状

被毛粗乱、干燥和易断。皮肤有色素沉着及过度角化的皮屑。

（三）神经症状

患犬发生的部分脱髓鞘和轴索病变会引起中枢或外周神经系统症状。外周神经系统症状比中枢神经系统症状更常见。神经症状包括面神经麻痹、虚弱、肘节突出或拖脚，伴有趾甲背部过度磨损。

（四）幼犬甲状腺机能减退症状

幼犬甲状腺机能减退，又称为呆小症，典型特征是生长停滞和智力迟钝。患犬出生时一般正常，但在 3～8 周开始比同窝其他犬发育缓慢。患犬的体型不均衡，头宽大、舌厚而突出，体宽，呈矩形且四肢短，共济失调，脖颈短粗；通常精神沉郁、嗜睡。皮肤症状可见胎毛滞留、脱毛。

（五）其他症状

该病与其他免疫介导性内分泌疾病同时存在，如糖尿病和肾上腺皮质功能减退。

【诊断】

根据病史、临床症状和实验室检查进行综合判断，切忌仅根据某一项检查结果诊断该病。实验室检查包括血常规检查、生化检查和甲状腺功能检测。

（一）实验室检查

1. 血常规检查

40％～50％的患犬可见轻度非再生性贫血。

2. 生化检查

75%患犬可见高胆固醇血症，88%可见高甘油三酯血症。

(二)甲状腺功能检测

甲状腺功能检测主要测定血清甲状腺激素的基础浓度。目前，基础甲状腺激素检查包括 T4、游离 T4(free thyroxine，fT4)、TSH 浓度和抗甲状腺球蛋白自身抗体(anti-thyroglobulin autoantibodies，TgAAs)。T4 和 TSH 是甲状腺机能减退症的一线检测指标。当怀疑犬患甲状腺机能减退症时，血清 T4 和 fT4 的判读标准见表 14-2。

值得注意的是，在判读检测结果时，根据常规实验室检查结果，先排除甲状腺病态综合征，这是一种功能正常的甲状腺受非甲状腺疾病的影响而导致甲状腺功能检测出现异常的情况。可诱发甲状腺病态综合征的疾病包括肾上腺皮质功能亢进、糖尿病、肾病、肝病和感染性疾病等。

表 14-2　怀疑犬患有甲状腺机能减退症时，基础血清甲状腺素和游离甲状腺素浓度的判读

血清 T4 质量浓度/(μg/dL)	血清 fT4 质量浓度/(ng/dL)	甲状腺机能减退症的可能性
>2.0	>2.0	非常不可能
1.5～2.0	1.5～2.0	不可能
1.0～1.5	0.8～1.5	不定
0.5～1.0	0.5～0.8	可能
<0.5	<0.5	十分可能

(三)影像学检查

影像学检查包括 X 线检查、超声检查、CT 和 MRI 检查。X 线检查对该病的诊断意义有限；超声检查可以评估甲状腺的体积，有助于区分甲状腺机能减退症和甲状腺病态综合征；CT 和 MRI 有助于评估垂体和下丘脑病变。

【治疗】

(一)治疗原则

维持正常的血液甲状腺素浓度。

(二)治疗方法

常用合成左甲状腺素钠，该药的半衰期是 10～14 h。它与食物同时服用会降低其生物活性。初始剂量是 0.01～0.02 mg/kg，每天 2 次，应根据需要调整剂量和用药频率。

(三)治疗监测

治疗 4～8 周后评估治疗效果，在口服左甲状腺素钠 4～6 h 后测定血清 T4 和 cTSH 浓度。若治疗 8 周后症状未见改善，则治疗无效。治疗无效的原因包括诊断错误、剂量或用药频率不合适。

【预后】

多数成年患犬在补充甲状腺素后，其临床症状会消失。经适当的治疗后，预后良好。呆小症患犬预后慎重，具体情况取决于开始治疗的时间。

第六节 猫甲状腺功能亢进症

猫甲状腺功能亢进症(feline hyperthyroidism)是指由甲状腺功能异常引起甲状腺激素过度分泌所致的多系统性疾病,是猫常见的内分泌性疾病。甲状腺功能亢进症多发于中老年猫,平均发病年龄为13岁;无性别倾向;家养短毛猫和家养长毛猫是好发品种。

【病因】

该病的病因尚不明确,可能与原发性甲状腺功能异常、基因、营养以及环境因素相关。

【发病机制】

最常见的病理学变化是腺瘤样增生,30%的病例涉及单侧甲状腺叶,70%的病例涉及双侧甲状腺叶;甲状腺癌的发病率低于2%。目前,甲状腺腺瘤增生性变化的发病机制仍不清楚,可能与许多因素相关,包括饲喂商品化食物(如罐头),使用猫砂或体外驱虫药、家庭日用化工制剂(如双酚A等)、食物中的致甲状腺肿因子(如类黄酮)和食物缺碘或硒。在诊断为甲状腺功能亢进症后,患猫的甲状腺腺瘤会继续自主性生长。在未经治疗的情况下,甲状腺腺瘤自主性生长的结果就是循环中的T4和T3水平逐步升高。

【临床症状】

(一)局部症状

约90%的患猫可以触诊到甲状腺腺体增大。

(二)全身症状

由于甲状腺激素作用于全身多个系统,该病会引起全身性的临床症状。常见多饮、多尿、多食和体重下降,应注意与糖尿病进行鉴别。

1. 代谢异常症状

最常见的临床症状是体重下降(伴食欲正常或多食),超过90%的患猫会出现,并最终发展为恶病质。同时,患猫会出现不安或过度兴奋甚至攻击行为。这些都是甲状腺激素分泌增多引起代谢率升高的结果。

2. 胃肠道症状

呕吐、腹泻,排便次数和排便量增加等。

3. 心血管系统症状

常见心动过速,其他包括收缩期杂音、心律不齐和高血压等。

4. 皮肤症状

常见被毛无光泽,缠结;少见于由过度理毛导致的斑片性脱毛。

【诊断】

该病需根据实验室检查、甲状腺功能检测、影像学检查和甲状腺放射性核素扫描进行综合判断。

(一)实验室检查

1. 血常规检查

诊断意义有限,可见应激性白细胞象和PCV轻度升高。

2. 生化检查

超过 90%的患猫血清中的 ALT、AST 和 ALP 轻度至中度升高。约 30%的患猫血清中的尿素氮和肌酐浓度升高，20%的患猫出现高磷血症。

(二)甲状腺功能检测

血清 T4 浓度异常升高，特别是同时存在相应的临床症状，强烈支持该病的诊断。若血清 T4 浓度处于参考范围上限，临床症状符合甲状腺功能亢进症的表现，且在颈部触诊到结节，就提示处于甲状腺功能亢进症的早期阶段。血清 T4 浓度还会受到并存疾病的影响，从而导致轻度升高的 T4 浓度降至参考范围内。

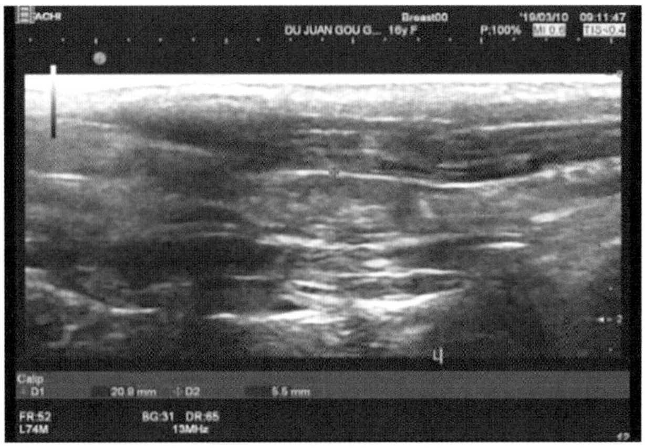

图 14-4　患猫左侧甲状腺肿大，厚径 5.5 mm

(中国农业大学动物医院供图)

(三)影像学检查

胸部 X 线检查可用于评估心脏病或并存疾病；颈部超声检查可用于确诊颈部肿块的来源和大小，分辨单侧或双侧甲状腺肿大(图 14-4)；超声心动检查可用于判断心肌肥厚的程度。

(四)甲状腺放射性核素扫描

甲状腺闪烁扫描术可获取甲状腺的结构和功能信息，可更为直观地观察单侧或双侧甲状腺病变，并定位异位或转移的甲状腺组织。高锝酸盐是最常用于甲状腺闪烁扫描的放射性核素。

【治疗】

(一)治疗原则

维持正常的血液甲状腺素浓度。

(二)治疗方法

1. 药物治疗

口服抗甲状腺药物，如甲巯咪唑、卡比马唑，对该病有效。

(1)甲巯咪唑　是目前首选的治疗药物。推荐初始剂量为 1.25～2.5 mg/次，每天 2 次，口服。在最初治疗的 2～3 个月内，应每 2～3 周复查，并根据情况逐步调整剂量，直至血清 T4 浓度处于 1～2 μg/dL 或出现副作用。当治疗剂量合适时，血清 T4 浓度会在 1～2 周内下降到参考值范围内，临床症状可以在 2～4 周内得到改善。

(2)卡比马唑　在体内可以转化为甲巯咪唑，替代甲巯咪唑，用于治疗该病。

2. 手术治疗

若患猫胸腔内无异位甲状腺组织，甲状腺癌未转移，可以考虑甲状腺切除术。术前应先口服 1～2 个月甲巯咪唑，再评估患猫是否适合手术。

3. 放射碘治疗

放射碘治疗是一种简单、安全有效的治疗方法，可适用于大多数患猫。最常用的放射性同位素是 ^{131}I，半衰期为 8 d。单独使用这种治疗方式就可能消除良性的甲状腺肿瘤或甲状腺组织增生。

4. 营养管理

低碘食物(希尔斯处方粮)可用于猫甲状腺功能亢进症的治疗，但成功率最低。

【预后】

该病预后受到是否存在并存疾病及其严重程度、肿物的组织学特性、治疗方法是否合理以及治疗副作用大小等因素的影响。慢性肾病和甲状腺癌是最常见的死亡原因。

第七节 嗜铬细胞瘤

嗜铬细胞瘤(pheochromocytoma)是指由肾上腺髓质嗜铬细胞肿瘤化形成的神经内分泌恶性肿瘤,主要分泌儿茶酚胺。临床表现呈现多样化,常见于老年犬(平均年龄为 11 岁),没有明显的性别或品种倾向性。罕见于猫。

【病因】

病因尚不清楚。

【发病机制】

当嗜铬细胞形成瘤时,嗜铬细胞长期分泌、释放儿茶酚胺类激素,作用于心血管系统,会引起一系列心血管反应。严重时,发生心脏衰竭、神经性病变以及肾脏衰竭。

【临床症状】

当肿瘤出现占位性、转移性损伤,过度分泌儿茶酚胺或腹腔肿瘤导致自发性出血时,患病动物会表现出临床症状,常见全身虚弱、间歇性晕厥、呼吸急促和心动过速等。

当儿茶酚胺过度分泌引发全身性高血压时,可以导致鼻衄、视网膜出血和视网膜脱落。

【诊断】

该病根据实验室检查和影像学检查可以做出初步诊断。确诊需要通过手术切除肾上腺肿物进行组织病理学检查。该病应与肾上腺皮质功能亢进进行鉴别诊断。

(一)实验室检查

测定尿液儿茶酚胺浓度、尿液甲氧基去甲肾上腺素/肌酐的值或血浆游离甲氧基去甲肾上腺素有助于诊断,但是不常用于犬、猫。

(二)影像学检查

常在腹部超声检查中偶然发现肾上腺肿物,而对侧肾上腺大小正常。

【治疗】

(一)治疗原则

一旦确诊,先进行药物治疗逆转肾上腺素过度刺激的影响,再进行手术切除。

(二)治疗方法

1. 手术治疗

肾上腺切除术是治疗犬嗜铬细胞瘤的最佳方法。

2. 药物治疗

若肿瘤因并发疾病或其他原因不能进行手术,应进行药物治疗,用 α-肾上腺素受体阻断药,如酚苄明,控制儿茶酚胺过度分泌,初始剂量为 0.5 mg/kg,每天 2 次。

【预后】

该病预后取决于肾上腺肿瘤的大小、有无血管侵犯、有无邻近或远端组织转移。术前,用 α-肾上腺素受体阻断药,如酚苄明进行预处理以及手术过程无并发症出现,术后预后良好,反之,预后谨慎。

第八节　其他内分泌疾病

除上述常见的内分泌疾病外，在临床上还可见犬、猫其他内分泌疾病，如表14-3所列。

表14-3　犬、猫其他内分泌疾病

病名	概念	病因	临床症状	诊断	治疗
中枢性尿崩症(central diabetes insipidus)	由抗利尿激素缺乏所致的一种疾病	特发性、创伤、肿瘤、手术、感染、炎症、囊肿和发育缺陷	多饮多尿	低渗尿(USG：1.000～1.006)；改良限水试验；CT	去氨加压素、日粮管理
肢端肥大症(acromegaly)	由生长激素分泌过多所致的一种疾病	腺垂体远侧部腺瘤	多饮、多尿、多食、体重增加、中枢神经系统症状等	测定生长激素和胰岛素样生长因子-1浓度	放疗、垂体切除术、药物治疗
原发性甲状旁腺功能亢进症(primaryhyper-parathyroidism)	由甲状旁腺激素分泌过多所致的一种疾病，犬不常见，罕见于猫	甲状旁腺腺瘤、腺癌或腺瘤样增生	多饮多尿、沉郁、运动不耐受、呕吐、跛行等	总钙和离子钙升高、甲状旁腺激素升高	甲状旁腺切除术、经皮超声引导乙醇消融、经皮超声引导热消融
甲状旁腺功能减退症(hypopara-thyroidism)	由甲状旁腺激素分泌过少所致的一种疾病，犬不常见，罕见于猫	特发性、甲状腺切除术并发症、甲状旁腺切除术	通常与低血钙程度有关	总钙和离子钙降低、甲状旁腺激素降低	急性低血钙症状：0.5～1.5 mL/kg，10%葡萄糖酸钙，缓慢输注20～30 min；长期管理：双氢速甾醇，初期0.02～0.03 mg/kg，每24 h一次；之后减量至0.01～0.02 mg/kg，每24～48 h一次
猫醛固酮增多症(feline hyperaldo-steronism)	由肾上腺分泌醛固酮增多所致的一种疾病	肾上腺肿瘤、肾上腺增生	低血钾性肌病、急性失明、多饮多尿等	测定醛固酮浓度	控制高血压和低血钾；肾上腺切除术

思考题

1. 诊断犬肾上腺皮质功能亢进和肾上腺皮质功能减退的首选试验是什么？
2. 犬原发性肾上腺皮质功能减退与继发性肾上腺皮质功能减退有何区别？
3. 急性艾迪生病危象的治疗方法？
4. 犬、猫糖尿病的诊断标准？
5. 犬、猫糖尿病的治疗原则？
6. 犬甲状腺机能减退症的典型皮肤症状是什么？
7. 犬甲状腺机能减退症的一线检测指标是什么？如何判读结果？
8. 猫甲状腺功能亢进症的常见症状是什么？
9. 猫甲状腺功能亢进症的首选治疗药物是什么？

第十五章 神经系统疾病

学习目的与要求

1. 了解神经系统疾病的病因及其发病特征。
2. 掌握神经系统疾病的基本概念及临床症状。
3. 熟悉神经系统疾病的发病机制及诊断方法。
4. 熟知神经系统疾病的治疗方法。

概　　述

神经系统是动物体内最重要的系统，也是各系统的主要协调机构。神经系统疾病是指发生于神经系统的以感觉、运动、意识、自主神经功能障碍为主要特征的疾病。目前，神经系统疾病仍然是兽医临床中最具有挑战性和最棘手的一类疾病。

神经系统疾病的分类按照病变的解剖定位可以分为中枢神经系统疾病和外周神经系统疾病两部分。中枢神经系统疾病包括脑和脊髓的疾病；外周神经系统疾病包括脑神经、脊神经及自主神经的异常。

神经系统疾病的病因可归纳为字母缩写的 VITAMIND。其中 V 代表血管性疾病（vascular disorders），因神经系统缺血或出血导致的疾病，常常呈极急性或急性发生；I 代表炎性疾病或感染性疾病（inflammatory and infectious disease），主要是自体免疫性疾病或不明原因导致的无菌性炎症或感染性疾病，常包括细菌、真菌、病毒、弓形虫、埃利希体等感染，常呈急性发作，但不常见或偶发；T 代表创伤性或中毒性疾病（trauma or toxic disorders），引起神经功能障碍的创伤性、中毒性病因，常包括坠楼、车祸、药物或毒物的中毒等，常呈极急性或急性发生；A 代表畸形（anomalous disease），因神经系统或神经系统周围组织的畸形直接导致的神经症状，常呈非进行性或特别慢的进行性发生；M 代表代谢性疾病（metabolic disorders），因代谢性疾病影响外周神经或神经接头而发病，多数呈急性发生；I 代表特发性疾病（idiopathic disorders），找不到明确的原因而定义之，常影响外周神经系统，尤其最常影响脑神经，呈急性发生，非进行性或退行性变化；N 代表营养性疾病或肿瘤性疾病（nutritional diseases or neoplastic disorders），营养性疾病引起的神经症状，有的急性发生，而肿瘤性疾病常发于中老年动物，慢性发病且呈进行性病程，有时急性恶化；D 代表变性性/退行性疾病（degenerative diseases），影响神经系统的任何部位，大多数是遗传性，常呈慢性进行性病程。

神经系统疾病的临床症状因发病部位的不同而表现各异。前脑疾病表现为意识改变(沉郁、呆滞、昏睡、昏迷等)、皮质盲、转圈、病变侧对侧肢体姿势反应缺失、脊髓反射及肌张力正常至增强、抽搐、颈部感觉过敏、半边忽略综合征和去大脑僵直等本体感觉异常为主的病症;脑干疾病表现为脑神经异常、本体感受缺失、半边瘫痪、昏睡/昏迷、呼吸及心血管功能异常等意识障碍为主的症状;小脑疾病表现为视力正常但无惊吓反应、意向性震颤、辨距不良、宽基步或去小脑僵直等平衡失调和运动失衡为主的病症;脊髓疾病表现为四肢轻瘫或瘫痪、后肢轻瘫或瘫痪、病变部位异常疼痛、呼吸麻痹或死亡等运动功能障碍和以呼吸及心功能障碍为主的病症;外周神经系统疾病因发病部位不同而临床症状表现各异,一般表现为单一脑神经异常或单一肢体运动异常的症状。

神经系统疾病的诊断根据患病动物特征、病史和神经学检查可以进行鉴别诊断,依据饲养环境及饲喂史可以排查营养性病因,实验室检查有助于排查代谢性疾病,影像学检查包括 X 线片、CT、MRI 及脑脊液检查有助于评估脑和脊髓结构性异常。针对不同疾病做出及时和准确的诊断,才能为有效的治疗提供科学依据。

神经系统疾病的治疗原则为治疗原发病、防止继发性损伤及对症治疗。对于神经系统疾病而言,很多压迫性病变需要通过手术来解除压迫;很多颅内原发病都会导致颅内压升高,应积极降低颅内压;原发性疾病会引起一系列继发性损伤,应积极识别及治疗继发性损伤。

第一节 头 创 伤

头创伤(head trauma)是指发生在头部的由任何创伤导致的疾病。临床上的表现以意识状态的改变、瞳孔大小的改变及运动功能的丧失等为特征。根据病因,该病可分为原发性损伤和继发性损伤。任何年龄、任何品种、任何性别的犬和猫都会发生。

【病因】

该病的常见病因,包括车祸、高空跌落、咬伤、枪击伤或踢伤等。大多数犬头创伤是由于钝性车祸,大多数猫头创伤是由于高空跌落。

【发病机制】

头创伤不论是原发性损伤,还是继发性损伤,最终都会直接或间接地引起颅内压升高。

(一)原发性损伤的发病机制

原发性损伤主要包括脑组织的直接物理损伤、不可逆转,如挫伤、撕裂伤及弥散性轴突损伤;血管损伤会导致颅内出血、血管源性水肿或血肿;颅骨骨折会导致脑实质及血管的直接损伤。

(二)继发性损伤的发病机制

继发性损伤主要是由原发性损伤激发了一系列生物化学反应导致的,包括细胞内外离子紊乱、各种自由基的产生及细胞毒性物质的释放都会造成神经细胞损伤和肿胀,且创伤动物常见的低血压、低血氧都会加剧脑组织的缺血,从而引起上述反应的级联式加剧。

【临床症状】

原发性损伤发生迅速,而继发性损伤常常是延迟的且呈渐进性。

(一)颅内创伤受损部位

原发性损伤的临床症状主要取决于颅内创伤受损部位。如果大脑受损严重,可以表现为大脑僵直(图 15-1),如意识昏迷、角弓反张、四肢僵直等。如果小脑受损严重,就会表现为小脑僵直(图 15-2),如意识状态正常、前肢僵直、后肢屈曲等。

(二)颅内压升高

头创伤的临床症状也常常与继发性颅内压的升高息息相关。颅内压升高会介导库兴反射症状,表现为系统性血压升高、反射性心动过缓;其他临床表现为瞳孔大小不一、瞳孔缩小或变大、意识状态改变以及末期出现运动功能的丧失、垂直眼球震颤、伸肌强直等。

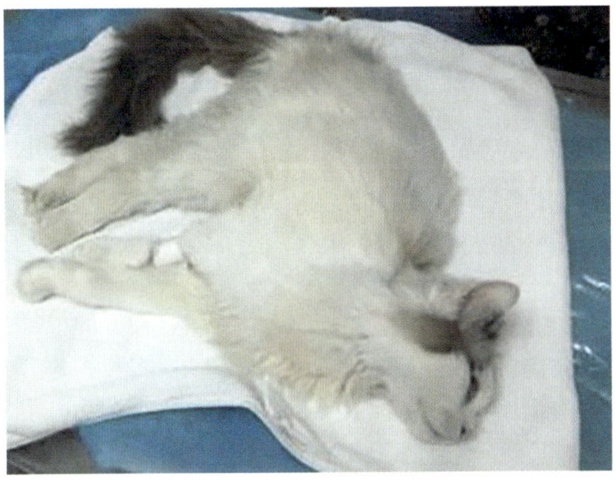

角弓反张、四肢僵直。

图 15-1 典型的去大脑僵直姿势

(陈立坤供图)

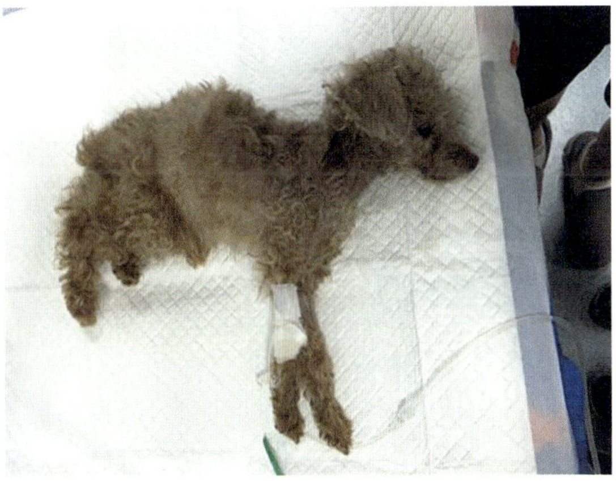

角弓反张、前肢僵直、后肢屈曲。

图 15-2 4 岁龄泰迪公犬头创伤的典型去小脑僵直姿势

(陈立坤供图)

【诊断】

严重头创伤的患病动物诊断应在稳定体况后进行系统的神经学、血液学及影像学等评估。

(一)神经学评估

完整的神经学检查可以评估患病动物当时的神经状态,重点评估意识状态、瞳孔大小及其对光反射、自主运动功能;在治疗过程中也应实时评估患病动物对治疗的反应。

(二)血液学检查

血液学检查可以提示患病动物是否存在其他潜在或继发的系统性疾病,如是否并发由创伤导致的系统性低血容量等。

(三)影像学检查

由于头骨结构复杂且严重的重叠,X 线检查难以诊断(图 15-3)。相比之下,CT 可以精确地诊断颅骨骨折的位置及严重程度,并对急性期脑出血也较敏感。由于耗时长,且对磁场环境的要求严格,MRI 无法对患病动物进行全面的监护,所以在这种情况下使用受限。

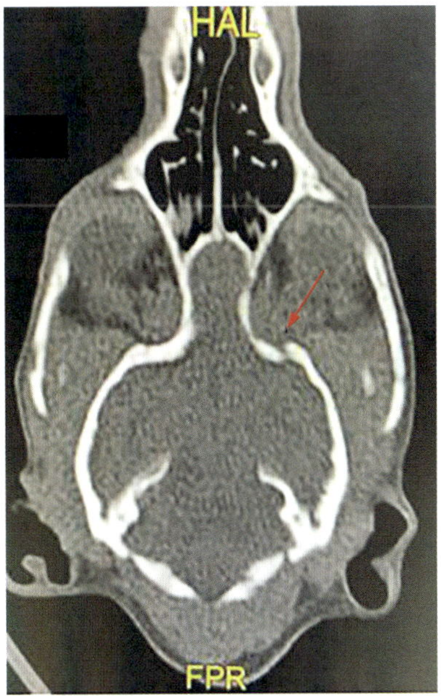

左侧颅骨骨折明显(红色箭头所指),在 X 线片上因重叠而无法诊断。

图 15-3 3 月龄犬头创伤(被椅子砸伤)的 CT 冠状面影像

(中国农业大学动物医院供图)

【治疗】

(一)治疗原则

采取内科治疗、外科手术治疗和支持治疗,以降低颅内高压、缓解颅内组织持续性或进行性压迫及损伤,同时给予营养支持,以维持患病动物的基本体况。

(二)治疗方法

1. 内科治疗

内科治疗主要使用药物降低颅内压。

(1)甘露醇　一般来说，只要头创伤患病动物血流动力学稳定，就可以应用甘露醇作为降低颅内压、恢复颅内灌注压的一线用药，但一定要保证患病动物充分的水合状态，尤其是需要重复给予甘露醇治疗时，要监测血浆渗透压及电解质浓度。甘露醇常用剂量为 0.5～1.5 g/kg，在<30 min内快速静脉输注，一般甘露醇在数分钟之内起效，持效时间为 1～5 h。

(2)高渗生理盐水　作为降低颅内压的另一选择或甘露醇的辅助药物，它可以扩充血管容量，改善犬、猫的血流动力学状态，但严重脱水及高血钠的患病动物禁用。

2. 外科治疗

外科治疗主要考虑颅内出血的严重程度及骨折的形式。如出血较多，且引起了脑组织的明显移位，则需要手术解除颅内出血。如遇到开放性颅骨骨折、凹陷性颅骨骨折或想移除插入脑实质中的骨碎片或异物，则需要外科治疗。如果激进的内科治疗没有效果，且患病动物神经学状态持续恶化，则一定要外科干预。

3. 支持治疗

让患病动物躺在倾斜的平板上，动物头侧抬高 10°～15°，以降低颅内压。尽量不要让患病动物的头屈曲，以防止出现颈静脉回流受阻，加剧颅内压升高。

如果患病动物处于低血容量休克状态，就需要急诊处理，维持患病动物通气、呼吸和循环，按休克剂量纠正患病动物机体灌注。营养支持对疾病的转归有关键作用，长期无法进食的患病动物应进行食道饲管留置或胃饲管留置。

另外，头创伤的患病动物不要使用糖皮质激素，否则，它会增加死亡率且高剂量使用存在很大的副作用(如胃肠道出血、免疫抑制、高血糖等)。由于头创伤的患病动物常见抽搐，且抽搐本身会导致颅内压升高，应预防性使用抗抽搐药物。头创伤的患病动物严防发生高血糖。

4. 其他治疗

其他治疗包括清除自由基的药物、低温疗法(降低颅内代谢)等。

【预后】

头创伤的患病动物预后不良，取决于初诊时的整体状况和治疗反应。但不要低估发生脑损伤的犬、猫的恢复能力，有时积极的治疗会得到不错的效果。预测每个患病动物的结果很难，但可以借助某些指标来评估，如意识水平、是否存在脑干反射、年龄、整体身体状态及有无其他并发的损伤。就诊时，神经学状态也不一定能准确提示预后，还要实时监测评估患病动物在 48 h 内对治疗的反应及神经学状态的改善程度。神经学状态的变化趋势相对于单次某个节点的神经学状态更能提示预后状况。

第二节　水　　脑

水脑(hydrocephalus)，也称为脑积水，是指颅内脑室系统异常扩张。轻度的脑积水或许是意外发现，不会引起临床症状；严重的水脑可以引起颅内压升高或压迫脑组织及脑神经，导致相应的临床症状，如意识水平下降、眼球腹外侧斜视、呆傻等。水脑常发于小型犬或玩具犬，如吉娃娃、马尔济斯犬、约克夏犬等。先天性水脑常常在幼年发病，继发性水脑无年龄、性别倾向性。

【病因】

(一)先天性因素

一些小型犬或玩具犬常发先天性水脑。

(二)继发性因素

脑室系统的梗阻及脑脊液流通障碍，如由肿瘤、猫传染性腹膜炎等引起的室管膜炎或血管炎。另外，由脉络丛肿瘤导致的脑脊液产生过多也可以引起水脑。

【发病机制】

由于脑脊液在脑室系统内过度积聚造成脑室扩张，其导致在颅内有限的空间内引起颅内压升高；脑室扩张会破坏侧脑室角处室管膜表面完整性，引起液体泄漏，进入脑室周围脑白质，引起水肿；脑室系统的持续扩张也会直接压迫脑白质，引起脑白质损伤。

【临床症状】

水脑临床症状的严重程度与脑室扩张的程度没有必然联系。它主要取决于并发疾病，包括潜在的疾病、颅内压的升高、脑室内出血及脑室梗阻发生的快慢。

患有严重水脑的犬、猫受压迫的大脑皮质更容易发生自发性撕裂或创伤性撕裂，导致临床症状的急剧发生。

对于颅骨结构骨化之前的年青的犬、猫而言，水脑会导致颅骨发育异常，如骨骼变薄、颅骨顶圆拱形外观或囟门不闭合。有时青年犬、猫会表现为眼球偏腹侧和/或外侧斜视，称为“落日征”。

由于水脑会涉及前脑和脑干，患病的犬、猫会表现为意识及认知行为异常。如果水脑引起第四脑室扩张，患病的犬、猫会表现为前庭症状。

【诊断】

水脑主要基于超声检查、CT 检查和 MRI 检查进行诊断。

(一)超声检查

当患病动物囟门未闭合时，可以通过未闭合的囟门作为声窗进行超声检查。小型犬使用超声测得的脑室/脑(V/B)与临床症状的严重程度相关。如果 V/B>60%，患病动物常常会存在或之后发生与水脑相关的症状，需要通过手术进行脑室腹腔分流。

(二)CT 检查

CT 检查可以评估脑室大小或对颅内结构进行全面评估，诊断是否存在其他结构异常。

(三)MRI 检查

MRI 检查可以评估脑室系统。由于比 CT 有更优越的软组织分辨率，其可以更好地诊断是否并发其他脑部异常。

【治疗】

(一)治疗原则

对因治疗，如先天性水脑可结合水脑严重程度、症状表现、主人消费能力，选择内科药物治疗，或者手术治疗，以减轻脑室扩张程度，降低颅内高压。

(二)治疗方法

1. 内科药物管理

使用药物限制脑脊液的产生及降低颅内压。最常用的药物是乙酰唑胺 10 mg/kg，每 8 小时一次，口服；呋塞米 1 mg/(kg·d)，口服。奥美拉唑也可用来减少脑脊液的产生。有些患病动物也可使用糖皮质激素药物，泼尼松 0.25～0.5 mg/(kg·d)，分 2 次口服。随后，逐渐降低剂量至每两天 0.1 mg/kg，持续一个月，然后评估是否停药。有些患病动物需要长期低剂量用药。如果出现抽搐，则使用抗抽搐药物进行控制。

2. 外科治疗

手术引流脑脊液以释放颅内压力，即进行脑室腹腔分流。

【预后】

水脑的整体预后取决于原发疾病，如脑肿瘤继发的水脑相对预后不良；血管炎或脑室炎症继发的水脑预后取决于炎症的严重程度及病程长短等；先天性水脑的内科治疗预后不定，需持续观察治疗反应；外科手术治疗的成功率为50%～90%，预后较好。

第三节 癫痫发作

癫痫发作(seizures)是由脑内异常放电引起的。它是犬、猫最常见的神经学异常，只是一种临床症状，并不是一种疾病。癫痫发作有多种形式，有广泛性或局灶性，表现为全身抽搐或局部肢体运动机能异常或仅面部抽搐。犬最常见的特发性癫痫发病率为0.5%～5%。某些品种有好发倾向，如比格犬、边境牧羊犬、拳师犬、可卡犬、德国牧羊犬、金毛寻回犬及拉布拉多猎犬等。

【病因】

(一)反应性癫痫的病因

脑外的其他器官功能紊乱影响了脑的代谢活动，如代谢性疾病(低血糖、肝性脑病、尿毒素性脑病、高渗或高黏质血症综合征等)和中毒性疾病等。

(二)结构性癫痫的病因

由脑组织的物理损伤、炎症、畸形、退行性、创伤、出血或肿瘤等引起的癫痫发作。

(三)特发性癫痫的病因

在排除了反应性癫痫及结构性癫痫后，犬、猫的初次发病年龄为6月龄至6岁，这种类型的癫痫发作称为特发性癫痫。该类型癫痫在有些品种高发，有遗传性。

(四)未知原因癫痫的病因

在排除了反应性癫痫及结构性癫痫后，犬、猫的初次发病年龄<6月龄或>6岁，这种类型的癫痫称为未知原因的癫痫。

【发病机制】

癫痫发作是大脑皮质过度和/或超同步电活动的临床表现。神经元本身是易兴奋的，无法改变神经元兴奋性会导致明显的去极化，且去极化过程延长，称为阵发性去极化改变。在这些发生改变的神经元中，有的神经元在引起局灶性癫痫发作的局部大脑或在引起全身性癫痫发作的整个大脑。局部过度的去极化可以从局部过度兴奋部位(局灶性癫痫发作)扩散到脑部其他部位，甚至整个脑部。

虽然癫痫发作确切的发病机制还未完全了解，但目前认为是神经元抑制不充分，主要的抑制性神经递质不足，如γ-氨基丁酸、甘氨酸和/或发生过度的神经元兴奋；主要的兴奋性神经递质过多，如天冬氨酸、谷氨酸盐。

【临床症状】

癫痫发作依据发生的时间被划分为四个时期，即前驱期、发作前期、发作期和发作后期。不同时期的临床表现不同。

视频15-1 犬癫痫发作

(一)前驱期症状

在发作之前会有情绪或行为变化，如黏人、焦虑不安、吠叫等，常持续1～24 h。

(二)发作前期症状

与前驱期不同，发作前期是脑内电活动异常的初始，持续时间更短，仅数秒至数分钟。通常它是发作的开始，常表现为躲藏、依附主人、不安等。

（三）发作期症状

发作期即癫痫发生（图 15-4）。根据临床表现，它又分为全身性癫痫发作和局灶性癫痫发作，常持续数秒至数分钟。

1. 全身性癫痫发作

全身性癫痫发作表现为意识丧失，对周围无反应，常伴有四肢强直和/或阵挛、呼吸异常、大小便失禁、流涎，但不一定所有的这些症状同时出现。

2. 局灶性癫痫发作

局灶性癫痫发作一般不会引起意识的丧失，依据大脑发病的位置不同而表现为不同身体部位异常，最常见局部运动机能异常、自主神经机能异常或行为异常。如果局灶性癫痫发作引起了意识的丧失，此时称为复杂的局灶性癫痫发作。

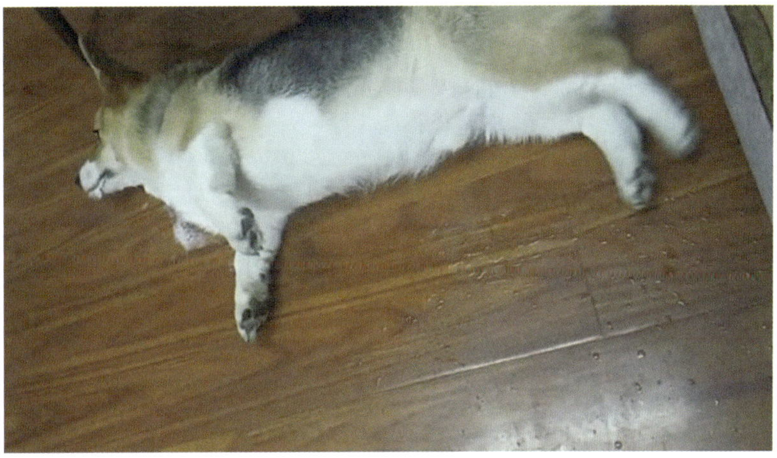

犬癫痫发作时不能站立、四肢抽搐、流涎、小便失禁。

图 15-4　2 岁龄柯基公犬癫痫发作时的状态

（陈立坤供图）

（四）发作后期

患病动物踱步、徘徊、来回跑动、不安、共济失调、丧失之前所习得行为。有些动物表现为持续数天或数周的精神沉郁或嗜睡。

【诊断】

依据病史、神经学检查、影像学检查、实验室检查、头部影像学检查的脑脊液分析等，找到癫痫发作的潜在病因，就可以做出诊断；未找到原发病因，就可诊断为特发性癫痫或未知原因癫痫。

（一）病史

动物主人要客观描述整个经过及表现，如果有录像就会更简单、直接。

（二）神经学检查

很多患病动物在发作间期的神经学检查结果往往是正常的，尤其是特发性癫痫。有些神经学检查异常或许与抽搐后期相关或与潜在的代谢性疾病或脑内疾病相关。

（三）实验室检查

血常规、血清生化、尿检及其他特异性检查有助于诊断癫痫发作是否由脑外代谢性或中毒性等疾病引起。

(四)头部影像学检查

头部影像学检查用来诊断脑内结构异常。由于 MRI 有较高的软组织分辨率,最常使用 MRI 来诊断。并非所有的脑内结构异常都会引起癫痫发作,所以在解读头部影像学异常时要注意分辨。

(五)脑脊液分析

脑脊液分析有助于诊断脑内感染性或炎性疾病。

【治疗】

(一)治疗原则

对因治疗、辅助抗癫痫药物治疗。

(二)治疗方法

1. 对因治疗

如果癫痫是由脑外的代谢性、中毒性或脑内结构性异常引起的,应针对原发病进行治疗。如果癫痫是由脑内结构性异常引起的,应根据疾病类型选择是否使用特异性药物或手术进行治疗。

2. 抗癫痫药物治疗

特发性癫痫主要通过药物或其他方法进行长期控制。如果患病动物在较长时间内(通常六个月)仅发生一次抽搐,则无须治疗。如果患病动物在短时间内发作多次,就要使用抗抽搐药物进行控制。

治疗的目的是降低发病频率及发作持续时间,使其不影响患病动物的生活质量,且又不引起明显的副作用。

常用的抗抽搐药物包括苯巴比妥、溴化钾、朴米酮、左乙拉西坦、伊匹妥英、唑尼沙胺和加巴喷丁等。在用药过程中,监测临床症状的改善程度、监测血药浓度及副作用,还要根据临床症状的变化及是否出现严重的副作用,进行用药剂量调整及更换用药或联合用药。

另外,必要时,经手术放置迷走神经刺激器、手术切除局部病变的大脑皮质、针灸和给予生酮饮食等手段进行治疗。

【预后】

该病预后取决于引起的潜在疾病的整体预后及对治疗的反应。特发性癫痫一般用药后短期预后较好,但长期预后取决于对药物治疗的反应,对药物并发症的控制效果。少数病例可能因最终发展为顽固性癫痫或癫痫持续发作状态而被实施安乐死。癫痫患病动物越早治疗,长期控制的效果越好。

第四节　急性脊髓损伤

急性脊髓损伤(acute spinal cord injury)是指一种由脊髓的原发性损伤或继发性急性损伤引起的相关临床症状的疾病,属于神经学急诊范畴。它常导致犬、猫突然发生截瘫、偏瘫或全瘫。无明显发病倾向性,可见于任何年龄、任何性别及任何品种的犬、猫。

【病因】

该病最常见的原因包括急性椎间盘突出、脊椎骨折伴脱位、血管性疾病和寰枢椎半脱位等。很多慢性疾病,如肿瘤、椎间盘脊椎炎、炎性或感染性脊髓疾病急性发作同样会造成急性脊髓损伤。

【发病机制】

急性发生的脊髓功能障碍常常是由一个或多个事件引起的，包括对脊髓造成的挫伤、缺血、挤压及撕裂伤。

(一)挫伤

脊髓的挫伤常见于椎间盘突出、脊椎骨折伴脱位。脊椎不稳定会对脊髓造成反复性挫伤。急性脊髓挫伤会继发一系列生物化学反应及代谢性问题，导致超出原发病变区域以外的组织发生坏死。

急性脊髓损伤的继发性损伤常发生在原发性损伤后的 24 h 之内。机械损伤引起神经递质的释放，损伤神经胶质细胞及神经元细胞膜，损伤局部血管，造成能量消耗及细胞膜通透性增加。这些会引起包括微血管床的破坏引起局部损伤部位灌注减少、细胞内钙离子浓度升高及自由基产生在内的级联式反应。这些因素的相互作用会导致破坏性问题的循环发生及级联式放大，最终的结果是细胞坏死和凋亡的部位扩大。

(二)缺血

原发性缺血损伤会导致与挫伤一样的生物化学反应及代谢性损伤。损伤常常主要集中在发生栓塞的血管位置，会导致不对称且局灶性的症状。

(三)挤压

脊髓的挤压直接影响轴突离子通道的功能、髓磷脂鞘的完整性及病变部位的血管灌注，最终导致脱髓鞘、轴突、神经胶质和神经元坏死。

(四)撕裂伤

外界物质(如枪击伤)或内在物质(脊椎脱位)导致的脊髓撕裂伤不仅会影响脊髓血供，同样对脊髓造成挫伤和挤压，且会引起轴突横断。由于轴突不能特别有效的再生，所以后果相对较严重。

【临床症状】

患病的犬、猫常表现为急性发生的运动功能丧失，如截瘫、偏瘫、全瘫等，大多数患病动物会表现为疼痛，严重的患病动物会出现大小便失禁。

胸腰椎中段的急性损伤常出现典型的希夫-谢灵顿姿势，即前肢僵直、后肢瘫软，但常常是暂时性的。

【诊断】

该病首先依赖于神经学检查，定位诊断发病位置；其次主要依赖于影像学检查，即 X 线检查、CT 检查及 MRI 检查，确定病因的诊断。

(一)X 线检查

脊椎骨骼的明显骨折和脱位，相对敏感且操作方便快捷、花费较低。急性脊髓损伤由各种创伤引起，在 X 线检查脊柱的同时，应拍摄胸片以评估是否存在胸腔内器官或组织的异常以及这些异常是否急需干预。如果存在脊柱不稳定，应将患病动物大体固定在一个平板上，并做好镇痛。

由于有些骨折很不容易被发现，建议拍摄病变位置摆位良好的左/右侧位及腹背位两个体位的 X 线片。在腹背位 X 线片摆位时，要格外小心处置患病动物。如果设备能够进行水平投照，强烈建议水平投照(图 15-5)。然而，并非所有的创伤性脊椎疾病都可通过 X 线片进行诊断。对于一些脊椎微骨折病例而言，X 线片可能无法给出诊断，此时需要 CT 检查及 MRI 检查。

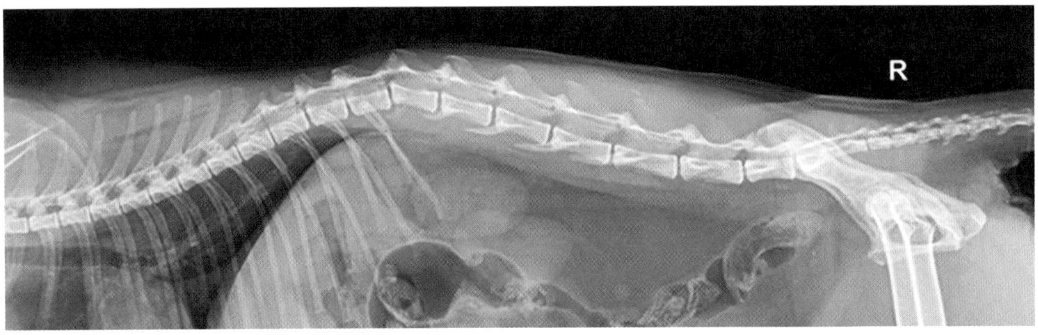

明显可见第13胸椎与第1腰椎排列异常，即T13-L1脊椎骨折伴脱位。

图15-5　一只从7楼坠下导致急性脊髓损伤的4岁未绝育家养短毛公猫的胸腰椎侧位X线片

（中国农业大学动物医院供图）

（二）CT检查

X线平片不能发现的微骨折用CT检查更敏感。CT检查各个位观的图像重建，有助于手术方案的制定，但CT检查不能精确的评估脊髓实质及未发生变性的椎间盘病变。

（三）MRI检查

评估脊髓实质病变及各种椎间盘疾病用MRI检查更敏感，但评估骨骼远不如CT。

【治疗】

（一）治疗原则

该病根据病因不同，治疗方案也不同，整体治疗方案包括内科治疗、外科治疗。

（二）治疗方法

1. 内科治疗

内科治疗主要目的是通过保证动物充足的灌注及氧合状态，达到限制继发性组织损伤的程度及范围。保证动物水合状态，维持动物正常动脉血压，防止低血压的出现，并给动物供氧，防止低血氧的发生。

2. 外科治疗

脊椎骨折、脱位根据是否造成了脊柱不稳定而选择不同的治疗方案。如未造成脊柱不稳定，则建议内科治疗，同时严格静养6～8周；如已造成脊柱不稳定，则选择外科治疗，手术固定病变部位。严重压迫性疾病尽早外科治疗，解除脊髓压迫。

【预后】

该病预后影响因素很多，但深痛是评估该类疾病预后的最重要的一个指标。一般来说，深痛的消失代表脊髓损伤严重，预后较差；但深痛消失的时间长短与疾病预后无关。由于控制呼吸和心脏的一些神经穿过颈椎，患有严重颈椎脊髓损伤的患病动物常因通气不足或心脏骤停而死亡。

第五节　退行性椎间盘疾病

退行性椎间盘疾病（degenerative intervertebral disk disease）是指由椎间盘随着年龄的增长发生老化引起的疾病。在椎间盘发生退行性病变后，很容易发生椎间盘脱出/突出，从而引起神经症状。退行性椎间盘疾病是犬最常见的脊柱疾病，猫相对较少见。中老年犬多发，随着年龄的增长，发病率上升，没有明显的性别偏好。

【病因】

椎间盘由中间的髓核和外周的纤维环组成。髓核中含有大量的水成分，呈胶冻样；纤维环位于髓核外周，包裹髓核，结构致密，但一般背侧纤维环比腹侧纤维环厚。椎间盘随着年龄的增长、长期反复应力及受到一些退行性因素的影响会发生老化，导致髓核内水分含量变少或者纤维环结构脆弱，从而引发椎间盘退行性病变。

【发病机制】

椎间盘退行性病变主要存在两种类型，即软骨退变和纤维退变。

(一)软骨退变

椎间盘的髓核内糖胺聚糖的丧失、胶原成分增加、水含量降低会导致椎间盘矿化，造成正常凝胶状态的髓核失去结合水的水弹性以及抗压力受损，从而导致发生退行性病变及矿化的椎间盘在受力后引起背侧纤维环撕裂。这些椎间盘物质从发生撕裂的纤维环处脱出到椎管内，引起脊髓的压迫，导致神经症状的发生。由该类型的退行性椎间盘疾病引起的椎间盘脱出，被称为汉森Ⅰ型椎间盘脱出。

(二)纤维退变

纤维退变是年龄相关的退行性病变过程。它的特点是髓核纤维胶原化及纤维环退行性病变。一般是背侧纤维环部分破裂或虚弱导致髓核伴随发生退行性病变的背侧纤维环共同突出进入椎管内，压迫脊髓，引起神经症状的发生。由这种类型的椎间盘疾病引起的椎间盘突出，被称为汉森Ⅱ型椎间盘突出。

【临床症状】

(一)汉森Ⅰ型椎间盘脱出

汉森Ⅰ型椎间盘脱出主要发生于小型犬，尤其是软骨营养不良的品种犬，如腊肠犬、比格犬、巴吉度犬、京巴犬、银狐犬等，其中腊肠犬是最常发病的品种；犬发病年龄高峰为3～6岁，猫较少发生退行性椎间盘疾病，平均发病年龄9.8岁；症状常常急性发生。

(二)汉森Ⅱ型椎间盘突出

汉森Ⅱ型椎间盘突出主要发生于非软骨营养不良的品种犬，常见于大型犬；发病年龄主要在7岁以后，较少见椎间盘钙化；症状常常呈慢性进行性发生。

(三)椎间盘脱出/突出

椎间盘脱出/突出发生于颈椎、胸椎或腰椎。由于胸椎的特殊结构，胸椎前段及中段发病率极低。

1. 颈椎椎间盘疾病症状

它表现为颈部疼痛，患病动物常常不敢抬头，颈部僵硬，严重者四肢轻瘫或偏侧轻瘫，甚至瘫痪；在偏侧压迫，影响神经根时，表现为神经根症状，患病动物表现为单一前肢的非负重跛行。由于呼吸中枢等控制呼吸的生命中枢位于脑干，经颈椎下行控制胸部呼吸运动，严重的颈椎椎间盘疾病会导致呼吸衰竭而死亡。

2. 胸腰椎椎间盘疾病症状

它的症状与颈椎椎间盘疾病相似，只会影响后肢，会发生截瘫，对前肢无影响。

【诊断】

退行性椎间盘疾病主要根据实验室检查及影像学检查做出诊断。

(一)实验室检查

通常无明显异常。

(二)影像学检查

1. X 线检查

有些征象可以提示退行性椎间盘疾病，如椎间隙变窄、椎间盘钙化、椎孔变小、真空现象、许莫氏结节和终板硬化等(图 15-6)。

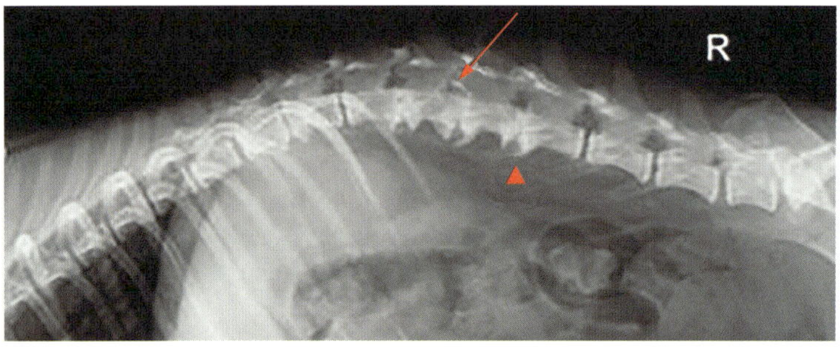

明显可见 L1-L4 椎间隙狭窄及腹侧骨刺(三角形箭头所示)，并可见 L2-L3 背侧椎间孔内高密度影像(有尾箭头所示)，高度提示发生钙化的椎间盘物质突出进入椎管内。

图 15-6　一只患有椎间盘疾病的犬的胸腰椎侧位 X 线片

(中国农业大学动物医院供图)

2. 高级影像学

CT 检查及 MRI 检查对评估椎间盘疾病更具有优势。CT 检查可以精确诊断发生钙化的椎间盘突出的位置，如果椎间盘未发生钙化，CT 检查平扫无法诊断，此时需要脊髓造影后再进行 CT 检查扫查(图 15-7)。MRI 检查现已成为诊断犬、猫椎间盘疾病的最好的工具。除可以确定椎间盘突出的位置外，MRI 检查还可以给出脊髓损伤的信息。对于椎间盘疾病而言，与 CT 检查及脊髓造影相比，MRI 检查的敏感度更高。

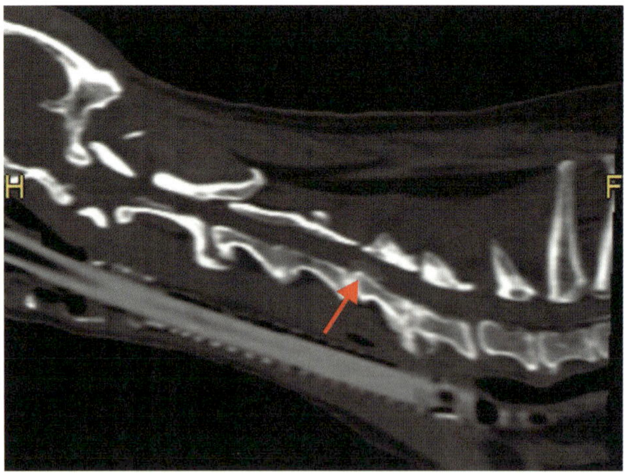

影像可见 C3-C6 椎间隙狭窄伴腹侧骨刺，并可见 C4-C5 排列异常；除此之外，C4-C5 椎间隙背侧椎管内可见钙化的椎间盘物质(红色箭头所示)，该影像在其 X 线平片上无法识别。

图 15-7　患颈椎椎间盘疾病的犬的颈椎 CT 矢状面重建影像

(中国农业大学动物医院供图)

【治疗】

(一)治疗原则

根据病例具体情况选择保守治疗或手术治疗。

(二)治疗方法

1. 保守治疗

如果椎间盘脱出/突出的患病动物的临床症状较轻微，只颈部或背部疼痛，就可以选择保守治疗。

保守治疗包括严格笼养及限制活动 3～4 周；必要时需要镇痛药，可以选择非甾体抗炎药，但注意对胃肠道损伤的副作用；也可选择加巴喷丁（10～20 mg/kg，每 8 h 一次）或曲马多（2～4 mg/kg，每 8 h 一次）。严禁使用镇痛药后，不严格限制运动；在保守治疗的同时，可配合针灸。

2. 手术治疗

急性发生的特别严重的全身瘫痪或截瘫病例保守治疗无效，甚至症状加重；反复发生的病例则需要选择手术治疗。

手术治疗可以选择偏侧椎板切除术、半椎板切除术、椎体腹侧开槽术等来缓解脊髓的压迫。

【预后】

不管是由汉森Ⅰ型椎间盘疾病还是由汉森Ⅱ型椎间盘疾病导致的椎间盘突出，存在深痛的患病动物功能恢复的预后常常良好至极好；无深痛的患病动物预后谨慎至不良。

第六节　马尾综合征

马尾综合征（cauda equina syndrome），又称为退行性腰荐狭窄、腰荐不稳定、马尾压迫等，即腰荐部位单一或多重因素导致马尾神经的压迫，从而引起临床症状。该病主要发生在大型犬或巨型犬，猫偶见。

【病因】

该病病因很多，凡能引起马尾神经压迫的疾病均能导致马尾综合征。腰荐结合处椎间盘突出是主要发病因素（最常见汉森Ⅱ型椎间盘突出，罕见汉森Ⅰ型椎间盘突出）。除此之外，荐椎腹侧脱位及关节突排列异常、先天性脊椎畸形（如单侧或双侧移行椎）、马尾神经周围软组织增生（如椎间韧带肥厚、关节囊增生）、荐椎骨软骨病、供应马尾神经的血供受损（如纤维软骨栓塞）也是可能的病因。在诸多病因中，腰荐部位的退行性病变是最常见的，因此本节主要介绍由腰荐部位退行性病变引起的马尾综合征，即退行性腰荐狭窄。

【发病机制】

退行性腰荐狭窄的主要发病机制是腰荐结合处由于反复应力、遗传或先天性异常易导致 L7-S1 椎间盘很容易发生退行性变化。最初是从椎间盘的蛋白聚糖降解开始，越来越少的营养及水分进入椎间盘导致椎间盘脱水，椎间盘进一步退变后会引起腰荐不稳定，导致之前椎间盘所承受的压力转移至脊柱周边组织，如关节突及椎体腹侧部分，就会导致荐椎腹侧半脱位，从而引起马尾神经的动态压迫。为了代偿这种越来越严重的不稳定，腰荐部位的软组织就会发生增生，如椎间韧带肥厚、关节突关节囊增生、硬膜纤维化、软骨性的终板增厚且骨化。这个过程进一步影响椎间盘的营养供给，导致椎间盘更严重的退变。椎间隙狭窄及纤维环对压力顺应性的丧失导致纤维环膨出，造成汉森Ⅱ型椎间盘突出。细胞介导的炎症会影响周围的血管及神经，加重腰荐部位疼痛。

【临床症状】

大多数患病动物腰椎后段或腰荐部位疼痛，有时可见后肢跛行，自咬腰荐部位或后肢，起立困难，拒绝跳跃或爬高，后肢脚趾拖拽，尾巴压低，大小便失禁。

有些犬在长期的运动或玩耍后才会表现出明显症状，在躺下前会表现为肌肉震颤或踱步。有时可见犬单肢非负重跛行，即所谓的神经根症状。

【诊断】

该病初步诊断基于临床症状、神经学检查,确诊需要影像学检查。

(一)临床症状

按压腰荐部位会表现出疼痛。

(二)神经学检查

有时患犬会表现为本体感受性共济失调,双后肢本体感受减弱,且出现下运动神经元症状,会阴反射消失或减弱。

(三)影像学检查

1. X 线检查

腰荐部位侧位 X 线片具有诊断价值,通常可见椎间隙狭窄、终板硬化、腰间椎半脱位、真空现象及腹侧起止点病。X 线平片的最大意义是排除侵袭性骨肿瘤、创伤性脱位及椎间盘脊椎炎,同时识别腰荐部位退行性病变。

2. CT 检查

CT 检查发现汉森Ⅱ型椎间盘突出、椎间韧带肥厚及关节囊肥厚。横断面有助于评估神经根是否受影响。与 MRI 检查相比,CT 检查不能精确评估椎管内软组织,但对钙化的软组织、骨刺及关节突退行性病变较敏感。

3. MRI 检查

与 CT 检查相比,MRI 检查可以获得更多的诊断信息,包括椎间盘退变、硬膜囊病变或神经根移位。

【治疗】

(一)治疗原则

使用药物或手术的方法减轻马尾神经压迫,缓解由马尾神经压迫引起的疼痛或其他神经缺陷。

(二)治疗方法

退行性腰荐狭窄的治疗主要分为保守治疗和手术治疗。

1. 保守治疗

与治疗退行性关节炎方法相同,它包括使用非甾体抗炎药、改变运动方式、适当限制运动、控制体重。改变运动方式有助于疾病恢复,短时间内通过牵引行走来保持肌肉量,使用水下跑步机。保守治疗不会治愈该病,但可以缓解疼痛,改善生活质量。

2. 手术治疗

神经学缺陷、保守治疗无反应或频繁复发的犬则需要进行手术治疗。手术治疗的目的是解除马尾神经的压迫及释放受影响的神经根。手术可选择背侧椎板切除术,有时须进行部分椎间盘切除术或椎孔扩大术。当发生腰间椎半脱位时,需要手术固定及融合,以防止进一步恶化。

【预后】

如果手术后症状明显缓解,一般预后较好。术前存在严重神经学缺陷及大小便失禁的犬,预后谨慎或不良。

第七节　纤维软骨栓塞

纤维软骨栓塞(fibro cartilaginous embolism,FCE)是指椎间盘髓核的某些物质进入供应脊髓的血管内造成血管栓塞，引起局部脊髓梗死。该病多见于大型犬、巨型犬，发病年龄为1～7岁，常见于运动后急性发生。小型犬或猫不常见。

【病因】

该病具体病因不明。多数动物患病都发生于运动之后，所以病因或许与创伤有关。

【发病机制】

造成栓塞的纤维软骨性物质多为椎间盘的髓核，髓核物质进入供应脊髓的血管系统，导致动脉的栓塞或静脉的栓塞，从而引起局部脊髓的梗死。由于脊髓灰质代谢需求较高，所以它往往是受影响最严重的部位，但栓塞物质进入血管系统的机制不明。

【临床症状】

临床症状的特点为急性发生、症状渐好、非对称性和非疼痛性。一般动物常在运动后急性发生，在一声惨叫后就发现其共济失调或轻瘫/瘫痪；症状为非对称性，单侧后肢影响更严重；症状随着时间的延长逐渐改善；通常在急性发生后不再有疼痛感。

【诊断】

该病根据影像学检查，尤其MRI检查，有助于排除其他疾病，可以做出诊断。然而，确诊需要进行组织病理学检查。

（一）影像学检查

临床病例的X线检查、CT检查一般无异常发现。MRI检查有相对的诊断意义，其征象包括局灶的、边界清晰的、非对称的髓内病变。其主要影响脊髓灰质，病变在T2W序列显示为高信号，T1W序列显示为等信号或低信号。神经症状的严重程度与MRI上的病变范围及程度有关。

（二）组织病理学检查

组织病理学检查可见脊髓血管内的髓核物质。

【治疗】

（一）治疗原则

通过适当的物理康复治疗及支持治疗，改善受损脊髓的血供，减轻炎症反应，以期受损脊髓神经功能恢复。

（二）治疗方法

治疗方法主要为保守治疗，即非特异性药物治疗、支持治疗。

1. 非特异性药物治疗

该病基本无特异性药物。在疾病发生的急性期（<8 h）可以注射甲强龙，但实际疗效可能并不显著。初次发病时间超过8 h的病例严禁使用该药。

2. 支持治疗

物理康复治疗对疾病的恢复起着关键作用。另外，可以用针灸或激光进行辅助治疗。

【预后】

该病预后与MRI上的脊髓病变的严重程度及范围有关。14 d内可见功能性恢复的预后较好，但也许不能完全恢复正常，部分或完全恢复取决于脊髓损伤的程度。如果病变位置在脊髓膨大部，症状呈对称性表现，神经学缺陷严重，14 d内未见明显改善或本体感受未恢复，预后较差。

第八节　外周前庭疾病

外周前庭疾病（peripheral vestibular disease）是指由中耳或内耳部位的外周前庭器官受损导

致的疾病。前庭系统被分为中枢前庭系统和外周前庭系统。相对来说，外周前庭疾病更高发，且大多数病例为特发性的。外周前庭疾病的典型特征为头倾斜、眼球震颤等。犬、猫均发生，无品种、性别、年龄倾向性。

【病因】

很多原因都可引起外周前庭疾病。

（一）中耳/内耳疾病

中耳/内耳感染性疾病（中耳炎/内耳炎）、头部创伤性疾病、中耳/内耳肿瘤均可引起中耳或内耳结构异常。

（二）代谢性疾病

如甲状腺机能减退，但具体机制不明。

（三）药物/中毒性疾病

口服氨基糖苷类药物等或耳道使用含有碘剂或氯己定溶液等成分的滴耳液。

（四）特发性外周前庭疾病

在临床上，特发性外周前庭疾病是大多数外周前庭疾病最常发的原因。

【发病机制】

前庭系统主要负责维持动物体平衡、对抗重力进行定向，同时负责维持眼睛、躯干、肢体相对头的位置。当头发生旋转时，旋转方向相反的眼外肌为了将眼拉到视野范围内就会发生收缩，慢慢将眼球拉回来。当超过眼外肌的能力范围时，眼外肌突然释放眼球，导致眼球快速向头旋转的方向移动，被称为生理性眼球震颤。当一侧前庭存在病变时，即使头处于静止状态，健康侧前庭核也一直发射冲动，前庭被误认为头在旋转，所以眼外肌收缩，导致眼球震颤，被称为病理性眼球震颤。

图 15-8　由右侧中耳炎引起的外周前庭症状的猫表现为典型的头倾斜

（陈立坤供图）

前庭系统会导致两侧躯干及肢体产生相等的肌张力，从而维持机体平衡。当前庭核兴奋时，躯干、肢体同侧的伸肌肌张力就会增加，另一侧屈肌兴奋。在正常情况下，两侧前庭核同时发射同等的冲动，使身体两侧能保持平衡。当一侧前庭异常时，就会引起病变侧不再发射冲动，对侧仍在发射冲动，导致对侧伸肌肌张力增加，使动物容易向病变侧倾斜或歪倒以及向病变侧头倾斜（图 15-8）。

【临床症状】

（一）主要症状

头向病变侧倾斜、病理性眼球震颤、生理性眼球震颤缺失和身体向病变侧倾斜或歪倒。

视频 15-2　犬外周前庭症状

（二）其他症状

与中耳/内耳疾病相关的症状，如甩头、挠耳朵等，有时会伴发呕吐症状。

【诊断】

根据病史、临床症状、实验室检查及影像学检查可以做出诊断。

(一)病史

有助于排查是否由药物/毒物引起。

(二)临床症状

如果发生头倾斜和/或病理性眼球震颤,但无本体感受的缺失或除面神经以外的其他脑神经异常,就可以诊断为外周前庭疾病。

(三)实验室检查

甲状腺素质量浓度检测有助于排查甲状腺机能减退等代谢性疾病。

(四)影像学检查

一般来说,X线片评估中耳/内耳疾病是受限的,应借助CT/MRI进行诊断。如果存在中耳炎,CT可以发现中耳积液、鼓泡壁不平滑,MRI则表现为T1W等信号或偏高信号、T2W高信号的特征。如果这些原因都排除了,就可以初步诊断为特发性外周前庭疾病。

【治疗】

(一)治疗原则

对因治疗和对症治疗。

(二)治疗方法

1. 对因治疗

由药物引起的症状需要停药观察。中耳/内耳疾病需要视情况考虑手术或药物治疗。甲状腺机能减退症患者补充甲状腺素,如口服左甲状腺素0.01～0.02 mg/(kg·12 h)。

2. 对症治疗

特发性疾病一般无特定治疗方法,可视情况给予支持治疗。如果患病动物表现为呕吐症状或为了防止动物出现呕吐症状可以使用苯海拉明2～4 mg/kg,每8小时一次,口服或肌内注射,进行治疗。

【预后】

该病预后取决于原发病。特发性外周前庭系统疾病一般预后良好。一般在犬发病的2～4周和猫发病的4～6周内减轻或痊愈。

第九节　面神经麻痹

面神经麻痹(facial paralysis)常常急性发生,单侧或双侧发病。面神经麻痹主要表现为面部肌肉的异常。该病依赖于排除性诊断,且大多数病例都是特发性的,无特异性治疗方法。

【病因】

该病的病因很多,包括特发性、手术、中耳炎、神经肌肉疾病、甲状腺机能减退、重症肌无力或肉毒素中毒、颞骨岩部骨折、肿瘤等。一般最常见的病因为特发性,大约75%的犬和25%的猫面神经麻痹都是特发性的;其次为中耳炎。

【发病机制】

面神经负责调节面部表情肌肉、控制颌下腺和舌下腺以及泪腺、支配舌吻侧的味觉。当面神经麻痹时,由于肌肉失去支配而肌张力下降及疲软,病变侧面部肌肉会下垂、无法自主眨眼,泪腺分泌功能受损,表现为泪液减少。同时,患病动物无法眨眼会导致神经源性角膜炎。

【临床症状】

面神经麻痹的临床症状较多。单侧面神经麻痹的患病动物最常见，常常表现为面部肌肉不对称，发病侧面部肌肉、眼睑、唇部、耳朵下垂且无法眨眼。长期的面神经麻痹会导致神经源性的干眼症及角膜溃疡；双侧面神经麻痹的患病动物常常表现为双侧对称性症状。有时由中耳炎引起的面神经麻痹会伴有其他脑神经异常的症状，比如，外周前庭症状或霍纳综合征。特发性面神经麻痹既有单侧发病，也有双侧同时发病，还有单侧发病之后一段时间进展为双侧发病。

【诊断】

根据临床症状、神经学检查可以做出诊断。然而，病因的确诊需要实验室检查、影像学检查及特殊检查。

(一)实验室检查

评估患病动物是否因甲状腺机能减退引起。

(二)影像学检查

X 线片由于头部复杂组织的严重重叠，应用受限；头部 CT 对于头部骨性结构及腔性结构(如中耳)的评估具有很大的优势；MRI 具有优越的软组织分辨率，对于脑组织结构的评估更有优势。

(三)特殊检查

只表现为面神经麻痹症状和/或并发外周前庭症状的患病动物最可能的病因是中耳炎性病变、中耳肿瘤、特发性，最好选择耳镜及 CT 评估中耳。除表现为面神经麻痹外，还表现其他中枢神经疾病症状的患病动物需要用 MRI 评估脑内病变，并结合脑脊液分析评估是否患有脑膜脑炎。如果排除了以上异常，则初步诊断为特发性面神经麻痹。

【治疗】

(一)治疗原则

治疗原发病以缓解面神经压迫或炎症。特发性面神经麻痹的治疗原则主要为通过中医针灸以恢复面神经功能，对症治疗避免面神经麻痹造成的神经源性干眼症、角膜溃疡等并发症。

(二)治疗方法

1. 对因治疗

患病动物需要针对原发性病因进行治疗。如甲状腺机能减退症需补充甲状腺素，颜面部骨折需进行骨折修复，由中耳炎引起的面神经麻痹则需要积极治疗中耳炎等。

2. 对症治疗

特发性面神经麻痹没有特异性的治疗方法，不建议使用糖皮质激素，可以试用中医针灸治疗。如果存在干眼症或角膜溃疡，应该积极对症治疗。

【预后】

该病预后取决于病因和对治疗的反应。特发性面神经麻痹的患病动物的症状可能会永久存在，也可能会在发病后 2～6 周内逐渐自愈。

第十节 其他神经系统疾病

除上述常见的神经系统疾病外，在临床上还可见犬、猫其他神经系统疾病，如表 15-1 所列。

表 15-1　犬、猫其他神经系统疾病

病名	概念	流行病学	病因	临床症状	诊断	治疗及预后
霍纳综合征(horner syndrome)	病变损伤支配眼睛的交感神经而出现系列特定眼部症状	无性别、年龄及品种倾向性	常因支配眼的交感神经通路上的病变，如一级神经元病变、二级神经元病变、三级神经元病变、特发性	瞳孔缩小、上眼睑下垂、眼球内陷、第三眼睑突出	经病史、体格检查、神经学检查，可以做出诊断。病因诊断需要影像学检查	治疗原发病，无特异性疗法，预后较好，大多数在6个月内可以自愈
椎间盘脊椎炎(disc spondilitis)	发生在椎间盘及邻近椎间盘终板的感染性/炎性疾病	最常发于青年至中年的中大型犬，常发品种有德国牧羊犬、拳师犬、大丹犬，公犬高发，罕见于猫	血源性感染、异物移行或局部邻近部位感染侵袭	初期，疼痛或系统性炎症或体温升高。随病情发展，有的表现为共济失调、轻瘫，甚至瘫痪	X线片可以做出诊断。可见病变周围椎体终板呈同心圆样骨溶解病灶，伴病灶周围的骨硬化	根据血液及尿液培养和药敏结果选择敏感抗生素进行长期治疗。一般预后良好
摇摆综合征(wobbler syndrome)	发育畸形或不稳定及其变化引起颈椎后段脊髓及神经根受压迫所表现的病症	常见于大型犬，有遗传倾向，最常发于大丹犬和杜宾犬	骨骼病变，如发育快导致关节突肥厚、椎弓肥厚，引起椎管狭窄；椎间盘病变，如黄韧带及背纵韧带肥厚及脊椎不稳定，导致脊髓压迫、椎间盘突出	初期，颈部触诊疼痛，前肢短步，后肢拖拽、轻瘫。随着病情发展，表现四肢轻瘫，甚至瘫痪	X线片诊断脊椎椎体排列异常及脊椎畸形；CT评估关节突及椎弓等骨骼病变；MRI是诊断该病的金标准，精确评估脊髓受压迫的位置及严重程度	保守治疗或手术治疗。保守治疗即严格限制运动及给予抗炎药。如保守治疗无效，则选择手术治疗
三叉神经麻痹(trigeminal nerve paralysis)	三叉神经无法支配咀嚼肌运动的疾病	特发性病例，常发于中老年犬，罕见于猫	特发性、创伤性、感染性疾病及肿瘤	突发无法闭合下颌，无法叼取食物，嘴呈张开状，但可以人为闭合口腔。吞咽正常，常见咀嚼肌迅速萎缩，有的发生神经源性角膜炎	经病史、临床症状、神经学检查做出初诊，MRI排查脑内结构异常，如肿瘤；脑脊液检查排查感染性或炎性疾病。如以上检查都无异常，则为特发性	治疗原发病因。特发性三叉神经麻痹，一般只需支持治疗，预后良好。大多数病例在2~4周内自愈
重症肌无力(myasthenia gravis)	神经肌肉接头的突触后膜表面的乙酰胆碱受体绝对或相对缺乏导致神经肌肉接头的疾病	先天性病例常发于6~9周龄的犬及猫，常发品种有史宾格犬、杰克罗素梗等；获得性病例无性别倾向，最常发品种有德国牧羊犬、腊肠犬、金毛寻回犬等	先天性重症肌无力是因骨骼肌突触后膜表面先天性缺乏乙酰胆碱受体；获得性重症肌无力因某些免疫介导性疾病产生的抗体结合在突触后膜表面的乙酰胆碱受体上，使乙酰胆碱受体相对不足	全身性重症肌无力：四肢骨骼肌肉虚弱，运动后加重，休息后减轻；局灶性重症肌无力：巨食道性反流；罕见的急性暴发性重症肌无力：迅速发生四肢肌肉虚弱，不能站立和行走	经病史、临床症状、神经学检查、肌电图，可做出初诊或用依酚氯铵试验进行辅助诊断。确诊应检测血液中乙酰胆碱受体抗体	获得性病例给予支持治疗，用抗胆碱酯酶药物或用免疫抑制药物。胸腺瘤应手术切除。不伴有严重并发症的病例对药物治疗反应较好。很多病例死于吸入性肺炎

思考题

1. 简要说明神经系统疾病的常见病因及发病特征。
2. 简述头创伤的发病机制及治疗方法。
3. 简述颅内压升高的临床表现。
4. 简述水脑的病因及治疗方法。
5. 简述癫痫发作的病因及临床症状。
6. 简述急性脊髓损伤的发病机制。
7. 简述马尾综合征的病因。
8. 简述纤维软骨栓塞的治疗原则及预后。
9. 简述外周前庭疾病的临床症状。
10. 简述重症肌无力的病因、临床症状、治疗方法及预后。

第十六章　肿瘤疾病

学习目的与要求

1. 掌握几种肿瘤疾病的理论知识，为未来从事临床工作奠定基础。
2. 掌握肿瘤疾病的基础知识及诊断流程。
3. 熟悉肿瘤疾病的诊断与治疗。
4. 了解其他肿瘤疾病的诊疗。

概　　述

肿瘤是指机体在各种致瘤因子的作用下，局部组织细胞增生所形成的团块。根据团块的细胞特性及对机体的危害程度，肿瘤可分为良性肿瘤和恶性肿瘤两大类。恶性肿瘤又可分为癌和肉瘤。癌是指来源于上皮组织的恶性肿瘤。肉瘤是指来源于间叶组织，包括纤维结缔组织、脂肪、肌肉、血管、神经、骨和软骨组织等的恶性肿瘤。目前，恶性肿瘤已成为中老年的犬、猫的第一致死因素，且肿瘤的发病率逐年升高。

肿瘤是由于体细胞破坏了正常增殖的限制与基因完整性，而后出现突变累积而成。肿瘤并不是由单一基因缺陷造成的疾病，而是一种复合的多基因疾病。首先，一个体细胞基因发生一系列突变会赋予体细胞在自身环境中无限复制的潜力或生长和存活的优势，然而仅此不足以产生肿瘤；其次，一系列突变又会进一步使肿瘤细胞的增殖能力强过毗邻的正常细胞，进而发展成一个明显的肿瘤团块；最后，一系列突变会增强细胞的恶性潜力，出现侵袭、组织破坏和转移，导致发生临床疾病的进展。

因肿瘤侵袭的组织器官不同或位置的差异，其临床症状也明显不同。患病动物的临床症状一般不具有特异性，常表现为嗜睡、厌食、体重减轻、行为反常或其他非特异性症状。然而，某些肿瘤会表现出典型或特征的症状，如骨骼来源的肿瘤会导致患病动物明显的疼痛反应和组织肿胀。

犬、猫实体肿瘤评估的第一步是应用细针抽吸对病变组织采样，进行细胞学诊断，获得指向性的结果或确诊。若通过细胞学检查不能确诊，则需要通过不同的方式采取病变组织，进行组织病理学诊断。一旦初步判定了肿物的性质，则应综合病理学和影像学的检查结果，对肿瘤进行分期。另外，还需要进行血常规检查、生化检查及尿液分析。某些肿瘤还需要进行基因突变检测和其他特殊检查，判断是否存在副肿瘤综合征和并发的其他基础性疾病等，随后需要综合所有信息，为制定后续的治疗方案提供科学依据。

治疗方法主要包括手术治疗、放射疗法、化学疗法、免疫疗法、营养支持和疼痛管理等。肿瘤的手术治疗有别于非肿瘤手术，需要经验丰富的外科医生在第一次手术时尽可能把肿瘤组织切除干净。与手术治疗类似，放射疗法是利用放射线治疗肿瘤的一种局部治疗方法，有时也用于无法完整切除或肿瘤已发生转移的姑息疗法。作为系统性治疗方法，化学疗法常被用于多种类型肿瘤的治疗。与人类相比，犬、猫出现化疗药物毒性副反应的概率比人类低很多。需要注意的是，兽医师在配制化疗药物时应注意个人防护，避免因配药而引发的职业暴露，可能会导致操作人员出现肝脏疾病、生殖障碍，甚至肿瘤。免疫治疗和分子靶向治疗是新兴的辅助或姑息疗法，也是目前临床应用的热门方向。多数肿瘤病例需要进行营养支持和疼痛管理。

第一节 肥大细胞瘤

肥大细胞的肿瘤化增殖被称为肥大细胞瘤(mast cell tumor，MCT)。它是犬最常见的皮肤肿瘤，占皮肤和皮下肿瘤的20%～25%，短头犬(拳师犬、波士顿㹴、斗牛獒犬和英国斗牛犬)和金毛寻回犬多发，中老年犬发病率较高，无性别倾向。肥大细胞瘤是猫第二常见的皮肤肿瘤，暹罗猫多发，中老年猫的发病率较高，无性别倾向，猫肥大细胞瘤根据临床特征、流行病学和组织学特征可以分为肥大细胞型和组织细胞型两种。犬和猫的肥大细胞瘤的临床特征、生物学行为、治疗预后的差异很大，不能一概而论。

【病因】

犬、猫的肥大细胞瘤病因尚不明确。目前一些研究表明，一部分犬肥大细胞瘤发生的分子机制被认为是由酪氨酸激酶受体蛋白的异常造成的。

【发病机制】

当患病动物出现 *c-kit* 基因突变就会导致细胞的增殖不受干细胞因子的调控，进而引起肥大细胞的肿瘤化增殖。约 1/4 的中级别肥大细胞瘤和高级别肥大细胞瘤的患犬会出现 *c-kit* 基因的插入突变，与原位复发、转移和预后不良相关。猫肥大细胞瘤病也有少数病例出现 *c-kit* 基因插入突变，但多为 *c-kit* 基因的点突变。

【临床症状】

(一)犬肥大细胞瘤症状

肿瘤主要发生在表皮、真皮或皮下组织，其他部位也会发生；常转移至局部淋巴结，进而转移至肝脏、脾脏和骨髓。

1. 皮肤肥大细胞瘤

肥大细胞产生的血管活性物质会引起类似于皮肤损伤的变化，包括红斑、丘疹、结节、肿块和结痂(图 16-1)。它既可为单发，又可为多病灶。

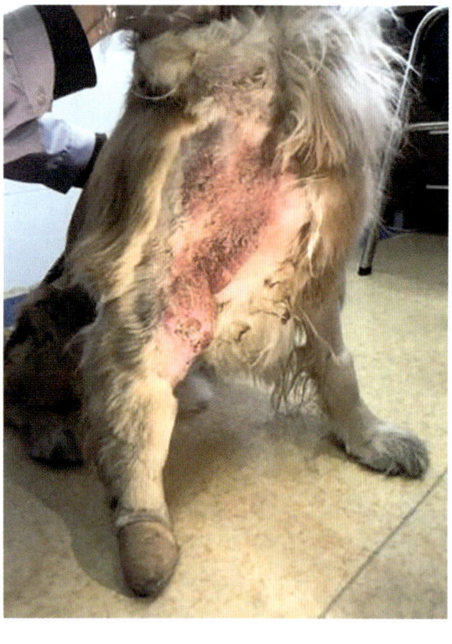

肥大细胞脱颗粒造成肿物周围出现红斑、结痂和前肢水肿。

图 16-1 肥大细胞瘤的患犬

(李格宾供图)

2. 其他部位的肥大细胞瘤

其他部位的肥大细胞瘤可发生在结膜、胃肠道、鼻腔、口腔、输尿管和脊椎等部位，发生在内脏和胃肠道的肥大细胞瘤侵袭性最强。

(二)猫肥大细胞瘤症状

根据解剖位置,猫肥大细胞瘤可分为两种类型,皮肤型和内脏型。

1. 皮肤型

常在头部和颈部出现单个或多个白色至粉红色的表皮小结节,在其他部位也会发生表皮或皮下肿物。

2. 内脏型

除有非特异性症状外,如厌食、呕吐,内脏型还会出现由脾脏肿大而引起的腹围增大。如果肿瘤细胞转移至骨髓,则外周血会出现肿瘤细胞,即称为肥大细胞血症。

【诊断】

根据实验室检查、影像学检查、细胞学和病理学检查可以做出诊断和分期。在实验室检查中,细胞组织病理学检查是确诊的主要依据。

(一)实验室检查

1. 血常规检查

有的患犬会出现嗜酸性粒细胞增多、中性粒细胞增多、血小板增多、肥大细胞增多和贫血。

2. 细胞学检查

由细针抽吸组织样本进行细胞学检查,其细胞学特征为形态均一的圆形细胞,用吉姆萨或瑞氏染液染色的胞质内有明显的紫色颗粒,呈现典型的“煎蛋样”外观,涂片中常伴随嗜酸性粒细胞(图 16-2)。同时需要对肿瘤引流区的淋巴结进行细胞学穿刺检查。

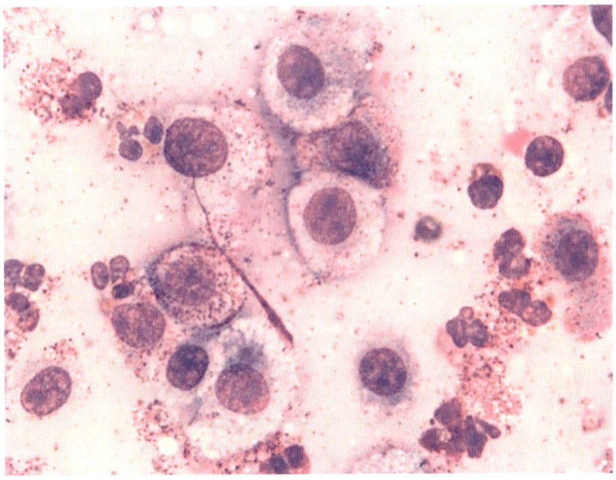

大量脱颗粒的肥大细胞,细胞核位于细胞中央,伴有大量嗜酸性粒细胞浸润。

图 16-2 肥大细胞瘤细针抽吸的涂片

(李格宾供图)

3. 组织病理学检查

组织病理学检查是肥大细胞瘤确诊的金标准。根据组织病理学特点,犬肥大细胞瘤可以分为三级:高分化(一级)、中等分化(二级)和低分化(三级);也可用犬肥大细胞瘤的新型双重分级标准,即低级别与高级别。

(二)影像学检查

肥大细胞瘤极少会转移至肺部,但常见肝脏和脾脏转移,因此腹部超声主要是检查肝脏和脾脏结构是否出现异常。当发现有引流区域淋巴结增大或肝脾肿大出现“瑞士奶酪样”外观时，则必须进行肝脾脏的细针抽吸细胞学检查。

(三)临床分期

在确诊为肥大细胞瘤后，通常要对患犬进行临床分期，从而判定预后和选择治疗方案。目前公认的只有犬肥大细胞瘤的标准分期系统(表 16-1)。

表 16-1　犬肥大细胞瘤的临床分期标准

分期	特征
0	单个真皮层肿物，术后组织病理学确定未被完全切除，无淋巴结转移 a. 无系统性症状；b. 有系统性症状
Ⅰ	局限于真皮层的单个肿物，无淋巴结转移 a. 无系统性症状；b. 有系统性症状
Ⅱ	局限于真皮层的单个肿物，伴有淋巴结转移 a. 无系统性症状；b. 有系统性症状
Ⅲ	多个真皮肿物；体积大呈浸润性生长的肿物，有/无淋巴结转移 a. 无系统性症状；b. 有系统性症状
Ⅳ	出现远端转移，包括骨髓或外周血

引自 David M，Douglash，Julius M. Withrow & MacEwen's small animal clinical oncology[M]. 3rd ed. Elsevier，2019。
注：a，b 为亚分期。

【治疗】

(一)治疗原则

在首次查出肿瘤时采取积极的治疗，因为此时根除所有肿瘤细胞的概率最大，而不应等到肿瘤发展到后期阶段后才尝试激进治疗，即“小病大治”。即使去除 99%的肿瘤细胞，癌症也不能被完全治愈。因此，如果不能达到完全治愈，应把治疗目标改为缓解病情，同时提高患病动物的生活质量。

犬肥大细胞瘤可采用手术、放疗、化疗和分子靶向等治疗或多种联合疗法及对症治疗。

(二)治疗方法

1. 手术治疗

手术治疗为皮肤型肥大细胞瘤的最佳治疗方法。局限于皮肤和皮下组织的肥大细胞瘤，建议大面积切除。病理分级为一级至二级的肥大细胞瘤，至少应切除肿瘤周围 2 cm 的皮肤，深度达至筋膜，三级的肥大细胞瘤则应至少切除肿瘤周围 3 cm 的皮肤。若没有达到预期的手术范围，肿瘤再次复发时更难处理，需要再次切除或辅助放疗，进行局部控制。猫皮肤、小肠或脾脏的肥大细胞瘤可以考虑手术治疗，但无须大范围切除。

①放射疗法。适用于不能被完全切除的肥大细胞瘤，尤其是发生在肢体远端或头面部的肥大细胞瘤。

②化学疗法。适用于不适合手术或放疗的多发性肿瘤或已发生转移的患犬可以联合手术、放疗等多种治疗方式。作为多发性肥大细胞瘤的一种姑息治疗方式，它可选择的化疗药物包括长春碱、洛莫司汀和泼尼松龙等。这些药物可以单独使用，也可以联合应用。出现肥大细胞血症的患猫在术后可联合泼尼松龙和苯丁酸氮芥进行治疗。

2. 分子靶向化疗药物

目前临床使用的是小分子酪氨酸激酶受体抑制剂，对肥大细胞瘤的患犬治疗效果良好。研究表明，这种方法对 90%发生 *c-kit* 基因突变的患犬有效，对 40%无突变的患犬有效，并且可延长患犬的无病间期。与传统化疗药物相比，它的副作用小，使用方便。

3. 对症治疗

肥大细胞释放的组胺和蛋白水解酶会导致肿瘤及附近组织水肿、红肿和局部淤血。手术可能会导致肥大细胞脱颗粒，引起局部出血，造成手术创口延迟愈合、围手术期低血压等情况。肥大细胞释放过多组胺会引起高组胺血症，也可导致胃肠道溃疡；损伤血管内皮会导致血管内血栓和缺血坏死。因此，需要用苯海拉明来阻断 H1 受体；用奥美拉唑、硫糖铝或米索前列醇预防和治疗胃肠道溃疡。

【预后】

猫皮肤型肥大细胞瘤的侵袭性不如犬，大多不需要大范围手术切除。肿瘤没有转移的患猫对其手术切除皮肤肿瘤即可治愈。

根据组织病理学分级为一级和二级的患犬经治疗后，其存活时间明显比三级患犬长。临床分期为Ⅰ～Ⅱ期的患犬，其预后明显优于Ⅲ～Ⅳ期的患犬。发生在耳部、趾部、会阴部、腹股沟和皮肤黏膜的肥大细胞瘤比其他部位(如躯体和颈部)的同级别肿瘤转移风险更高，内脏型肥大细胞瘤的预后非常差。拳师犬肥大细胞瘤多分化良好，但伯恩山犬、沙皮犬和斗牛犬易患侵袭性强的肥大细胞瘤。皮肤型肥大细胞瘤或弥散性肥大细胞瘤伴随出现呕吐、腹泻、厌食或由肥大细胞脱颗粒引起的红斑、水肿等系统性症状，预后谨慎。术后出现复发的患病动物预后较差。出现 *c-kit* 基因突变的犬肥大细胞瘤与组织病理学高分级有关，预后较差。某些肥大细胞瘤数月，甚至数年都很稳定，之后迅速生长，常预后良好。

第二节 淋 巴 瘤

淋巴瘤(lymphoma)可以发生在全身的任何组织，但通常发生在淋巴组织，如淋巴结、脾脏和骨髓。淋巴瘤占所有犬肿瘤的 7%～24%，占犬造血系统肿瘤的 83%，任何年龄的犬均可发病，但中老年犬多发。淋巴瘤是猫最常见的恶性肿瘤，白血病病毒阳性且患淋巴瘤的猫的平均发病年龄为 3 岁，而白血病病毒阴性且患淋巴瘤的猫的平均发病年龄为 7～8 岁。

【病因】

犬淋巴瘤的病因是多因素的，目前并未确定某个单独病因。但是某些品种的犬淋巴瘤发病率很高，说明遗传是一个显著的因素。免疫功能缺陷与犬淋巴瘤相关。与正常犬相比，患有免疫介导性血小板减少症等免疫系统疾病的犬的淋巴瘤的发生风险更高。

猫淋巴瘤的病因与犬不同，感染了白血病病毒和免疫缺陷病毒的猫患淋巴瘤的概率比未感染的猫高 75 倍。猫肠道和鼻腔型淋巴瘤可能与慢性炎症有关。

【发病机制】

犬、猫的淋巴瘤的发病机制尚不完全清楚。目前，第 13 号染色体和第 31 号染色体增加和第 14 号染色体缺失是淋巴瘤患犬最常见的突变。染色体异常也与犬淋巴瘤的预后相关。

在某些猫淋巴瘤组织中有猫白血病病毒的嵌入，且常发生于 T 淋巴细胞来源的淋巴瘤。与由猫白血病病毒直接引起的肿瘤不同，由猫免疫缺陷病毒引起的免疫抑制会间接导致淋巴瘤的发生。

【临床症状】

患淋巴瘤的犬、猫根据其解剖位置不同有 4 种不同类型的临床症状。

(一)多中心型

多中心型淋巴瘤以泛发的淋巴结病为特征，累及肝脏、脾脏、骨髓或几个部位同时发生。多中心

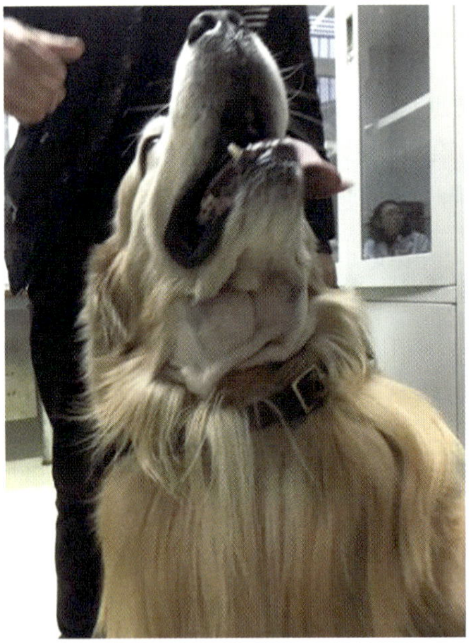

图 16-3　双侧下颌淋巴结肿大的患犬
（李格宾供图）

型淋巴瘤是犬最常见的类型，肿大的淋巴结通常无痛感，有弹性且独立。起初影响下颌和肩前淋巴结（图 16-3），而后会导致肝脾肿大并累及骨髓。大部分患犬无明显的全身症状，但某些患病动物会出现一系列非特异的症状，如厌食、体重减轻、呕吐、腹泻、腹水、呼吸困难、多饮多尿和发热等。

（二）纵隔型

纵隔型淋巴瘤以纵隔淋巴结病为特征，伴有或不伴有骨髓浸润。患病犬、猫的临床症状与疾病的严重程度有关，常因团块效应和胸腔积液而出现呼吸窘迫、运动不耐受和胃食道反流等症状。另外，某些患犬由于肿瘤压迫或肿瘤浸润前腔静脉，造成头颈部和前肢的凹陷性水肿，即被称为前腔综合征。

（三）消化道型

消化道型淋巴瘤以单独性、弥散性或多灶性胃肠道浸润为特征，肠系膜淋巴结、脾脏和肝脏也可能会被累及，这是猫最常见的淋巴瘤类型。患病的犬、猫通常会出现非特异性的胃肠道症状，如呕吐、腹泻、体重减轻和吸收不良。

（四）结外型

结外型淋巴瘤可侵袭任何器官或组织（如肾脏、神经、眼部或皮肤等）。其临床症状取决于肿物所处的位置。

1. 肾脏淋巴瘤症状

肾脏淋巴瘤常见于猫。患猫食欲不振，体重减轻，多饮多尿。大部分患猫可触诊到肾脏肿大、坚实、形状不规则，通常两侧肾脏都发生病变。

2. 神经系统淋巴瘤症状

大多患病的犬、猫会出现神经症状。

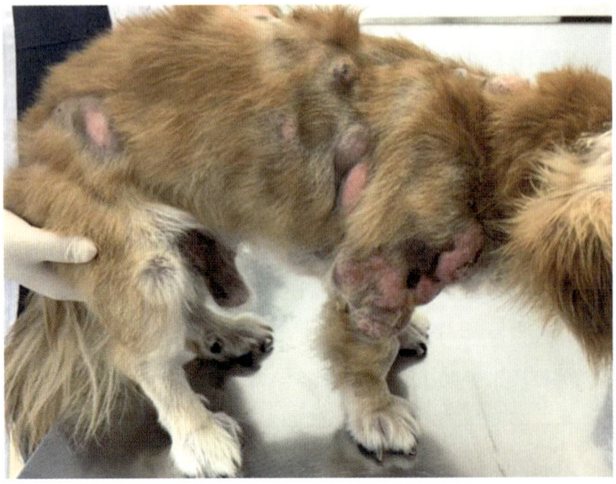

图 16-4　皮肤型淋巴瘤的患犬
（李格宾供图）

3. 眼部淋巴瘤症状

患病的犬、猫畏光、眼睑痉挛、溢泪、前房积血、前房积脓、眼部肿物、第三眼睑浸润、前葡萄膜炎、脉络视网膜炎以及视网膜剥离。

4. 皮肤型淋巴瘤症状

其通常为全身性或多发，肿瘤呈现结节、斑块、溃疡、红斑样或剥落性皮肤炎，伴随局部色素减少和脱毛（图 16-4）。

【诊断】

该病应进行实验室检查、影像学检查、其他特殊检查和临床分期。犬需要加测游离钙，猫需要筛查猫白血病病毒和免疫缺陷病毒，并需要进行细胞组织病理学检查来确诊。

(一)实验室检查

患病的犬、猫有许多非特异性的血常规和血清生化变化,但血常规和血清生化指标不能作为诊断依据。

1. 血常规检查

常见贫血、中性粒细胞增多、单核细胞增多和嗜酸性粒细胞增多(常见于猫)。发生骨髓浸润的病例的外周血液会出现肿瘤化的淋巴样细胞,伴随血小板减少。

2. 生化检查

与肿瘤出现的解剖部位病程以及是否有副肿瘤综合征相关,常见高钙血症和免疫球蛋白病。

3. 细胞组织病理学检查

通过对病变器官或淋巴结细针抽吸组织样本进行细胞学检查(图 16-5)。约 90%的犬和70%~75%的猫可以做出诊断,但仍有10%的犬和 25%~30%的猫需要通过手术切除病变的淋巴结或肿物进行组织病理学检查来确诊。

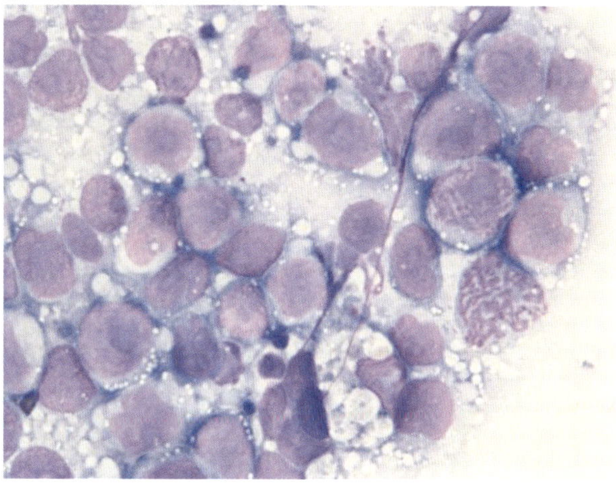

图 16-5 大 B 细胞淋巴瘤患犬淋巴结穿刺细胞学涂片

(李格宾供图)

(二)影像学检查

患不同解剖部位淋巴瘤的犬、猫选择的影像学检查方法不同。

1. X 线检查

影像表现不尽相同,主要为淋巴结或器官增大,如肝脏、脾脏和肾脏增大,有时肿瘤会浸润至肺脏,呈现间质性、支气管肺泡性或混合性肺浸润。

2. 超声检查

超声检查用于评估腹腔内的脏器和淋巴。实质器官回声不同,如肝脏、脾脏和肾脏,主要是由肿瘤浸润脏器导致的组织结构的改变(图 16-6)。另外,超声也可以探测到增大的淋巴样结构或器官,并经超声引导进行细针抽吸或粗针活检操作。

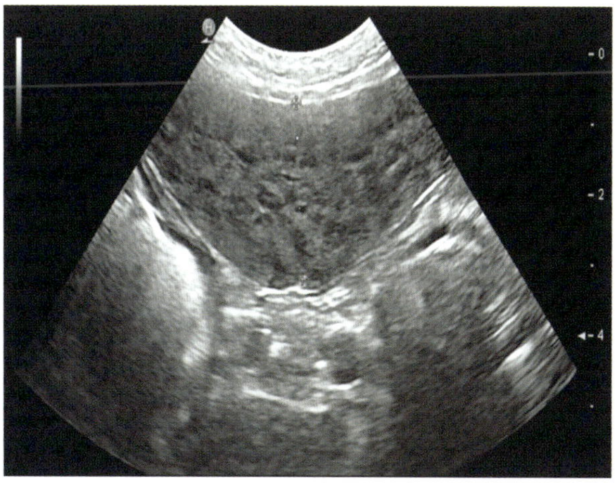

图 16-6 淋巴瘤患犬的脾脏实质回声不均匀,呈现典型的"蜂窝状"

(中国农业大学动物医院供图)

3. 高级影像学检查

怀疑中枢神经系统淋巴瘤的犬、猫应进行高级影像学诊断,如 CT 或 MRI。必要时,需结合脑脊液分析。

(三)其他特殊检查

随着分子诊断技术在兽医临床上的广泛应用,必要时可以应用流式细胞术(flow cytometry,FCM)进行免疫分型和 PCR 进行克隆分析,弥补细胞学和组织病理学形态学诊断的不足。

(四)临床分期

在确诊为淋巴瘤后,通常应对疾病进行临床分期,从而判定预后和选择治疗方案。目前,常采用世界卫生组织推荐的临床分期系统对犬、猫的淋巴瘤进行分期(表 16-2)。

表 16-2　犬、猫的淋巴瘤分期系统

分期	临床表现
Ⅰ	仅影响单个淋巴结或单个器官的淋巴组织
Ⅱ	横膈一侧(即前侧或后侧)的多个淋巴结增大
Ⅲ	全身淋巴结增大
Ⅳ	肝脏增大和/或脾脏增大(Ⅲ 期表现)
Ⅴ	血液中出现异常淋巴细胞和影响骨髓和/或其他器官系统 亚期 a:无症状 亚期 b:有症状

引自 David M, Douglash, Julius M. Withrow & MacEwen's small animal clinical oncology[M]. 3rd ed. Elsevier, 2019。

【治疗】

(一)治疗原则

由于淋巴瘤患病动物在确诊时通常已经发展为全身性肿瘤,淋巴瘤的患病动物的治疗应以化疗为主。在化疗之前或化疗中,可以进行手术或放疗或联合应用来治疗局部淋巴瘤。

(二)治疗方法

目前,常用的化疗方案主要是基于 19 周的 CHOP(环磷酰胺、多柔比星、长春新碱和泼尼松)的各种改良方案。化疗疗程结束后,停止治疗,定期复诊即可,不需要维持化疗。在淋巴瘤复发后,也有不同的挽救方案可以选择,如使用洛莫司汀、*L*-门冬酰胺酶,米托蒽醌和达卡巴嗪等。

在使用不同的化疗方案治疗后,犬淋巴瘤化疗的总体有效缓解率为 80%～90%、猫淋巴瘤化疗的总体有效缓解率为65%～75%。

【预后】

(一)犬淋巴瘤的预后

大 B 细胞淋巴瘤的患犬在确诊后不接受任何治疗的平均生存期为 4～8 周。大多数患犬在化疗后的平均生存期为 12～16 个月,20%～30%的患犬可以存活 2 年。小细胞型淋巴瘤的患犬平均生存期可达 2 年以上,T 型淋巴瘤的患犬生存期明显缩短。

(二)猫淋巴瘤的预后

大多数患胃肠道型或纵隔型中-高级别淋巴瘤的猫在多药联合化疗后通常可以存活 6～9 个月,约 20%的患猫存活超过 1 年。患肠道小细胞性淋巴瘤的猫平均生存期可以达到 2 年。

第三节　犬白血病

白血病(leukemia)是一种起源于骨髓造血前体细胞的恶性肿瘤。肿瘤化的细胞不能完成末期分化,通常自我复制为一群不成熟且无功能的细胞。根据细胞株的起源,白血病在遗传学上可以分为淋巴细胞性白血病和髓细胞性白血病。临床上淋巴细胞起源的白血病比髓细胞起源的白血病更常见。根据白血病细胞群的临床症状及细胞学特征,白血病还可以分为急性白血病和慢性白血病。慢性白血病多发生在老年犬,平均发病年龄为 10 岁。

【病因】

犬白血病的病因未知。

【发病机制】

通过对肿瘤细胞的主要免疫表型研究，提示人白血病与犬白血病的病因完全不同，因此物种之间的好发因素也不同。急性白血病和慢性白血病的患犬均存在染色体异常。

【临床症状】

(一)急性白血病症状

患犬的临床症状及体格检查结果均不具有特异性。大多数病例表现为嗜睡、厌食、持续或反复发热、体重减轻、交替跛行或其他非特异性症状，有时会出现神经症状。

(二)慢性白血病症状

患犬通常无明显症状，约一半患犬会出现非典型临床症状，如精神沉郁，食欲减退。有的患犬出现轻度淋巴结病，疾病后期会有明显的脾脏肿大。

【诊断】

根据体格检查、血常规检查、细胞学检查和骨髓检查可以做出初步诊断。

(一)体格检查

常见脾脏和肝脏增大、黏膜苍白、发热以及全身轻度淋巴结病。

(二)血常规检查

血常规检查可能出现单一血细胞系减少症，两种或全系血细胞减少症。急性白血病可在患犬外周血液涂片中观察到异常肿瘤化的细胞，慢性白血病会在外周血涂片中观察到大量成熟的粒细胞或淋巴细胞。

(三)细胞学检查

若脾脏或肝脏增大，应采用细针穿刺进行细胞学检查。

(四)骨髓检查

外周血液中出现血细胞减少症或异常细胞的患犬推荐进行骨髓穿刺或活组织检查。如果样本中的母细胞或成熟的淋巴样细胞明显增多，应将血液及骨髓样本进行细胞化学染色或免疫分型。

【治疗】

(一)治疗原则

犬白血病的治疗以化疗为主要手段。

(二)治疗方法

1. 急性白血病的治疗

可以使用与淋巴瘤相似的 CHOP 化疗方案进行治疗，大多数患犬的疗效不佳，且很少能够达到长期缓解。一半以上的患犬在化疗诱导期便会因败血症或出血等并发症而死亡。因此，在化疗过程中应对患犬进行支持治疗，如输血、抗生素和重症监护治疗等。

2. 慢性白血病的治疗

若患犬就诊时无症状，且没有发现其他明显的血液学异常，就可以积极监测而不采取治疗。若患病动物出现严重的贫血或血小板减少、明显的淋巴结或肝脾肿大，或者淋巴细胞数目过高，如大于 60 000/μL，则应开始进行化疗。

【预后】

(一)急性白血病的预后

急性白血病的患犬预后不良。未经治疗的急性白血患病动物犬的生存期通常小于 2 周。化疗后的患犬平均存活 1～3 个月,明显比淋巴瘤的患犬生存期短。

(二)慢性白血病的预后

虽然很少能够完全治愈,但是化疗目的是缓解疾病。由于疾病进展缓慢,慢性白血病的患犬的生存时间为 1～3 年且有良好的生活质量。

第四节　乳腺肿瘤

乳腺肿瘤(mammary gland tumor,MGT)是指由乳腺组织细胞的异常增殖导致的肿瘤性病变。该病常见于老年母犬,也是未绝育母犬最常发的肿瘤,犬绝育后的发病率会下降。犬乳腺肿瘤组织病理学分类较多,良性乳腺肿瘤主要为腺瘤、导管乳头状瘤、纤维腺瘤和良性混合腺瘤等;恶性肿瘤包括恶性上皮瘤和恶性间质瘤(肉瘤)。猫乳腺肿瘤的发病率低于犬,较常见于中老年猫,但 85%～90%的猫乳腺肿瘤为恶性,具有侵袭性且转移率高。

【病因】

该病的发病病因不详,但激素、年龄等因素对犬、猫的乳腺瘤的发病率有一定影响。

【发病机制】

雌激素和孕酮对乳腺的发育不可或缺,可诱导乳腺上皮有丝分裂,诱发小叶导管上皮细胞增殖,形成导管和小叶,从而使乳腺膨胀。但雌激素和孕酮也会使乳腺组织异常增生,导致乳腺癌。良性乳腺肿瘤在激素的持续刺激下可转化为具有侵袭性的恶性肿瘤。

青年未绝育的犬和发情期的患犬更易表达激素受体。激素受体表达水平与肿瘤大小、组织分化程度呈负相关,体积较大、分化程度较高的肿瘤反而低表达这类受体。

【临床症状】

(一)犬乳腺肿瘤症状

一般常发在尾侧两对乳腺。60%～70%未绝育的患病动物为多发性肿瘤。它在临床上表现为坚实的结节、恶性肿瘤游离性差。体积较大的肿瘤易出现表面溃疡、出血,甚至感染。患犬通常无全身症状。当肿瘤过大或出现恶病质时,患犬可能伴有精神不振、食欲减退或消瘦等症状。发生淋巴结转移的患犬淋巴结增大。出现肺部转移的病例通常无明显呼吸道症状。当肺部结节过多过大时,患犬会出现呼吸困难、虚弱、厌食等表现。

(二)猫乳腺肿瘤症状

所有乳腺发病概率均等,60%的猫会出现多个乳腺发病。患猫的症状与犬相似,多数病例无全身症状,不影响精神和食欲。严重病例因疾病发展程度而临床症状各异。

【诊断】

实验室检查应包括血常规检查、血清生化检查、尿液检查等。乳腺肿瘤很容易发生转移,因此治疗前应做好分期检查。乳腺肿瘤需要进行胸部三个体位 X 线检查和腹部超声检查,也可以使用高阶影像学检查,如 CT 或 MRI,以评估转移情况。犬乳腺肿瘤的临床分期主要基于肿瘤大小、淋巴结转移及远端转移,详见表 16-3。

表 16-3 犬乳腺肿瘤的临床分期

分期	肿瘤大小	淋巴结转移	远端转移
Ⅰ期	T1<3 cm	无转移(N0)	无转移(M0)
Ⅱ期	T2 3～5 cm	无转移(N0)	无转移(M0)
Ⅲ期	T3>5 cm	无转移(N0)	无转移(M0)
Ⅳ期	任意大小	转移(N1)	无转移(M0)
Ⅴ期	任意大小	任意情况	转移(M1)

引自 David M，Douglash，Julius M. Withrow & MacEwen's small animal clinical oncology[M]. 3rd ed. Elsevier，2019。

【治疗】

(一)治疗原则

手术治疗是主要的治疗手段，部分病例可以通过根治手术治愈。对已发生转移的病例可在手术后期辅助化疗。

(二)治疗方法

1. 手术治疗

切除方式包括原位肿瘤切除、发病乳腺切除、局部乳腺切除、单侧乳腺全切和双侧乳腺全切等，切除范围取决于临床分期。对于恶性乳腺肿瘤，如果仅做原位切除，术后复发率达 70%。体积较大的肿瘤(直径>2 cm)应做大面积切除。切除方案还应包括子宫卵巢切除术，要尽量避免将肿瘤细胞散布到腹腔中，应在关腹之后做乳腺肿瘤切除术。恶性程度高的肿瘤应同时做淋巴结清扫，并评估切除的肿瘤边缘。猫更推荐单侧乳腺全切或双侧乳腺全切，预后优于原位肿瘤切除。

2. 化学疗法

为降低复发率和转移率，治疗已发生转移或组织病理学分级高的病例可在术后使用多柔比星或卡铂进行辅助化疗，也可尝试使用非甾体抗炎药作为姑息治疗。

【预后】

总体来说，乳腺肿瘤的患病动物分期越高，生存期越短。组织病理类型对其预后的影响也很大，犬乳腺未分化癌的预后最差(图 16-7)。影响犬乳腺肿瘤预后的因素如下。

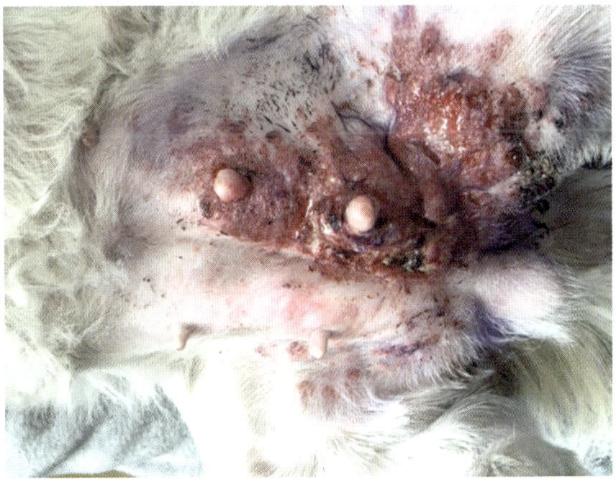

图 16-7 犬乳腺肿瘤的病理提示为未分化癌(炎性癌)
(李格宾供图)

(一)肿瘤大小

肿瘤体积越大，预后越差。犬乳腺肿瘤直径大于 4 cm，预后较差。

(二)临床分期

临床分期越高，预后越差。

(三)淋巴结转移

淋巴结转移情况对预后有非常重要的指导意义，决定了手术时是否需要切除局部引流淋巴结或进行术后辅助化疗。

猫乳腺肿瘤预后和犬相似，肿瘤直径大于 3 cm，预后不良；淋巴结转移病例预后不良；喜马拉雅山猫多预后不良。

第五节　犬血管肉瘤

血管肉瘤(hemangiosarcoma，HSA)，也称为恶性血管内皮瘤，是起源于血管内皮细胞的恶性肿瘤。犬血管肉瘤易发于老年犬，德国牧羊犬、金毛寻回犬、拉布拉多猎犬具有品种倾向。犬原发性血管肉瘤最常发于脾脏，其次为右心房和皮下组织，其他发病位置包括肝脏、肺脏、肾脏、口腔、骨骼、膀胱和腹膜后间隙等。犬血管肉瘤具有高度侵袭性、转移速度极快，且常发生弥散性转移。血管肉瘤通过血源性途径转移，常在肿瘤破裂后发生种植性转移。

【病因】

该病目前病因不清。血管肉瘤的危险因素是犬在产前或产后受到辐射或长期暴露于紫外线中。无色素沉着的皮肤、被毛少的部位易患皮肤型血管肉瘤。

【发病机制】

在血管肉瘤形成过程中，调节血管生成的分子通路异常起着促进作用。血管肉瘤细胞或组织可显著表达血管内皮生长因子(vascular endothelial growth factor，VEGF)、碱性成纤维细胞生长因子(basic fibroblast growth factor，BFGF)和血管生成素因子-1/-2(angiopoietins-1/-2，Ang-1/-2)。研究表明 *p53*、*Ras*、*Tsc2* 基因在血管肉瘤的形成发展中也起到一定作用。

【临床症状】

临床表现复杂多样，与原发位置及严重程度紧密相关。有些病例呈亚临床表现，出现轻微的非特异性症状，如嗜睡、食欲减退、体重减轻和腹围增大等。有些病例因肿瘤破裂急性失血表现为虚弱的状态，甚至出现失血性/低血容量性休克。

(一)内脏型血管肉瘤症状

常出现一过性虚弱，1～3 d 后好转，主要与急性血腹有关，出血后的血液又被重吸收；口腔黏膜苍白、毛细血管再充盈时间延长、心动过速伴脉搏质量下降以及腹部触诊有波动感等。

(二)心脏血管肉瘤症状

伴有心杂音，可能会出现心包填塞或右心衰竭相关症状，如运动不耐受、呼吸困难和腹水等。

【诊断】

诊断需要进行全面的血液学检查、影像学检查和组织病理学检查。

(一)血液学检查

患病动物的外周血涂片中可见裂红细胞和棘红细胞，可见再生性或非再生性贫血，常伴随血小板减少症。约一半的病例会出现 PT 延长、APTT 延长、纤维蛋白降解产物(fibrin degradation products，FDPs)升高，这种变化提示 DIC。

(二)影像学检查

影像学检查对筛查肿瘤转移和分期至关重要。肿瘤破裂常导致积液，因此超声检查优于 X 线检查。增强 CT 检查或 MRI 检查对可疑团块的侵袭性和转移排查会有更明确的提示意义。

(三)组织病理学检查

切除后的样本必须行组织病理学检查确诊。由于肿物过大且伴有出血，所以常规 HE 染色的样本常会出现不明确的诊断。若高度怀疑血管肉瘤，应多处采样制片且须进一步进行免疫标记。

根据以上检查，进行临床分期(表 16-4)。临床分期对预后有重要的意义。

表 16-4　犬血管肉瘤临床分期

分期	大小	转移情况
Ⅰ期	直径≤5 cm	无淋巴结转移
Ⅱ期	任意大小	肿瘤破裂/侵袭皮下组织/淋巴结转移
Ⅲ期	直径>5 cm	侵袭局部，淋巴结或远端转移

引自 David M，Douglash，Julius M. Withrow & MacEwen's small animal clinical oncology[M]. 3rd ed. Elsevier，2019。

【治疗】

(一)治疗原则

可采用手术治疗、化学疗法和放射疗法等。对于急性失血病例而言，输血、补充胶体液或晶体液是必要的支持治疗手段。

(二)治疗方法

1. 手术治疗

患病动物的主要治疗手段为尽可能切除一切可疑组织。

①脾脏血管肉瘤。脾脏摘除是首选的治疗方式，术中要注意脾脏的移动，避免肿瘤细胞种植性转移；同时仔细检查腹腔内其他脏器上是否有可疑的转移灶，尤其是肝脏和网膜。切除脾脏后要更换操作器械，关腹前须多次灌洗腹腔，以减少种植风险。手术摘除的犬脾脏如图 16-8 所示。

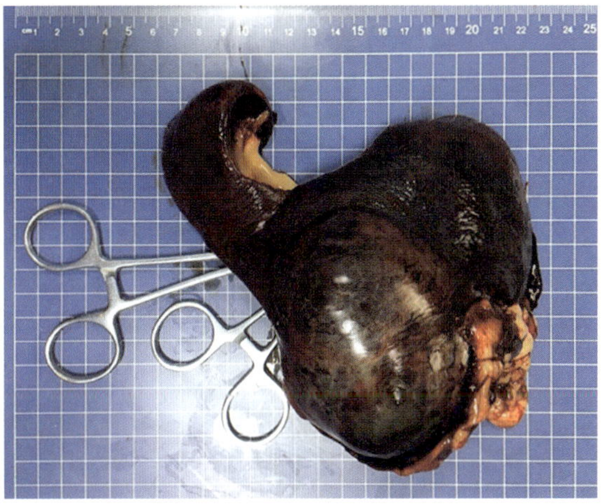

脾头处大团块，病理提示为血管肉瘤。

图 16-8　手术摘除的犬脾脏

（李格宾供图）

②皮肤血管肉瘤。真皮内生长的血管肉瘤一般应沿着肿瘤边缘 1～2 cm 切除。肌肉内生长的血管肉瘤很难切除干净，生长在四肢的血管肉瘤可通过截肢获取短期缓解。

③心脏血管肉瘤。无明确的手术治疗方案。

2. 化学疗法

由于血管肉瘤转移风险极高，术后应辅助化疗。化疗方案使用多柔比星（30 mg/m^2，静脉注射，每三周一次，给药 5 次），或者联合其他药物，如长春新碱和环磷酰胺。

3. 放射治疗

皮肤型血管肉瘤可以通过放射疗法获得短期缓解。

【预后】

不管采取何种治疗方式，血管肉瘤的预后谨慎，不同部位的血管肉瘤的预后不同。

(一)脾脏血管肉瘤的预后

预后很差，<10%的病例可以存活 12 个月，晚期病例生存期约为 1 个月。术后辅助化疗可以延长生存时间。手术结合化疗的病例生存期为 4～6 个月。Ⅰ期肿瘤未破裂病例比Ⅱ期肿瘤破裂病例的预后好。

(二)皮肤血管肉瘤的预后

若能大范围切除肿瘤，患犬的存活时间相对较长。

(三)心脏血管肉瘤的预后

患犬的存活时间短，与脾脏血管肉瘤患犬的预后相似。

第六节 犬骨肉瘤

骨肉瘤(osteosarcoma,OSA)是起源于成骨细胞的恶性肿瘤,主要见于长骨。它是犬最常见的原发性骨肿瘤,约占骨肿瘤的85%,好发于中老年犬,平均发病年龄约为7岁。该病多发于大型犬,易发品种有圣伯纳犬、大丹犬、杜宾犬、罗威纳犬、德国牧羊犬、金毛寻回犬等。骨肉瘤有家族倾向,无明显性别倾向。约75%的骨肉瘤发生在四肢骨,最常发病部位包括桡骨远端和肱骨近端,其余的骨肉瘤发生在中轴骨。

【病因】

目前,该病病因尚不清楚,一部分证据表明与环境、遗传因素有一定关系。

【发病机制】

多处的轻微创伤和持续的损伤对较敏感的骨骺区细胞产生的刺激可能会导致肿瘤,因此犬在修复骨折时植入金属、慢性骨髓炎、接触电离辐射或患其他肿瘤经放疗后发生骨肉瘤的概率较高。在骨肉瘤患犬中,常见 *p53* 基因突变,大多数为点突变,少数为缺失突变。患骨肉瘤的罗威纳犬 *p53* 基因突变指数明显高于其他品种,提示 *p53* 基因突变与品种相关性较强。研究表明,抑癌基因 *RB* 也参与了犬骨肉瘤的发生和发展,即使 *RB* 基因信号通路失调且缺乏丝裂原刺激,RB蛋白仍能持续的过度磷酸化。

【临床症状】

(一)四肢骨骨肉瘤症状

最常见的发病部位包括肱骨近端、尺骨远端、股骨近端和胫骨远端。患犬常因跛行就诊。体格检查可见肿瘤原发位置肿胀和疼痛,而疼痛与骨溶解、骨膜破裂或微骨折有关。

(二)其他部位骨肉瘤症状

口腔骨肉瘤可以引起面部畸形和鼻腔脓性分泌物,有些患犬因疼痛会出现张口或吞咽困难;肋骨起源的骨肉瘤可能会因疼痛反应而呼吸困难。

(三)全身症状

当肿瘤转移至肺脏时,患犬不常见呼吸困难或咳嗽,也罕见胸腔积液,主要表现为虚弱、食欲不振等非特异性症状。病程久的患犬可能会出现体重下降,甚至消瘦等恶病质表现。

【诊断】

根据血清生化检查、影像学检查、细胞学和组织病理学检查可以初步做出诊断。

(一)血清生化检查

可能出现ALP升高。

(二)影像学检查

该项检查非常关键。应对四肢骨进行正位和侧位投照,其他部位要根据实际需要调整摆位。骨肉瘤早期病变的X线征象呈现轻微骨膜反应;严重病例有明显的骨皮质不连续、病理性骨折、软组织肿胀伴新骨生成等表现。当肿瘤侵袭骨皮质时,骨膜会升高,形成新骨,沿骨皮质以放射状分布,被称为“Codman三角”(图16-9)。CT检查可以获取更详细的诊断信息,同时应评估肺部转移情况,以作为分期的依据。

(三)细胞学和组织病理学检查

细胞学检查有助于该病的诊断,确诊需要进行组织病理学检查。必要时,可进行碱性磷酸酶染色或免疫组化。

根据以上检查，进行临床分期（表 16-5）。

表 16-5　犬骨肉瘤临床分期

分期	病理级别	转移情况
Ⅰ期	低级别	无明显转移
Ⅱ期	高级别	无明显转移
Ⅲ期	任何级别	淋巴结或远端转移

引自 David M，Douglash，Julius M. Withrow & MacEwen's small animal clinical oncology[M]. 3rd ed. Elsevier，2019。

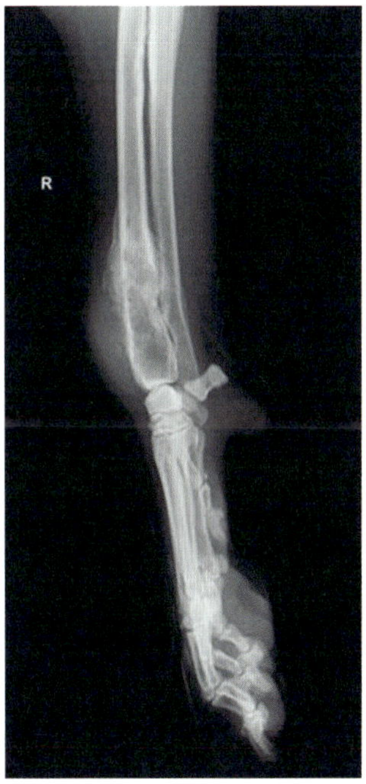

病变近端有骨膜下新骨生成而形成的三角形影像，被称为“Codman 三角”，病理提示为骨肉瘤。

图 16-9　桡骨远端侵袭性骨病变

（中国农业大学动物医院供图）

【治疗】

（一）治疗原则

根据病变部位选择手术方式，术后配合化疗进行辅助治疗。大部分病例疼痛明显，应做好疼痛管理。

（二）治疗方法

1. 手术治疗

四肢骨的骨肉瘤病例，推荐截肢。术后，患犬的生活质量和运动性得到改善。非四肢骨骨肉瘤病例是否进行手术取决于肿瘤发生位置和术后功能性等因素。

2. 化学疗法

化学疗法是主要的系统性辅助治疗手段。常用化疗药物包括单独使用卡铂（300 mg/m^2，静脉注射，3 周一次，连续 4 次）；多柔比星（30 mg/m^2，静脉注射）和卡铂（300 mg/m^2，静脉注射），交替给药（每 3 周交替给药一次，3 个循环，共给药 6 次）。

3. 放射疗法

辅助放疗是姑息治疗的一部分。

4. 对症治疗

骨肉瘤患犬疼痛明显，应针对癌痛积极进行疼痛管理，可每天口服非甾体抗炎药控制疼痛，有骨破坏的病例可静脉输注帕米磷酸盐。

【预后】

骨肉瘤患犬的预后与肿瘤位置、分期及血清碱性磷酸酶活性等相关。

（一）解剖位置

除下颌骨外，其他部位的骨肉瘤预后相似，手术切除病变部位后，无病间期约为 5 个月。骨外骨肉瘤转移性高，侵袭性强，预后较差。

（二）分期

Ⅲ期病例预后非常差，中位生存期仅 76 d。

（三）血清 ALP 活性

ALP 高的患犬预后较差，无病间期较短，存活时间也较短。

第七节　黑色素瘤

黑色素瘤(melanoma)是一种起源于产生黑色素细胞的肿瘤。犬较为常见，在猫中罕见。黑色素瘤的发病位置常见于皮肤、口腔、甲床、足垫、黏膜结合处等。发生在口腔、甲床和黏膜结合处的黑色素瘤常被称为恶性黑色素瘤(malignant melanoma，MM)，侵袭性强且易发生转移，转移部位包括引流区域的淋巴结、肺脏、肝脏等。眼部黑色素瘤有相对独立的临床表现和生物学行为，恶性程度较低。

【病因】

如果频繁暴露于紫外线下就会诱发人类出现皮肤黑色素瘤，但犬黑色素瘤的发病原因尚不明确。

【发病机制】

黑色素瘤的发病机制尚不明确。人类的皮肤黑色素瘤中常见促分裂原活化的蛋白激酶(mitogen-activated protein kinase，MAPK)信号通路中的 *BRAF* 突变，但犬、猫的黑色素瘤中极少见 *BRAF* 突变。

【临床症状】

临床表现和发病位置相关。发病初期，患病动物一般无全身表现。当肿瘤过大或出现远端转移时，患病动物会出现引流区域淋巴结增大、精神不振、食欲减退或消瘦等临床表现。

(一)皮肤黑色素瘤症状

它多表现为深色团块，大小和病程有关。肿瘤可能会出现表面破溃。

(二)口腔黑色素瘤症状

它常表现为口臭和出血等临床症状。肿瘤过大会引起进食困难。

(三)甲床黑色素瘤症状

肿瘤过大或破溃会引起跛行等症状。

【诊断】

根据病史调查、体格检查、实验室检查、影像学检查、细胞学和组织病理学检查进行诊断。对于分化良好的黑色素瘤而言，细胞学检查是诊断的关键。分化不良的肿瘤还需要组织病理学检查、免疫组化等进行确诊。身体其他各部位的影像学检查对评估肿瘤转移至关重要，但微小的转移灶需要通过 CT 检查进行评估。通过这些检查可以进行临床分期，标准分期见表 16-6。

表 16-6　犬黑色素瘤临床分期

分期	肿瘤大小/cm	转移情况
Ⅰ期	直径≤2	无淋巴结转移
Ⅱ期	直径 2～4	无淋巴结转移
Ⅲ期	直径≥4	±淋巴结转移
Ⅳ期	任何大小	远端转移

引自 David M，Douglash，Julius M. Withrow & MacEwen's small animal clinical oncology[M]. 3rd ed. Elsevier，2019。

【治疗】

(一)治疗原则

采用手术治疗、放射疗法、化学疗法和其他疗法。

(二)治疗方法

1. 手术治疗

患有黑色素瘤的动物利用手术是最有效的治疗手段。皮肤黑色素瘤可在肿瘤周围旁开 1 cm，且沿着筋膜平面切除。齿龈或口腔黏膜的黑色素瘤应切除部分下颌骨或上颌骨，不能只把突出表面的肿瘤切除，否则很容易局部复发。

2. 放射疗法

它主要用于口腔黑色素瘤的局部控制或未完全切除肿瘤的辅助治疗。

3. 化学疗法

它可用于未完全切除肿瘤或远端转移的辅助治疗，使用卡铂(200～300 mg/m^2，静脉注射，三周一次)，也可联合放射疗法使用。

(三)其他疗法

其他疗法包括犬单克隆抗体 PD-1 和 PD-L1、商品化的黑色素瘤疫苗、基因疗法等，均有一定疗效。

【预后】

犬黑色素瘤的生物学行为多样，与肿瘤发生的位置、大小、临床分期、组织病理学等因素密切相关。黑色素瘤的解剖位置对局部侵袭性、转移风险有重要的预后提示意义。发生在有被毛皮肤处直径≤0.5 cm 的肿瘤通常为良性，通过手术切除可以治愈；长在口腔的黑色素瘤(图 16-10)，通常为侵袭性高、转移风险高的恶性肿瘤，预后不良。

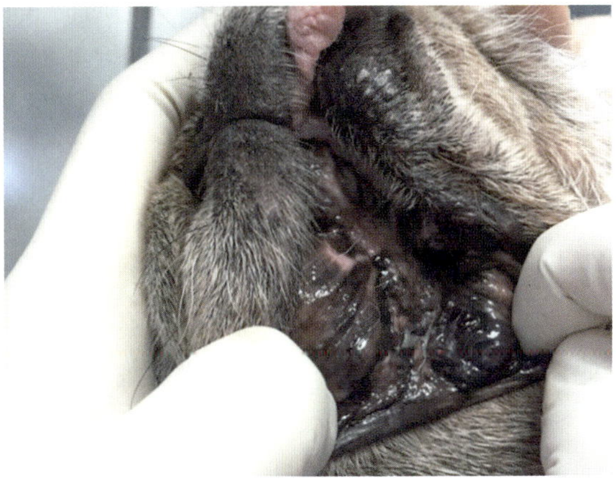

图 16-10　犬口腔恶性黑色素瘤

(李格宾供图)

第八节　犬传染性性病肿瘤

传染性性病肿瘤(transmissible venereal tumor，TVT)是一种可水平传播的组织细胞性异常增殖性疾病。犬传染性性病肿瘤主要发生于犬外生殖器。该病除犬外，其他犬科动物也可发病，例如，狐狸、土狼等。该病呈全球分布，但最常见于热带和亚热带地区，在流浪动物广泛分布的地区，该病传播更为普遍。任何年龄、任何品种的犬均可发病，但 2～5 岁的青年未绝育的犬最易感。犬传染性性病肿瘤是一种传染性疾病，以外生殖系统出现菜花状增生物为特征，常见与患犬的病变部位有直接接触的病史。多数病例手术治疗或化疗后的预后良好。

【病因】

犬传染性性病肿瘤是一种传染性疾病，主要通过交配传播，也可通过舔舐、撕咬、嗅闻肿瘤区域传播。发病部位包括外阴、鼻腔、口腔、皮下组织或眼部。该病有时会自行消退。任何免疫抑制的因素都会导致发病风险升高。

【发病机制】

犬传染性性病肿瘤是一种传染性疾病，病变的肿瘤细胞可作为传染源，跨越主要组织相容性复合物(major histocompatibility complex，MHC)屏障在受损的黏膜上发生种植性传播。细胞遗传学和基因分析分子学研究已经证实，该类肿瘤具有可复制性，肿瘤细胞能够克服单个宿主的屏障，在不同个体之间传播。

【临床症状】

患犬通常于交配后 2～6 周内在外阴或鼻腔、口腔黏膜出现肿瘤，可呈单发或多发，也有的在数年内呈缓慢生长，并表现出侵袭性和转移性。

原发病变通常位于外生殖器，公犬主要位于阴茎根部（图 16-11），母犬常位于阴道后或前庭。肿瘤初期直径为 1～3 mm，呈充血性丘疹状，随后这些丘疹会融合成大肿瘤，可呈结节状、乳头状或多叶菜花状。肿瘤表面易碎，可导致溃疡感染及出血，因此，患犬会出现外生殖器滴血的症状，进而导致贫血。

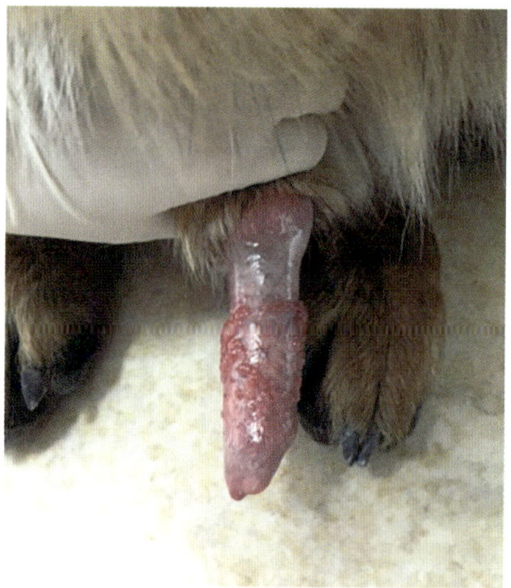

图 16-11　犬阴茎传染性性病肿瘤

（李格宾供图）

【诊断】

犬传染性性病肿瘤的诊断需要全面的病史（包括旅行史）、临床症状、体格检查，确诊需要进行细胞学检查和组织病理学检查。一般血常规检查、血清生化和尿液检查均无特异性变化。

（一）细胞学检查

该肿瘤的细胞比较有特点，为圆形细胞，呈离散分布。细胞大小较为均一，细胞质丰富，浅蓝色，内含有数量不一的小空泡；细胞核偏心，偶见双核，可见[有丝]分裂象。

（二）影像学检查

应进行腹部超声检查，以确定局部淋巴结是否出现转移。鼻腔肿瘤应进行头部 CT 检查。

【治疗】

（一）治疗原则

大多数病例可通过化学疗法达到良好的控制效果。少数病例需要手术配合放化疗进行治疗。

（二）治疗方法

1. 化学疗法

化学疗法为治疗该肿瘤最有效的方法。长春新碱的使用剂量为 0.5～0.7 mg/m^2，静脉注射，每周一次，连用 4～6 次，对 90%～95%的病例有效。长春新碱耐药的病例可用其他化疗药物，如环磷酰胺、长春碱、米托蒽醌或多柔比星等。

2. 手术治疗

手术治疗也是非常有效的治疗方法，但容易导致肿瘤细胞通过器械或手套定殖到其他部位。

3. 放射疗法

化疗耐药的病例可以通过放疗来治疗。

【预后】

犬传染性性病肿瘤一般只局部发病，很少会发展为全身性疾病。该病预后良好，大多可通过化学疗法或放射疗法治愈，少数病例能够自愈。

第九节　其他肿瘤疾病

除上述常见的肿瘤疾病外，在临床上还可见犬、猫其他肿瘤疾病，如表 16-7 所列。

表 16-7　犬、猫其他肿瘤疾病

病名	概念	流行病学	病因	临床症状	诊断	治疗及预后
口腔鳞状细胞癌(oral squamous cell carcinoma)	发生在犬、猫口腔的起源于鳞状细胞的恶性肿瘤	犬、猫最常见的口咽部癌症。中老年的犬、猫高发,无性别偏好。口腔内的鳞状细胞癌常发生于切齿、下颌的前臼齿或上颌的臼齿附近,舌和扁桃体也常见发生	犬口腔鳞状细胞癌的病因未知。研究表明,长期暴露于烟雾中的猫常见 *p53* 的突变,可能与口腔鳞状细胞癌的发生发展有关	食欲下降、口臭、牙齿松动或脱落、唾液带血、眼球突出、鼻出血、吞咽困难、咀嚼困难或疼痛。鳞状细胞癌多见形状不规则的菜花样突起,有些出现溃烂。常见骨转移、局部淋巴结转移率较低,不常见肺转移	对肿瘤进行活组织检查,推荐头部和肺部的高阶影像学检查对患病动物进行分期。CT 是一种更为敏感的诊断工具,可在治疗之前确定局部骨骼的侵袭程度	手术治疗(尤其是下颌骨切除)的鳞状细胞癌病例预后良好。大部分不进行手术而采取放疗,进行姑息治疗的病例的病情也能得到缓解
鼻腔腺癌(nasal cavity adenocarcinoma)	发生在犬、猫鼻腔的起源于腺上皮的恶性肿瘤	腺癌占犬鼻腔肿瘤的一半。患犬平均发病年龄为 10 岁,中型至大型的公犬和长吻品种好发	目前犬、猫鼻腔腺癌的发病原因未知。近 60%的犬鼻腺癌在细胞核内有 *p53* 高表达,可能与肿瘤形成有关	间歇性和进行性单侧鼻出血或流脓性黏液、面部肿大、面部畸形或溢泪	推荐对所有疑似鼻腔肿瘤病例进行 CT/MRI 的影像诊断。确诊需要活组织检查,使用鼻窥镜可以确定活组织检查的最佳部位,并在内窥镜辅助下进行活检,获得组织样本,进行病理诊断	一般选择放射疗法治疗鼻腔肿瘤,化学疗法和手术治疗对鼻腺癌的控制效果不如放射疗法
肝细胞癌(hepatocellular carcinoma)	起源于犬、猫肝脏上皮细胞的肿瘤	犬肝脏肿瘤中最常见的类型(77%);无品种和性别倾向;在猫肝脏肿瘤中排第二位	犬、猫肝细胞癌病因未知	无特异性症状。临床常见症状包括腹围增大、食欲下降、体重减轻、黏膜苍白、虚弱等,与疾病发展程度相关	实验室检查包括血常规检查、血清生化检查、凝血检查、细胞学检查、组织病理学检查等。常见非再生性贫血的生化检查可能伴有肝酶轻度升高。细胞学检查可见肿瘤病变的肝细胞,但确诊需要组织病理学检查。超声检查可见肝脏团块,CT 检查有助于分期和制订治疗计划	分级较低的肝细胞癌在肝叶切除术后,预后良好,中位存活时间约为 377 d。团块型肝细胞癌在切除部分或全部肝叶,预后良好
睾丸支持细胞瘤(testicular sertoli cell tumor)	发生于睾丸,起源于生精小管的支持细胞	多发于中老年未去势的公犬,有品种倾向性,挪威猎麋、猎狐㹴、阿富汗猎犬、西高地白㹴、艾尔谷㹴、威玛猎犬和喜乐蒂牧羊犬的发病率较高	病因不明。有关环境因素的研究显示,环境因素起着重要作用;*p53* 基因突变在犬支持细胞瘤中很常见	单侧睾丸肿大,伴对侧睾丸萎缩;由雌激素中毒导致的骨髓抑制病例会出现贫血相关症状;少数病例有对称性脱毛、色素沉着、乳房发育和吸引公犬等	进行血常规检查、雌激素水平检测。雌激素水平升高且病程久的病例可能会出现非再生性贫血和/或白细胞、血小板减少;确诊须进行组织病理学检查。影像学检查有助于临床分期	无骨髓抑制的病例在手术切除后,预后良好;严重贫血或血小板/白细胞减少症的病例,预后不良

思考题

1. 犬、猫肥大细胞瘤的生物学行为有什么差异?
2. 犬、猫淋巴瘤根据其解剖位置有多少种不同的类型?
3. 脾脏血管肉瘤患犬出现肿瘤破裂后可能会导致哪些症状和临床病理学变化?

第十七章　血液和造血系统疾病

学习目的与要求

1. 掌握血液和造血系统疾病的病因、诊断方法和治疗原则。
2. 掌握贫血和真性红细胞增多症的发病机制、诊断方法和治疗原则。
3. 了解犬、猫常见的止血异常、临床表现和诊断方法。
4. 掌握免疫介导性溶血性贫血和免疫介导性血小板减少症的临床诊治方法。

概　　述

兽医血液学(veterinary hematology)是以动物血液和造血系统为主要研究对象的兽医分支学科。血液疾病是指原发或主要累及血液和造血器官的疾病，又称为血液和造血系统疾病。

在动物出生后，骨髓成为最主要的造血器官，其中的造血干细胞(hematopoietic stem cell，HSC)具有自我更新和多向分化的特征，可分裂、分化形成各种血细胞。除造血干细胞外，血细胞的生成还需要造血微环境(微血管系统、脂肪细胞、巨噬细胞、内皮细胞、神经成分等)及许多调控因子(促红细胞生成素、集落刺激因子、肿瘤坏死因子-α 等)的参与，从而使动物的造血功能得以维持恒定。当骨髓造血功能耗尽或出现障碍时，骨髓以外的器官也可参与造血，即髓外造血，如脾脏。发育成熟的血细胞进入外周血液循环系统，包括红细胞、白细胞和血小板，是血液的有形成分，约占血液总量的 45%，发挥气体交换、免疫防御和止血等功能；血浆为血液的无形成分，包含蛋白、水、无机盐、激素等，参与全身各个系统的物质代谢和生长调控。

根据受累细胞或组织的不同，血液和造血系统疾病可分为：①红细胞疾病，如各类贫血和红细胞增多症；②白细胞疾病，如泛白细胞减少症、pelger-huët 畸形等；③出血性及血栓性疾病，如免疫介导性血小板减少症、弥散性血管内凝血(disseminated intravascular coagulation，DIC)等；④造血干细胞疾病，如各类白血病、骨髓增生异常综合征(myelodisplastic syndrome，MDS)、纯红细胞再生障碍性贫血等。

各种遗传或获得性因素均可导致血液疾病的发生，包括：①感染，如猫白血病病毒、犬巴贝斯虫感染等；②免疫或炎症，如免疫介导性溶血性贫血、免疫介导性血小板减少症、炎性贫血等；③创伤，如失血性贫血；④中毒，如洋葱、锌、对乙酰氨基酚等中毒；⑤代谢，如低磷性溶血、缺铁性贫血等；⑥肿瘤，如各类白血病及肿瘤对骨髓的侵袭；⑦遗传，如磷酸果糖激酶缺乏症、丙酮酸激酶缺乏症等。

由于血液成分复杂，参与全身各器官的营养供给与物质代谢，并与造血组织之间形成完整的动态平衡系统，所以血液疾病的临床症状常呈现全身性、多样性和复杂性等特点。常见的非特异性症状包括沉郁、嗜睡、饮食欲下降、发热等。特异性症状取决于原发疾病和累及的血液组分，如贫血常表现为黏膜苍白或黄染、运动不耐受；白血病可伴有体表淋巴结肿大；免疫介导性血小板减少症可见皮肤瘀点或瘀斑、尿血、便血等出血性症状。

血液以液体形式不停地在体内循环，除血液系统自身的原因外，其他器官或组织的病变均可能引起血液的变化，因此，血液疾病的诊断尤为复杂。在完整的病史调查和体格检查的基础上，正确地选择实验室和影像学检查有助于疾病的诊断。

在实验室检查中，常用的方法有：①全血细胞计数（complete blood count，CBC）和血涂片检查可反映外周血中各种血细胞的数量及形态变化，如贫血的严重程度，是否出现血小板减少或网织红细胞增多，有无观察到异常细胞、血液寄生虫或包涵体等；②出血性疾病相关检查包括对血小板数量和功能、血管性血友病因子、凝血因子活性、纤维蛋白溶解系统等的评估；③骨髓细胞学和活检对白血病、多发性骨髓瘤、骨髓纤维化等疾病有确诊价值，对许多其他疾病，如血小板减少、非再生性贫血等具有辅助诊断和预后判定价值；必要时，可进行血液细胞的特殊染色或免疫细胞/组织化学染色，有助于区分前体细胞类型；④其他检查包括血清生化检查、尿检、激素检查等，可以评估肝胆、肾脏、内分泌等系统的功能以及与血液疾病的相关性。在影像学检查中，X 线、超声、CT 或 MRI 对于发现和定位病变十分重要。

血液和造血系统疾病的治疗应积极查找并纠正原发病因。为了稳定动物体况，需进行对症及支持治疗。一般治疗措施包括：①祛除原发病因，如寄生虫引起的失血性或溶血性贫血等；②若无法及时祛除原发病因，在诊断或治疗原发疾病的同时，应保持血液成分及功能的稳定，如肾性贫血、失血、溶血、血小板减少或凝血因子缺乏时输注全血或成分血，补充促红细胞生成素等；③在治疗血液疾病的同时，还应关注患病动物的整体状态，如出现脱水、酸碱和电解质紊乱等情况，应及时采取支持治疗，保证动物体况，改善其生活品质。

随着宠物诊疗行业的发展，兽医对犬、猫血液疾病的认识逐渐加深。犬、猫的某些血液和造血系统疾病与人类相似，时常作为人类疾病的研究模型。因此，借鉴人类医学，可以促进犬、猫血液学的更大发展。犬、猫血液学正在向免疫学、分子生物学等方向不断发展，治疗方案也从常规治疗方法逐渐向靶点药物的研发和临床应用转变。对血液和造血系统疾病的研究也必将带动其他兽医学科的发展！

第一节　贫　　血

贫血（anemia）是指一种动物单位体积外周血中的红细胞计数、血红蛋白含量、血细胞比容（hematocrit，HCT）低于参考范围的病症。贫血并非一种独立的疾病，而是许多疾病的结果或临床表现。当动物出现贫血时，应进一步查找导致贫血的潜在病因。

尽管以上三个指标均可反映贫血与否及贫血的严重程度，但兽医在临床上通常以 HCT 作为评价标准来评估贫血的严重程度。应注意的是，某些犬的品种，如格力犬等视觉猎犬的 HCT 比其他犬高；生活在高海拔地区动物的 HCT 轻度升高可视为正常；而幼龄动物的 HCT 通常低于成年动物。因此，在判定有无贫血时，应考虑年龄、品种、地域等因素。

根据病程，贫血可分为急性贫血和慢性贫血；按红细胞指数，贫血可分为大细胞低色素性贫血、小细胞低色素性贫血等；按 HCT 水平，贫血可分为轻度贫血、中度贫血、重度贫血和极重度贫血（表 17-1、图 17-1）；按骨髓对贫血的反应，贫血可分为再生性贫血和非再生性贫血；按发病机制，贫血可分为红细胞生成减少、丢失过多或破坏增加造成的贫血。尽管这些分类对贫血的诊断和治疗具有一定指导意义，但根据发病机制的分类更能反映贫血的病理本质。

表 17-1 犬、猫贫血严重程度的划分标准 %

严重程度	犬	猫
轻度	30～37	20～26
中度	20～29	14～19
重度	13～19	10～13
极重度	＜13	＜10

引自 Douglas J. Weiss，K. Jane Wardrop. Schalm's veterinary hematology[M]. 6th ed. Veterinary Clinical Pathology，2010。
注：该表数值是指血细胞比容(HCT)。

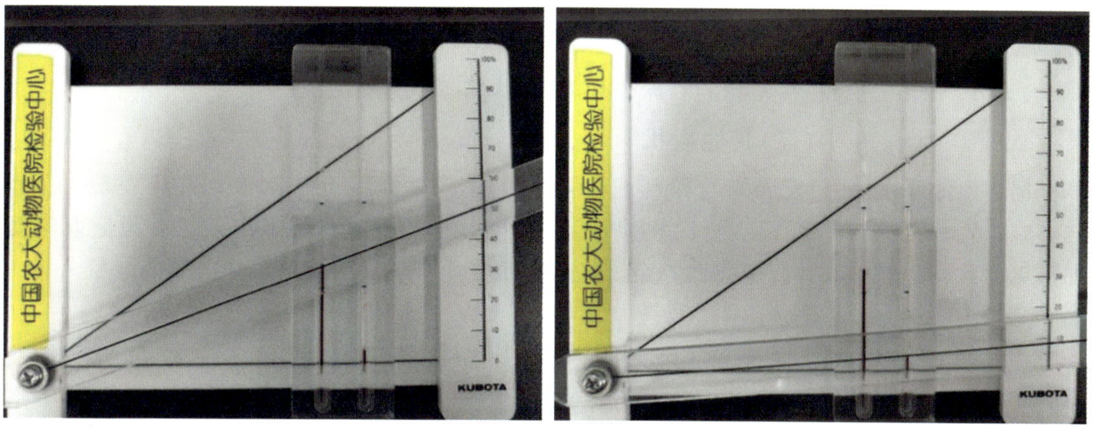

A　　　　B

A. 一只健康犬的血液经离心后，HCT 为 51%；B. 另一只极重度贫血的犬，HCT 仅为 8%。

图 17-1 血细胞比容测量

（刘洋供图）

【病因】

各种遗传或获得性因素均可导致血液和造血系统疾病的发生，其主要包括感染、免疫或炎症、创伤、中毒、代谢、肿瘤等。

【发病机制】

（一）红细胞生成减少

红细胞的生成取决于三大要素：造血细胞、造血调节和造血原料。任何一部分出现异常均会影响红细胞生成。当发生纯红细胞再生障碍性贫血时，由于骨髓红系前体细胞发生异常，从而发生单纯性红细胞生成减少；当发生慢性肾病时，促红细胞生成素分泌减少，造血的调节作用受到影响，从而导致红细胞生成减少；由长期慢性失血引起的缺铁、维生素 B_{12} 吸收障碍等，因造血原料不足而引起贫血。

（二）红细胞丢失过多

它常见于各种原因引起的体内外出血，如体内外寄生虫、创伤、凝血紊乱、中毒、肿瘤等。由于失血时的骨髓造血功能通常未受影响，故动物多表现为再生性贫血。当动物出现长期慢性失血时，造血原料耗竭也会出现非再生性贫血，如由长期跳蚤感染导致的缺铁性贫血。

（三）红细胞破坏增多

由红细胞内在缺陷或外在异常引起的红细胞寿命缩短、破坏增多而引发的贫血，称为溶血性贫血。

1. 内在缺陷

内在缺陷见于某些遗传性疾病，如丙酮酸激酶缺乏症、磷酸果糖激酶缺乏症，罕见于比格犬、巴迅犬、史宾格犬等特定品种。

2. 外在异常

外在异常见于血管因素，如血管肉瘤、DIC 等；免疫因素，如血型不相容性输血、免疫介导性溶血性贫血等；感染因素，如巴贝斯虫、血支原体等；理化因素，如蛇毒、输入低渗溶液等；代谢因素，如低磷血症、海因茨小体性溶血等造成的红细胞破坏。

视频 17-1 犬黏膜苍白症状

【临床症状】

（一）共同症状

无论何种贫血，患病动物常表现为黏膜苍白、沉郁、嗜睡、呼吸急促、心率加快、饮食欲下降等非特异性症状。就贫血而言，如果严重程度越高、发展速度越快，动物的临床表现就越明显。

（二）其他症状

根据贫血的原发病因、发展速度和严重程度等因素，患病动物会出现多种临床表现。在溶血性贫血时，患病动物会表现黄疸、血红蛋白尿等症状；在创伤性失血时，患病动物会因低血容量而出现休克症状；在慢性贫血时，患病动物会因代偿和耐受而不表现明显的临床症状。

【诊断】

对贫血的诊断在本质上是探查贫血的潜在病因。兽医应详细了解患病动物的病史，包括发病时间、发展速度、对干预治疗的反应、免疫驱虫情况、旅行史和接触毒物的可能等。完整的体格检查有助于确定患病动物贫血的严重程度和累及范围，为选择实验室检查和影像检查提供依据。

（一）血液学检查

除可确认有无贫血及贫血的严重程度外，CBC 还可反映平均红细胞体积、血红蛋白浓度、白细胞和血小板数量的变化，为查找贫血原因提供线索。网织红细胞计数有助于评估骨髓反应。血涂片可用于观察各种血细胞的形态是否发生异常，有无寄生虫、包涵体或原始细胞等。

（二）骨髓检查

当患病动物出现不明原因的非再生性贫血时，可通过骨髓检查来评估骨髓细胞的种类、数量、比例、成熟程度和形态变化。

（三）其他实验室检查

可基于对贫血病因和发病机制的探讨，有针对性地选择实验室检查，例如，粪便寄生虫、潜血检查、尿液分析、血清磷水平和遗传病检查等。

（四）影像学检查

由肿瘤或创伤等造成的贫血可通过影像学检查发现和定位病变。

【治疗】

（一）治疗原则

贫血的治疗应采取对症治疗和对因治疗相结合的策略。

（二）治疗方法

1. 对症治疗

在明确贫血原发病因之前或同时，为了减轻重度贫血或急性贫血对患病动物的影响，为对因治疗争取时间，应采取输血治疗或其他支持治疗，以稳定动物体况。

2. 对因治疗

（1）红细胞丢失　胃肠道溃疡出血使用硫糖铝或奥美拉唑等胃肠道保护剂；由肠道寄生虫所

致的便血使用抗蠕虫药或抗原虫药；由泌尿系统感染引起的尿血进行抗菌治疗；由创伤或肿瘤导致的内脏出血行手术修补或摘除等。

(2)红细胞破坏　由洋葱或肝脏脂质沉积导致的红细胞氧化损伤使用 *S*-腺苷甲硫氨酸、水飞蓟素等抗氧化剂；免疫介导性溶血性贫血使用免疫抑制剂泼尼松或泼尼松龙等。

(3)红细胞生成障碍　缺铁性贫血可补充铁制剂；由慢性肾病导致的严重贫血使用促红细胞生成素或阿法达贝泊汀，以促进红细胞生成。只有针对原发病因进行治疗，方可从根本上纠正贫血。

【预后】

患病动物的预后不定取决于原发病因、病程进展以及对治疗的反应。

第二节　免疫介导性溶血性贫血

免疫介导性溶血性贫血(immune-mediated hemolytic anemia，IMHA)是指免疫调节机制发生异常，红细胞在自身抗体的作用下被破坏，从而导致动物出现贫血。IMHA 是犬最常见的溶血性疾病，猫罕见。原发性 IMHA 常发于中青年犬(中位发病年龄为 6 岁)，其中可卡犬、贵宾犬、史宾格犬等比其他品种好发。报道称，母犬更好发，但 IMHA 可发生于任何年龄、品种和性别的犬。猫 IMHA 较少见且更难诊断。

【病因】

当 IMHA 由潜在疾病引发时，称为继发性 IMHA。目前认为犬吉氏巴贝斯虫、猫嗜血支原体感染可引起 IMHA，但药物(如 *β*-内酰胺类、苯巴比妥)、免疫、肿瘤等因素是否可引起 IMHA，尚未完全得到证实。若患病动物未发现上述病因或其他可疑的关联疾病，则称为原发性 IMHA 或特发性 IMHA。犬原发性 IMHA 更常见。

【发病机制】

在原发性或继发性病因的作用下，动物产生针对自身红细胞的抗体，主要为 IgG，少数为 IgM。致敏的红细胞被肝脏和脾脏内的单核-吞噬细胞系统所吞噬，出现血管外溶血或在补体介导下，通过形成攻膜复合物而引发血管内溶血或促进血管外溶血的发生。红细胞破坏增加导致患病动物贫血。此时，骨髓启动代偿反应，出现再生表现。在少数情况下，动物机体产生针对红细胞前体细胞的抗体，骨髓内的幼稚红细胞在进入外周血前即被破坏，患病动物会表现为非再生性贫血。

当患病动物发生溶血时，血红蛋白中的血红素被巨噬细胞转化为胆红素并经肝脏代谢。当胆红素水平超出肝脏的处理能力时，患病动物便出现黄疸。此外，IMHA 会引起剧烈的组织炎症，血管内皮和血小板活化、血管内组织因子表达上调，使患病动物处于高凝状态而易于发生 DIC 和血栓。

【临床症状】

IMHA 常见的非特异性症状包括沉郁、嗜睡、食欲下降、呼吸急促、心率加快等。在发生血管内溶血时，通常起病急骤，患病动物可能出现黏膜苍白或黄染、血红蛋白尿、腹部疼痛或呕吐等，重症病例可能发生急性循环衰竭而死亡；在发生血管外溶血时，患病动物可表现为黄疸、胆红素尿等(图 17-2)。应注意的是，IMHA 患病动物通常同时存在血管内溶血和血管外溶血。部分病例可伴发血小板减少(伊文思综合征)并出现瘀点、瘀斑等症状。

【诊断】

IMHA 的诊断要点：①患病动物贫血的原因为红细胞破坏增多；②排除其他可引起溶血的红细胞内在缺陷及外在异常；③临床证据表明发生免疫介导性红细胞破坏，包括红细胞自体凝集阳性(图 17-3)、显著的球形红细胞增多(图 17-4)，或者直接通过库姆斯试验或流式细胞技术证实红

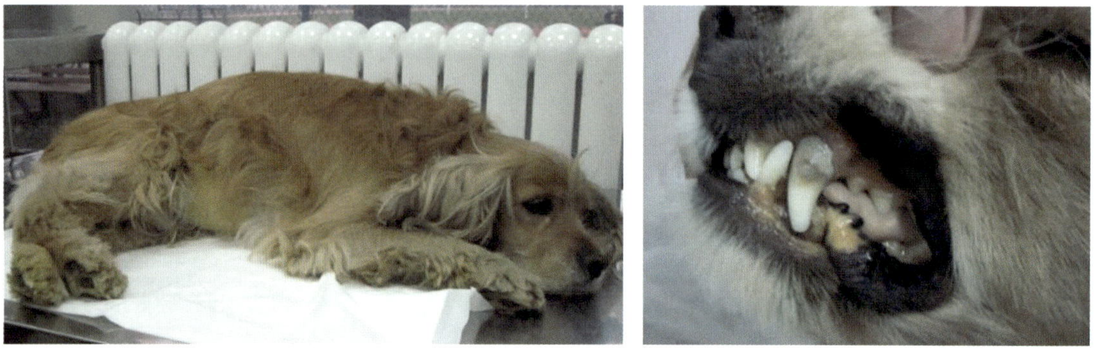

A. 可见患犬极度沉郁，腹部皮肤黄染；B. 口腔黏膜苍白、黄染。

图 17-2　一只 7 岁可卡公犬因食欲废绝和茶色尿前来就诊，后诊断为 IMHA

（刘洋供图）

细胞表面存在抗体。少数针对前体细胞的 IMHA 应与纯红细胞再生障碍性贫血等非再生性贫血相鉴别。必要时，可行骨髓穿刺或活检进一步诊断。另外，依据是否能查到病因可诊断为继发性 IMHA 或原发性 IMHA。

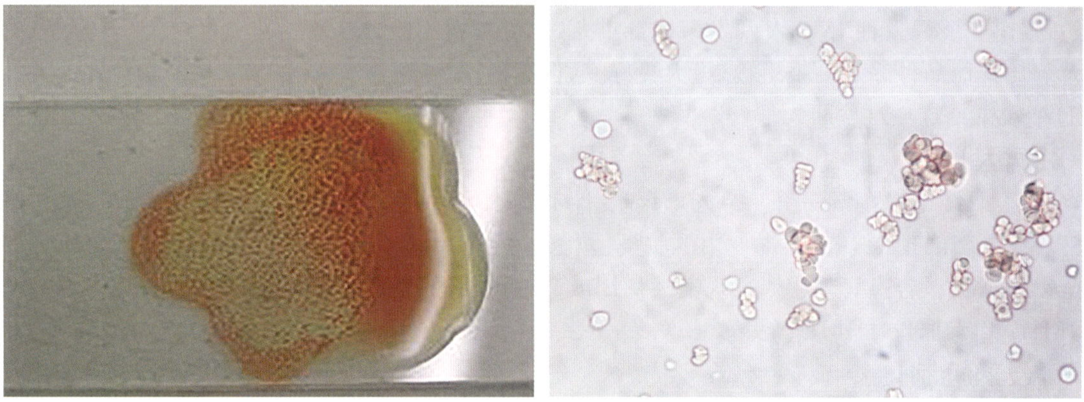

A. 凝集的红细胞呈沙砾样，血浆呈黄色，提示动物发生黄疸；B. 将 EDTA 抗凝血用生理盐水 4 倍稀释后，显微镜下可观察到凝集的红细胞呈“葡萄串样”聚在一起，即自体凝集呈阳性。

图 17-3　免疫介导性红细胞破坏

（刘洋供图）

视频 17-2　自体凝集阴性（左）VS 自体凝集阳性（右）

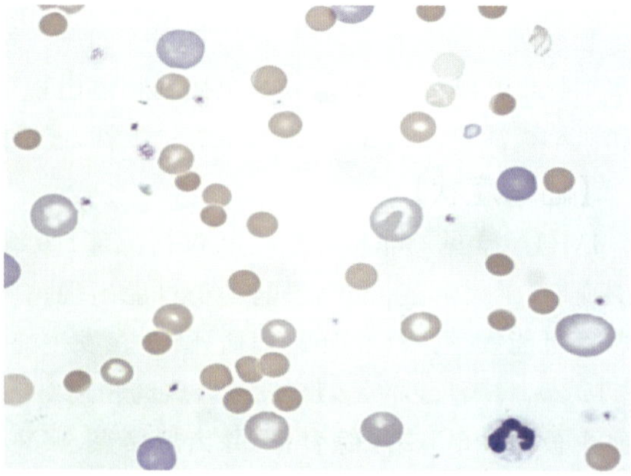

可见红细胞大小不等、多染红细胞增多和显著的球形红细胞增多（瑞氏-吉姆萨染色，1 000×）。

图 17-4　IMHA 患犬的外周血涂片

（刘洋供图）

【治疗】

(一)治疗原则

采取免疫抑制、血栓防治、支持治疗等措施。

(二)治疗方法

1. 免疫抑制

首选泼尼松龙或泼尼松 1～2 mg/kg,口服,每 12 h 一次。对治疗有反应的犬、猫,在用药后 3～7 d 出现 HCT 稳定或上升。当患病动物 HCT 高于 30%且体况完全稳定后,可逐渐降低泼尼松龙/泼尼松的剂量。若动物病情危重或用药一周后仍无明显改善,应合用硫唑嘌呤 2 mg/kg,口服,每 24 h 一次或环孢素 5～10 mg/kg,口服,每 12～24 h 一次。

2. 血栓防治

肺部栓塞是 IMHA 常见的严重并发症,除非患病动物出现严重的血小板减少($<30\times10^9$/L),否则,应对所有患病动物进行预防性抗栓治疗,如低分子量肝素 200～300 U/kg,皮下注射,每 6 h 一次或氯吡格雷 1～4 mg/kg,口服,每 24 h 一次。

3. 支持治疗

由于 IMHA 发病急骤,即使患病动物的 HCT 或临床表现仍处于可接受的范围,也应随时准备输注浓缩红细胞或新鲜全血。

若患病动物出现胃肠道症状,应给予胃肠保护剂;若患病动物发生感染或感染风险较高,在查明感染原的同时进行抗菌治疗。

当患病动物发生继发性 IMHA 时,应积极治疗原发病,并慎重选用药物。在治疗过程中,除了监测免疫介导性溶血的控制情况及相关并发症,还应持续评估动物对药物的耐受情况。

【预后】

该病通常发病较急,患病动物出现严重的溶血及组织缺氧,且易发生 DIC 和肺部栓塞等并发症,预后谨慎或不良。

第三节　真性红细胞增多症

真性红细胞增多症(polycythemia vera,PV)是一种以红细胞异常增多为主的慢性骨髓增殖性疾病。其临床特点是外周血 HCT 或 PCV 显著升高,血液黏稠度加大,患病动物出现循环障碍和组织缺氧等症状。该病中位发病年龄为 7 岁左右。报道称,母犬比公犬更常发,公猫比母猫更常发。

【病因】

该病病因尚不明确,可能与造血红细胞 *JAK2* 基因突变有关。

【发病机制】

动物体内红细胞的数量受促红细胞生成素(erythropoietin,EPO)的调节,后者主要由肾脏产生。当机体贫血或组织中氧分压降低时,EPO 浓度增加,促进骨髓内造血干细胞的分化、成熟和血红蛋白的合成,并促进成熟的红细胞释放进入外周血,以满足机体对红细胞携氧能力的需求。PV 由骨髓中红细胞克隆性增殖所致,不依赖于 EPO 的刺激,故患病动物的血清 EPO 水平通常偏低。

【临床症状】

该病发病缓慢,患病动物前期无明显临床症状。当 HCT 高达 80%～85%时,患病动物可表现出由血液黏度增高、循环障碍、组织缺氧而引起的一系列症状，包括沉郁嗜睡、意识不清、运动障碍、抽搐等神经症状以及黏膜潮红或发绀、脾脏肿大、打喷嚏等。

【诊断】

在诊断该病时，应注意与临床更常见的红细胞相对增多和红细胞继发性增多相鉴别。

(一)红细胞相对增多

见于由脱水所致的血液浓缩，此时患病动物往往伴有腹泻、呕吐、多尿等表现，血浆总蛋白和/或白蛋白升高，且 HCT 较少高于 60%(灵缇犬等视觉猎犬除外)。

(二)红细胞继发性增多

见于各种原因引起的 EPO 释放增多，包括：①慢性缺氧，如动物生活在高海拔地区、患有心脏或呼吸系统疾病；②肾脏疾病，如肾囊肿、肾癌等；③肿瘤异位释放 EPO，如犬鼻腔肉瘤、胃肠道间质瘤等。

在排除上述病因的基础上，临床上结合患病动物的病史及表现不难诊断该病。必要时，可测定血清 EPO 浓度和/或进行骨髓检查。EPO 浓度下降伴外周或骨髓红系细胞增生即可诊断该病。

【治疗】

(一)治疗原则

控制由 HCT 过高导致的临床症状。

(二)治疗方法

1. 静脉放血

重度 PV 患病动物首选静脉放血疗法，即颈静脉每千克体重采集血液 5～20 mL。由于失血可导致动物血压下降，所以应同时输注等量的生理盐水，以保证患病动物血容量稳定。可视患病动物情况重复放血治疗，治疗间隔以动物不出现与高黏血症相关的症状为宜。

2. 抑制骨髓增殖

使用羟基脲[30 mg/(kg·d)，口服，7～10 d 后逐渐降至最低有效剂量]，抑制红细胞生成。在治疗过程中应至少每 4～8 周评估 CBC。

【预后】

若治疗得当，大多数 PV 患病动物的病情可获得良好控制，并具有较长的生存期(>2 年)。

第四节 止血异常

止血异常(disorders of hemostasis)包括出血性疾病及血栓性疾病。前者是指遗传或获得性因素导致血管、血小板、凝血、抗凝及纤维蛋白溶解等止血机制发生缺陷或异常，从而引起以自发性或轻度损伤后过度出血为特征的疾病。犬常见由血小板减少症、灭鼠剂中毒等引起的出血，部分品种好发血管性血友病、血友病 A 和血友病 B 等遗传性出血性疾病。猫罕见原发性出血性疾病，可因肝病、反转录病毒感染等继发，引起凝血障碍。血栓性疾病是指血液内的有形成分在血管内形成栓子，造成血管部分或全部堵塞，并引起血流供应部位功能障碍的疾病。犬、猫血栓栓塞多由心血管系统疾病引起，但许多其他疾病可致动物出现高凝状态并发生血栓栓塞，如蛋白丢失性肠病、肾上腺皮质功能亢进、IMHA 等。

【病因】

动物机体通过保持血管完整性、血小板数量及功能、凝血与抗凝、纤维蛋白形成和纤维蛋白溶解间的平衡，保持血流通畅，既不过度出血，又不过度形成血栓。表 17-2 总结了犬、猫常见的出血性和血栓性疾病的病因。

表 17-2　犬、猫常见的出血性和血栓性疾病的病因

因素	出血性疾病	血栓性疾病
血管	败血性休克、药物过敏性紫癜	血管炎、心内膜炎、静脉导管留置
血小板	由免疫介导性血小板减少症、埃立克体或无形体等感染导致的血小板破坏、尿毒症等引起的血小板功能障碍	原发性血小板增多症
凝血功能	血友病、灭鼠剂中毒、肝功能不全等	败血症、IMHA
抗凝及纤维蛋白溶解	肝素使用过量	蛋白丢失性肠病、蛋白丢失性肾病、肾上腺皮质功能亢进
血流	—	肥厚型心肌病、胃扩张扭转综合征、低血溶性休克
混合性因素	DIC	DIC

【发病机制】

当血管发生损伤时，首先，通过血管收缩使管腔变窄、创口缩小或闭合。受损的血管内皮通过血管性血友病因子（von Willebrand factor，vWF）引发血小板黏附和聚集，形成血小板血栓，该过程称为初级止血。其次，通过外源性凝血途径和内源性凝血途径激活凝血酶，将纤维蛋白原转化为纤维蛋白，并最终形成纤维蛋白血栓，该过程称为次级止血。凝血级联反应过程见图 17-5。除凝血机制外，动物机体还存在抗凝（如抗凝血酶、蛋白 C 和蛋白 S、肝素等）与纤维蛋白溶解（如纤溶酶、纤溶酶原、纤溶酶原激活物等）机制，从而使凝血和抗凝、纤维蛋白形成和纤维蛋白溶解得以维持平衡。

当这些止血环节的构成要素，包括血管、血小板、凝血、抗凝及纤维蛋白溶解发生异常时，动物机体可发生出血性疾病。血管壁异常、血液成分改变、血流异常也可促进血栓形成，此即 Virchow 三联征形成三要素，其中血液成分主要包括血小板、凝血因子、抗凝及纤溶活力。

【临床症状】

（一）出血性疾病症状

初级止血异常的典型表现为浅表部位出血，腹部、耳郭等毛发稀疏处的皮肤可见瘀点或瘀斑，黏膜出血（鼻衄、黑粪症、尿血等），静脉穿刺后立即出血等。次级止血异常则常表现为深部出血，包括体腔、关节腔积血或深部血肿，静脉穿刺后延迟出血等。

（二）血栓性疾病症状

常见局部疼痛，受累部位水肿、缺血、缺氧、功能障碍等，与血栓影响范围及受累器官密切相关。

【诊断】

止血机制复杂，涉及疾病繁多。诊断时，应按先常见病，后少/罕见病；先易于诊断的病，后疑难病的原则进行。根据病史、体格检查和实验室检查可以做出诊断。

（一）病史

出血性疾病应详细询问同窝或亲代动物是否有相关疾病，患病动物既往出血史、出血诱因、用药情况或接触毒物的情况，同时了解患病动物的整体健康状况。血栓性疾病在完整病史调查的基础上重点了解患病动物是否存在心血管系统的潜在疾病。

（二）体格检查

进行全面的体格检查，并认真观察受累部位、范围等。在无手术或创伤等出血诱因的情况下，

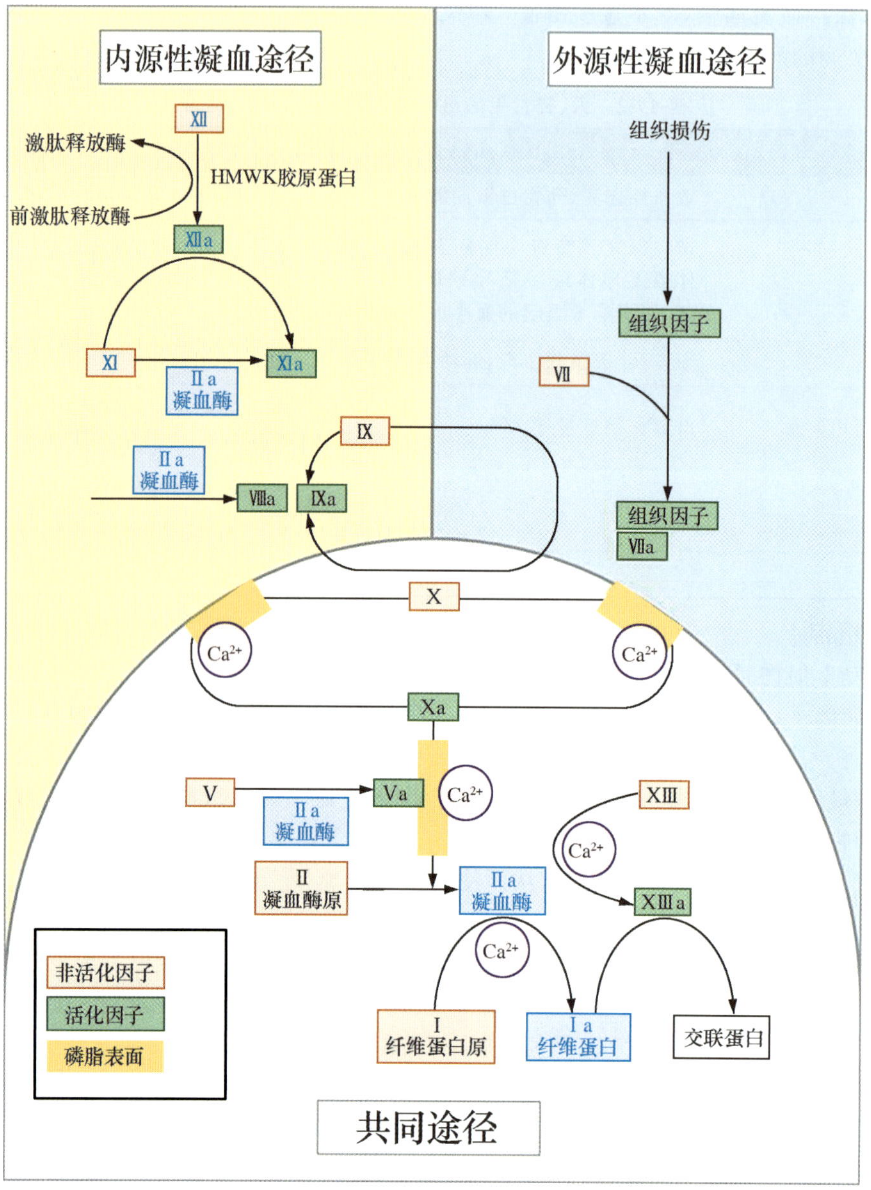

图 17-5　凝血级联反应过程

（李明亭改编自 JAMES F，DONALD M. Pathologic basis of veterinary[M]. 6th edition，Elsevier，2017）

若动物出现典型的临床症状，应确认是初级止血，还是次级止血发生异常。

（三）实验室检查

1. 血液学检查

血液学检查包括 CBC 和血涂片检查（血小板计数和形态观察）。

2. 常规出凝血检查

常规出凝血检查包括凝血酶原时间（prothrombin time，PT）、活化部分凝血活酶时间（activated partial thromboplastin time，APTT）、活化凝血时间（activated clotting time of whole blood，ACT）、纤维蛋白原、*D*-二聚体、颊黏膜出血时间（buccal mucosal bleeding time，BMBT）等。

3. 特殊检查

特殊检查包括 vWF、凝血因子检查、血栓弹力图和遗传病检查等。

4. 其他检查

根据患病动物情况进行血清生化、尿液分析、内分泌检查等，以评估患病动物的整体状态及潜在疾病。

【治疗】

（一）出血性疾病的治疗

先天性或遗传性出血性疾病应防大于治，避免或尽量减少创伤。必须进行侵入性操作时，做好止血和输血的准备。获得性出血性疾病应以治疗原发疾病为本。

（二）血栓性疾病的治疗

（1）治疗潜在疾病。

（2）抗血栓治疗　根据血栓部位及病程选择使用抗凝（如肝素或低分子量肝素、利伐沙班、华法林等）或抗血小板药物（如阿司匹林、氯吡格雷等）进行治疗，必要时考虑手术介入治疗。

（3）对症支持治疗　包括疼痛管理、改善循环、维持器官功能等。

【预后】

患病动物预后与潜在疾病及对治疗的反应密切相关，也因原发病不同而有较大差异。

第五节　免疫介导性血小板减少症

免疫介导性血小板减少症（immune-mediated thrombocytopenia，IMT），又称免疫性血小板减少症（immune thrombocytopenia，ITP），是指在体液免疫和细胞免疫的共同作用下，血小板发生过度破坏和生成受抑，从而出现数量减少。IMT 是犬最常见的获得性初级止血异常，好发于中老年母犬，其中可卡犬、古代牧羊犬、贵宾犬等比其他品种更好发，猫相对少见。

【病因】

根据是否存在潜在致病因素，该病可分为原发性 IMT 或继发性 IMT。目前已报道可能继发 IMT 的病因包括肿瘤（如淋巴瘤、骨髓瘤等），感染（如犬埃立克体、嗜吞噬细胞无形体、吉氏巴贝斯虫、胎儿利什曼原虫等），药物（如头孢菌素类抗生素、苯巴比妥、地西泮等）和某些疾病（系统性红斑狼疮、肝病等）。若患病动物无相关疾病或用药史，则为原发性 IMT。临床更常见原发性 IMT。

【发病机制】

IMT 的发病机制尚不完全明确，可能包括几个方面。

（一）体液免疫和细胞免疫介导的血小板过度破坏

患病动物对自身血小板抗原免疫丧失耐受，生成针对血小板表面糖蛋白的自身抗体，在抗体的调理作用下，血小板被网状内皮系统清除，同时辅助 T 细胞可激活细胞毒性 T 细胞，后者可直接清除血小板。

（二）免疫介导的巨核细胞破坏导致血小板生成不足

外周血小板减少可刺激巨核细胞增生，但上述免疫作用可损伤或抑制巨核细胞，使血小板出现生成障碍。

【临床症状】

IMT 发病隐袭，患病动物可突然出现严重的临床症状，包括皮肤、黏膜可见瘀点或瘀斑，口腔出血、鼻衄、尿血、便血/黑粪症等出血症状（图 17-6）或因急性大量失血而出现贫血，甚至低血容量性休克。此外，患病动物常表现出沉郁、嗜睡、厌食等非特异性症状，还可伴有发热、淋巴结增大或肝脾肿大。

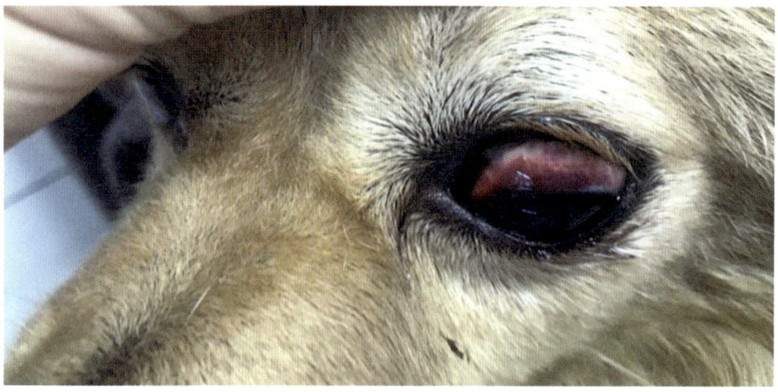

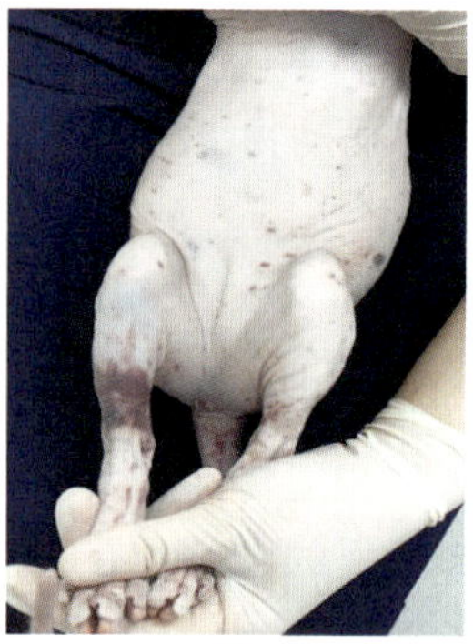

A. 一只 9 岁金毛寻回公犬因"红眼"前来就诊，体格检查可见球结膜出血；B. 一只 2 岁加拿大无毛母猫可见全身多处瘀点、瘀斑，患猫右后肢紫癜由采血部位难以止血所致。

图 17-6　IMT 患病动物的临床症状

（张琼供图）

【诊断】

IMT 的临床特征是血小板数量显著减少。诊断时，应注意鉴别引起血小板数量减少的其他疾病，包括：①假性血小板减少症，如穿刺静脉所致的血小板激活聚集；②血小板分布异常，如脾功能亢进、脾肿大、内毒素血症等；③血小板消耗或丢失增多，如急性失血、血管炎、DIC 等；④血小板生成障碍，如由毒素、感染、肿瘤等造成的骨髓损伤。

通常当血小板计数＜$30\sim50\times10^9$/L 时，患病动物才会出现自发性出血，且主要表现为初级止血异常。结合患病动物的病史和体格检查的结果，通过血液学检查、凝血检查、骨髓检查、特殊实验室检查和其他检查鉴别病因，则可诊断该病。

（一）血液学检查

血细胞分析仪和血涂片均显示血小板数量显著减少。根据患病动物出血情况，可能为再生性贫血或非再生性贫血，伴或不伴有白细胞计数增多。

（二）出凝血检查

凝血功能正常，出血时间或 BMBT 延长。

（三）骨髓检查

巨核细胞增生、正常或发育不全，可能出现成熟障碍，其他细胞系正常。

（四）特殊实验室检查

部分患病动物可检测到抗血小板抗体。

（五）其他检查

血清生化和尿液分析结果通常与出血表现相符，不提示其他系统性疾病。为了查找 IMT 的原发病因，建议通过核酸检查和血清学检查筛查相关感染性疾病。

【治疗】

（一）治疗原则

IMT 为自身免疫性疾病，治疗方案的核心是免疫抑制，同时进行对症支持治疗。

（二）治疗方法

1. 免疫抑制

首选泼尼松龙或泼尼松 1～4 mg/kg，口服，每 12 h 一次。患病动物通常于用药后 1～4 d 出现血小板数量升高。若治疗效果不理想，应考虑提高药物剂量或联合使用环磷酰胺（200～300 mg/m^2，静脉注射或口服)、长春新碱(0.5 mg/m^2,静脉注射)等。

2. 对症支持治疗

停用可能诱发 IMT 的药物;保持动物静养,避免对其进行侵入性操作;预防性或对症使用胃肠道保护剂(如法莫替丁 0.5～1 mg/kg,口服,每 12～24 h 一次);根据患病动物贫血情况输注新鲜全血或浓缩红细胞;若患病动物发生感染或感染风险较高,同时进行抗菌治疗。

【预后】

对治疗反应良好的患病动物预后较好。部分病例需长时间维持用药。对治疗无反应、药物不耐受或顽固性 IMT 的患病动物可能因严重出血、循环休克、感染等并发症而死亡或被安乐。

第六节　巴贝斯虫病

巴贝斯虫病(babesiasis)由巴贝斯虫属寄生虫感染引起,是犬最常见的蜱传血液寄生虫病,我国各地均有报道,但流行种属有所不同。各个品种、年龄、性别的犬均可感染,猫罕见感染。

【病因】

犬常见感染吉氏巴贝斯虫、犬巴贝斯虫、韦氏巴贝斯虫等。猫有报道可感染猫巴贝斯虫和家猫巴贝斯虫。

【发病机制】

携带巴贝斯虫的蜱叮咬动物后,其唾液腺内的子孢子释放入血。患病动物感染巴贝斯虫后常出现严重的溶血性贫血,其主要机制为:①巴贝斯虫进入红细胞内进行无性增殖,侵入并破坏更多红细胞;②被寄生的红细胞表面表达虫体抗原,激发宿主免疫反应,通过网状内皮系统清除被感染的红细胞;③虫体可溶性抗原黏附于红细胞和血小板表面,在抗体调理作用下,未受感染的红细胞和血小板被机体免疫系统清除;④其他作用,如氧化损伤、红细胞渗透脆性升高等也可造成溶血。

除被蜱叮咬外,动物打斗或撕咬、输注血液制品或垂直传播等也可引发感染。

【临床症状】

根据虫种的致病性和动物免疫反应的不同,该病的临床症状有所不同。患病动物可发生严重的溶血,表现为急性贫血、黄疸、血红蛋白尿或胆红素尿,甚至出现休克或死亡。部分患病动物仅出现沉郁、嗜睡、发热等非特异性症状或为无症状的亚临床感染。

【诊断】

结合流行病学信息、病史和临床表现可做初步诊断,血涂片(图 17-7)显微镜检查或 PCR 检查可确诊。

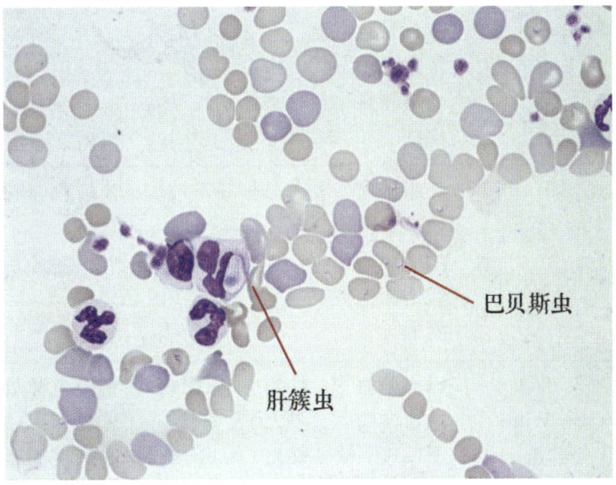

经 PCR 确诊为吉氏巴贝斯虫和犬肝簇虫混合感染(瑞氏-吉姆萨染色,1 000×)。

图 17-7　犬血涂片

(刘洋供图)

【治疗】

(一)治疗原则

目前尚无推荐的能切实清除虫体的治疗方案,兽医应根据动物感染的虫种、临床症状的严重程度、治疗周期等选择治疗药物。

(二)治疗方法

可选用的药物包括三氮脒、阿托伐醌、咪多卡等。吉氏巴贝斯虫感染可考虑联合使用阿托伐醌(13.3 mg/kg,口服,每 8 h 一次)和阿奇霉素(10 mg/kg,口服,每 24 h 一次),治疗至少 10 d。通常于用药一周后,患病动物出现明显改善,但该方案易产生耐药性。

在治疗感染的同时,视情况进行输血或输液等支持治疗,并注意驱虫,避免动物二次感染。

【预后】

该病预后不定,取决于感染虫种的致病性、临床症状和对治疗的反应。

第七节 其他血液和造血系统疾病

除上述常见的血液和造血系统疾病外,在临床上还可见犬、猫其他血液和造血系统疾病,如表 17-2 所列。

表 17-2 犬、猫其他血液和造血系统疾病

病名	概念	流行病学	病因	临床症状	诊断	治疗及预后
海因茨小体性溶血性贫血(heinz body hemolytic anemia)	血红蛋白被氧化形成海因茨小体,从而出现红细胞破坏和贫血	无性别、年龄、品种好发性	洋葱中毒(犬)、对乙酰氨基酚中毒(猫)、糖尿病及猫甲状腺功能亢进症等造成氧化损伤的情况	沉郁、嗜睡、食欲下降、血红蛋白尿或胆红素尿、黄疸、黏膜苍白等溶血症状。患病动物也可能无明显临床症状或仅出现与原发疾病相关的症状	再生性贫血伴血涂片中海因茨小体增多即可确诊;患病动物可能有相关药物或毒物接触史或致氧化损伤的原发疾病	停止药物或毒物的摄入、治疗原发疾病、液体疗法或输血等支持治疗。预后取决于原发疾病对治疗的反应
骨髓增生异常综合征(myelodysplastic syndrome)	起源于造血干细胞,以骨髓病态造血并易于向急性髓系白血病转化为特征的肿瘤性疾病	无性别、年龄、品种好发性;感染 FeLV 的猫好发	不明,可能与 FeLV 感染有关	沉郁、厌食、嗜睡、发热、肝脾肿大、黏膜苍白、反复感染、自发性出血	单系或多系细胞减少,伴外周血和骨髓血细胞形态异常,且骨髓原始细胞比例不超过 20%	以支持治疗为主,尚无推荐的特异性治疗方案;部分病例可发展为急性白血病,预后谨慎至不良
pelger-huët 畸形(pelger-huët anomaly)	以中性粒细胞核分叶减少为特征的常染色体显性遗传性疾病	无性别、年龄、品种好发性	常染色体显性遗传	杂合子动物无临床症状,纯合子动物通常在胚胎发育期间死亡	临床健康动物的中性粒细胞分两叶或不分叶,排除其他引起核左移的疾病	无须治疗或干预,预后良好
血友病(hemophilia)	一组因遗传性凝血活酶生成障碍引起的出血性疾病	无品种好发性	X 染色体隐性遗传	次级止血异常或创伤、手术后出血不止	出血病史伴 APTT 延长,因子Ⅷ:Ag 或因子Ⅸ:Ag 减少即可确诊	以预防出血为主。必要时,可输注冷沉淀、新鲜冷冻血浆或新鲜全血
血管性血友病(von Willebrand disease, vWD)	以血浆血管性血友病因子(vWF)缺乏或结构异常为特点的常染色体遗传性疾病	杜宾犬、德国牧羊犬、贵宾犬等好发	常染色体显性遗传性疾病,极少数病例为常染色体隐性遗传	初级止血异常或创伤、手术后等出血不止	出血病史伴 BMBT 延长,血小板计数及凝血功能正常可初步诊断;vWF:Ag 结果异常即可确诊	vWF 减少的患犬可在手术前使用去氨加压素。必要时,可输注冷沉淀、新鲜冷冻血浆或新鲜全血

思考题

1. 血液和造血系统疾病的病因有哪些？
2. 简述血液和造血系统疾病的治疗原则。
3. 简述贫血的病因及发病机制。
4. 简述免疫介导性溶血性贫血的诊断要点。
5. 如何诊断和治疗真性红细胞增多症？
6. 简述免疫介导性血小板减少症的诊断要点。

第十八章　中毒性疾病

学习目的与要求

1. 掌握中毒性疾病的种类、发病原因、临床症状及治疗原则。
2. 掌握中毒性疾病的发病机制及特效治疗药物。
3. 熟悉中毒性疾病的诊断依据和预后。

概　　述

犬、猫中毒性疾病是指在毒物作用下，破坏了犬、猫机体生理状态的平衡，临床表现出不同程度、不同性质的病理变化和机能紊乱的一类疾病，这种病理变化过程被称为中毒。中毒性疾病的发生一方面取决于毒物的性质和数量；另一方面也取决于动物个体对毒物的反应性和耐受性，两者缺一不可。

依据毒物来源的不同，犬、猫中毒性疾病可以分为农药中毒（如有机磷农药、灭鼠药等中毒）、饲料毒物中毒（如亚硝酸盐、氢氰酸等中毒）、化学药物中毒（如对乙酰氨基酚、阿维菌素类药物、阿托品等中毒）、霉菌毒素中毒（如黄曲霉毒素、呕吐毒素等中毒）、食物中毒（如巧克力、洋葱、木糖醇、鱼肝油等中毒）、矿物毒素中毒（如砷、铅、汞等中毒）、植物毒素中毒（如曼陀罗、夹竹桃、水仙花、牵牛花、绿萝等天南星科有毒植物，绣球花、芦荟等中毒）、动物毒素中毒（如蛇毒、蟾蜍毒、蜂毒等中毒）等。

犬、猫在饥饿或幼龄时不能精确地辨认混在食物中的少量有毒物质（特别是剧毒的化学药品）；犬、猫主人并不知道人吃的某些食物（如洋葱、巧克力等）、药物（如含对乙酰氨基酚的抗感冒药）、周围环境中的一些花草树木对犬、猫有潜在的毒性；肉类腐烂变质以及不科学的自制食物方法是犬、猫发生中毒病的重要原因。因此，使用正规的商品化粮食或科学调制自制食物对预防犬、猫中毒性疾病的发生具有重要的意义。

不同种类毒物，其中毒症状有明显差异，但通常发病较急，一般不发热。农药中毒一般表现为消化机能紊乱（如呕吐、唾液增多、腹泻、血便等）、典型的神经症状（如兴奋、抑制、肌肉痉挛或震颤、缩瞳或散瞳等）、多器官功能障碍（如心跳加快、减弱或传导阻滞，肺水肿、出血、呼吸困难、可视黏膜发绀、血尿）；饲料毒物中毒表现为呕吐、乏力、口唇发紫或鲜红、黏膜发绀或鲜红、呼吸困难、腹痛、腹泻等症状，严重者迅速死亡；化学药物中毒表现为流涎、呕吐、沉郁或癫痫发作、麻痹、共济失调、昏迷，甚至死亡等；霉菌毒素中毒表现为皮肤斑点、被毛凌乱、贫血和溶血。蟾蜍毒素中毒表现为大量流涎、不能站立、身体僵硬强直、痉挛、瞳孔散大、对光无收缩反射等;杜鹃花中毒表现为站立不稳、视力丧失、癫痫发作和昏迷等现象;巧克力中毒表现为高度兴奋、烦躁不安、呕吐腹泻、肌肉震颤、萎缩、多尿,重者引起死亡。洋葱中毒表现为排红色或红棕色尿液,临床上犬发病较多,猫少见。木糖醇中毒表现为低血糖,共济失调、倦怠、抽搐、沉郁、昏迷等。天南星科有毒植物中毒表现为严重的口腔疼痛、流涎、抓挠口腔、嘴唇肿胀。

犬、猫中毒性疾病的诊断:首先,进行病史调查,根据其是否有接触有毒物质的病史,如老鼠药、农药、霉变食物、有毒植物、巧克力、洋葱、毒蛇等,结合发病特点,进行初步判断;其次,开展毒物分析,取可疑的食物、饮水和胃内容物,送化验室进行毒物定性分析;常规实验室检查,如血常规、生化、电解质、血气和尿液检查等有助于诊断。综合以上检查结果,可对中毒疾病做出诊断。

犬、猫中毒性疾病的治疗原则:①停止毒物继续摄入,促进毒物排出,减少毒物吸收。在确定中毒毒物之前,先停止毒物继续摄入,动物摄入毒物 2 h 之内的病例应用吐根糖浆每千克体重 1～2 mL,口服或阿扑吗啡(每千克体重 0.04 mg,静脉注射或每千克体重 0.05 mg,皮下注射)等催吐,并使用用温水洗胃、灌肠,内服硫酸钠等泻下。阿扑吗啡为有效的催吐药,也加剧了中枢神经系统及呼吸的抑制,对猫不安全,因此猫的催吐优先选用吐根糖浆。②应用解毒剂。在毒性物质未明确之前可用通用解毒剂(活性炭或木炭末 2 份、氧化镁 2 份、鞣酸 1 份,混匀后灌服);毒物在胃肠道内还未吸收时可用一般解毒剂,如中和解毒、沉淀解毒或氧化解毒等;明确了毒物种类或性质,就可用相应的特效解毒剂,如有机磷中毒用阿托品和解磷定;亚硝酸盐中毒用亚甲蓝;氟乙酰氨中毒用乙酰胺等。③支持和对症治疗。维持吸收机能、防止窒息、消炎、镇痛、强心、补液、利尿、缓解痉挛和镇静等。

第一节 灭鼠药中毒

灭鼠药中毒(rodenticide poisoning)是指由犬、猫误食了各种灭鼠药而引起的中毒。常见的灭鼠药有香豆素及其衍生化合物、士的宁、磷化锌、胆骨化醇、有机氟化物、溴化物、毒鼠强和硫脲类等。犬、猫对几乎所有灭鼠药均易中毒,无年龄、季节差异。

中毒的犬、猫一般体温不升高,出现呕吐、流涎、抽搐、痉挛等共同症状。不同灭鼠药中毒的临床特点也有差异:香豆素及其衍生化合物中毒易引起天然孔出血及内脏出血;士的宁中毒易引起恐惧、紧张、肌肉强直、阵发性抽搐,甚至僵直呈木马症状;磷化锌中毒引起犬、猫流涎、呕吐、尖叫、狂奔,甚至窒息死亡;胆骨化醇中毒易引起呕吐、倦怠、多饮多尿等症状;有机氟化物中毒易引起呼吸衰竭而死亡;毒鼠强中毒主要表现为惊厥痉挛;硫脲类中毒表现为呕吐、流涎、腹痛和尿失禁。

【病因】

该病发生常见于犬、猫误服灭鼠药或因灭鼠药中毒的鼠类、动物产品。

【发病机制】

(一)香豆素及其衍生化合物中毒的发病机制

常见中毒制剂有香豆素类,如溴敌隆、大隆、灭鼠灵、杀鼠灵、杀鼠醚、克灭鼠等;茚满二酮类,如杀鼠酮、氯鼠酮、氟鼠酮、敌鼠。犬、猫的半数致死剂量(LD_{50})为每千克体重 5～50 mg(大隆的 LD_{50}:犬每千克体重 0.2～4 mg,猫每千克体重 25 mg)。维生素 K 是肝脏合成凝血因子Ⅱ、凝血因子Ⅷ、凝血因子Ⅸ、凝血因子Ⅹ所必需的。这类灭鼠药的结构与维生素 K 相似,可竞争性抑制维生素 K 环氧化物还原酶,从而抑制维生素 K 的活性,使肝脏产生的凝血酶原和凝血因子减少,降低血液凝固性,延长凝血时间,出现广泛性出血。

(二)士的宁中毒的发病机制

士的宁为生物弱碱,常埋在田间、牧区草场杀灭老鼠、田鼠、地鼠等。该药能在胃内离子化。犬的致死剂量为每千克体重 0.75 mg,猫的致死剂量为每千克体重 2 mg。士的宁可抑制脊神经节和延髓的突触后神经元,对脊髓神经节和延髓产生的抑制性介质——甘氨酸具有拮抗作用,使脊神经反射性活动进行性增强。

(三)磷化锌中毒的发病机制

磷化锌被进食后,因其强烈的腐蚀性先引起胃肠黏膜发炎、溃疡、出血,同时胃酸分泌增多,使其毒性增强;磷化锌与胃酸反应生成磷化氢,被吸收后可以引起中枢神经机能紊乱、呼吸循环障碍、肝肾损伤。犬、猫对磷化锌的中毒剂量为每千克体重 20～50 mg。

(四)胆骨化醇中毒的发病机制

胆骨化醇即维生素 D_3,通常以 0.075%比例制成颗粒状毒饵使用。LD_{50} 为每千克体重 88 mg,最小中毒剂量为每千克体重 2～3 mg。10 kg 以下的犬摄入 25～30 g 即可致死。胆骨化醇在肝内转化为 25-羟胆钙化醇,能引起肝、肾、胃肠道异常钙化,出现高钙血症。

(五)有机氟化物中毒的发病机制

有机氟化物中毒制剂有氟乙酰胺、氟乙酸钠和甘氟等。在氟乙酰胺进入机体后,脱胺形成氟乙酸而产生毒性作用,氟乙酸经乙酰辅酶 A 活化并在缩合酶的作用下,与草酰乙酸缩合生成氟柠檬酸。氟柠檬酸的结构与柠檬酸相似,是柠檬酸的对抗物,可阻碍柠檬酸代谢,抑制乌头酸酶,中断三羧酸循环,糖代谢受阻,导致组织和血液内的柠檬酸蓄积(数倍),腺苷三磷酸生成不足,破坏组织细胞的正常功能,尤其是大脑和心脏的腺苷三磷酸供给不足而发生的损伤和机能障碍。

(六)溴化物中毒的发病机制

溴化物是耐灭鼠灵的替代产品,犬的 LD_{50} 为每千克体重 4.7 mg,猫为每千克体重 0.54 mg。溴化物为神经毒素,能阻止氧化磷酸化作用,引起 Na/K-ATP-泵改变,出现脑水肿。溴化物经肠道吸收迅速,经肝脏代谢,血浆中半衰期为 5～6 d。

(七)毒鼠强中毒的发病机制

毒鼠强的化学名为四亚甲基二砜四胺,是一种无味、无臭、有剧毒的粉状物。毒鼠强是中枢神经系统抑制性神经递质 γ-氨基丁酸(γ-aminobutyric acid,GABA)的拮抗剂,阻断 GABA 对神经元的抑制作用,使运动神经元过度兴奋,导致强直性痉挛和惊厥;抑制单胺氧化酶和儿茶酚胺氧位甲基移位酶等,使其失去灭活肾上腺素和去甲肾上腺素的作用,主要毒害中枢神经,可以引起惊厥痉挛,还会损伤心、肝、肾等器官。

(八)硫脲类药物中毒的发病机制

硫脲类药物中毒制剂有安妥、灭鼠肼、氯灭鼠和灭鼠特等。该类药物食入后可以引起消化道黏膜发炎,对血管收缩神经起阻碍作用,造成肺部微血管壁的通透性增加,导致严重的呼吸障碍。

【临床症状】

(一)香豆素及其衍生化合物中毒症状

患病动物出现血凝异常的潜伏期为 2～7 d,表现出呕吐、虚弱、呼吸困难、脉搏快且微弱、皮肤发绀症状;全身慢性弥漫性出血,皮肤黏膜有出血点和出血斑,呕血、尿血、便血,最后因出血过多而死亡。

(二)士的宁中毒症状

患病动物在摄入毒物后 10 min 至 2 h 内出现中毒症状,早期表现为恐惧、紧张、肌肉强直,同时出现剧烈的阵发性抽搐或继发于外界的声、光、接触等刺激，随后全身肌肉均强直，呈木马状姿势，终因阵发性抽搐频率和程度增强、瞳孔散大、呼吸抑制窒息而死。

（三）磷化锌中毒症状

患病动物表现为急性胃肠炎，口吐白沫、呕吐、腹痛、腹泻，呕吐物有蒜臭味，在暗处可见磷光；肌肉震颤、痉挛，蛋白尿、管型尿。严重时，肺充血水肿、呼吸困难、心律失常、昏迷死亡。

（四）胆骨化醇中毒症状

患病动物通常在摄入毒物 18～36 h 后出现症状，表现为呕吐、食欲减退、倦怠、昏睡、多饮多尿；体温可见升高或偏低。

（五）有机氟化物中毒症状

患病动物在食入毒物 30 min、食入毒死老鼠 4～10 h 后开始发作，表现为兴奋、狂奔、嚎叫。患病动物在初期表现为阵发性痉挛，在后期表现为持续性痉挛、呼吸困难、心率过快、心律不齐、呕吐、腹痛、胃肠机能亢进，数分钟至几小时因呼吸循环衰竭而死亡。

（六）溴化物中毒症状

吞食毒物量不同，神经系统受损程度不同。大剂量摄入引起急性中毒表现为肌肉震颤、过度兴奋、运动失调、体温升高、感觉过敏，对声、光敏感而出现抽搐。小剂量摄入后 1～2 d 出现迟发性综合征，后躯瘫痪、上行性运动失调、反射性降低、瞳孔大小不等和呕吐。

（七）毒鼠强中毒症状

患病动物食入毒物 15～20 min 后表现为呕吐、腹痛、腹胀，烦躁不安、突发惊厥、痉挛，最后因呼吸肌麻痹和呼吸衰竭而死亡。

（八）硫脲类药物中毒症状

中毒动物呼吸迫促，体温偏低，呕吐、口吐白沫，继而腹泻、咳嗽、呼吸困难、精神沉郁、可视黏膜发绀、鼻孔流出泡沫状血色黏液。

【诊断】

根据食入毒物、毒饵或鼠尸等病史，结合临床症状、实验室检查等可以做出初步诊断。通过对胃内容物检查，进行化学定性鉴别，确定鼠药成分，做出最后诊断。

【治疗】

（一）治疗原则

消除病因、特效解毒、排除毒物、对症治疗。

（二）治疗方法

1. 清除尚未吸收的毒物

在中毒初期，毒物尚未完全吸收之前，要及早洗胃、催吐、导泻，促进毒物排出。洗胃可用 1%～2%鞣酸、0.05%～0.1%高锰酸钾、温生理盐水等；催吐可选择酒石酸锑钾、硫酸铜等活性炭溶液吸附毒物；导泻可用盐类泻剂，如 20%硫酸钠水溶液。

2. 不同毒物中毒的治疗

（1）香豆素及其衍生化合物中毒　输全血，每千克体重 10～20 mL，输血之前需要做交叉配血试验。补充维生素 K_1，每千克体重 2～5 mg，口服。

（2）士的宁中毒　维持肌肉松弛，防止缺氧。安定 2.5～20 mg 肌内注射或皮下注射，必要时，可静脉注射；吸氧。用呋塞米进行利尿，每千克体重 1～2 mg；尿液排出后，口服氯化氨，每天每千克体重 100～200 mg。

(3)磷化锌中毒　无特效治疗药物。早期可用5% $NaHCO_3$洗胃。口服5% $NaHCO_3$提高胃内pH,减少磷化氢气体的产生;限制饮食24 h,减少胃酸产生。

(4)胆骨化醇中毒　治疗高钙血症。利尿可输注生理盐水60～80mL/(kg·d);呋塞米可每千克体重1～2 mg,一天3次;泼尼松可每千克体重1～2 mg,一天3次;降血钙素可皮下注射,每千克体重4～6 IU,一天2次。中毒后第一周应喂低钙食物,避免晒太阳。

(5)有机氟化物中毒　乙酰胺是氟乙酰胺中毒的特效解毒剂,按每天0.1 g/kg,肌内注射。首次用量要达到用药量的一半,2～4次/d,直至颤抖现象消失,当再出现颤抖时,可重复用药;也可用5%乙醇和5%醋酸,按2 mL/kg,口服。

(6)溴化物中毒　重复服用活性炭、导泻剂,每4～8 h一次,至少服用2～3 d;为减少脑膜水肿,早期可用甘露醇、地塞米松。

(7)毒鼠强中毒　无特效解毒药,可选择安定、苯妥英钠、阿托品、盐酸硝旋山莨菪碱、维生素K_3和维生素C等进行辅助治疗。

(8)硫脲类中毒　半胱氨酸可每千克体重100 mg,肌内注射,配合对症治疗有一定疗效。

3. 对症治疗

对症治疗用于无特效解毒的中毒,对阻碍疾病发展、改善机体状况和加速康复过程具有关键作用。

(1)出现脑水肿、肺水肿　给予甘露醇、地塞米松。

(2)出血者　应用肾上腺皮质激素、足量的维生素C及维生素K_1、维生素K_3治疗。

(3)保护心肝肾的功能　控制呼吸衰竭、心律失常和心力衰竭,防止并发感染,纠正电解质紊乱和休克。

【预后】

犬、猫直接吃入鼠药毒饵后又饮大量的水,易发生急性死亡;食入曾吃过鼠药的病鼠、死鼠,又未饮水,病程延长,经多次治疗,一般愈后良好。因此,中毒犬、猫应避免其大量饮水。中毒病例的具体预后与摄入毒物的性质、数量、时间长短、救治措施、中毒动物的年龄和体质等因素有关,差异较大,不能一概而论。

第二节　有机磷农药中毒

有机磷农药中毒(organophosphates pesticides poisoning)是指一种由动物接触、吸入或采食某种有机磷制剂所引起的中毒性疾病。有机磷农药是目前应用最广泛的杀虫剂,按其毒性可分为弱毒类、强毒类和剧毒类三种,其中弱毒类包括敌百虫、乐果和氯硫磷等;强毒类包括敌敌畏、甲基对硫磷等;剧毒类包括甲拌磷、内吸磷、对硫磷、保棉丰和氧化乐果等。

【病因】

有机磷农药可经消化道、呼吸道或皮肤进入犬、猫体内而引起中毒。中毒的主要病因包括动物误食、误饮含有机磷农药食物或水;食入含有机磷杀鼠药的死鼠;饲料被污染;配制或喷洒有机磷农药时飞散的粉末、雾滴被动物吸入;用药不当;人为恶意投毒等。

【发病机制】

有机磷农药属于剧烈的接触毒,具有高度的脂溶性,可以经完整的皮肤渗入机体,通过呼吸道和消化道吸收较快。动物以消化道吸收中毒最为常见。有机磷农药进入动物体内后可与胆碱能样受体(毒蕈碱受体即M受体、烟碱受体即N受体)和神经肌肉突触处的乙酰胆碱酯酶结合而产生对位硝基酚和磷酰化胆碱酯酶。由于磷酰化胆碱酯酶较稳定,它仅可发生极缓慢的水解,从而导致磷酰化胆碱酯酶无法恢复活性，使体内发生乙酰胆碱的蓄积，出现胆碱能神经过度兴奋的现象。

【临床症状】

有机磷农药中毒因制剂的化学特性、动物的种类以及造成中毒的具体情况等不同，所表现的症状差异较大。临床上一般归纳为三类症候群。

(一)毒蕈碱样症状

乙酰胆碱在副交感神经末梢蓄积和刺激，使平滑肌痉挛和腺体分泌增加。它在临床表现为食欲不振、呕吐、腹泻、腹痛、尿失禁、流涎、流泪、心跳减慢、瞳孔缩小、支气管痉挛和分泌物增多，甚至肺水肿等。

(二)烟碱样症状

乙酰胆碱在横纹肌神经肌肉接头处过度蓄积和刺激，使动物的面部、眼睑、舌、四肢和全身横纹肌发生肌纤维颤动，甚至全身肌肉强直性痉挛。临床表现为全身紧束和压迫感，而后肌紧张度减退，瘫痪在地。严重者呼吸肌麻痹，发生呼吸衰竭、结膜发绀，同时血压增高、心跳加快和心律失常。

(三)中枢神经系统症状

在脑组织的胆碱酯酶受抑制后，中枢神经细胞之间的兴奋传递发生障碍，造成中枢神经系统的机能紊乱。临床表现为兴奋不安、体温升高、头晕、头痛、共济失调、抽搐和昏迷等。

【诊断】

根据接触有机磷农药的病史，结合胆碱能神经过度兴奋的三类症候群，特别是流涎、瞳孔缩小、肌肉震颤、呼吸困难、血压升高等综合征，可做出初步诊断。确诊需要进行血清胆碱酯酶活性测定以及对患病动物的剩余食物、饮水或胃内容物、呕吐物、早期血液、尿液、分泌物进行有机磷农药检验。

【治疗】

(一)治疗原则

消除病因、特效解毒、排出毒物和对症治疗。

(二)治疗方法

1. 消除病因

立即停止使用疑为有机磷农药来源的食物或饮水。

2. 特效解毒

选用乙酰胆碱对抗剂——硫酸阿托品，静脉注射。其用药原则是尽早用药，适量。其用量可按每千克体重 1 mg，如果 1～2 h 后症状未见减轻，可重复用药。当犬出现口腔干燥、瞳孔散大、呼吸平稳、心跳加快，即所谓“阿托品化”时，可停止用药。

由于阿托品不能使已与有机磷结合的胆碱酯酶复活，严重病例最好与胆碱酯酶复活剂——碘解磷定、氯解磷定(氯磷定)、双复磷配合使用。它们具有强大的亲磷脂作用，能将结合在胆碱酯酶上的磷酰基夺过来，恢复酶的水解能力，也能使进入体内的有机磷酸酯失去毒性。碘解磷定的用量为每千克体重 20 mg，静脉注射。氯解磷定的用量与碘解磷定相同，肌内注射。双复磷对胆碱酯酶活性的复能效果比碘解磷定和氯解磷定强而持久，且通过血-脑屏障对中枢神经系统的症状消除作用强，并有阿托品样作用；其用量为每千克体重 15～30 mg，以生理盐水或葡萄糖溶液配成 2.5%～5%溶液，缓慢静脉注射，2～3 h 后可重复注射 1 次。

胆碱酯酶复活剂宜尽早应用，超过 24 h 效果降低；在中毒 48 h 以后，由于胆碱酯酶被破坏，用药不易生效。另外，胆碱酯酶复活剂在碱性溶液中不稳定，易水解成剧毒的氰化物，因此不能与碱性药物配伍使用，注射速度不宜过快。

3. 排出毒物

（1）由外用敌百虫等制剂过量所致的中毒　用药部位应充分水洗（勿用碱性药剂）和剃毛，避免继续吸收。

（2）经消化道吸入的病例　应立即迅速采取催吐、洗胃、导泻等方法，以减少残留毒物进一步吸收。催吐可用1%硫酸铜溶液灌服20～100 mL或3%过氧化氢灌服5～10 mL；洗胃可用清水、生理盐水、2%碳酸氢钠（敌百虫忌用）或1∶5 000高锰酸钾溶液（对硫磷忌用）反复洗胃，直到洗清为止；导泻可用硫酸钠，按每千克体重0.66～0.88 g制成20%水溶液灌服。

4. 对症治疗

患病动物在治疗过程中应合理输液，维持水、电解质和酸碱平衡；采取措施保持呼吸道通畅、吸氧；加强护理，增强机体代谢调节功能，降低毒性作用，利于动物康复。

应注意的是，中毒早期不宜输入大量葡萄糖、辅酶A、腺苷三磷酸，因为它们能使乙酰胆碱合成增加而影响胆碱酯酶活力。治疗早期不宜使用维生素C注射液，因为其不利于毒物分解而影响胆碱酯酶活力恢复。

【预后】

急性有机磷农药中毒是犬、猫临床常见的危急重症之一。如果及时治疗，多数病例可在5～7 d后痊愈或明显好转，中毒症状严重的犬、猫可能需要10～14 d或更长时间。若未进行及时有效的治疗，患病动物可因呼吸循环衰竭而死亡。

第三节　对乙酰氨基酚中毒

对乙酰氨基酚中毒（acetaminophen poisoning）是一种由犬、猫误食含有对乙酰氨基酚（俗称扑热息痛）的解热镇痛药引起的中毒性疾病。很多人使用的感冒药都含有该成分，常因宠物主人自己做主给有感冒症状的犬、猫服用该类药物而发病。

【病因】

含有对乙酰氨基酚的感冒药包括白加黑、帕尔克、泰诺感冒片、感冒灵和索米痛片等，是导致中毒的最常见药物。犬、猫对乙酰氨基酚中毒通常是由主人喂食人用感冒药导致的，犬单次中毒剂量为每千克体重600 mg，猫对该药比犬敏感得多，单次喂服每千克体重50～100 mg即可引起中毒。

【发病机制】

犬、猫对乙酰氨基酚中毒的核心机制是细胞谷胱甘肽耗竭，缺少了谷胱甘肽结合，*N*-乙酰苯醌亚胺蓄积引起浓度升高。由于其亲电子特性，*N*-乙酰苯醌亚胺共价结合细胞蛋白（如酶类、结构蛋白和调节蛋白）通过脂质过氧化破坏蛋白功能和细胞膜。此外，谷胱甘肽耗竭使细胞易受氧化损伤。猫的血红蛋白含有8个巯基，其他品种则含有4个巯基。由于红细胞更易出现谷胱甘肽耗竭后的氧化损伤，猫比犬更早且更显著地出现高铁血红蛋白症。

【临床症状】

犬、猫对乙酰氨基酚中毒的早期症状包括食欲废绝、精神极度沉郁、恶心、呕吐、流涎、流泪、出汗、呼吸急促、心率加快，后肢先抽搐继而延及全身，眼结膜、口腔黏膜发绀（图18-1），或者呈棕色。猫会出现高铁血红蛋白血症。

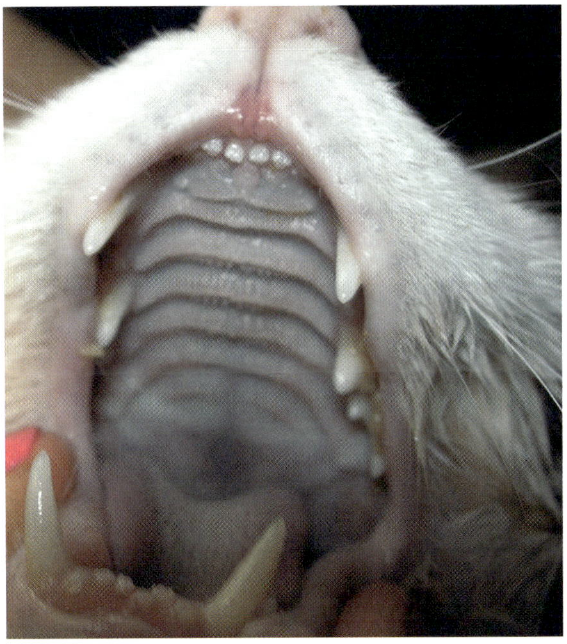

图 18-1 猫在误服对乙酰氨基酚后出现的黏膜发绀
（刘芳供图）

【诊断】

该病根据喂食或误食人用感冒药等病史，结合临床症状和血液学常规检查，如血液涂片镜检，在红细胞膜上有海因茨小体、犬肝脏损伤或衰竭、猫高铁血红蛋白血症出现溶血性贫血等可以做出诊断。

【治疗】

(一)治疗原则

减少毒物吸收、给予含巯基的药物和加强支持治疗。

(二)治疗方法

1. 减少毒物吸收

患病动物立刻停喂含有对乙酰氨基酚的药物，同时催吐消除毒物。

2. 给予巯基的药物

主选药物为 *N*-乙酰半胱氨酸，按每千克体重 140 mg，口服或静脉注射，6 h 一次；按每千克体重 70 mg，口服或静脉注射，6 h 一次，连续 5～7 次或更多；也可选用腺苷蛋氨酸，按每千克体重 40 mg，肌内注射，6 h 一次，连续 5～7 次，可减轻临床症状，但对肾功能损伤的修复效果不明显。

3. 加强支持治疗

静脉输液，维持水、电解质及酸碱平衡。根据病情考虑给予抗生素，控制继发感染。

【预后】

对乙酰氨基酚中毒的犬、猫的预后取决于中毒剂量和时间长短：剂量越高、时间越长，预后越差。长期少量用药的中毒犬、猫容易出现胆管增生、胆管炎和单核细胞浸润，肝细胞可能坏死、空泡化变性或脂质蓄积；急性中毒的犬以及个别猫可见肝小叶中心坏死和充血，一般预后不良。

第四节 阿维菌素类药物中毒

阿维菌素类药物中毒(avermectins poisoning)是由阿维链霉菌产生的新型大环内酯类抗寄生虫药，如由阿维菌素、伊维菌素、多拉菌素等引起的中毒性疾病。犬易中毒，尤其是苏格兰牧羊犬、喜乐蒂牧羊犬最敏感。猫发病较少，仅有超过 10 倍用药剂量，隔 5 天连续给药 3 次的病例被报道。

【病因】

由于阿维菌素类药物驱虫效果优异，且安全性较高，目前其被视为最优良、应用最广泛、销量最大的一类抗体内外寄生虫药。临床上，犬、猫发生阿维菌素类药物中毒通常是由药物使用过量、注射时间间隔短或大量误食等导致的。

【发病机制】

犬的耐受量一般为一次内服每千克体重 2 mg 或每天每千克体重 0.5 mg，连续内服或注射 14 周。但苏格兰牧羊犬、喜乐蒂牧羊犬等品种具有多种药物抗药性基因突变而不能合成 P 糖蛋白，阿维菌素类药物进入脑内，无法将药物泵出脑，导致药物在脑部蓄积，从而引起神经中毒，因此对阿维菌素类药物特别敏感。苏格兰牧羊犬的最大耐受剂量仅为每千克体重 50 μg，按每千克体重 200 μg 经口服，即可引起严重中毒。

【临床症状】

(一)慢性病例症状

慢性病例比较多见。患病的犬、猫精神沉郁、呻吟、流涎、步态蹒跚，继而出现全身震颤性痉挛、头后仰、脖颈与四肢痉挛，舌麻痹伸出口外，舌面干燥，眼球完全被第三眼睑覆盖；后期意识障碍，呼吸快而浅表，心音弱而心率缓慢，体温下降，四肢及耳变冷；瞳孔散大，弱视或失明。

(二)急性病例症状

苏格兰牧羊犬、喜乐蒂牧羊犬常见，其他品种犬超过 10 倍用药剂量容易出现。急性病例多于用药后 6～8 h 发病，最快在注射后 2 h 出现症状，表现为突然嚎叫、不自主咀嚼、流涎、口吐白沫、头皮、眼睑、咬肌有规律震颤，乃至惊厥；步态蹒跚、倒卧后不能站立、四肢划动呈游泳状；舌麻痹、伸出口外；心跳、呼吸加快，脉搏速而弱。后期出现抽搐、痉挛、哼叫、昏迷、大小便失禁、腹泻；听觉、痛觉、关节反射及肠蠕动音消失，最后衰竭死亡。

【诊断】

根据犬的品种或犬、猫超剂量、超疗程用药的病史，结合患病动物临床症状及阿维菌素类药物的毒理学研究资料，可以做出诊断。

【治疗】

(一)治疗原则

促进药物的吸附和排出、对症治疗及其他治疗方式。

(二)治疗方法

1. 促进药物的吸附和排出

经口服药物引起的中毒可用 4%碳酸氢钠洗胃或灌服盐类泻药，促进药物排出或灌服活性炭悬浮液，吸附药物。

2. 对症治疗

做好强心、保肝、利尿等治疗措施。危重病例应静脉注射甘露醇、50%葡萄糖，加快毒物排出，降低颅内压，调节血脑屏障，减轻抽搐。严重呼吸困难的病例肌内注射阿托品，抑制黏液分泌，保持呼吸道的畅通；肌内注射尼可刹米或适量樟脑油涂抹鼻部，缓解呼吸困难。酸中毒病例静脉注射碳酸氢钠。过敏反应病例用盐酸肾上腺素。

3. 其他治疗方法

在临床治疗时，静脉滴注速度宜缓。第 1～2 天补液量宜大，以加速阿维菌素类药物的排出。如果症状减轻，第 3 天可适当减少用药量。禁用苯二氮类、巴比妥类及丙戊酸等药物治疗。配合使用抗生素或磺胺类药物，防止继发感染。因阿维菌素类药物的亲脂性，中毒较轻的犬、猫可在对症治疗的基础上采用 20%的脂质乳剂，静脉推注与滴注治疗，加速药物的排出，有助于犬、猫的恢复。

【预后】

如果急性中毒病例不及时治疗，一般预后不良。慢性中毒病例通过全面对症治疗可以康复。由于阿维菌素类药物还会影响犬、猫的繁殖，母犬、母猫会出现死胎、畸形，公犬、公猫会导致精子活性降低，建议康复后的犬、猫在半年内不要进行繁殖。

第五节　霉菌毒素中毒

霉菌毒素中毒(mycotoxin poisoning)是指一种犬、猫采食被霉菌污染的食物后发生的急性或慢性中毒性疾病。霉菌是真菌的重要组成部分,在自然界中广泛存在,种类繁多,目前已发现45 000多种,但绝大多数是非致病性霉菌。只有少数霉菌在食物中能生长繁殖,并产生有毒代谢产物,这些产物统称为霉菌毒素。犬、猫较常见的霉菌毒素中毒有黄曲霉毒素、赭曲霉毒素、镰刀菌毒素和震颤真菌毒素等中毒。犬、猫对黄曲霉毒素B1易感(>每千克食物60 μg),犬 LD_{50} 为每千克体重0.5～1.5 mg,猫 LD_{50} 为每千克体重0.3～0.6 mg,且幼年动物和怀孕动物最敏感。

【病因】

该病常见的病因是犬、猫采食了发霉变质的食物或商品粮。

【发病机制】

因霉菌毒素种类不同,发病机制也不同。

(一)黄曲霉毒素

黄曲霉毒素主要是由黄曲霉和寄生曲霉产生的有毒代谢产物组成的,可分为黄曲霉毒素B1、黄曲霉毒素B2、黄曲霉毒素G1、黄曲霉毒素G2、黄曲霉毒素M1和黄曲霉毒素M2等,其中黄曲霉毒素B1的含量最多,毒性最大,且有强致癌性。黄曲霉毒素被犬、猫摄入后,经门静脉进入肝脏,可共价结合到细胞内的大分子,如DNA、RNA和蛋白质形成加合物,致使细胞损伤和肝脏坏死。

(二)赭曲霉毒素

赭曲霉毒素是由曲霉属的7种曲霉和青霉属的6种青霉菌产生的一组重要的污染食品的4种真菌毒素,其中毒性最大、分布最广、产毒量最高、对农产品的污染最重、与动物和人类健康关系最密切的是赭曲霉毒素A。其主要积聚在肾脏,是一种强效的肾毒素。它通过干扰肾细胞中纳米分子浓度的信号转导通路,导致特定的功能和表型变化。犬、猫摄入每千克体重1 mg剂量的赭曲霉毒素A可在5～6 d致死。常见的病变是肾小管上皮损伤和肠道淋巴结体坏死。

(三)镰刀菌毒素

镰刀菌毒素是由镰刀菌属真菌产生的多种次生代谢产物的总称,其中单端孢霉烯族化合物、玉米赤霉烯酮和伏马菌素对犬、猫的危害较大。镰刀菌毒素可诱导动物细胞凋亡,造成动物机体多种病理损伤。动物食品的许多谷类含有镰刀菌毒素,如玉米通常被玉米赤霉烯酮和伏马菌素污染。玉米赤霉烯酮具有雌激素样作用,可以引起动物急慢性中毒,出现雌激素亢进症,引起繁殖机能异常,甚至死亡。伏马菌素可以抑制鞘磷脂的合成和代谢,损害动物的各种器官。

(四)震颤真菌毒素

震颤真菌毒素主要由青霉属和曲霉属真菌产生的毒素,真菌性震颤原为吲哚结构,与麦角酸相似。奶酪、发霉的胡桃或其他腐败物容易出现震颤性霉菌繁殖,从而产生毒素。震颤真菌毒素可抑制 Ca^{2+} 激活的 K^{+} 通道,是哺乳动物细胞周期的M期抑制剂,可减少抑制性神经递质甘氨酸、氨基丁酸的释放,脑血管收缩,引起中枢神经系统兴奋。

【临床症状】

(一)黄曲霉毒素中毒症状

初期,食欲减退、萎靡不振、对周边事物淡漠、生长缓慢、逐渐消瘦、体温正常、可视黏膜苍白、视物不清、步态不稳、粪便干燥;中期,精神沉郁、低头嗜睡、唇麻痹、流涎、吞噬困难、盲视、可视黏膜及皮肤黄染、肌肉震颤、间断性腹泻、排稀水便或血便、粪尿失禁、腹部下垂、穿刺可见腹水、昏迷;后期,拱背刨地、头触食盆、烦躁不安、转圈运动、不久转为昏睡或昏迷。另外，少数中毒犬、猫病程短暂，于发病后数小时内死亡。多数中毒犬、猫呈慢性，经过数日或十余日后心力衰竭而死亡。

(二)赭曲霉毒素A中毒症状

患病的犬、猫急性中毒反应为精神沉郁、食欲减退、呕吐、体重下降和肛温升高等；消化功能紊乱，肠炎、黏膜出血，甚至腹泻、脱水，多尿，伴随蛋白尿和糖尿。严重者虚弱，甚至死亡。

(三)镰刀菌毒素中毒症状

单端孢霉烯族化合物可引起犬、猫呕吐、拒食、胃肠刺激和免疫抑制。玉米赤霉烯酮急性中毒的犬、猫会出现明显的神经系统亢奋、全身肌肉震颤、过度兴奋、步态不稳等情况，同时伴有拉稀、尿频、生殖器肿胀、食欲减退、精神萎靡等症状，严重者会死亡；慢性中毒的犬、猫主要影响生殖系统，出现外生殖器肿胀、流产、死胎、频繁发情、假孕等症状，乳房肿胀，有乳汁分泌等；伏马毒素可引起犬、猫多器官损伤，导致免疫力和繁殖力明显下降。

(四)震颤真菌毒素中毒症状

震颤真菌毒素中毒主要是青霉震颤素A，可诱发犬的肌肉震颤、伸展过度、共济失调，出现典型的角弓反张、抽搐；可引起犬的轻微流涎、呕吐。

【诊断】

根据病史调查，结合临床症状和临床病理学改变，如凝血紊乱、低蛋白血症、高胆红素血症、低胆固醇血症等，进行综合分析，建立初步诊断。确诊该病必须进行霉菌毒素含量的测定。

【治疗】

(一)治疗原则

该病无特效治疗药物，停喂或更换日粮、对症及支持治疗。

(二)治疗方法

1. 停喂或更换日粮

当发现中毒后，应立即停止食用发霉食品，改喂易于消化吸收的罐头食品，并加强护理。

2. 对症及支持治疗

急性中毒病例应尽快排出胃肠道内的毒素，给予盐类泻剂。慢性蓄积性中毒病例使用巯基供体(如*N*-乙酰半胱氨酸、腺苷蛋氨酸)2个月。出现呕吐，给予止吐药和胃肠道黏膜保护剂；存在凝血紊乱时，输注全血或冷冻血浆；同时应用解毒保肝和止血药，静脉注射25%～50%葡萄糖溶液。此外，还需给予维生素K_1、维生素E[≤10 IU/(kg·d)]等。

【预后】

霉菌毒素中毒的犬、猫的肝、肾等实质器官会有不同程度损伤，免疫力下降。停止毒素摄入，并进行对症治疗后，一般预后良好。由中毒引起的一系列的并发症或其他疾病，预后谨慎。

第六节　巧克力中毒

巧克力中毒(chocolate poisoning)是指一种犬、猫因过量摄入或长时间少量给予巧克力而引起的中毒性疾病。犬、猫常发，特别是家庭饲养体重1～3 kg的小型宠物犬更易发生；节假日发病率高。

【病因】

如果犬、猫一次性过量或长时间采食巧克力、含巧克力的糖、冰淇淋、面包等，就会导致中毒。

【发病机制】

巧克力的主要成分是可可碱和咖啡因，均为中枢神经兴奋药，可以兴奋中枢神经和心肌，还有利尿和松弛平滑肌的作用。其中咖啡因对中枢神经和心脏作用较强，可可碱利尿较强。咖啡因和可可碱是一种甲基黄嘌呤类化合物，可抑制腺苷受体功能，还可抑制磷酸二酯酶活性，导致体内环磷腺苷量增加，产生儿茶酚胺效应，从而导致机体血管收缩，中枢神经兴奋，心动过速。

【临床症状】

(一)犬中毒症状

当犬食入 20 mg/kg 可可碱时，外周血管和冠状动脉扩张、脑血管收缩、膀胱平滑肌松弛，引起尿潴留。当犬食入的可可碱含量超过 200 mg/kg 时，出现中枢神经系统症状，如神经过敏、高度兴奋、烦躁不安、呕吐腹泻、肌肉震颤、萎缩、多尿等，重者会死亡。

(二)猫中毒症状

当猫一次性食入 1.3 mg/kg 的烘焙巧克力或 13 mg 的牛奶巧克力时，其主要症状表现为呕吐、多尿、过度兴奋、颤抖、呼吸急促、虚弱与癫痫，有时甚至死亡。

【诊断】

根据饲喂巧克力的病史，结合呕吐、腹泻、多尿、神经兴奋等症状就可以做出初步诊断。实验室检测会出现低血糖、尿体积质量下降，心电图出现心动过速和室性心律不齐；必要时，测定血液、尿液、胃内容物中的可可碱含量，为确诊提供依据。

【治疗】

(一)治疗原则

促进毒物排出、减少毒物吸收、镇静、缓解心律失常、解毒和补液。

(二)治疗方法

1. 促进毒物排出、减少毒物吸收

巧克力中毒早期病例可按每千克体重口服硫酸钠水溶液 1 g 催吐，同时可按每千克体重口服活性炭 0.5～1.0 g 吸附毒物。

2. 镇静

口服安定，每千克体重 5 mg，根据情况 30 min 给药 1 次，不超过 4 次/d。如果出现顽固性癫痫，可以按每千克体重缓慢静脉注射苯巴比妥钠 10 mg，保持环境安静。

3. 缓解心律失常

心动过速病例需要及时按每千克体重静脉注射利多卡因 2 mg，然后降低剂量至 0.03～0.05 mg/(kg·min) 静脉输注。顽固性的心律失常应按每千克体重静脉注射普萘洛尔 0.04～0.06 mg，注射量不超过 1 mg/min。待心律稳定后，口服普萘洛尔片剂，每千克体重 0.2～1.0 mg，2 次/d。当室性心动过速时，不能用含肾上腺素的利多卡因，因为肾上腺素能使血管收缩，加快心率，只能使用单方的盐酸利多卡因注射液。猫禁用利多卡因。

4. 解毒

复方甘草酸单铵每千克体重 0.4 mg，5%葡萄糖氯化钠溶液 30 mL，静脉滴注；同时 2 mL 维生素 C，皮下注射。

5. 补液

当中毒犬大量呕吐、腹泻和流涎时，体液大量丢失，需及时补充体液和调节电解质平衡。

【预后】

巧克力中毒与巧克力的类型摄入量,犬、猫的体型大小有直接关系,即巧克力越纯、犬、猫体型越小,越容易中毒。如果过量摄入后 12～36 h 不及时治疗,可导致死亡。患病动物经成功治疗后,通常可以完全恢复。

第七节 木糖醇中毒

木糖醇中毒(xylitol poisoning)是一种由犬、猫摄入了口香糖、松饼、蛋糕等含有木糖醇的食物引起的中毒性疾病。犬木糖醇中毒的报道较多,无明显的性别、年龄、季节和品种倾向。猫接触木糖醇的机会较少,因此病例报道也少。

【病因】

木糖醇是一种五碳糖醇,主要用于无糖口香糖、口腔保健品以及烘焙食物的甜味替代剂。随着木糖醇被广泛使用,犬接触的机会增多,增大了犬木糖醇中毒的概率。木糖醇对犬、猫的影响主要表现在血糖、胰岛素和胰高血糖素的分泌以及肝脏的损伤。根据美国防止虐待动物协会(American Society for the Prevention of Cruelty to Animals, ASPCA)的报告,犬摄入木糖醇大于每千克体重 0.1 g 就会导致低血糖,而大于每千克体重 0.5 g 的剂量会导致肝损伤。一次性摄入 3 g 可导致体重为 30 kg 的犬中毒死亡。

【发病机制】

当犬摄入较高剂量的木糖醇时,木糖醇进入血液引起胰岛素浓度大幅度升高且持续时间长,形成一过性的低血糖,如果长时间的低血糖会对脑部造成不可逆的损伤。中毒犬谷草转氨酶的活性在 4 h 内达到峰值,相当于中毒前的 10 倍,会出现急性肝脏损伤,逐渐发展成肝脏坏死,但导致肝损伤的机制尚未明确。胰岛素大量分泌引起犬体内原有的葡萄糖大量分解,使利用葡萄糖无氧酵解功能的红细胞得不到充足的养分而被破坏。红细胞被破坏后,血红素释放入血,使直接胆红素含量增加。由于肝脏受到损伤,排泄胆红素的能力下降,过量的胆红素不能有效代谢,从而使血清直接胆红素和总胆红素含量增加。虽然正常剂量的木糖醇对人是无害的,但是犬会因摄入木糖醇而出现严重且致命的症状。

【临床症状】

犬在摄入木糖醇后会最先发生呕吐,随后出现低血糖症状,如倦怠、沉郁、昏迷等。若摄入木糖醇的剂量较高,会导致长期低血糖、四肢软弱无力、无法站立,呕吐有时候带血、便血、头部耷拉,出现持续性肌肉震颤和抽搐等,症状从昏睡迅速发展到共济失调和癫痫,并伴有急性肝衰竭,同时发生低钾血症和低磷血症。

【诊断】

根据问诊有无摄入木糖醇的病史,结合昏迷、沉郁、呕吐等临床症状进行实验室检查,尤其是生化检查。如果检查结果中出现低血糖、肝功能指标升高、电解质紊乱以及检测到呕吐物中含有木糖醇成分等就可以做出确诊。

【治疗】

(一)治疗原则

加强生化监测、治疗低血糖、纠正电解质紊乱和修复肝损伤。

(二)治疗方法

1. 加强生化监测

患病的犬、猫需要检测血液葡萄糖、钾、磷和总胆红素浓度、肝酶活性和血凝程度。1～2 h 监测一次血糖浓度，至少持续 12 h，每 24 h 复查一次，至少检查 3 d。

2. 治疗低血糖、纠正电解质紊乱和修复肝损伤

当犬摄入每千克体重 0.1～0.5 g 的木糖醇时，治疗主要包括住院观察、低血糖治疗、肝毒性治疗。当犬摄入超过每千克体重 0.5 g 的木糖醇时，治疗包括住院治疗、补充葡萄糖、监测和治疗急性肝功能衰竭。

若患病的犬、猫出现低血糖，应先静脉注射 1 mL/kg 含 50%葡萄糖溶液(0.5 g/kg)的葡萄糖注射液，而后 5%的葡萄糖恒速输注，以维持正常的血糖水平。低钾血症应予以补充氯化钾。有肝损伤的风险应给予肝脏保护剂和抗氧化剂，如 *N*-乙酰半胱氨酸、*S*-腺苷蛋氨酸、水飞蓟素和维生素 E。

【预后】

多数犬木糖醇中毒病例经及时治疗，预后良好。低血糖持续时间比较长的病例常伴有不同程度的肝脏损伤和脑部不可逆损伤性脊髓炎，一般预后不良。

第八节　洋葱中毒

洋葱中毒(onion poisoning)是一种由犬、猫误食大量洋葱而引起的中毒性疾病。该病无明显的性别和品种倾向。犬较多见，猫少见。

【病因】

洋葱和大葱都属于百合科葱属，犬、猫采食后易引起中毒，犬洋葱中毒的剂量为每千克体重 15～20 g。洋葱中的主要有毒成分为正丙基二硫化物、硫化丙烯，可以导致犬溶血。这种物质不易被加热、烘干等因素破坏，所以不论是生洋葱、熟洋葱，还是烘干、晒干、脱水、粉碎的洋葱，均会造成犬、猫中毒。

当犬、猫误食过多的洋葱后，有毒成分正丙基二硫化物或硫化丙烯会降低红细胞中葡萄糖-6-磷酸脱氢酶的活性，使红细胞抗氧化系统受损，造成红细胞快速溶解和形成海因茨小体。红细胞溶解后，释放出大量的血红蛋白从尿中排出，尿液颜色变红。严重溶血时，尿液呈红棕色，含有大量海因茨小体的细胞被网状内皮细胞吞噬引起贫血。

【临床症状】

患病的犬、猫通常精神沉郁、食欲减退、虚弱无力、不愿活动、心率加快、呼吸急促、体温升高。其特征表现为可视黏膜苍白或黄疸、血尿、粪便稀软，有的带有洋葱味。

【诊断】

根据病犬、病猫采食洋葱的病史，红尿、贫血等主要症状，结合血常规检查和尿液检查结果可以做出诊断。

(一)血常规检查

血常规检查可判定中毒犬、猫有无贫血现象。血常规表现为红细胞和血红蛋白数量减少，血浆检查发现含有大量游离的血红蛋白，呈红色。血涂片检查可见海因茨小体(图 18-2)，红细胞明显减少。

(二)尿常规检查

尿常规检查会出现尿潜血和尿蛋白呈阳性，尿胆红素、尿胆原呈强阳性。若患病的犬、猫的尿液中含有高于正常值的尿胆原和胆红素，结合其全身性可视黏膜苍白、黄疸，判定该动物有溶血现象。根据血浆及尿液颜色为红色，可知该尿液为典型的血红蛋白尿(图 18-3)。

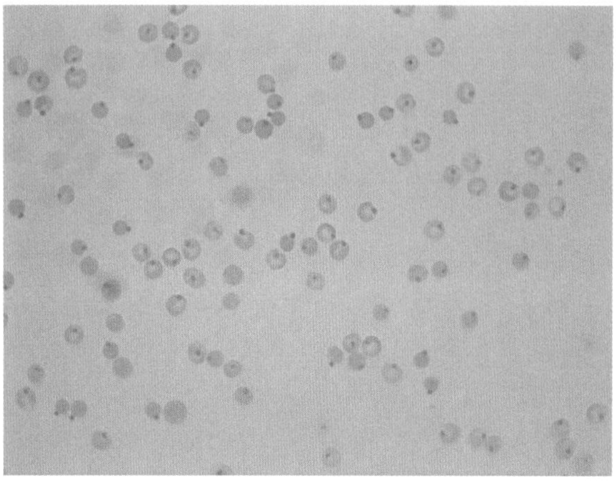

图 18-2 犬血涂片可见大量海因茨小体（新亚甲蓝染色，1 000×）

（张兆霞供图）

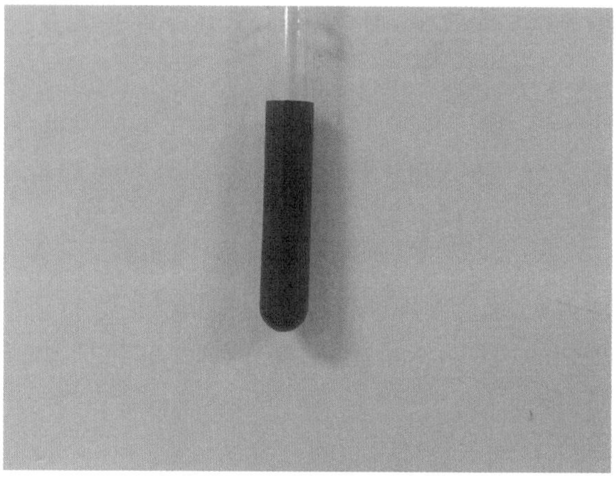

图 18-3 洋葱中毒患犬的尿液颜色

（张兆霞供图）

【治疗】

（一）治疗原则

停止饲喂含有洋葱的食物、补充营养、对症治疗。

（二）治疗方法

1. 停止饲喂

停止饲喂含有洋葱的食物，观察病情，准备好进一步的处置工作。

2. 补充营养

静脉注射葡萄糖溶液或林格液、腺苷三磷酸、辅酶 A、维生素 C 等；口服或肌内注射复合维生素 B 及维生素 E。

3. 对症治疗

根据病情，进行对症治疗。严重贫血者应输血或给予补血剂。

【预后】

轻度中毒的犬、猫在停喂洋葱或大葱后可以自然康复。若食入大量有毒物质又治疗不及时，预后谨慎。

第九节 蛇毒中毒

蛇毒中毒（snake venom poisoning）是一种犬在野外活动受到毒蛇咬伤引起的中毒性疾病。蛇毒中毒主要发生于丘陵地区、夏秋毒蛇活跃的季节，对犬的品种、年龄没有特异性。猫较少发生。

【病因】

由于毒蛇种类繁多，蛇毒毒素又有多种，病因和发病机制较复杂。蛇毒毒素通常分为 3 种，即神经毒素、溶血型毒素和混合毒素。神经毒素主要来源于金环蛇、银环蛇等；溶血型毒素来源于竹叶青、五步蛇等；混合毒素既含有神经毒素，又含有溶血型毒素，一般产生于毒性较大的眼镜蛇、蝮蛇等。

【发病机制】

蛇毒的神经毒素主要作用于延髓和脊髓神经节细胞，可以阻断乙酰胆碱 N 受体，具有箭毒样作用，抑制乙酰胆碱的释放，引起呼吸麻痹和肌肉瘫痪，并阻断运动神经冲动的传导。

蛇毒的溶血型毒素中的卵磷脂酶 A 可以使体内释放组胺、5-羟色胺及缓动素等物质，具有强烈的溶组织、溶血或抗凝作用，会引起组织水肿、炎性反应和剧烈疼痛。

蛇毒中的蛋白水解酶可以激活凝血酶原，破坏血管壁，引起出血及组织损伤，发生溶血、出血、血管内皮细胞破损，导致大面积坏死；促使心肌细胞发生不可逆性去极化，造成心肌变性坏死，引起心肌炎、心力衰竭而死亡。

由于蛇毒毒性强，如果不及时采取合理治疗方法，就会导致血流不止、伤口溃烂、休克，甚至死亡。

【临床症状】

(一)神经毒素中毒症状

犬被蛇咬伤后，局部伤口流血少、轻微红肿热痛；数小时后，表现为兴奋不安、痛苦呻吟、全身肌肉颤抖、吐白沫、吞咽困难、呼吸困难，最后卧地不起、全身抽搐、呼吸肌麻痹而死亡。

(二)溶血型毒素中毒症状

犬被蛇咬伤后，伤口处迅速肿胀、发硬、流血不止、剧痛，皮肤呈紫黑色，常发生坏死，淋巴结肿大；经 6～8 h 扩散到头部、颈部、四肢和腰背部；战栗、体温升高、心跳加快、呼吸困难、不能站立、鼻出血、尿血、抽搐；如果咬伤后 4 h 内未得到有效治疗，就会因心力衰竭或休克而死亡。

(三)混合毒素中毒症状

犬被蛇咬伤后，局部伤口红肿、发热、有痛感或坏死；毒素被吸收后，全身症状严重而复杂。既有神经症状，又有血液循环毒素的损害，最后死于窒息或心力衰竭。

(四)其他毒素中毒症状

被海蛇咬伤无疼痛感，有潜伏期，咬伤后 30 min，甚至 3 h 内无明显中毒症状，容易被忽视。实际上，海蛇毒吸收快，犬中毒后先表现为肌肉无力、眼睑下垂、颌部强直，出现类似破伤风的症状，心脏和肾脏也会受到严重损伤，会在几小时至几天内死亡。

【诊断】

根据牙痕，结合临床症状可以做出诊断。需要注意的是，无毒蛇咬伤有 1 排或 2 排细牙痕；毒蛇咬伤仅有一对较大而深的牙痕。由于蛇的种类与咬伤部位及体位的不同，有时只有 1 个或有 3～4 个以上的牙痕，从牙痕之间的距离可以判断毒蛇的大小。

【治疗】

(一)治疗原则

及时局部处置、采取急救措施、实施对症治疗及中兽医辨病诊治。

(二)治疗方法

1. 局部处置

发现犬被毒蛇咬伤后，应使其保持安静。四肢被咬伤者应立即在伤口上部约 6 cm 处缠一条止血带，直至注射抗蛇毒血清后除去。然后，伤口常规清洗消毒，用消毒手术刀沿毒蛇咬伤的牙痕切一个与血管走向平行的创口，并要达到一定深度。适当扩创，按压创口周围组织使毒液外流；用 1%～3%双氧水或 0.1%高锰酸钾溶液冲洗。

2. 急救措施

中毒犬应尽早注射相应的抗蛇毒血清，但应预防过敏反应；眼镜蛇能在较远的地方将毒液喷到犬的眼内，遇到这种情况，可以用稀释的抗蛇毒血清冲洗眼睛。

3. 对症治疗

根据病情给予大剂量糖皮质激素、咖啡因、葡萄糖酸钙、维生素 C 等，并及时补充液体。若伤口血流不止,肌内注射酚磺乙胺等止血药。

4. 中兽医辨病论治

(1)蛇药片应用　常用的有上海蛇药片、南通蛇药片、湛江蛇药片、群生蛇药片和祁门蛇药片等,内服或醋调外敷。

(2)中药　一点红、白花蛇舌草、七叶一枝花、千里光、蜈蚣、大蓟、八角莲和三叶刺针草各 5 g,共研细末,口服,每天 3 次,每次 3～6 g,治疗各种毒蛇咬伤。

(3)单味中药　取新鲜的七叶一枝花约 100 g,洗净,捣烂,取汁,每次 3～5 mL,口服,每天 3 次;并用其渣外敷伤口周围肿胀处,日敷数次,可清热解毒、消肿,适用于各类毒蛇的咬伤。注意暴露的伤口,以免影响毒液外流。

【预后】

若蛇毒中毒的患病动物不及时治疗,大多预后不良。

第十节　猫百合中毒

猫百合中毒(lily poisoning in feline)是一种由猫误食百合引起的急性中毒性疾病。猫对百合非常敏感,整个植物的花瓣、雄蕊、叶子和花粉对猫均有毒,只要采食 2～3 片叶子或花的一部分就可引起嗜睡。犬大量采食百合后仅表现为胃肠不适。

【病因】

猫误食百合可以引起肾毒性综合征。

【发病机制】

中毒的确切作用机制,目前尚不清楚,推测可能是猫体内缺乏一种降解百合中某种物质的酶,但引起肾脏损害的毒素仍有待确定。百合毒物的吸收很快,一旦进入体内,毒素会破坏肾小管上皮细胞,造成细胞死亡和受损肾细胞脱落;初期会导致多尿性肾功能衰竭,持续一段时间后,出现无尿性肾功能衰竭和肾功能完全丧失。

【临床症状】

猫误食百合后 5～10 min 即可出现临床症状。早期症状为呕吐、食欲不振、嗜睡、精神萎靡,接着出现流涎、沉郁等症状。呕吐和唾液分泌会持续 2～6 h,沉郁和厌食症会持续整个病程,而胃肠道症状一般会在 6 h 后消退。而后出现多尿症和脱水,前者在消化不良后 12～30 h 发生,随后在初次接触后 18～30 h 出现脱水。代谢废物和毒素因肾功能衰竭而积蓄,患猫出现无尿,进一步出现呕吐或癫痫样神经症状,甚至严重的氮质血症;在摄入百合后的 3～7 d 死亡。

【诊断】

该病根据误食百合的病史、临床症状可以做出诊断。必要时,需要进行血清生化检查和尿液分析,评估肾功能衰竭的程度。该病需要与急性肾功能衰竭、口腔疾病、胃肠道疾病进行鉴别诊断。

【治疗】

(一)治疗原则

无特效解毒剂,采取一般急救措施、对症治疗。

(二)治疗方法

1. 一般急救措施

先采取常规的胃肠净化措施,防止进一步吸收植物毒素。未呕吐的患猫进行催吐,清除胃内的毒物。持续呕吐患猫应选用止吐剂、活性炭。

2. 对症治疗

在患猫肾功能衰竭的无尿期发展之前开始液体利尿治疗。出现临床症状但无尿的患猫的简单有效的治疗方式是每天用生理盐水灌服 2～3 次。

【预后】

发现和治疗的时机、急性肾衰是否发生无尿是患猫能否存活的重要依据。在出现少尿性肾衰前实施液体疗法、利尿，并持续 24～72 h 可防止无尿性肾衰的出现，预后良好。一旦发生无尿性肾衰，需要采取腹膜透析和血液透析来维持生命，预后慎重或预后不良。

视频 18-1　猫除虫菊酯中毒症状

第十一节　其他中毒性疾病

除上述常见的中毒性疾病外，在临床上还可见犬、猫其他中毒性疾病，如表 18-1 所列。

表 18-1　犬、猫其他中毒性疾病

病名	毒物来源	发病机制	临床症状	诊断	治疗
除虫菊酯及除虫菊酯增效剂中毒 (pyrethrins and piperonyl butoxide poisoning)	含有除虫菊酯或除虫菊酯增效剂的兽用或家用杀虫剂	除虫菊酯引起神经细胞膜的轻度去极化外，增加了负后电位，引起重复性后，放电，Na^+、K^+ 通道受影响而阻断运动电位。除虫菊酯增效剂对除虫菊酸代谢有抑制作用	仅在大剂量中毒时才出现临床症状。接触性皮炎、呕吐、腹泻、流涎、共济失调、中枢神经系统兴奋、抽搐、呼吸困难、衰竭而死亡	已知接触的毒物；典型临床症状。临床分析很难或不能确诊	控制中枢神经系统过度兴奋，缓解抽搐。美索巴莫按每千克体重 150 mg，静脉注射
萘中毒 (naphthalene poisoning)	煤焦油衍生物存在于卫生球、驱蛾剂中。犬摄入量超过每千克体重 411 mg 可引起溶血性贫血	引起氧化应激、溶血性贫血；肾脏损伤可继发于血红蛋白尿	呕吐、腹泻和溶血性贫血	已知接触或在呕吐物或吸出的洗胃液中发现卫生球。溶血性贫血，红细胞内出现海因茨小体，猫出现高铁血红蛋白血症	催吐服用活性炭及盐类导泻剂。严重溶血性贫血时可进行输血。口服维生素 C 纠正高铁血红蛋白血症。口服碳酸氢钠以碱化尿液，促进萘的排出
硼酸盐中毒 (borate poisoning)	灭蟑螂药物、灭菌药物，如洁厕剂、消毒剂中多含有硼酸盐及其钠盐	确切的作用机理尚不清楚。硼酸盐经暴露的皮肤或皮肤炎性部位、胃肠道吸收，经肾脏排出。高浓度硼酸盐可导致肾损伤	局部皮肤炎症，呕吐、腹泻常带有黏液及血，肌无力、肌肉震颤、抽搐	已知接触相应的药物；有典型的临床症状。尿液分析，以确定肾脏有没有损伤。测定尿样中的硼酸含量	用大量温肥皂水冲刷皮肤染毒处；活性炭洗胃之后，服用盐类导泻剂。无特效解毒剂。一般采用支持治疗与对症治疗
除草剂中毒 (herbicides poisoning)	常见的有氯化苯氧酯衍生物，如2,4-D、MCPP、MCPA；三嗪类，如阿特拉津；双吡啶化合物，如百草枯，甘草磷等	氯化苯氧酯类通过阻止氧化磷酸化及核糖核酸酶的合成的生化途径来发挥作用，中毒犬肌电位变化。三嗪和草甘磷中毒作用机制不清	氯化苯氧酯：犬、猫呕吐、腹泻；急性中毒时发生血便，肌肉强直、共济失调、后躯无力、肌电图异常。三嗪：厌食、沉郁、体弱无力、肌肉震颤、共济失调。甘草磷：接触性皮炎、胃肠道炎症	有明确的接触毒物病史。对可疑物及尿液进行分析检测可诊断	无特效解毒剂。可清洗污染皮肤，催吐、镇静、保护胃肠黏膜等对症及支持治疗

续表 18-1

病名	毒物来源	发病机制	临床症状	诊断	治疗
肉毒梭菌毒素中毒(botulism poisoning)	动物排泄物中普遍存在肉毒梭菌。食物及其下脚料、腐肉中的C型肉毒梭菌毒素前体被动物采食后在胃肠道内产生肉毒梭菌毒素	C型肉毒梭菌毒素通过突触前乙酰胆碱释放,引起神经肌肉传导阻滞	犬、猫对肉毒梭菌内毒素抵抗力强,很少出现中毒综合征。摄入毒素6 d之内出现症状,表现为进行性发展,病初可见呕吐物、吐沫,发展为肢体对称性麻痹。大脑警觉未丧失,痛觉完整且正常	吞食腐肉病史、特征性临床症状,肌电图显示肌肉活动阈值下降	催吐、洗胃、清除胃内容物。防止让犬食入腐败变质的肉类及食物。饲喂前食物应煮沸10 min以上。应用盐酸胍可促进乙酰胆碱的释放

思考题

1. 犬、猫中毒性疾病的治疗原则有哪些?
2. 简述犬、猫灭鼠药中毒的病因及其发病机制。
3. 简述犬、猫有机磷农药中毒的典型临床症状及特效解毒方法。
4. 简述犬、猫常见的霉菌毒素中毒种类及其发病机制。
5. 简述巧克力中毒、木糖醇中毒、洋葱中毒的发病机制与临床症状。

第三篇

马内科疾病

第十九章 心血管系统疾病

学习目的与要求

1. 掌握心血管系统疾病的基本概念、分类和临床特征。
2. 理解心血管系统疾病的病因和发病机制。
3. 掌握左心衰竭和右心衰竭的鉴别诊断。
4. 熟悉常见心脏病的诊断、治疗及预后。

概　述

马心血管系统由心脏、血管和调节血液循环的神经体液组织构成。该系统疾病以心脏病最为多见，心包疾病和外周血管疾病较为少见，是竞技赛马运动表现不佳、成绩下降和提早退役的重要原因。

马心脏病可分为先天性心脏病和获得性心脏病。先天性心脏病主要包括室间隔缺损(ventricular septal defect，VSD)、动脉导管未闭(patent ductus arteriosus，PDA)等；获得性(后天性)心脏病主要包括瓣膜性心脏病、心内膜炎、心肌炎等。心内膜炎是心脏疾病的主要形式，心肌重构最常发生于瓣膜功能不全之后，且由于过度的心脏扩大和重塑，最终导致心力衰竭。先天性心脏结构异常和感染所致的心脏受损会直接破坏心脏结构或/和功能而引发心脏病。此外，年龄、性别、品种及用途为马心脏病重要的诱发因素。

马心血管系统疾病的常见临床症状主要表现为运动不耐受，心杂音、心律失常，呼吸困难，偶见咳嗽、腹部水肿和腹腔积液等。值得注意的是，由于马心脏功能强和储备足，通常只在出现严重功能障碍或剧烈运动时才出现明显的临床症状。虽然杂音和心律失常对于马而言很常见，但通常是生理性而非病理性的。此外，马胸部疾病和某些心律失常可能最初表现为胃肠道疾病或腹痛的症状。

通常详细的病史调查和完整的临床检查是马心血管系统评估的基础，必要时需要其他诊断方法，如心电图(electrocardiography，ECG)、超声心动图、实验室检查(血液学、血液生化及心脏生物标记物检查)等。小型马、矮马和马驹也可通过放射学检查来评估心脏的形态和大小。M型超声波可用于评价心室的大小和功能。彩色多普勒检查有助于确定反流的程度。心电图检查是目前评估心律失常的最佳手段。

马心血管疾病的治疗原则一般包括消除症状、延缓或逆转病程，针对心血管疾病发生和发展的病理机制进行对症治疗。通常使用药物治疗，如强心、利尿、血管扩张和抗心律失常的药物。

第一节　瓣膜性心脏病

瓣膜性心脏病(valvular heart disease)是指一种二尖瓣、三尖瓣、主动脉瓣和肺动脉瓣的瓣膜因退行性改变、腱索损伤或破裂和感染造成心脏单瓣膜或多瓣膜功能异常,导致反流性心杂音,甚至发生心力衰竭的疾病。其中二尖瓣、三尖瓣和主动脉瓣的退行性病变较为常见,属于后天(获得)性心脏病。二尖瓣瓣膜病无品种倾向性,发病率约为3.5%;三尖瓣瓣膜病发生率约为9%,纯血马和骑乘马发病率较高。主动脉瓣膜病常发于老年(>10岁)纯血马和阿拉伯马。

【病因】

该病主要由先天性畸形、瓣膜黏液瘤变性、退行性改变、缺血性坏死、感染性心内膜炎和创伤等引起。

【发病机制】

瓣膜病变的类型通常是瓣膜口狭窄或瓣膜闭锁不全。一旦出现狭窄或闭锁不全,便会妨碍正常的血液流动,增加心脏负担,进而引起心脏功能损害,最后导致心力衰竭。

【临床症状】

(一)二尖瓣瓣膜病症状

轻症病例一般无明显的临床体征,有时精神表现不佳,偶尔可以听到心杂音。重症病例呼吸困难、呼吸强度和频率增加、运动不耐受、运动后恢复时间延长和咳嗽。

(二)三尖瓣瓣膜病症状

三尖瓣瓣膜病主要表现为颈静脉怒张和阳性颈静脉波动、腹部水肿和腹腔积液。

(三)主动脉瓣膜病症状

临床症状因反流的严重程度而异。大多数主动脉瓣膜病的患病动物几乎无症状,通常是在常规体检时被偶然发现。轻度病例只能通过多普勒超声心动图检查发现。该病晚期可能导致患马表现不佳、左心衰竭或双心室衰竭。此外,并发细菌性心内膜炎的患马通常表现为发热和消瘦。

【诊断】

根据病史、临床症状和超声检查可以做出诊断。

(一)二尖瓣瓣膜病的诊断

1. 心脏听诊

在左心基底部(图19-1)左房室瓣上方可听到柔和的收缩期杂音。当瓣膜脱垂时,可听到逐渐增强的收缩期杂音,杂音强度与反流严重程度的相关性较差。

2. 超声心动图

超声心动图可见左心房内径增加,左心室增大,心室顶点呈圆形,心室呈球状。彩色血流和脉冲多普勒检查有助于确定反流的程度(图19-2A)。若射流广泛或心房扩大,肺动脉的直径与主动脉一致。肺动脉扩张,使其直径大于主动脉,提示肺动脉高压。

(二)三尖瓣瓣膜病的诊断

大约30%由感染性心内膜炎所致的三尖瓣瓣膜患马不出现心杂音。

1. 心脏听诊

典型特征为柔和的全舒张期、全收缩期和收缩中期杂音。在右侧第4肋间隙的右心基上方(图19-1)最响,应与室间隔缺损(VSD)鉴别。

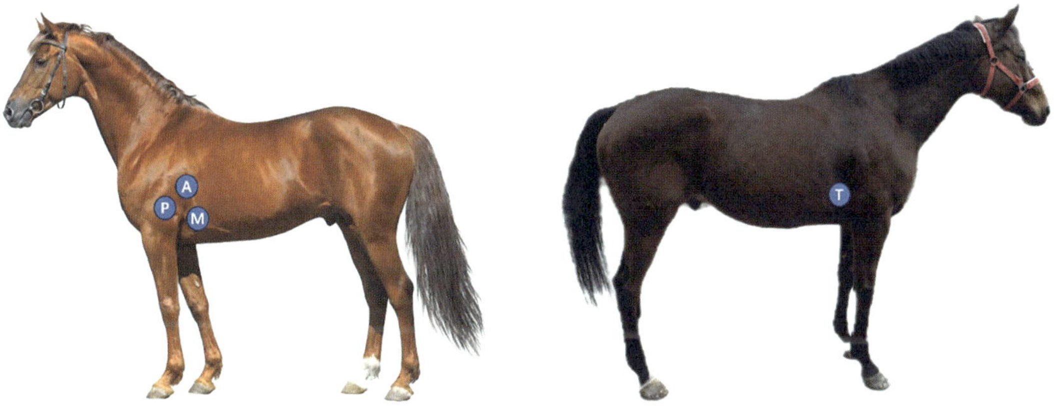

最佳听诊部位：二尖瓣：左侧第5肋间，肘头背侧（心尖部）；主动脉瓣：左侧第三肋间，肩关节下方，肱三头肌内侧（心基部）；肺动脉瓣：位于左心基部的头腹侧至主动脉瓣；三尖瓣：右侧第3～4肋间，肱三头肌内侧，肘头上方。

P＝肺动脉瓣；A＝主动脉瓣；M＝二尖瓣；T＝三尖瓣

图 19-1 瓣膜及杂音听诊位置

2. 超声心动图

右心室扩张、心尖圆化使心脏呈现为双心尖。彩色血流多普勒分析对反流射流的评估有重要价值（图19-2B）。

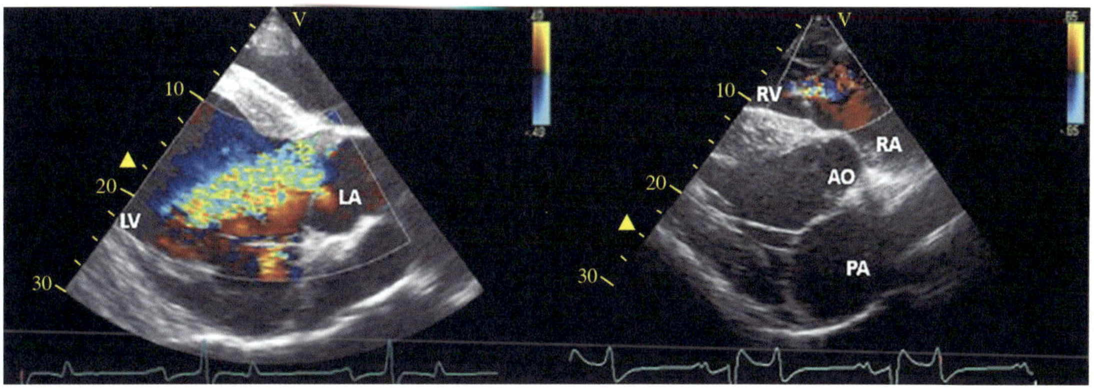

A B

A. 二尖瓣反流（左侧第5肋间长轴四腔断面扫查），彩色多普勒超声心动图显示右侧绿色的左房室瓣处有高速反流；B. 三尖瓣反流（右侧第4肋间长轴四腔断面扫查）彩色多普勒超声心动图显示绿色为高速反流。

RV＝右心室；RA＝右心房；AO＝主动脉；PA＝肺动脉；LA＝左心房；LV＝右心室。

图 19-2 瓣膜反流的超声心动图

（三）主动脉瓣膜病的诊断

1. 心脏听诊

典型特征为广泛性全舒张期杂音。在左侧第5肋间隙的主动脉瓣上方最响。

2. 超声心动图

超声心动图用于确认诊断，结合临床表现评估疾病的严重程度和临床相关性。主动脉瓣局灶性或普遍性增厚和瓣膜脱垂是超声心动图的常见表现。其他表现包括瓣叶振荡、尾叶、主动脉根部脱垂、室间隔缺损（VSD）、主动脉根部扩张或主动脉窦动脉瘤。中度至重度的左心室增大是另一个常见的超声心动图特征。并发二尖瓣反流和左心房增大是该病晚期的迹象。

【治疗】

(一)治疗原则

对因治疗、限制剧烈活动以及并发症的治疗等。

(二)治疗方法

1. 二尖瓣瓣膜病的治疗

局灶性反流的患马无须治疗。另外,偶见腱索断裂的患马可尝试除颤复律,但常因突发性心力衰竭、肺水肿,而死亡率高。

2. 三尖瓣瓣膜病的治疗

除非出现充血性心力衰竭的临床症状,否则不需要治疗,预后良好。

3. 主动脉瓣膜病的治疗

大多数患马不需要治疗。血管紧张素转换酶抑制剂(angiotensin-converting enzyme inhibitor,ACEI)偶尔用于治疗患有主动脉瓣膜病的马(同二尖瓣膜病的治疗)。充血性心力衰竭和细菌性心内膜炎的患马应该进行相应的治疗。

【预后】

对于二尖瓣瓣膜病而言,局灶性反流患马,预后良好;瓣膜增厚或广泛反流的患马,预后较差;若并发心房扩张的患马窦性心律恢复,预后良好;出现充血性心力衰竭的患马预后不良;三尖瓣瓣膜病的患马预后良好。

无症状的马预后良好。轻度病理进展缓慢并可能多年无症状。若存在持续性心动过速、脉搏运动亢进、严重左心室增大伴收缩功能下降、二尖瓣反流并发左心房增大、心内膜炎、充血性心力衰竭征象以及室性心律失常,则预后不良。

第二节　心内膜炎

心内膜炎(endocarditis)是指一种由病原微生物侵袭心内膜而引起的急性或慢性的感染性、炎性心脏病,并伴有纤维性血块或赘生物。心瓣膜是该病最常发的部位,也可发于室间隔缺损部位、腱索和心壁内膜。该病常见于中老年马(>5岁),公马比母马多发,无品种倾向性。

【病因】

该病常由细菌或真菌感染引起,如巴氏杆菌、放线菌、链球菌、红球菌和念珠菌等。此外,还见于由颈静脉血栓性静脉炎或静脉装置留置针引起的炎症或感染。

【发病机制】

当马感染细菌或真菌引起菌血症、败血症或脓毒血症时,病原菌侵袭心内膜导致炎症,引起感染性心内膜炎。该病的发生与瓣膜结构、表面内皮完整性有关,因为瓣膜结构异常(如瓣膜口狭窄、闭锁不全)有利于病原微生物的定殖。通常细菌通过血源性传播到达心脏,并随血液流过狭窄的瓣膜口经表面内皮的裂口侵入瓣膜。此外,瓣膜表面内皮受损可引起血小板和纤维蛋白沉积,形成的血小板-纤维蛋白复合物比完整的内皮更容易使细菌定植并保护细菌不被吞噬。随后,瓣膜表面可形成由血小板、纤维蛋白和细菌组成的乳头状肿块,即由肉芽组织支撑的赘生物。该赘生物会导致瓣膜、心内膜的损害,进而引起心功能不全,甚至心脏衰竭。

【临床症状】

常见的临床症状有间歇性或持续性发热、心杂音、心动过速和呼吸急促。感染性心内膜炎病例几乎都有发热,偶见跛行、关节胀大、咳嗽、腹侧水肿和精神沉郁等症状。严重病例可能会出现充血性心力衰竭的症状。

【诊断】

根据临床检查、实验室检查、血液培养、心电图描记和超声心动图可对该病做出诊断。

(一)临床检查

胸腔听诊可听到粗厉的心收缩期杂音，在发热期突然出现，应怀疑有细菌性心内膜炎。

(二)实验室检查

最常见高纤维蛋白原血症、中性粒细胞和白细胞总数的增多、高球蛋白血症和非再生性贫血。若存在充血性心力衰竭、免疫介导性肾小球肾炎、肾梗死或栓子、细菌性心内膜炎，可见氮质血症，伴有脱水或休克。

(三)血液培养

在发热期间或发热之前，应采血进行细菌培养，以确诊感染性心内膜炎。

(四)心电图描记

常见房颤、室性心动过速、室上性和室性早搏，与心肌炎或血栓栓塞性心肌缺血有关。

(五)超声心动图

瓣膜、腱索、附壁心内膜或大血管内膜表面的赘生物病变表现为不规则的粗绒状等回声或高回声的肿块影像。M型超声心动图上可见瓣膜增厚，呈连枷状运动，提示瓣膜因腱索破裂而脱垂；轻症病例病变处表现为不规则增厚，与严重退行性瓣膜疾病难以鉴别。

【治疗】

(一)治疗原则

抑菌消炎、控制感染是治疗的关键。

(二)治疗方法

在获得血液培养结果之前，应立即使用抗生素治疗。如果延迟治疗，相关心脏病有可能发生或加重。常用青霉素[20 000 IU/(kg·6 h)，静脉注射]、庆大霉素[6.6 mg/(kg·24 h)，静脉注射]进行治疗；也可用恩诺沙星、氨苄西林、磺胺甲氧苄嘧啶、甲硝唑、土霉素等药物。一旦获得细菌培养和药敏结果，应选择敏感药物进行治疗。

在抗菌治疗过程中(一般治疗 5 d 后)，如果患马的临床症状无改善，仍精神沉郁或发热，应重新进行临床检查、超声检查和血液学检查，评估治疗效果。当患马的临床症状得到改善时，超声心动图上病变回声增强、缩小或外观光滑，纤维蛋白原降低是疗效良好的反映，也可用来确定抗菌药物治疗的时间。在纤维蛋白原水平恢复正常后，抗生素应继续使用至少 2 周或 4 周。

【预后】

该病的后遗症一般包括停用抗生素后可复发，瓣膜瘢痕、畸形和狭窄，甚至心力衰竭。一旦发生心力衰竭，预后不良，可考虑安乐死。

第三节　心力衰竭

心力衰竭(heart failure，HF)，简称心衰，是指一种由心脏泵功能急性或慢性损害导致的心脏收缩功能和(或)舒张功能发生障碍，无法将静脉回心血量从心脏充分排出，引起静脉血液淤积、全身灌注不足以满足组织代谢需要而引起的临床综合征。它不是一个独立的疾病，而是心脏疾病发展的终末阶段。绝大多数心力衰竭都是以左心衰竭开始，即表现为肺循环淤血。马心脏储备大，心力衰竭并不常见。

【病因】

该病病因较复杂，可由结构性或功能性心脏疾病引起。最常见的病因是晚期瓣膜性心脏病。

细菌性心内膜炎、腱索断裂、心肌病、心肌炎、发育缺陷和心包炎是本病潜在的危险因素。心力衰竭按发病时期可分为收缩期心力衰竭和舒张期心力衰竭。

(一)收缩期心力衰竭的病因

心脏收缩力减弱的原因包括晚期瓣膜性心脏病、心肌疾病和先天性心脏病。左心室收缩功能不全使右心室收缩功能不全,进一步发展为肺动脉高压或慢性、重度的三尖瓣反流。

(二)舒张期心力衰竭的病因

心脏舒张和心室充盈受损。舒张性心力衰竭的原因包括心包填塞、肥厚性和营养不良性心肌病。

【发病机制】

心力衰竭使心肌收缩性差,前负荷储备减少(对容量负荷的反应减弱),对心室后负荷(壁张力主要由心室几何形状和全身血压决定)的敏感性增加。由瓣膜反流或分流引起的容量过载、心肌收缩力降低(收缩性衰竭)而发病。

心力衰竭可影响许多系统。最重要的是,器官灌注不足会导致多种神经体液通路的兴奋。压力感受器的刺激减少导致交感神经系统的兴奋,从而增加心率和心肌收缩,导致非重要组织的血管收缩,并刺激肾素从肾脏释放。交感神经兴奋和肾灌注减少导致肾素-血管紧张素-醛固酮系统的激活,引起全身血管收缩以及钠和水潴留。心力衰竭可释放抗利尿激素和内皮素。在发病初期,这些神经体液机制是代偿性和有益的。心率、收缩力和循环血容量代偿性增加以支持心脏泵功能,而小动脉血管收缩导致血液流向重要器官,并重新分配。

慢性神经体液激活促进疾病发展并导致临床症状加剧和心力衰竭恶化:①持续的水钠潴留导致血容量过载,导致肺和全身器官充血性心力衰竭;②儿茶酚胺发挥促心律失常作用,促进心肌重塑,并对肌细胞产生毒性作用;③醛固酮导致内皮功能障碍和心肌纤维化;④促炎细胞因子有助于减轻体重和心肌组织中凋亡细胞的损失;⑤左心室扩张和肥厚导致相关的壁张力增加使心肌灌注恶化,并可能引起心肌缺血,此外,心室扩张可能导致二尖瓣反流,导致肺充血;⑥心包疾病可以导致心脏充盈不足引起舒张功能受损而发生心力衰竭。

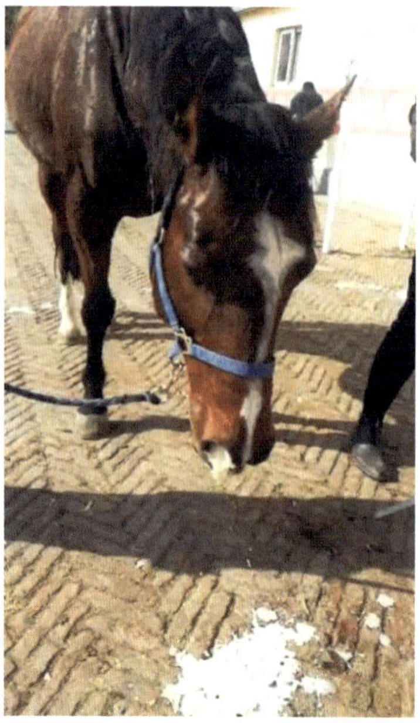

图 19-3　急性左心衰竭,双侧鼻孔排出大量泡沫性鼻液
(郭永青供图)

由于马心脏功能储备大,病初,患马在休息时无明显的临床心力衰竭体征,临床症状进展较慢,但心率增加超出心脏储备。当代偿机制超载时,失代偿会迅速发生,表现出心力衰竭。急性心力衰竭多发病突然。急性左心衰竭主要表现出急性肺水肿的体征;急性右心衰竭的心输出量减少会导致肾血流量减少、水钠潴留。病程超过 3～4 d 出现外周水肿。慢性心力衰竭病程可持续数周,甚至更长,逐渐出现呼吸困难。

【临床症状】

心力衰竭可突然发生(如腱索断裂、急性乳头肌缺血)或逐渐发生(如退行性瓣膜疾病)。运动不耐受、运动表现不佳、运动后恢复迟缓可能是心力衰竭的早期征兆。

视频 19-1　泡沫样鼻液(心力衰竭)

(一)左心衰竭症状

急性病例表现为严重肺水肿体征。呼吸急促,常伴有双侧鼻孔排出大量泡沫样鼻液(图 19-3)。慢性病例的症状不明显。病初,患马表现为轻微的呼吸症状、心动过速、脉搏细弱、呼吸急促、休息或运动后呼吸力增加、流鼻液、咳嗽。随着病程延长，肺静脉压增加，出现明显的心力衰竭体征。

(二)右心衰竭症状

患马表现为全身静脉压升高的体征。当体循环静脉压力增加时，出现腹侧水肿、颈静脉怒张和阳性颈静脉搏动等症状，而腹水不常见。由左心衰竭或右心衰竭引起的外周灌注减少会表现出消瘦、嗜睡、腹泻或肾病、肝病的体征。

【诊断】

根据临床检查可以做出初步诊断，但不能确诊。必要时，可进行心电图检查和超声心动图检查。

(一)临床检查

脉搏检查表现为脉搏微弱；心脏听诊可见心动过速。

(二)心电图检查

心电图检查可见心动过速、房颤、心室和室上性异位节律。

(三)超声心动图

超声心动图可见多个腔室增大，左心室常呈球状；有时多个瓣膜闭锁不全或腱索断裂。如果存在肺动脉高压，肺动脉直径增大就会接近或超过主动脉直径。

【治疗】

(一)治疗原则

恢复心功能和缓解心力衰竭。

(二)治疗方法

1. 限制运动

将患马放在安静舒适的马厩中休息，以降低心血管对氧的需求。

2. 强心

常用地高辛(0.011 mg/kg，每 12 h 一次，口服)、血管紧张素合成酶抑制剂(如依那普利)进行治疗。地高辛因其正性和负性肌力时的变性作用可以提高心输出量，但其治疗指数较窄，需要监测其水平。此外，可用血管扩张剂，但有潜在的低血压风险。

3. 利尿

呋塞米(0.5～3.0 mg/kg，每 8～12 h 一次，肌内注射/静脉注射/口服)可减少肺部液体，但会消耗钾，增强地高辛毒性。利尿剂仅可在病情稳定后需要时使用，过度或延长利尿剂治疗会导致脱水和心输出量减少。

4. 其他方法

支气管扩张剂(如沙丁胺醇)可改善呼吸功能，不要严格限制盐的摄入。合理选择液体疗法，适当的水合作用可以缓解肾灌注减少，但有增加心脏容积负荷的风险。

【预后】

一旦出现心力衰竭，心脏功能很难得到充分恢复。在某些情况下，适当的管理后，马在一定时期内可以放牧和配种繁殖。最终预后不良的患马常实施安乐死。

第四节　心房纤颤

心房纤颤(atrial fibrillation，AF)，简称房颤，是指一种心跳频率快且不规则，由心脏的心肌细胞收缩不同步所致的心律失常。马在临床上的发病率为0.30%～2.50%。该病发生与潜在心血管或全身疾病无关，仅单独发生。在广泛性心脏病和心力衰竭时，心房纤颤时有发生。

【病因】

该病致病因素目前尚不明确。电解质紊乱、过早的心房收缩等因素均可导致该病。

【发病机制】

迷走神经紧张可以导致心肌组织动作电位持续变化，马因迷走神经张力高和心房尺寸大而易发病。马心房大，允许传导通过心房内的多条路径，导致再进入的小波数量增加，增加AF的风险。换言之，心房颤动的发生是由心房失去了协调的肌电功能，多个去极化路径同时发生所致的。

【临床症状】

一旦发生，大多数病例呈持久性。有的患马的房颤短发作为自发性发作和消退，即阵发性房颤，常与运动有关。其中赛马的持续性心房颤动不太常见，通常呈短暂的或阵发性房颤，在运动过程中会毫无征兆地出现。在临床上，赛马常突然出现运动不佳，甚至倒地，但可在几分钟或几小时内恢复正常窦性心律。

(一)一般症状

大多数病例在休息时心率正常(心力衰竭晚期除外)，无明显的临床症状。心脏节律不规则，外周脉搏的节律和质量均有改变。与二度传导阻滞不同的是，节律不可预测，兴奋或运动时的心律不规则。心率显著升高会严重限制运动表现。

(二)典型症状

赛马在训练与比赛中突然发生运动不佳、易疲劳。运动诱发肺出血与房颤有关。在单一房颤中，静息时不出现心率升高、外周水肿和静脉扩张。心律失常可视为AF的后果。

【诊断】

根据临床症状，结合心脏听诊和心电图描记做出诊断。

(一)心脏听诊

由于不规则的心律失常，通过锻炼或兴奋来增加心率并不会导致心率恢复正常，所以根据这个特性可以做出判断。除继发性房颤外，其他类型房颤不会出现心力衰竭的症状。

(二)心电图描记

在马房颤的心电图检查中(图19-4)，窦性P波消失或缺乏一致的P波，可见细小的不规则和大小、形态、间距一致的锯齿状的扑动波(f波)，f波连续不断。心室节律和基线的波动不规则。由于静息性窦性心律也能引起阵发性房颤，所以应进行心电图动态观测。

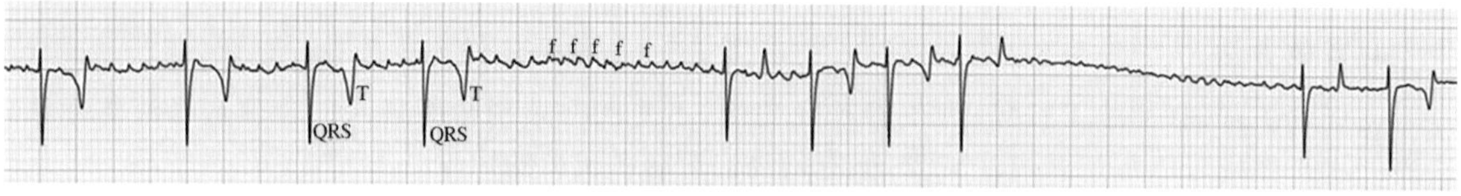

无P波，可见形态变化的f波，QRS复合波和持续时间正常。

图19-4 马房颤的心电图检查(纸速25 mm/s)

【治疗】

(一)治疗原则

消除病因、药物治疗。

(二)治疗方法

1. 消除病因

当患马房颤继发于其他心脏病时,先治疗原发病,再治疗房颤。

2. 药物治疗

常用奎尼丁进行口服或静脉治疗。一般经鼻胃管,多次投服硫酸奎尼丁,剂量为 10 g/2 h,总剂量为 60 g,直至恢复窦性心律。如果持续房颤,剂量间隔可以增加到 1 次/6h,持续 24～48 h;也可静脉注射葡萄糖酸奎尼丁,0.5～2.2 mg/(kg·5 h),静脉注射 10 min,最大剂量为 12 mg/kg,对新近发作的房颤最为有效。如果持续房颤,只要无毒性反应,可先静脉给药,然后口服给药。

奎尼丁的吸收率和半衰期可变,常发生不良反应,表现为精神沉郁、轻度心动过速、轻度低血压、严重和危及生命的快速心律失常、神经异常、严重低血压、血管塌陷等,因此奎尼丁在治疗过程中要密切监测生理和心电参数。如果心率超过 80 次/min 或 QRS 波群时限超过休息 QRS 波群时限的 1.25 倍,应停止治疗。

【预后】

对治疗有反应的单一性房颤,恢复正常窦性心律可以彻底消除临床症状,预后较好。房颤可复发,如有房颤史的马运动能力突然下降,应评估其复发情况。房颤继发于潜在的心脏病,恢复和维持窦性心律较差,患马预后可疑。

第五节　房室传导阻滞

房室传导阻滞(atrioventricular block,AVblock)是指在心脏电激动传导过程中发生在心房和心室之间的电激动传导异常而发生减慢或阻滞,使心脏无法正常收缩和泵血。它可发生在房室结、希氏束以及束支等不同的部位。根据阻滞程度的不同,该病可分为一度房室传导阻滞、二度房室传导阻滞和三度房室传导阻滞。

【病因】

(一)一度房室传导阻滞病因

一度房室传导阻滞是指房室结传导延迟,但无阻滞。

(二)二度房室传导阻滞病因

二度房室传导阻滞是指房室结的传导降低,发生房室结水平的传导间歇受阻,呈渐行性阻滞。

(三)三度房室传导阻滞病因

三度房室传导阻滞是指全部的心房激动都不能传导至心室。其特征为心房与心室的活动各自独立、互不相干;心房率快于心室率。

【发病机制】

一度房室传导阻滞的发生与迷走神经张力高有关;二度房室传导阻滞最常见于迷走神经介导的心律失常,与迷走神经张力高有关,多由心肌炎症引起;通常与房室结的炎症或退行性改变有关,也可能在麻醉、电解质失衡或其他代谢异常时发生或与纵隔淋巴瘤和蛇毒中毒有关。

【临床症状】

(一)一度房室传导阻滞症状

健康马非常普遍,心率正常,无临床症状。

(二)二度房室传导阻滞症状

患马无明显临床症状。心率从慢到正常(通常为 28～44 次/min)。第一心音和第二心音的间隔有规律。若心律失常,在轻度运动或兴奋时,随心率增加或迷走神经张力降低而减轻或消失可认为是正常的生理变化。

(三)三度房室传导阻滞症状

患马在临床上表现为严重的运动不耐受和频繁的晕厥。静息状态下心率非常慢(正常心率为 28～44 次/min)。心率不会随着迷走神经张力的降低或交感神经张力的增加而增加。第一心音和第二心音通常增强,间隔有规律,偶见"大炮声"。伴有阵发性室性心动过速的某些马可听到不规则的心律。

【诊断】

根据临床症状、听诊、心电图检查等可以做出诊断。具体心电图的特征如下。

(一)二度房室传导阻滞的诊断

大多数正常的马在 P 波之前只有一个 P 波阻塞,然后是 QRS 复合波,但偶尔也有两个。患马心率正常或稍慢,R-R 间期正常,QRS 复合波外观形态正常。每个 QRS 波前有一个正常或接近正常 PR 间隔的 P 波,但偶尔有 P 波后没有 QRS 复合波。P-P 间隔一致或略有变化(图 19-5)。

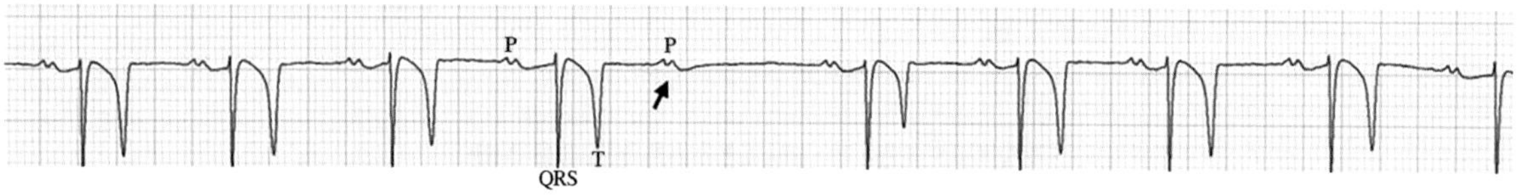

PQ 间隔延长,直到 P 波之后无 QRS 复合波(箭头所示)。P-P 间隔有规律。

图 19-5 心电图检查:二度房室传导阻滞(纸速 25 min/s)

(二)三度房室传导阻滞的诊断

心动过缓,心室率为 10～20 次/min。P 和 QRS 波群之间无联系。P 波在 QRS 波追踪中会丢失。QRS 波群外观形状复杂多变(如正常和异形等)。

【治疗】

(一)治疗原则

病因治疗、起搏治疗和药物治疗,以保证血流动力学稳定。

(二)治疗方法

1. 一度房室传导阻滞和二度房室传导阻滞的治疗

无须治疗。渐行性阻滞可以应用皮质类固醇(如地塞米松)治疗。如病毒持续感染,应谨慎使用。

2. 三度房室传导阻滞的治疗

通常不治疗,有条件的考虑植入起搏器。药物治疗效果有限。使用阿托品治疗无效,异丙肾上腺素因存在室性快速心律失常的风险,应谨慎使用。糖皮质激素虽有助于治疗炎症,如病毒感染,但应谨慎使用。

第六节 其他心血管系统疾病

除上述常见的心血管系统疾病外,在临床上还可见马其他心血管系统疾病,如表 19-1 所列。

表 19-1　马其他心血管系统疾病

病名	概念	发病情况	病因	临床症状	诊断	防治
心肌炎(myocarditis)	以心肌的局限性或弥漫性的炎性病变为主要表现的一种疾病		由中毒、感染、肿瘤、创伤、变性或炎症引起	心肌收缩力减弱和心律失常，还可出现运动不耐受、呼吸系统、充血性心力衰竭和循环虚脱等症状。有时，在典型症状之前出现发热或厌食	根据感染、营养、中毒的病史，结合临床症状、实验室检查(血液生化和毒物分析)及心电图描记等可做出初步诊断	抗炎和抗生素治疗氟尼辛葡甲胺(0.5～1.0 mg/kg，静脉注射或每 12 h 一次，口服)；地塞米松(0.05～0.2 mg/kg，静脉注射，肌内注射或每 24 h 一次，口服)
心包炎(pericarditis)	心包的炎症		常与心包积液和纤维性心包炎相关。纤维性心包炎与母马繁殖障碍综合征有关。细菌感染是另一主要原因	心动过速、脉搏弱而快、心音低沉、静脉高压、颈静脉怒张和腹侧水肿。毛细血管再充盈时间延长，四肢末梢温度低	血液学检查：炎性白细胞像和血浆纤维蛋白原升高。胸廓侧位 X 线片：常见心脏轮廓增大，外观呈圆形。心电图：QRS 幅值下降是心包积液的标志。超声心动图可进行初始评估、监测进展和治疗反应及引导心包穿刺术	细菌感染常用广谱抗生素(如青霉素与氨基糖苷联合使用)治疗。非感染性心包炎可用糖皮质激素、非甾体抗炎药抗炎和镇痛。心包穿刺术用于排出心包积液，缓解心力衰竭
颈静脉血栓(jugular thrombosis)	血凝块(血栓)引起部分或全部颈静脉堵塞	最常发生在静脉输液或静脉注射给药后	由静脉输液或注射药物后引起的炎症级联反应导致静脉内血栓形成。另外，血管周围注射刺激性药物或长期放置静脉留置针置管刺激静脉内皮引起炎症	急性：颈静脉肿胀、发热。因静脉回流受阻，患马侧面部和颈部的皮下静脉怒张，面部、嘴唇肿胀。 慢性：颈静脉呈“索状”。双侧静脉血栓初期表现为静脉扩张；严重时，可引起呼吸不畅	根据临床症状可做出初步诊断。超声检查可以评估血栓程度	急性：限制血栓形成范围，应使用抗凝(阿司匹林)及纤溶药物溶栓、全身抗炎和抗生素治疗(避免静脉给药)，配合外用二甲基亚砜(DMSO)； 慢性：药物治疗无效，无须治疗。感染性、血栓性静脉炎，需要手术干预，如部分颈静脉切除术
运动相关性猝死(exercise related sudden death)	在运动中或运动后，健康马突然发生急性晕倒和死亡	多发于马驹，竞赛马更常见	常见于运动期间或运动后，可能发生的电解质或代谢紊乱会增加心脏心室颤动而导致猝死的发生率。疲劳也是一个重要原因。偶见于主动脉破裂	常无症状而突然发病死亡	根据发病情况可以做出初步诊断，死因不易确定。尸检可见肺充血、水肿、出血，与肺心病和急性心力衰竭有关。肺出血可作为突然死亡原因的主观评估指标	目前，没有准确的筛查测试方法可以识别高危马匹，因此无特异性的治疗方法
室间隔缺损(ventricular septal defect，VSD)	室间隔在胚胎时期发育不全，形成异常交通支，血液在心室之间由左向右分流	马最常见的先天性心脏异常	遗传因素及诱发因素可造成胚胎发育过程中的室间隔未完全形成	胸部听诊可见双侧粗大的收缩期杂音。出生时，可视黏膜发绀、运动不佳、呼吸困难(肺水肿)。心房扩大时，可出现心律失常，房颤最常见	根据病史、临床症状可做出初步判断。通过超声心动图可确诊	没有有效的治疗方法。若发生充血性心力衰竭，需要给予支持治疗。反复的超声心动检查可评估疾病进展情况。为减轻患马心脏负荷，休息时间应该持续到临床症状消失

思考题

1. 简述左心衰竭和右心衰竭的常见病因。
2. 概述房颤和传导阻滞的心电图特征。
3. 简述瓣膜性心脏病、心内膜炎、心肌炎的诊断要点。
4. 简述心力衰竭的发病机制。
5. 论述心力衰竭、心律失常的诊断和治疗。

第二十章　呼吸系统疾病

学习目的与要求

1. 了解呼吸系统疾病的概况。
2. 熟悉呼吸系统疾病的定义、分类及发病特点。
3. 理解呼吸系统疾病的病因和发病机制。
4. 掌握呼吸系统疾病的临床症状、诊断及鉴别诊断。
5. 熟悉呼吸系统疾病的防治措施。

概　述

呼吸是由呼吸系统实现的气体交换过程。动物机体新陈代谢需要呼吸系统吸入的空气,空气中的氧气通过外呼吸经动脉血转运至组织中,在组织完成内呼吸后,经静脉血将产生的二氧化碳等新陈代谢产物排出体外。马的运动能力依赖于呼吸系统与其他身体系统的协同作用,如肌肉骨骼系统、神经系统、心血管系统和内分泌系统等。它们的功能障碍均可导致运动不耐受,呼吸系统是公认的决定运动表现的主要限制性因素。

呼吸系统疾病是在马临床上常见多发的内科病,主要病变在鼻、喉、气管、支气管、肺及胸腔。呼吸系统疾病对马匹运动性能的影响仅次于骨骼肌肉系统疾病。马呼吸系统疾病的种类较多,可分为四大类,分别是:①感染性上呼吸道疾病,如病毒性呼吸道疾病、马链球菌感染引起的马腺疫等;②非感染性上呼吸道疾病,如喉和鼻腔气道结构和功能异常(喉麻痹、软腭背侧移位等);③感染性下呼吸道疾病,如肺炎、胸膜肺炎等;④非感染性下呼吸道疾病,如慢性梗阻性肺病、炎性呼吸道疾病和运动诱导肺出血等。该系统疾病可见于各年龄段和所有品种的马。

马呼吸系统疾病的临床症状主要表现为流鼻液、咳嗽、呼吸模式或频率的改变、异常呼吸音、呼吸困难、局部淋巴结肿大等;全身症状包括发热、精神沉郁、食欲减退、运动不耐受等。有些呼吸疾病无全身症状,仅见马运动能力下降。

马呼吸系统疾病的诊断应以病史调查和临床检查为基础,根据需要进行实验室检查和内窥镜检查、X线检查、计算机断层扫描(computed tomography,CT)、磁共振成像(magnetic resonance imaging,MRI)、气管灌洗或气管肺泡灌洗(bronchoalveolar lavage fluid,BALF)等特殊检查。根据检查结果,全面分析,力求做出准确诊断。

马呼吸系统疾病治疗原则为祛除病因、抑菌消炎、扩张气道和雾化吸入。气道解剖结构异常的疾病常采取手术治疗。无论何种呼吸系统疾病，良好环境和护理对马的康复至关重要。舒适干燥且温度适宜的环境利于马休息和康复。在治疗和恢复期，适当的水合作用可降低呼吸道分泌物的黏稠度，使其易于从下呼吸道排出。无粉尘和氨的稳定环境可防止黏膜纤毛的进一步损害。与经济动物和宠物相比，赛马常参与竞技比赛，轻微的呼吸系统疾病即可影响马匹的运动能力。因此，该系统疾病一旦发生，要尽快早发现、早诊断和早治疗，以利于其快速恢复并保持竞技状态。

第一节 鼻 窦 炎

鼻窦炎(sinusitis)是指各种原因导致鼻窦黏膜的炎症，常由细菌或真菌感染所致。鼻窦炎多发于上颌窦，很少双侧发病。该根据病因可分为原发性鼻窦炎和继发性鼻窦炎。

【病因】

(一)原发性因素

常由一过性、全身性细菌感染所致。1～5 岁龄的马易感马腺疫链球菌，可导致原发性细菌性鼻窦炎，即马腺疫并发症。

(二)继发性因素

多由上颌第四前臼齿至第一臼齿牙根感染引起。除牙根感染外，还可见于鼻窦肿瘤、面部骨折或外伤、骨瘤、扩张性病变(如进行性筛窦血肿和鼻窦囊肿)、免疫抑制(特别老年矮马的库欣综合征)等造成的组织坏死过程中。

【发病机制】

该病的病原菌主要为马腺疫链球菌、葡萄球菌、新生隐球菌和球孢子菌病等。真菌性鼻窦炎多由烟曲霉引起，有的由波氏假阿利什菌感染所致，两者均为腐生菌。由细菌(链球菌属)、真菌或病毒引起的上呼吸道感染会导致黏膜增生和肉芽肿形成，继而导致黏液分泌增加及黏液纤毛清除障碍，黏液在鼻旁窦内蓄积导致鼻窦蓄脓。

无论原发性鼻窦炎，还是继发性鼻窦炎，均可导致鼻窦蓄脓，脓汁呈干酪样，常以鼻孔排出浓稠的鼻液为特征。

【临床症状】

(一)最常见症状

最常见症状主要为患侧鼻孔长期排出黏液性、脓性或黏脓性分泌物(图 20-1)，叩诊鼻旁窦呈浊音。口腔检查，观察臼齿有病变(尤其上颌第四前臼齿至第一臼齿存在龋齿、骨折等状况)。

原发性细菌性鼻窦炎的患马在病初多排出稀薄无臭的鼻液，但鼻液变浓稠时可能有恶臭味。真菌感染的病例常见带血的鼻液。当低头时，患马排出的鼻液量增加。牙病和肿瘤继发鼻窦炎、真菌性鼻窦炎的患马的典型症状为鼻液恶臭。

视频 20-1 原发性鼻窦炎

(二)其他症状

其他症状可见患侧面部肿胀(图 20-2)、溢泪、结膜炎、颌下淋巴结肿大和眼球凸出等症状。鼻腔结构改变的患马可听到粗厉的呼吸音。真菌性鼻窦炎的患马偶见摇头。

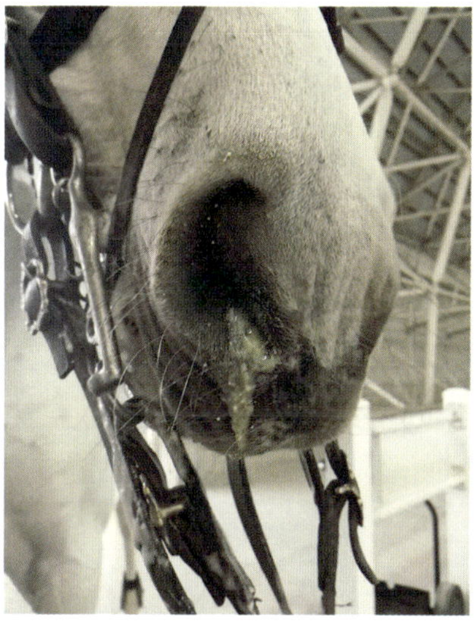

图 20-1　由上颌臼齿牙根尖感染引起的继发性鼻窦炎的脓性鼻液

（张大伟供图）

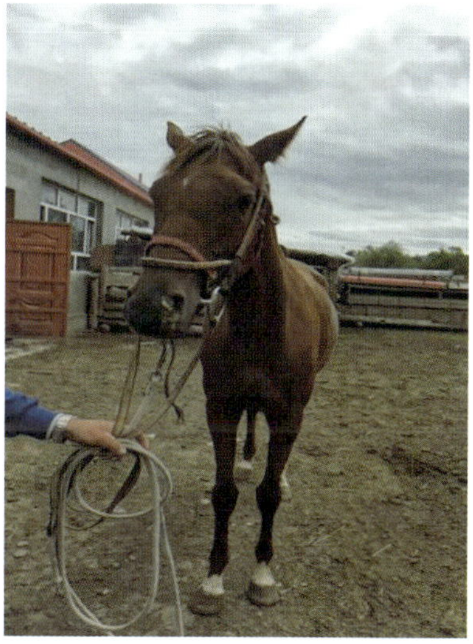

图 20-2　原发鼻窦炎病例左侧额面部肿胀、单侧鼻腔排出恶臭脓性鼻液

（马玉辉供图）

【诊断】

根据病史，结合内窥镜检查、X 线检查及高级影像学检查可做出诊断。

（一）内窥镜检查

内窥镜检查可见鼻结构的变化并排除筛窦血肿，观察到上颌后窦引流角的鼻甲骨肿胀和/或分泌物。若上颌窦结构被以前的手术或泛发性真菌感染所破坏，可见上颌窦病变。鼻窦内窥镜检查可见肿瘤、囊肿、脓性渗出物或真菌菌斑。

（二）X 线检查

患马通常需要在站立状态下拍摄头部侧位 X 线片和背腹位 X 线片。侧位 X 线片可见一个或多个水平的气-液界面。原发性鼻窦炎常见大量的分泌物填塞所致的窦腔内密度增强（图 20-3）。头部背腹位 X 线片可见由鼻旁窦扩张引起的鼻中隔移位。有时脓汁局限于上颌前窦，但很难识别。如需要确定窦内肿物，X 线检查之前，鼻旁窦冲洗几天，尽量清除内部液体和脓液，提高 X 线片对比度，确定特定的牙齿或鼻窦问题。

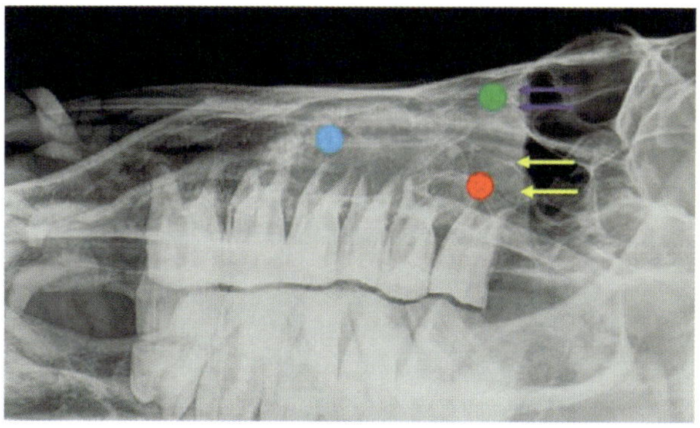

在左上颌前窦（蓝色标记）、上颌后窦侧（红色标记）和额窦（绿色标记）密度明显增加，上颌后窦（黄色箭头）和额窦（紫色箭头）不透射显著增加，可以看到水平线提示气-液界面。

图 20-3　鼻窦炎 X 线检查征象（侧位）

（王志供图）

(三)高级影像学检查

如果上述诊断方法不能确诊,应采用 CT、MRI 和骨闪烁测量等技术进行诊断。CT 和 MRI 可用于牙根病变、累及上颌骨和面嵴的骨变性的诊断。骨闪烁测量可用于牙根尖周围感染的诊断。牙根尖周围脓肿的影像学特征是放射性同位素在牙根周围吸收明显,但鼻窦炎也会导致鼻旁窦周围骨吸收同位素显著增加(特别是真菌性鼻窦炎),应注意区别。

【治疗】

(一)治疗原则

原发性鼻窦炎的治疗原则为清除脓性渗出物,使用抗生素消除感染;继发性鼻窦炎的治疗原则为消除原发病。

(二)治疗方法

1. 原发性鼻窦炎的治疗

(1)抗生素治疗　简单病例可全身抗生素治疗 1～3 周。根据鼻腔或鼻旁窦内分泌物的细菌培养结果和药敏试验确定用药方案,初期可以使用青霉素、头孢菌素和甲硝唑。

(2)鼻旁窦引流及冲洗　持续有规律地轻度运动、放牧或食物放到地上饲喂,可促进脓汁排出。当保守治疗无效时,可以实施圆锯术,清除干酪样脓性分泌物并冲洗(图 20-4)。如用手动压力泵,然后用大量的液体(生理盐水或稀释的聚维酮碘溶液)间隔 12～24 h 冲洗 1 次,持续 5～7 d。真菌性鼻窦炎病例,在冲洗后应使用抗真菌药,持续给药 7～14 d。

(3)手术治疗　针对保守治疗及鼻旁窦冲洗无效者实施手术(图 20-5),并依据病原学诊断结果合理用药。

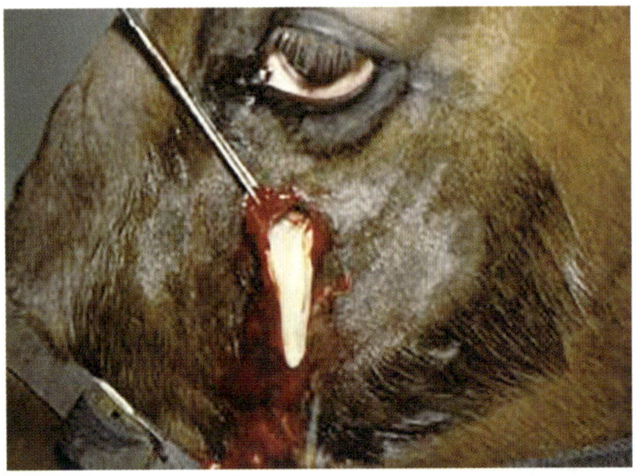

图 20-4　实施圆锯术治疗上颌窦炎患马,术部排出大量黄色黏稠的脓汁

(Chris pearce 供图)

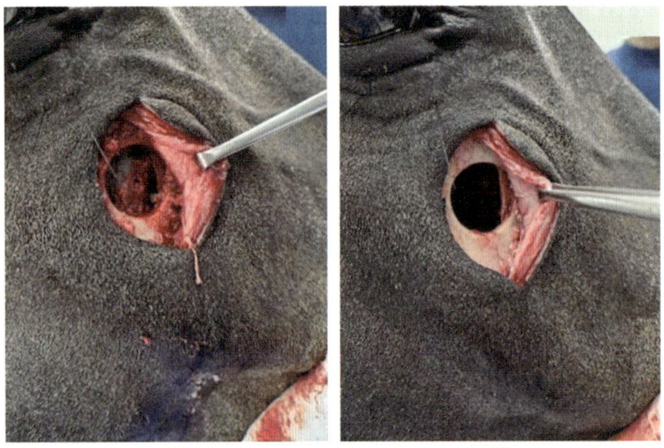

A　B

A. 术前;B. 术后。

图 20-5　原发性鼻窦炎实施上颌后窦圆锯术手术治疗

(Kyung W. Park 供图)

2. 继发性鼻窦炎的治疗

治疗原发病如继发于牙病的病例,要先施拔牙术,然后根据情况确定是否通过圆锯术清除脓汁及冲洗。若拔牙术后齿槽未愈可形成瘘管,需多次手术和长期治疗。必要时,可在齿槽内填充修补材料,防止形成窦道。继发于窦内肿瘤的鼻窦炎需要手术治疗,但大多数浸润性肿瘤难以完全切除。

(三)药物选择

原发性细菌性鼻窦炎常用链球菌敏感的抗菌药,如 β-内酰胺类抗菌药(如普鲁卡因青霉素 20 000～50 000 IU/kg,肌内注射,每 12 h 一次),配合鼻旁窦冲洗。继发性鼻窦炎可使用广谱抗菌药或根据细菌培养和药敏试验结果选择抗菌药。真菌感染可投喂碘化钠(67 mg/kg,静脉注射,每天 4 次)进行辅助治疗,连用 2～5 d;然后,口服有机碘(乙二胺二氢碘化物)(40 mg/kg,口服,每天 4 次),持续给药。怀孕母马不可用碘化钠和有机碘治疗。

(四)抗炎及护理

常用非甾体抗炎药,如保泰松或氟尼辛葡甲胺等药物,缓解患马的不适。患马的临床症状消失后的数周内应限制训练。

【预后】

多数原发性鼻窦炎的病例经保守治疗均可治愈,预后良好。手术治疗的病例预后较差。如果真菌性鼻窦炎经圆锯术或开窗术治疗后有并发症,就可延长治愈时间,甚至进行多次手术治疗。如果拔牙术成功且没有形成瘘管,牙源性鼻窦炎的病例预后良好。如果鼻窦炎迁延不愈,存在瘘管、病变组织(如干酪样脓汁或骨碎片)和/或牙槽骨或上颌骨/鼻甲骨的感染,预后谨慎。大多数浸润性和/或恶性肿瘤性鼻窦炎的病例预后较差。

第二节　喉返神经病变

喉返神经病变(recurrent laryngeal neuropathy,RLN),也称特发性喉偏瘫(idiopathic laryngeal hemiplegia,ILH)或喉麻痹,是指一种马喉返神经麻痹造成喉部一侧或双侧的杓状软骨开合受到影响的疾病。

该病多见于高大的公马,尤其是纯血马、温血马和重挽马,纯血马患病率约为 5%(随年龄增长发病率升高),重挽马患病率可达 42%,矮马罕发。由于左侧喉返神经干较长,90%以上的临床病例为左侧喉麻痹,右侧或双侧喉麻痹少见。该病发生呈渐进性,即正常或轻症的马会随年龄的增长而加剧,通常在 6 岁之前出现症状,最早见于 6 月龄马驹。

【病因】

RLN 与纯血马的身高和温血马的保护性单倍型有关,而特发性喉返神经病变与喉返神经的长度有关。另外,病毒性神经炎和中毒(如有机磷、铅)等也可导致喉神经麻痹。

【发病机制】

特发性喉返神经病变与喉返神经的长度有关,这是由于左侧喉返神经在发育过程中沿主动脉弓向内侧弯曲,长约为 1 m。相反,右侧喉返神经位于右锁骨下动脉旁,比左侧喉返神经短约 25%,因此左侧喉返神经脱髓鞘性病变的高发病率与其长度相关。RLN 可以导致左背侧环杓肌(left dorsal cricoarytenoid muscle,LCAD)失神经支配,进而造成进行性肌肉萎缩和杓状软骨不能外展。另外,尽管右侧喉返神经很少发病,但是直接损伤该神经可引起功能障碍。

在吸气过程中,杓状软骨功能障碍使其内收,进而导致声门裂变窄,吸气阻抗增加并形成喘鸣音。这种情况又可导致吸气过程中的气流受阻和吸气动作加深,从而引起严重的运动性低氧血症、呼吸困难和运动能力下降,故喉返神经麻痹是上呼吸道阻塞的最重要原因。

【临床症状】

(一)典型症状

患马表现为吸气性呼吸困难、运动表现不佳或不耐受,快步和奔跑中可听到轻微的“口哨声”或刺耳的“喘鸣”声。随着运动强度增加,呼吸音常增强、变长,但在运动结束后很快消失。

视频 20-2　呼吸噪声:喘鸣声

(二)一般症状

严重病例可出现呼吸困难,甚至虚脱,有时伴有吞咽困难或鼻出血。触诊可能会发现左背侧环杓肌萎缩。

【诊断】

根据临床症状结合内窥镜检查和超声检查可做出诊断。

(一)内窥镜检查

内窥镜检查对马喉部进行动态观察或评估。静息状态使用静态内窥镜(图 20-6)或运动状态(跑步机)使用动态内窥镜(图 20-7)进行观察,可见左侧或右侧杓状软骨麻痹。马在运动状态下的呼吸量可达到静止状态下的 20 倍,气道压变化幅度更大,更易发现问题。在静息状态下诊断 RLN 时,可根据杓状软骨的外展状态进行 5 级评级(图 20-8),评级越高提示病变越严重。

视频 20-3 RLN:喉麻痹

视频 20-4 动态内窥镜:喉麻痹

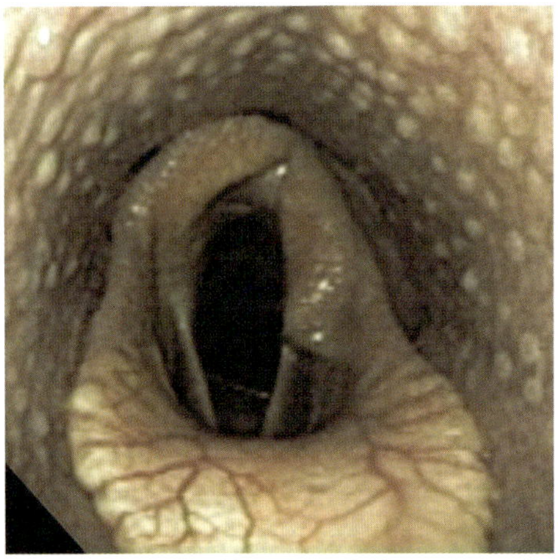

图 20-6 纯血马静态内窥镜检查见左侧杓状软骨麻痹

(单然供图)

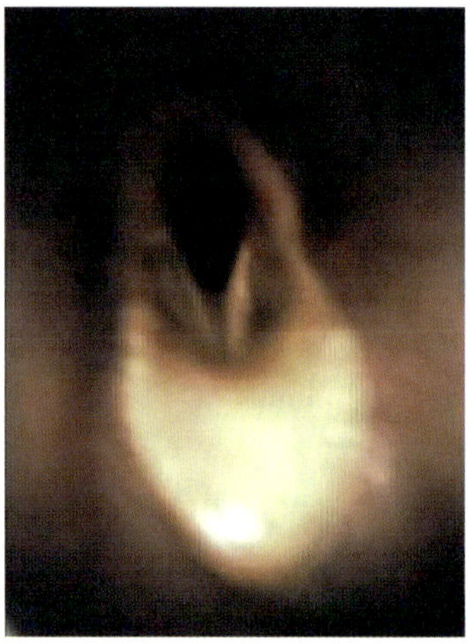

图 20-7 纯血马动态内窥镜检查见左侧杓状软骨麻痹

(单然供图)

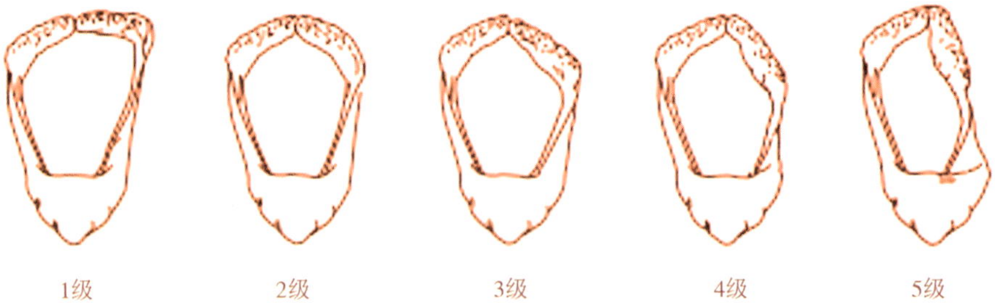

图 20-8 RLN 5 级评级系统

(引自 Dixon P M, Robinson E, Wade J F. Proceedings of a workshop on equine recurrent laryngeal neuropathy[C]// Newmarket:R & W publications, 2003:93-97)

(二)超声检查

如无跑步机,可以在运动状态下用超声检查环杓外侧肌,对比两侧回声强度,预判是否存在 RLN。

【治疗】

(一)治疗原则

一般治疗、手术治疗等。

(二)治疗方法

有多种治疗方法可以缓解 RLN,但常用方法主要有两种。

1. 腹侧声带切除术

腹侧声带切除术可用常规手术或激光手术。

2. 人工喉成形术

人工喉成形术,又称假体喉回接成形术(图 20-9),是大多数马兽医首选的手术治疗 RLN 的方法。吸入性肺炎是常见的并发症。

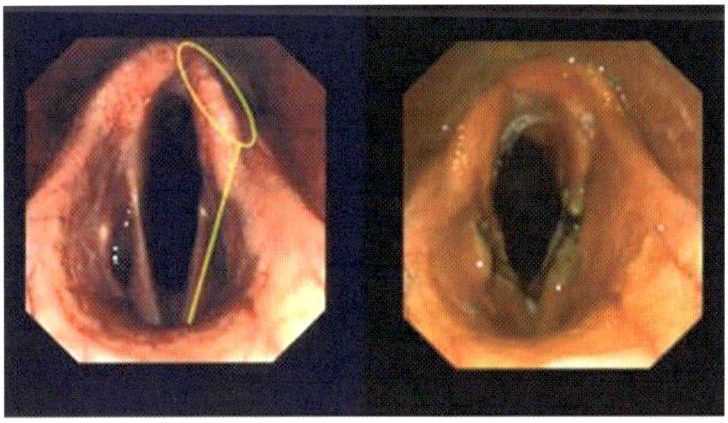

A　　　　B

A. 左侧杓状软骨麻痹(黄色标记);B. 假体喉回接成形术(tie-back)。

图 20-9　RLN 的手术治疗

(Dr. Chris Riggs 供图)

【预后】

喉返神经病变是一种无法治愈的疾病,预后慎重。外科手术虽可缓解临床症状,但存在发生严重并发症(如吸入性肺炎)的风险。

第三节　软腭背侧移位

软腭背侧移位(dorsal displacement of the soft palate,DDSP)是指软腭由会厌软骨腹侧移向背侧导致呼吸道狭窄的疾病。该病可以呈现间歇性或持续性移位,间歇性移位常发生在运动情况下,软腭游离缘从其正常的枕下位置移位阻塞喉口。它是运动时上呼吸道呼气阻塞、运动不耐受和异常呼吸音的常见原因。速度赛马常发,2～3 岁的青年马的患病率为 10%～20%。

【病因】

(一)内因

内因主要是控制软腭运动的肌肉肌张力下降,腭肌和腭咽肌功能障碍。常见于声门下囊肿或肿块、会厌发育不全或无力、会厌软骨畸形、会厌或腭部的炎症、腭部的肿物,如肉芽肿或囊肿等。

(二)外因

外因主要与控制喉和舌骨的肌肉有关。当控制舌骨和/或喉位置的神经肌肉受到影响时,咽部淋巴组织增生、炎症、感染、肿胀或分泌物过多引起的咽部不适或引起的口腔疼痛和/或口腔疾病均可导致该病。

【发病机制】

在正常情况下,软腭的尾侧(游离端)边界位于会厌软骨底部下方,当马呼吸时,它将口腔与咽区密封起来,使马无法通过口腔呼吸。DDSP 通常发生在剧烈运动期间(尤其是在呼气时),软腭的游离端移位到会厌的顶部,它对空气进出肺部造成功能性障碍。由于突然减少了可以通过咽区的空气量,由软腭振动而突然发作的典型的"咯咯声"或鼾声。如果在比赛中发生这种情况,患马的表现力会立即下降,导致它突然失去位置并落后。

【临床症状】

马在比赛或运动时速度突然下降,呼气时发出类似"咯咯"声的呼吸噪声是该病的典型症状。速度赛马在赛程最后阶段或面临应激最大时会突然停止或"倒退"。一旦软腭重新复位,患马不再发出噪声,可以继续奔跑。间歇性 DDSP 患马常有运动不耐受病史,呼气时发出"咯咯"声,张嘴呼吸,在跑步机上进行内窥镜检查更为明显。

【诊断】

根据临床检查、内窥镜检查及 X 线检查可做出诊断,但须与会厌嵌顿进行鉴别诊断。

(一)临床检查

正常马在静息状态下触诊喉部出现间歇性移位很常见,但持续性的移位无论是否有频繁吞咽动作均应进一步检查。患马的鼻孔开张正常,观察是否有咽塌陷或因气道压力降低而表现出 DDSP 症状。

(二)内窥镜检查

最佳诊断方法是在运动状态下(跑步机上)进行动态内窥镜检查,可见会厌软骨模糊"消失",只能看到软腭尾侧缘(图 20-10)。在静息状态下,内镜检查可确定是否存在局部结构异常或软腭游离缘处是否有溃疡灶。

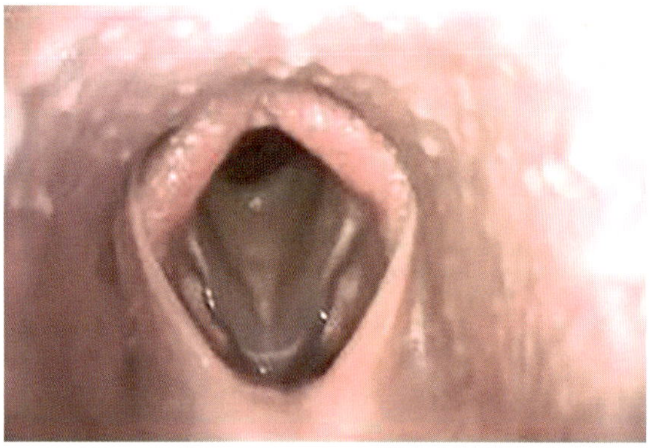

软腭背靠会厌,软腭的游离缘清晰可见。

图 20-10 在静息状态下软腭背侧移位的马

(王志供图)

(三)X 线检查

侧位 X 线片可以确定软腭移位、会厌软骨的长度以及是否存在会厌下和腭部囊肿/肿物。

【治疗】

(一)治疗原则

消除诱因,实施保守治疗、手术治疗。

(二)治疗方法

1. 保守治疗

消除诱发因素应实施药物治疗和控制呼吸道感染,扩张气道,佩戴咽气夹,防止舌根回缩。如诊断为上呼吸道炎症,可用抗菌药和抗炎药进行治疗。

2. 手术治疗

(1)胸骨甲状舌骨肌切开术 防止喉向后回缩,成功率为 58%~73%。

(2)悬垂切除术 通过喉切开术切除软腭游离缘。

(3)胸骨甲状舌骨肌成形术(搭桥术) 在甲状软骨和甲状舌骨之间用永久性缝线缝合。当缝线收紧时,头部弯曲,导致喉吻侧相对于底舌骨进行 4~5 cm 的位移,使移位复位。

【预后】

上述手术治疗效果差异较大,预后谨慎。

第四节　复发性气道梗阻

复发性气道梗阻（recurrent airway obstruction，RAO），也称为慢性阻塞性肺病（chronic obstructive pulmonary disease，COPD）、慢性小气道疾病、慢性肺病、慢性肺气肿，是指长期厩养的成年或老年马（平均发病年龄＞7 岁）受灰尘、劣质牧草、氨气、真菌孢子和其他非特异性刺激而引起的过敏性支气管炎和细支气管炎所致的疾病。该病多呈季节性发病。在疾病晚期，某些患马会发展成不可逆的损害（如肺气肿）。RAO 无品种易感性，所有品种的马、矮马和驴均可发病，有遗传倾向（如欧洲的温血马）。随着年龄增长，发病率升高（超过 4 岁）。除表现运动不耐受外，轻度病例无其他明显临床症状。

另外，夏季牧场相关阻塞性肺病（summer pasture-associated obstructive pulmonary disease，SPAOPD）与 RAO 相似，但主要见于放牧的马匹，由夏末草原的花粉触发该病。两者的主要区别为发病季节与变应原。

【病因】

在大多数情况下，马吸入霉菌（烟曲霉等）孢子（源于干草和草屑）、普通嗜热放线菌等变应原后，诱发过敏性支气管炎和细支气管炎是呼气性呼吸困难的常见原因。另外，环境中的内毒素和有毒气体（如氨、硫化氢、甲烷等）也可诱发气道炎症。

【发病机制】

在上述病因作用下，引起的气道反应有：①小气道痉挛（由平滑肌收缩引起的支气管痉挛）；②黏液分泌增多；③细支气管炎（图 20-11）。它们均可造成小气道阻塞，呼气障碍。在消除变应原后，上述反应大多可逆。慢性病例的支气管结构发生变化，如上皮化生、分泌黏液的杯状细胞增生等。严重病例的慢性气流阻塞可导致肺泡过度膨胀，最终发生肺气肿。

【临床症状】

该病有潜伏性。临床症状呈现连续性或间歇性/周期性（季节性）特点。该病根据疾病的严重程度可分为亚临床、轻度和重度。冬天厩养的马最常发，有些患马全年都有临床症状。当病情缓解时，临床症状会减轻或完全消失。

（一）亚临床症状

亚临床症状多表现为运动不耐受，很少或无其他明显临床症状。患马偶尔咳嗽（尤其开始运动时）。

（二）轻度症状

轻度症状表现为运动不耐受、咳嗽、呼吸频率加快、浆液/黏液性鼻分泌物（尤其运动后），但食欲、行为正常。

（三）重度症状

慢性咳嗽的病例有鼻分泌物、呼吸频率加快。在静息状态下，患马呼气困难，在运动后或低头时更严重，运动后恢复期延长。随着呼吸，肋骨后缘呈现类似腹围增大的特征，出现呼气窘迫，发生二重呼气。慢性病例可见“喘线（息劳沟）”（图 20-12），在呼气时可感知鼻孔有两次气流。有些患马的单侧流出浆液性、黏液性、黏脓性的鼻液。严重病例因采食困难和呼吸困难而逐渐消瘦。

视频 20-5　RAO

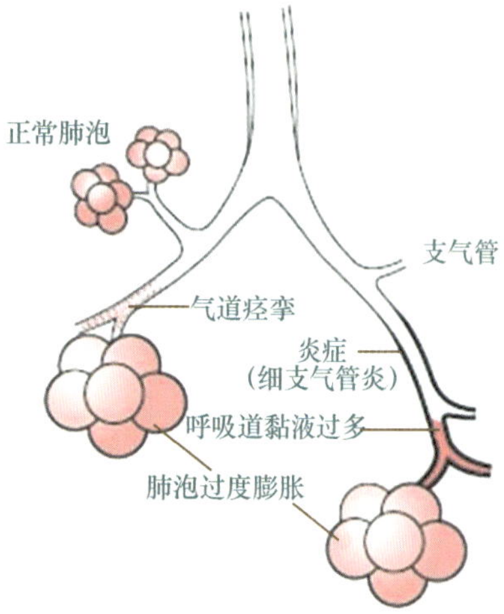

图 20-11　与 RAO 相关的病理变化

（王志供图）

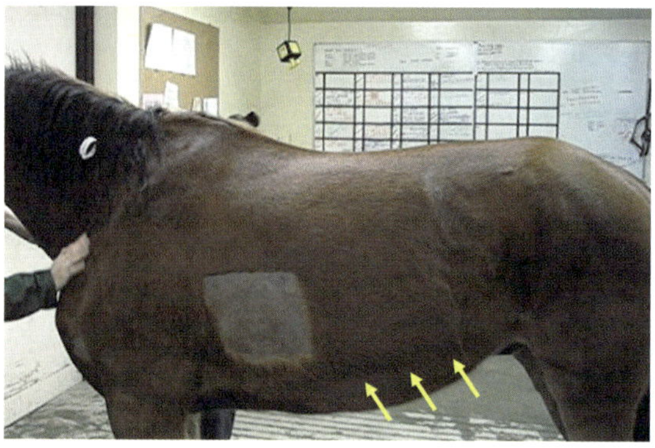

图 20-12　肋骨弓腹侧出现息劳沟/喘线（黄色箭头），随着病情的发展，这条线变得更加明显

（王志供图）

【诊断】

根据病史、临床症状，结合临床检查、X 线检查、内窥镜检查、细胞学检查及其他检查可做出诊断。

（一）临床检查

喉部触诊可见咳嗽反射敏感性增加。在颈部气管远端听诊，可听到液性气管呼吸音。肺部听诊有明显的支气管呼吸音、湿啰音和干啰音。通过重置人工呼吸袋听诊（图 20-13），可听到肺泡呼吸音增强。

（二）X 线检查

部分病例的胸部侧位 X 线片可见间质型肺炎征象。

（三）内窥镜检查

气管（尤其是胸腔入口部）和支气管内黏脓性分泌物蓄积（图 20-14）。气管远端、隆突和主支气管的气道黏膜充血和增厚，黏膜肿胀/水肿导致隆突变平滑。严重病例在呼气和咳嗽时可见气管和支气管塌陷。

图 20-13　重置人工呼吸袋听诊

（王志供图）

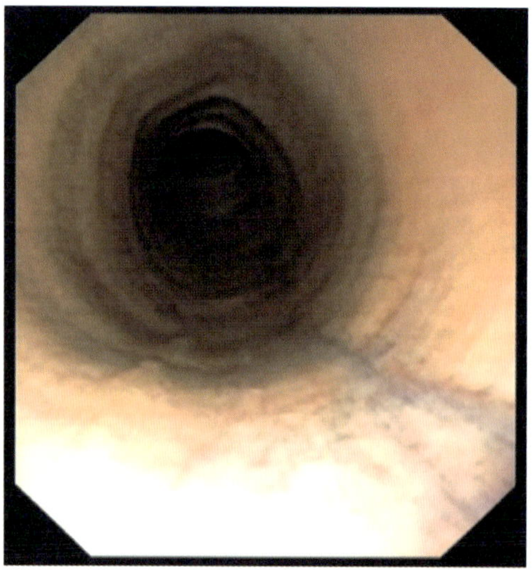

图 20-14　内窥镜检查可见黏脓性分泌物

（王志供图）

(四)细胞学检查

气道分泌物和气管灌洗液检查可见中性粒细胞、肥大细胞或嗜酸性粒细胞增多。支气管肺泡灌洗液可见中性粒细胞>25%(图 20-15)。

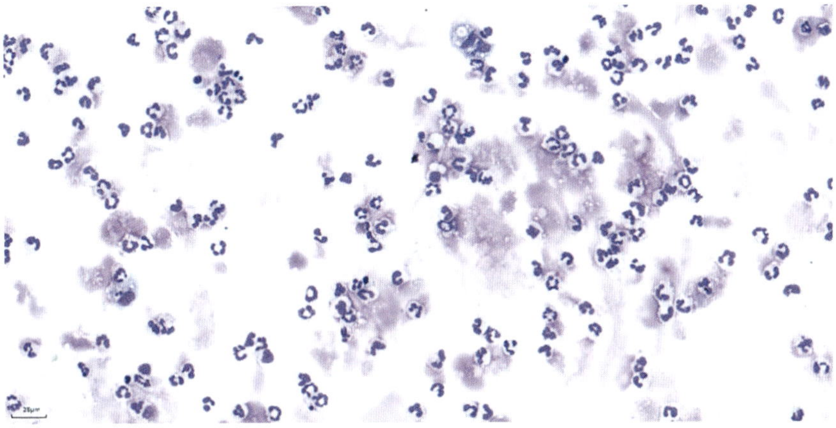

图 20-15　支气管灌洗采集气道分泌物进行细胞学检查可见大量的中性粒细胞(Wright Giemsa,×40)

(刘雨琦供图)

(五)其他检查

动脉血气分析显示严重的低氧血症。

【治疗】

(一)治疗原则

环境控制、抗炎及扩张气道。

(二)治疗方法

1. 环境控制

"无尘"管理即在无干草或稻草的环境饲养。其具体措施包括保持马房垫料(如刨花、碎纸屑、泥炭、合成垫料、橡胶垫、砂等)清洁、干燥,避免乱丢杂物;确保良好的通风;在独立马厩内单独饲养,避免窗户开口高过马匹头顶,粪堆尽可能远离马厩,清理粪便时及清理后 30 min 内将马牵离马厩;饲喂粉尘少的草料,如全价日粮、青贮饲料、真空包装的干草等。若无法选择,可饲喂优质干草;饲喂前,通过蒸或浸泡处理;在马厩内使用除尘器减少灰尘。

2. 抗炎

在祛除变应原的同时,使用糖皮质激素治疗(如地塞米松按每千克体重 0.1 mg,静脉注射,一天一次,用药 3～7 d),以缓解炎症和平滑肌收缩。

3. 扩张气道

在马运动前,通过雾化吸入、口服或注射的方式给予短效支气管扩张剂(如儿茶酚胺类药物、沙丁胺醇等),减少黏液的产生。

糖皮质激素和支气管扩张剂联合用药是缓解症状的最有效治疗方法,疗程通常不超过 2 周。伴有肥大细胞性炎症的病例考虑通过雾化吸入的方式给予色甘酸钠。严重呼吸窘迫的病例一次性给予曲安奈德(0.09 mg/kg,肌内注射),缓解下呼吸道阻塞,维持 4 周。非甾体抗炎药和抗组胺药对 RAO 无效。患蹄叶炎或并发细菌感染的病例慎用糖皮质激素。

【预后】

该病不及时治疗,病情多会恶化。在发生结构性损伤(肺气肿)之前,肺部病变大多可逆。在祛除变应原后，大多数轻度病例预后良好，但严重的 RAO 病例无法治愈。必要时，在治疗后 6～8 周再做 BALF 细胞学检查，以确定治疗效果。

第五节　炎性气道疾病

炎性气道疾病(inflammatory airway disease，IAD)是指多种病因引起的下呼吸道非感染性炎症。该病是赛马和娱乐表演马在比赛训练时表现不佳和运动不耐受的常见原因，多发于 1 岁以上的马，纯种马和标准种马发病率为 22%～50%。

【病因】

该病主要由环境中致敏原和内毒素引起。常见致敏原有饲草和褥草中的霉菌、灰尘及氨气等有毒气体。呼吸道病毒感染对 IAD 的影响尚不明确，但运动性肺出血会导致 IAD，多发于暑期高温高湿的天气，也见于赛马在高强度训练和速度赛后发病。

【发病机制】

马在受到灰尘、霉菌、花粉或其他物质刺激后，呼吸道敏感性增高，炎性细胞(如肥大细胞、中性粒细胞、嗜酸性粒细胞、淋巴细胞和巨噬细胞等)积聚并释放炎性介质而致病。其中肥大细胞或嗜酸性粒细胞聚集是气道高反应性的体现。活组织检查可见支气管周围炎性细胞浸润、气道内黏液和中性粒细胞积聚等病理变化。IAD 与 RAO 的临床表现相似，但两者发病机制不同。

【临床症状】

(一)常见症状

患马运动不耐受和/或运动后恢复时间延长，排浆液性、黏液性鼻液。在运动初期或采食时，患马表现为间歇性咳嗽或频繁咳嗽。

(二)检查症状

在静息状态下，呼吸频率＞18 次/min。肺部听诊在双肺区可听到支气管音、干啰音和/或湿啰音；采用人工呼吸袋胸腔听诊，常可在背侧肺区听到急促的呼吸音；气管听诊可听到分泌物的移动声。肺部叩诊在第 16 肋后上方肺区听到高亢的浊音。

【诊断】

根据病史、临床症状，结合支气管镜检查、细胞学检查可做出诊断。必要时，应与呼吸道病毒感染、细菌性气管炎和支气管炎、肺脓肿等疾病进行鉴别诊断。

(一)支气管镜检查

支气管镜检查用于气道高反应性、充血、水肿和支气管狭窄以及气道分泌物等情况的诊断。内窥镜下的气管炎症评级见图 20-16。IAD 患马在内镜检查时可见气管黏液/排泌物增多。

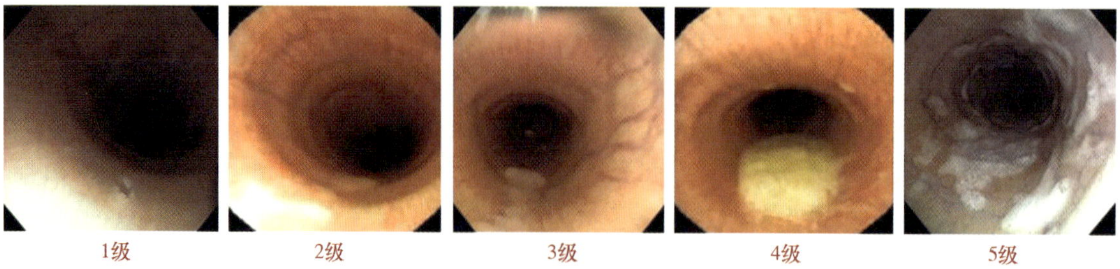

图 20-16　内窥镜检查气管炎症评级

(王志供图)

(二)细胞学检查

采用 BALF 做细胞学检查是该病确诊的首选方法。IAD 患马 BALF 的细胞学特征:中性粒细胞、嗜酸性粒细胞轻度至中度增多,有时肥大细胞比率升高。其中健康马在 BALF 中的总细胞计数≤530 个/μL、中性粒细胞≤5%、嗜酸性粒细胞≤1%、肥大细胞≤2%。IAD 患马在 BALF 里的中性粒细胞>10%、肥大细胞>5%、嗜酸性粒细胞>5%(图 20-17)。

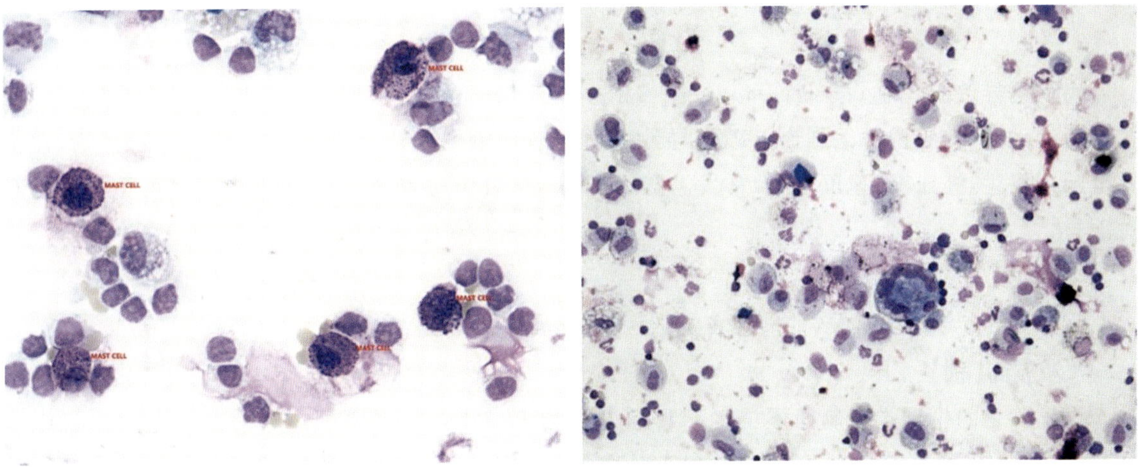

A　　　　B

A. 支气管肺泡灌洗液样本中可见肥大细胞增多(>2%),中性粒细胞比升高(Wright Giemsa,×40);B. 支气管肺泡灌洗液样本中可见多核巨细胞(朗罕样及外源物质样),伴随中性粒细胞增多,肥大细胞增多(Wright Giemsa,×40)。

图 20-17　IAD 患马细胞学检查特征

(刘雨琦供图)

【治疗】

(一)治疗原则

控制气道炎症、改善肺功能及降低气道的高反应性和黏液分泌量。

(二)治疗方法

IAD 的临床治疗与 RAO 相似。患马需要充分休息,减少环境中的可吸入颗粒物。通过雾化吸入(metered-dose inhaler,MDI)的方式进行长期药物治疗或用最低有效剂量给予糖皮质激素(泼尼松龙或地塞米松)进行全身治疗。

1. 糖皮质激素

常用泼尼松龙、地塞米松、丙酸氟替卡松或二丙酸倍氯米松进行治疗。

(1)泼尼松龙　每千克体重 400 mg,口服,每天 2 次,给药 15 d;而后每千克体重 300 mg,口服,每天 1 次,给药 15 d;以后每千克体重 300 mg,口服,隔天给药,逐步降低给药量。

(2)地塞米松　每千克体重 0.05 mg,口服,每天 1 次或隔天 1 次。

(3)丙酸氟替卡松或二丙酸倍氯米松　250 μg/喷,单次给药量 8~12 喷,雾化吸入,每天 2 次,持续给药 2 周,以后改为隔天给药,根据症状确定疗程。

2. 肥大细胞稳定剂

常用奈多罗米钠,2 mg/喷,单次给药量 12 喷,每天 2 次,给药 2 周,而后改为隔天给药,根据症状确定疗程。

3. 支气管扩张剂

常用异丙托溴铵、沙丁胺醇进行治疗。

(1)异丙托溴铵　20 μg/喷,运动前 10～15 min 给予 5 或 6 喷。

(2)沙丁胺醇(舒喘灵)　100 μg/喷,运动前 10～15 min 给予 5～10 喷。伴发病毒或细菌感染的病例或妊娠后期的母马,禁用糖皮质激素。

第六节　运动诱导性肺出血

运动诱导性肺出血(exercise-induced pulmonary hemorrhage,EIPH)是指马(尤其速度赛马)在剧烈运动后,肺脏内部毛细血管破裂导致气道内有血液。该病通常发生在膈叶的后背侧,在世界范围内发生,纯血马(速度赛马)常发。赛后 2 h 内气管镜检查,43%～75%的赛马可见气道内有血液。

【病因】

EIPH 大多与运动有关,常发生在剧烈运动(比赛)中或之后。

【发病机制】

该病确切的生理学机制尚不清楚。目前多认为 EIPH 是马在剧烈运动时高肺毛细血管压和低吸气肺泡压所致的应激性衰竭的结果。马在静息状态肺毛细血管压很低,但在剧烈运动时,肺毛细血管压最高时可超过 95 mmHg,渗透压升高导致组织衰竭和出血。EIPH 病理变化特征为毛细血管内皮和肺泡上皮完整性破坏,红细胞漏出至肺泡内,并伴发红细胞、血小板和巨噬细胞漏出至肺间质。

另外,有的患马在病变发生发展过程中可发生严重的肺静脉闭塞。这一过程可使肺静脉内胶原沉积、平滑肌增多和内膜增生,进而导致血管弹性下降,这可能也是反复剧烈运动的生理表现。有的患马的发病过程包括高肺动脉压、低肺泡压和肺结构的改变。这些过程共同造成肺毛细血管的应激性功能衰竭,病变特征部位为肺后背侧。

无论何种病因,肺毛细血管破裂及随后的气道出血都会导致发病部位的间质炎症和纤维化损伤。尽管下呼吸道炎症曾是公认的 EIPH 重要影响因素,但目前没有足够证据表明炎症与气管出血间有直接关系。

【临床症状】

该病常见于速度赛马,可见于剧烈运动或训练后。大多数患马无明显的临床症状,有时在运动后可见鼻出血(0.1%～9%),偶发由大量肺出血导致的死亡。

有的患马运动耐受性下降,在比赛过程中突然停下,表现为呼吸困难、烦躁不安、咳嗽等。当血液从气管流入咽时,可见重复吞咽动作。在比赛后,有的患马肺出血会持续几天至几周,并表现为沉郁、昏睡,但不发热。

【诊断】

根据运动中或运动后单侧(图 20-18、图 20-19)或双侧鼻孔流出血液的典型症状可对该病做出诊断。无明显鼻出血症状的马匹通过内窥镜检查和细胞学检查进行确诊。必要时,应与引起鼻出血的筛窦血肿、喉囊真菌病、外伤和凝血性疾病等或引起气道出血的肺脓肿、肺炎、异物和肿瘤等进行鉴别诊断。

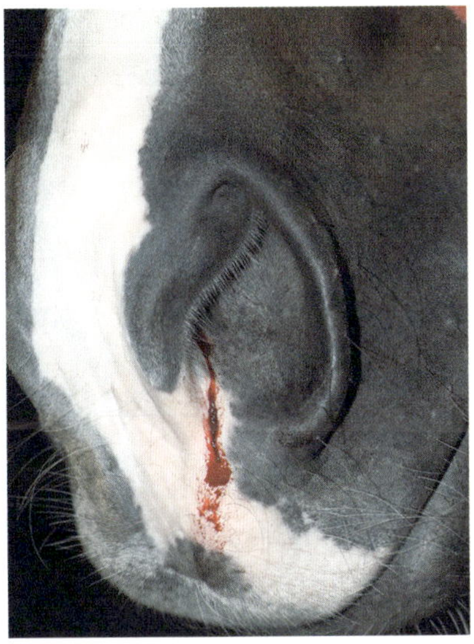

图 20-18　运动后单侧鼻孔轻度出血
（张大传供图）

图 20-19　运动后单侧鼻孔中度出血
（王志供图）

视频 20-6　EIPH

（一）内窥镜检查

在马剧烈运动后 30 min 做气管镜检查，进行出血评级，标注有血液的位置。EIPH 根据出血量可分 0～4 级（图 20-20），EIPH 评级标准见表 20-1。值得注意的是，在比赛后，过早、过快的检查易出现假阴性（气道内不见血液）。

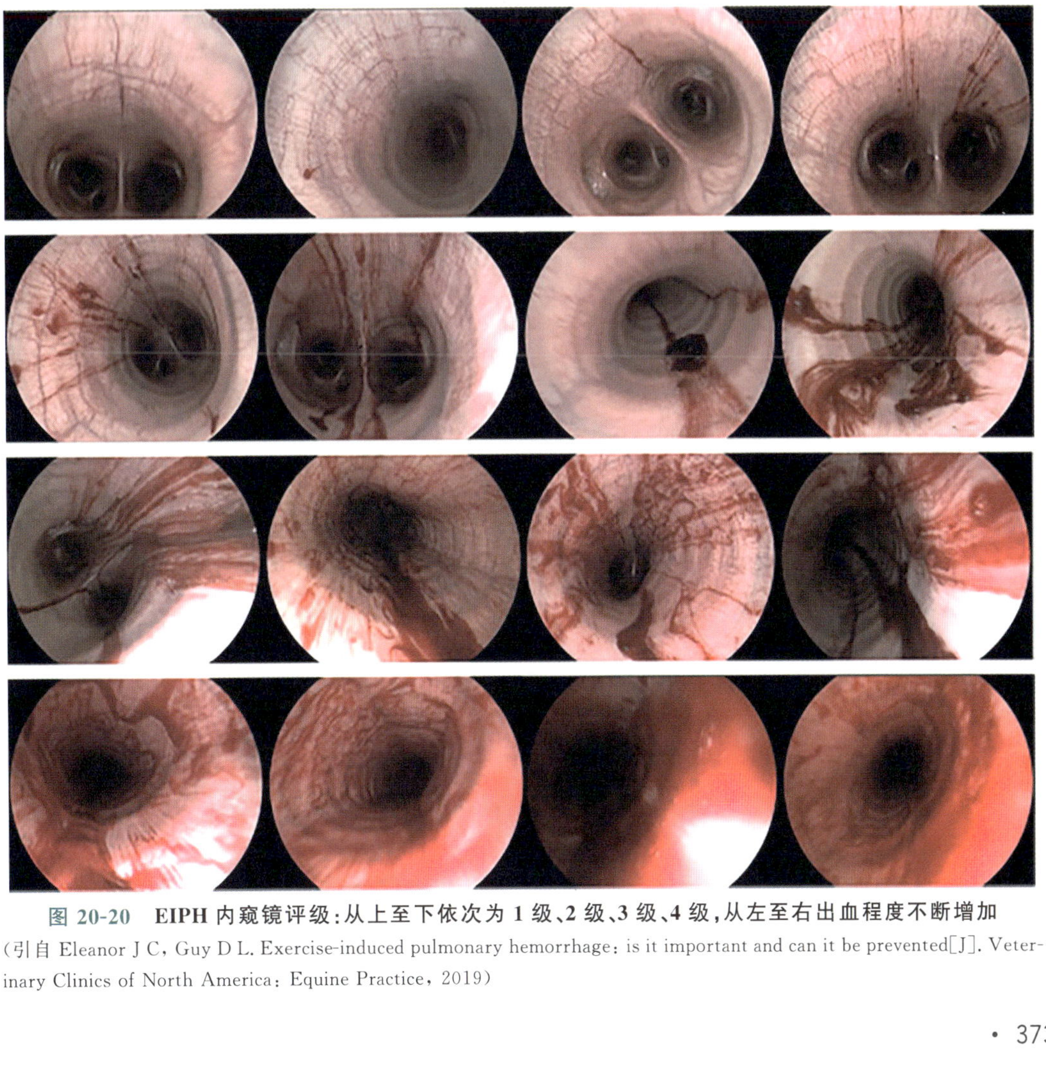

图 20-20　EIPH 内窥镜评级：从上至下依次为 1 级、2 级、3 级、4 级，从左至右出血程度不断增加
（引自 Eleanor J C，Guy D L. Exercise-induced pulmonary hemorrhage：is it important and can it be prevented[J]. Veterinary Clinics of North America：Equine Practice，2019）

表 20-1　EIPH 评级标准

评级	特征描述
0 级	正常：咽喉部位、气管、支气管无血液
1 级	异常：气管内有极少量血丝，血丝长度小于气管总长度的 25%，在肺门有血流，血流所占比例不超过支气管内径面积的 10%
2 级	异常：一条较长的血带，长度不超过气管总长度的 50%或者两条较短血带不超过气管总长度的 33%
3 级	异常：气管内有数条血带，总共覆盖不超过气管总面积的 50%，但气管胸腔入口没有血液积留
4 级	异常：气管内大量血液，覆盖了气管总面积的 90%，气管胸腔入口有血液积留

(二)细胞学检查

经气管-支气管灌洗液获取气道出血样本进行染色镜检，可见含红细胞或含铁血黄素吞噬细胞(图 20-21)，表明存在近期出血，提示 EIPH 发生；可见大量含铁血红素细胞，未见红细胞且样本为新鲜样本，表明 EIPH 已处于转归阶段。

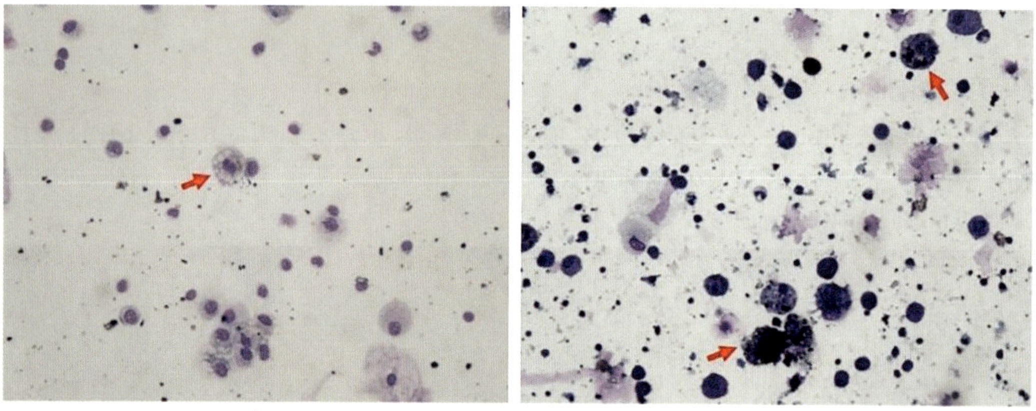

A　　　　B

A. 支气管肺泡灌洗液样本中可见噬红细胞现象(箭头所指)及含铁血红素细胞(Wright Giemsa，×20)；B. 支气管肺泡灌洗液样本中可见大量含铁血红素细胞(箭头所指)(Diff Quik，10×20)。

图 20-21　EIPH 细胞学检查特征

(刘雨琦供图)

【防治】

(一)防治原则

以预防为主，延长休息时间(30 d 至 1 年)。

(二)治疗方法

该病应根据诊断结果，治疗潜在的小气道疾病，提供无尘环境。出血后应充分休息，使受损的毛细血管和肺组织愈合。必要时，应用抗生素防止继发感染。另外，呋塞米是迄今为止唯一有效降低 EIPH 风险的药物。该药物可降低运动期间肺动脉和肺毛细血管压，但副作用大(如脱水、低血钾)，应慎用。为了预防该病，可以考虑在马运动前 4 h，静脉注射呋塞米(每千克体重 0.5～1.0 mg)。

第七节　肺　　炎

肺炎(pneumonia)是由病原微生物、理化因素、免疫损伤、过敏及药物所致的肺脏组织炎症的统称。马在临床上常见细菌性肺炎和吸入性肺炎。细菌性肺炎是指由细菌感染引起的肺部炎症，多继发于呼吸道病毒感染；吸入性肺炎是指由意外吸入草料、异物、刺激性液体、挥发性气体引起的化脓性肺炎。该病可见于成年马和幼驹，幼驹多发。

【病因】

(一)细菌性肺炎病因

在通常情况下，细菌性肺炎并非成年马的自限性疾病。在细菌快速繁殖而导致成年马发病后，细菌性肺炎可成为成年马支气管肺炎的原发疾病或危险因素。原发性病毒性上呼吸道感染可影响黏膜纤毛清除功能，导致下呼吸道细菌定植，可继发引起细菌性肺炎。

成年马细菌性肺炎的常见病原菌有马腺疫链球菌、β溶血性链球菌以及革兰氏阴性菌(如巴氏杆菌、大肠埃希菌、克雷伯菌、肠杆菌和假单胞菌等)。革兰氏阴性菌引起肺炎多为单一感染，有时也与链球菌合并为混合感染。厌氧菌(如拟杆菌和梭菌)的混合感染主要见于胸膜肺炎。另外，新生马驹的细菌性肺炎常继发于败血症，多由链球菌、大肠埃希菌、肺炎克雷伯菌、沙门菌或马放线杆菌等引起。在年龄较大的马驹中，马红球菌感染更为常见。

在正常情况下，马上呼吸道防御机制可阻止大多数细菌进入肺部，少量侵入肺部的细菌可被快速清除。当呼吸道防御机制被病毒感染或应激(如长期运输)破坏时，呼吸道共生细菌可侵入肺部引发感染而发生本病。

(二)吸入性肺炎病因

吸入性肺炎主要见于吞咽困难、食道疾病、胃肠道反流、全身麻醉、长途运输、意外情况等经过中，因少量异物吸入、误入下呼吸道而发病。马驹先天性畸形或不适当的补充喂养(瓶饲鼻胃管饲)也会发生吸入性肺炎；成年马常因无意中浸湿或通过鼻胃管将液体、药品或其他物质误入肺部而发病；在全麻、吞咽困难、食道阻塞等过程中，唾液和饲料等异物误入肺部而发病。

【发病机制】

上述任何原因引起的吸入性肺炎，其临床症状、疾病发展和预后取决于进入肺部的异物性质、数量和组成。当大量的异物被吸入时，患马会急性死亡，如液体。更常见的是继发性肺炎，进而发展为肺实变、胸膜肺炎、坏疽性肺炎和/或肺脓肿。

【临床症状】

(一)常见症状

间歇性发热、精神沉郁、呼吸急促、流鼻涕、咳嗽和运动不耐受等。

(二)特殊症状

吸入性肺炎的急性症状包括呼吸急促、咳嗽、烦躁不安和肺泡呼吸音增强，常会突然窒息死亡。

1. 马红球菌感染

1～6 月龄的马驹易发病，成年马也可发病，通常起病隐匿，呈缓慢发生。它在临床上以化脓性支气管肺炎和肺脓肿为特征，还会出现腹泻、溃疡性小肠结肠炎、免疫介导性滑膜炎、葡萄膜炎、骨髓炎、败血性关节炎、腹腔内脓肿和全身多灶性脓肿等病症。此外，马红球菌感染还表现出运动不耐受、腹泻、腹痛、消瘦、关节积液或肿胀、运步拘谨、跛行、猝死等体征。

2. 马腺疫

除肺炎常见症状外，如发热、体温高达 39.0～40.5 ℃、精神沉郁、食欲不振，它的典型症状表现为黏脓性鼻液(图 20-22)、淋巴结肿胀和咳嗽。在 3～7 d 内，下颌和咽后淋巴结脓肿软化，甚至破溃(图 20-23)。咽后淋巴结肿大阻塞气道和咽部，引起呼吸困难和吞咽困难。

视频 20-7　马腺疫

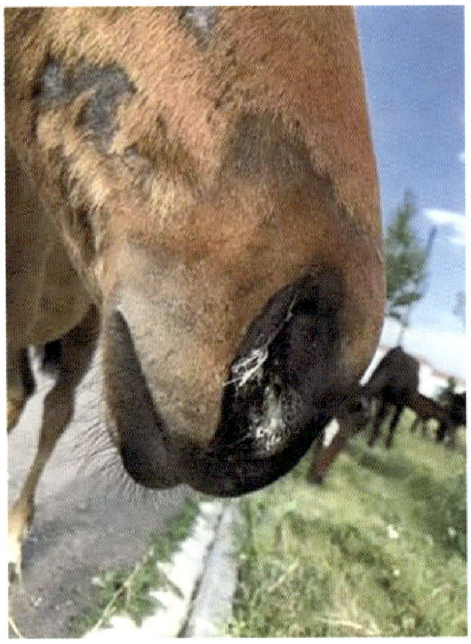

图 20-22　马腺疫患马单鼻孔排出大量的黏脓性鼻液

（马玉辉供图）

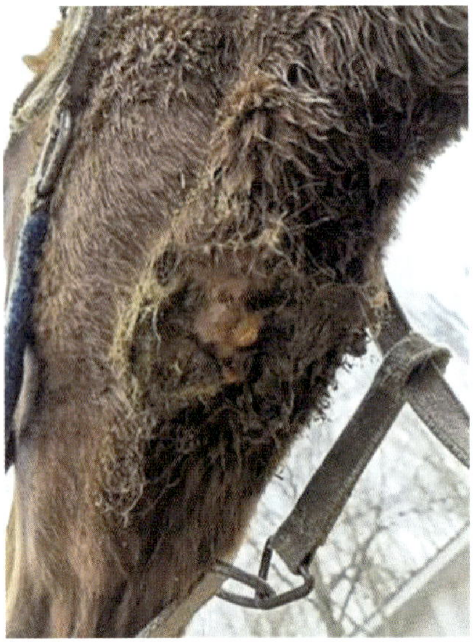

图 20-23　马腺疫患马下颌淋巴结脓肿成熟破溃

（马玉辉供图）

【诊断】

根据病史，结合临床检查、实验室检查和影像学检查结果可以对该病做出初步诊断。必要时，做病原学检查、血清学实验、气管-支气管灌洗、支气管镜检查及病理剖解可确诊。

该病应与贫血、心脏病（如先天性心脏病）、高热、特发性呼吸急促、外伤（肋骨骨折、肺挫伤）、神经系统疾病（异常呼吸方式）和肉毒梭菌中毒等进行鉴别诊断。

马红球菌感染的肺炎应与由马链球菌马亚种、马腺疫链球菌、寄生虫、病毒感染（尤其马疱疹病毒 2 型感染）等引起的肺炎进行鉴别诊断。

（一）临床检查

吸入性肺炎在异物吸入后不久，呼吸时可听到高亢的液体声。在鼻孔处可观察到食物附着。肺部听诊可闻肺泡呼吸音粗厉，伴有支气管呼吸音、湿啰音（水泡破裂音）和/或干啰音，在累及胸膜的复杂病例中出现摩擦音。胸腔叩诊发现浊音，提示肺实变或脓肿或胸腔积液。

（二）实验室检查

血液学检查可见白细胞总数、中性粒细胞和血浆纤维蛋白原等升高。慢性病例可见由高球蛋白血症引起的总蛋白升高。

（三）病原学检查

采用鼻拭子、鼻咽拭子或鼻腔灌洗液及淋巴结穿刺脓液的样本进行细菌培养和实时定量 PCR，根据样本分离鉴定出马腺疫链球菌或 PCR 结果阳性就可确诊。

（四）血清学试验

采用双抗原血清 ELISA 检测，根据是否产生马腺疫链球菌的相应抗体来判定无免疫性感染，也有助于筛选是否有潜在的接触感染。

（五）影像学检查

可评估治疗反应和预后。超声检查若见腹侧有实变，提示吸入性肺炎。

（六）气管-支气管灌洗

采集下呼吸道分泌物，进行细菌培养、革兰氏染色和细胞学检查。镜检可见中性粒细胞性炎性浸润(气管灌洗＞30％)(图 20-24)、大量上皮细胞及黏液、胞外胞内细菌及异物(如矿物油)(图 20-25)。马红球菌感染诊断的金标准是胞内可见多形性 G^+ 棒状杆菌。

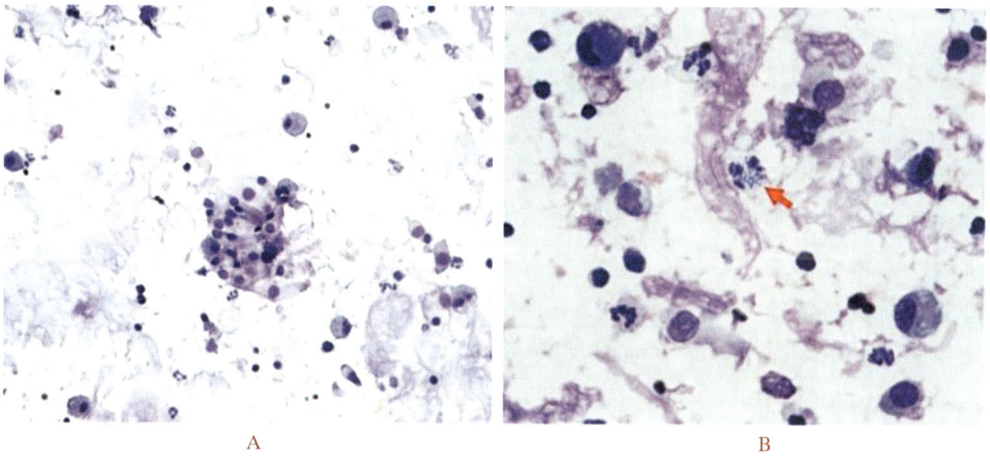

A. 支气管灌洗液样本中的中性粒细胞占比升高(20％)；B. 中性粒细胞胞内细菌存在(箭头所指)

图 20-24　细菌性肺炎病例支气管灌洗液细胞学检查(Diff Quik，×20)

(刘雨琦供图)

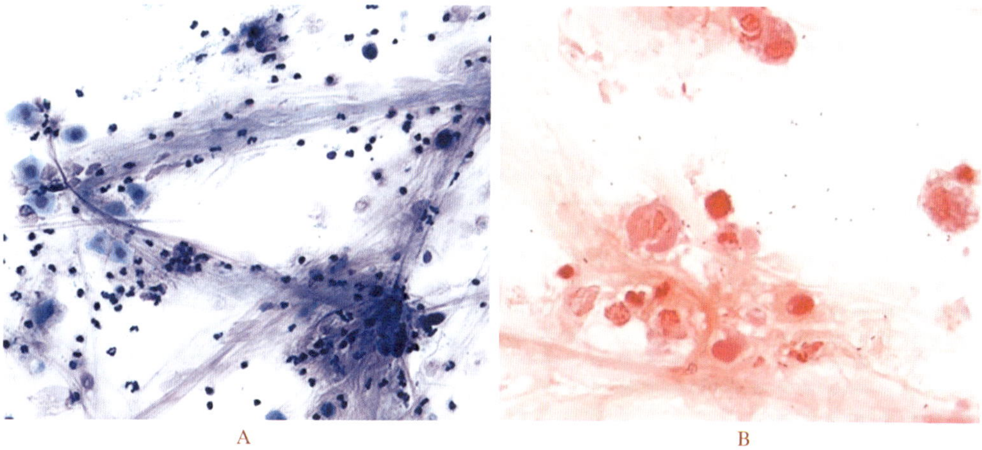

A. 支气管灌洗液样本中中性粒细胞增多，细胞核存在轻度退行性变化，同时可见大量细菌，和鳞状上皮细胞(Diff Quik，10×20)；B. 支气管灌洗液样本进行革兰氏染色，可见存在细胞外 G^+(革兰氏染色，10×100)。

图 20-25　感染性肺炎细胞学检查特征

(刘雨琦供图)

(七)支气管镜检查

通过观察气管内的液体或食物残渣，确定是否吸入异物。

(八)病理剖检

马红球菌性肺炎的患马剖检可见散在的或弥漫性的“粟粒状”脓肿。

【治疗】

(一)治疗原则

治疗原发病、抑菌消炎、支持治疗和加强管理，必要时隔离。

(二)治疗方法

1. 抗生素治疗

在未得到细菌分离培养和药敏试验结果前，常用广谱抗菌药治疗。病初，可选择氨基糖苷类和β-内酰胺类抗菌药，联合用药治疗（如青霉素 22 000 IU/kg，静脉注射，4 次/d 和阿米卡星 25 mg/kg，静脉注射，1 次/d）。其他的对革兰氏阴性菌和革兰氏阳性菌具有中等广谱活性的抗生素可选用第二代和第三代头孢菌素、氨苄西林和/或磺胺甲氧苄啶。如果怀疑有厌氧菌感染，常用甲硝唑辅助治疗。

马红球菌在胞内寄生，需要长期进行抗生素治疗（1～2 个月），红霉素（25 mg/kg，口服，每 6 h 一次）或克拉霉素（7.5 mg/kg，口服，每 12 h 一次）和利福平（5～10 mg/kg，口服，每12～24 h 一次）进行联合用药治疗；也可用阿奇霉素，（10 mg/kg，口服，每 24 h 一次，持续 5 d，每 48 h 一次）。马腺疫的病例在病初无明显临床症状，可用抗生素治疗，肌内注射普鲁卡因青霉素（20 000 IU/kg），2 次/d，连用 7～10 d。

2. 非甾体抗炎药治疗

它用于控制炎症和疼痛，可用酮洛芬（2.2 mg/kg，静脉注射，1～2 次/d）或氟尼辛葡甲胺（1.1～2.2 mg/kg，静脉注射，每 24 h 一次，1～2 次/d）。

3. 支持治疗

严重肺炎的患驹需要住院、吸氧、雾化吸入和全身给予支气管扩张剂治疗以及补液治疗。适当的静脉输液有助于病原及分泌物从呼吸道清除。患病幼驹在使用非甾体抗炎药治疗时应考虑使用胃肠道保护剂。

马腺疫的病例在脓肿形成和破溃期可以热敷下颌淋巴结，促进脓肿成熟破溃，清洗眼结膜和破溃的脓肿窦道。

4. 加强管理

采取具体措施消除误吸的原因，防止进一步误吸而加重病情。治疗失败或复发与发生的时间、治疗措施和未得到充分休息有关。

马驹（<4 周龄）放在清洁的草地上饲养，避免吸入，以降低马驹在出生后最初几周内感染红球菌的风险。密切监测马驹呼吸系统疾病的体征，定期进行血液学检查，如出现白细胞总数、中性粒细胞和纤维蛋白原等升高，应对患驹进行早期隔离和治疗。马腺疫病例应在马房休息，饲喂软的饲草料，饲草料应置于可促进鼻液排出的位置。

5. 隔离治疗

为了限制红球菌感染在马场的传播，隔离患驹，避免其经粪便排出的细菌污染环境。新生马驹在出生时和 3～4 周龄时可用高免血清，降低呼吸道感染的风险。

【预后】

单一细菌感染病例在合理的抗生素治疗和护理下，预后良好。大多娱乐和表演用患马预后尚可。大多数速度赛患马预后难以确定。严重的肺炎病例并发肺脓肿和/或感染扩散到胸腔，预后谨慎或预后不良。

对于马红球菌感染而言，病情较轻马驹的预后可疑或良好。康复的马驹可恢复训练并可参加比赛。轻度非典型性马腺疫病例预后良好。

严重典型的马腺疫病例预后取决于是否出现并发症。脓肿一旦消退后，大多数患马会痊愈，但高达 10%病例出现并发症，康复延迟或死亡。

第八节　胸膜肺炎

胸膜肺炎（pleuropneumonia）是指由长途运输后引起的马呼吸道感染，俗称运输热（shipping

fever)。该病多由细菌感染导致。在下呼吸道细菌增殖导致肺炎和/或肺脓肿后，感染和炎症向胸膜扩散导致胸膜炎或胸膜肺炎，并伴发胸腔积液。该病常发生于长途移动运输之后，陆路运输超过 4 h，或者航空运输超过 10 h 风险增大。

【病因】

长途运输（>500 km）和长时间地头抬高是该病最常见的诱发因素。其他风险因素有病毒感染、食道阻塞、全身麻醉、吸入性肺炎、胸部创伤后剧烈运动、运动诱发肺出血、免疫缺陷、使用免疫抑制药物和营养不良等。

（一）原发性因素

马极为罕见。最常见的原因为胸腔的穿透创，创口感染后引起化脓性胸膜肺炎；在有些地区，胸膜肺炎是胸膜炎的常见原因。

（二）继发性因素

当患马有明显的胸腔积液时，应注意败血症、外伤、肿瘤等，还应考虑继发于充血性心力衰竭、寄生虫病等。

【发病机制】

该病最常见的病原菌有马腺疫链球菌、β 溶血性链球菌、葡萄球菌和革兰氏阴性菌（包括巴氏杆菌、大肠埃希菌、克雷伯菌和假单胞菌），厌氧菌（如脆弱拟杆菌、解肝素普雷沃氏菌、消化链球菌、梭菌和梭杆菌）或支原体也可以感染。在细菌性胸膜肺炎发生过程中，炎症和感染可以导致胸膜腔出现渗出性积液。当大量含有细菌、中性粒细胞、纤维蛋白和细胞碎片的液体积聚在胸腔时，肺和胸膜表面形成的无弹性纤维蛋白层或膜会限制呼吸时胸腔内肺的扩张，引起呼吸障碍。

【临床症状】

早期听诊可听到湿啰音（水泡破裂音）或干啰音、肺前区呼吸音减弱和胸膜摩擦音。双侧胸腔叩诊可确定胸腔内是否有积液及数量；急性病例在叩诊时有疼痛表现。

（一）急性病例症状

急性病例主要表现为发热、精神沉郁、呼吸急促、运动不耐受、流鼻液和间歇性咳嗽、腹壁腹侧或四肢水肿。

（二）亚急性或慢性病例症状

发热、迅速消瘦、胸壁腹侧和/或四肢水肿、步态僵直。触诊胸壁有疼痛表现、肘头外展，易被误认为腹痛。慢性胸膜肺炎表现为间歇性发热、消瘦、呼吸急促和运动不耐受。

【诊断】

根据长途运输史、临床症状，结合实验室检查及影像学检查可做出诊断。该病应与肺炎、肿瘤、胸腔积血、心脏疾病、马传染性贫血以及膈疝等疾病进行鉴别诊断。

（一）实验室检查

急性型病例的中性粒细胞增加、纤维蛋白原升高；亚急性和慢性型病例的单核细胞增多、贫血和丙种球蛋白升高。

1. 胸腔穿刺液

白细胞计数可见中性粒细胞增加（$>10\times10^9$/L），可见胞外细菌和胞内细菌，同时应做需氧、厌氧培养和支原体培养，进行微生物鉴定和抗生素药敏试验。胸腔液的葡萄糖浓度<40 mg/dL，pH<7.2，如乳酸浓度比静脉血高，提示败血性积液。

2. 气管灌洗

采集远端气管和主支气管的气道分泌物样本进行细胞学检查和培养，可作为肺部感染的病原学诊断依据。

(二)影像学检查

1. 超声检查

超声检查可见胸腔出现大面积液性无回声暗区(图 20-26)或可见肺脓肿、肺实变、肺不张,大小不一、界线清楚,边缘呈高回声,中心呈低回声的团块(图 20-27)。评估双侧肺的整个区域,发现脓肿、纤维性液体的定位或粘连,为预后提供重要信息,并随着时间的推移可以监测治疗效果。

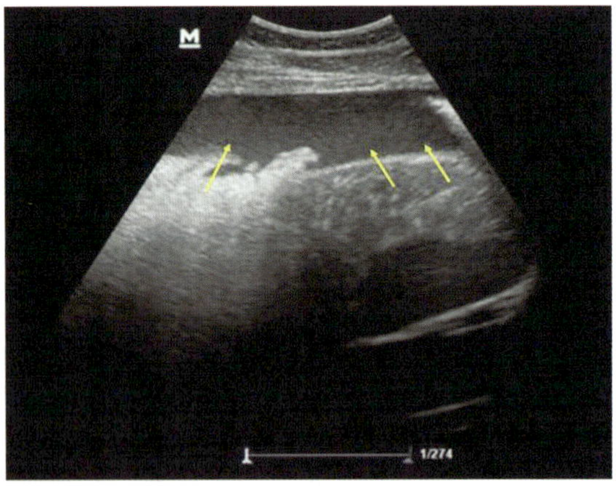

图 20-26　超声检查可见胸腔大量积液(箭头所指)
(单然供图)

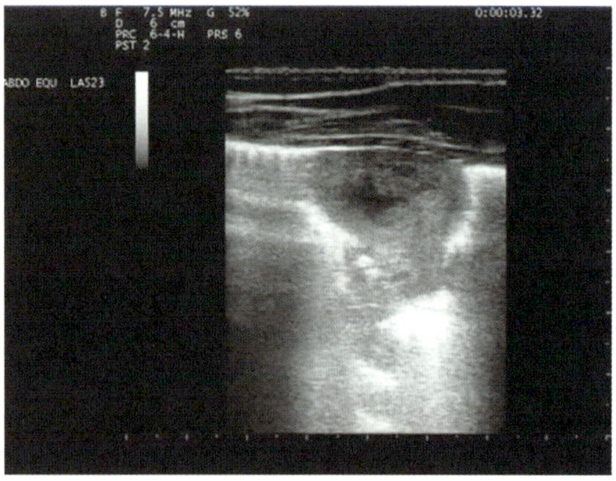

图 20-27　感染红球菌的马驹,B 型超声检查可见肺脓肿
(Kevin Corley 供图)

2. X 线检查

在胸腔积液引流后进行 X 线检查,有助于肺炎的进一步诊断。

【治疗】

(一)治疗原则

抑菌消炎、引流排除胸腔积液。必要时,补液和供氧治疗。

(二)治疗方法

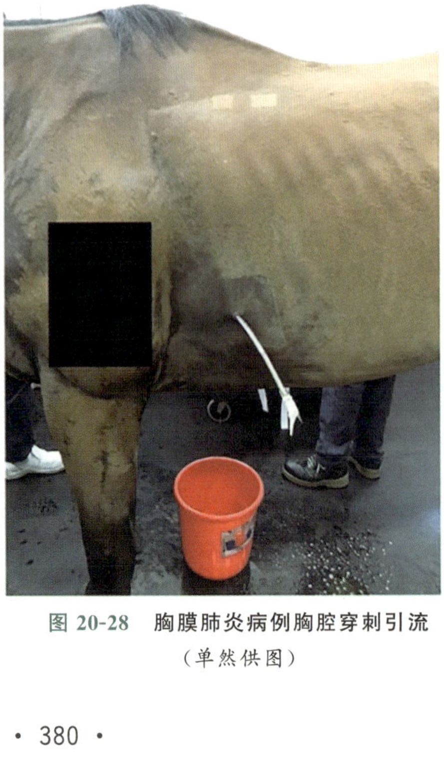

图 20-28　胸膜肺炎病例胸腔穿刺引流
(单然供图)

1. 抗生素治疗

常用青霉素、氨基糖苷类、头孢噻呋或甲氧苄啶等。在并发厌氧菌感染时,使用甲硝唑。必要时,进行病原分离鉴定及药敏试验,根据药敏结果合理选用抗生素。在许多情况下,需要延长抗生素治疗的时间,后期可口服抗菌药。

2. 消炎镇痛

常用非甾体抗炎药缓解炎症并镇痛。疼痛剧烈的病例可用布托啡诺、吗啡或芬太尼治疗。

3. 胸腔引流

根据胸腔内液体的性质和体积,用套管、大口径静脉导管、留置胸导管或开胸术进行引流(图 20-28)。胸腔穿刺术可以单独进行操作,也可以打开胸导管单向阀引流,采集或排出胸腔积液。如果有大量的胸腔积液、明显的内毒素血症和脱水,应静脉输液。大量细胞或絮凝性胸腔积液的病例可经胸导管注入生理盐水进行胸腔灌洗。

4. 其他治疗

少量胸腔积液的患马按照门诊病例处置；大量胸腔积液的患马需要进行住院治疗，严重病例可以补液和供氧。让患马长时间休息，确保良好的营养支持，有助于其恢复。

【预后】

急性病例经及早诊断和合理治疗，预后良好。亚急性至慢性型病例预后慎重；伴有纤维素性肺炎和脓肿或泛发性肺脏病变病例，预后较差；这些病例能否存活或恢复以前的运动功能取决于疾病的严重程度和持续时间。

第九节 其他呼吸系统疾病

除上述常见的呼吸系统疾病外，在临床上还可见马其他呼吸系统疾病，如表 20-3 所列。

表 20-3 马其他呼吸系统疾病

病名	概念	发病情况	病因	临床症状	诊断	防治
进行性筛窦血肿(progressive ethmoidal haematoma，PEH)	筛窦迷路黏膜下层形成的慢性、进行性肿块。它由血液和纤维组织构成。组织学上无肿瘤组织特征，可累及鼻旁窦	发病率随年龄增长而增加，≥4 岁的母马、阿拉伯马和纯血马常发	病因不明，可能是由筛窦迷路黏膜下层反复出血导致黏膜增厚并伴有纤维化，并进一步出血、肿胀，形成肿块	血肿较小的患马常见患侧鼻孔间歇性出血或排出带血的无臭鼻液或陈旧性血性鼻液。累及鼻中隔的患马可见双侧鼻腔分泌物、患马侧面部肿胀、呼出气体有臭味、咳嗽等。运动时，呼吸音粗厉，偶见呼吸窘迫，运动不佳	根据病史、临床检查、内窥镜检查、影像学检查、组织病理学检查等可做出诊断	消除病因、治疗原发病，常采用化学消融术、冷冻或激光消融术及额窦开窗术除去血肿
真菌性鼻炎(fungal rhinitis)	由真菌感染所致的鼻腔及鼻腔黏膜的炎症	通常为单侧鼻腔	环境中的真菌(如曲霉属)进入鼻腔定殖而发病	单侧鼻腔持续排出恶臭鼻液，抗生素治疗无效	内窥镜检查可见，鼻腔黏膜表面有黄/绿色斑块，甚至糜烂/坏死。必要时，对斑块做活检。CT 可定位病变	经内窥镜或手术清除病变，并定期用抗真菌药物(恩康唑)冲洗，通常需要 3 次以上的治疗
咽淋巴增生(pharyngeal lymphoid hyperplasia)	鼻咽背侧壁和底部的黏膜淋巴组织增生	多发于青年马，1～2 岁训练马常发	在训练环境中发生微生物适应反应，导致免疫系统自然启动而发病	运动时可能会发出强烈的呼吸噪声	内窥镜检查可见，鼻咽部壁/顶的淋巴斑块增大	局部/全身抗炎(糖皮质激素)+/－抗生素治疗，疗效不确定
鼻旁窦囊肿(paranasal sinus cysts)	原发于鼻旁窦内或来源于牙或牙根，并向上颌窦内发展的囊肿	1 岁或成年马常发	病因和病理生理机制尚不清楚	上颌和额窦肿胀，单侧鼻液。鼻腔阻塞、鼻窦和鼻甲的轮廓扭曲。叩诊呈浊音，偶发眼球突出	头部放射学检查可见，鼻旁窦内呈典型的圆形软组织或液体不透射性，液体积聚掩盖其轮廓。正常的鼻旁窦轮廓和结构会扭曲，软组织矿化。鼻旁窦圆锯术可排出透明、鲜亮的黄色液体。鼻内窥镜检查可见鼻道中部的圆形肿物	手术切除囊肿

续表 20-3

病名	概念	发病情况	病因	临床症状	诊断	防治
会厌嵌顿(epiglottic entrapment，EE)	会厌软骨被一层位于会厌本身和舌根之间的舌-会厌黏膜褶皱包裹	速度赛马常发，发病率为 0.75%～3.3%	病因尚不完全清楚。杓会厌襞炎症和周围组织松弛是诱发因素。先天性会厌发育不全和会厌下囊肿的马更易发病	患马常在运动时出现高亢有力的吸气和/或呼气噪声，同时运动不耐受；当继发软腭背侧移位时，可听见间歇性“咯咯”声；当运动或采食后偶有咳嗽表现	根据临床症状、临床检查、内窥镜检查可对该病做出诊断。应注意与会厌炎、会厌畸形/发育不全和 DDSP 进行鉴别诊断	喉前裂切除术；经口杓会厌襞纵向切开术；经鼻杓会厌襞纵向切分；内镜激光杓会厌襞纵向切开术

思考题

1. 简述鼻窦炎的常见病因。
2. 引起呼吸噪声的常见上呼吸系统疾病有哪些，如何进行鉴别？
3. 简述肺炎的常见病因，如何鉴别感染性炎症与非感染性炎症？
4. 简述胸膜肺炎的治疗方案。
5. 简述常见的过敏性气道疾病类型及其鉴别方法。
6. 简述运动诱导性肺出血的预防管理。

第二十一章 消化系统疾病

学习目的与要求

1. 了解消化系统疾病的概况。
2. 掌握腹痛的定义、分类、病因及临床症状。
3. 理解胃溃疡综合征的诱因、发病机制、诊断评级方法、治疗管理方案及原则。
4. 熟悉结肠炎、肠积沙致急性或慢性腹泻的鉴别诊断、诊断要点和治疗原则。
5. 掌握临床常见非手术治疗的急腹症的诊断和治疗方法。

概　述

马消化系统由消化道和消化腺组成，包括口腔、咽部、食道、胃、小肠、盲肠、结肠和直肠。马消化道的功能主要是饲草料和水的摄取、消化、吸收营养及排出粪便残渣，为机体正常代谢活动提供水和营养。任何影响消化机能的疾病都会对机体及其他系统产生较大的影响。对马兽医来说，要详细了解消化系统各部分的结构和功能，掌握复杂的大体解剖学、生理学、病理学及学会使用各种诊疗技术，才能正确诊断和有效治疗马消化系统疾病。

消化系统疾病是马临床上最常发的内科病，主要包括在口腔(牙齿)、唾液腺、咽、食道、胃、肠道、肝脏及腹膜等部位的疾病，并可伴发急性腹痛、水和电解质失衡及内毒素中毒。该系统疾病可见于各年龄段和所有品种的马。

马消化系统疾病的种类较多，可分为三大类：上消化道疾病主要是发生在口腔、牙齿、舌、咽和食道疾病，如口炎、牙周病和食道梗塞；下消化道疾病主要是胃肠道疾病，如胃溃疡综合征、小肠绞窄性与非绞窄性梗阻、大肠扭转、大肠变位；肝脏及腹膜疾病，如腹膜炎等。

马消化系统疾病的常见病因包括原发性因素和继发性因素两个方面。原发性因素主要是由饲养管理不当造成的，多由饲养失宜、管理不当、环境气候影响及训练引起，如食道梗塞、肠痉挛、肠积沙和胃溃疡综合征。继发性因素多发生在肠道细菌感染、寄生虫、中毒、营养代谢紊乱及其他系统疾病过程中，如由蛔虫引起的小肠阻塞和由胞内劳森菌引起的感染性肠炎。

马消化系统疾病常见的症状包括采食与咀嚼异常、流涎、口臭、吞咽困难、反流、腹泻、便秘、消化道出血、腹部膨胀、脱水、休克、营养不良和腹痛等。基于临床体征，首先进行病史及病例信息调查，之后通过临床检查、临床病理学检查及影像学检查进行鉴别诊断，并做出确诊，如速度赛马的反复发作性腹部疼痛，采用纤维内窥镜进行胃的检查，可正确诊断马胃溃疡综合征。

马消化系统疾病要做到早诊断、早治疗，整体和局部相结合，各科医生通力合作，中西医配合治疗，并要随病情变化及时调整药物及治疗方案，常采用保守药物疗法和手术疗法。治疗原则是祛除原发性病因和潜在的危险因素，缓解疼痛；恢复肠道正常运动，纠正水和电解质/酸碱平衡紊乱，控制内毒素血症。无法进行药物保守治疗的病例（如绞窄性肠梗阻、带蒂脂肪瘤及食道梗塞）多采用手术疗法。此外，马消化系统疾病要做到预防为主。平时加强管理、合理饲喂、合理训练、正确运输、定期进行牙齿护理、定期驱虫和注射疫苗，才能预防疾病发生。

第一节　牙根尖感染

牙根尖感染（apical infections）是指后天发生的继发于深龋和其他严重的牙体缺损、牙周病的感染性牙病。所有类型的马均可发生该病，是马牙科最常见的根管病变，多发于3～5岁马的下颌臼齿和2～7岁马的上颌臼齿，与上下颌臼齿牙根尖感染的发生率相近。

【病因】

该病在上颌臼齿和下颌臼齿的发病机制略有不同。上颌臼齿漏斗形的牙釉质发育不全会导致牙根尖感染，但不是所有病例都是如此。切齿也有漏斗状牙釉质，但很少发生根尖感染。

【发病机制】

细菌可以通过多孔的牙齿咬合面或血行蔓延侵入牙髓引发该病。先天性牙釉质缺陷导致牙齿咬合面变薄。用力咀嚼时，咬合面和邻近牙髓腔出现裂隙，细菌侵入发生根尖感染多见于上颌臼齿。细菌感染导致牙髓肿胀致使血管闭塞，尤其当恒齿有狭窄根尖孔时，更易发生，导致牙髓缺血、缺氧和坏死。当上颌臼齿感染细菌蔓延时，同侧上下颌骨发生肿胀。

【临床症状】

（一）单侧上颌骨和下颌骨肿胀

初期疼痛，随着肿胀而加重。上颌骨发病的病例很少通过管道向外排出脓汁，除非在肿胀处进行脓汁抽吸或人为造成瘘管。上颌骨的脓汁常流到上颌窦，引起窦性积脓，脓汁可充满整个上颌窦。由下臼齿牙根尖感染形成的脓液侵蚀下颌骨，骨骼变薄穿孔形成窦道向外排出脓汁。

（二）单一牙齿感染

很少累及邻近牙齿，脓肿常局限于患病牙的牙根，不引起邻近牙髓坏死。继发鼻窦炎的单侧鼻孔常排出脓性分泌物，下颌淋巴结肿大。患病鼻窦叩诊呈浊音。

【诊断】

根据典型的临床症状，结合临床检查、X线检查和骨闪烁测量等可对该病做出诊断。

（一）临床检查

临床检查常见上颌和下颌臼齿咬合面异常、牙髓暴露或严重的龋齿病变。

（二）X线检查

感染的牙尖部模糊不清，周围有一层不透明的硬化骨区域（尤其慢性病例），牙周间隙扩大。慢性病例偶见由鼻腔内鼻甲骨营养不良性钙化引起的颗粒状不透射性影像（称为珊瑚样或齿性鼻炎）。背腹侧位检查有助于发现牙根尖的细微变化。在下颌骨根尖部感染并形成脓汁瘘管时，可在窦道中放置不透射性增强的金属标记物，以判别哪颗牙齿和牙根感染发病（图21-1）。

（三）骨闪烁扫描

早期病例的X线诊断敏感性较差。条件允许可用骨闪烁测量，这是检查牙根尖感染的有效方法。但是这种方法无法区分由牙根尖感染引起的颌窦脓肿与局限性原发性颌窦蓄脓。

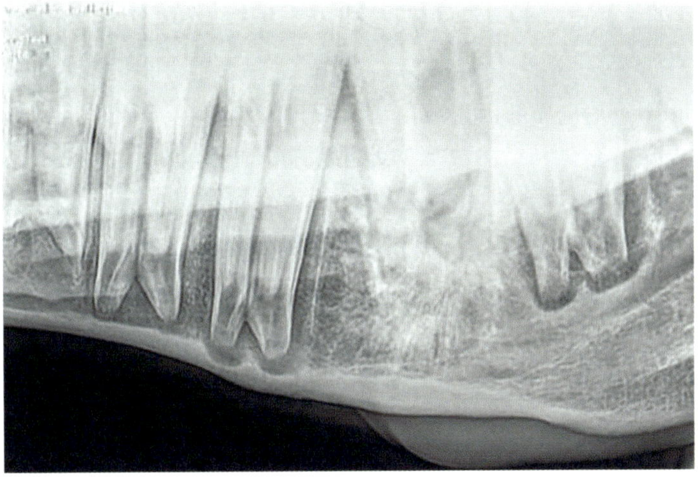

6岁纯血马上颌骨牙根尖感染形成窦性脓肿在侧位片上的影像，左上颌肿胀持续4周，左侧斜侧位投照的放射学征象为下颌骨皮质扭曲，软组织肿胀。腹侧边缘不透射性降低、活跃的骨膜新骨形成。硬膜缺失，左上第三臼齿牙根变钝，根尖周骨明显松解。周围骨的前部和尾部有轻微硬化，提示牙根感染的典型表现。

图21-1　牙根尖感染的X线征象

（李航供图）

【治疗】

（一）治疗原则

治疗原发病、消除潜在病因。临床常采用抗生素治疗和手术治疗。

（二）治疗方法

1. 抗生素治疗

牙根尖孔较大的年青患马需要较长时间（2～4周）使用广谱抗菌药物（如口服甲氧苄啶-磺胺嘧啶和/或甲硝唑）进行治疗，缓解临床症状。牙根尖孔狭窄的老年患马利用抗生素治疗可短暂改善症状，但牙髓腔中残留的坏死牙髓会使病痛很快复发。

2. 手术治疗

采用拔牙术或侧牙槽骨切除术清除病牙（图21-2），也可采用牙根尖刮除引流术治疗下颌臼齿牙根尖感染，结合牙根管填充治疗颊侧臼齿感染。

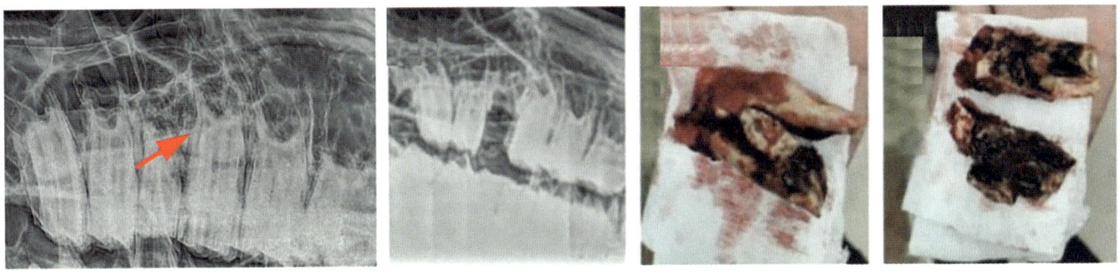

A　　B　　C　　D

A. 拔牙前放射学检查；B. 拔牙后放射学检查；C-D. 拔除的骨折的臼齿。

图21-2　上颌臼齿矢状骨折面继发牙根尖感染的拔牙治疗

（李航供图）

第二节 牙 周 炎

牙周炎(periodontitis)是指局部因素或由齿间隙过大引起的牙周支持组织(包括牙龈、牙周韧带和牙槽骨)的慢性炎症。它是马最为疼痛的牙科疾病。临床上由牙菌斑所致的原发性牙周炎少见,而由齿间隙过大、牙齿错位或排列不整及牙结石继发的牙周炎多见。该病的发病率随年龄的增加而增加,15 岁以上的马发病率约为 60%。

【病因】

(一)齿间隙过大和牙齿错位

两颗牙齿之间不适当的间隙导致食物滞留于其间,进而引起牙周炎。错位或老年马牙齿近远端压迫丧失导致了牙周袋的形成,使致病菌易于在牙龈沟内积聚,最终发展为牙龈炎、牙周炎。

(二)牙结石

牙结石是指沉积在牙面上矿化的菌斑构成了菌斑附着和细菌滋生的良好环境,并对牙周组织产生危害(主要是牙龈萎缩),可发展为牙周炎(图 21-3)。

【发病机制】

炎症由局部牙龈炎形成牙周袋,开始向深层扩散到牙周膜、牙槽骨,它们被破坏后,细菌通过根管进入髓腔而发展为牙周炎(图 21-4)。

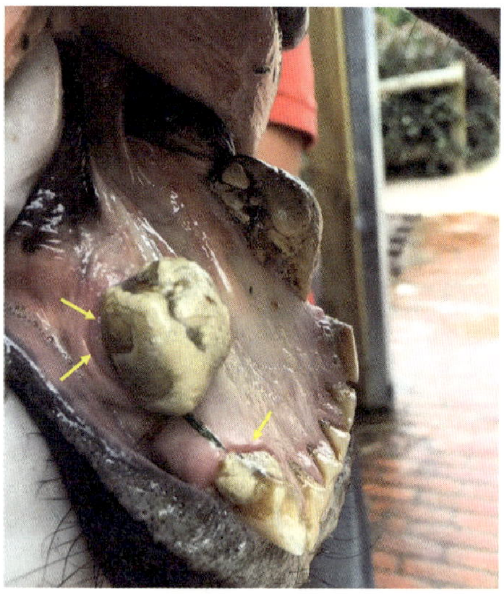

图 21-3 牙结石导致下切齿(黄色箭头)牙龈萎缩,进而形成牙周炎

(王志供图)

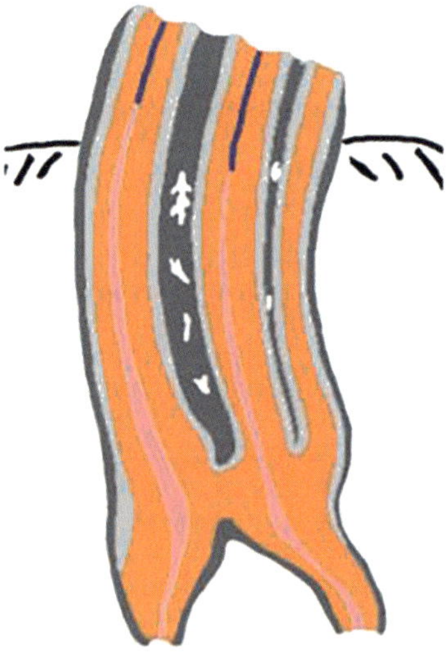

图 21-4 牙周炎形成过程模式图

【临床症状】

(一)常见症状

患马采食缓慢、吐草、乱洒精料、咀嚼吞咽困难、流涎、口腔有恶臭味、消瘦。

(二)临床检查症状

常用牙科镜及探针进行口腔检查可见牙周袋且有食物滞留(图 21-5),牙齿松动、牙周溢脓。老年马牙龈萎缩、牙周附着面积减少,由短牙冠导致近远端压迫的生理性萎缩、牙结石(犬齿牙结石)更常见(图 21-6)。

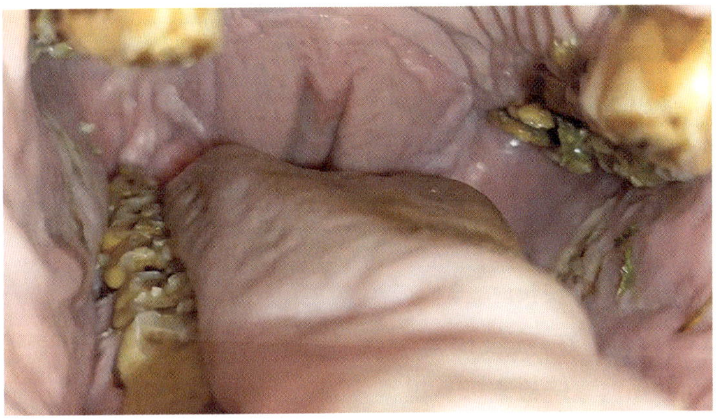

图 21-5 口腔检查时，牙齿之间可见草料滞留，提示牙周炎
（张大伟供图）

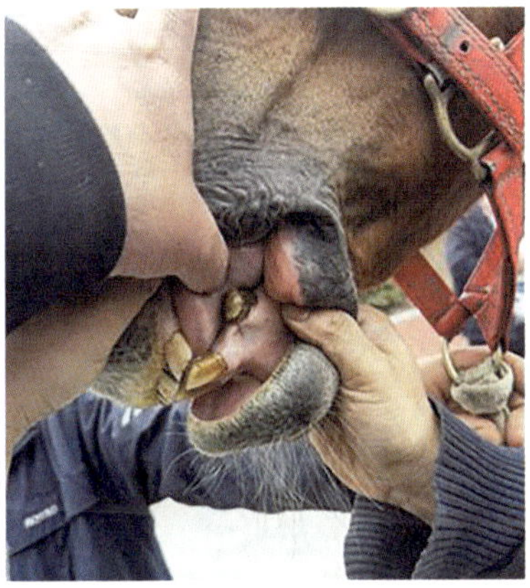

图 21-6 犬齿牙结石
（王志供图）

【诊断】

根据临床症状和临床检查可对该病做出诊断。晚期慢性牙槽硬化病例可采用 X 线或 CT 进一步检查。

【治疗】

（一）治疗原则

减少牙周食物和齿间隙残留的草料，治疗牙周炎；去除妨碍正常咀嚼的过度生长的牙釉质。

（二）治疗方法

抗生素和抗菌液（氯己定）冲洗清理口腔，治疗牙槽牙周炎和牙龈炎；去除滞留在齿间隙的草料残渣；惰性填料填充过大的齿间隙；锉去过度生长的牙釉质，改善咬合和咀嚼功能，减少饲喂长纤维草料。

【预后】

该病预后取决于治疗时疾病的程度。局部轻度牙周炎经保守治疗和常规锉牙可得到有效的治疗，预后良好。广泛性严重的牙周炎，预后谨慎或不良。

第三节 食道梗塞

食道梗塞（esophageal obstruction），也称为食道梗阻，俗称“噎”（choke），是指一种饲草料和异物在食道发生的机械性阻塞的临床急症。

【病因】

该病最常见的诱发因素是采食大量浸泡不充分、腌制的根块类饲料或食道运动障碍。

【发病机制】

马胸腔入口处的食道向后上方改变，且此处管腔直径最窄，发生阻塞的概率较大。在阻塞发生后，饲草料吸收唾液，体积变大，同时食管肌肉受到刺激，发生痉挛性收缩，裹紧阻塞物，阻止食道蠕动，进而加重阻塞。有的马在食道阻塞后会继续采食，直到饲草料堆积延伸到咽部。

视频 21-1 食道梗塞

【临床症状】

患马两侧鼻孔有饲草料和唾液反流（图 21-7），偶见口鼻俱流。另外，患马还表现为吞咽时咳嗽、烦躁不安、脉搏和呼吸加快、颈部出汗。唾液大量流失会导致脱水和电解质紊乱（低氯血症）。

图 21-7　食道梗阻的患马采食饮水时饲草料和唾液反流

（王志供图）

【诊断】

根据病史、临床症状，结合鼻胃管探诊、内窥镜检查和放射学检查可对该病做出诊断。该病应与胃分泌过多、吞咽困难和口唇活动异常进行鉴别。

（一）鼻胃管探诊

鼻胃管探诊可以探知阻塞物，确定阻塞物的位置。当梗塞时间较长时，操作应小心。

（二）内窥镜检查

内窥镜检查可见阻塞物，检查是否有管腔缺损或食道憩室，但视野常被阻塞物遮挡。

（三）放射学检查

通过 X 线检查，食道内可见不透射性增强的梗阻物。

【治疗】

（一）治疗原则

解痉镇静、取出阻塞物。

（二）治疗方法

1. 解痉镇静

减轻食道肌肉痉挛常用平滑肌松弛剂，如解痉灵（丁溴东莨菪碱）、乙酰丙嗪、安定和 α2 受体激动剂（如赛拉嗪、地托咪啶和罗米非定）等。α2 受体激动剂的镇静作用使马头低垂，利于唾液流出，避免流入气管。

2. 取出阻塞物

把胃管投入食道，在推进胃管时不可过度用力，以免造成食道穿孔。在用温水冲洗时，马要镇静，头部保持低垂，注水速度尽量缓慢，保证胃管周围的水及时排出，不被误吸进入气管。一旦发生误吸，应用广谱抗生素进行治疗。软化的阻塞物可以随流出的水被逐渐去除。当有大量的阻塞物时，需要极大的耐心才能完全排除。有条件的可投入带气囊的食道冲洗管，以更好地软化阻塞物，同时避免发生气管误吸。

【预后】

如能及时去除食道梗阻物，患马即可完全康复，预后良好。由于食管运动能力可能会持续减弱几天，故至少 72 h 禁喂干性纤维食物，可以减少食道梗塞复发或发展为长期食道狭窄的可能性。

第四节　马胃溃疡综合征

马胃溃疡综合征（equine gastric ulcer syndrome，EGUS）是指由在胃鳞状无腺部和有腺部黏膜发生的溃疡所引起的综合征。临床上以鳞状无腺部溃疡为常见，尤其靠近胃酸最强的无腺部褶缘处更易发生（图 21-8）。某些地区的马群患病率可达 60%～90%，小马驹患病率可达 50%以上，训练、比赛强度大的竞技赛马（速度赛马和场地障碍赛马）常发该病。

【病因】

马胃溃疡可分为原发性和继发性，多由胃酸侵袭鳞状无腺部黏膜引起。

(一)原发性马胃溃疡

长时间不能采食或无草料、精饲料过多、应激、剧烈运动和使用非甾体抗炎药导致马胃鳞状黏膜长时间暴露于酸性环境而引发该病。

(二)继发性马胃溃疡

因胃排空延迟直接导致慢性胃胀，使鳞状黏膜长时间暴露在酸性物质中而发病。成年马和马驹胃排空延迟最常见的原因是继发于胃腺性疾病的幽门梗阻。

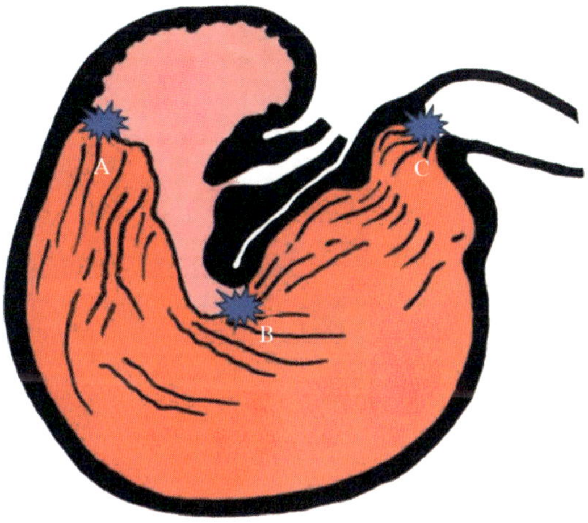

A. 鳞状无腺部褶皱(大弯)；B. 鳞状无腺部褶皱(小弯)；C. 有腺部(幽门)。

图 21-8　马胃溃疡常发部位

(王志供图)

【发病机制】

胃溃疡是鳞状黏膜持续暴露于酸性物质的结果。马的胃由有腺部和鳞状无腺部两个不同区域组成。有腺部由前列腺素介导的黏液-碳酸氢盐黏膜保护。由于鳞状无腺部黏膜无黏液-碳酸氢盐层保护，易受到盐酸和胃蛋白酶的损伤，加之血液供应不足，两者共同作用引发溃疡。

【临床症状】

(一)患病成年马症状

患病成年马食欲不振(尤其不愿采食精料)、表现不佳、消瘦、磨牙、被毛粗乱、嗜睡、行为改变(如啃咬物体、头摇晃)、咽气；有的出现轻度的间歇性腹痛。

(二)患病马驹症状

患病马驹常见厌食、间歇性腹痛、磨牙、流涎和腹泻。有的患病马驹胃溃疡严重，但常无临床症状；有的患病马驹只表现为体况下降、被毛粗乱，其他症状不明显。

【诊断】

根据病史、临床症状、血液学检查、粪便潜血检测难以做出诊断。严重的胃溃疡很少出现贫血和低蛋白血症，潜血常为阴性。胃内窥镜检查是目前唯一的确诊方法。

胃内窥镜检查

哺乳期的小马驹禁食 4 h，其他年龄的马禁食 12～24 h 后进行胃镜检查，严重胃溃疡应同时进行十二指肠镜检查。小马驹和断奶马驹还要进行胃排空评估。胃内窥镜检查可对胃溃疡进行分级评价。分级标准见表 21-1 和图 21-9。大于 1 级的溃疡可通过糖渗透试验进行辅助诊断。出现腹痛症状的病例要进行腹痛检查，确定溃疡是原发，还是继发。

由于病变的严重程度和临床症状之间不存在关联，确定胃内窥镜检查所见病变的 4 级临床意义相对比较困难，故鳞状上皮破裂，即评分≥2/4 级，通常认为病变具有临床意义。角化过度(1/4 级)可能是酸损伤的早期表现。

表 21-1　胃溃疡评级标准

分级	特征描述
1	黏膜上皮完整，可能发红和/或轻微角化过度(图 21-9C、图 21-9D)
2	小的单灶或多灶性病变(图 21-9E、图 21-9F)
3	大的单灶或多灶性病变，广泛性浅表性病变(图 21-9G)
4	广泛性、综合性的病变，有深部溃疡，胃壁可能有出血(图 21-9H)

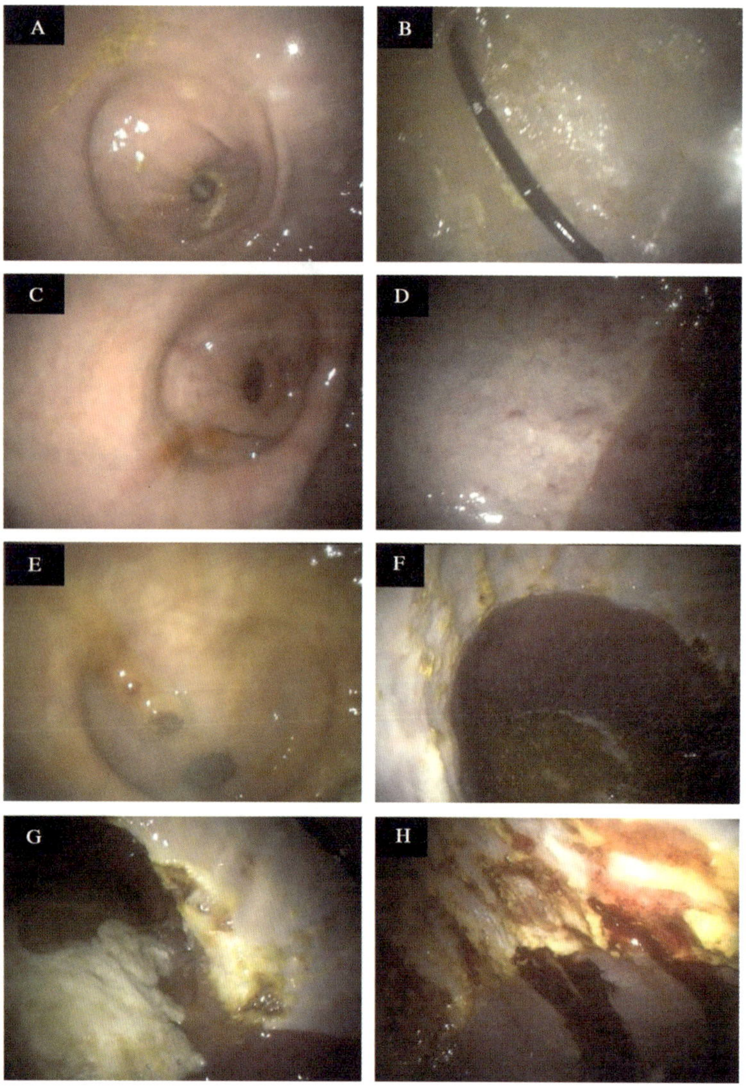

A. 健康幽门；B. 健康无腺部；C. 有腺部 1 级；D. 无腺部 1 级；E. 有腺部 2 级；F. 无腺部 2 级；G. 无腺部 3 级；H. 无腺部 4 级。

图 21-9　胃溃疡内窥镜评级(4 级标准)

(单然供图)

【治疗】

(一)治疗原则

药物抑酸治疗和精细护理相结合。

(二)治疗方法

1. 药物治疗

常用 H^+ 泵抑制剂，奥美拉唑(2～4 mg/kg，口服，1 次/d，21～28 d)是最有效的药物。胃溃疡早期使用 H2 受体拮抗剂或 H^+ 泵抑制剂可以改善临床症状，但对促进胃溃疡完全愈合的疗效有限。抗酸剂对治疗胃溃疡疗效未知。

2. 精心护理

应将人工饲喂精料改为放牧，饲喂草料 4 次/d 以上，避免长时间不饲喂，使用低淀粉含量的复合饲料，增加苜蓿 1～1.5 kg/d，加植物油 300～500 mL/d。另外，应减少应激，停止使用保泰松等抗炎药。

【预防】

降低饲料中的淀粉含量，尽量少喂谷物，如燕麦、大米、玉米、大麦，应按每 100 kg 体重添加植物油 100 mL,适当增加能量纤维,如苜蓿和甜菜浆。

第五节 肠 痉 挛

肠痉挛(spasmodic colic)是指肠平滑肌受到异常刺激发生痉挛性收缩所致的急腹症,又称痉挛疝、冷痛或伤水起卧。临床上以间歇性腹痛、肠音增强为主要特征,是马临床最常见的急腹症,约占所有急腹症病例的 40%。

【病因】

该病常见的诱因包括兴奋、饲喂过量谷物、饲料发霉、体力消耗、饮食和天气变化等。未知原因导致个别马反复发病。绦虫感染也会引起发该病。

【发病机制】

该病是一种功能性肠道疾病,很少与黏膜的组织学改变有关。由迷走神经张力的增加引起蠕动增加而导致肠痉挛,小肠异常收缩或痉挛刺激肠道伸展感受器而导致腹痛。肠痉挛通常病程短暂,很少导致肠梗阻。

【临床症状】

患马常表现为间歇性、中度腹痛、厌食、急腹症综合症候群(如前肢刨地、回头顾腹、后肢踢腹、起卧、翻滚)、排尿或排便紧张。在间歇性疼痛时,心率正常或稍高,心率与疼痛程度一致,很少超过 60 次/min。有时出现短暂的剧烈疼痛,持续剧烈疼痛少见。肠音增强、高亢。粪便正常或稍软。

【诊断】

根据临床症状和临床检查可以提示该病,但不能确诊。鼻胃管检查通常无胃反流,直肠检查无异常。超声检查可见肠蠕动增强,腹腔穿刺液、血液检查无明显异常。

【治疗】

大多数患马不需要治疗。通常静脉注射镇痛/解痉药物或液体疗法有助于恢复正常肠蠕动。在疼痛期间和镇痛药作用减弱之前,禁止饲喂。针灸(姜牙穴)可以缓解疼痛。

【预后】

多数患马只进行一次对症治疗即可康复,完全恢复的预后良好。如果疼痛是渐进性的或对镇痛药反应不良,应重新检查判断是否有其他疾病。

第六节 肠 梗 阻

肠梗阻(ileus)是指由肠蠕动异常或缺失而导致的肠内容物运输障碍。临床上以排便减少或停止、腹痛、脱水或自体中毒为主要特征。根据病因,该病可分为机械性肠梗阻或肠麻痹(无力)和阻塞性肠梗阻,前者更多见。

【病因】

肠道损伤、电解质失衡、药物是常见的诱发因素。

【发病机制】

(一)肠道损伤

常见的肠道损伤,如肠扩张、套叠、扭转、绞窄、肠炎、腹部手术等可引起浆膜刺激或腹膜炎,进而发生肠梗阻。

(二)电解质失衡

低钾血症或低钙血症可引起肠梗阻。

(三)药物

α2 受体激动剂或阿片类药物、镇痛药、内毒素血症、疼痛和全身麻醉等可导致肠梗阻。

(四)神经调控

副交感神经兴奋(释放的乙酰胆碱)使肠蠕动增强,交感神经兴奋(释放的去甲肾上腺素)可抑制肠蠕动,神经刺激的不平衡可导致肠梗阻。

【临床症状】

(一)机械性肠梗阻症状

患马精神沉郁、轻度至重度腹痛、厌食、排粪减少、肠音减弱或消失、心率和呼吸频率升高。由于肠内积液出现脱水症状,肠液反流入胃、积聚引起胃扩张时可导致严重腹痛。

视频 21-2 肠梗阻

(二)阻塞性肠梗阻症状

临床症状通常是更严重的腹痛,如前肢刨地、回顾腹部,并出现内毒素血症。

【诊断】

根据病史,结合临床检查、血液学检查和超声检查可对该病做出诊断。必要时,进行剖腹探查确定病变程度。

(一)临床检查

直肠检查常可摸到扩张的小肠袢。大肠梗阻可触到扩张的盲肠或大肠。鼻胃管检查是必须进行的诊疗程序。反流液体(图 21-10)>8 L(正常<2 L)提示小肠梗阻。

(二)血液学检查

血细胞比容(hematocrit,HCT)升高,总蛋白水平升高或降低取决于肠内蛋白质丢失的程度。肠梗阻伴有急性肠道炎症,白细胞数增多。液体大量进入肠道可导致低钾血症、低钙血症、低氯血症和低钠血症。

(三)超声检查

腹部超声检查常可见肠袢轻度至中度扩张、肠壁不增厚,通常有一定的活力。

【治疗】

(一)治疗原则

支持疗法、进行剖腹探查术和补充液体。

(二)治疗方法

常用的支持疗法有禁食禁水、静脉输液及鼻胃管减压。如果患马持续腹痛或怀疑有其他梗阻性原因,应重新检查,全面评估,尽快进行剖腹探查术(图 21-11)。

图 21-10 胃反流液体呈红色,恶臭味

(青格尔供图)

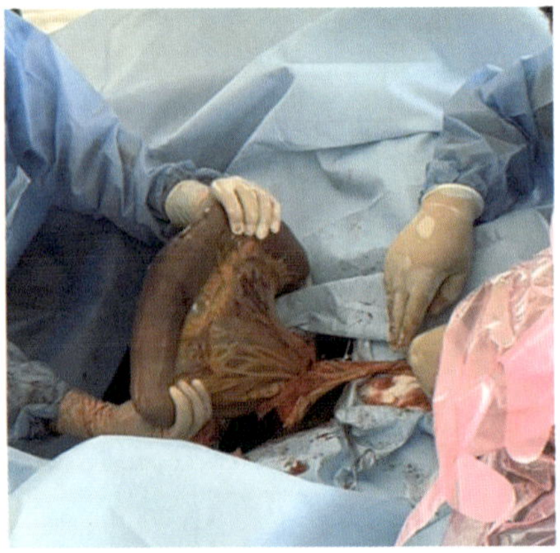

图 21-11 剖腹探查可见部分小肠梗阻

(王志供图)

补充液体的量应根据最初的液体丢失量、维持机体需求和继续脱水丢失的液体来计算得出。由于低钾血症和低钙血症会影响肠蠕动，要及时纠正电解质失衡。腹痛明显的患马需要镇痛。尽量避免使用对肠蠕动有抑制作用的镇痛药，但有的情况也需要使用。

【预后】

机械性肠梗阻病例的预后取决于其原发病的情况及严重程度。麻痹性肠梗阻的病例预后良好。

第七节　十二指肠炎/近端空肠炎

十二指肠炎/近端空肠炎(duodenitis/proximal jejunitis，DPJ)是马常见的以十二指肠和近端空肠炎症为特征的急性临床综合征，也称为前肠炎。它在临床上以腹痛、肠梗阻、胃扩张和低血容量休克为主要特征，常伴有内毒素性休克。该病夏季多见，常发于 2 岁以上的马，30%的病例可继发蹄叶炎。

【病因】

该病的发生主要与饲料中谷物含量较多或突然更换饲料或与艰难梭菌感染有关。

【发病机制】

该病的病变多局限于十二指肠和空肠近端。十二指肠和空肠发生的炎症可引起小肠内液体增多、肠道蠕动紊乱，逐渐发生小肠扩张膨胀、电解质紊乱、毒血症或疼痛，甚至肠梗阻。液体在小肠内积聚会引起腹痛，反流引起胃扩张，加重腹痛。如不及时对胃进行减压，会发生胃破裂。

【临床症状】

患马表现为急性、中(重)度间歇性腹痛，常伴有明显的出汗。有些病例在发生腹痛之前可表现为精神沉郁和发热。胃扩张继发于肠梗阻。在发病数小时后，胃内液体分泌过多和吸收减少；在极少数情况下，胃内容物可由鼻子排出。有的患马会发生蹄叶炎，可见跛行。

【诊断】

根据临床表现，如鼻胃管导胃反流出大量液体，减压后仍有发热、沉郁，结合临床检查、血液学检查、腹腔穿刺液检查以及腹部超声检查发现小肠扩张、腹水总蛋白增加等可做出初诊。通过手术检查或尸体检查可以确诊。

视频 21-3　近端空肠炎

(一)临床检查

可见不同程度的脱水和可视黏膜内毒素性充血潮红。严重休克的病例可视黏膜发绀。心率(70～100 次/min)和呼吸频率(30～60 次/min)加快，毛细血管再充盈时间延长(4～6 s)。使用鼻胃管导胃可导出 5～30 L 胃液，液体通常为碱性、略带褐色、恶臭味，潜血可能呈阳性。直肠检查腹腔右上侧可触到十二指肠远端，肠壁增厚或轻度膨胀和肠腔空旷，空肠近端多个扩张的肠袢、大结肠体积缩小、肠内容物干硬。

(二)血液学检查

白细胞增多，PCV(>55%)和总蛋白水平升高(>85 g/L)，提示严重脱水，约 50%的病例存在轻度到中度的低氯血症。有的患马呈现酸中毒或碱中毒症状，主要取决于胃反流的数量和休克的严重程度。

(三)腹腔穿刺液检查

腹腔液常呈稻草色、清澈或略浑浊、总蛋白水平升高(>30 g/L)。镜检可见少量的红细胞和白细胞。有时前肠炎腹腔液呈红色，但液体性状改变比较窄性病变轻。

(四)腹部超声检查

腹部超声检查可见小肠扩张,呈多环状(图21-12)。

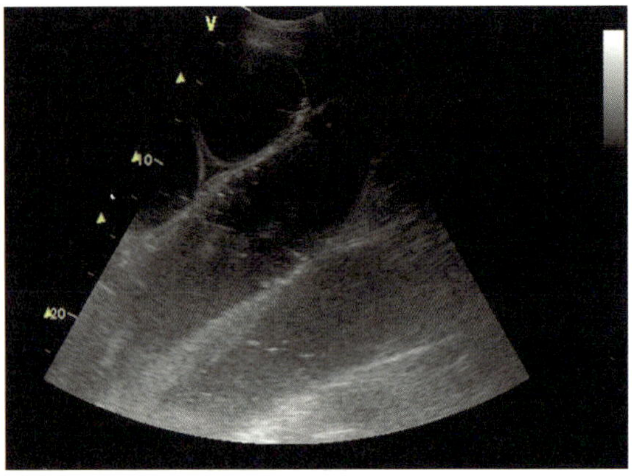

图 21-12　腹部超声检查可见扩张的小肠呈多环状
(王志供图)

(五)手术探查及尸体检查

手术探查及尸体检查可以将其与绞窄性小肠病变区分开,可见小肠近端轻微膨胀,直径很少>7 cm,十二指肠和空肠近端有红色和黄色条纹。浆膜表面有斑点性和瘀斑性出血。病变的肠壁略增厚,但不如肠阻塞的水肿明显。部分病例的肠壁可见局灶性坏死,在肠系膜和肠系膜交界处可见出血和浆膜下水肿。小肠的其余部分收缩功能正常。

【治疗】

(一)治疗原则

胃肠减压,控制内毒素血症,纠正水、电解质和酸碱紊乱。

(二)治疗方法

在无法确定病因时,该病主要采取支持性治疗,包括保守治疗、外科治疗。

1. 胃肠减压

及时进行胃减压至关重要。如果胃液回流超过 5 L,应将鼻胃管留置在胃内(图 21-13)或每小时插入一次,直到回流量极少。

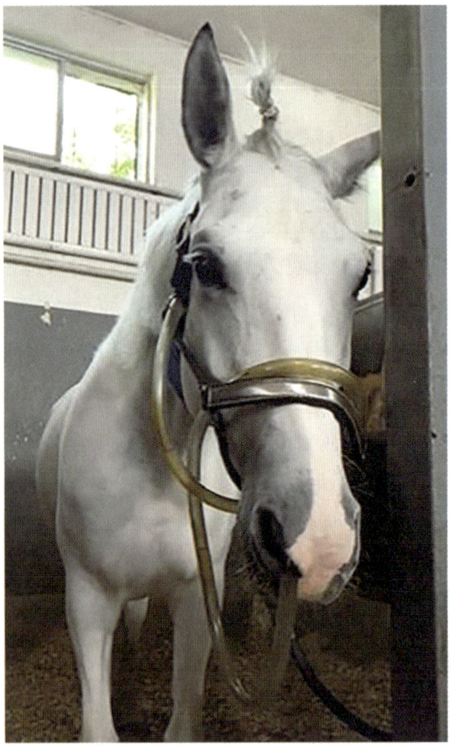

图 21-13　近端肠炎胃减压治疗
(青格尔供图)

2. 液体支持疗法

患马在出现脱水、毒血症时应静脉补液,有的患马需要 50～100 L/d。电解质异常引起肠蠕动紊乱,应检测血清或血浆电解质水平,可补充氯化钾或硼葡萄糖酸钙,维持电解质平衡,补钾不应超过 0.5 mmol/(kg·h)。出现低蛋白血症的病例应给予血浆或合成胶体液,支持胶体渗透压。

3. 抗生素治疗

尚未定论。常用青霉素治疗梭状芽孢杆菌感染,但氨基糖苷类药物慎用,因为它有潜在的肾毒性。甲硝唑(25 mg/kg 直肠给药,8 h 一次)治疗艰难梭菌感染的疗效不明确。

4. 镇痛与抗内毒素

常用氟尼辛葡甲胺(镇痛:1.1 mg/kg,静脉注射,12 h 一次;抗内毒素:0.25～0.30 mg/kg,静脉注射,每 8 h 一次)控制疼痛、减轻内毒素血症。非类固醇抗炎药在脱水或低血压时要慎用;也可用多黏菌素 B(6 000 IU/kg,静脉注射,每 12 h 一次)治疗内毒素血症。

5. 外科治疗

先让患马安静,再决定是否需要手术探查。该病的临床症状与其他需要手术的小肠病变相似,因此决定手术非常困难,有时会错误地进行剖腹探查。

6. 加强护理

禁食禁水直到反流停止。持续反流数天的患马需要肠外补充营养，避免口服给药。

【预后】

患马经积极对症治疗，加强护理，多预后良好，存活率为 25%～94%。有的患马在 24 h 内停止反流，而有的持续反流超过 1 周，多为 3～7 d，但在 72 h 内停止反流的患马预后良好。并发蹄叶炎的患马治疗时间延长，有时会实施安乐死。

第八节 结 肠 炎

结肠炎(colitis)是指各种原因引起的结肠炎症性病变。它会危及生命，易导致出现包括循环衰竭、蹄叶炎和血栓性静脉炎在内的内毒素血症和全身炎症反应综合征的严重后果。肥胖、年轻、患有其他疾病、使用抗菌药物治疗、住院治疗的马更易发生。

【病因及发病机制】

(一)致病微生物感染

因马胃肠道菌群尚不完全清楚，具体的病原仍未确定，故急性严重的结肠炎有时被称为"X"结肠炎。病原多为沙门菌、艰难梭菌、产气荚膜梭菌和立克次氏体等，但有些地区有特发性病原。

(1)沙门菌病(salmonellosis)　当马机体(如免疫状态、胃肠道菌群、疼痛等)、细菌(致病性、数量等)和环境(应激源)因素改变时，存在于胃肠道内的少量沙门菌会增殖，引发沙门菌病。

(2)艰难梭菌感染(clostridium difficile infection，CDI)　艰难梭菌存在于一部分正常的马(特别年青马)和使用抗生素治疗的马体内。在某些应激情况下，马摄入了艰难梭菌的产毒菌株或胃肠道中原有的数量较少、毒性较低的艰难梭菌过度增殖而发病。

(3)产气荚膜梭菌感染　产气荚膜梭菌是革兰氏阳性厌氧芽孢杆菌，可存在于正常的马和马驹消化道内。在抗生素治疗、改变饲喂、应激、其他疾病和长途运输等诱发因素作用下，该菌会过度生长并产生多种毒素而引起发病。产气荚膜梭菌肠毒素和 β2 毒素可引起成年马和马驹的腹泻。在小马严重的小肠结肠炎中发现有 C 型菌株。

(4)马单核细胞性埃利希氏体病(波多马克马热)(potomac horse fever，PHF)　马单核细胞性埃利希氏体是一种专性细胞内细菌，对单核细胞有亲和力。多数病例发生在夏季和初秋，发病地区有小的淡水区，多种水生无脊椎动物可能参与该病的自然传播。患马的腹泻与肠道吸收了大量的钠和氯有关。

(5)"X"结肠炎 (colitis X)　"X"结肠炎是严重、致命及病因不明的结肠炎综合征。某些类型的产气荚膜梭菌可能与此病有关，也可能由多种感染性因素引起。

(二)特发性结肠炎

特发性结肠炎(idiopathic colitis)是指涉及多种不同细菌和发病机制的严重腹泻综合征。抗生素治疗、并发其他疾病、运输、改变饲喂和饲料中谷物多是潜在的危险因素。这些因素可能破坏了肠道的正常菌群，导致致病性病原微生物增殖而引发动物机体发生严重的腹泻。

(三)抗生素相关腹泻

抗生素相关腹泻(antimicrobial associated diarrhea)是指与使用抗菌药物有关的急性腹泻。任何途径使用抗生素都易使马发生腹泻，某些抗生素(如红霉素和四环素)的发病风险更高。抗生素可以破坏肠道内正常菌群，引起致病菌过度生长而发病。抑制厌氧菌和影响肝代谢的药物更易破坏肠道正常菌群而发生腹泻。

【临床症状】

(一)常见症状

致病因素较多,临床表现多样。轻微的常见症状仅见粪便稀软;严重的症状会发生急性、致命、坏死性出血性小肠结肠炎。通常都有腹泻,患马在腹泻前会出现其他临床症状,如脱水、中毒、沉郁、腹痛、心血管损伤和腹部膨胀。严重的结肠炎会发生非绞窄性结肠梗死而导致弥散性血管内凝血(disseminated intravascular coagulation,DIC)。必要时,腹痛的患马应做直检和鼻胃管反流检查。

(二)特殊症状

1. 沙门菌病症状

典型症状为发热、沉郁、腹泻和严重的毒血症,仅50%或更少的患马出现典型症状。有的病例仅出现发热症状或短暂的轻微腹泻。有的马驹会发生败血症和睾丸炎。严重病例出现肠黏膜脱落。

2. 梭菌属感染症状

临床表现呈非特异性,变化较大。轻微的病例仅见粪便变软;严重病例的病情进展迅速,发生急性坏死性结肠炎,很快死亡。

3. 波多马克马热症状

临床表现有所不同,高热可达41.7 ℃。初期,轻度沉郁、厌食、中度至重度腹泻,约60%的病例发生腹泻;后期,严重的毒血症、沉郁和腹痛。25%～40%的病例并发蹄叶炎、肠炎和严重的全身症状。可垂直感染胎儿,在母马疾病消退几个月后发生流产。

4. "X"结肠炎症状

临床症状很重。典型症状为重度腹泻、严重脱水、毒血症、心动过速、腹部膨胀、腹痛和沉郁。有的患马精神沉郁、脱水及腹胀,但无腹泻,与大肠扭转很难鉴别。有的病例表现为DIC、水样或带血腹泻,病程很短,严重病例在6 h内死亡。

【诊断】

根据临床症状,结合实验室检查和病原检测可对该病做出诊断。

(一)实验室检查

无特异性。常见白细胞减少、中性粒细胞减少、核左移和中毒性中性粒细胞。在PHF中,常见白细胞和单核细胞增多。有的血液尿素和肌酐水平升高。检测血浆总蛋白水平、电解质浓度,有助于指导治疗。腹腔穿刺液检查用于区分结肠炎与腹膜炎。

(二)病原检测

1. 沙门菌病病原检测

粪便细菌培养有助于确诊。由于病菌是断续排出的,故需要连续5次检查阴性才可排除感染;也可进行直肠黏膜活检采样培养。粪便细菌培养多用于诊断不明原因的慢性腹痛或发热病例。

2. 梭菌感染病原检测

梭菌感染应同时检测粪便中的艰难梭菌毒素A和艰难梭菌毒素B。艰难梭菌毒素在体外较稳定,可以采取新鲜粪便或冷冻粪便进行检测。普通抗原检测可用于检测艰难梭菌毒素A,但易与非产毒菌株和非致病菌发生混淆,应慎重对待阳性结果。

很多正常马的粪便中都可分离出产气荚膜梭菌,很难确定腹泻是否由感染产气荚膜梭菌引起。C型菌株在正常马粪便中不常见,检测到该菌株可以提示感染。检测到常见的A型菌株的诊断意义尚有争议。最好的诊断方法是检测粪便中产 β2 毒素或产气荚膜梭菌肠毒素(CPE)基因。

3. 波多马克马热病原检测

在发病季节,应对流行地区腹泻的马进行检测。因临床检查不能确诊,常采用 PCR 方法进行确诊。在疾病早期,每次应同时对血液和粪便的样本进行 PCR 检测,避免误诊。

4. 抗生素相关腹泻病原检测

基于给药与腹泻症状出现的时间相关性的诊断,主要应进行特异性病原检测。

【治疗】

(一)治疗原则

支持治疗、抗菌消炎和加强管理。

(二)治疗方法

1. 支持治疗

除较轻的腹泻外,其他情况均应静脉输入大量电解质平衡溶液进行治疗。严重脱水的病例应静脉输入高渗盐水(5%~7%的 NaCl,4~6 mL/kg)。根据电解质检测结果,适当地补充钾或钙,以纠正酸碱紊乱。重度酸中毒的病例应补充碳酸氢钠。

2. 抗内毒素治疗

内毒素血症的病例常用氟尼辛葡甲胺(0.25~0.3 mg/kg,静脉注射,每 8 h 一次),剂量达到 1.1 mg/kg 有镇痛作用,但脱水时应谨慎使用;也可用多黏菌素 B(6 000 IU/kg,静脉注射,每 12 h 一次)。

3. 抗生素治疗

甲硝唑(15 mg/kg,口服,每 8 h 一次)常用于治疗梭菌性腹泻和许多特发性结肠炎。为了防止细菌转移引起继发感染,应该实施肠外抗菌治疗(全身抗生素治疗)。青霉素钠/氨基糖甙类常用于马驹和免疫功能低下的马。土霉素(6.6 mg/kg,静脉注射,每 12 h 一次,缓慢静注,连用 3~5 d)常用于治疗高度疑似的 PHF 病例。一般在 12 h 内就有明显疗效,如发热减退、精神状态和食欲改善。如在 24~48 h 内没有疗效,应重新进行诊断。

因为广谱抗生素(如土霉素)可引起抗菌相关性腹泻,应慎重使用。在抗菌药物治疗期间,如果发生腹泻,应停用抗菌药或改用其他药物或药物的组合。

4. 其他药物治疗

蒙脱石(成年马 1.5 kg,口服,随后 450 g,口服,每 6~8 h 一次)或益生菌可以减轻腹泻。

5. 饲养管理

无腹痛的患马应少量喂些干草;需要补充能量的患马可逐渐饲喂少量精料。如果已停止采食,应肠外补充营养。密切监测患马,及时发现病情恶化或蹄叶炎等并发症。

多数结肠炎的患马有传染性,尤其是沙门菌病、艰难梭菌感染和特发性结肠炎。积极采取预防措施,完全隔离患马,减少传播给其他马和人的风险。如果不能完全与其他马隔离,至少要和新生马驹分开。做好各种消毒和防护工作。禁止放牧患马。

【预后】

严重急性结肠炎的患马常因发生毒血症、坏死性小肠结肠炎、肠破裂、DIC、继发性肠梗塞及蹄叶炎而死亡。肠血管梗死可引起严重的毒血症和 DIC,病情会突然恶化。多达 25%的严重病例会发生蹄叶炎和留置针部位感染。PHF 病例经早期诊断和及时治疗,预后良好;若并发蹄叶炎,预后不良。患马一旦治愈,胃肠道机能会很快恢复,但体况恢复需要几周到几个月。

第九节 大结肠扭转

大结肠扭转(large colonic volvulus)是指以大结肠系膜为轴的部分肠扭转和肠管本身纵轴为中心的肠扭转引起的急腹症。该病可危及生命。该病可分为非绞窄性大结肠扭转和绞窄性大结肠扭转,后者更为常见。绞窄性大结肠扭转可迅速引起低血容量和内毒素性休克。患马需要紧急外科手术治疗,预后多不良。

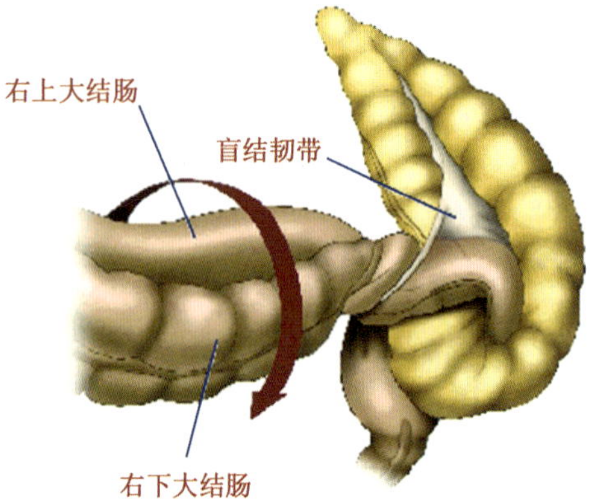

图 21-14 右侧大结肠扭转模式图

【病因】

母马在分娩前后由于妊娠期间大结肠运动变化和/或内脏位置改变,发病概率增大。马大肠只有两个固定附着点:盲结韧带和横结肠,易发生扭转。在大结肠扭转病例中,从后方观察,以右结肠腹侧移位(顺时针旋转)占多数(图 21-14)。

【发病机制】

大结肠扭转的病理生理学取决于结肠的扭转程度。如果扭转<270°,大结肠的血液供应未受影响,但结肠发生阻塞可引起肠道胀气和内毒素蓄积。如果扭转>270°,大结肠血液供应(静脉或动脉)被破坏,发生静脉淤血和出血性绞窄性梗阻,使结肠绞窄部分的血液瘀滞和黏膜的缺血性损伤。在缺血数小时内,肠道发生坏死,血浆渗出和内毒素吸收,患马迅速发展为低血容量和内毒素性休克而死亡。

【临床症状】

临床症状和扭转程度密切相关。非绞窄性大结肠扭转(旋转<270°)的患马表现出与大结肠梗塞或非绞窄性移位相似的临床症状。

绞窄性大结肠扭转的患马主要表现出急性腹痛、严重的顽固性腹痛、中重度腹部膨胀、呼吸促迫以及较严重的内毒素血症和心血管损害的症状。

【诊断】

根据分娩及近期改变饲养管理的病史、典型症状、镇痛药无效,直肠检查发现大结肠扩张并伴有纵基带紧张和大肠壁水肿等可做出确诊。

【治疗】

(一)治疗原则

复位治疗、药物治疗和手术治疗。

(二)治疗方法

1. 非绞窄性大结肠扭转的治疗

保守治疗效果不佳,需要手术治疗。

2. 绞窄性大结肠扭转的治疗

属于外科急症,应立即进行手术治疗。在腹中线切开,找到大结肠并移出体外,实施骨盆曲肠切开术,排出肠内气体和内容物,纠正扭转。如果绞窄的肠道组织已坏死,行大肠切除术。

未怀孕的母马和公马大结肠扭转的复发率仅为 5%,怀孕母马大结肠扭转的复发率约为 15%。在 2 次发作后,复发风险增至 80%。结肠固定术或大结肠切除术可防止复发。

【预后】

非绞窄性大结肠扭转的患马预后良好。绞窄性大结肠扭转的患马的病死率约为70%。从扭转发生到手术治疗的时间越短(<2 h),预后越好。

第十节　大结肠阻塞

大结肠阻塞(large colon impaction)是指各种原因引起的肠内容物滞留大结肠而无法向后移送的肠梗阻。它是马最常见的非绞窄性急腹症,常发生在骨盆曲或右上大结肠胃状膨大部,以骨盆曲阻塞最为常见,俗称"结症"。

【病因】

常见的诱因有牙齿异常、摄入高纤维的草或干草、饲草料品种较差、水摄入不足(如限制饮水、水温度过低、改变水源地)、改变管理、长途运输、突然限制运动、疼痛和胃溃疡等。

【发病机制】

诱发因素均可引起大结肠内容物干硬和肠蠕动减缓,进而发生肠阻塞.有时没有这些因素也可发生阻塞.一旦发生阻塞,结肠因肠积气积液而膨胀,引起疼痛症状。

【临床症状】

患马常有非特异性的腹痛,有的呈间歇性轻微疼痛,有的呈持续性剧烈疼痛,有的出现肠臌气、脱水症状。多数患马食欲减退或废绝、急起急卧、前肢刨地、后肢踢腹、回头顾腹、打滚、排粪紧张和出汗、心率增速、肠音减弱或消失、排粪减少或干硬、表面覆盖有黏液。

视频 21-4　前肢刨地

视频 21-5　回头顾腹

视频 21-6　翻滚

【诊断】

根据临床症状,结合临床检查和腹腔穿刺液可对该病做出诊断。

(一)临床检查

直肠检查可触及大结肠的大部分部位,发现一段充满饲草料并扩张的大结肠可作为诊断的依据。骨盆区阻塞最明显,有时阻塞肠道会延伸到骨盆腔,有时阻塞物超出直检范围而摸不到。应注意阻塞物的大小和质地。鼻胃管反流不常见,但扩张的大结肠压迫小肠或疼痛性肠梗阻偶尔也会发生胃反流。

(二)腹腔穿刺液

绝大多数正常。在腹腔穿刺时,应注意避免穿透显著膨胀、易破裂的大结肠。为了避免结肠破裂,严重臌气的患马应及时进行盲肠穿刺,放气减压。

【治疗】

(一)治疗原则

纠正脱水、润滑疏通肠道、促进肠蠕动、控制疼痛和内毒血症。

(二)治疗方法

1. 禁食

在多数情况下,患马需要禁食,成年马一周内不进食一般不会产生不良后果。

2. 镇痛和控制内毒血症

患马在腹痛时应给予镇静剂进行镇痛,常用 α2 受体激动剂(如赛拉嗪、静松灵),但有时会掩盖病情。内毒血症常用氟尼辛葡甲胺(每千克体重 1.1~2.2 mg,静脉注射,每 24 h 一次)进行治疗。

3. 疏通肠道

常用泻剂润滑疏通肠道,促进肠蠕动,排出结粪。

(1)油类泻剂　轻度阻塞,常用矿物油(4 L)治疗,但应避免重复给药,以免刺激肠道和产生毒副作用。

(2)渗透性泻药　经鼻胃管给予硫酸钠(每千克体重 0.15~0.5 g)比硫酸镁(每千克体重 1 g)更有效,可重复给药,避免发生镁中毒。

4. 液体支持

当阻塞物非常大且坚实时,不可投服大剂量的泻药,避免发生结肠破裂。严重病例或口服治疗困难的病例应大量静脉输液,减轻脱水或电解质失衡对肠道运动的不利影响。

5. 加强护理

在结粪排出后,应逐步开始喂草。最初给少量干草、干草泥、易消化的草或麦麸泥,少量多次。随时间增加,24~48 h 后提供正常干草,防止复发。

大多数病例无须手术干预即可成功治疗。应注意的是,如果阻塞物很大,药物治疗无效或出现严重的顽固性疼痛,则需要手术治疗。由于大结肠肠壁薄,手术操作一定要避免结肠破裂而导致患马死亡。

【预后】

该病通常预后良好,如需手术则预后较差。严重的长期肠阻塞会损害肠壁感受器,使肠蠕动功能下降,易复发阻塞。

【预防】

避免饲喂过多的纤维性饲料(特别是稻草垫料);避免突然改变饲喂习惯,如由于跛行或受伤而突然增加高纤维饲草;提供充足的饮水;定期驱虫和牙齿护理;清除饲草饲料的异物(如扎草捆的麻绳)。

第十一节　大结肠变位

大结肠变位(displacement of the large colon)是指由大结肠(主要是骨盆曲)解剖位置改变引起的急腹症。马常见的大结肠变位有左方变位(脾肾韧带嵌顿)(图 21-15A、图 21-15B)和右方变位。右方变位又分为顺时针和逆时针两个方向:逆时针变位是骨盆曲沿尾头侧方向移位到左前下腹部(图 21-15C),顺时针变位是骨盆曲沿头尾侧方向移位到盲肠底和体壁之间(图 21-15D)。

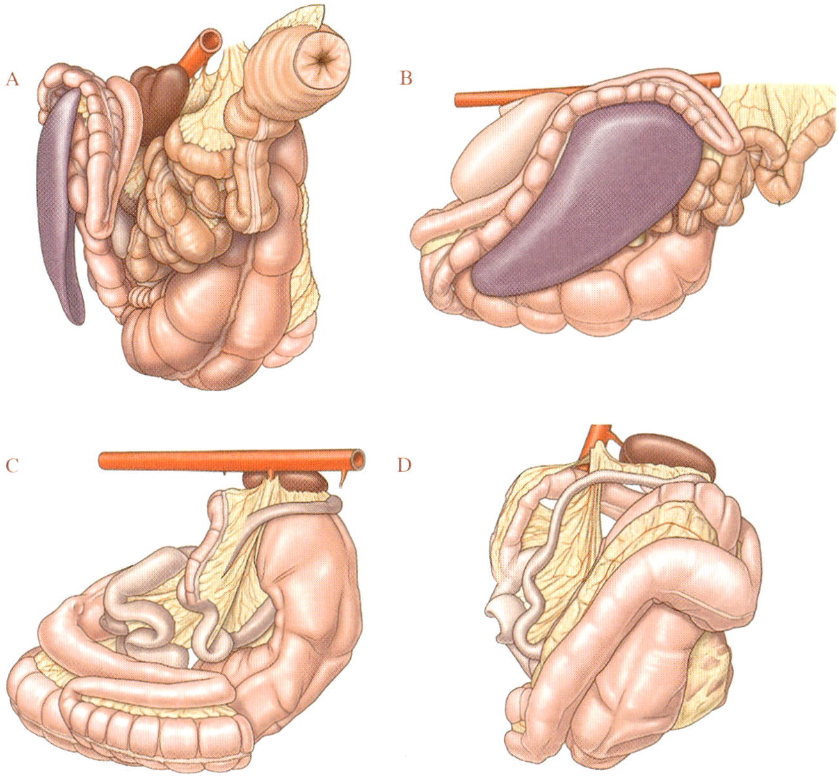

A. 大结肠左方变位(脾肾韧带嵌顿)(尾侧观)；B. 左方变位(脾肾韧带嵌顿)(侧视)；C. 大结肠右方逆时针变位(侧视)；D. 大结肠右方顺时针变位(尾侧观)。

图 21-15 大结肠变位模式图

(引自 Knottenbelt，Pascoe's. color atlas of diseases and disorders of the horse. ELSEVIER. 2014)

【病因】

年龄＞7 岁、体型过大、妊娠期过长和饮食改变的马易发该病。大结肠积气或积液也可引发该病。

【发病机制】

因马的大结肠只有盲结韧带和横结肠 2 个附着点，移动性较大，特别是处于游离状态的骨盆曲移动性更大，使马易发该病。一旦发病，肠内容物和/或气体阻塞会引起腹部膨胀和疼痛。由于结肠血流一般不受影响，肠道水肿、坏死和肠毒血症较少发生。

【临床症状】

根据腹部膨胀的程度可表现出轻微至严重的腹痛症状，常出现中度至重度的腹部臌气、连续性或间歇性腹痛。心率根据疼痛的程度而相应升高。内毒素血症或心血管损害不明显。左方变位的患马很少出现疼痛，心率不加快。

【诊断】

根据临床症状，结合直肠检查、腹部超声检查、腹腔穿刺液可对该病做出诊断。

(一)直肠检查

腹部右侧摸不到结肠，但可在盲肠底和体壁之间摸到扩张的结肠，表明骨盆曲发生右方变位。体型大的马很难摸到脾肾韧带间隙，只能根据脾脏背缘向内移位(远离腹壁)，怀疑发生左方变位。偶尔在脾肾韧带间隙处触到小肠袢属于正常。很少见鼻胃管反流。

(二)腹部超声检查

腹部超声检查同时可见左肾和脾脏，提示未发生嵌顿；若看到充满气体的脏器遮挡了脾脏的背缘，提示左方变位；若移位的结肠没有积气，显示不出移位。

(三)腹腔穿刺液

一般正常，有时难以诊断，需要与大肠阻塞或肠扭转进行鉴别。当盲肠臌气逐渐加重并出现了大结肠阻塞的症状时，要考虑发生变位。

【治疗】

(一)治疗原则

临床根据变位的程度采用保守治疗和手术治疗。

(二)治疗方法

1. 保守治疗

常用药物治疗和翻滚治疗。

(1)药物治疗　轻度变位病例应禁食，同时给予促进肠蠕动的药物，静脉输液或口服药物。给药后出现结肠膨胀和腹痛加重是正常的，根据情况适当给镇痛药，但避免过度镇痛。

左侧结肠向背侧移位至脾脏外侧，但未形成脾肾韧带间隙嵌顿，通过保守治疗常可纠正。如果已经发生左方变位，可肌内注射肾上腺素[3～5 μg/(kg·min)]，15 min 后进行 15～20 min 的打圈或慢步可纠正变位。肾上腺素引起脾脏收缩，使被嵌顿的结肠更易复位。因作用时间短，有时需要重复给药。

(2)翻滚法治疗　常用于脾肾韧带嵌顿。患马全身麻醉，右侧卧，之后仰卧位，抬高后躯，腹部触压的同时将患马左右来回晃动 5 min，变成左侧卧位，最后俯卧位，可重复滚动多次。若配合使用肾上腺素，成功率＞50％，但有明显大结肠积气的患马成功率较低。

2. 手术治疗

患马出现明显肠臌气，不可能自行恢复。穿刺放气可暂时缓解肠臌气。在复位前，停止饲喂精料。有的患马临床症状会暂时改善，胀气会减轻，但几天后仍会复发，此时多需要手术治疗。

患马临床症状恶化，应进行复查，确保没有继发更严重的肠道病变，如大结肠扭转。严重的进行性腹胀和顽固性疼痛、药物治疗无效或翻滚法治疗失败的病例应尽快手术。

【预后】

对药物治疗有效的病例，预后良好。需要手术治疗的病例，预后可疑。反复发生变位的患马应改变饲养管理，实施结肠固定术或大结肠切除术，预防复发。

第十二节　腹　膜　炎

腹膜炎(peritonitis)是指由细菌感染或损伤引起的腹膜壁层和脏层发生的炎性病变。其特征是充血、腹腔积液和纤维蛋白沉积、趋化吞噬作用和腹膜对毒素的通透性增加。该病根据病因可分为原发性和继发性。任何炎症刺激均可引起腹膜炎，但马最常见的是感染性腹膜炎。

【病因】

该病发生常与感染性(如细菌、病毒、真菌、寄生虫等)或非感染性(如创伤性、化学性、肿瘤性等)刺激因素有关。原发性腹膜炎的细菌传播途径不明显，可能涉及防御功能受损。继发性腹膜炎的细菌进入腹腔最常见于胃肠道受损，较少见于泌尿生殖系统或腹壁。

常见病因是肠道细菌的外渗或转移，如胃肠破裂、直肠撕裂、腹部穿孔、母马生殖道损伤、严重小结肠炎等。成年马血源性腹膜炎不常见，新生马驹败血症病例可见腹膜炎。腹部脓肿破裂、肠管手术失败后也会发生腹膜炎。

【发病机制】

腹膜炎严重程度与许多因素有关，包括潜在感染源的性质、宿主的抵抗力、识别和干预的速度以及对最初治疗的反应。炎症反应调动了白细胞和免疫球蛋白，可引起血浆中蛋白质、液体和电解质的转移，导致心血管衰竭，最终发生的低容量、低蛋白血症、反射性肠梗阻，伴发肠扩张、肠壁缺血，使细菌和毒素被吸收以及粘连形成。

【临床症状】

临床症状因病因和病情的严重程度而有较大差异，主要取决于胃肠道破裂污染腹腔的程度及病程的长短。

(一)急性腹膜炎症状

当急性胃肠破裂时，患马最初的腹痛较轻，但病情迅速恶化会引起循环衰竭，表现为发热、精神沉郁、心率加快可达>100 次/min、呼吸频率增高、黏膜充血或发绀、肠音减弱、全身出汗、脱水。因化脓性腹膜炎、感染性休克的严重毒血症可在 4～12 h 内死亡。

(二)急性弥漫性腹膜炎症状

患马心动过速、呼吸急促、可视黏膜充血或发绀、四肢厥冷、脉搏细弱、脱水和大量出汗。

(三)局限性、亚急性或慢性腹膜炎症状

患马精神沉郁，食欲下降，进行性消瘦，轻度、间歇性腹痛，间歇性发热。有的患马出现慢性腹泻。

【诊断】

根据临床检查、血液学检查和腹腔穿刺液的细胞学检查可做出诊断。

(一)临床检查

临床检查可以提示腹膜炎，但很难确诊。腹壁触诊疼痛敏感。胃肠破裂时，直检腹腔可感到后部空虚，触及内脏表面时会有沙砾感。

(二)血液学检查

血液学检查可见中性粒细胞减少和毒性变化，因脱水和代谢性酸中毒引起总蛋白水平降低，但无特异性。早期急性病例的炎症白细胞总数增多。慢性病例的单核细胞和巨噬细胞增多。亚急性和急性腹膜炎可见白细胞总数减少、中性粒细胞减少和退行性左移。

(三)腹腔穿刺液

腹腔穿刺液具有诊断意义。因病情不同，穿刺液可呈浆液性、浑浊或血色。浑浊的灰白色提示白细胞数高，血色提示腹腔出血或肠梗死，浑浊的棕色/绿色提示肠破裂引起的肠内容物污染。细胞计数可见中性粒细胞增多[$(15～800)\times10^9$/L]且变性，总蛋白水平升高。革兰氏染色涂片检查发现大量的游离细菌或白细胞吞噬的细菌。

【治疗】

(一)治疗原则

查明病因、早期治疗原发病、剖腹探查、腹腔灌洗和引流。

(二)治疗方法

1. 抗生素和支持治疗

病初，大量静脉输液，有的患马还要输注马血或血浆，同时配合广谱抗菌和抗厌氧菌药物治疗，常用青霉素钠/钾(20 000 IU/kg，静脉注射，每 6 h 一次)、庆大霉素(6.6 mg/kg，静脉注射，每

24 h 一次)、甲硝唑(20～25 mg/kg,口服,每 6～8 h 一次)等。有条件的做细菌培养和药敏实验,以确定敏感的抗菌药物。氟尼辛葡甲胺可用于抗炎/镇痛(1.1 mg/kg,静脉注射,每 12 h 一次)或抗内毒素(0.25～0.5 mg/kg,静脉注射,每 8 h 一次)。

2. 腹腔冲洗

患马在站立状态下给予镇静药物,在超声波介导下放置引流管进行腹腔灌洗,单一腹侧引流或结合背侧入口的腹侧引流均可。在病情稳定之前,应一直进行引流和静脉输液。成年患马应先注入 10～20 L 电解质平衡液,然后夹紧引流管,慢步牵遛 10～20 min,有助于引流排液,之后打开引流管将液体排出,不建议腹腔内给抗生素。

【预后】

该病的预后取决于腹膜炎的病因和病情的严重程度。快速确诊和积极治疗可使存活率达 40%～70%。无法确定原发病及由胃肠破裂引起的腹膜炎,预后不良。腹膜炎常引起肠粘连和蹄叶炎的并发症,治疗时间长,预后慎重。

第十三节　急　腹　症

急腹症(acute abdominal pain/colic),又称疝痛或腹痛病,中兽医统称"起卧症",是泛指马属动物对腹腔和盆腔各组织器官内感受器疼痛性刺激发生反应所表现的一种综合征。临床上以病情重剧、病程短急、多具危象为特征,故又称急腹症。马急腹症并非独立的疾病,而是许多有关疾病的一种共同临床表现。

根据病因,该病可分为真性腹痛病(胃肠道)和假性腹痛病(非胃肠道)。真性腹痛病(胃肠道)是指在急性胃扩张、慢性胃扩张、肠痉挛、肠臌胀、肠便秘、肠变位、肠结石、肠积沙、肠系膜动脉血栓栓塞等胃肠疾病经过中所表现的腹痛,即胃肠性急腹症。假性腹痛病(非胃肠道)是指在泌尿生殖器官、心血管系统及骨骼肌肉系统等胃肠以外的各组织器官疾病经过中所表现的腹痛。

【病因】

与任何其他疾病一样,马急腹症的病因有其促发的外在动因,也有其易发的内在因素。通常,致病外因通过易患内因发挥作用,两者缺一不可。

(一)外因

1. 草料和饮水品质不良

精料霉败变质、易膨胀发酵;饲草粗硬、柔韧、不易消化;饲料冰冻、饮水冷凉、混杂泥沙、矿物质含量不足等。

2. 饲养管理和使役不当

精料过多、饮水不足;突然变换饲料的种类及配比,突然改变饲养方式、饲喂程序及方法;饲喂后立即重役或剧烈运动,反之立即饲喂等。

3. 天气骤变

在气温降低、湿度升高、气压减低等气象因素骤然剧变的暴风雨雪天气或其前后,马腹痛病的发生明显增多。这一客观现象的机制尚不清楚。一般认为,天气骤变作为应激源可使敏感机体处于应激状态,以致某些反射活动发生紊乱,特别是自主神经系统的交感神经和副交感神经的协调功能失去平衡。

(二)内因

1. 胃肠功能紊乱

由老龄、咽气癖、饲料单一、长期休闲、矿物质营养不足等所致。

2. 器质性变化

由牙病、胃肠寄生虫、饲料混杂芒刺或砂石等所致。

3. 肠系膜前动脉病变

由普通圆线虫幼虫寄生所致。

【发病机制】

急腹症本质上是基于胃肠平滑肌自动运动性的改变,或者表现为胃肠运动性增强,即胃肠平滑肌及括约肌的痉挛性收缩,或者表现为胃肠运动性减弱,即胃肠平滑肌及括约肌的弛缓乃至麻痹。起初属于机能性障碍,以后多为器质性改变。

在急腹症的发展过程中,影响疾病转归的决定性因素主要是腹痛、胃肠膨胀、水盐代谢、酸碱平衡紊乱以及内毒素休克。

【诊断】

马胃肠性急腹症的病情较复杂,病程多短急,应迅速而正确地建立诊断,包括问诊、一般检查和特殊检查三部分。

(一)问诊

力求简明扼要,有的放矢,应边看边问,常从以下几个方面进行问诊。

1. 发病时间

通常,通过提供腹痛发生的时间,可推断病程长短,并结合临床表现对病情做出具体分析。

2. 起病情况

着重了解起病与采食及饮水时间的关系。根据采食的多少,推断急性胃扩张的可能性。了解开始腹痛之前有无食欲减退和排粪异常,以推断起病是突然的,还是徐缓的。

视频 21-7 急腹症:翻转

3. 腹痛表现

动态表现包括起卧、滚转、姿势等,判断腹痛是间歇性的,还是持续性的;是隐微的、轻微的、中等度的,还是剧烈的或沉重的;腹痛是逐渐减轻,还是突然加重。

视频 21-8 急腹症:后肢外展

4. 排粪排尿

据此判断病的发展阶段以及肠阻塞的有无和程度。

5. 食欲饮欲

据此判断病情轻重以及阻塞的程度。

6. 是否经过治疗

是否做过直肠检查?怎样治疗的(特指是否灌服了容积性泻剂)?

7. 腹围状态

腹围是一发病就大,还是腹痛开始若干小时(4～8 h)后才慢慢膨大的,以推断是原发性肠臌气,还是继发性肠臌气。

8. 是否经常腹痛

据此确定是否属于反复发作性腹痛病。

9. 吃不吃沙土

据此怀疑肠积沙和肠结石。

10. 是否妊娠

考虑到某些腹痛性产科病时的询问，且与治疗用药有关联。

(二)一般检查

一般检查通常包括体温、脉搏、呼吸、结膜色泽、口腔湿度变化、腹围大小、腹痛、心音、肠音、胃音或食管逆蠕动音等。一般概括为一测(体温)、二数(脉搏和呼吸)、三听(心音、肠音、胃音或食管逆蠕动音)及四看[腹痛表现、腹围大小、结膜色泽以及口症(舌色、干湿度、齿龈黏膜微血管再充盈时间)]。

问诊和一般检查通常要求在 15 min 左右快速完成，并形成“印象诊断”或“初步诊断”，有时甚至还可以确定诊断(如典型的肠痉挛和原发性肠臌胀)。

(三)特殊检查

特殊检查一般包括胃管插入、腹腔穿刺、直肠检查、血液检验等。依据病情，灵活运用。

1. 胃管插入

查明胃的充满状况和排空机能，确定有无急慢性胃扩张以及胃扩张的类型(食滞性、气胀性或积液性)。用抽吸泵导胃减压或实施洗胃，更兼具治疗作用。

2. 腹腔穿刺

依据腹腔穿刺液的性状，来确定腹痛病的类型。这种方法在腹痛病的鉴别诊断和预后判断上具有重要意义。混血性腹腔液见于各类型肠变位、肠系膜动脉血栓栓塞和出血性肠炎，渗出性腹腔液见于泛发性腹膜炎和坏死性肠炎，含粪汁或食糜腹腔液见于胃肠穿孔或破裂，混尿液的腹腔液见于膀胱破裂。

3. 直肠检查

直肠检查可用于诊治马腹痛病。该检查不仅能确定肠便秘的部位、结粪的大小、形状、硬度以及肠变位的类型，还能确定有无胃扩张、肠结石、肠积沙、肠系膜动脉瘤、肾结石、膀胱括约肌痉挛、子宫扭转和子宫套叠等假性腹痛病。

4. 血液检验

血液检验对腹痛病的确定诊断并无价值，但在腹痛病的预后判断上具有较大的意义。常检测的项目包括血细胞比容(HCT)、血浆总蛋白等脱水指标，血浆二氧化碳结合力、乳酸含量等酸碱血症指标，白细胞总数、血小板计数、鲎试验等内毒素血症指标。

【治疗】

(一)治疗原则

镇痛、减压、疏通、补液、抗内毒治疗和手术治疗。

(二)治疗方法

1. 镇痛

实施镇痛，消除胃肠痉挛、胃肠膨胀、肠系膜牵引绞压和腹膜炎性刺激等导致腹痛的因素，腹痛即随之缓解或消失。持久剧烈的腹痛往往会使病程发展以及病情加剧，并影响诊断操作。

2. 减压

胃肠膨胀对机体的危害甚多。轻度可引起疼痛、循环和呼吸发生障碍；重度可造成窒息或胃肠破裂而发生死亡，因此所有伴有胃肠膨胀的腹痛病都必须刻不容缓地导胃或穿肠、排液或放气，实施减压。

3. 疏通

它是治疗胃肠阻塞性腹痛病的根本措施。除伴有肠腔闭塞的肠变位需要手术整复疏通外，各种动力性胃肠阻塞可通过药物(油类和盐类泻剂)和肠道营养实施疏通。

4. 补液

胃肠道完全阻塞性腹痛病的病例水盐丢失甚为严重。如果疏通措施不能迅速奏效，应实施补液。液体的选择应考虑阻塞的位置和性质。高位(胃和十二指肠)阻塞主要补充氯离子和钠离子，严禁补给碳酸氢根离子；中低位(回肠后)阻塞除补给氯化钠溶液外，还要补给适量的碳酸氢钠溶液；机械性肠阻塞(肠变位)伴有血液的渗漏最好另加血液和血浆等胶体溶液。

5. 抗内毒素治疗

缓解内毒素血症应防止内毒素休克的发生。内毒素血症不一定发展为内毒素休克，一旦发生，多取死亡转归。在手术整复肠变位时，应切除变位的肠段，并要求尽量排空变位部前侧的胃肠内容物。

6. 手术治疗

在急腹症中，90%的病例无须手术治疗，10%的病例需要手术治疗。只要手术及时(不超过6 h)，多数预后良好。因此，在短时间内迅速实施手术尤为关键，判断标准如下。

首先，要判断疼痛的程度。轻度疼痛表现为疼痛轻微、疼痛发作间隔时间长、对镇痛药反应良好，多见于痉挛性疼痛、大肠阻塞，预后良好。重度疼痛表现为疼痛重剧、间隔时间短，随着时间增加，疼痛会转为沉重，对镇痛药反应不良，多见于肠变位、肠绞窄等，应及时手术。还要判断疼痛的性质、部位，为进一步治疗奠定基础。

其次，重度疼痛的复杂疝痛应根据诊断来评估汇总结果，以决定是否手术。达到以下评估结果的病例应立即手术治疗。评估结果包括精神极度沉郁、持续性疼痛、疼痛不可控制(对镇痛药反应不良)，心率>70 bpm，CRT>3 s，肠音废绝、腹部臌胀，鼻胃管反流>5 L，直肠及超声检查发现肠管臌胀、扭转、变位等，腹腔穿刺液中的血清总蛋白>20 g/L、乳酸>2 mmol/L，血液检查中的PCV>45%、血浆总蛋白>85 g/L、血浆乳酸>7.5 mmol/L、血糖>8 mmol/L。

最后，胃肠破裂，应进行腹腔穿刺液检查，包括血清总蛋白>40 g/L、乳酸>17 mmol/L、血浆乳酸含量(正常<2 mmol/L)>10 mmol/L、血糖(正常 4.9～6.2 mmol/L)>13.9 mmol/L，预后不良，放弃治疗。

第十四节　其他消化系统疾病

除上述常见的消化系统疾病外，在临床上还可见马其他消化系统疾病，如表 21-2 所列。

表 21-2　马其他消化系统疾病

病名	概念	发病情况	病因	临床症状	诊断	防治
口炎(stomatitis)	口腔软组织的炎症	继发性口炎比原发性更常见。成年马通常呈自限性	常继发于其他疾病经过中,如病毒感染等或摄入腐蚀性化学物质;严重的牙周病继发的食物嵌塞在牙间隙和创伤	流涎(唾液分泌增加)。唇或舌出现隆起的水疱、牙龈变红或出血,舌、唇溃疡、咀嚼困难	根据临床表现、口腔检查可做出确诊。影像学检查可排除牙尖部疾病,并对怀疑肿瘤的病变做活检进行诊断	治疗原发病,如牙齿过度生长,口腔异物。对症治疗(如广谱抗生素)、饲喂流食和冲洗口腔
胃-食道反流综合征/反流性食道炎(gastro-oesophageal reflux syndrome)	一种胃内容物反流到食管后部的临床综合征	最常见于断奶的马驹	继发于频繁的鼻胃管导胃减压或食管梗阻,是胃液反流到食管远端反复作用的结果,可与胃溃疡、肠梗阻或远端食管括约肌功能障碍等运动障碍合并发生	非特异性的。常与食管梗阻类似,表现为采食困难、反流、磨牙、唾液分泌过多和厌食	根据清除梗阻后食管内窥镜检查所见的片状或线状溃疡的食道炎征象可做出确诊	消除原发病,如食管梗阻。给予 H_2 受体拮抗剂(如雷尼替丁或西咪替丁)或口服奥美拉唑,抑制胃酸分泌和食管黏膜持续的化学损伤。改变饲喂方式,减轻症状。非甾体抗炎药可降低食管远端括约肌纤维狭窄形成
食道溃疡(oesophageal ulceration)	食管黏膜全层糜烂的一种疾病		继发于食道梗塞	流涎、唾液多,食管梗阻反复发作,吞咽障碍和腹痛	内窥镜检查可见红色的黏膜下层被侵蚀的鳞状上皮的磨损边缘所包围,据此可以确诊	非甾体抗炎药治疗可延缓纤维化;在重新喂饮前,应对愈合的病变进行重复的内窥镜监测,并饲喂湿软的食物;纤维性狭窄在内窥镜介导下手术切除瘢痕组织
肠套叠(intussusception)	一段肠管套入与其相连的肠腔内,导致肠内容物通过障碍	常发于年青马(<3 岁),如纯血马和矮马。最常发部位为空肠-回肠、回肠-盲肠、盲肠-结肠	肠道机械功能的改变或寄生虫易促发肠套叠。运动抑制性药物、肠炎和肠道外科手术可继发肠套叠	急性剧烈腹痛或间歇性或持续性腹痛。食欲减弱或废绝、精神沉郁	直肠检查可触诊到小肠扩张、回盲肠套叠、鼻胃管反流。腹部超声检查可见"靶点"病变。开腹探查可做出确诊	外科手术纠正
胞内劳森菌感染性肠炎(lawsonia intracellularisinfection)	由一种专性存在于空肠和回肠的隐窝上皮细胞的细胞质中细菌增殖-胞内劳森菌感染引起肠壁增厚的炎性疾病,又称为增生性肠病	常见于 3～8 月龄的断奶马驹,呈散发或暴发,在幼马和成年马中较为少见	胞内劳森菌是一种专性胞内寄生细菌,可感染多种动物,多为粪口途径感染,患病幼龄动物是主要传染源。细菌侵入肠上皮细胞,特别是空肠和回肠,受感染的细胞增殖引起肠壁增生	精神沉郁、迅速显著地消瘦、水肿、腹泻和腹痛	根据临床检查、血液学检查、超声检查、粪便病原学检查可做出诊断。该病应与导致蛋白丢失性肾病和胸腹腔疾病进行鉴别诊断	消除病原,抑菌消炎,加强护理。抗生素疗法:红霉素(25 mg/kg,口服,每 6～8 h 一次),配合利福平(10 mg/kg,口服,24 h 一次)。液体支持疗法:腹泻严重的马驹应补液。严重感染的马驹需要肠外营养

续表 21-2

病名	概念	发病情况	病因	临床症状	诊断	防治
绞窄性脂肪瘤(strangulating lipoma)	附着在肠系膜上的良性脂肪肿块,也称带蒂脂肪瘤。它是老龄马发生小肠绞窄而阻塞小肠的最常见原因	多发于肥胖、年龄较大的马、矮马和骟马	脂肪瘤本身不会致病,但随着时间推移,它会长大并形成一个较长的蒂,缠绕小肠的一部分,导致小肠绞窄,使肠管血流受阻,迅速丧失活力,引起肠变性而形成肠梗阻	急性剧烈腹痛、心动过速、无腹胀。在鼻胃管减压后,心动过速和腹痛症状仍然明显。常出现内毒血症(如可视黏膜充血、毛细血管再充盈时间延长)和心血管损害征象。肠音消失。对镇痛药反应较差	根据临床检查、实验室检查、超声检查可对该病做出初诊。必要时,剖腹探查可确诊	根据疾病的严重程度,采用保守治疗和手术治疗。 保守治疗:插入鼻胃管缓解胃反流,但禁止经鼻胃管给予饲料、水和药物。 手术治疗:手术切除脂肪瘤和坏死的部分小肠
胃肠道异物(foreign bodies)	摄入非正常食物成分的物质导致肠道完全梗阻或不完全梗阻	任何年龄、品种的马均可发生,青年有异嗜症的马更易发生	意外摄入饲料中含有的异物或故意摄入异物(异嗜症)	最常见的症状是不同频率和严重的腹痛、厌食、嗜睡、消瘦和腹围扩大	直肠触诊和超声检查,依据肠扩张可初步诊断。胃内窥镜检查可诊断胃内异物。鼻胃管反流提示近端梗阻。剖腹探查可做出确诊	保守药物疗法:大量的肠内液体治疗。 手术疗法:若对药物治疗无反应,应进行剖腹探查和行胃肠切开术取出异物
肠积沙(sand enteropathy)	大量沙尘在大肠内异常积累	常呈地区性发生,任何年龄均可发病,但该病发病率较低	马摄入的大量沙子积聚在大结肠中,引起肠阻塞。饲草料不足、过度放养、异嗜症等也是常见的诱因	腹泻可呈急性发生或慢性经过。慢性病理表现为轻度腹泻,不引起严重脱水、毒血症和心血管损害。急性病例可见发热、厌食、体重减轻和间歇性腹痛	根据急性腹痛、慢性腹泻的病史,粪便中存在异常数量的沙子即可诊断。若患马不能通过粪便排出沙子进行诊断,可做 X 线检查,以发现结肠中的沙粒,进行确诊	药物治疗:车前子凝胶(按 500 kg 体重 0.25~0.5 kg,加 4 L 水,鼻胃管投服/6~24h)治疗。出现腹痛症状的患马根据病情给予镇痛药。 支持治疗:出现明显脱水症状的患马的肠道吸收会受损,应给予静脉补液治疗。 治疗监测:重复进行沙沉淀检查观察疗效
慢性反复发作性腹痛(chronic and recurrent colic)	持续 3 d 以上并反复发作(多次发作),腹痛明显		急性腹痛发作的延续(如大结肠阻塞、盲肠阻塞、腹膜炎或肠炎等)。继发于大结肠变位、腹膜炎、淋巴肉瘤、胃肠道肿瘤、腹腔脓肿、肠梗阻、肠积沙、幽门狭窄、膈疝、结肠炎、胸膜炎、肝脏疾病、肠套叠和胃溃疡等疾病经过中	间歇性腹痛会持续 3 d 或更长时间。消瘦和体况不佳(特别是反复发作性腹痛)	根据腹痛的间歇性及持续时间可做出诊断	消除病因、治疗原发病。禁食和大容量频繁的肠内液体治疗。其他治疗方法包括改变饲喂、驱虫和抗溃疡治疗

续表 21-2

病名	概念	发病情况	病因	临床症状	诊断	防治
胃扩张(gastric dilation)	由胃内气体、液体或固体积聚引起的胃容积增大,甚至导致胃破裂		原发性胃扩张由摄入发酵的饲料后产气过多或运动后过度消耗水造成。继发性扩张因梗阻性小肠病变,过多的肠道分泌物或肠运动中断以及摄入液体和小肠液体回流而扩张	非特异性腹痛体征最常见。严重胃扩张、腹痛,心率快(>100 次/min)或呼吸困难;可见继发性胃扩张的潜在疾病的病症	通过鼻胃管减压探查,结合病史、腹痛临床症状可做出诊断	胃减压和消除原发性原因。大量气体或液体回流,应保留鼻胃管或每小时重复插管一次。一旦气体和液体回流减少,就可取出鼻胃管。梗阻性小肠病变应进行手术干预。原发性胃扩张应改变饮食和管理
盲肠臌气(caecal tympany)	盲肠气体过度积聚导致盲肠膨胀		原发性盲肠臌气,因盲肠产气过多和/或盲肠蠕动减少而引起的。饮食变化、茂盛的牧草和高谷物饮食可能是诱发因素。继发性盲肠臌气由盲肠梗阻,如大结肠移位、嵌塞或肠扭转等造成	不同严重程度的腹痛表现。心率会随着疼痛程度而增加。右侧肷部隆起,叩诊呈金属音,右侧常出现共振鼓室。右侧腹围增大。有的呼吸困难	直肠检查可在腹部右侧触诊到巨大的、气体膨胀的盲肠,即可做出确诊	继发性臌气应消除原发性原因。大多数原发性盲肠臌气应禁食、牵遛和止痛。盲肠臌气明显应盲肠穿刺减压。液体疗法纠正脱水。限制在牧草茂盛的牧场放牧,避免饲喂高碳水化合物
膈疝(diaphragmatic hernia)	由腹腔脏器通过横膈膜缺损部位或破裂孔进入胸腔引起的疾病	大多数膈疝常见于胸部或腹部创伤、剧烈运动、配种或分娩、极度胃肠膨胀的成年马	常继发于膈肌先天或后天缺损或破裂,但后天缺损或破裂更为常见	腹痛、运动不耐受和呼吸困难	即使经各种细致的检查,也很难确诊。常在腹部探查或死后剖检时才可确诊	当患马腹痛难以治愈且呼吸窘迫时,需要进行辅助通气或吸氧,同时立即进行剖腹探查或手术。手术包括移出疝内容物、切除失活肠管并进行肠管吻合和修复膈肌缺损等

思考题

1. 简述急腹症的主要症状(综合症候群)。

2. 如何鉴别绞窄性腹痛和非绞窄性腹痛?根据临床检查及辅助检查结果做出急腹症手术治疗的决定。

3. 简述腹泻的病因。

4. 简述临床常见急腹症(肠痉挛、肠阻塞)的治疗方法。

5. 简述胃溃疡的临床评级方法。

第二十二章　泌尿系统疾病

学习目的与要求

1. 了解泌尿系统疾病的基本概念、分类和临床特征。
2. 掌握尿道炎、膀胱炎和肾炎的鉴别诊断。
3. 理解肾损伤和肾功能不全/肾功能衰竭的病因和发病机制。
4. 熟悉尿石症的诊断、治疗及预后。
5. 掌握肌红蛋白尿症的发病原因、诊断、治疗。

概　　述

泌尿系统由肾脏、输尿管、膀胱、尿道及相关的血管神经组成，具有生成与排出尿液及代谢废物，调节水、酸碱、电解质、内分泌激素等重要生理功能。泌尿系统各器官（肾脏、输尿管、膀胱和尿道）都可发病，并波及全身。

大多数马泌尿系统疾病由细菌侵入尿路引发多种尿路感染所致，如尿道炎、膀胱炎、肾盂肾炎、尿石症（尿道结石、膀胱结石）和肾功能衰竭等。这些疾病的发生与先天性畸形、感染、免疫介导、遗传、损伤、肿瘤等因素有关。

马泌尿系统疾病的临床症状既可由自身器官病变引起，又可由其他系统病变引起，还可影响其他系统，甚至全身。其主要表现为排尿异常，如尿频、尿淋漓、排尿带痛、多尿、少尿或无尿等；尿液性状改变，如红尿（血尿、血红蛋白尿）、蛋白尿、脓尿；与感染、炎症等病因相关的症状，如发热、腹痛、消瘦和腹泻等症状；其他症状，如高血压、水肿、贫血等。

马泌尿系统疾病的诊断应根据病史、临床症状、临床病理学检查（血液学检查、尿液分析和肾功能测定）、影像学检查（超声检查、膀胱内窥镜检查）进行诊断。肾活组织检查可以诊断特殊的泌尿系统疾病。

马泌尿系统疾病的治疗原则为泌尿道感染应祛除特异性病因，加强护理，抑菌消炎，长期进行抗生素治疗（平均为 14～21 d）。尿石症应尽早解除结石引起的尿路不畅，同时进行液体支持，改善脱水及酸碱紊乱，保障肾脏灌注。急性肾功能衰竭应利尿和快速恢复血容量，慢性肾功能衰竭没有特定方法，只能对症支持治疗。

第一节　膀胱结石

膀胱结石(cystic calculi)是指膀胱内形成的结石。该病根据病因可分为原发性膀胱结石和继发性膀胱结石，其中继发性膀胱结石更为常见，以成年马多见。

【病因】

该病常继发于下尿路梗阻、感染、膀胱异物或神经源性膀胱炎等经过中。另外，组织损伤、膀胱炎、残余缝合线、尿中某些矿物质过饱和、膀胱麻痹或尿潴留等都可引起结石的发生。

【发病机制】

膀胱结石常以有机碎屑的结晶性泥的形式存在，结晶性泥的积累是形成结石的基础。膀胱结石主要由碳酸钙晶体构成。如果碳酸钙晶体与磷酸钙晶体混合，结石结构比单独的碳酸钙晶体更强。大多数结石呈球形(图 22-1)。

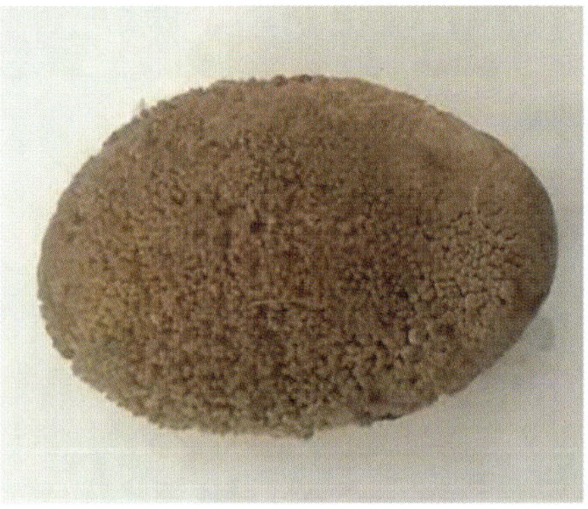

图 22-1　马膀胱结石眼观形状

(卢永跃供图)

【临床症状】

尿频、尿淋漓和血尿是最常见的症状。患马常表现为腹痛、尿失禁。尿失禁在多砂性尿石症中很常见，血尿在运动后可能更明显。

【诊断】

根据临床症状、直肠检查、实验室检查和影像学检查可对该病做出诊断。

(一)直肠检查

结石在直肠检查中很容易被触摸到，可以感觉到多个结石相互摩擦。值得注意的是，在膀胱充盈的病例中，需要将膀胱中的尿液排空方可触诊结石。若膀胱内充满尿液，应进行减压，以便彻底触诊，可触及结石和/或膀胱壁增厚。根据并发膀胱壁炎症的程度，触诊膀胱时会有疼痛反应。多砂性尿石症由膀胱内堆积的沙砾样碎片组成，触诊时有“软塌塌”感。

(二)实验室检查

应进行尿液分析。尿液分析常见高渗尿、蛋白尿、血尿和脓尿。尿液标本应进行细菌学培养，若确认＞10 000 CFU/mL 提示并发尿路感染。尿沉渣分析可见大量的碳酸钙结晶(图 22-2A)和磷酸钙结晶(图 22-2B)。血液学和血清生化检查视病情决定。

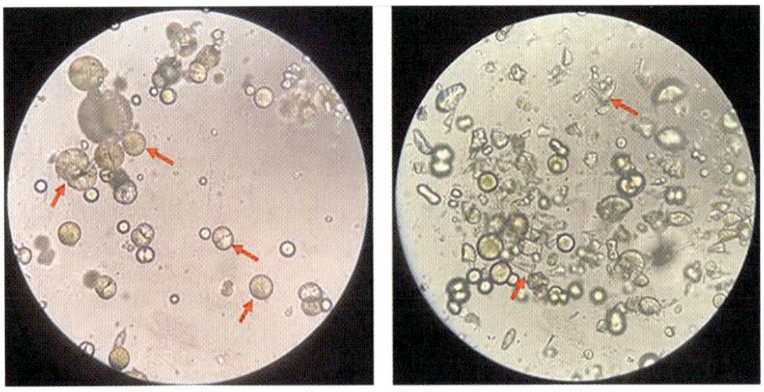

A　　　　B

A. 碳酸钙结晶(红色箭头)；B. 磷酸钙结晶(红色箭头)。

图 22-2　膀胱结石患马尿沉渣分析

(王志供图)

(三)影像学检查

体型小的马、矮马可采用放射学检查诊断,膀胱镜检查可用于进一步评估膀胱结石和多砂性膀胱结石。

【治疗】

(一)治疗原则

消除病因、去除结石、抑菌消炎和酸化尿液。

(二)治疗方法

1. 手术治疗

常用膀胱切开术取出结石。母马可通过扩张尿道可以清除小结石。公马可经尿道切开术,手指进入膀胱取出结石,有些结石可先用镊子压碎,以便取出。直肠旁膀胱切开术也可用于去除结石,但术后并发症明显。另外,冲击波碎石术、激光碎石术和腹腔镜膀胱切开术也可用于膀胱结石的手术治疗。膀胱冲洗联合会阴尿道切开术可能是去除公马多砂性尿石最有效的方法。

2. 抗生素治疗

在尿液分析和尿液培养中有细菌感染,应进行抗菌治疗。

3. 酸化尿液

常口服氯化铵(25～50 g/d)或维生素 C[2 g/(kg·d)]。较高剂量的氯化铵[520 mg/(kg·d)]或硫酸铵[175 mg/(kg·d)]会更有效。如果膀胱内含有多砂性结石,应用大量液体冲洗。口服50～75 g 食盐/次,1～2 次/d,增加水的摄入和利尿,可治疗和防止结石复发。

【预后】

该病治疗后的复发率约为 41%。具体预后结果取决于从膀胱取出结石的彻底程度以及是否存在潜在的病变。多砂性结石多与膀胱麻痹有关,治疗效果差。除非膀胱麻痹的问题能够得到解决,否则,预后很差。

第二节　急性肾功能衰竭

急性肾功能衰竭(acute renal failure,ARF)简称急性肾衰,是指肾小球滤过率的持续下降引起水、电解质及酸碱紊乱的一种肾功能不全。该病根据病因可分为肾前性肾衰(肾灌注减少或血流动力学衰竭)、肾性肾衰(原发性肾功能不全)和肾后性肾衰(排尿障碍)。临床上以肾前性肾衰和肾性肾衰最为常见。

【病因】

(一)肾前性肾衰病因

常见于由胃肠疾病引起的脱水、剧烈运动或失血等所致的肾脏低灌注。

(二)肾性肾衰病因

除肾脏长期低灌注可引起该病外,氨基糖苷类抗生素、四环素类抗生素、非甾体抗炎药、内源性色素(肌红蛋白或血红蛋白)、重金属、维生素 D 或维生素 K_3、植物毒素(洋葱、红枫叶、橡子中毒)等可引起肾性肾衰。由肾小球肾炎、间质性肾炎和肾微血管血栓形成所引起的肾性肾衰原因更复杂。

(三)肾后性肾衰病因

它常见于功能性或机械性尿路阻塞或破裂经过中。其他较少见的原因有腹腔内因素(如双侧肾结石、乳头状坏死、凝血、膀胱癌和真菌）或腹腔外因素（如腹膜后纤维化、结直肠肿瘤和其他恶性疾病）可引起血管收缩、肾小管细胞脱落、肾小管内梗阻和肾小球滤过改变，进而发生该病。

【发病机制】

由肾缺血或肾中毒引起肾小管急性严重的损伤，小管上皮细胞变性、坏死和脱落、肾小管基膜断裂，脱落的上皮细胞引起肾小管堵塞，造成管内压升高和小管扩张，致使肾小球有效滤过压降低和少尿。肾缺血和肾毒素能使肾素－血管紧张素系统活化，肾素和血管紧张素Ⅱ分泌增多、儿茶酚胺大量释放以及内皮素水平升高均可导致肾血管持续收缩和肾小球入球动脉痉挛，引起肾缺血缺氧，肾小球毛细血管内皮细胞肿胀致使毛细血管腔变窄，肾血流量减少，肾小球滤过率（GFR）降低而导致急性肾衰竭。当肾缺血再灌注时，细胞内钙通道开放，钙离子内流造成细胞内钙超负荷，可使肾小管细胞的损伤发展为不可逆性损伤。

【临床症状】

（一）常见症状

脱水、厌食、腹部不适、精神沉郁和多饮多尿是最常见的症状。排尿异常表现为无尿、少尿或多尿。肾性水肿表现为无尿或少尿。患马常见可视黏膜充血。有的患马可见继发蹄叶炎症状，甚至出现由尿毒症引起的脑病症状。

（二）直肠检查症状

直肠检查可以检查肾脏大小、肾周水肿和肾脏疼痛、输尿管、膀胱或尿道的状况。急性肾功能衰竭、肾脏肿大；慢性肾功能衰竭、肾脏萎缩。

【诊断】

根据病史、临床症状、直肠检查、血液生化检查、尿液分析和特殊检查可对该病做出诊断。在实验室检查中，肾功能重要参数的改变取决于引起急性肾功能衰竭的潜在疾病，可正常、升高或下降。

（一）直肠检查

直肠检查可发现肾脏肿大、水肿，常伴有疼痛，肾脏质地变软且不定型提示肾脏结构的严重破坏。最常见于严重低血容量-休克综合征，并伴有严重的急性肾功能衰竭。

（二）血液生化检查

血液生化检查可见氮质血症（尿素氮和肌酐增加）提示肾脏受损，但不能指出确切病因，因此最初的诊断是确定是否存在肾前、肾或肾后的病因。

（三）尿液分析

尿液分析可用于鉴别肾前性肾衰和肾性肾衰。肾前性肾衰，尿浓缩（尿体积质量＞1.025，且经常高达1.055）；肾性肾衰，等渗尿（SG＝1.008～1.012），轻度至中度蛋白尿。肾小球或肾小管损伤，尿沉渣改变，如肾上皮细胞、红细胞和白细胞的数量增加。无高血糖的糖尿提示肾小管损伤。蛋白质与肌酐比＞25，提示肾小管疾病，但特异性不高。

（四）特殊检查

超声检查可见肾脏肿大、肾周水肿和皮质髓质交界处结构不清。典型的肾结石声像图特征（如声影），肾盂明显扩张提示尿路梗阻。怀疑梗阻性尿道疾病可做尿路内窥镜检查。

【治疗】

（一）治疗原则

消除病因，液体支持疗法，纠正水、电解质和酸碱紊乱。

(二)治疗方法

1. 消除病因

早期出现少尿或无尿的病例应导尿排除尿路梗阻。治疗潜在疾病(如内毒素血症)常用氟尼辛葡甲胺(1.1～2.2 mg/kg,静脉注射,每12 h一次)。停止或减少使用肾毒性药物(如氨基糖苷类抗生素、四环素类抗生素、非类固醇抗炎药等),禁止饲喂有毒植物(如洋葱、红枫叶、橡子等),疏通功能性或机械性尿路阻塞,补充体液,增加肾脏的血液灌注。

2. 液体疗法

补充液体,纠正水、电解质及酸碱紊乱,但应监测肺部呼吸音和体重,防止过度水合和肺水肿的发生。急性高血钠症的病例应静脉输注0.45% NaCl/2.5%葡萄糖溶液。长时间或不明原因的高血钠症的病例应减慢输液速度,以不超过0.5 mmol/(L·h)或10 mmol/(L·d)的速率,降低血清钠浓度,防止脑水肿。高钾血症(血清 K^+>5.5 mmol/L)的病例应给予碳酸氢钠(1～2 mmol/kg,静脉注射,持续10～15 min),也可用10%硼葡萄糖酸钙(0.5 mL/kg,静脉注射或加入5 L液体,缓慢输入,1 h以上)消除高钾血症的心脏毒性作用。出现肌球蛋白尿的病例用碳酸氢钠碱化尿液,可增加尿肌红蛋白的溶解度,减少对肾的固有损害。

一旦氮质血症开始消退,应继续以维持马正常水合作用的速率进行液体治疗[55～65 mL/(kg·d)]直到恢复正常。肌酐值不超过参考值上限10%～15%,其他血清生化指标恢复正常后才能停用补液,并在停止液体治疗后定期监测血清肌酐。

在后期多尿恢复阶段,应补充电解质。饲喂低蛋白、低磷和低钙的草料,饲喂量每天不超过0.6～0.7 kg/100 kg。如果持续少尿或无尿,应给予呋塞米(1～4 mg/kg,静脉注射,每6 h一次)、20%甘露醇(0.25～1.0 g/kg,静脉注射,每4～6 h一次)和多巴胺[1 L 0.9%NaCl溶液的或5%葡萄糖溶液加入120 mL多巴胺,以12.5 mL/min,3 μg/(kg·min)的速率]。在使用甘露醇和多巴胺治疗时,应密切监测,因为与呋塞米相比,其不良反应较高;也可用甘露醇和 $NaHCO_3$ 防治早期肌红蛋白尿性急性肾衰。非类固醇抗炎药可降低噻嗪类利尿剂的副作用。

3. 其他疗法

腹膜透析可缓解严重的氮质血症,但仅有短期疗效。尿路阻塞或破裂应手术治疗。若出现尿腹,应采用液体治疗和腹部引流。

【预后】

肾前性肾衰的治疗持续时间是影响预后的重要因素。如果原发病能够得到控制,并提供适当的液体治疗,问题可快速解决(24 h内尿素氮减少25%～50%),常预后良好。如果氮质血症在较长一段时间内不能消退,预后较差。肾后性肾衰的预后取决于纠正潜在问题的能力以及是否发生了肾性肾衰。

在开始治疗前48 h或以上少尿的病例出现并发症,如全身水肿、阴道炎或脑病或经液体治疗仍少尿,预后不良。ARF马恢复后更易出现肾衰,预后慎重。

第三节　慢性肾功能衰竭

慢性肾功能衰竭(chronic renal failure,CRF),也称慢性肾功能不全,简称慢性肾衰,是指各种原因造成的慢性进行性肾实质损害,致使肾脏明显萎缩,不能维持其基本功能,以水、电解质、酸碱平衡失调为主要表现的临床综合征。慢性肾功能衰竭是肾功能不全的严重阶段。

CRF是肾单位不可逆损伤性肾功能不全。当肾单位数量减少到20%～30%以下时,患马才会表现明显的临床症状，这是马体重减轻和厌食（食欲减退）的重要原因。

【病因】

急性肾功能衰竭可导致慢性肾功能衰竭，此外，代谢性疾病、免疫性疾病、感染性疾病、阻塞性疾病和先天性疾病也可导致发生慢性肾功能衰竭。该病最常见于获得性疾病的经过中，肾单位广泛的损害常由急性肾功能衰竭引起的。潜在的原因是长期的肾脏低灌注和毒素作用，如氨基糖苷、土霉素、非类固醇抗炎药、内源性色素（肌红蛋白或血红蛋白）、重金属、维生素 D 或维生素 K_3 和植物毒素等。

另外，慢性肾小球肾炎、肾盂肾炎、间质性肾炎、肾微血管血栓、肾淀粉样变、肾盆腔结石和肾肿瘤等也可引起慢性肾衰。

【发病机制】

在上述病因作用下，肾小管和肾小球损伤超过肾脏储备能力会发生肾衰。当肾功能下降时，幸存的肾单位功能通过代偿可调节水合溶质稳态。如果疾病继续发展，这种代偿机制会被减弱或消失而发生该病。

【临床症状】

厌食和消瘦是最常见的症状。病初，患马运动表现不佳，随后可出现尿毒症、沉郁、嗜睡、被毛粗乱、腹部水肿和多饮多尿。可自由饮水的患马很少出现多饮多尿。尿毒症可见口臭、口腔溃疡、过多的牙结石（图 22-3）等，但脑病不常见。

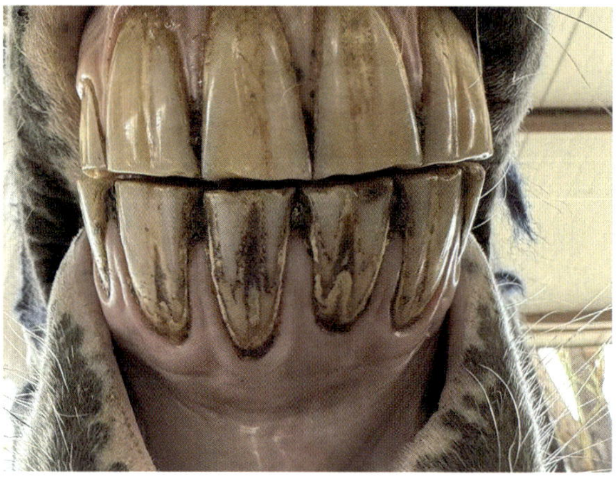

图 22-3　患慢性肾功能衰竭马的牙结石增多

（王志供图）

【诊断】

根据病史、临床症状、直肠检查、血液学与血气分析、尿液分析，结合超声检查、肾活检可对该病做出诊断。

（一）直肠检查

检查肾大小，肾正常或变小或有肿块。由于肿瘤病变、感染或尿路阻塞的影响，肾脏和/或输尿管会扩大。

（二）血液学与血气分析

血液学与血气分析可见尿素氮和肌酐升高。因促红细胞生成素（erythropoietin，EPO）减少而呈现正细胞、正色素贫血。不同程度的低白蛋白血症、低血钠、低钾血症、高钙血症、高磷血症和低碳酸氢盐血症。尿中电解质过量流失导致酸碱紊乱而呈现代谢性酸中毒。

（三）尿液分析

尿液分析出现氮质血症或脱水，并伴发等渗尿，提示肾衰。大量蛋白尿，尿体积质量升高（SG＞1.020）。尿沉渣检查常无细胞和管型，但肾盂肾炎可见红细胞、白细胞、管型和细菌。所有病例均应进行尿液细菌培养。

（四）超声检查

与正常肾脏相比，肾脏缩小，强回声。有的失去皮质-髓质交界处的区别，可见囊肿或肾结石。

（五）肾活检

肾活检可以诊断肾盂肾炎或先天性异常。大多数病变与终末期肾脏疾病相一致，很少能影响治疗或预后。活检样本的免疫荧光检测可以更好地确定疾病的病因。为避免严重出血，首选在超声介导下进行活检操作。

【治疗】

(一)治疗原则

慢性肾功能衰竭呈进行性。治疗的目的是延长生命而不是解决病情。总体治疗原则是消除病因(肾毒性损伤)、抑菌消炎、治疗潜在疾病(如肾盂肾炎)、静脉输液、腹膜透析以及加强日常管理。

(二)治疗方法

1. 消除病因、抑菌消炎

停止使用肾毒性药物。肾盂肾炎需要特殊的抗菌治疗,如肾盂肾炎由肾脏排泄的抗菌药物治疗,如氨基糖苷类、甲氧苄啶/磺胺嘧啶、氟喹诺酮类、青霉素和头孢菌素。由钩端螺旋体引起的肾盂肾炎可用四环素、链霉素或青霉素治疗。

2. 静脉输液

静脉输液治疗适用于治疗急性加重的慢性肾功能衰竭、氮质血症、存在潜在或伴随疾病或脱水的患马。最常用的是生理盐水(0.9% NaCl 溶液),如果无中度至重度高钾血症,可用电解质平衡液。在液体治疗期间需要密切观察,确保不发生水合过度,避免发生水肿。如果出现少尿或无尿,少使用呋塞米、甘露醇和/或多巴胺进行治疗。

3. 腹膜透析

有时用于缓解严重的氮质血症。

4. 加强日常管理

定期评估血清钠、钾、钙和碳酸氢盐浓度,补充电解质(若出现水肿,应限制饮食中的钠,即使马表现为低钠血症)。

补充碳水化合物和脂肪,将日粮中的蛋白质比例限制在 10%以下。应提供优质的草料、玉米和燕麦。如需要增加热量摄入,应补充脂肪,如高脂肪球团、米糠、植物油。避免富含蛋白质和钙的饲料,如豆类、麸皮。严重蛋白尿的病例蛋白质需求会增加,可以适当供给玉米面筋、小麦面筋、酒糟、酪蛋白或豆粕(每天最多 0.5 kg/匹)。尿素氮增高病例的饲料中禁止增加蛋白质。补充维生素,避免多种维生素(尤其 B 族维生素)缺乏。自由饮水,口服补充电解质(NaCl 25～50 g,每天口服、$NaHCO_3$ 50～100 g,每天口服)。若出现低钾血症,可口服氯化钾(最高 50g/d)。此外,应补充维生素以补偿因多尿引起的 B 族维生素的过量损失。

【预后】

适当的护理对患马的寿命和生活质量有明显的影响。良好的管理和定期监测疾病的进展会短期改善患马的预后,但恶化的速度很难预测。运动表现和繁殖能力受限、无尿或少尿、体重严重下降、尿素氮和肌酐严重升高或体液治疗无效的患马预后较差。

第四节　马驹尿腹

马驹尿腹(uroperitoneum in the foal)是指新生马驹由先天或后天的尿路渗漏导致腹腔内尿液积聚的综合征。公马驹比母马驹更易发生,在出生后 2～5 d 发病。

【病因】

该病常见的原因是膀胱破裂。大多数膀胱破裂发生在分娩过程中,最常发生于膀胱背侧壁。

【发病机制】

公马驹因尿道较长,膀胱排空减少,导致膀胱充盈,最终发生膀胱破裂。膀胱或尿道其他部位的先天性缺陷少见。先天性尿路缺陷包括妊娠期膀胱背壁闭合失败、输尿管异位破裂或输尿管/尿道闭锁破裂。另外，马驹偶尔发生膀胱膨胀和排尿反射异常与缺氧或缺血性损伤有关，需要导尿长达 7d 才能恢复功能。膀胱和/或脐尿管破裂继发于感染和坏死，可从脐部向上发展。破裂位置常在膀胱顶端或与脐尿管本身的位置变化相关，临床症状出现较晚。一旦发生腹腔内尿液积聚，就可导致严重的代谢和电解质异常，不及时纠正会威胁生命。

【临床症状】

（一）典型症状

马驹出生时是正常的，在产后 2～5 d 出现典型症状，表现为进行性腹部膨胀、轻度腹痛、弓背、排尿困难、尿淋漓、少尿或无尿。腹围扩大，腹部触诊呈波动感。

（二）其他症状

嗜睡、口腔异味，有的包皮或会阴水肿，在尿道和尿路破裂中尤为明显。晚期心率和呼吸频率增加，脉搏不稳定，心律失常和低血容量。严重的电解质紊乱可发生中枢神经系统症状、循环衰竭和死亡。

【诊断】

根据病史和腹部触诊可做出初诊。腹部超声检查和腹腔穿刺液检查可确诊。

1. 腹部超声检查

腹部超声检查可见腹腔内大量游离液体，呈无回声-低回声，肠袢和其他脏器漂浮在液体中。膀胱空虚、膀胱壁缺损（图 22-4）。

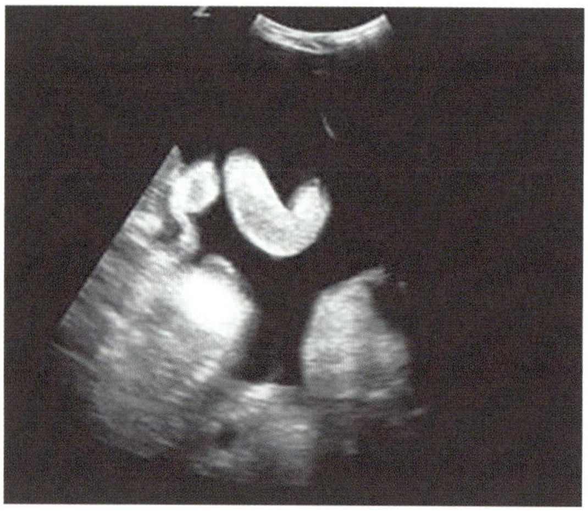

游离无回声的液体，漂浮的肠袢，膀胱不可见。

图 22-4　马驹腹腔内典型的 B 型超声表现

（王志供图）

2. 腹腔穿刺液检查

通过腹腔穿刺获得样本，并测定肌酐浓度。若腹膜液肌酐浓度是血清的 2 倍或更高，则可诊断为尿腹。

【治疗】

（一）治疗原则

排出腹腔尿液、静脉输液、支持治疗和手术治疗。

（二）治疗方法

1. 排出腹腔尿液

先腹腔引流，逐渐排出尿液，导尿管可以留置在原处，直至破裂处通过手术得到纠正。

2. 静脉输液、支持治疗

静脉输液以支持血液循环，避免由毛细血管扩张而引起的急性低血压，同时纠正（可使用 0.9% 或 0.45% NaCl 溶液）水、酸碱和电解质异常。高血钾的病例可给予 5% 葡萄糖生理盐水［4～8 mL/(kg·min)］。严重的高钾血症应同时给予胰岛素（0.1～0.5 IU/kg，皮下注射或静脉注射）或 $NaHCO_3$ 溶液（1～2 mmol/kg）。

在大多数情况下，单纯的液体疗法和腹腔引流可以降低钾水平。当血钾浓度＞6.0 mmol/L 时，需要用心电图持续地监测心脏活动。广谱抗生素，特别是肾毒性的药物应谨慎使用，如氨基糖苷类药物。

3. 手术治疗

因为膀胱破裂存在较高的麻醉风险，病初不应急于进行外科手术。手术前应稳定新陈代谢。

一旦马驹病情稳定，应立即进行手术修复膀胱。术前清除脐带残端，并进行腹腔灌洗，修补破裂的膀胱。手术方法可根据具体情况选择传统的开腹术或腹腔镜修补术。

【预后】

大多数病例在手术修复后预后良好。有时少数复发病例需要二次手术，但预后恢复良好。若伴随感染，预后可疑。

第五节　横纹肌溶解综合征

横纹肌溶解综合征(rhabdomyolysis)是指由过度锻炼、营养不平衡、长期休闲而后突然高强度运动而引发的疾病、氮质血症，俗称“星期一晨病”。该病在临床上以轻度到重度的多样性症状为特征。根据病程和病情，该病可分为散发性过劳性横纹肌溶解综合征和复发性过劳性横纹肌溶解综合征。所有类型的马和矮马都会发病，其中夸特马、温血马和阿拉伯马常发复发性过劳性横纹肌溶解综合征。公马和母马均可发病，但母马多发。幼龄或青年马（2～5 岁）比老龄马多发，神经质或容易兴奋的马更常见，赛马更易发。

【病因】

(一)散发性过劳性横纹肌溶解综合征病因

1. 运动过量

运动过量是最常见的原因，异常强度或持久的运动可以导致高热和代谢衰竭而发病。但该病并不总是与剧烈劳累或高热有关，运动或使役过少或由舍饲变为放牧时也会发生。

2. 突然运动

以前经常运动的马长时间休息(从几天到几周)或全负荷工作的马在充分喂养情况下休息 1～2 d，然后返回工作岗位，工作强度或工作量突然增加会诱发该病。

3. 营养不平衡

日粮摄入非结构性碳水化合物(nonstructural carbohydrate，NSC)含量高、电解质失衡/缺乏(特别是钠和钙)以及维生素 E 和硒的缺乏均与该病发生有关。

(二)复发性过劳性横纹肌溶解综合征病因

大多数病例是多种诱因共同作用的结果，单次运动就可引起该病。该病是单发于纯血马的综合征。

【发病机制】

该病是由于肌细胞功能障碍和死亡，肌细胞坏死导致肌肉疼痛、炎症及炎症细胞浸润。随后释放细胞成分，包括肌酸激酶、谷草转氨酶、碳酸酐酶以及肌红蛋白等。肌细胞的愈合和再生于数周内进行，因此不会发生进一步的肌肉坏死。此外，细胞成分的释放导致电解质异常，即低氯代谢性碱中毒、全身炎症反应和色素尿。病情严重的马会发生代谢性酸中毒。肌红蛋白和其他细胞成分具有肾毒性，导致肌红蛋白尿性肾病，从而引起急性肾衰。疼痛和肌肉功能的丧失会导致高跷、短步等异常步态。

横纹肌溶解在运动过程中突然被触发，导致血清肌红蛋白和 CK 活性急剧增加。它在临床上通常与神经兴奋有关。运动前，马血清皮质醇浓度高于正常马，并在发作期间升高。发作前，血清肾上腺素和去甲肾上腺素浓度正常；发作后，马血清 CK 活性、血清肾上腺素和去甲肾上腺素浓度显著升高。

视频 22-1 马肌红蛋白尿

【临床症状】

(一)散发性过劳性横纹肌溶解综合征症状

临床症状多样,从运动成绩下降到卧地不起和死亡不等。症状可以是轻微的,在 24h 内自然消失;也可以是严重的、进行性的。

马在运动 10～20 min 后突然发病,主要表现为运动后反复出现步态拘谨、肌肉僵硬。后肢步幅缩短、行走缓慢,甚至(特别赶马入厩时)不愿移动。病重的马肌肉坚硬、疼痛(通常是臀肌)(图 22-5)、拒绝行走或无法继续运动,甚至发生卧地不起,无法起立。

其他症状的患马大量出汗、情绪焦躁、厌食、心动过速和呼吸过速,大多有腹痛。有的患马体温升高、排深红色的肌红蛋白尿(图 22-6)。

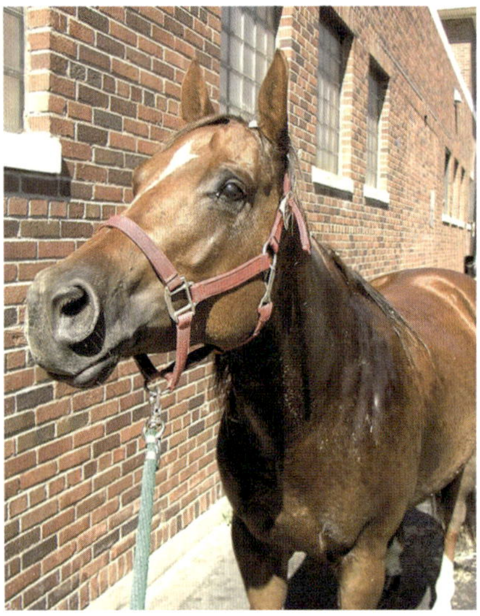

图 22-5 患马肌肉僵直、姿势强拘以及出汗过多

(Stephanie Valberg 供图)

图 22-6 横纹肌溶解时,患马排深红色的肌红蛋白尿

(王志供图)

(二)复发性过劳性横纹肌溶解综合征症状

临床症状与散发性急性过劳性横纹肌溶解综合征非常相似,只是临床症状具有复发性。

【诊断】

根据病史、运动性肌肉疼痛的临床体征可做出初步诊断,结合血清生化检查和尸体剖检可以确诊。

(一)血清生化检查

血清 CK、AST 的活性是肌肉退行性病变的特征指标。病情轻微或未表现症状的马的 CK、AST 和乳酸脱氢酶(lactate dehydrogenase,LDH)活性中度升高。病情重的马 CK(>100 000 IU/L)以及其他肌酶大幅度增加。血清 CK 和 AST 活性分别在运动后 5～6 h 和 24 h 达到高峰。在没有持续肌肉损伤的情况下,多数血清 AST 在 7～10 d 内不会恢复到正常水平,而血清 CK 活性半衰期约为 12 h,会迅速下降。与 CK 相比,AST 活性的持续高水平有助于在发病后的几天或几周内确诊。

另外,患马的血清肌红蛋白浓度在运动期间显著升高,在 24～48 h 内下降。血清碳酸酐酶Ⅲ活性升高。病重的马常表现为低血钠症(Na^+ <130 mmol/L)、高钾血症(K^+ >5.5 mmol/L)、低氯血症(Cl^- <90 mmol/L)、氮质血症(血清尿素氮和肌酐浓度增加)、酸中毒,且 PCV 和血清总

蛋白浓度升高。

(二)尸体剖检

过劳性横纹肌溶解综合征的病死马的运动性横纹肌广泛变性主要在膈肌和心肌。肌肉病变常表现为黑暗和肿胀或呈苍白的条纹状外观。肾肿胀，髓质有深棕色条纹。膀胱内尿液呈深棕色。组织学检查主要表现为Ⅱ型肌纤维(快肌纤维)广泛的坏死和透明变性或轻度肌炎和纤维化肾病病变。复发性的患马可见肌纤维再生。

【治疗】

(一)治疗原则

祛除诱因和病因、药物治疗和加强护理。

(二)治疗方法

1. 散发性过劳性横纹肌溶解综合征的治疗

(1)马房休息　患马应自由饮水。轻症马(心率＜60 次/min、直肠温度和呼吸频率正常、无脱水)应适当休息或用保泰松(苯丁氮酮)，2.2 mg/kg，口服或静脉注射，每 12 h 一次，持续 2～4 d)。一旦无肌肉疼痛的症状，就应轻微运动，逐渐增加运动量。重症马(心率＞60 次/min、体温＞39 ℃、脱水 8%～10%、不愿或无法行走)应避免运动，充分休息。

(2)镇静镇痛　缓解轻中度疼痛的患马的最有效药物为乙酰丙嗪(0.04～0.07 mg/kg)和赛拉嗪(0.4～0.8 mg/kg)。重度疼痛的马常用地托咪定(0..02～0.04 mg/kg)与布托啡诺(0.01～0.04 mg/kg)，两者合用可提供良好的镇痛效果。非甾体抗炎药，如保泰松(2.2～4.4 mg/kg)或氟尼辛葡甲胺(1.1 mg/kg)也可镇痛，在治疗初期效果更明显。

(3)纠正脱水和电解质异常，预防并发症　重症马应静脉注射等渗性多离子液体，纠正低血容量，确保轻度利尿，防止肌红蛋白尿性肾病，如乳酸林格液。轻症马可以通过鼻胃管给药(4～6 L/2～3 h)或用甘露醇、碳酸氢钠(1.3%溶液，静脉注射或口服 50～100 g/12 h 碳酸氢钠)碱化尿液，使肌红蛋白的肾毒性最小化，但对已出现肌红蛋白尿性肾病的马无效。除非在纠正低血容量后仍无尿或少尿，患马不要服用利尿剂(如呋塞米)。

(4)加强护理和运动康复　卧地不起的患马 2～4 h 翻动一次，调整位置。不要强迫病重的患马站立。急症发作的患马不愿移动，肌肉僵硬，通常在 48 h 内僵硬程度会消失，随后可从小的场地逐渐过渡到大场地放牧，恢复运动。

2. 复发性过劳性横纹肌溶解综合征的治疗

患马着重于长期饲喂，运动管理，而并非发病治疗。管理的核心措施是供给的日常饲草料应营养均衡、热量适当以及补充充足的维生素和矿物质。

【预防】

散发性过劳性横纹肌溶解综合征的预防应确保马获得均衡的日粮和足够的维生素 E、硒和电解质以及有规律的运动计划。在马饲料中，每天补充 1 IU/kg 维生素 E 和 2.50 μg/kg 硒，但要避免硒中毒。在饲料中添加碳酸氢钠(高达 0.50～1.00 g/kg)和其他电解质。

复发性过劳性横纹肌溶解综合征可用苯妥英钠控制，每 12 h 6～8 mg/kg，口服。根据镇静的效果(如马被镇静，应减少剂量)或对血清 CK 或 AST 活性的影响，调整剂量，可用至数月。高脂、低可溶性碳水化合物日粮对预防纯血马复发性过劳性横纹肌溶解综合征有效。

第六节　其他泌尿系统疾病

除上述常见的泌尿系统疾病外，在临床上还可见马其他泌尿系统疾病，如表 22-1 所列。

表 22-1 马其他泌尿系统疾病

病名	概念	发病情况	病因	临床症状	诊断	防治
尿道结石(urethral calculus)	尿道内形成的结石或结石从膀胱排出并进入尿道	多见于公马，母马尿道结石较为罕见	尿液过饱和;长时间的尿潴留;排高钙尿、高尿酸尿或高草酸尿的遗传倾向;促进晶体形成的因素	尿频、排尿带痛和非特异性腹痛。尿道完全梗阻，随着膀胱扩张会出现严重腹痛。膀胱破裂，会出现尿腹。有的在尿道口的末端可见血尿	根据临床症状、临床检查(导尿管探诊)、实验室检查可做出诊断	消除病因、除去梗阻、抑菌消炎、加强护理。药物治疗：肌内注射普鲁卡因青霉素[20 000 IU/(kg·12 h)]或口服甲氧苄啶/磺胺嘧啶[24～30 mg/(kg·12 h)]进行抑菌消炎。手术治疗：进行尿道切开术，取出结石
肾盂肾炎(pyelonephritis)	由致病微生物逆行向上感染引起的肾盂和肾实质的炎症，常伴有下尿路感染	原发性不常见，继发性常发。成年马通常呈自限性	细菌经下泌尿道的上行感染，常见菌为棒状杆菌、大肠埃希菌、变形杆菌、克雷伯菌、肠杆菌、放线杆菌、沙门菌和链球菌等。血源性感染常见菌为钩端螺旋体、沙门菌、马放线杆菌和马链球菌等	消瘦、发热、多饮多尿、全身虚弱、精神沉郁或嗜睡。有的还表现出肾性肾衰或肾后性肾衰的体征	血尿，并伴有脓尿、尿液浓缩、尿体积质量升高(SG＞1.020)。中性粒细胞增多，血浆纤维蛋白原增加。超声检查可见肾结石和肾结构的改变，提示肾盂肾炎	依据细菌培养和药敏结果选择抗生素。最初应用β-内酰胺类抗菌药，如青霉素普鲁卡因或头孢噻呋钠，至少治疗 14 d。应反复尿检评估治疗效果。停用抗菌药物 1 周后，应再次进行尿检
膀胱炎(cystitis)	主要由特异性和非特异性细菌感染引起的膀胱炎症	多为继发性。难产的母马易患膀胱炎	继发于尿潴留、尿道外伤、膀胱结石或肿瘤。最常见的致病菌为大肠埃希菌、变形杆菌、假单胞菌、克雷伯菌、肠杆菌、链球菌和葡萄球菌等	排尿困难、排尿带痛、尿频、尿淋漓	临床检查和尿液分析可确诊。可见脓尿，尿沉渣中有明显的细菌，镜下或肉眼血尿	查明病因、抗生素治疗。抗菌药物的选择应以药敏试验和尿路的药物动力学为依据。常用普鲁卡因青霉素或甲氧苄啶/磺胺嘧啶。膀胱炎伴发肾衰竭不能使用甲氧苄啶/磺胺嘧啶。膀胱炎需要长时间的抗生素治疗，应反复尿检，以评估治疗效果
膀胱麻痹(baldder paralysis)	由膀胱内压力超过静息尿道压力所引起的尿失禁，尿呈不同程度滴状排出		尿失禁和膀胱控制功能障碍通常与中枢或外周神经系统的神经功能障碍有关，很少与膀胱壁的肌源性功能障碍有关	尿淋漓、母马会阴部以及公马和母马后肢内侧有尿液污染。马常保持排尿姿势，但排尿很少或不排尿	神经学评估可定位损伤和确定主要原因。直肠和/或腹部的超声检查和膀胱镜检查，排除其他原因的失禁和尿淋漓	消除病因、加强护理。应定期排空膀胱，每天清洗会阴和后肢，减少皮肤刺激。若尿路感染或需频繁导尿，应进行预防性抗菌治疗。上运动神经元损伤的病例使用酚苄明可改善逼尿肌张力，增强膀胱收缩。膀胱完全弛缓的病例可用乙酰丙嗪和地西泮，以降低尿道张力，帮助排尿

续表 22-1

病名	概念	发病情况	病因	临床症状	诊断	防治
尿道炎（urethritis）	由感染或创伤所致的尿道炎症	常继发于膀胱炎、尿道外伤，如导尿、结石或副性腺感染	因尿道防御机制被破坏，革兰氏阴性菌感染而发病。马驹因大量使用抗生素治疗发生假丝酵母菌感染而发病。由乳头状瘤引起的尿道肉芽肿而发病	排尿带痛、尿淋漓和血尿	根据尿道触诊和内窥镜检查即可确诊	公马局部包皮清洗、抑菌消炎。严重的病例可经导尿管注入油性抗生素治疗

思考题

1. 试述尿结石的病因与防治。
2. 试述急性肾衰竭的病因、诊断与防治。
3. 简述肾损伤、肾功能不全/衰竭、氮质血症和尿毒症的区别。
4. 简述马驹尿腹的病因。
5. 简述横纹肌溶解综合征的发病机制、管理及防治。

第二十三章　神经系统疾病

学习目的与要求

1. 了解神经系统疾病的基本概念、分类和临床特征。
2. 掌握脊髓疾病的诊断、治疗及预后。
3. 熟悉外周神经麻痹、脊髓疾病的鉴别诊断。
4. 理解肝性脑病的病因和发病机制。

概　　述

神经系统主要包括中枢神经系统和外周神经系统两部分:中枢神经系统又包括脑和脊髓;外周神经系统包括脑神经和脊神经。中枢神经系统由位于颅骨和脊柱内的大脑和脊髓组成。外周神经系统由核周体和神经纤维构成的神经干、神经丛、神经节及神经终末装置等组成。从解剖学上,常将其分为三部分:脑神经、脊神经和自主神经。其功能是连接外周感受器和中枢神经系统。从功能上说,体神经可自主控制,支配骨骼肌,与行为意识有关;自主神经系统是调节内脏平滑肌,不受意识支配。神经系统对动物机体内的生理功能起着重要的调节作用。

马神经系统疾病的病因主要来自三个方面:①感染和创伤。常见于病毒和细菌感染,主要包括马疱疹病毒、马西方脑炎病毒、马东方脑炎病毒、委内瑞拉马脑炎病毒、破伤风杆菌、肉毒梭菌和西尼罗河病毒等。事故、运输、训练及比赛受到的各种创伤可直接损害神经系统而呈急性发病。②全身性营养代谢疾病及药物和毒物中毒。各种毒素(特别霉菌毒素)和异常代谢产物(如非蛋白氮)可损害神经系统的正常生理活动机能。由饲养管理不良所致的营养障碍(如肌营养不良)也能引起大脑皮层过度的紧张和抑制现象,从而造成神经系统的机能紊乱。③炎症和发育性/退行性病变、占位性压迫和侵害脊髓可直接导致神经系统疾病的发生。在某些神经系统疾病的发生、发展过程中,遗传、品种、性别、年龄等因素也具有一定的作用。

马神经系统常见疾病包括脑损伤(如脑白质软化症)、脊髓疾病(如颈椎狭窄性脊髓病)、外周神经麻痹(如桡神经麻痹)以及功能性神经疾病(如肝性脑病)。常见的临床症状是程度不同的意识障碍、精神症状、全身性或局灶性运动障碍,如沉郁、嗜睡、昏迷、兴奋、疼痛、痉挛、瘫痪(麻痹)、癫痫、共济失调、测距不准和反射异常(如本体感受异常)。

马神经系统疾病的诊断根据病史及临床检查(特别是神经学检查)可做出初步诊断。神经系统检查的目的是确定病变位置。病灶的位置决定了鉴别诊断,并为后续制定进一步的诊断和治疗提供依据。神经学检查有几个重要组成部分，如行为、精神状态、步态、姿势、头的位置、视力、瞳孔光反射、外周神经和肌肉对称性检查。必要时，进行神经系统的特殊检查，包括脑脊液检查、X线检查、CT检查、MRI检查。临床上X线平片用于评估颅骨和脊柱的感染和肿瘤，也可通过客观测量椎管直径来确定脊髓压迫性马摇摆综合征的可能性。此外，脊髓造影在评估脊髓压迫性疾病中的应用越来越普遍。

马神经系统疾病的治疗主要是消除和控制感染及炎症、减压、兴奋或抑制（镇静解痉）中枢神经。病因明确、病原体可消除的疾病（如破伤风）可采取特异性的治疗措施。有些畸形可用手术治疗。由发育性颈椎狭窄性病变引起的脊髓压迫需要进行手术缓解。许多代谢病无特殊治疗，多行对症治疗。潜在原发性病因或继发性病因的疾病应从日常饲养管理和调教训练等方面实施预防措施。

第一节　颈椎狭窄性脊髓病

颈椎狭窄性脊髓病（cervical vertebral stenosis myelopathy，CVSM），又称“摇摆”综合征（wobble syndrome），是指一种因颈椎和关节畸形、不稳定及其相关软组织或骨性改变引起脊髓压迫的神经综合征。该病有动态狭窄（CVSM-1）和静态椎管狭窄（CVSM-2）两种表现形式。不同年龄的马均可发病，但以1～3岁马最为常见。

【病因】

该病病因复杂，普遍认为受遗传和环境的影响。因饮食、骨骼生长发育速度、生物力学异常和创伤之间的相互作用可引起颈椎发育异常，进而压迫颈部脊髓而引起共济失调。另外，分离性骨软骨炎（osteochondritis dissecans，OCD）和骨关节炎也与该病的发生有关。

【发病机制】

当动态狭窄或颈椎不稳发生在颈部屈曲或伸展时，可引起颈椎管直径暂时性减小、变窄。病变常发于6～18个月龄纯血马的第3～4颈椎（C3-C4）和第4～5颈椎（C4-C5）（图23-1A），表现为发育异常，如椎管畸形、骨骺肿大、肌肉萎缩等。椎弓背侧延伸，相邻椎体之间成角，发生关节突畸形和骨软骨病。

静态狭窄的病变多发生于第5～6颈椎（C5-C6）和第6～7颈椎（C6-C7）（图23-1B）。该病变多见于老年马，尤其温血马和温血杂交马，表现为关节突的骨关节炎病变。

在这两种类型之间的患马临床表现存在大量的重叠。尽管临床发病较晚，但老年马也会发育异常，而非常年青的马也会患骨关节炎。在无脊髓疾病时，老马常会出现颈椎骨关节炎。

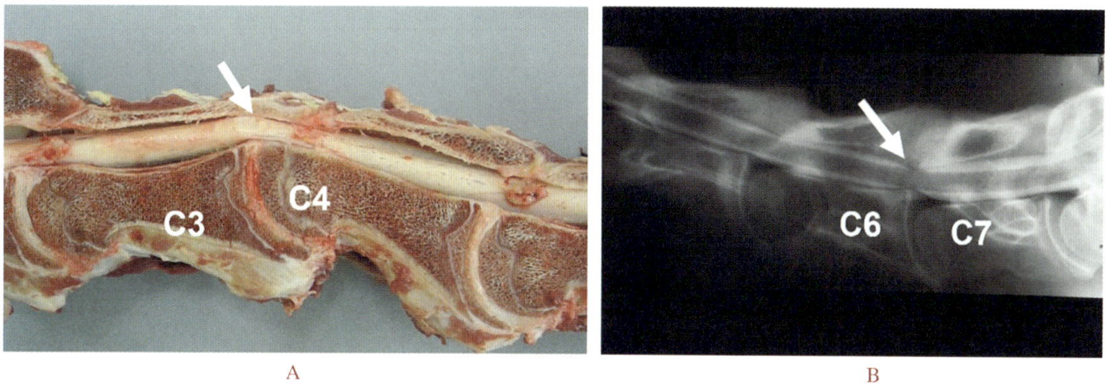

A　　　　B

A. 动态狭窄，发生于C3-C4；B. 静态狭窄，放射学检查（脊髓造影）显示C6-C7受压。

图23-1　CVSM分型

（Joe Mayhew 供图）

【临床症状】

四肢共济失调是最常见的特异症状(图 23-2)。患马常表现为上运动神经元损伤所特有的体征，站立时表现出本体感受缺陷的症状，如外展站姿、异常的肢体放置和定位反射延迟以及特有的大跨步痉挛性步态肢等。轻度病变马的前肢本体感受不受影响，后肢的症状较轻。颈部僵硬和疼痛表现为不愿移动颈部或从地上采食。尾侧颈椎病可引起后肢下运动神经元的体征，如短步、不稳定的前肢步态；在休息或运动时、肢体屈曲和肌肉萎缩。常见蹄踵及前肢内侧因受干扰而擦伤以及由过度拖磨蹄尖造成的蹄短而方。

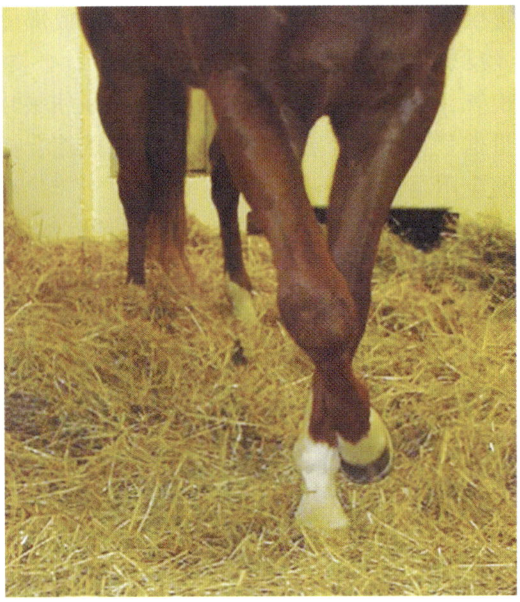

图 23-2　CVSM 表现为四肢共济失调，两前肢交叉站立

(Yvette S. Noute Leo B. Jeffcott 供图)

【诊断】

根据由本体感受缺失引起的共济失调和颈部疼痛的典型症状，结合神经学检查以及影像学检查可对该病做出诊断。

(一)神经学检查

神经学检查主要是步态观察，可见当用手牵行直线慢步和快步或打圈时，患马表现为本体感觉缺陷性的共济失调、其他异常步态，包括蛇形移动、抬头行走、拖蹄行走和后退。当马被食物刺激要求颈部侧弯时，鼻不能碰到颈部两侧或整体向后退(图 23-3)。颈部疼痛的患马表现为前肢外展、低头困难或肢体位置异常。有的患马在负重骑乘检查时表现为头颈部直立，弯曲时呈紧张僵直姿势，行走时侧拉尾马后肢无力(麻痹)(图 23-4)。

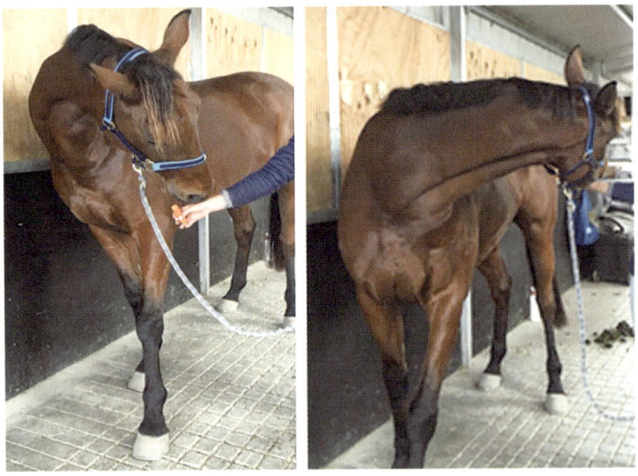

图 23-3　CVSM 神经学检查，胡萝卜试验阳性

(Kisten Neil 供图)

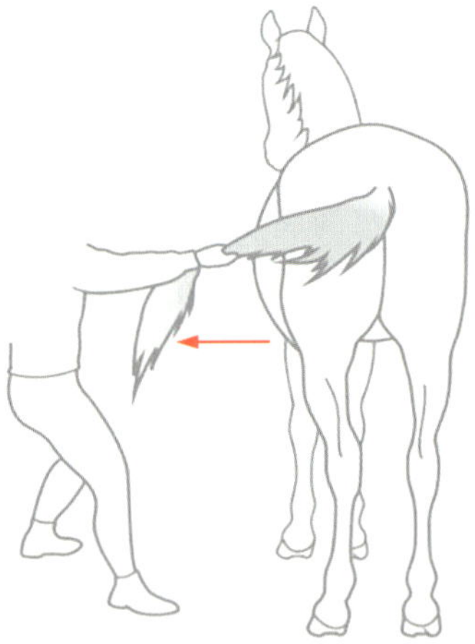

图 23-4　后肢侧拉尾试验阳性，提示 CVSM，即在马的颈椎狭窄性脊髓病中，行走时向外侧拉尾显示后肢无力

(引自 Tim Mair, Sandy Love, Jim Schumacher, et al. Equine medicine, surgery and reproduction [M]. 2nd ed. Elsevier. 2013)

(二)放射学检查

当怀疑 CVSM 时，颈部侧位放射学检查最具诊断价值。常用两种评估方法：①主观评估颈椎关节角度、最小矢状位直径、椎管尾端椎体(“滑跳”)病变、椎体异常骨化、背弓尾端延伸；②客观评估椎管直径(最小矢状面直径)与椎体矢状面宽度(最大矢状面直径)的矢状比,评估马颈椎管狭窄程度。C4-C6 的矢状比≤0.50,C7 的矢状比<0.52,高度提示狭窄病变(图 23-5)。

另外,疾病的原因导致有的动态病变在站立的 X 线片上不很明显。有时需要脊髓造影确诊(图 23-6)。

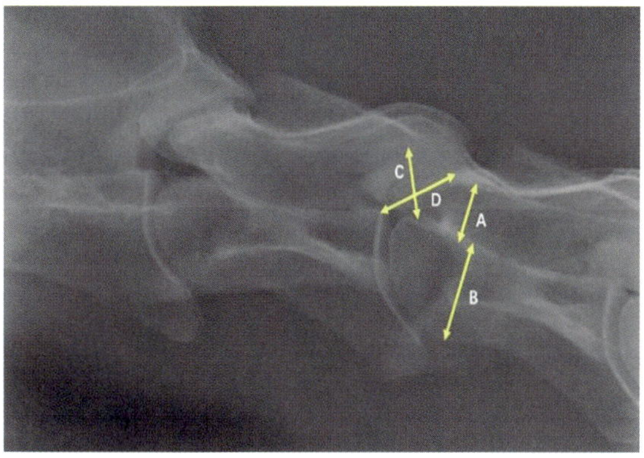

在成熟马的 C2 和 C3 的侧位 X 光片中,A/B=椎内比值、C/B 或 D/B=椎间比值。椎内比值<52%提示 CVSM。

图 23-5 CVSM 放射学侧位评估

(王志供图)

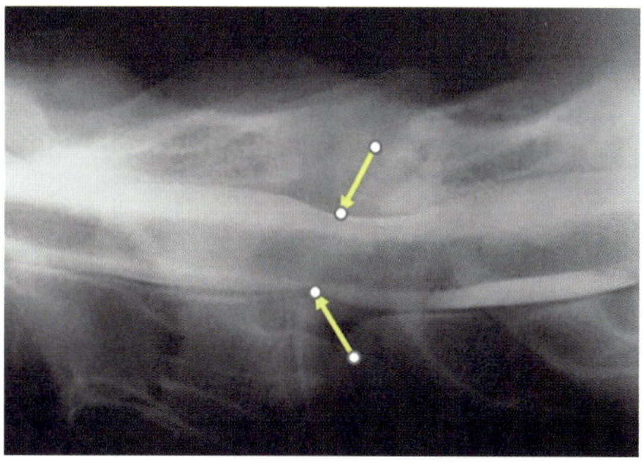

黄色箭头所指脊髓狭窄。

图 23-6 CVSM-1 放射学检查:脊髓造影

(王志供图)

【治疗】

(一)治疗原则

CVSM 的患马应实施药物治疗、手术治疗和加强护理。

(二)治疗方法

1. 药物治疗

药物治疗可以改善脊髓周围的细胞肿胀和水肿。

(1)抗炎 最常用的抗炎药物为氟尼辛葡甲胺(1.1 mg/kg,静脉注射,每 12 h 一次)、二甲基亚砜(0.5~1.0 g/kg,静脉注射)。

(2)渗透利尿 甘露醇(0.5~1.0g/kg,静脉注射,每 12 h 一次)可减轻水肿。轻、中度神经功能缺陷(2~3/5 级)和中、重度退行性改变的患马在颈椎关节注射皮质类固醇和/或透明质酸有改善作用。

2. 手术治疗

采用腹侧椎体间融合术,可使关节突骨重建和治疗相关部位软组织肿胀。严重共济失调或压迫两个以上部位的患马不应实施该手术。

3. 加强护理

1 岁以下的患马应限制运动和饮食,饲喂干草和维生素/矿物质补充剂,并将小马驹关在马厩里几个月,定期重新评估。饮食中过多的碳水化合物会使内分泌失调,引起软骨成熟障碍,可导致发育性骨病。

【预后】

该病预后取决于神经功能缺损和退行性关节病变的严重程度及患病动物的年龄。在一般情况下,颈椎不稳或狭窄的患马可以存活。根据运动失调的严重程度,异常行为会对马和驯养者构成风险。如果不进行治疗,则预后较差。

第二节　桡神经麻痹

桡神经麻痹(radial nerve paralysis)是指由马桡神经受到损伤所引起的肩部、肘部、掌部肌肉无力，甚至完全麻痹的外周神经损伤性疾病。临床上以前肢运动障碍和运步时患肢不能充分提举等为特征，如跛行或站立时，肩关节伸展、肘关节下沉、蹄尖着地。马常发生。

【病因】

创伤是桡神经麻痹的主要原因。肌内注射、肿瘤、脓肿与该病发生有关。

【发病机制】

桡神经支配前肢伸肌。最容易受到损伤的部位是肘关节外侧桡神经。在长时间麻醉状态下，侧卧可造成桡神经的直接损伤，进而表现出前肢运动障碍的体征。有时桡神经麻痹可伴发于肱骨骨折或第一肋骨骨折。

【临床症状】

患肢无法负重。肢势变化取决于桡神经损伤的位置。

(一)肘关节处或附近的病变

肘关节处或附近的病变可引起高位桡神经麻痹，表现为肘关节下垂、肢体无法伸展和四肢远端关节屈曲。四肢无法承受重量。

(二)桡神经远端病变

桡神经远端病变表现为腕关节、球节和系关节屈曲(图 23-7)。如果掌骨和远端肢体伸直，马可以支撑患肢的重量。受累及的肱三头肌反射减弱至消失。肱三头肌、桡腕侧伸肌、尺侧肌和指伸肌由于长期损伤而发生萎缩。

【诊断】

根据典型的临床症状、测量患肢周长直径轻微减小即可诊断。必要时，常采用放射学检查对出现与其相似的异常站立姿势的桡尺骨骨折进行鉴别诊断。

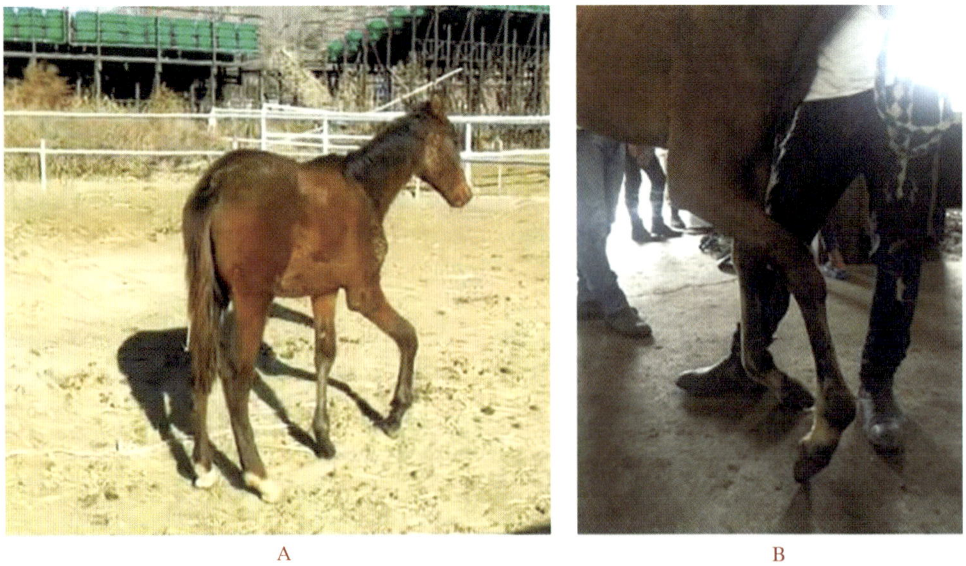

A　　　　B

A. 马厩外(软地)；B. 马厩内(硬地)。

图 23-7　桡神经麻痹的异常站立姿势

(王志供图)

【治疗】

(一)治疗原则

减轻炎症、缓解疼痛、预防继发病发生和营养支持。

(二)治疗方法

1. 药物治疗

常用地塞米松(0.05～0.20 mg/kg,口服,每 12 h 一次)、氟尼辛葡甲胺(1.1 mg/kg,口服,每 24 h 一次)或保泰松(2.2 mg/kg,口服,每 12 h 一次),连用 3 d,可抑制损伤的神经纤维局部炎症反应。

2. 康复理疗

马厩休息,最初 24 h 用冷水或冰袋冷敷。侧卧的患马应每天翻身 6～8 次,防止由躺卧引起的溃疡性肌病的发生,且要夹板固定患肢或用吊索悬吊支撑。

第三节　面神经麻痹

面神经麻痹(facial paralysis)即面神经瘫痪,也称面神经炎,俗称"歪嘴风",是指以面部表情肌群运动功能障碍为主要特征的一种常发、多发性神经系统疾病。任何年龄的马均可发生该病。

【病因】

面神经麻痹的病因有多种。根据损伤部位的不同,面神经麻痹在临床上分为单侧面神经麻痹和双侧面神经麻痹,其中单侧面神经麻痹更为常见。

【发病机制】

单侧面神经麻痹会导致患侧眼睑不闭合,从而引起外露性角膜炎。同时面神经的分泌运动纤维(颜面神经节处或近端)也可能受损,导致泪液分泌减少。双侧面神经麻痹可导致吞咽困难、采食减少,饲草料滞留于牙齿和颊部之间。如果面神经在下颌骨垂直支的近端受伤,就会发生完全性面瘫,见于下颌骨垂直支、茎突舌骨或颞骨岩的骨折。外直接损伤面神经的单侧面瘫的其他原因包括面神经核的髓样病变、多发性神经炎、特发性面瘫、中耳或内耳出血、喉囊真菌病和腮腺淋巴结脓肿。

远端面神经损伤最常见的原因是打击造成的直接损伤,也可能由长时间的侧卧引起。神经或其分支与下颌骨或颧弓交叉的部位是一个常见的损伤部位。

【临床症状】

典型的临床表现是同侧上下唇瘫痪(图 23-8),同侧耳朵下垂,经常出现上眼睑下垂,吸气时同侧鼻孔张开减少,唇向正常一侧偏移,同侧耳朵、眼睑和唇下垂。病变越远对面部表情的影响就越有限。双侧病变会导致上下唇对称下垂,从而引起口唇闭合异常,可能会出现明显的流涎。

【诊断】

根据损伤的病史及口眼歪斜的特征性症状即可诊断。

视频 23-1　面神经麻痹

图 23-8　右侧面神经病变,上下唇瘫痪。耳朵和眼睑无影响,病变可能在下颌骨垂直支

(马玉辉供图)

【治疗】

(一)治疗原则

消除局部炎症、水肿,促进神经功能恢复。

(二)治疗方法

1. 抗炎

全身应用非甾体抗炎药,常用保泰松(2～4 mg/kg,静脉注射或口服,每 12 h 一次)或氟尼辛葡甲胺(1.1 mg/kg,静脉注射或口服,每 12 h 一次,3～5 d),也可以用地塞米松(0.05～0.1 mg/kg,静脉注射、肌内注射或口服,每 24 h 一次,2～3 d)。此外,局部外用 1% 双氯芬酸钠软膏有助于控制与面神经相关的炎症。

2. 促进神经功能恢复

应用针灸治疗非常有效。

第四节　破　伤　风

破伤风(tetanus)是指破伤风梭状芽孢杆菌经由皮肤或黏膜创伤进入机体,在厌氧环境下生长、繁殖、产生外毒素而引起横纹肌强直性痉挛的急性、高致死性感染性疾病。所有的马和矮马均对破伤风毒素特别敏感,易感该病。

【病因】

破伤风梭状芽孢杆菌是一种形成孢子的厌氧菌,在环境的土壤和粪便中广泛存在。土壤或粪便中的破伤风杆菌的孢子经伤口进入机体,局部组织坏死或兼性厌氧细菌产生的厌氧环境促发破伤风杆菌孢子萌发、增殖、产生毒素。

视频 23-2　破伤风(1)

视频 23-2　破伤风(2)

视频 23-3　破伤风(3)

【发病机制】

破伤风毒素大致有三种类型,分别是破伤风溶解毒素、破伤风痉挛毒素和破伤风非痉挛性毒素。①破伤风溶解毒素引起组织坏死,使破伤风杆菌继续增殖;②破伤风痉挛毒素通过血液由外周神经的传播至中枢神经系统的脊髓和脑干灰质腹角,在突触膜内不可逆地结合神经节苷脂(运动神经元),阻断抑制性神经递质的释放,导致肌肉阵发性、强制性痉挛;③破伤风非痉挛性毒素可能会产生过度的交感神经刺激。

【临床症状】

(一)发病特点

破伤风感染的潜伏期一般为 1～3 周,临床症状出现的时间因创伤污染时间的长短而异。有的患马在伤口感染后的几天到几周内(2～21 d)出现症状,有的患马在创伤明显愈合后很长一段时间内(如再次受伤)出现症状,甚至可能长达数月后出现症状。

(二)典型症状

病初,患马表现为步态缓慢僵硬、对声音和触觉感觉过敏、第三眼睑(瞬膜)外露(图 23-9)、眼球震颤。随后,患马表现为明显的触觉和听觉感觉亢进,面部肌肉收缩引起鼻孔张开、牙关紧闭、耳朵竖起和上唇扬起、吞咽困难。

患马的横纹肌逐渐受到影响，导致颈部、四肢和尾巴僵直，强直站立呈“木马样”姿势。后期，患马摔倒而侧卧，通常无法站立；同时，表现为脱水、心跳和呼吸停止。摔倒的小马驹在人为辅助下有的可站立。呼吸骤停或吸入性肺炎可引起死亡，常发生在临床症状出现的 5～7 d。

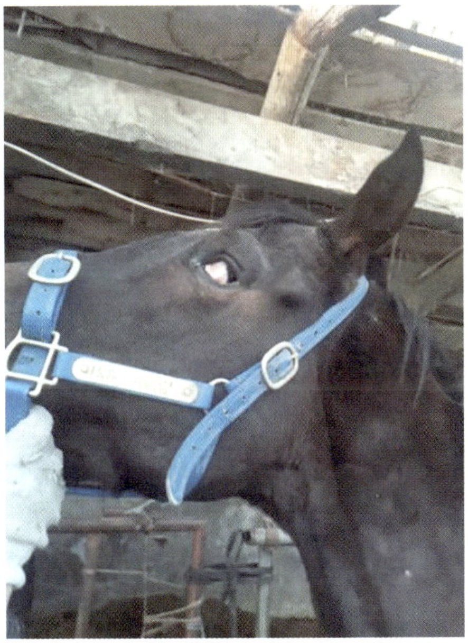

图 23-9　破伤风典型的临床表现，第三眼睑(瞬膜)外露

（马玉辉供图）

【诊断】

根据创伤病史、典型的临床症状和对治疗的反应可对该病做出诊断。

【治疗】

(一)治疗原则

镇静、抗毒素、支持治疗和加强护理。

(二)治疗方法

1. 镇静和肌肉松弛

患马应安置于安静、黑暗的环境，远离其他马，减少刺激。乙酰丙嗪 0.08～0.22 mg/kg，每 4～6 h 口服 1 次。单独使用安定或与其他镇静剂联合使用可减轻严重的肌肉痉挛。缓慢静脉滴注愈创甘油醚，与镇静剂合用也可使肌肉松弛。

2. 注射抗毒素

在临床症状出现时，肌内注射大剂量抗毒素(5 000～10 000 IU)。破伤风类毒素可与抗毒素同时注射，但应在不同的部位分点注射。

3. 液体和营养支持

应给予静脉输液治疗。吞咽困难的患马可用鼻胃管进食。

4. 加强护理

为减少卧地不起患马褥疮的发生，应添加足够厚的垫料。必要时，使用吊索支持站立的患马避免卧地。

【预后】

患马的预后取决于临床症状的严重程度，总体较差。经治疗的患马死亡率为 50%～75%，卧地不起的患马死亡率接近 80%，存活 7d 以上的患马有相当大的存活概率。若仍能饮水，经护理，预后良好。

破伤风感染后康复并不能预防疾病，仍然需要接种疫苗。其他有风险的马应接种疫苗。

第五节　其他神经系统疾病

除上述常见的神经系统疾病外，在临床上还可见马其他神经系统疾病，如表 23-1 所列。

表 23-1　马其他神经系统疾病

病名	概念	发病情况	病因	临床症状	诊断	防治
脑白质软化(leukoencephalomalacia)	由摄入霉菌毒素而引起的高度致命的系统疾病	最常见于晚秋和早春	由误食被镰刀菌感染的玉米中毒所致	食用霉玉米后,约3周出现症状,包括精神沉郁、打转、盲目运动、失明。最后,侧躺、划水样,昏迷而死亡	根据饲料污染的病史、临床表现可初步怀疑,确诊很困难。尸体剖检可见,脑组织液性坏死,具有诊断意义	无特定的治疗方法。活性炭(按500 kg体重2.2 kg/4 L水,每12 h一次,持续24~36 h),给予支持性护理,禁喂发霉饲料
肉毒中毒(botulism)	由肉毒杆菌产生的毒素引起迅速致命的神经肌肉疾病		成年马摄入被肉毒神经毒素污染的饲料、马驹摄取孢子,肉毒杆菌污染开放性创伤等都可导致体内产生肉毒神经毒素	在中毒后数小时或数天内出现症状,表现为躺卧、呼吸费力和呼吸次数降低、尿淋漓、胃肠道阻塞。吞咽困难或吸入性肺炎、脱水和营养不良。最终,因呼吸衰竭而死亡	根据病史、临床症状和临床检查可做出初步诊断。ELISA和PCR检测出饲料、血清和胃肠道内容物或粪便中的肉毒神经毒素,即可确诊	中和血中肉毒神经毒素(被动免疫);加强护理和抗生素治疗
小脑营养性衰竭(cerebellar abiotrophy)	一种遗传性神经退行性疾病。马出生后可引起小脑浦肯野纤维被破坏	纯种马或阿拉伯马杂交马发生频率最高	阿拉伯马致病基因突变、常染色体隐性遗传	出生时或在出生后最初几个月内出现症状,表现为恐吓反射丧失、步态痉挛和伸展过度、马驹常向后仰卧	根据病史和临床症状可做出初步诊断。对*TOE 1*基因型进行基因检测可确诊	目前无有效的治疗方法
马鸡跛症(stringhalt)	在行走时以跗关节(飞节)不自主地和夸张地弯曲为特征的一种单肢运动神经性疾病	任何品种的成年马都可能发生	由感觉神经病变或运动神经病变、脊髓疾病或肌病所致,还与摄入的神经毒性植物有关	在站立、前进后退、快步时,表现为后肢高抬腿的异常步态。严重时,患肢在运动时会撞击腹部	根据病史、特征性的步态异常可做出诊断	大多数马在几周到几个月内就可康复。苯妥英(15 mg/kg,12~24 h,口服)治疗2周,可加快症状消退。运动、外伤可关节内给予糖皮质激素、行腱切开术或行指外侧伸肌切除术
摇头综合征(head-shaking)	因三叉神经损伤而使马在无明显外部刺激条件下,不由自主地摇头的眶下神经性疾病	任何品种和年龄的马都可发生。盛装舞步、三项赛的马匹易发	三叉神经感觉分支(尤其是眶下神经)被外界物体意外损伤	在骑乘过程中,快速摇头或垂直甩头。在慢步牵遛时,马常鼻子蹭地面或牵马员的后背,畏光。马在树荫下训练时会发生摇头。有时也可见面部浅表静脉充血,伴有过多流泪	根据病史、典型的临床症状可初步怀疑。口腔牙齿检查,鼻腔、耳道内窥镜检查,放射学检查,CT检查可诊断潜在病因	药物疗法:赛庚啶用于平喘止痒;加巴喷丁用于控制神经疼痛。电针刺激改善神经功能。佩戴口鼻罩防止与地面摩擦、佩戴眼罩避光
肝性脑病(hepatic encephalopathy)	由肝功能不全引起的以代谢紊乱为基础的中枢神经系统功能失调的综合征。临床上以行为不当、运动功能受损、肝功能不全(或门静脉分流)引起精神状态改变为特征		胃肠道细菌产生的氨被吸收后运输到肝脏可转化为尿素和谷氨酰胺。一旦氨转化失败,在体循环中累积,大脑清除氨的能力有限。氨是一种神经毒素,会干扰神经传递而发病。肌肉和脂肪组织代谢支链氨基酸与芳香氨基酸比例的改变抑制了突触后神经元	精神沉郁、以头抵墙、转圈、盲目运动、持续侧躺和昏迷。有的患马表现为攻击性行为和癫痫发作	根据特征性"以头抵墙"的临床体征、肝功能障碍或血氨浓度升高的实验室检查结果可做出诊断	支持疗法、纠正脱水和酸碱紊乱、减少氨的生产、静脉输液。镇静:低剂量的$\alpha2$受体激动剂,如赛拉嗪或地托咪定。鼻胃管给药;矿物油和乳果糖降低胃肠道转运时间,限制氨的吸收

思考题

1. 简述桡神经麻痹和面神经麻痹的临床症状及鉴别诊断。
2. 简述颈椎狭窄性脊髓病的类型及放射学评估标准。
3. 简述肝性脑病的发病机制。
4. 试述破伤风的特征性症状。

第二十四章　内分泌系统疾病

学习目的与要求

1. 了解内分泌系统疾病的基本定义、临床特征和分类。
2. 掌握垂体中间部功能障碍、马代谢综合征和内分泌性蹄叶炎的病因、发病机制、危险因素、临床症状、诊断管理及预后。
3. 熟悉内分泌性蹄叶炎和继发性甲状旁腺功能亢进症的病因、发病机制、诊断及治疗。

概　　述

内分泌系统由内分泌器官、内分泌组织和内分泌细胞组成。内分泌器官主要包括垂体、甲状腺、甲状旁腺、胰腺、肾上腺和松果体等，可以合成、储存和分泌激素。大多数通过负反馈机制进行调节，靶器官生成的产物可抑制刺激或释放激素的释放。激素进入血液或淋巴后，随血液循环传递到全身。在靶组织器官中，调节代谢活动及生理功能，如维持机体内环境的稳定、调节机体应激反应和生长及繁殖过程等。为了调节靶组织活动和功能，激素必须能够扩散到组织并与相应的受体结合。过量的激素必须被代谢成非活性的形式，被腺体回收、再加工和储存或被排出体外，通常通过肾脏或肝脏排出。一旦内分泌腺或内分泌组织本身的分泌功能和(或)结构异常就会引发内分泌系统的疾病。

马内分泌系统疾病的种类常分为激素分泌过剩或分泌不足或组织对激素的反应改变。常见的疾病包括两个方面：一是激素来源异常的疾病，如垂体中间部功能障碍、甲状旁腺功能亢进症等；二是激素或物质代谢失常的疾病，如马代谢综合征。内分泌系统疾病比其他内科病的发病率低，多为偶发，但其病程通常较长，症状复杂，诊断和防治较困难。

马内分泌系统疾病的病因可分为内分泌器官的器质性病变，如内分泌器官的肿瘤、增生、发育不全或破坏性病变；激素异位分泌增加导致内分泌器官原发性功能亢进；激素分泌异常导致继发性内分泌器官功能亢进或减退；激素代谢障碍导致激素在体内积聚；靶细胞应答异常使激素丧失其正常功能；医源性激素过量。

马内分泌系统疾病的临床表现复杂而多样，与内分泌激素的水平密切相关。诊断也相对困难，确诊需要根据病史、临床症状、实验室检查(如血浆中相关激素的含量或相应生化指标的测定)、影像学检查(如 X 线检查或 B 型超声检查等)和内分泌器官功能试验(如兴奋试验或抑制试验)等综合分析，进行判断。

马内分泌系统疾病的治疗原则依据内分泌器官功能亢进和减退而各有不同，前者主要采用手术切除导致功能亢进的肿瘤或部分腺体，或者应用放射性物质或药物抑制激素的分泌；后者通常采用激素替代疗法，补充激素的缺乏或不足。

第一节　垂体中间部功能障碍

垂体中间部功能障碍(pituitary pars intermedia dysfunction，PPID)，又称库欣综合征，是指由垂体中间部黑色素细胞非恶性肥大和变性增生引起的老年马神经内分泌退行性疾病。该病无明显的性别品种倾向，世界各地的马和矮马均有发生，多见于15岁以上老年矮马。15%～39%的老年马被毛异常与该病有关。

【病因】

马垂体中间部由黑色素细胞组成，由多巴胺能神经元支配。神经支配的原理是抑制黑色素细胞分泌阿黑皮素原(proopiomelanocortin，POMC)和POMC衍生的多肽，包括促肾上腺皮质激素(adrenocorticotropic hormone，ACTH)。促甲状腺激素释放激素会刺激黑色素细胞变性。健康马垂体远侧部释放ACTH调控皮质醇的分泌，而皮质醇对垂体远侧部ACTH的分泌产生负反馈作用。

【发病机制】

(一)多巴胺抑制的丧失

垂体激素的释放通常由下丘脑通过神经递质多巴胺控制。由于PPID是一种神经退行性疾病，其丧失了对多巴胺的抑制作用，进而影响大脑激素(特别是来自下丘脑和垂体)的产生途径，产生多巴胺的神经元的退化会导致无法控制脑下垂体中叶产生的激素，这些高水平的激素会影响整个机体的健康。

(二)氧化损伤

研究表明，多巴胺能神经支配的丧失是由氧化引起的下丘脑组织损伤导致的，因此受影响的马的危险因素可能是神经组织中抗氧化防御机制的减少。马垂体的异常中间部的多巴胺含量明显减少，约为正常组织的10%。

(三)黑色素样肥大，导致腺瘤

由于脑室周围垂体多巴胺能神经元的变性，随后发展为垂体中间部的黑色素细胞肥大和增生并出现良性肿瘤。POMC分泌不受控制，神经垂体、下丘脑和视交叉受压。中间部黑色素细胞产生的POMC不受糖皮质激素的负反馈控制，因此患马会产生大量的POMC、α-促黑素细胞激素(α-melanocyte stimulating hormone，α-MSH)、β-内啡肽和超过正常量的ACTH。

肿瘤的占位效应致使视交叉受压而失明。常见的多尿多饮与神经垂体功能障碍和分泌抗利尿激素的神经部受压所继发的尿崩症有关。部分患马(约占40%)糖代谢异常，包括高胰岛素血症、高血糖或两者兼而有之。

虽然这些肿瘤不会扩散，也很少大到足以引起神经系统疾病，但它们会产生过多的激素，造成异常的代谢状态。马的PPID可以完全归因于垂体中间部增生或腺瘤形成，从而造成下丘脑神经支配的丧失。

【临床症状】

最常见的临床症状是被毛长而蓬松(多毛)(图24-1)、换毛延迟或无季节性换毛、背部肌肉萎缩、多饮多尿，嗜睡和蹄叶炎。有时，被毛延迟脱落始于腿上或喉下。

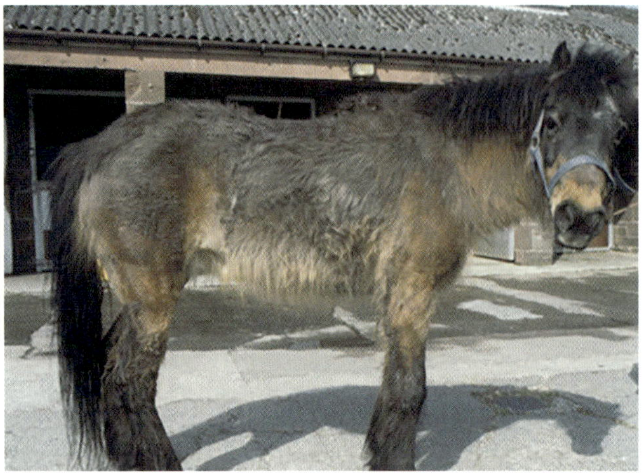

图 24-1 多毛症是 PPID 的典型特征，表现为夏季过多的卷毛，多见于矮马

（王志供图）

其他症状可能包括腹围扩大、运动不耐受和出汗异常。患马的颈部、尾部和眼睛上方脂肪可能沉积过多。PPID 的患马可能容易发生慢性感染（即皮肤感染、肺炎、鼻窦感染）和脓肿的影响，创伤愈合不良，寄生虫感染风险升高。

【诊断】

根据临床症状、实验室检查及尸体剖检可对该病做出诊断。

（一）临床症状

根据表现，如果有消瘦、肌肉萎缩、嗜睡且长不正常的卷毛、被毛不能适时脱落、多尿和蹄叶炎等特征性临床症状可做出初步诊断。

（二）实验室检查

最常用的实验室检查是血清 ACTH 浓度的测定、过夜地塞米松抑制试验和促甲状腺激素释放激素（thyrotropin-releasing hormone，TRH）兴奋试验。

1. 血清 ACTH 浓度的测定。

检测血浆 ACTH 浓度仅适用于出现该病特征性症状（如多毛症、三个或以上症状）的患马。在上午 8:00 至下午 5:30 的任何时间采集血液样本（EDTA 抗凝）。样本应在收集后 3 h 内冷藏，并在邮寄前通过离心或重力将其与血细胞分离。在送往实验室的途中，使用专门的冷冻包对样本进行冷藏处理。

血浆 ACTH 在垂体亢进和分泌亢进时的增加可能是由 PPID 引起的，但大多数正常的马和矮马在秋天也会发生。正常值 ACTH＜29 pg/mL（11—7 月）、正常值 ACTH＜57 pg/mL（8—10 月）。

2. 过夜地塞米松抑制试验

下午 5:00（4:00～6:00）采血，肌内注射地塞米松 40 μg/kg；注射后分别于 15 h 和 19 h 后（翌日上午 8:00 和 12:00）采血测定皮质醇的质量浓度。若正常马的内源性皮质醇＜ 27 nmol/L 则提示几乎被完全抑制。如果 19 h 样本中的皮质醇的质量浓度高于该值，则可确诊为 PPID。

3. 促甲状腺激素释放激素（TRH）兴奋试验

收集基线血浆 ACTH 样本，然后静脉注射 TRH 1 mg；30 min 后再次采集血浆样本以评估刺激后的 ACTH。如果 PPID 的基线血浆 ACTH 值大于季节性调整的参考范围（通常＞30 pg/mL）和/或刺激后血浆 ACTH＞100 pg/mL，则表明患 PPID。仅在单个静息血浆样本中发现边缘性基础 ACTH 结果时才推荐进行 TRH 兴奋试验。

（三）尸体剖检

死后剖检可见垂体中间叶大小不一的肿瘤，肾上腺皮质肥大。

【治疗】

（一）治疗原则

缓解疾病的临床症状，并且必须持续治疗。

(二)治疗方法

1. 药物治疗

使用多巴胺激动剂或5-羟色胺拮抗剂,以减少黑色素细胞产物的分泌。

(1)甲磺酸培高利特(多巴胺受体激动剂)　按1.7～5.5 μg/(kg·24 h)的剂量口服。初始剂量为2.0～3.0 μg/kg,每天1次,持续2个月。临床症状应在1～3个月内得到改善。2个月后应评估该病临床症状(多毛症)和实验室指标(血浆ACTH质量浓度)。若临床症状和ATCH质量浓度均无较好地改善,可将剂量增加到1 μg/kg继续治疗,直到临床症状得以控制。

(2)赛庚啶(5-羟色胺拮抗剂)　对高剂量(1 μg/kg)甲磺酸培高利特无效果的患马可能需要环庚胺治疗,按0.25 mg/(kg·24 h)的剂量口服,持续1个月。若达到预期效果,则继续该剂量用药;如果无效,则将剂量增加至0.25 mg/(kg·12 h)。

2. 对症治疗

春天剪毛,治疗蹄叶炎和外伤,降低异常的高血糖以及细致的日常管理(包括预防损伤、避免微生物和寄生虫感染、保持最佳体重)。

【预后】

患马服用甲磺酸培高利特可以控制症状,但潜在的神经退行性病变无法根治。

第二节　马代谢综合征

马代谢综合征(equine metabolic syndrome,EMS)是近年来公认的由马特有的遗传和环境相互作用导致的严重的内分泌性疾病。临床上以局部脂肪沉积或全身性肥胖、胰岛素调节异常和脂肪分布异常以及其他诱发因素(如急腹症、子宫炎和碳水化合物摄入过多等)继发蹄叶炎为特征。该病发生与肥胖和特定品种有关,矮马多发,纯血马很少发生,无性别倾向,发病率随年龄增长而增高。

【病因】

EMS的发生与遗传、肥胖及由肥胖引起的胰岛素抵抗有关。

【发病机制】

(一)遗传因素

该病与人类代谢综合征或2型糖尿病相似,受遗传影响。受影响的马可能拥有一种"节省"基因。这种基因使它们的祖先能够在恶劣的环境中生存,但在丰富、营养密集的饲料环境中反而变得不适应。在经常性限制能量摄入(如漫长的冬季舍饲)的条件下,进化而来的马品种在基因水平上有更高效的能量代谢,但容易发生肥胖和胰岛素抵抗。

(二)胰岛素抵抗

常与肥胖有关。当肥胖发生时,脂肪组织产生瘦素和其他脂肪因子以及肿瘤坏死因子和其他炎症介质。由于胰岛素受体的下调,肝脏中脂肪储存的增加可能导致胰岛素抵抗。

另外,胰岛素有血管调节作用。胰岛素抵抗可以减少一氧化氮的产生,促进血管收缩。葡萄糖和胰岛素水平的变化也可能导致表皮细胞功能和表皮层细胞葡萄糖摄取的改变,从而引起高胰岛素血症,使患有EMS的马易发生蹄叶炎。由此可见,肥胖、高胰岛素血症与内分泌性蹄叶炎的发生机制密切相关。

(三)肥胖

全身肥胖和局部肥胖是能量摄入超过能量消耗,以脂肪的形式沉积多余能量。有些马和矮马

视频 24-1 蹄叶炎(轻症)

视频 24-2 蹄叶炎(重症)

的饲料转化或能量调控效率高，即使严格控制食物摄入量仍然很难控制体重。有些马和矮马对摄入可溶性碳水化合物有明显的胰岛素反应亢进，脂肪组织是分泌调节能量代谢和炎性细胞因子的激素的重要来源。

EMS 的患马对高碳水化合物食物的反应是胰岛素的过度增加，血糖水平高于预期，血糖浓度恢复到基线的速度非常慢，表明对胰岛素外周效应的抵抗和/或不能正常代谢口服碳水化合物(胰岛素失调)。

EMS 涉及一系列内分泌功能紊乱，胰岛素抵抗造成血浆中胰岛素、葡萄糖和脂质的互作关系失衡，导致了高胰岛素血症。其主要临床危害即诱发内分泌性蹄叶炎，也可引起高血糖和高甘油三酯血症等。

【临床症状】

局部(特定区域)肥胖或全身肥胖是 EMS 的典型症状。局部肥胖的特征是颈部项韧带周围皮下、眼睛周围、尾部附近、肩部后方、包皮和乳腺的脂肪堆积，颈部呈现“鸡冠颈”特征(图 24-2)。

蹄叶炎是另外一种常见的临床症状，如异常的蹄轮(图 24-3)、特异性的站立姿势(头高屁股低)(图 24-4)及远端第三指骨旋转或下沉(X 线检查证实)(图 24-5)。蹄叶炎可能继发于摄入高可溶性碳水化合物的饲料，常在春秋季，当夜间气温低于 0 ℃时发作。

图 24-2 与马代谢综合征相关的典型肥胖体型及颈部呈现“鸡冠颈”特征

(王志供图)

图 24-3 蹄叶炎患马蹄壁出现异常的蹄轮

(王志供图)

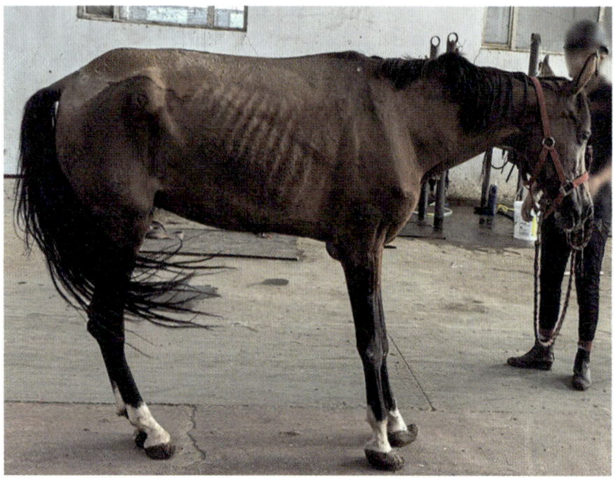

图 24-4 蹄叶炎患马表现特异性站立姿势：“头高屁股低”

(王志供图)

【诊断】

根据典型的临床症状(如全身和局部肥胖、“鸡冠颈”)、临床检查,结合胰岛素抵抗检测(包括血糖和胰岛素、口服葡萄糖试验)、内源性ACTH浓度的测定、实验室检查和尸体剖检可做出确诊。

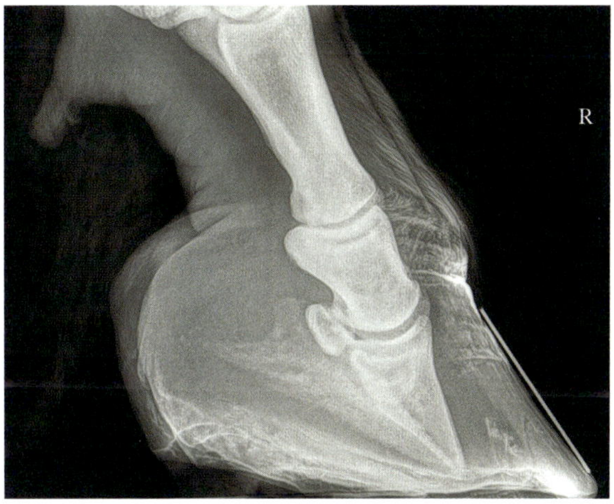

图 24-5　放射学检查可见远端第三指骨旋转或下沉,提示蹄叶炎

(王志供图)

(一)临床检查

临床检查主要是肥胖的临床评估,包括全身性肥胖和局部肥胖的评估。

1. 全身体况评估

最常采用1～9级体况评分(body condition score,BCS)系统(图24-6)评估全身体况或全身肥胖状况,而不用于马的脂肪含量评估。若体况评分(BCS)增加(BCS >6/9),可怀疑患有EMS。

2. 局部肥胖评估

常采用的分级系统是颈部评分(0～5分评分系统)(图24-7)。在混血马和矮马中,“颈部评分”与血浆胰岛素和葡萄糖浓度有很好的相关性。颈部评分为4或颈部评分更高的马和矮马(图24-8),患蹄叶炎的风险更高。该系统有可靠的临床意义。

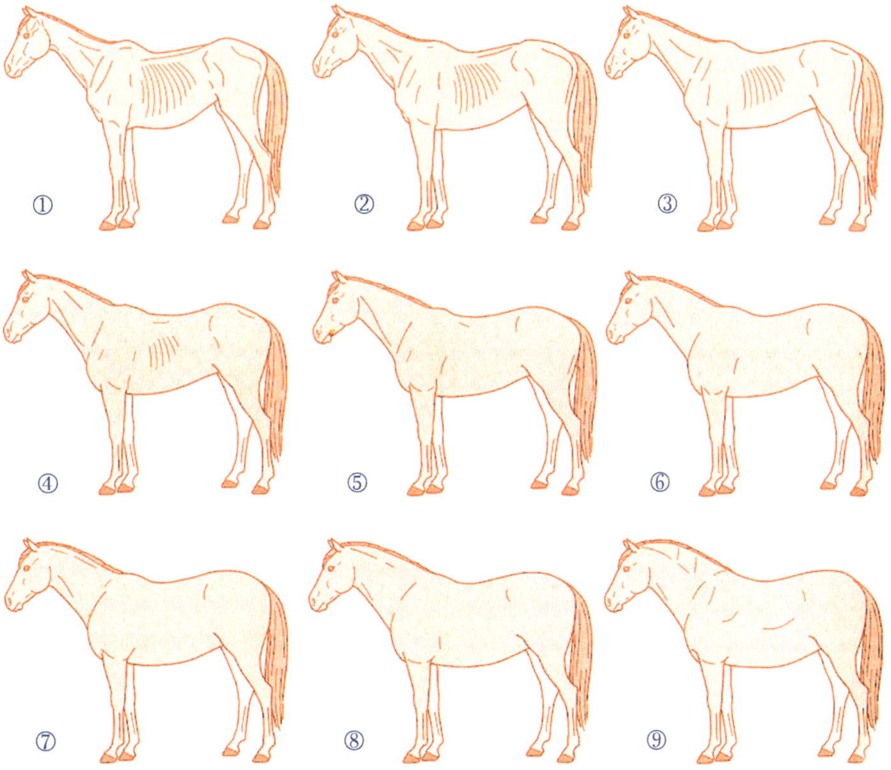

消瘦.①～③:1～3分;中度.④～⑥:4～6分;肥胖.⑦～⑨:7～9分。

图 24-6　1～9级体况评分系统

(王志供图)

0 分＝无可见或可触及的“鸡冠颈”；1 分＝无可见“鸡冠颈”，但触诊时，有轻微翻动；2 分＝可见“鸡冠颈”，脂肪均匀沉积在鬐甲到肩部的区域，颈部可很容易地用一只手托住且可以灵活地从一侧移动到另一侧；3 分＝“鸡冠颈”很厚，脂肪只在颈部中心堆积，而不在颈前部和鬐甲。握起整个手掌才能托起且不容易从一边弯曲到另一边；4 分＝“鸡冠颈”粗大而厚，在顶线上有折痕，不能再用一只手捏成杯状且不能轻易地从一边弯曲到另一边；5 分＝“鸡冠颈”太大，向一侧永久性下垂。

图 24-7　颈部评分系统

该马颈部评分＞4，提示有继发蹄叶炎的潜在风险。

图 24-8　颈部脂肪堆积过多是马代谢综合征的典型表现

（王志供图）

（二）胰岛素抵抗检测

1. 血糖和胰岛素检测

单时间点的血糖和胰岛素水平测量是 EMS 和胰岛素抵抗的筛查方法。血液样本通常在早上喂马之前采集。通常采用颈静脉钳夹试验（测量单个血液样本中的胰岛素和葡萄糖浓度）或静脉葡萄糖和胰岛素试验（频繁取样）检测胰岛素抵抗。前者常用于临床和野外环境，敏感性和特异性不高；后者常用于研究或转诊，为诊断的金标准。若胰岛素浓度＞50 μU/mL，则诊断为胰岛素抵抗；若胰岛素浓度＜50 μU/mL，则可能需要额外的测试来确定马是否有胰岛素失调。血糖和胰岛素会受许多因素(主要是应激)的影响,因此最好是在舒适的环境和常规的情况下获得血液样本。

2. 口服葡萄糖试验

为了判断胰岛素抵抗,应该评估马处理葡萄糖的能力,即处理口服碳水化合物负荷的能力,所以应进行口服葡萄糖试验(oral glucose test,OGT)。具体方法是给禁食的马饲喂 0.5 kg 含 1 g/kg 葡萄糖粉的麸皮 2 h 后,检测血中胰岛素浓度。若胰岛素浓度>87 mU/L 即为异常,提示胰岛素抵抗。

3. 胰岛素耐量试验

为了确定胰岛素是否能刺激外周组织的正常葡萄糖摄取及胰岛素抵抗,可以进行胰岛素耐量试验。通过检测血液样本基线葡萄糖浓度之后,静脉注射 0.1 IU/kg 的常规人重组胰岛素,然后在 30 min 后收集第二次血液样本葡萄糖浓度。第二次血糖浓度没有下降到基线值的 50%或更低,提示胰岛素抵抗。

(三)内源性 ACTH 浓度的测定

EMS 患马 ACTH 浓度正常。若出现阳性结果,则表明马同时受到 EMS 和 PPID 的影响,常可能发生于老年马。PPID 很重要,因为人们普遍认为 PPID 会加剧先前受 EMS 影响马的胰岛素抵抗。值得注意的是,马代谢综合征的诊断检测应着重于胰岛素抵抗的评估,同时排除 PPID。若出现持续高血糖,应强烈怀疑 PPID。

(四)实验室检查

患马表现为高胰岛素血症、高瘦素血症、高甘油三酯血症和血糖浓度正常。尽管患马血浆 ACTH 浓度在正常范围内,但也不能排除患 PPID 的可能。

(五)尸体剖检

除蹄叶炎和肥胖症/局部肥胖症外,病死的马无其他特征性病变。仅仅依靠测量血糖浓度并不是检测胰岛素抵抗的有效方法,而胰岛素抵抗的患马很少能被检测到高血糖。若检测到持续的、异常的高血糖(与应激或食物摄入无关),应考虑糖尿病。

【治疗】

(一)治疗原则

严格控制饮食、减少机体脂肪比例以及提高患马的胰岛素敏感性。如果饲养管理和运动不足,则需要药物治疗。

(二)治疗方法

1. 饲养管理

限制碳水化合物的摄入对于降低血糖和胰岛素反应至关重要,可以减轻体重,使患马恢复到正常体重。基本目标是达到并保持一个理想的 BCS 水平。尽量减少摄入非结构性碳水化合物(NSC),确保摄入足够和平衡的必需营养素。饲料中应含淀粉和高纤维等低发酵性碳水化合物。饲喂浸泡的干草可降低可溶性糖含量。饲料中 NSC 的含量应通过饲料分析来确定。在理想情况下,NSC 所占干草干物质的比例应<10%且不应超过 16%。建议将干草浸泡在水中 60 min,以降低水溶性碳水化合物的浓度。

精料量应根据体重控制,且每天进食量可控制在体重的 1%~1.5%。最初,马应每天饲喂理想体重 1.5%的饲料。如有必要,30 d 后可降至理想体重的 1.25%,再降至 1%。避免突然限制喂养,因为它可能会导致高脂血症,进一步加剧胰岛素抵抗。

2. 运动

提高运动量和运动水平会增加减肥的速度，可以提高马胰岛素敏感性，每周锻炼 5 次(包括至少 30 min 的快步)。在允许的情况下，蹄叶炎的患马慢步可能会有一些益处。

3. 药物治疗

若饲喂管理和运动调整不足，则可以选用左甲状腺素或二甲双胍治疗。

(1) 左甲状腺素　可作为饲料添加剂，减轻体重，并改善肥胖马的胰岛素敏感性。当与饮食干预相结合时，体重>350 kg 的马可给予 48 mg，口服，每 24 h 一次；较小的马和矮马应给予 24 mg，口服，每 24 h 一次。通常需要 3～6 个月的治疗期才能达到理想的减肥效果。这时，马应该在 3～4 周内停止用药。如果不同时限制采食量，用左甲状腺素治疗不太可能解决临床症状。

(2)二甲双胍　可降低饲喂后和地塞米松诱导的胰岛素抵抗马对添加葡萄糖所产生的血糖和胰岛素水平。如果高胰岛素血症患马的剂量为 30 mg/kg，口服，每天 2～3 次，患马的状况可能会得到改善。如果可能的话，应该在饲喂前 30 min 口服。定期监测血糖，一旦出现低血糖，应停止使用二甲双胍。

第三节　其他内分泌系统疾病

除上述常见的内分泌系统疾病外，在临床上还可见马其他内分泌系统疾病，如表 24-1 所列。

表 24-1　马其他内分泌系统疾病

病名	概念	发病情况	病因	临床症状	诊断	防治
甲状腺功能亢进症(hyperthyroidsm)	简称“甲亢”，是指因甲状腺合成释放过多的甲状腺激素，引起机体代谢亢进和交感神经兴奋的临床综合征	少数成年马自然发病	甲状腺激素肿瘤可继发该病。医源性过量口服甲状腺素也可引发该病	消瘦、心动过速、呼吸增速、骚动、神经紧张、异嗜和恶病质	根据病史、临床症状和甲状腺素含量增高可做出诊断	手术切除甲状腺肿瘤，然后辅以替代激素治疗。医源性甲状腺功能亢进症可以停止或给予适当的激素补充剂
继发性甲状旁腺功能亢进症(secondary hyperparathyroidsm)	由饲草中钙和磷的不平衡引起的骨质脱钙的内分泌疾病	生长期的年青马和哺乳期的母马更易发生	原发性甲状旁腺功能亢进症可见于散在的甲状旁腺腺瘤。继发性甲状旁腺功能亢进症是由饮食不当(钙缺乏或磷过量)引起的	生长发育迟滞、四肢骨骼、牙齿和颅骨骨质脱钙可导致步态僵硬、跛行、关节疼痛、牙齿松动，咀嚼时有疼痛反应。头骨脱钙和纤维增生(增生性纤维性骨营养不良)可导致面部骨背侧至面部嵴的坚固性增强、下颌骨增厚、鼻骨增厚，最终导致鼻塞，并发四肢病理性骨折。	根据饲料钙/磷失衡的饲喂史、典型两侧颅骨增厚的症状及血液学检查和放射学检查可做出诊断	限制运动、补钙、消炎镇痛

续表 24-1

病名	概念	发病情况	病因	临床症状	诊断	防治
低钙血症(hypocalcaemia)	多种原因引起的血钙降低的电解质异常	耐力赛、出汗和哺乳期的马常发	钙摄入突然减少或钙需求增加(如哺乳)引发该病;排泄(粪、尿和出汗)损失过多钙而发病;斑蝥素中毒、败血症和内毒素血症也可引发该病	轻度低血钙症表现为腹痛、膈肌痉挛、呼吸加快、心动过速,有时心律失常。严重低血钙症表现为抽搐、共济失调、步态僵硬、尾抬高、肌肉痉挛、喉部痉挛、磨牙和大量出汗,甚至躺卧、昏迷、腹痛	根据病史、临床症状、对治疗反应可做出初诊。血清钙浓度降低可确诊	轻度的低血钙症可经口服石灰石或简单地喂苜蓿干草进行治疗。严重低血钙症可静脉输入葡萄糖酸钙、硼葡萄糖酸钙和氯化钙。高强度耐力运动的马可每 2 h 服用由石灰石组成的电解质混合物,以防止因出汗而发病。适当的饮食管理可防止由运动、出汗或哺乳而引发的该病
高脂血症(hyperlipidaemia)	血中甘油三酯异常升高的一种代谢性疾病	矮马、驴和小型马常发,肥胖或怀孕后期或哺乳期的母马更常见	继发于能量负平衡,脂肪组织动员增加,从肝脏输出的脂肪酸超过外周组织的有效利用,引起血脂升高而发病;其他风险因素还有压力、营养不良和肠道寄生虫	厌食、精神沉郁、肌肉痉挛、共济失调、以头抵墙、转圈、躺卧、抽搐或昏迷、腹侧水肿,有时腹泻	血浆中甘油三酯升高(>6.65 mmol/L [500 mg/dL]),呈乳白色	消除引起能量负平衡的潜在病因,改善能量平衡;静脉输注或经鼻胃管强饲 5%或 10%的葡萄糖,同时给予电解质
马疲劳综合征(exhausted horse syndrome)	由于肌肉过度收缩,经过一段时间的高强度、持续的锻炼或比赛后,由体内严重的电解质和酸碱失衡引起的疾病	最常出现在耐力赛,特别是长距离比赛中,尤其是炎热的天气	在高强度、持续的锻炼或比赛后,马大量出汗引起大量液体和离子丢失(包括钠、钾、氯和钙),导致肌肉自主性收缩和"抽筋"。体液损失会造成低血容量和血液浓缩。肌肉缺氧会促进厌氧代谢,随后消耗储存的糖原,导致乳酸堆积和肌肉酸痛及无力	典型症状与低钙血症相似,但血钙浓度正常,且未发现肌红蛋白尿。这种紊乱可引起肌组织样综合征,表现为类似于低血钙症或过劳性横纹肌溶解综合征	根据临床症状、临床检查及实验室检查可做出诊断	在严重情况下,使用电解质平衡液进行口服或静脉输液治疗,纠正电解质失衡需要谨慎进行。应用冷水降温;马应被放在一个凉爽、安静的环境中。在剧烈运动期间,要有规律地补充水分,并在水中补充足够的电解质

思考题

1. 试述垂体中间部功能障碍和马代谢综合征的发病机制。
2. 试述继发性甲状旁腺功能亢进症的发病机制。
3. 简述马疲劳综合征的防治要点。

第二十五章 血液淋巴系统疾病

学习目的与要求

1. 了解血液系统疾病的基本概念、分类和临床特征。
2. 理解失血性贫血的病因和发病机制。
3. 熟悉新生幼驹溶血症的诊断和治疗。
4. 掌握贫血的诊断及鉴别诊断方法。

概 述

血液系统是机体组成的重要系统之一，主要功能是保证血细胞（红细胞、白细胞、血小板）和血浆在体内的正常运行，以维持机体的健康。

血液系统疾病是指发生在造血器官或血液内的疾病，是马内科疾病中的常发疾病之一，多种原因引起，主要包括感染（如马传染性贫血病毒、血液寄生虫等）、炎症、化学性、物理性、变态反应性（如免疫介导性）、肿瘤性、代谢性、失血性、遗传性等，这些病因可导致血细胞异常，发生相应的疾病。

根据受累血细胞及组织的不同，马血液系统疾病可分为由红细胞异常所致的各型贫血，如出血性贫血、新生幼驹溶血症（免疫介导性溶血性贫血）、红枫叶中毒（海因茨小体性溶血性贫血）等；由红细胞增多引起的疾病，如真性红细胞增多症等；由白细胞异常所致的白细胞增多症或白细胞减少症，如淋巴瘤和淋巴细胞白血病；浆细胞疾病，如浆细胞骨髓瘤（多发性骨髓瘤）；淋巴系统疾病，如淋巴管炎；由血小板异常所致的各种出血性或凝血性疾病，如免疫介导性血小板减少症。

马血液系统疾病的常见临床症状主要以贫血、黄疸、出血为特征，多表现为可视黏膜苍白或黄染、潮红、精神沉郁、虚弱无力、运动不耐受、呼吸和脉搏加快。其中可视黏膜苍白是贫血的典型症状。

马血液系统疾病的诊断在临床上主要通过血液学检查（血细胞数值分析和形态学分析等）进行贫血分类，以确定贫血产生的确切病因；同时对造血器官和淋巴组织样本进行评估（如骨髓完整性、细胞对感染的反应、止血能力和免疫系统状态）。对血液和组织样本进行彻底的评估，可对继发该系统疾病的全身性疾病做出最终诊断或提供有用的治疗和预后指导。

马血液系统疾病的治疗原则是除去原发性或继发性致病因素，抗炎、免疫抑制、补充造血物质，如促红细胞生成素（erythropoietin，EPO），增进骨髓功能，迅速扩充并维持循环血量（如输血），防止休克。

此外，在临床上经常遇到血液淋巴系统的疾病可以为造血器官和淋巴组织的评估提供骨髓完整性、细胞对感染的反应、止血能力和免疫系统状态等多种信息。

第一节 失血性贫血

失血性贫血(hemorrhagic amenia)可分为急性失血性贫血和慢性失血性贫血。急性失血性贫血是指由快速大量出血引起的贫血；慢性失血性贫血是指由长期中度出血所致的小细胞性贫血，如慢性胃肠道疾病。

【病因】

(一)外伤性出血

失血的数量决定了疾病病情和动物存活。血管损伤或主要血管撕裂伤引起的出血会危及生命，大量的血液快速流失会导致低血容量性休克和死亡。在接下来的几天至几周内，只要出血不持续，骨髓中红细胞增生将会代偿性改善红细胞的丢失。

(二)慢性出血

慢性出血常见于胃鳞状细胞癌(gastric squamous cell carcinoma)、非甾体抗炎药治疗引起的溃疡、吸血寄生虫和凝血性疾病。严重胃溃疡引起的慢性失血在马不常见。

【发病机制】

在上述病因作用下，动物机体骨髓会对红细胞亏缺有适当的反应。随着出血的延续，有效生产血红蛋白所需的铁储备变得有限，动物进入红细胞生成的缺铁状态，损失的细胞得不到足够的补充。最终，铁储备被耗尽，可形成非再生性的缺铁性贫血。

【临床症状】

(一)外伤性出血症状

常有明显的创伤，出血来源明显，如皮肤损伤。腔内出血(如胸腔、腹部或子宫等)，无外部损伤体征。临床症状的轻重取决于失血程度。严重出血的病例常有贫血体征，如可视黏膜苍白、心动过速、呼吸过速、虚弱和昏睡。

(二)慢性出血症状

有的患马虚弱和嗜睡，贫血严重时黏膜苍白；有的患马粪便带血或便血。如果由外寄生虫引起的失血，注意皮肤病变。如果有凝血病，可表现出瘀点、黏膜或体腔出血等体征。

【诊断】

(一)外伤性出血诊断

根据病史和临床症状足以证实外伤是出血的原因。必要时，应做全血细胞计数、超声、X线、腹腔穿刺、胸腔穿刺或直肠触诊等检查。

全血细胞计数应在出血后几个小时内。当血管外液体进入血管腔以补充丢失的量时，PCV下降。随后几天里，如果出血已经停止，PCV和平均红细胞体积(mean corpuscular volume，MCV)增加，而随着代偿的红细胞被释放，进入血液循环，平均红细胞血红蛋白浓度(mean corpuscular hemoglobin concentration，MCHC)会下降。马不能释放足够数量的多染红细胞来确定再生的存在，因此需要连续的血象来跟踪进程。在发生体外失血时，总蛋白质浓度与红细胞数量大致按比例下降。如果没有，应怀疑内出血。

(二)慢性出血诊断

根据病史、临床症状和全血细胞计数可以做出初诊。如果要查明出血的原因,应测量血清铁和血清铁蛋白或检查骨髓中的铁,评估机体铁储备是否减少;通过胃内窥镜检查是否有胃肿瘤;通过粪便中潜血和寄生虫检查评估胃溃疡或胃肠道出血;此外,还应做皮肤外寄生虫检查。

典型的全血细胞计数表现为非再生或再生能力差的小细胞性、低色素性贫血。由于涂片上的红细胞产生的血红蛋白不足,所以中央苍白增多,破碎的红细胞和血小板增多。

【治疗】

(一)治疗原则

止血、消除病因、补充营养物质和适当输血。

(二)治疗方法

1. 外伤性出血的治疗

首要治疗措施是止血。活动性外出血应直接按压止血。内出血、严重创伤或无法控制的动脉出血应手术干预。严重出血和出现贫血体征要补充失血量,实施液体疗法,如电解质平衡液、输注血液制品或全血。严重贫血可经鼻内吸氧。在贫血或受感染时,患马应休息。

2. 慢性出血的治疗

根本治疗措施是消除病因、补充营养物质以及适当输血。

【预后】

如在失血量不危及生命或低血容量性休克发生前能止血,则预后良好。口服或肠外补铁有助于替代红细胞生成所需的铁。出现贫血体征,应输血;由肿瘤引起的慢性出血,预后较差;由寄生虫引起的慢性出血经正确治疗,预后良好。

第二节　新生幼驹溶血症

新生幼驹溶血症(neonatal ísoerythrolysis,NI),又称新生幼驹溶血性贫血,是指从母体获取的抗体破坏了新生幼驹红细胞的同种免疫介导性溶血性疾病。临床上以衰竭、血红蛋白尿、可视黏膜苍白和黄疸等为特征。1%～2%的纯血马母马和标准马种母马会发生该病。发病率与母马的种群风险比例相关,母马对某些红细胞类型产生抗体的风险也与抗原在马群中的流行有关。

【病因】

新生幼驹溶血症主要由初生马驹采食母马初乳引起。

【发病机制】

该病(如抗体依赖性细胞毒性或Ⅱ型超敏反应)是从母体获取的抗体破坏了新生幼驹红细胞。通常,特异性抗体存在于初乳中被新生马驹吸收,引起红细胞溶解和/或凝集,进而发病。新生马驹肠道对抗体的通透性在 36 h 内消失,在大多数情况下,时间甚至更短,因此母马初乳中的抗体含量、新生马驹摄入初乳的时间会影响该病的发生。

该病与遗传血型有关。当母马接触到它不具有的红细胞抗原时,母马会产生针对外来红细胞表位的抗体。如果母马对新生马驹的血型已产生抗体(该抗体依赖所涉及的红细胞抗原),红细胞就会被破坏。

新生马驹通过父系遗传获得与母马无关的血型。母马血清抗 Aa 抗体和血清抗 Qa 抗体浓度在妊娠最后 3 个月最高,产后 1 周左右达到高峰。由于母马上皮绒毛膜胎盘的阻隔作用,胎儿在子宫中接触不到抗体。围产期母马血清中的抗体在分娩后分泌到初乳中,随后被新生儿摄取和吸收，因此该病发生于幼驹出生后。

新生幼驹红细胞溶解的发生必须具备的特征：①胎儿与母马血型抗原（因子）不同；②母马必须接触胎儿的血型抗原；③母马必须产生针对胎儿血型抗原的抗体，并非所有血型抗原都具有高度免疫原性或与新生幼驹疾病有关；④新生幼驹必须摄入和吸收初乳，初乳中含有针对新生幼驹红细胞抗原的抗体。

抗体与新生幼驹红细胞之间的相互作用发生溶血，可导致贫血、血红蛋白尿和黄疸。在摄入的初乳抗体被吸收入血后，抗体与红细胞膜结合，部分结合抗体的红细胞在脾脏和相关的网状内皮组织被清除，而后它们溶解并释放血红蛋白进入循环，进而发生溶血性贫血。如果破坏过多的红细胞，骨髓无法立即补充足够的红细胞，马驹会因贫血性缺氧而死亡。DIC 的发生也可导致死亡。

值得注意的是，大约 10％的患病马驹的死亡是由肝衰竭引起的。肝衰竭的风险会随着给予幼驹血液制品的用量增大而增加，输注 4 L 或更多血液制品的马驹患肝衰竭的风险会增加 20 倍，其原因可能与溶血和输血继发的铁过载有关。

【临床症状】

马驹在出生后的几个小时内正常，摄入初乳后不久发病。疾病的严重程度与所摄入抗体的类型和数量有关。血清抗 Aa 抗体通常在出生后 24 h 内会造成严重的疾病，而血清抗 Qa 抗体在出生后 3～4 d 会引起较轻疾病。

视频 25-1　新生幼驹溶血症

（一）主要症状

临床表现从不明显到暴发，发病后不久即死亡。最急性病例在出生后 8～36 h 内发病，主要症状是严重血红蛋白尿和可视黏膜苍白且黄染，但最初并不明显，死亡率很高。急性病例出生后 2～4 d 出现症状，黄疸明显（图 25-1），可视黏膜中度苍白和血红蛋白尿。亚急性病例在出生后 4～5 d 才出现症状，黄疸明显，但无血红蛋白尿，仅表现为轻度黏膜苍白。许多亚急性病例未经治疗即可痊愈。

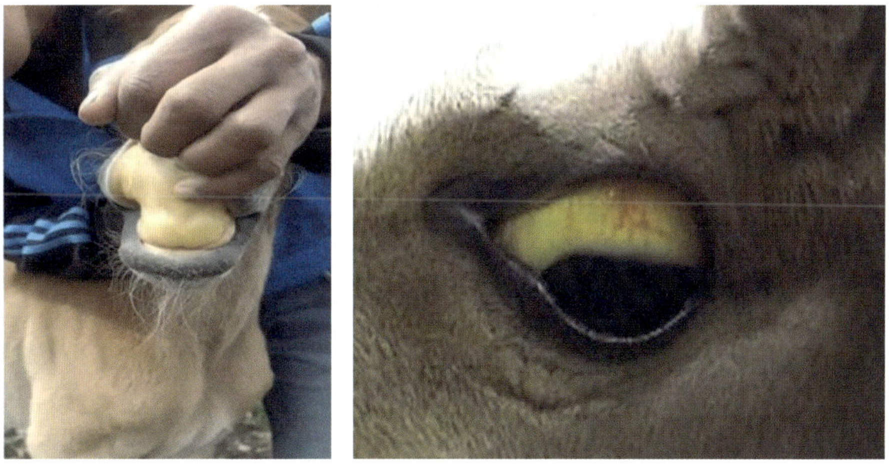

A　　　　B

A. 口腔黏膜；B. 眼结膜。

图 25-1　新生马驹黄疸

（王志供图）

（二）其他症状

患马驹疲倦、虚弱和不愿意吮乳、长时间俯卧于地、经常打哈欠、无发热反应，但心率增加到 120 次/min。严重贫血的病例呼吸急促（呼吸频率高达 80 次/min），甚至呼吸困难和抽搐。有的患马并发胆红素脑病（或称核黄疸），表现为明显的精神状态的改变和癫痫发作，存活率很低，约占死亡病例的 10％。

【诊断】

根据病史、典型的临床症状(黄疸)、血液学检查、免疫学检查及病理学检查可以做出诊断。

(一)血液学检查

急性贫血病例的红细胞数、血细胞比容和血红蛋白浓度都明显降低,红细胞脆性和沉降率增加。根据疾病的严重程度和持续时间,有的病例出现由中性粒细胞增多和单核细胞增多导致的白细胞增多症。血清生化分析可见血清游离胆红素浓度升高。如果血清总胆红素浓度高于461.7 μmol/L,马驹发生核黄疸的风险增加17倍。

(二)免疫学检查

接触母马血清或初乳后,马驹红细胞的凝集或溶解试验可以证明母马血清或初乳中存在导致新生幼驹红细胞凝集或溶解的抗体,其中标准溶血试验特异性最高。

在实际应用中,常用一种阳性的直接抗球蛋白试验(直接Coombs试验)证实贫血马驹红细胞表面存在抗体,以此作为新生马驹同种免疫性溶血的诊断依据。由于抗体具有溶血性,偶尔会出现假阴性结果(马驹患病,但直接Coombs试验呈阴性)。此时,应用直接免疫荧光流式细胞术检测新生幼驹红细胞上是否存在抗体,判定直接Coombs试验的阴性结果。

(三)病理学检查

病重马驹的可视黏膜明显苍白,但只有轻微的黄疸;有的肝脏轻微的肿胀和易碎。由于溶解的红细胞的积累,脾脏显著增大,几乎呈黑色。轻症病例的黏膜黄疸明显,但只有中等程度的苍白;肾脏通常苍白,尿液呈深棕色(血红蛋白尿)。

病理组织学变化可见缺血性肾小管病、腺泡周围肝坏死和变性。红细胞吞噬作用显著,有的存在广泛的含铁血黄素沉积。

【治疗】

(一)治疗原则

避免摄入更多初乳;提供足够的营养;改善贫血的危害;治疗血红蛋白肾病、核黄疸或肝衰竭;尽量减少应激和全身氧需求;恢复正常的体液、电解质和酸碱状态;避免继发感染。

(二)治疗方法

治疗方法的选择取决于疾病的严重程度。首先,应考虑临床症状的严重程度;其次,血细胞比容和红细胞计数。轻症的小马轻度嗜睡、轻度心动过速、轻度运动不耐受,只需避免环境和营养的应激影响,即可迅速恢复。重症病例需要输血以减轻贫血,静脉注射等渗液,以确保足够的尿量,并将血红蛋白肾病的风险降到最低。

1.营养支持

分娩后36 h以内不让新生马驹吃初乳或母马不哺乳。每天以大约410.59 kJ/kg的羊奶或商品化马奶替代品和替代饲料等形式为马驹提供营养支持。在这段时间,母马应该每3～4 h挤奶一次,以除去初乳。如果超过36 h,即使母马的乳汁含有大量抗体,马驹也不能吸收乳中的抗体,可以让马驹吮吸母乳。

2.输血

一般来说,患病马驹心动过速、不能或不愿意吮乳、有严重运动不耐受或不能站立,血细胞比容通常低于15%,应进行输血。输注足量的全血或红细胞可有效地改善临床症状和贫血。卧地不起的马驹的PCV通常小于10%。稍有心动过速,但能努力吸吮并跟上母马的马驹的PCV一般在15%以上,不需要输注全血。必要时,应动态监测PCV。一旦PCV迅速下降,就需要输血或补充红细胞。

输血量取决于临床状况和贫血的发展。患病马驹通常需要输注 1～4 L 全血(每千克体重 20～100 mL)或 500 mL 浓缩红细胞(约每千克体重 10 mL),母马红细胞输入马驹体内的半衰期约为 5 d。有的需要多次输血,应以 1 L/h 进行缓慢输注,并应密切监测马驹状况。大量输血应缓慢进行,避免循环系统的液体过量。

如果无理想的血型供血马,且母马的红细胞不能及时洗涤,或者无法获得,那么应该根据常规的交叉配型选择供血马。选择纯种、标准种和阿拉伯种以外的矮马或其他品种可增加找到合适供体的机会,它们的血清抗 Aa 抗体和血清抗 Qa 抗体阴性比例较高。

必要时,使用含有合成牛血红蛋白的溶液对病重的马驹进行急救,以增加血中血红蛋白浓度,提高携氧能力;建议剂量为 10～30 mL/kg 缓慢给药[10 mL/(kg·h)],静脉注射。

3. 输液

静脉注射平衡的多离子液体和碳酸氢钠,纠正中度至重度患病马驹的体液、电解质和酸碱状态的失调,以确保足够的尿量,防止血红蛋白尿性肾病发生。

4. 排铁

患病马驹应用大量(>4 L)血液制品后发生肝衰竭与铁过载有关,应在输注 3 L 全血后,注射去铁胺(1 g,每 12 h 一次,皮下注射),增加铁的尿排泄量,降低肝中的铁浓度。

5. 抗生素

重症马驹应使用广谱抗生素,防止继发感染。注意护理,尽量减少应激和防止并发症的发展,如卧地不起的马驹会发生褥疮。

【预后】

该病的控制应通过交叉配血试验检测母马血清或初乳是否存在针对马驹血型分型的同种抗体,鉴定有风险的马驹。另外,避免使用对全血或部分血细胞免疫的疫苗。如果必须使用疫苗,应尽可能远离分娩期,并应限制仅进行一次免疫。一旦同种免疫溶血性贫血的马驹出现核黄疸,多预后不良。

第三节　淋巴管炎

淋巴管炎(lymphatics)是一种由病原(主要是金黄色葡萄球菌)感染或久不运动导致的淋巴管的炎症性疾病,也称血管炎或蜂窝组织炎,俗称“大腿病”或“星期一腿病”。淋巴管炎主要以急性跛行,伴有一条或偶尔两条后肢肿胀为特征。

【病因】

饲喂充足但缺乏运动,在短时间的运动后很容易恢复,在马厩久待常发;在感染(穿刺伤)金黄色葡萄球菌后,淋巴管和腹股沟淋巴结的炎症引起了淋巴液淤积和肢体肿胀。

【发病机制】

正常的淋巴回流受阻;某些病例由于受到复发性淋巴管炎的影响而导致肢体软组织永久增厚。

【临床症状】

临床症状通常表现为一个后肢或偶有两个后肢的急性进行性肿胀和跛行(图 25-2)、四肢疼痛、不敢负重。若有创伤感染时,腿部皮肤紧张性增加、体温升高。

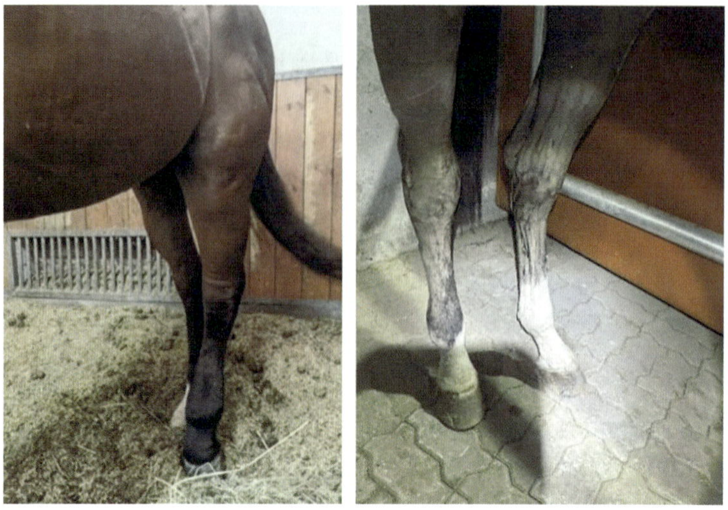

A. 患肢为左后肢；B. 患肢为右后肢。

图 25-2 急性淋巴管炎的典型表现，患肢与非患肢相比有明显的肿胀

（王志供图）

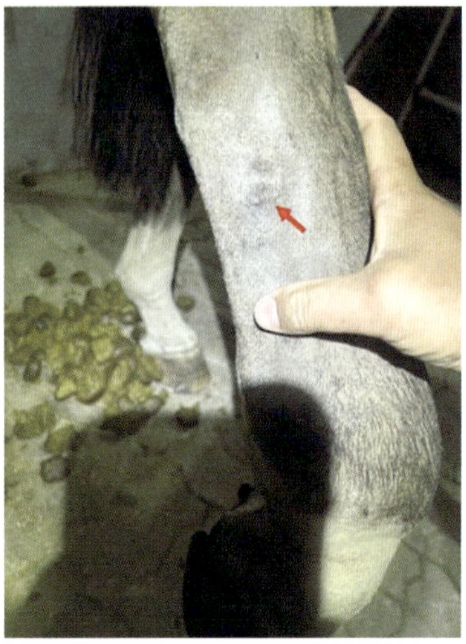

图 25-3 淋巴管炎后肢水肿，呈“生面团”样，指压留痕（红色箭头所指）

（韩海勇供图）

【诊断】

根据典型的临床症状，结合临床检查和超声检查即可做出诊断。

（一）临床检查

肿胀的后肢指压留痕（图 25-3），触诊飞节近端内侧和隐静脉附近的淋巴管可引起疼痛反应。

（二）超声检查

可见皮下淋巴管扩张。

【治疗】

（一）治疗原则

抗感染、抗炎、缓解疼痛、消肿和加强护理。

（二）治疗方法

1. 抗感染治疗

在理想情况下，应根据细菌培养和药敏试验选择使用抗生素。临床实践中通常在细菌培养及药敏试验结果出来之前进行治疗，应使用广谱抗生素（如青霉素 22 000 IU/kg，静脉注射，每 6～8 h 一次），对金黄色葡萄球菌有效。

2. 缓解疼痛

全身应用非甾体抗炎药，常用保泰松（2～4 mg/kg，静脉注射或口服，每 12 h 一次）、氟尼辛葡甲胺（1.1 mg/kg，静脉注射或口服，每 12 h 一次，3～5 d）、地塞米松（0.05～0.1 mg/kg，静脉注射，肌内注射或口服，每 24 h 一次，2～3 d）。

3. 加强护理

尽快恢复腿部活动能力。当马感到足够舒服可以慢步时，就应该进行有控制的运动，如硬地牵行配合水疗消肿。

【预后】

该病的预后很大程度上取决于病原体和严重程度。久不运动的非感染性病例，预后良好；有明显的溃疡病变的长期慢性病例，预后较差。

第四节　其他血液系统疾病

除上述常见的血液系统疾病外，在临床上还可见马其他血液系统疾病，如表 25-1 所列。

表 25-1　马其他血液系统疾病

病名	概念	发病情况	病因	临床症状	诊断	防治
红枫叶中毒(red maple leaf toxicosis)	因摄入大量的牧场上的红枫树干落叶引起的海因茨小体性溶血性贫血的中毒病	秋季放牧的马常发	干红枫树叶含有的有毒化合物会对红细胞造成氧化损伤。该种毒素导致谷胱甘肽的快速消耗，对红细胞产生氧化损伤，随后形成海因茨小体而发病	临床表现多样，从急性发病到死亡的逐渐发展。其主要表现为虚弱、嗜睡、厌食、黏膜苍白、黄疸或发绀、尿液常呈红色(血红蛋白尿)	根据病史、急性贫血的临床体征可初步怀疑。全血细胞计数显示溶血性贫血；血液涂片可见海因茨小体；血清生化可见游离胆红素、尿素氮、肌酐、肝功酶活性都升高；尿液镜下或肉眼可见血红蛋白尿	液体疗法，纠正脱水和利尿，防止血红蛋白的肾损伤。限制运动，避免再接触枯萎的红枫叶。给予维生素 C (30～50 mg/kg，静脉注射，每 12 h 一次)和抗氧化剂治疗氧化损伤
巴贝斯虫/梨形虫病(babesiosis/pioplasmosis)	由感染巴贝斯虫和泰勒虫引起的血液寄生虫病	潮湿地区通过虫媒(蜱)传播	巴贝斯虫和泰勒虫进入成熟红细胞产生血管内溶血而发病	严重程度取决于免疫状况。其可见发热、精神沉郁、嗜睡、贫血、黄疸和点状出血、血红蛋白尿，甚至死亡。急性感染可转为慢性，轻度感染的患马运动不耐受，持续性感染的症状不明显	根据发热病史、溶血性贫血和血红蛋白尿的临床症状及血涂片红可见细胞中特征性原虫即可做出诊断	驱虫，咪多卡(2.2 mg/kg，肌内注射，每 24 h 两次)，至少分为 4 个不同的给药部位，分点注射，可成功治疗
免疫介导性血小板减少症(immune-mediated thrombocy-topenia)	由细胞表面存在或暴露外来抗原而导致的成熟血小板的不适当破坏的疾病	多发于马驹	大量的血小板表面形成抗原-抗体复合物，随后被脾和肝中的单核吞噬系统清除而发病	黏膜表面出血，常见瘀点或淤血。有的可见鼻出血，黑色素瘤和眼前房积血，创伤、手术或静脉穿刺后的过度出血	通过临床体征，结合典型的全血细胞计数结果(严重的血小板减少症)即可诊断	免疫抑制药物，地塞米松(0.05～0.2 mg/kg，静脉注射或肌内注射，每 12～24 h 一次)可减少抗原-抗体复合物，至少持续 3 周，根据治疗反应逐渐减少。硫唑嘌呤(3 mg/kg，口服，每 24 h 一次)，用于严重病例或地塞米松治疗的并发症(如蹄叶炎)
红细胞增多症(polycythaemia)	血液中红细胞数、血红蛋白浓度或血细胞比容增加的一种病症		脱水、肾上腺素等可引起该病，还见于成熟红细胞肿瘤增生的真性红细胞增多症或继发于 EPO 增加的低氧血症，如心肺疾病、高海拔地区和肾肿瘤等	脱水、兴奋、可视黏膜呈暗红色。血液黏稠淤积引起了神经和眼部体征	根据病史和临床症状，结合红细胞数、血红蛋白浓度和/或血细胞比容的增加即可诊断	与脱水相关的相对红细胞增多症应适当补液纠正脱水。绝对红细胞增多症常较难治疗，可能需要定期抽血或放血。每 2～3 d 抽取每千克血液 10 mL，直到 PCV <50%

思考题

1. 简述贫血的概念、分类、发病机制及鉴别诊断。
2. 简述溶血性贫血的常见病因。
3. 如何鉴别失血性贫血?
4. 试述新生幼驹溶血症的诊断和治疗。
5. 简述淋巴管炎的病因、发病机制及类型。

参考文献

[1] 蔡丽媛，何玉英，夏兆飞．犬木糖醇中毒机制研究进展[J]．中国兽医杂志，2011，47(9)：57-58.

[2] 郭定宗．兽医内科学[M]．3 版．北京：高等教育出版社，2016.

[3] 葛均波，徐永健，王辰．内科学[M]．8 版．北京：人民卫生出版社，2018.

[4] 侯加法．小动物疾病学[M]．北京：中国农业出版社，2002.

[5] 胡延春．牧羊犬阿维菌素类药物中毒的解救及思考[J]．黑龙江畜牧兽医，2007，(3)：80-81.

[6] 刘芳．猫的对乙酰氨基酚中毒机理和腺苷蛋氨酸的治疗效果研究[D]．北京：中国农业大学，2007.

[7] 刘宗平，赵宝玉．兽医内科学[M]．北京：中国农业出版社，2021.

[8] 隆雪明，陈福华，陈宇明，等．饲料中的伏马毒素及其危害[J]．2016(4)：47-48.

[9] 唐新叶．犬洋葱中毒机理的研究[D]．北京：中国农业大学，2005.

[10] 肖定汉．奶牛疾病学[M]．北京：中国农业大学出版社，2012.

[11] 王春璈．奶牛疾病防控治疗学[M]．北京：中国农业出版社，2013.

[12] 王建华．兽医内科学[M]．4 版．北京：中国农业出版社，2014.

[13] 王建华．家畜内科学[M]．3 版．北京：中国农业出版社，2011.

[14] 王小龙．兽医内科学[M]．北京：中国农业大学出版社，2004.

[15] 张长锋．一例猫阿维菌素中毒的诊治[J]．广东畜牧兽医科技，2005，30(3)：27-28.

[16] 周凯强，刘诚达，石润宝．犬扑热息痛中毒 1 例[J]．中国兽医科学，2002，32(7)：44-44.

[17] ABUTARBUSH S M. Illustrated guide to equine diseases[M]. Hoboken: Wiley-Blackwell, 2009.

[18] AMY C V, RICK L C. Cowell & Tyler's diagnostic cytology and hematology of the dog and cat[M]. 5th ed. Philadelphia: Mosby, 2020.

[19] ANGELOS J A, CLOTHIER K A, ESTELL K E, et al. Diseases of the hematopoietic and hemolymphatic systems[M] // SMITH B P, VAN METRE D C, PUSTERLA N. Large animal internal medicine. 6th ed. Saint Louis: Elsevier, 2020.

[20] BASSERT J M, BEAL A D, SAMPLES O M. McCurnin's clinical textbook for veterinary technicians and nurses[M]. 9th ed. Philadelphia: Saunders, 2019.

[21] BEHREND E, HOLFARD A, LATHAN P, et al. AAHA diabetes management guidelines for dogs and cats[J]. Journal of the American Animal Hospital Association, 2018, 54: 1-21.

[22] BELKNAP J K, GEOR R J. Equine laminitis[M]. Hoboken: Wiley-Blackwell, 2017.

[23] BLIKSLAGER A T, WHITE II N A, MOORE J N, et al. The equine acute abdomen [M]. 3rd ed. Hoboken: Wiley-Blackwell, 2017.

[24] BOLAND L, BEATTY J. Feline cholangitis[J]. The Veterinary Clinical North America: small animal practice, 2017, 47(3):703-724.

[25] BOON J A. Veterinary echocardiography [M]. 2nd ed. Hoboken: Wiley-Blackwell, 2011.

[26] BRISSION B A. Intervertebral disc disease in dogs [J]. The Veterinary Clinics of North America: small animal practice, 2010, 40(5):0-858.

[27] BLOWEY R W. The veterinary book for dairy farmers[M]. 4th ed. Sheffield: 5m Publishing, 2016.

[28] COCKCROFT P. Bovine medicine[M]. 3rd ed. Hoboken: Wiley-Blackwell, 2015.

[29] CHRISTENSON D E. Veterinary medical terminology [M]. Philadelphia: Saunders, 2019.

[30] CONSTABLE P D, HINCHCLIFF K W, DONE S H. Veterinary medicine[M]. 11th ed. Philadelphia: Saunders, 2016.

[31] CLARKE D L, LEE J A, MURPHY L A, et al. Use of intravenous lipid emulsion to treat ivermectin toxicosis in a Border collie[J]. Journal of the American Veterinary Medical Association, 2011, 239(10):1328-1333.

[32] CURITIS W D, RONALDO C. Practical guide to canine and feline neurology[M]. 3rd ed. Hoboken: Wiley-Blackwell, 2016.

[33] DOBSON J M, LASCELLES B D. BSAVA manual of canine and feline oncology[M], 3rd ed. Hoboken: John Wiley & Sons, 2011.

[34] DUBEY J P, GREENE C E, LAPPIN M R. Infectious diseases of the dog and cat[M]. 4th ed. Philadelphia: Saunders, 2012.

[35] ELIZABETH V, JELENA R. BSAVA manual of canine and feline clinical pathology [M]. 3rd ed. Gloucester: BSAVA, 2016.

[36] ELLIOTT J, GRAUER G F, WESTROPP J L. BSAVA manual of canine and feline nephrology and urology [M]. 3rd ed. Gloucester: BSAVA, 2017: 50-59.

[37] ELLIS L H, RODAN I, CARNEY H C, et al. AAFP and ISFM feline environmental needs guidelines [J]. Journal of Feline Medicine and Surgery, 2013, 15(3): 219 - 230.

[38] ETTINGER S J, FELDMAN E C, Cote E. Textbook of veterinary internal medicine[M]. 8th ed. Philadelphia: Saunders, 2017.

[39] FELDMAN E C, NELSON R W, REUSCH C E, et al. Canine and feline endocrinology [M]. 4th ed. Philadelphia: Saunders, 2014.

[40] FITZGERALD K T. Lily Toxicity in the cat[J]. Topics in Companion Animal Medicine, 2010, 25(4):213-217.

[41] FOSTER J D. Update on mineral and bone disorders in chronic kidney disease [J]. The Veterinary Clinics of North America: Small Animal Practice, 2016, 46(6): 1131-1149.

[42] GUPTA R C. Veterinary toxicology: basic and clinical principles[M]. 3rd ed. Amsterdam: Elsevier, 2018.

[43] GIGUERE S, JACKS S, ROBERTS G D, et al. Retrospective comparison of azithromycin, clarithromycin, and erythromycin for the treatment of foals with Rhodococcus equi pneumonia[J]. Journal of Veterinary Internal Medicine, 18: 568-573.

[44] GARDEN O A, KIDD L, MAXAS A M, et al. ACVIM consensus statement on the diagnosis of immune-mediated hemolytic anemia in dogs and cats[J]. Journal of Veterinary Internal Medicine, 2019.

[45] GAROSI L, LOWRIE M. BSAVA manual of canine and feline neurology[M]. 4th ed. Gloucester: BSAVA, 2013:1-24.

[46] HEARD K J. Acetylcysteine for acetaminophen poisoning[J]. New england journal of medicine, 2008, 359(3):285-292.

[47] HENDERSON B. Equine health and emergency management[M]. Andover: Cengage Learning, 2012.

[48] IAN R. BSAVA animal formulary[M]. 8th ed. Gloucester: BSAVA, 2014.

[49] International Renal Interest Society. IRIS Staging of CKD (modified 2019) [EB/OL]. [2020-09-04]. http://www.IRIS-kidney.com.

[50] JOHNSON L R. Clinical canine and feline respiratory medicine[M]. Oxford: Wiley-Blackwell, 2010.

[51] KEENE B W, ATKINS C E, BONAGURA J D, et al. ACVIM consensus guidelines for the diagnosis and treatment of myxomatous mitral valve disease in dogs[J]. Journal of Veterinary Internal Medicine, 2019,33(3): 1127-1140.

[52] KING L G. Textbook of respiratory disease in dogs and cats[M]. Philadelphia: Saunders, 2004.

[53] LONG M T. Mechanisms of infectious disease[M]// Reed S M, Bayly W M, Sellon D C. Equine internal medicine. 2nd ed. St. Louis: Saunders, 2004:59-74.

[54] LEVINE D N, BROOKS M B. Immune thrombocytopenia: pathophysiology update and diagnostic dilemmas[J]. Veterinary Clinical Pathology. 2019.

[55] Little S E. August′s consultations in feline internal medicine[M]. 7th ed. St. Louis: Elsevier, 2016.

[56] LULICH J P, BERENT A C, ADAMS L C. ACVIM small animal consensus recommendations on the treatment and prevention of uroliths in dogs and cats [J]. Journal of Veterinary Internal Medicine, 2016, 30 (5): 1564-1574。

[57] MANKIN T, KELLEY M. Current concepts in congenital portosystemic shunts[J]. The Veterinary Clinics of North America: Small Animal Practice, 2015, 45(3):477-487.

[58] MEIJ B P, BERGKNUT N. Degenerative lumbosacral stenosis in dogs [J]. The Veterinary Clinics of North America: Small Animal Practice, 2010, 40(5):0-1009.

[59]MAIR T, DIVERS T J, DUCHARME N, et al. Manual of equine gastroenterology[M]. Philadelphia: Saunders, 2001.

[60] MARR C M, BOWEN I M. Cardiology of the horse[M]. 2nd ed. Philadelphia: Saunders, 2010.

[61] MAIR T S, DIVERS T J. Equine internal medicine: self-assessment color review[M]. 2nd ed. Boca Raton: CRC Press, 2015.

[62] MUNROE G. Equine clinical medicine, surgery and reproduction[M]. 2nd ed. Boca Raton: CRC Press, 2019.

[63] MICHAEL D. LORENZ. Handbook of veterinary neurology [M].5th ed. Philadelphia: Saunders, 2011.

[64] MOISE N S, FOX P R, SISSION D. Textbook of canine and feline cardiology[M]. 2nd

ed. Philadelphia: Saunders, 1999.

[65] MOONEY C T, PETERSON M E. BSAVA manual of canine and feline endocrinology [M]. 4th ed. Gloucester: BSAVA, 2012.

[66] MOORE W, PARRISH H M, Scatterday J E. The use of antihistamine (phenergan) in experimental snake venom poisoning in dogs [J]. Journal of the American Veterinary Medical Association, 1957, 129(11):522-525.

[67] MURPHY L A, Coleman A E. Xylitol toxicosis in dogs[J]. The Veterinary Clinics of North America: Small Animal Practice, 2012, 42(2):307-312.

[68] OZAKI K, HIRABAYASHI M, NOMURA K, et al. Suspected lily toxicosis in a meerkat (Suricata suricatta): a case report[J]. Journal of Veterinary Medical Science, 2018, 80 (3):485-487.

[69] PATTY L, ANN T. Management of hypoadrenocorticism (Addison's disease) in dogs[J]. Veterinary Medicine Research and Reports, 2018, 9:1-10.

[70] PEEK S F, DIVERS T J. Rebhun's diseases of dairy cattle[M]. 3rd ed. Philadelphia: Saunders, 2018.

[71] PUGH D G, BAIRD N, EDMONDSON M, et al. Sheep, goat, and cervid medicine[M]. 3rd ed. Amsterdam: Elsevier, 2020.

[72] PARADIS M R. Equine neonatal medicine[M]. Philadelphia: Saunders, 2006.

[73] PUSTENA N, HIGGS J. Interpretation of equine laboratory diagnostics[M]. Hoboken: Wiley-Blackwell, 2017.

[74] RICHARD W. NLESON C. GUILLERMO C. Small animal internal medicine [M]. 6th ed. Philadelphia: Elsevier, 2019.

[75] RUMBEIHA W K, FRANCIS J A, FITZGERALD S D, et al. A comprehensive study of easter lily poisoning in cats[J]. Journal of Veterinary Diagnostic Investigation, 2004, 16 (6):527-541.

[76] RANJAN R, RANJAN A. Fluoride toxicity in animals[M]. Cham: Springer, 2015.

[77] RAMZAN P H L. The racehorse: a veterinary manual [M]. Boca Raton: CRC Press. 2014.

[78] REED S M, BAYLY W M, SELLON D C. Equine internal medicine[M]. 4th ed. Philadelphia: Saunders, 2017.

[79] ROSS M W, DYSON S J. Diagnosis and management of lameness in the horse[M]. 2nd ed. Philadelphia: Saunders, 2010.

[80] RUSH B, MAIR T. Equine respiratory diseases[M]. Hoboken: Wiley-Blackwell, 2008.

[81] SCOTT P R. Sheep medicine[M]. New York: Boca Raton, 2020.

[82] SCHMID R D, HOVDA L R. Acute hepatic failure in a dog after xylitol ingestion[J]. Journal of Medical Toxicology, 2016, 12(2):201-205.

[83] SHAO M, LI L, GU Z, et al. Mycotoxins in commercial dry pet food in China[J]. Food additives & contaminants: part B, 2018:19393210.2018.1475425.

[84] SPRAYBERRY K A, ROBINSON N E. Current therapy in equine medicine[M]. 7th ed. Philadelphia: Saunders, 2014.

[85] SMITH B PcMETRE V D C, PUSTERLA N. Large Animal Internal Medicine[M]. Saint Louis: Mosby, 2019.

[86] STONEHAM S J. Foal nursing[M]// COUMBE K M. Equine veterinary nursing. 2nd ed.

Hoboken: John Wiley &Sons, 2012: 286-302.
[87] STEPHEN C B, DWIGHT D B. Blackwell's five-minute veterinary consult clinical companion[M]. 2nd ed, Iowa: Blackwell Pub Professional, 2010.
[88] SCOTT P R. Sheep medicine[M]. New York: Boca Raton, 2020.
[89] TAMBORINI A, JAHNS H , MCALLISTER H , et al. Bacterial cholangitis, cholecystitis, or both in dogs[J]. Journal of veterinary internal medicine, 2016, 30(4):1046-1055.
[90] TILLEY L P, OYAMA M A, Sleeper MM, et al. Manual of canine and feline cardiology [M]. 5th ed. Philadelphia: Saunders, 2016.
[91] TIPOLD A, STEIN V M. Inflammatory diseases of the spine in small animals [J]. Veterinary Clinics of North America Small Animal Practice, 2010, 40(5):0-879.
[92] VAIL D M, Thamm D H, Liptak J M. Withrow & MacEwen's small animal clinical oncology[M]. 6th ed. Philadelphia: Saunders, 2019.
[93] VINCENT T. Acute liver injury and failure[J]. Veterinary Clinics of North America Small Animal Practice, 2017, 47(3):617-630.
[94] WEESE J S, BLONDEAU J, BOOTHE D, et al. International society for companion animal infectious diseases (ISCAID) guidelines for the diagnosis and management of bacterial urinary tract infections in dogs and cats[J]. The Veterinary Journal, 2019, 247: 8-25.
[95] WALTON R M. Equine clinical pathology[M]. Hoboken: Wiley-Blackwell, 2013.
[96] WEISS D J, WARDROP K J. Schalm's veterinary hematology[M]. 6th ed. Hoboken: Wiley-Blackwell, 2010.
[97] WILLARD M D, TVEDTEN H. Small animal clinical diagnosis by laboratory methods [M]. 5th ed. Philadelphia: Saunders, 2012.
[98] ZACHARY J S. Pathologic basis of veterinary disease[M]. 6thed. Philadelphia: Mosby, 2017.
[99] ZHAO J, ZHANG M, LI Y, et al. Therapeutic effect of hydrogen injected subcutaneously on onion poisoned dogs[J]. Journal of Veterinary Research, 2017, 61(4): 527-533.
[100] AITKEN I D. 绵羊疾病学[M]. 4 版. 赵德明，周向梅，杨利峰，译. 北京：中国农业出版社，2012.
[101] CHEW D J, DIBARTOLA S P, SCHENCK P A. 犬猫肾脏与泌尿学[M]. 2 版. 马超贤，译. 武汉：湖北科学技术出版社，2019.
[102] FELIPPE M J B. Equine clinical immunology[M]. Hoboken: Wiley-Blackwell, 2015.
[103] FUBINI S L. Esophagus[M]// AUER J A, STICK J A. Equine surgery. 5th ed. Saint Louis: Elsevier, 2019: 474-495.
[104] NORTH S, BANKS T. 小动物肿瘤学[M]. 陈艳云，夏兆飞，译. 北京：中国农业科学技术出版社，2016.
[105] KAHN C M, LINE S. 默克兽医手册[M]. 10 版. 张仲秋，丁伯良，译. 北京：中国农业出版社，2015.
[106] FAERBER C W. 奶牛生产兽医及疾病管理[M]. 齐长明，译. 北京：中国农业出版社，2018.
[107] PENNINCK D, ANJOU M A. 小动物 B 超诊断彩色图谱[M]. 熊惠军，译. 北京：中国农业出版社，2014.